普通高等教育"十一五"国家级规划教材
北京高等教育精品教材

简明线性代数

（第二版）

丘维声　编著

北京大学出版社
PEKING UNIVERSITY PRESS

图书在版编目(CIP)数据

简明线性代数/丘维声编著. --2 版. --北京：北京大学出版社，2024.10. --ISBN 978-7-301-35678-4

Ⅰ. O151.2

中国国家版本馆 CIP 数据核字第 2024F6X255 号

书　　名	简明线性代数（第二版） JIANMING XIANXING DAISHU（DI-ER BAN）
著作责任者	丘维声　编著
责任编辑	曾琬婷
标准书号	ISBN 978-7-301-35678-4
出 版 者	北京大学出版社
地　　址	北京市海淀区成府路 205 号　100871
网　　址	http://www.pup.cn　　新浪微博：@北京大学出版社
电子邮箱	zpup@pup.cn
电　　话	邮购部 010-62752015　发行部 010-62750672　编辑部 010-62754819
印 刷 者	北京市科星印刷有限责任公司
发 行 者	北京大学出版社
经 销 者	新华书店
	787 毫米×980 毫米　16 开本　20.25 印张　455 千字
	2002 年 2 月第 1 版
	2024 年 10 月第 2 版　2024 年 10 月第 1 次印刷(总第 17 次印刷)
定　　价	59.00 元

作 者 简 介

丘维声 1966年毕业于北京大学数学力学系;北京大学数学科学学院教授、博士生导师,教育部第一届高等学校国家级教学名师,美国数学会 *Mathematical Reviews* 评论员,中国数学会组合数学与图论专业委员会首届常务理事,《数学通报》副主编,原国家教委第一届和第二届高等学校数学与力学教学指导委员会委员.

出版著作50部,发表教学研究论文23篇,编写的具有代表性的优秀教材有:《高等代数(上、下册)》(北京大学出版社,2019年),《高等代数(第一、二版)(上、下册)》(清华大学出版社,2010年,2019年,"十二五"普通高等教育本科国家级规划教材,北京市高等教育精品教材立项项目),《高等代数(第一、二、三版)(上、下册)》(高等教育出版社,1996年,2002年,2003年,2015年,普通高等教育"九五"教育部重点教材,普通高等教育"十五"国家级规划教材,首届全国优秀教材),《高等代数》(科学出版社,2013年),《解析几何(第一、二、三版)》(北京大学出版社,1988年,1996年,2015年),《解析几何》(北京大学出版社,2017年),《抽象代数基础(第一、二版)》(高等教育出版社,2003年,2015年),《近世代数》(北京大学出版社,2015年),《群表示论》(高等教育出版社,2011年),《数学的思维方式和创新》(北京大学出版社,2011年),《简明线性代数》(北京大学出版社,2002年,普通高等教育"十一五"国家级规划教材,北京高等教育精品教材),《有限群和紧群的表示论》(北京大学出版社,1997年),等等.

从事代数组合论、群表示论、密码学的研究,在国内外学术刊物上发表科学研究论文46篇;承担国家自然科学基金重点项目2项,主持国家自然科学基金面上项目3项.

2003年获教育部第一届高等学校国家级教学名师奖,先后获北京市普通高等学校教学成果一等奖、宝钢教育奖优秀教师特等奖、北京大学杨芙清王阳元院士教学科研特等奖,3次获北京大学教学优秀奖,3次被评为北京大学最受学生爱戴的十佳教师,并获"北京市科学技术先进工作者""全国电视大学优秀主讲教师"等称号,编写的教材《高等代数(第三版)(上、下册)》2021年获首届全国教材建设奖全国优秀教材(高等教育类)二等奖.

内 容 简 介

本书第一版是**"普通高等教育'十一五'国家级规划教材"**,2004 年被评为**"北京高等教育精品教材"**.

本书是高等学校数学基础课"线性代数"的教材.全书共分九章,内容包括:线性方程组,行列式,n 维向量空间 K^n,矩阵的运算,矩阵的相抵与相似,二次型·矩阵的合同,线性空间,线性映射,欧几里得空间和酉空间.本书按节配置适量习题,书末附有习题答案与提示,供教师和学生参考.

本书突出了"线性代数"课程的主线是研究线性空间的结构及其线性映射,把作者讲课的经验写进了教材中,既科学地阐述了线性代数的基本内容,又深入浅出、简明易懂.本书精选了线性代数的内容,由具体到抽象地安排教学内容体系,这使学生能由浅入深地进行学习,便于学生理解与掌握,同时又使学时较少的学生只需学习本书前六章就可了解线性代数的概貌,掌握其最基本的内容.本书在讲授知识的同时,注重培养学生的数学思维方式.本书内容按照数学思维方式进行组织和编写,既使学生容易学到知识,又使学生从中受到数学思维方式的熏陶,从而终身受益.

本书可作为高等学校理工类和经管类本、专科"线性代数"课程的教材,又可作为自学考试辅导用书.

第二版前言

这次对本书的修订主要在以下几个方面：

1. 更加鲜明地突出了“线性代数”课程的主线：研究线性空间的结构及其线性映射.

几何空间(以定点 O 为起点的所有向量组成的集合)对于向量的加法和数量乘法构成实数域 $\mathbf{R}$ 上的 3 维线性空间. 研究 n 维线性空间的动力之一是：在解线性方程组的时候，我们希望从线性方程组的系数和常数项直接判断线性方程组有没有解，有多少解. 由于数域 K 上 n 元线性方程组的每个解(如果存在的话)是 K 中 n 个数组成的有序数组，因此我们需要研究数域 K 上所有 n 元有序数组组成的集合 K^n 的结构. 为此，在 K^n 中规定有序数组的加法和数量乘法，它们满足加法交换律、结合律等 8 条运算法则(几何空间中向量的加法与数量乘法也满足 8 条运算法则)，于是把 K^n 称为数域 K 上的 n 维向量空间. 通过研究 K^n 的结构，我们得到：数域 K 上 n 元线性方程组有解的充要条件是它的增广矩阵与系数矩阵有相等的秩，并且当有解时，若 n 元线性方程组的系数矩阵 $\boldsymbol{A}$ 的秩等于 n，则该方程组有唯一解；若系数矩阵 $\boldsymbol{A}$ 的秩小于 n，则该方程组有无穷多个解. 进一步，我们研究数域 K 上 n 元齐次线性方程组的解集 W 的结构，得到：W 是 K^n 的一个子空间，称为 n 元齐次线性方程组的解空间. 于是，只要找到 W 的一个基(n 元齐次线性方程组的一个基础解系)，就对解空间 W 的结构了如指掌了.

一个矩阵 $\boldsymbol{A}$ 有行向量组也有列向量组. 我们证明了阶梯形矩阵 $\boldsymbol{J}$ 的列向量组的秩与行向量组的秩相等，都等于 $\boldsymbol{J}$ 的非零行数；接着证明了初等行变换不改变矩阵的行向量组的秩，也不改变矩阵的列向量组的秩. 由此得到矩阵 $\boldsymbol{A}$ 的行向量组的秩等于列向量组的秩，于是把它们统称为 $\boldsymbol{A}$ 的秩. 我们还证明了非零矩阵 $\boldsymbol{A}$ 的秩等于 $\boldsymbol{A}$ 的不为 0 的子式的最高阶数. 于是，矩阵 $\boldsymbol{A}$ 的秩可以从三个角度刻画：$\boldsymbol{A}$ 的秩等于 $\boldsymbol{A}$ 的行向量组的秩，也等于 $\boldsymbol{A}$ 的列向量组的秩，还等于 $\boldsymbol{A}$ 的不为 0 的子式的最高阶数. 这表明，矩阵的秩的概念多么深刻！这样讲矩阵的秩这个重要概念是符合“线性代数”课程的主线的.

在第五章开头，我们在平面上取一个直角坐标系 Oxy，用 $\vec{e}_1$，$\vec{e}_2$ 分别表示 x 轴、y 轴正向的单位向量，它们构成平面的一个基. 我们得出了平面上在 x 轴上的正投影 $\mathscr{P}_x$ 在基 $\vec{e}_1$，$\vec{e}_2$ 下的矩阵 $\boldsymbol{A}$. 设 σ 是平面上绕点 O 转角为 θ 的旋转，$\vec{e}_1$，$\vec{e}_2$ 在 σ 下的像是 $\vec{e}_1^{\,*}$，$\vec{e}_2^{\,*}$. 我们求出了 $\mathscr{P}_x$ 在基 $\vec{e}_1^{\,*}$，$\vec{e}_2^{\,*}$ 下的矩阵是 $\boldsymbol{S}^{-1}\boldsymbol{A}\boldsymbol{S}$，其中 $\boldsymbol{S}$ 是旋转 σ 的矩阵. 由此引出矩阵相似的概念，指出平面上在 x 轴上的正投影 $\mathscr{P}_x$ 在平面的不同基下的矩阵是相似的. 由此进一步指出研究相似的矩阵有哪些性质，在相似的矩阵中有没有最简单的形式，以及如何求矩阵的特征值和特征向量是研究线性变换的最简单形式矩阵表示的基础.

研究线性空间结构的途径有：基和维数，子空间的直和分解，线性空间的同构. 我们在

第七章§2的定理8中指出：设$V_1, V_2, \cdots, V_s$都是数域K上n维线性空间V的子空间，则$V = V_1 \oplus V_2 \oplus \cdots \oplus V_s$当且仅当$V_1$的一个基、$V_2$的一个基……$V_s$的一个基合起来是$V$的一个基.这个结论对于研究$n$维线性空间的结构起着重要作用.

2. 把作者的讲课经验写到教材中.

(1) 讲一个重要概念时要抓住三个重点：

第一，这个概念是怎么来的，这时要尽可能通俗易懂地讲；

第二，这个概念的含义要准确，这时要透彻地讲；

第三，这个概念有什么用，这时要适当作介绍.

以第五章§3中矩阵的特征值和特征向量的概念为例.我们首先给出了两个例子：

例1　在平面上取一个直角坐标系Oxy，设$\vec{e_1}, \vec{e_2}$分别是x轴、y轴正向的单位向量，平面在x轴上的正投影$\mathscr{P}_x$在基$\vec{e_1}, \vec{e_2}$下的矩阵为$\boldsymbol{A} = \begin{bmatrix} 1 & 0 \\ 0 & 0 \end{bmatrix}$.直接计算得

$$\boldsymbol{A}\begin{bmatrix} 1 \\ 0 \end{bmatrix} = \begin{bmatrix} 1 & 0 \\ 0 & 0 \end{bmatrix}\begin{bmatrix} 1 \\ 0 \end{bmatrix} = \begin{bmatrix} 1 \\ 0 \end{bmatrix} = 1 \cdot \begin{bmatrix} 1 \\ 0 \end{bmatrix},$$

$$\boldsymbol{A}\begin{bmatrix} 0 \\ 1 \end{bmatrix} = \begin{bmatrix} 1 & 0 \\ 0 & 0 \end{bmatrix}\begin{bmatrix} 0 \\ 1 \end{bmatrix} = \begin{bmatrix} 0 \\ 0 \end{bmatrix} = 0 \cdot \begin{bmatrix} 0 \\ 1 \end{bmatrix},$$

可见，实数1，0，以及$\mathbf{R}^2$中的向量$\begin{bmatrix} 1 \\ 0 \end{bmatrix}, \begin{bmatrix} 0 \\ 1 \end{bmatrix}$反映了矩阵$\boldsymbol{A}$的特征.

例2　设平面上向着x轴的正伸缩τ在基$\vec{e}_1, \vec{e}_2$下的矩阵为$\boldsymbol{B} = \begin{bmatrix} 1 & 0 \\ 0 & k \end{bmatrix}$，其中$k$是伸缩系数.直接计算得

$$\boldsymbol{B}\begin{bmatrix} 1 \\ 0 \end{bmatrix} = \begin{bmatrix} 1 & 0 \\ 0 & k \end{bmatrix}\begin{bmatrix} 1 \\ 0 \end{bmatrix} = \begin{bmatrix} 1 \\ 0 \end{bmatrix} = 1 \cdot \begin{bmatrix} 1 \\ 0 \end{bmatrix},$$

$$\boldsymbol{B}\begin{bmatrix} 0 \\ 1 \end{bmatrix} = \begin{bmatrix} 1 & 0 \\ 0 & k \end{bmatrix}\begin{bmatrix} 0 \\ 1 \end{bmatrix} = \begin{bmatrix} 0 \\ k \end{bmatrix} = k \cdot \begin{bmatrix} 0 \\ 1 \end{bmatrix},$$

可见，实数1，k，以及$\mathbf{R}^2$中的向量$\begin{bmatrix} 1 \\ 0 \end{bmatrix}, \begin{bmatrix} 0 \\ 1 \end{bmatrix}$反映了矩阵$\boldsymbol{B}$的特征.

上述两个例子的共同点是：存在实数1，0（或1，k），以及$\mathbf{R}^2$中的非零向量$\boldsymbol{\alpha}_1 = \begin{bmatrix} 1 \\ 0 \end{bmatrix}$，$\boldsymbol{\alpha}_2 = \begin{bmatrix} 0 \\ 1 \end{bmatrix}$，使得

$$\boldsymbol{A}\boldsymbol{\alpha}_1 = 1 \cdot \boldsymbol{\alpha}_1,\ \boldsymbol{A}\boldsymbol{\alpha}_2 = 0 \cdot \boldsymbol{\alpha}_2 \quad （或\ \boldsymbol{B}\boldsymbol{\alpha}_1 = 1 \cdot \boldsymbol{\alpha}_1,\ \boldsymbol{B}\boldsymbol{\alpha}_2 = k \cdot \boldsymbol{\alpha}_2），$$

由此抽象出下述概念：

定义　设$\boldsymbol{A}$是数域K上的n阶矩阵.如果K中有数λ_0，并且K^n中有非零向量$\boldsymbol{\alpha}$，使得

$$\boldsymbol{A}\boldsymbol{\alpha} = \lambda_0 \boldsymbol{\alpha},$$

那么称 λ_0 是 $\boldsymbol{A}$ 的一个**特征值**,并称 $\boldsymbol{\alpha}$ 是 $\boldsymbol{A}$ 的属于特征值 λ_0 的一个**特征向量**.

从例 2 中看到,数域 K 上 n 阶矩阵 $\boldsymbol{A}$ 的属于特征值 λ_0 的特征向量 $\boldsymbol{\alpha}$ 有这样的"几何意义":$\boldsymbol{A}$ 乘以 $\boldsymbol{\alpha}$ 是把 $\boldsymbol{\alpha}$"拉伸或压缩"至 λ_0 倍,这个倍数 λ_0 是 $\boldsymbol{A}$ 的一个特征值.

矩阵的特征值和特征向量有重要的应用:可以用来判断一个矩阵能不能对角化,判别平面上用直角坐标系下的方程表示的二次曲线是什么样的二次曲线,求实数域上二次型的标准形,判断实数域上的对称矩阵是不是正定矩阵;另外,在物理学、生物学、经济学、音乐等领域都有重要应用.

(2) 讲定理时首先讲几何空间中的例子,由此受到启发,猜测在 n 维线性空间中有类似的结论,然后进行探索.探索的过程也就是证明的过程.

以关于子空间的直和的充要条件(第七章 § 2 的定理 7)为例.

设 l_1,l_2,l_3 是几何空间 V 中经过原点 O 的三条直线,且它们不在同一个平面上.容易证明:$l_1+l_2+l_3=V$,并且 $l_1+l_2+l_3$ 中任一向量 $\vec{a}$ 能唯一地表示成如下形式:$\vec{a}=\vec{a}_1+\vec{a}_2+\vec{a}_3$,$\vec{a}_i\in l_i,i=1,2,3$.因此,$l_1+l_2+l_3$ 是直和.容易看出:$l_1\cap(l_2+l_3)=0$,$l_2\cap(l_1+l_3)=0$,$l_3\cap(l_1+l_2)=0$;$\dim(l_1+l_2+l_3)=3=\dim l_1+\dim l_2+\dim l_3$;$l_1$ 的一个基、l_2 的一个基和 l_3 的一个基合起来是 $l_1+l_2+l_3$ 的一个基.由此受到启发,我们猜测有下述结论(第七章 § 2 的定理 7)并且给予证明:

定理 设 $V_1,V_2,\cdots,V_s$ 都是数域 K 上 n 维线性空间 V 的子空间,则下列命题等价:

1° $\sum\limits_{i=1}^{s}V_i$ 是直和;

2° $\sum\limits_{i=1}^{s}V_i$ 中零向量的表法唯一;

3° $V_i\cap\left(\sum\limits_{j\neq i}V_j\right)=0,i=1,2,\cdots,s$;

4° $\dim\left(\sum\limits_{i=1}^{s}V_i\right)=\sum\limits_{i=1}^{s}\dim V_i$;

5° V_1 的一个基、V_2 的一个基……V_s 的一个基合起来是 $\sum\limits_{i=1}^{s}V_i$ 的一个基.

3. 注重让学生体会解题的最佳思路是运用理论的最新进展.

例如,我们在第二章 § 4 的例 5 证明了:对于 n 阶三对角线行列式 E_n(它的主对元都是 a,与主对角线平行的上方一条线上的元素都是 b,下方一条线上的元素都是 c,其中 a,b,c 是实数,且 $b\neq0,c\neq0$),有

$$E_n=\frac{\alpha_1^{n+1}-\beta_1^{n+1}}{\alpha_1-\beta_1},\quad a^2\neq4bc,$$

$$E_n=(n+1)\left(\frac{a}{2}\right)^n,\quad a^2=4bc,$$

其中 α_1,β_1 是 $x^2-ax+bc=0$ 的两个根.之后,我们在遇到三对角线行列式的时候直接用这

个结论计算就可以了.

又如,我们在第六章§1中指出:实数域$\mathbf{R}$上的n元二次型$\boldsymbol{x}^T\boldsymbol{A}\boldsymbol{x}$有一个标准形$\lambda_1 y_1^2+\lambda_2 y_2^2+\cdots+\lambda_n y_n^2$,其中$\lambda_1,\lambda_2,\cdots,\lambda_n$是$\boldsymbol{A}$的全部特征值.利用这个结论,对于这一节例4中实数域$\mathbf{R}$上的$n(n\geqslant 2)$元二次型

$$\sum_{i=1}^{n} x_i^2+\sum_{1\leqslant i<j\leqslant n} 2x_i x_j,$$

由于它的矩阵是元素全为1的n阶矩阵$\boldsymbol{J}$,又容易求出$\boldsymbol{J}$的全部特征值是n,0($n-1$重),因此这个二次型的一个标准形为ny_1^2.

4. 增加了一些重要的定理和命题,并且对书中所有定理和命题都写出了证明.书中打"*"号的定理和命题不作为教学要求,供有兴趣的读者自学.

5. 增加了一些重要的例题和习题,并且对书中多数习题给出了较详细的提示或解答.书中打"*"号的例题和习题不作为教学要求,供有兴趣的读者自学.

本书可作为高等学校理工类和经管类本、专科"线性代数"课程的教材,又可作为自学考试辅导用书.教师可根据周学时选用本书:每周4学时,可讲授全书各章;每周3学时,可讲授前六章.

作者感谢本书的责任编辑曾琬婷,她为本书的编辑出版付出了辛勤的劳动.

作者热忱欢迎广大读者对本书提出宝贵意见.

丘维声
于北京大学数学科学学院
2024年6月

第一版前言

随着时代的发展、计算机的普及，线性代数这一数学分支显得越来越重要. 现在几乎所有大专院校的大多数专业都在开设“线性代数”课程. 如何教好、学好这门课程，关键是要有科学地阐述线性代数的基本内容、简明易懂的教材. 这就是本书的编写目的.

线性代数是研究线性空间和线性映射的理论，它的初等部分是研究线性方程组和矩阵. 本书精选了线性代数的内容，着重阐述其最基本的、应用广泛的那些内容；对于不那么基本，或者应用不那么广泛的内容，则略为提及，不展开讲，或者不讲.

由于线性空间和线性映射比较抽象，因此本书先讲线性代数的初等部分：线性方程组和矩阵，以及具体的向量空间 K^n（数域 K 上 n 元有序数组形成的向量空间）和具体的欧几里得空间 $\mathbf{R}^n$；然后讲抽象的线性空间和线性映射，以及抽象的欧几里得空间和酉空间. 这样安排教学内容体系，既可以使读者能由浅入深、由具体到抽象地学好线性代数，又可以使课时较少的读者只要学习线性方程组和矩阵，以及具体的向量空间 K^n 和欧几里得空间 $\mathbf{R}^n$ 就能了解线性代数的基本面貌，掌握其最基本的内容.

学好线性代数的关键是理解和掌握它的基本理论，在理论的指导下，通过分析去做习题或解决实际问题. 如果没有理解基本理论，只是死记解题步骤，或者套题型做题，那么不仅容易忘记，也做不好计算题，更不用说做证明题了. 那么，如何让广大读者在不感到困难的情况下掌握线性代数的基本理论呢？作者根据二十多年在北京大学、中央广播电视大学等高校讲授“高等代数”和“线性代数”课程所积累的经验，从学生熟悉的例子引出概念，以线性代数研究对象的内在联系为主线，简明易懂、深入浅出地阐述基本理论，让广大读者感到道理讲得清楚，线性代数不难学.

本书还有一个鲜明的特色是，在讲授知识的同时，培养学生的数学思维方式. 只有按照数学思维方式去学习数学，才能学好数学. 而且，学会数学思维方式，有助于他们把今后肩负的工作做好，从而使学生终身受益. 什么是数学思维方式？首先，观察客观世界的现象，抓住其主要特征，抽象出概念或者建立模型；然后，进行探索，通过直觉判断或者归纳推理、类比推理做出猜测；最后，进行深入分析和逻辑推理，揭示事物的内在规律，从而使纷繁复杂的现象变得井然有序. 这就是数学的思维方式. 本书按照数学的思维方式编写每一节内容，设立了“观察”“抽象”“探索”“分析”“论证”等小标题，使学生在学习线性代数知识的同时，受到数学思维方式的熏陶，日积月累地培养学生的数学思维方式，提高学生的素质.

学好线性代数必须做适量的、好的习题. 本书的每一节都配备了经过精心挑选的习题. 这些习题有助于学生加深理解和掌握线性代数的基本理论，有益于培养学生分析问题和解决问题的能力. 为了使学生能判断自己所做的习题是否做对了，我们在书末附了习题答案与提示. 为了帮助学生掌握线性代数的基本理论和基本解题方法,提高解题能力,学会如何在理论的指导下分析问题和解决问题,学会用线性代数的知识去解决实际问题,我们还编写了《高等代数学习指导书(上、下册)》,供读者使用.

本书可作为综合大学、理工科大学、师范院校和其他大专院校以及自学考试的"线性代数"课程的教材. 如果周学时为 4 学时,可讲授全书各章;如果周学时为 3 学时,可讲授第一章至第六章;如果周学时为 2 学时,可讲授第一章至第四章. 书中打" * "号的内容和习题不作为教学要求.

教学中各章的参考学时为: 第一章 5 学时,第二章 9 学时,第三章 12 学时,第四章 11 学时,第五章 7 学时,第六章 6 学时,第七章 6 学时,第八章 6 学时,第九章 6 学时.

作者感谢本书的责任编辑刘勇同志,他为本书的编辑出版付出了辛勤的劳动.

作者热忱欢迎广大读者对本书提出宝贵意见.

丘维声
于北京大学数学科学学院
2001 年 12 月

目　　录

第一章　线性方程组

思考

某食品厂收到了某种食品 2000 kg 的订单，要求这种食品含脂肪 5%，碳水化合物 12%，蛋白质 15%. 该厂准备用五种原料 $A_1, A_2, \cdots, A_5$ 配制这种食品，其中每一种原料含脂肪、碳水化合物、蛋白质的百分比如表 1.1 所示. 用上述五种原料能不能配制出 2000 kg 这种食品？如果可以，那么有多少种配方？

表 1.1　　　　（单位：%）

营养成分	原料				
	A_1	A_2	A_3	A_4	A_5
脂肪	8	6	3	2	4
碳水化合物	5	25	10	15	5
蛋白质	15	5	20	10	10

分析

设配制出 2000 kg 这种食品需要原料 $A_1, A_2, \cdots, A_5$ 的数量分别为 $x_1, x_2, \cdots, x_5$（单位：kg），则根据题意得方程组

$$\begin{cases} x_1 + x_2 + x_3 + x_4 + x_5 = 2000, \\ 8x_1 + 6x_2 + 3x_3 + 2x_4 + 4x_5 = 2000 \times 5, \\ 5x_1 + 25x_2 + 10x_3 + 15x_4 + 5x_5 = 2000 \times 12, \\ 15x_1 + 5x_2 + 20x_3 + 10x_4 + 10x_5 = 2000 \times 15. \end{cases} \tag{1}$$

如果这个方程组有解，并且 $x_1, x_2, \cdots, x_5$ 取的值都是正数，那么用这五种原料可以配制出 2000 kg 这种食品. 此时，方程组(1)的满足 $x_i > 0$ $(i = 1, 2, \cdots, 5)$ 的解的个数就是配方的个数.

抽象

上述方程组(1)的每个方程都是未知量 $x_1, x_2, \cdots, x_5$ 的一次方程. 由若干个一次方程联立得到的方程组称为**线性方程组**，其中每个未知量前面的数称为**系数**，右端的项称为**常数项**.

日常生活或生产实际中经常需要求一些量，可用未知量 $x_1, x_2, \cdots$ 表示这些量. 在均匀

变化的数量关系中列出的方程组是线性方程组. 在数学的各个分支以及自然科学、工程技术中,有不少问题可以归结为线性方程组的问题. 因此,我们有必要抽象出线性方程组这一数学模型,并深入地研究它.

含 n 个未知量的线性方程组称为 n **元线性方程组**,它的一般形式是

$$\begin{cases} a_{11}x_1 + a_{12}x_2 + \cdots + a_{1n}x_n = b_1, \\ a_{21}x_1 + a_{22}x_2 + \cdots + a_{2n}x_n = b_2, \\ \cdots\cdots \\ a_{s1}x_1 + a_{s2}x_2 + \cdots + a_{sn}x_n = b_s, \end{cases} \tag{2}$$

其中 $a_{11},a_{12},\cdots,a_{sn}$ 是系数,$b_1,b_2,\cdots,b_s$ 是常数项,它们都属于实数集(或复数集);我们约定把常数项写在等号的右边;方程的个数 s 与未知量的个数 n 可以相等,也可以不相等:$s<n$ 或 $s>n$.

对于系数和常数项都属于实数集(或复数集)的线性方程组(2),如果 $x_1,x_2,\cdots,x_n$ 分别用实数(或复数)$c_1,c_2,\cdots,c_n$ 代入后,每个方程都变成恒等式,那么称 n 元有序数组 $[c_1,c_2,\cdots,c_n]^{\mathrm{T}}$ 是方程组(2)的一个**解**,其中右上角的 T 表示把有序数组写成一列. 方程组(2)的所有解组成的集合称为这个方程组的**解集**.

从上述配制食品的问题可以看出,需要研究线性方程组的下列几个问题:

(1) 线性方程组是否有解? 有解时,有多少个解?

(2) 如何求线性方程组的解?

(3) 线性方程组有解时,它的每个解是否都符合实际问题的需要?(符合实际问题需要的解称为**可行解**.)

(4) 当线性方程组的解不止一个时,这些解之间有什么关系?

这一章和第二、三章都是围绕这些问题展开讨论的.

§1　解线性方程组的算法

思考

例 1　求解线性方程组

$$\begin{cases} x_1 + 3x_2 + x_3 = 2, \\ 3x_1 + 4x_2 + 2x_3 = 9, \\ -x_1 - 5x_2 + 4x_3 = 10, \\ 2x_1 + 7x_2 + x_3 = 1. \end{cases} \tag{1}$$

分析

如果我们能设法消去未知量 x_1,x_2,剩下一个含 x_3 的一元一次方程,那么就能求出 x_3

的值,进而得到含 x_1,x_2 的线性方程组.类似地,可以求出 x_2,x_1 的值.所谓消去未知量 x_1,x_2,就是使 x_1,x_2 的系数变成 0.

为了使求解方法能适用于未知量很多的线性方程组,并能用计算机编程序去计算,我们应当使求解方法有规律可循.今后我们用记号ⓘ+ⓙ·k 表示把方程组的第 j 个方程的 k 倍加到第 i 个方程上,用记号(ⓘ,ⓙ)表示把方程组的第 i 个方程与第 j 个方程互换位置,用记号ⓘ·k 表示用常数 k 乘以方程组的第 i 个方程.

示范

例 2 求线性方程组(1)的解.

解 由于

$$\begin{cases} x_1+3x_2+x_3=2, \\ 3x_1+4x_2+2x_3=9, \\ -x_1-5x_2+4x_3=10, \\ 2x_1+7x_2+x_3=1 \end{cases} \xrightarrow[④+①\cdot(-2)]{②+①\cdot(-3) \atop ③+①\cdot 1} \begin{cases} x_1+3x_2+x_3=2, \\ -5x_2-x_3=3, \\ -2x_2+5x_3=12, \\ x_2-x_3=-3 \end{cases}$$

$$\xrightarrow{(②,④)} \begin{cases} x_1+3x_2+x_3=2, \\ x_2-x_3=-3, \\ -2x_2+5x_3=12, \\ -5x_2-x_3=3 \end{cases}$$

$$\xrightarrow[④+②\cdot 5]{③+②\cdot 2} \begin{cases} x_1+3x_2+x_3=2, \\ x_2-x_3=-3, \\ 3x_3=6, \\ -6x_3=-12 \end{cases}$$

$$\xrightarrow{④+③\cdot 2} \begin{cases} x_1+3x_2+x_3=2, \\ x_2-x_3=-3, \\ 3x_3=6, \\ 0=0 \end{cases} \tag{2}$$

$$\xrightarrow{③\cdot\frac{1}{3}} \begin{cases} x_1+3x_2+x_3=2, \\ x_2-x_3=-3, \\ x_3=2, \\ 0=0 \end{cases}$$

$$\xrightarrow[②+③\cdot 1]{①+③\cdot(-1)} \begin{cases} x_1+3x_2=0, \\ x_2=-1, \\ x_3=2, \\ 0=0 \end{cases}$$

$$\xrightarrow{①+②\cdot(-3)}\begin{cases} x_1 \qquad\qquad = 3, \\ \quad x_2 \qquad = -1, \\ \qquad\quad x_3 = 2, \\ \qquad\qquad 0 = 0, \end{cases} \tag{3}$$

因此$[3,-1,2]^T$是方程组(3)的唯一解.根据下面的评注,$[3,-1,2]^T$也是方程组(1)的唯一解.

评注

[1] 从例2的求解过程看出,我们对线性方程组做了三种变换:

Ⅰ.把一个方程的常数倍加到另一个方程上;

Ⅱ.互换两个方程的位置;

Ⅲ.用一个非零常数乘以某一个方程.

这三种变换称为**线性方程组的初等变换**.

[2] 在例2中,先施行初等变换把线性方程组(1)变成方程组(2).像方程组(2)这样的方程组称为**阶梯形方程组**.对阶梯形方程组(2)进一步施行初等变换,将其变成方程组(3).像方程组(3)这样的方程组称为**简化阶梯形方程组**,从它立即看出解是$[3,-1,2]^T$.

[3] 容易证明,经过初等变换Ⅰ,得到的线性方程组的解集与原方程组的解集相等,此时称这两个方程组**同解**.同样容易证明,初等变换Ⅱ(或Ⅲ)也把线性方程组变成与它同解的线性方程组[证明参见文献[1]第13页至第14页的命题1].因此,经过一系列初等变换变成的简化阶梯形方程组与原方程组同解.因而,例1中线性方程组(1)有唯一的解$[3,-1,2]^T$.

观察

在例2的求解过程中,所有的计算都是对线性方程组的哪些对象做的?

分析

在例2的求解过程中,只是对线性方程组的系数和常数项进行了运算.因此,为了书写简便,对于一个线性方程组,可以只写出它的系数和常数项,并且把它们按照原来的次序排成一张表.这张表称为该方程组的**增广矩阵**,其中系数部分组成的表称为该方程组的**系数矩阵**.例如,线性方程组(1)的增广矩阵和系数矩阵分别是

$$\begin{bmatrix} 1 & 3 & 1 & 2 \\ 3 & 4 & 2 & 9 \\ -1 & -5 & 4 & 10 \\ 2 & 7 & 1 & 1 \end{bmatrix}, \quad \begin{bmatrix} 1 & 3 & 1 \\ 3 & 4 & 2 \\ -1 & -5 & 4 \\ 2 & 7 & 1 \end{bmatrix}.$$

抽象

线性方程组可以用由它的系数和常数项按照原来的次序排成的一张表来表示.在本章开头讲的配制食品的例子中,五种原料所含的脂肪、碳水化合物、蛋白质的百分比也可以用一张表来直观清晰地表示.许许多多的实际问题,其中有各种各样的数学研究对象,它们常常可以用一张张表来表示.因此,我们有必要建立一个数学模型来统一、深入地研究这种表.

定义 1 由 sm 个数排成的 s 行 m 列的一张表称为一个 $s\times m$ **矩阵**,其中每个数称为这个矩阵的一个**元素**,第 i 行与第 j 列交叉位置的元素称为这个矩阵的(i,j)**元**.

例如,线性方程组(1)的增广矩阵的(2,4)元是 9,(4,2)元是 7.

矩阵通常用大写黑体英文字母 $\boldsymbol{A},\boldsymbol{B},\boldsymbol{C},\cdots$ 表示.一个 $s\times m$ 矩阵可以简单地记作 $\boldsymbol{A}_{s\times m}$,它的$(i,j)$元记作 $\boldsymbol{A}(i;j)$.如果一个 $s\times m$ 矩阵 $\boldsymbol{A}$ 的(i,j)元是 a_{ij} $(i=1,2,\cdots,s;j=1,2,\cdots,m)$,那么可以记 $\boldsymbol{A}=[a_{ij}]_{s\times m}$ 或 $[a_{ij}]$.

元素全为 0 的矩阵称为**零矩阵**,记作 $\mathbf{0}$. s 行 m 列的零矩阵可以记成 $\mathbf{0}_{s\times m}$.

如果一个矩阵 $\boldsymbol{A}$ 的行数与列数相等,则称它为**方阵**. m 行 m 列的方阵也称为 m **阶矩阵**.

对于两个矩阵 $\boldsymbol{A},\boldsymbol{B}$,如果它们的行数相同,列数也相同,并且对应的元素都相等[$\boldsymbol{A}(i;j)=\boldsymbol{B}(i;j)$,对所有的 i,j 成立],那么称 $\boldsymbol{A}$ 与 $\boldsymbol{B}$ **相等**,记作 $\boldsymbol{A}=\boldsymbol{B}$.

本章和第二、三章只围绕线性方程组来研究矩阵,第四、五、六章再深入地研究矩阵的运算和其他性质.

利用线性方程组的增广矩阵,我们可以把例 2 的求解过程按照下述格式来书写.

示范

例 3 求线性方程组(1)的解.

解 对方程组(1)的增广矩阵施行相应于例 2 中对方程组(1)所做的初等变换:

$$\begin{bmatrix}1&3&1&2\\3&4&2&9\\-1&-5&4&10\\2&7&1&1\end{bmatrix}\xrightarrow[\text{④}+\text{①}\cdot(-2)]{\substack{\text{②}+\text{①}\cdot(-3)\\ \text{③}+\text{①}\cdot 1}}\begin{bmatrix}1&3&1&2\\0&-5&-1&3\\0&-2&5&12\\0&1&-1&-3\end{bmatrix}$$

$$\xrightarrow{(\text{②},\text{④})}\begin{bmatrix}1&3&1&2\\0&1&-1&-3\\0&-2&5&12\\0&-5&-1&3\end{bmatrix}\xrightarrow[\text{④}+\text{②}\cdot 5]{\text{③}+\text{②}\cdot 2}\begin{bmatrix}1&3&1&2\\0&1&-1&-3\\0&0&3&6\\0&0&-6&-12\end{bmatrix}$$

$$\xrightarrow{\text{④}+\text{③}\cdot 2}\begin{bmatrix}1&3&1&2\\0&1&-1&-3\\0&0&3&6\\0&0&0&0\end{bmatrix}\xrightarrow{\text{③}\cdot\frac{1}{3}}\begin{bmatrix}1&3&1&2\\0&1&-1&-3\\0&0&1&2\\0&0&0&0\end{bmatrix}$$

$$\xrightarrow[\text{②}+\text{③}\cdot 1]{\text{①}+\text{③}\cdot(-1)}\begin{bmatrix}1&3&0&0\\0&1&0&-1\\0&0&1&2\\0&0&0&0\end{bmatrix}\xrightarrow{\text{①}+\text{②}\cdot(-3)}\begin{bmatrix}1&0&0&3\\0&1&0&-1\\0&0&1&2\\0&0&0&0\end{bmatrix}.$$

以上面最后一个矩阵为增广矩阵的线性方程组是

$$\begin{cases}x_1 = 3,\\ x_2 = -1,\\ x_3 = 2,\\ 0 = 0.\end{cases}$$

因此,原方程组有唯一解$[3,-1,2]^{\mathrm{T}}$.

评注

[1] 从例 3 的求解过程看出,我们对线性方程组的增广矩阵施行了三种变换:

Ⅰ. 把一行的常数倍加到另一行上;

Ⅱ. 互换两行的位置;

Ⅲ. 用一个非零常数乘以某一行.

这三种变换称为**矩阵的初等行变换**.

[2] 在例 3 的求解过程中,先通过初等行变换把增广矩阵化成矩阵

$$\begin{bmatrix}1&3&1&2\\0&1&-1&-3\\0&0&3&6\\0&0&0&0\end{bmatrix}.$$

这种矩阵称为**阶梯形矩阵**,它的特点是:

(1) 元素全为 0 的行(称为**零行**)在下方(如果有零行的话);

(2) 在元素不全为 0 的行(称为**非零行**)中,从左边数起第一个不为 0 的元素(称为**主元**)的列指标随着行指标的递增而严格增大.

在例 3 的求解过程中,我们对阶梯形矩阵继续施行初等行变换,直至化成矩阵

$$\begin{bmatrix}1&0&0&3\\0&1&0&-1\\0&0&1&2\\0&0&0&0\end{bmatrix}.$$

这种矩阵称为**简化行阶梯形矩阵**,它的特点是:

(1) 它是阶梯形矩阵;

(2) 每行非零行的主元都是 1;

(3) 每个主元所在列的其余元素都是 0.

[3] 在解线性方程组时,可以通过初等行变换把它的增广矩阵化成阶梯形矩阵,写出相应的阶梯形方程组,进行求解;或者将增广矩阵化成简化行阶梯形矩阵,写出相应的简化阶梯形方程组,从而立即得出解.

[4] 可以证明:任何一个矩阵都能经过一系列初等行变换化成阶梯形矩阵,并且能进一步用初等行变换化成简化行阶梯形矩阵.可以从例 3 的增广矩阵化成简化行阶梯形矩阵的过程看出证明的思路,然后用数学归纳法写出证明,参见文献[1]第 16 页至第 17 页的命题 2 和推论 1.

示范

例 4 解线性方程组

$$\begin{cases} x_1 - x_2 + x_3 = 1, \\ x_1 - x_2 - x_3 = 3, \\ 2x_1 - 2x_2 - x_3 = 3. \end{cases}$$

解 对原方程组的增广矩阵施行初等行变换:

$$\begin{bmatrix} 1 & -1 & 1 & 1 \\ 1 & -1 & -1 & 3 \\ 2 & -2 & -1 & 3 \end{bmatrix} \xrightarrow[\text{③}+\text{①}\cdot(-2)]{\text{②}+\text{①}\cdot(-1)} \begin{bmatrix} 1 & -1 & 1 & 1 \\ 0 & 0 & -2 & 2 \\ 0 & 0 & -3 & 1 \end{bmatrix}$$

$$\xrightarrow{\text{②}\cdot\left(-\frac{1}{2}\right)} \begin{bmatrix} 1 & -1 & 1 & 1 \\ 0 & 0 & 1 & -1 \\ 0 & 0 & -3 & 1 \end{bmatrix}$$

$$\xrightarrow{\text{③}+\text{②}\cdot 3} \begin{bmatrix} 1 & -1 & 1 & 1 \\ 0 & 0 & 1 & -1 \\ 0 & 0 & 0 & -2 \end{bmatrix}.$$

写出最后这个阶梯形矩阵表示的阶梯形方程组:

$$\begin{cases} x_1 - x_2 + x_3 = 1, \\ x_3 = -1, \\ 0 = -2. \end{cases}$$

x_1, x_2, x_3 无论取什么值都不能满足第 3 个方程:$0=-2$.因此,原方程组无解.

例 5 解实数集上的线性方程组

$$\begin{cases} x_1 - x_2 + x_3 = 1, \\ x_1 - x_2 - x_3 = 3, \\ 2x_1 - 2x_2 - x_3 = 5. \end{cases}$$

解 对原方程组的增广矩阵施行初等行变换:

$$\begin{bmatrix}1&-1&1&1\\1&-1&-1&3\\2&-2&-1&5\end{bmatrix}\xrightarrow[\text{③}+\text{①}\cdot(-2)]{\text{②}+\text{①}\cdot(-1)}\begin{bmatrix}1&-1&1&1\\0&0&-2&2\\0&0&-3&3\end{bmatrix}$$

$$\xrightarrow{\text{②}\cdot\left(-\frac{1}{2}\right)}\begin{bmatrix}1&-1&1&1\\0&0&1&-1\\0&0&-3&3\end{bmatrix}\xrightarrow{\text{③}+\text{②}\cdot 3}\begin{bmatrix}1&-1&1&1\\0&0&1&-1\\0&0&0&0\end{bmatrix}$$

$$\xrightarrow{\text{①}+\text{②}\cdot(-1)}\begin{bmatrix}1&-1&0&2\\0&0&1&-1\\0&0&0&0\end{bmatrix}.$$

最后这个简化行阶梯形矩阵表示的简化阶梯形方程组是

$$\begin{cases}x_1-x_2 \qquad = 2,\\ \qquad\qquad x_3=-1,\\ \qquad\qquad 0=0.\end{cases}$$

从第 1 个方程看出，x_2 每取一个值 c_2，都可以求得 $x_1=c_2+2$，从而得到原方程组的一个解 $[c_2+2,c_2,-1]^{\mathrm{T}}$. 由于 c_2 可以取任意实数，并且实数集有无穷多个数，因此原方程组有无穷多个解. 我们可以用下述表达式来表示这无穷多个解：

$$\begin{cases}x_1=x_2+2,\\x_3=-1.\end{cases}$$

这个表达式称为原方程组的**一般解**，其中以主元为系数的未知量 x_1,x_3 称为**主变量**，而其余未知量 x_2 称为**自由未知量**. 一般解就是用自由未知量表示主变量的式子.

从例 5 看到，通过初等行变换可以把 n 元线性方程组的增广矩阵化成简化行阶梯形矩阵，设它有 r 行非零行. 当 n 元线性方程组有无穷多个解时，把以主元为系数的未知量称为**主变量**（共有 r 个），其余未知量称为**自由未知量**（共有 $n-r$ 个），而把用自由未知量的一次式表示主变量的表达式称为 n 元线性方程组的**一般解**. 任给自由未知量的一组值，代入一般解中可求出主变量的值，从而得到 n 元线性方程组的一个解；反之，对于 n 元线性方程组的任一解，都可以由自由未知量取某一组值代入一般解来求出主变量的值，从而得到这个解.

观察

你能从例 3、例 4 和例 5 的求解过程中找出判别线性方程组有没有解的方法吗？例 3 的线性方程组有唯一解，例 5 的线性方程组有无穷多个解，你能从它们的增广矩阵化成的阶梯形矩阵中找出它们的不同之处吗？

评注

[1] 从例 4 看出，通过初等行变换把线性方程组的增广矩阵化成阶梯形矩阵时，如果相应的阶梯形方程组中出现“$0=d(d\neq 0)$”这样的方程，则原方程组无解. 由例 3 和例 5，我们

猜想：如果相应的阶梯形方程组中不出现“$0=d(d\neq 0)$”这种方程，则原方程组有解. 下一节将证明这个猜想是正确的.

[2] 例 3 中阶梯形矩阵的非零行数为 3，与未知量个数相等；例 5 中阶梯形矩阵的非零行数为 2，小于未知量个数. 由此猜想：在线性方程组有解的情况下，它的增广矩阵经过初等行变换化成的阶梯形矩阵中，如果非零行数等于未知量个数，则线性方程组有唯一解；如果非零行数小于未知量个数，则线性方程组有无穷多个解. 下一节将证明这个猜想也是正确的.

[3] 当线性方程组有解时，通过初等行变换把阶梯形矩阵进一步化成简化行阶梯形矩阵，则可以立即写出线性方程组的唯一解或一般解(无穷多个解).

小结

解线性方程组的方法如图 1-1 所示，这种解线性方程组的方法称为**高斯(Gauss)-若尔当(Jordan)算法.**

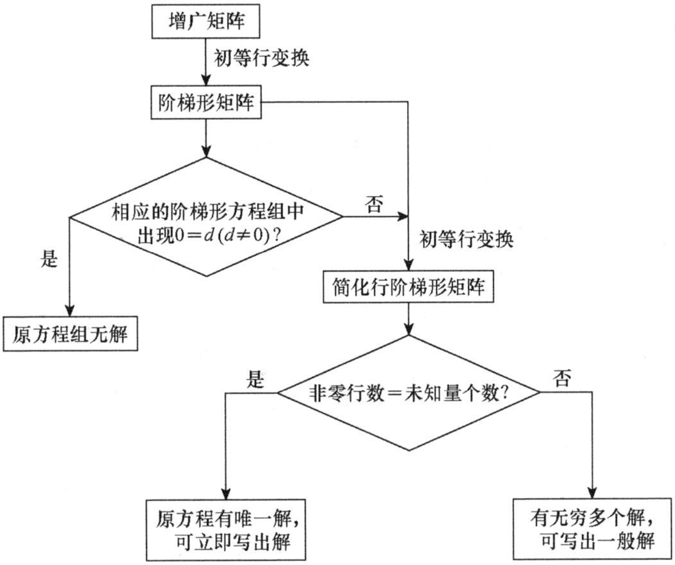

图 1-1

习 题 1.1

1. 解下列线性方程组：

(1) $\begin{cases} x_1-3x_2-2x_3=3, \\ -2x_1+x_2-4x_3=-9, \\ -x_1+4x_2-x_3=-7; \end{cases}$

(2) $\begin{cases} x_1+3x_2+2x_3=1, \\ 2x_1+5x_2+5x_3=7, \\ 3x_1+7x_2+x_3=-8, \\ -x_1-4x_2+x_3=10; \end{cases}$

(3) $\begin{cases} x_1-3x_2-2x_3-x_4=6, \\ 3x_1-8x_2+x_3+5x_4=0, \\ -2x_1+x_2-4x_3+x_4=-12, \\ -x_1+4x_2-x_3-3x_4=2; \end{cases}$ (4) $\begin{cases} x_1+3x_2-7x_3=-8, \\ 2x_1+5x_2+4x_3=4, \\ -3x_1-7x_2-2x_3=-3, \\ x_1+4x_2-12x_3=-15; \end{cases}$

(5) $\begin{cases} x_1-2x_2+3x_3-4x_4=4, \\ x_1+x_2-x_3+x_4=-11, \\ x_1+3x_2+x_4=1, \\ -7x_2+3x_3+x_4=-3. \end{cases}$

2. 一个投资者想把 1 万元投给三个企业 A_1,A_2,A_3,已知投资它们的利润率分别是 12%,15%,22%.他想得到 2000 元利润.

(1) 如果投给 A_2 的金额是投给 A_1 的金额的 2 倍,那么应当分别给 A_1,A_2,A_3 投资多少钱?

(2) 投给 A_3 的金额可不可以等于投给 A_1 与 A_2 的金额之和?

3. 解线性方程组:

(1) $\begin{cases} 2x_1-3x_2+x_3+5x_4=6, \\ -3x_1+x_2+2x_3-4x_4=5, \\ -x_1-2x_2+3x_3+x_4=-2; \end{cases}$ (2) $\begin{cases} 2x_1-3x_2+x_3+5x_4=6, \\ -3x_1+x_2+2x_3-4x_4=5, \\ -x_1-2x_2+3x_3+x_4=11; \end{cases}$

(3) $\begin{cases} x_1-5x_2-2x_3=4, \\ 2x_1-3x_2+x_3=7, \\ -x_1+12x_2+7x_3=-5, \\ x_1+16x_2+13x_3=-1; \end{cases}$ (4) $\begin{cases} x_1-5x_2-2x_3=4, \\ 2x_1-3x_2+x_3=7, \\ -x_1+12x_2+7x_3=-5, \\ x_1+16x_2+13x_3=1. \end{cases}$

§2 线性方程组的解的情况及其判别准则

回顾

上一节中例 3、例 4 和例 5 的线性方程组分别有唯一解,无解,有无穷多个解.例 4 的阶梯形方程组中出现“$0=-2$”这个方程,从而无解.例 3 和例 5 的阶梯形方程组中没有出现“$0=d(d\neq0)$”这种方程,它们分别有唯一解和无穷多个解.这启发我们猜想线性方程组的解只有三种可能:无解,有唯一解,有无穷多个解;而且猜想阶梯形方程组中是否出现“$0=d(d\neq0)$”这种方程是线性方程组是否有解的判别准则.

上一节中例 3 和例 5 的线性方程组都有解,但前者有唯一解,后者有无穷多个解.从它们的增广矩阵经过初等行变换化成的阶梯形矩阵的不同之处,我们猜想:在线性方程组有解的情况下,当阶梯形矩阵的非零行数 r 等于未知量个数 n,即 $r=n$ 时,线性方程组有唯一解;而当 $r<n$ 时,线性方程组有无穷多个解.

上述猜想正确吗?

论证

由于线性方程组与对它施行初等变换得到的阶梯形方程组同解,因此我们只要讨论阶梯形方程组的解有几种可能性及其判别准则即可. 设阶梯形方程组有 n 个未知量,它的增广矩阵 $\tilde{\boldsymbol{J}}$ 有 r 行非零行,$\tilde{\boldsymbol{J}}$ 有 $n+1$ 列.

情形 1 阶梯形方程组中出现"$0=d(d\neq0)$"这种方程. 由于这种方程无解,从而阶梯形方程组无解.

情形 2 阶梯形方程组中不出现"$0=d(d\neq0)$"这种方程. 此时,$\tilde{\boldsymbol{J}}$ 的第 r 行非零行的主元的列指标 $j_r\leqslant n$,又由于 $\tilde{\boldsymbol{J}}$ 的主元的列指标随着行指标的递增而严格增大,因此 $j_r\geqslant r$. 于是 $r\leqslant j_r\leqslant n$,从而 $r\leqslant n$. 通过初等行变换把 $\tilde{\boldsymbol{J}}$ 化成简化行阶梯形矩阵 $\tilde{\boldsymbol{J}}_1$,则 $\tilde{\boldsymbol{J}}_1$ 也有 r 行非零行,从而 $\tilde{\boldsymbol{J}}_1$ 有 r 个主元.

情形 2.1 $r=n$. 此时,$\tilde{\boldsymbol{J}}_1$ 有 n 个主元. 由于 n 个主元应分布在不同的列,因此 $\tilde{\boldsymbol{J}}_1$ 一定形如

$$\begin{bmatrix} 1 & 0 & 0 & \cdots & 0 & 0 & d_1 \\ 0 & 1 & 0 & \cdots & 0 & 0 & d_2 \\ \vdots & \vdots & \vdots & & \vdots & \vdots & \vdots \\ 0 & 0 & 0 & \cdots & 0 & 1 & d_n \\ 0 & 0 & 0 & \cdots & 0 & 0 & 0 \\ \vdots & \vdots & \vdots & & \vdots & \vdots & \vdots \\ 0 & 0 & 0 & \cdots & 0 & 0 & 0 \end{bmatrix}, \tag{1}$$

从而阶梯形方程组有唯一解$[d_1,d_2,\cdots,d_n]^{\mathrm{T}}$.

情形 2.2 $r<n$. 此时,$\tilde{\boldsymbol{J}}_1$ 有 r 个主元,从而阶梯形方程组有 r 个主变量 $x_{j_1},x_{j_2},\cdots,x_{j_r}$ $[\{j_1,j_2,\cdots,j_r\}\subset\{1,2,\cdots,n\}]$,有 $n-r$ 个自由未知量 $x_{i_1},x_{i_2},\cdots,x_{i_{n-r}}$ $[\{i_1,i_2,\cdots,i_{n-r}\}\subset\{1,2,\cdots,n\}]$,把主变量留在等号左边,把含自由未知量的项移到等号右边. 自由未知量取任一组值,都可求出主变量的值,从而得到阶梯形方程组的一个解. 由于实数集(或复数集)有无穷多个数,因此阶梯形方程组有无穷多个解,它的一般解为

$$\begin{cases} x_{j_1}=c_{11}x_{i_1}+\cdots+c_{1,n-r}x_{i_{n-r}}+d_1, \\ x_{j_2}=c_{21}x_{i_1}+\cdots+c_{2,n-r}x_{i_{n-r}}+d_2, \\ \cdots\cdots \\ x_{j_r}=c_{r1}x_{i_1}+\cdots+c_{r,n-r}x_{i_{n-r}}+d_r, \end{cases} \tag{2}$$

其中 $x_{i_1},x_{i_2},\cdots,x_{i_{n-r}}$ 是自由未知量.

综上所述,我们得到下面的结论:

定理 1 系数和常数项属于实数集(或复数集)的 n 元线性方程组的解的情况有且只有

三种可能性：无解，有唯一解，有无穷多个解. 通过初等行变换把 n 元线性方程组的增广矩阵化成阶梯形矩阵，如果相应的阶梯形方程组中出现“$0=d(d\neq 0)$”这种方程，则原方程组无解；否则，原方程组有解. 当原方程组有解时，如果阶梯形矩阵的非零行数 r 等于未知量个数 n，即 $r=n$，则原方程组有唯一解；如果 $r<n$，则原方程组有无穷多个解. ▌

示范

例 1　a 为何值时，线性方程组

$$\begin{cases} 3x_1+x_2-x_3-2x_4=2, \\ x_1-5x_2+2x_3+x_4=-1, \\ 2x_1+6x_2-3x_3-3x_4=a+1, \\ -x_1-11x_2+5x_3+4x_4=-4 \end{cases} \tag{3}$$

有解？当有解时，求出它的所有解.

解　对原方程组的增广矩阵施行初等行变换：

$$\begin{bmatrix} 3 & 1 & -1 & -2 & 2 \\ 1 & -5 & 2 & 1 & -1 \\ 2 & 6 & -3 & -3 & a+1 \\ -1 & -11 & 5 & 4 & -4 \end{bmatrix} \xrightarrow{(①,②)} \begin{bmatrix} 1 & -5 & 2 & 1 & -1 \\ 3 & 1 & -1 & -2 & 2 \\ 2 & 6 & -3 & -3 & a+1 \\ -1 & -11 & 5 & 4 & -4 \end{bmatrix}$$

$$\xrightarrow[\substack{③+①\cdot(-2) \\ ④+①\cdot 1}]{②+①\cdot(-3)} \begin{bmatrix} 1 & -5 & 2 & 1 & -1 \\ 0 & 16 & -7 & -5 & 5 \\ 0 & 16 & -7 & -5 & a+3 \\ 0 & -16 & 7 & 5 & -5 \end{bmatrix}$$

$$\xrightarrow[④+②\cdot 1]{③+②\cdot(-1)} \begin{bmatrix} 1 & -5 & 2 & 1 & -1 \\ 0 & 16 & -7 & -5 & 5 \\ 0 & 0 & 0 & 0 & a-2 \\ 0 & 0 & 0 & 0 & 0 \end{bmatrix}.$$

可见，原方程组有解当且仅当 $a-2=0$，即 $a=2$. 此时，再对最后的阶梯形矩阵施行初等行变换，将其化成简化行阶梯形矩阵：

$$\begin{bmatrix} 1 & -5 & 2 & 1 & -1 \\ 0 & 16 & -7 & -5 & 5 \\ 0 & 0 & 0 & 0 & 0 \\ 0 & 0 & 0 & 0 & 0 \end{bmatrix} \longrightarrow \begin{bmatrix} 1 & 0 & -\frac{3}{16} & -\frac{9}{16} & \frac{9}{16} \\ 0 & 1 & -\frac{7}{16} & -\frac{5}{16} & \frac{5}{16} \\ 0 & 0 & 0 & 0 & 0 \\ 0 & 0 & 0 & 0 & 0 \end{bmatrix}.$$

因此，原方程组的一般解是

$$\begin{cases} x_1 = \dfrac{3}{16}x_3 + \dfrac{9}{16}x_4 + \dfrac{9}{16}, \\ x_2 = \dfrac{7}{16}x_3 + \dfrac{5}{16}x_4 + \dfrac{5}{16}, \end{cases}$$

其中 x_3, x_4 是自由未知量.

观察

线性方程组

$$\begin{cases} x_1 + 3x_2 - 4x_3 + 2x_4 = 0, \\ 3x_1 - x_2 + 2x_3 - x_4 = 0, \\ -2x_1 + 4x_2 - x_3 + 3x_4 = 0, \\ 3x_1 + 9x_2 - 7x_3 + 6x_4 = 0 \end{cases} \tag{4}$$

有什么特点？它是否一定有解？

评注

[1] 线性方程组(4)的每个方程的常数项都为 0. 常数项全为 0 的线性方程组称为**齐次线性方程组**. 显然，$[0,0,0,0]^{\mathrm{T}}$ 是齐次线性方程组(4)的一个解，这个解称为**零解**. 任何一个齐次线性方程组都有零解. 如果一个齐次线性方程组除了零解外，还有其他的解，则称其他的解为**非零解**. 根据定理 1 的前半部分结论，如果一个齐次线性方程组有非零解，那么它就有无穷多个解.

[2] 如何判断一个齐次线性方程组有没有非零解？

运用定理 1 便得出下面的结论：

推论 1 n 元齐次线性方程组有非零解的充要条件是，它的系数矩阵经过初等行变换化成的阶梯形矩阵中，非零行数 r 满足 $r<n$. ▌

从推论 1 又可得到下面的结论：

推论 2 如果 n 元齐次线性方程组中方程的个数 s 满足 $s<n$，那么它一定有非零解.

证明 通过初等行变换把 n 元齐次线性方程组的系数矩阵化成阶梯形矩阵时，阶梯形矩阵的非零行数 r 满足 $r \leqslant s < n$，因此 n 元齐次线性方程组有非零解. ▌

示范

例 2 判断齐次线性方程组(4)有无非零解，如果有非零解，求出它的一般解.

解 方程组(4)的增广矩阵的最后一列元素全为 0，在对它做初等行变换时，所得矩阵的最后一列元素也总是全为 0，因此我们只要对系数矩阵进行初等行变换，将其化成阶梯形矩阵即可：

$$\begin{bmatrix} 1 & 3 & -4 & 2 \\ 3 & -1 & 2 & -1 \\ -2 & 4 & -1 & 3 \\ 3 & 9 & -7 & 6 \end{bmatrix} \longrightarrow \begin{bmatrix} 1 & 3 & -4 & 2 \\ 0 & -10 & 14 & -7 \\ 0 & 0 & 5 & 0 \\ 0 & 0 & 0 & 0 \end{bmatrix}.$$

最后得到的阶梯形矩阵的非零行数为 3,它小于未知量个数 4,因此方程组(4)有非零解.由于再做初等行变换有

$$\begin{bmatrix} 1 & 3 & -4 & 2 \\ 0 & -10 & 14 & -7 \\ 0 & 0 & 5 & 0 \\ 0 & 0 & 0 & 0 \end{bmatrix} \longrightarrow \begin{bmatrix} 1 & 0 & 0 & -\frac{1}{10} \\ 0 & 1 & 0 & \frac{7}{10} \\ 0 & 0 & 1 & 0 \\ 0 & 0 & 0 & 0 \end{bmatrix},$$

因此方程组(4)的一般解是

$$\begin{cases} x_1 = \dfrac{1}{10}x_4, \\ x_2 = -\dfrac{7}{10}x_4, \\ x_3 = 0, \end{cases}$$

其中 x_4 是自由未知量.

习　题　1.2

1. a 为何值时,下述线性方程组有解?当有解时,求出它的所有解.

$$\begin{cases} x_1 - 4x_2 + 2x_3 = -1, \\ -x_1 + 11x_2 - x_3 = 3, \\ 3x_1 - 5x_2 + 7x_3 = a. \end{cases}$$

2. a 为何值时,下述线性方程组有唯一解?a 为何值时,此线性方程组无解?

$$\begin{cases} x_1 + x_2 + x_3 = 3, \\ x_1 + 2x_2 - ax_3 = 9, \\ 2x_1 - x_2 + 3x_3 = 6. \end{cases}$$

3. (1) 下述线性方程组是否有解?有多少个解?

$$\begin{cases} x + y = 1, \\ x - 3y = -1, \\ 10x - 4y = 3; \end{cases}$$

(2) 改变第(1)小题中线性方程组的一个方程的某一个系数,使得新线性方程组没有解;

(3) 在平面直角坐标系 Oxy 中,画出第(1)小题中各个方程表示的图形.

4. a 为何值时，下述线性方程组有解？当有解时，求它的所有解.

$$\begin{cases} x_1+x_2+x_3+x_4=-7, \\ x_1+3x_3-x_4=8, \\ x_1+2x_2-x_3+x_4=2a+2, \\ 3x_1+3x_2+3x_3+2x_4=-11, \\ 2x_1+2x_2+2x_3+x_4=2a. \end{cases}$$

*5. 当 c 与 d 取什么值时，下述线性方程组有解？当有解时，求它的所有解.

$$\begin{cases} x_1+x_2+x_3+x_4+x_5=1, \\ 3x_1+2x_2+x_3+x_4-3x_5=c, \\ x_2+2x_3+2x_4+6x_5=3, \\ 5x_1+4x_2+3x_3+3x_4-x_5=d. \end{cases}$$

*6. 是否存在二次函数 $f(x)=ax^2+bx+c$，使得其图像经过 $P[1,2]^{\mathrm{T}}$，$Q[-1,3]^{\mathrm{T}}$，$M[-4,5]^{\mathrm{T}}$，$N[0,2]^{\mathrm{T}}$ 这四个点？

7. 下列齐次线性方程组有无非零解？若有非零解，求出它们的一般解.

(1) $\begin{cases} 3x_1-5x_2+x_3-2x_4=0, \\ 2x_1+3x_2-5x_3+x_4=0, \\ -x_1+7x_2-4x_3+3x_4=0, \\ 4x_1+15x_2-7x_3+9x_4=0; \end{cases}$ (2) $\begin{cases} 5x_1-2x_2+4x_3-3x_4=0, \\ -3x_1+5x_2-x_3+2x_4=0, \\ x_1-3x_2+2x_3+x_4=0. \end{cases}$

§3 数　　域

思考

下述线性方程组在有理数集内有解吗？在整数集内呢？

$$\begin{cases} 2x+y=2, \\ 4x-3y=-1. \end{cases} \tag{1}$$

分析

在有理数集内解线性方程组(1)：

$$\begin{bmatrix} 2 & 1 & 2 \\ 4 & -3 & -1 \end{bmatrix} \xrightarrow{②+①\cdot(-2)} \begin{bmatrix} 2 & 1 & 2 \\ 0 & -5 & -5 \end{bmatrix} \xrightarrow{②\cdot\left(-\frac{1}{5}\right)} \begin{bmatrix} 2 & 1 & 2 \\ 0 & 1 & 1 \end{bmatrix}$$

$$\xrightarrow{①+②\cdot(-1)} \begin{bmatrix} 2 & 0 & 1 \\ 0 & 1 & 1 \end{bmatrix} \xrightarrow{①\cdot\frac{1}{2}} \begin{bmatrix} 1 & 0 & \frac{1}{2} \\ 0 & 1 & 1 \end{bmatrix},$$

于是方程组(1)的解为$\left[\frac{1}{2},1\right]^{\mathrm{T}}$.

如果在整数集内解方程组(1),那么上述求解过程中最后一步是行不通的$\Big($因为$\frac{1}{2}$不是整数,所以不能用$\frac{1}{2}$乘以第1个方程.或者说,由于整数集对除法不封闭,即任意两个非零整数的商有可能不是整数,因此不能用2去除第1个方程$\Big)$.所以,在整数集内,方程组(1)没有解.

从上述例子看出,由于矩阵的初等行变换Ⅲ需要用一个非零常数乘以某一行(相当于用一个非零常数乘以某一个方程),以便使阶梯形矩阵的主元变成1,因此为了使初等行变换能畅通无阻地进行,就应当要求所考虑的数集对于加法、减法和乘法都封闭.也就是说,该数集内任意两个数的和、差、积仍在这个数集内.另外,还应要求该数集内的任一非零数的倒数仍在这个数集内.我们在前面两节讨论线性方程组的解法和解的情况判定时,所取的数集——实数集(或复数集)具有这个性质.现在我们对这样的数集给出明确的定义.

抽象

定义1 设K是复数集$\mathbf{C}$的一个子集,如果K满足:

1° $0,1\in K$;

2° 对于任意$a,b\in K$,都有$a\pm b,ab\in K$,并且当$b\neq0$时,有$\frac{1}{b}\in K$,

那么称K是一个**数域**.

数域K满足的条件2°可以说成:K对于加减乘除四种运算**封闭**.

显然,有理数集$\mathbf{Q}$、实数集$\mathbf{R}$、复数集$\mathbf{C}$都是数域,分别称它们为**有理数域**、**实数域**、**复数域**.但是,整数集$\mathbf{Z}$不是数域.

除了$\mathbf{Q},\mathbf{R},\mathbf{C}$外,还有很多数域.例如,令

$$\mathbf{Q}(\sqrt{2})=\{a+b\sqrt{2}\mid a,b\in\mathbf{Q}\},$$

显然$0=0+0\cdot\sqrt{2}\in\mathbf{Q}(\sqrt{2})$,$1=1+0\cdot\sqrt{2}\in\mathbf{Q}(\sqrt{2})$,并且容易验证$\mathbf{Q}(\sqrt{2})$对于加减乘除四种运算封闭,因此$\mathbf{Q}(\sqrt{2})$是一个数域.具体证明可参看文献[1]第25页的例1.

观察

上面列举的数域$\mathbf{Q},\mathbf{R},\mathbf{C},\mathbf{Q}(\sqrt{2})$中哪个最小?(哪个数域是其他数域的子集?)

命题1 任一数域都包含有理数域.

证明 设K是一个数域,则$0,1\in K$,从而

$$2=1+1\in K,\quad 3=2+1\in K,\quad \cdots,\quad n=(n-1)+1\in K.$$

也就是说,任一正整数$n\in K$.又由于

$$-n = 0 - n \in K,$$

因此任一负整数$-n\in K$,从而 $\mathbf{Z}\subseteq K$. 于是,任一分数$\dfrac{a}{b}=a\cdot\dfrac{1}{b}\in K$ $(b\neq 0)$. 所以 $\mathbf{Q}\subseteq K$. ▌

从现在起,我们取定一个数域 K,所讨论的线性方程组都是数域 K 上的,即它的全部系数和常数项都属于 K,并且它的每个解都是数域 K 中的数组成的有序数组;所讨论的矩阵的全部元素都属于 K(称这种矩阵为数域 K 上的矩阵),并且做矩阵的初等行变换时,“倍数”“非零常数”都属于 K. §2 的定理 1 对于任一数域 K 上的线性方程组都成立.

习 题 1.3

1. 令 $\mathbf{Q}(\mathrm{i})=\{a+b\mathrm{i}\mid a,b\in\mathbf{Q}\}$,证明:$\mathbf{Q}(\mathrm{i})$是一个数域.
2. 最大的数域是哪一个?即哪一个数域包含了所有的数域?

第二章　行　列　式

思考

第一章 §2 的定理 1 给出了线性方程组有没有解、有多少解的判别准则，它需要先通过初等行变换把线性方程组的增广矩阵化成阶梯形矩阵. 能不能直接用线性方程组的系数和常数项判断它有没有解，有多少解呢？

探索

先研究含两个方程的二元一次（线性）方程组

$$\begin{cases} a_{11}x_1 + a_{12}x_2 = b_1, \\ a_{21}x_1 + a_{22}x_2 = b_2, \end{cases} \tag{1}$$

其中 a_{11}, a_{21} 不全为 0. 不妨设 $a_{11} \neq 0$. 通过初等行变换将它的增广矩阵化成阶梯形矩阵：

$$\begin{bmatrix} a_{11} & a_{12} & b_1 \\ a_{21} & a_{22} & b_2 \end{bmatrix} \xrightarrow{②+①\cdot\left(-\frac{a_{21}}{a_{11}}\right)} \begin{bmatrix} a_{11} & a_{12} & b_1 \\ 0 & a_{22} - \dfrac{a_{21}}{a_{11}}a_{12} & b_2 - \dfrac{a_{21}}{a_{11}}b_1 \end{bmatrix}.$$

情形 1　$a_{11}a_{22} - a_{12}a_{21} \neq 0$. 此时，二元一次方程组(1)有唯一解：

$$x_1 = \frac{b_1a_{22} - b_2a_{12}}{a_{11}a_{22} - a_{12}a_{21}}, \quad x_2 = \frac{a_{11}b_2 - a_{21}b_1}{a_{11}a_{22} - a_{12}a_{21}}. \tag{2}$$

情形 2　$a_{11}a_{22} - a_{12}a_{21} = 0$. 此时，二元一次方程组(1)无解，或者有无穷多个解.

综上所述，得出下面的结论：

命题 1　含两个方程的二元一次方程组(1)有唯一解的充要条件是 $a_{11}a_{22} - a_{12}a_{21} \neq 0$. 此时，唯一解如(2)式所示. ▌

二元一次方程组(1)的系数矩阵是

$$\mathbf{A} = \begin{bmatrix} a_{11} & a_{12} \\ a_{21} & a_{22} \end{bmatrix}. \tag{3}$$

为了便于记忆表达式 $a_{11}a_{22} - a_{12}a_{21}$，我们把它记成

$$\begin{vmatrix} a_{11} & a_{12} \\ a_{21} & a_{22} \end{vmatrix}. \tag{4}$$

于是，表达式 $a_{11}a_{22} - a_{12}a_{21}$ 就是矩阵 $\mathbf{A}$ 中主对角线（从左上至右下的对角线）上两个元素的乘积减去反对角线（从右上至左下的对角线）上两个元素的乘积.

表达式 $a_{11}a_{22} - a_{12}a_{21}$ 称为 **2 阶行列式**，它可以用记号(4)简洁地表示.

2 阶行列式(4)也称为 **2 阶矩阵 $\boldsymbol{A}$ 的行列式**,可简洁地记作 $|\boldsymbol{A}|$ 或 $\det(\boldsymbol{A})$.

利用 2 阶行列式的概念,(2)式中的两个分数的分子可以分别记成

$$\begin{vmatrix} b_1 & a_{12} \\ b_2 & a_{22} \end{vmatrix}, \quad \begin{vmatrix} a_{11} & b_1 \\ a_{21} & b_2 \end{vmatrix}. \tag{5}$$

有了 2 阶行列式的概念,我们可以把命题 1 叙述成:

命题 1′　含两个方程的二元一次方程组(1)有唯一解的充要条件是它的系数行列式(系数矩阵 $\boldsymbol{A}$ 的行列式)$|\boldsymbol{A}|\neq 0$,此时它的唯一解是

$$x_1 = \frac{\begin{vmatrix} b_1 & a_{12} \\ b_2 & a_{22} \end{vmatrix}}{\begin{vmatrix} a_{11} & a_{12} \\ a_{21} & a_{22} \end{vmatrix}}, \quad x_2 = \frac{\begin{vmatrix} a_{11} & b_1 \\ a_{21} & b_2 \end{vmatrix}}{\begin{vmatrix} a_{11} & a_{12} \\ a_{21} & a_{22} \end{vmatrix}}. \tag{6}$$

▌

(6)式中的第 1 个分数的分子是将二元一次方程组(1)的系数行列式的第 1 列换成常数项而得到的 2 阶行列式,第 2 个分数的分子是将系数行列式的第 2 列换成常数项而得到的 2 阶行列式.

命题 1′告诉我们,含两个方程的二元一次方程组是否有唯一解可以用它的系数行列式来判断;有唯一解时,解可以用系数行列式以及由常数项替换其相应的列而得到的行列式来表示.

对于含 n 个方程的 n 元线性方程组,有没有类似的结论呢? 讨论这个问题需要 n 阶行列式的概念.这一章我们就来介绍 n 阶行列式的概念和性质,并且回答上述问题.

§1　n 元 排 列

观察

2 阶行列式

$$\begin{vmatrix} a_{11} & a_{12} \\ a_{21} & a_{22} \end{vmatrix} = a_{11}a_{22} - a_{12}a_{21} \tag{1}$$

的表达式中第 1 项带有正号,第 2 项带有负号,这是由什么决定的呢? 第 1 项 $a_{11}a_{22}$ 中两个元素的行指标依次是 1,2,列指标依次是 1,2;而第 2 项 $-a_{12}a_{21}$ 中两个元素的行指标依次是 1,2,列指标却依次是 2,1.由此看出,当每一项中的两个元素按照行指标由小到大排好后,它们的列指标形成的排列决定了该项前面所带的符号.这启发我们,为了得到 n 阶行列式的概念,需要先讨论 n 个正整数组成的全排列的性质.

抽象

定义 1　n 个不同正整数的一个全排列称为一个 **n 元排列**(简称**排列**).

例如,正整数 1,2,3 形成的 3 元排列有

$$123,\quad 132,\quad 213,\quad 231,\quad 312,\quad 321.$$

给定 n 个不同正整数,它们形成的全排列有 $n!$ 个.因此,对于给定的 n 个不同正整数,n 元排列的总数是 $n!$.

在大多数情形下,我们考虑的是正整数 $1,2,\cdots,n$ 形成的 n 元排列.在某些情形下,也需要考虑某 n 个不同正整数形成的 n 元排列.下面讨论的 n 元排列的性质,如果没有特别声明,考虑的是正整数 $1,2,\cdots,n$ 形成的 n 元排列,但这些性质对任意 n 个不同正整数形成的 n 元排列也成立.我们称排列 $1\ 2\cdots n$ 为**自然序排列**.

对于 n 元排列,我们关注的是其中 n 个数排成的次序.对于一对数,若较小的数在前,较大的数在后,则称这一对数构成一个**顺序**;若较大的数在前,较小的数在后,则称这一对数构成一个**逆序**.一个排列中构成逆序的数对的总数称为这个排列的**逆序数**.通常将 n 元排列 $j_1j_2\cdots j_n$ 的逆序数记作 $\tau(j_1j_2\cdots j_n)$.

例如,在 4 元排列 2341 中,对于 2 与 3 形成的数对 23,较小的数在前,较大的数在后,这一对数构成一个顺序;而对于 2 与 1 形成的数对 21,较大的数在前,较小的数在后,这一对数构成一个逆序.在排列 2341 中,构成逆序的数对有 21,31,41,共 3 对,故排列 2341 的逆序数是 3,即

$$\tau(2341)=3.$$

再如,在 4 元排列 2143 中,构成逆序的数对有 21,43,共 2 对,于是

$$\tau(2143)=2.$$

逆序数为奇数的排列称为**奇排列**,逆序数为偶数的排列称为**偶排列**.

在上述例子中,2341 是奇排列,2143 是偶排列.

把一个 n 元排列中的两个数 i 和 j 互换位置,其余数不动,得到另一个 n 元排列.这样的变换称为一个**对换**,记作 (i,j).

例如,把排列 2341 中的 3 和 1 互换位置,其余数不动,便得到排列 2143.这个变换是一个对换,记作 $(3,1)$.

奇排列 2341 经过对换 $(3,1)$ 变成的排列 2143 是偶排列.由此猜想有下述结论:

定理 1 对换改变 n 元排列的奇偶性.

证明 先看对换的两个数在 n 元排列中相邻的情形:

$$\cdots\ i\ j\ \cdots \tag{2}$$

$$\downarrow (i,j)$$

$$\cdots\ j\ i\ \cdots. \tag{3}$$

i,j 以外的数构成的数对是顺序还是逆序,在排列(2)与(3)中是一样的.i,j 以外的数与 i(或 j)构成的数对是顺序还是逆序,在排列(2)与(3)中也是一样的.对于 i 与 j 构成的数对,如果 ij 在排列(2)中构成顺序,那么 ji 在排列(3)中构成逆序;如果 ij 在排列(2)中构成逆序,那么 ji 在排列(3)中构成顺序.在前一情形中,排列(3)比排列(2)多一个逆序;在后一情形中,排列(3)比排列(2)少一个逆序.因此,排列(2)与(3)的奇偶性相反.

再看一般情形：

$$\cdots\ i\ k_1\ \cdots\ k_s\ j\ \cdots \tag{4}$$

$$\downarrow (i,j)$$

$$\cdots\ j\ k_1\ \cdots\ k_s\ i\ \cdots. \tag{5}$$

从排列(4)变成排列(5)可以通过下列相邻两个数的对换来实现：

$$(i,k_1),\ \cdots,\ (i,k_s),\ (i,j),\ (k_s,j),\ \cdots,\ (k_1,j).$$

这一共做了 $s+1+s=2s+1$ 次相邻两个数的对换. 由于奇数次相邻两个数的对换会改变排列的奇偶性,因此排列(4)与(5)的奇偶性相反. ▌

有时需要通过若干次对换把一个 n 元排列变成自然序排列 $12\cdots n$. 这是否总能办到?先看一个 5 元排列的例子：

$$34521 \xrightarrow{(5,1)} 34125 \xrightarrow{(4,2)} 32145 \xrightarrow{(3,1)} 12345.$$

上述过程的第 1 步是做一个对换,把 5 换到最后的位置;第 2 步也是做一个对换,把 4 换到倒数第 2 个位置;依次类推. 显然,这一方法对于任何一个 n 元排列也适用. 这就肯定地回答了上述问题.

进一步,我们看到把排列 34521 变成自然序排列 12345 共做了 3 个对换,而 $\tau(34521)=7$. 这表明,在这个例子中所做对换的个数与原来的排列有相同的奇偶性. 这个结论对于任意 n 元排列也成立,理由如下：

设 n 元排列 $j_1j_2\cdots j_n$ 经过 s 次对换变成自然序排列 $12\cdots n$. 显然,$12\cdots n$ 是偶排列. 因此,如果 $j_1j_2\cdots j_n$ 是奇排列,则 s 为奇数时才能把此奇排列变成偶排列;如果 $j_1j_2\cdots j_n$ 是偶排列,则 s 为偶数时才能保持此排列的奇偶性不变.

显然,如果 n 元排列 $j_1j_2\cdots j_n$ 经过 s 次对换变成自然序排列 $12\cdots n$,那么 $12\cdots n$ 经过相同的 s 次对换(次序相反)就变成排列 $j_1j_2\cdots j_n$.

综上所述,得下面的定理：

定理 2 任一 n 元排列与自然序排列 $12\cdots n$ 可以经过一系列对换互变,并且所做对换的次数与这个 n 元排列有相同的奇偶性. ▌

习 题 2.1

1. 求下列各个排列的逆序数,并且指出它们的奇偶性：

(1) 315462;　(2) 365412;　(3) 654321;

(4) 7654321;　(5) 87654321;　(6) 987654321;

(7) 123456789;　(8) 518394267;　(9) 518694237.

2. 求下列 n 元排列的逆序数：

(1) $(n-1)(n-2)\cdots 21n$;　(2) $23\cdots(n-1)n1$.

3. 写出把排列 315462 变成排列 123456 的那些对换.

4. 求 n 元排列 $n(n-1)\cdots 321$ 的逆序数,并且讨论它的奇偶性.

*5. 如果 n 元排列 $j_1j_2\cdots j_{n-1}j_n$ 的逆序数为 r,求 n 元排列 $j_nj_{n-1}\cdots j_2j_1$ 的逆序数.

6. 计算下列 2 阶行列式:

(1) $\begin{vmatrix} 3 & -1 \\ 5 & 2 \end{vmatrix}$;　(2) $\begin{vmatrix} 0 & 0 \\ 1 & 4 \end{vmatrix}$;　(3) $\begin{vmatrix} -2 & 5 \\ 4 & -10 \end{vmatrix}$.

7. 利用 2 阶行列式,判断下述二元一次方程组是否有唯一解? 当有唯一解时,求出这个解.

$$\begin{cases} 2x_1 - 3x_2 = 7, \\ 5x_1 + 4x_2 = 6. \end{cases}$$

§2　n 阶行列式的定义

思考

2 阶行列式是一个表达式:

$$\begin{vmatrix} a_{11} & a_{12} \\ a_{21} & a_{22} \end{vmatrix} = a_{11}a_{22} - a_{12}a_{21}. \tag{1}$$

如何定义 n 阶行列式呢? 它应该是什么样的表达式?

分析

从(1)式看到,2 阶行列式的每一项由位于不同行、不同列的两个元素的乘积构成;第 1 项 $a_{11}a_{22}$ 带有正号,其中两个元素的行指标形成自然序排列,列指标形成的排列 12 是偶排列;第 2 项 $-a_{12}a_{21}$ 带有负号,其中两个元素的行指标形成自然序排列,列指标形成的排列 21 是奇排列. 由于 2 元排列共 2! 个,因此 2 阶行列式共有 2! 项,即 2 项.

2 阶行列式每一项中两个元素的乘积都形如

$$a_{1j_1}a_{2j_2},$$

其中 j_1j_2 是一个 2 元排列. 这一项所带的符号由排列 j_1j_2 的奇偶性决定: 当 j_1j_2 是奇排列时,带负号;当 j_1j_2 是偶排列时,带正号. 于是,可以用

$$(-1)^{\tau(j_1j_2)}$$

来确定该项所带的符号. 所以,2 阶行列式的每一项都形如

$$(-1)^{\tau(j_1j_2)}a_{1j_1}a_{2j_2}. \tag{2}$$

由于 j_1j_2 可以取遍 2! 个 2 元排列,因此 2 阶行列式是形如(2) 式的 2! 项之和. 我们用 $\sum$ 表示求和,称 $\sum$ 是连加号. 于是,2 阶行列式(1) 可以写成

$$\begin{vmatrix} a_{11} & a_{12} \\ a_{21} & a_{22} \end{vmatrix} = \sum_{j_1j_2}(-1)^{\tau(j_1j_2)}a_{1j_1}a_{2j_2}, \tag{3}$$

其中 $\sum\limits_{j_1j_2}$ 表示对所有 2 元排列求和.

由此受到启发,我们可以给出 n 阶行列式的定义.

抽象

定义 1 n **阶行列式**(简称**行列式**)

$$\begin{vmatrix} a_{11} & a_{12} & \cdots & a_{1n} \\ a_{21} & a_{22} & \cdots & a_{2n} \\ \vdots & \vdots & & \vdots \\ a_{n1} & a_{n2} & \cdots & a_{nn} \end{vmatrix}$$

是 $n!$ 项的代数和,其中每一项都是位于不同行、不同列的 n 个元素的乘积,并且把这 n 个元素按照行指标成自然顺序排好位置后,当列指标形成的排列是偶排列时,该项带正号;当列指标形成的排列是奇排列时,该项带负号.也就是说,

$$\begin{vmatrix} a_{11} & a_{12} & \cdots & a_{1n} \\ a_{21} & a_{22} & \cdots & a_{2n} \\ \vdots & \vdots & & \vdots \\ a_{n1} & a_{n2} & \cdots & a_{nn} \end{vmatrix} = \sum_{j_1 j_2 \cdots j_n} (-1)^{\tau(j_1 j_2 \cdots j_n)} a_{1j_1} a_{2j_2} \cdots a_{nj_n}, \tag{4}$$

其中 $j_1 j_2 \cdots j_n$ 是一个 n 元排列,$\sum\limits_{j_1 j_2 \cdots j_n}$ 表示对所有 n 元排列求和.通常称(4)式为 n 阶行列式的**完全展开式**.

n 阶行列式(4)也称为 n 阶**矩阵 $\mathbf{A}=[a_{ij}]$ 的行列式**,可记作 $|\mathbf{A}|$ 或 $\det(\mathbf{A})$.

注意 n 阶矩阵 $\mathbf{A}=[a_{ij}]$ 是指一张表,而 n 阶行列式 $|\mathbf{A}|$ 是指形如(4)式的一个表达式,不要混淆它们.

按照定义 1,当 $n=1$ 时,得到 1 阶行列式

$$|a_{11}|=a_{11};$$

当 $n=3$ 时,得到 3 阶行列式

$$\begin{vmatrix} a_{11} & a_{12} & a_{13} \\ a_{21} & a_{22} & a_{23} \\ a_{31} & a_{32} & a_{33} \end{vmatrix} = a_{11}a_{22}a_{33} + a_{12}a_{23}a_{31} + a_{13}a_{21}a_{32} - a_{13}a_{22}a_{31} - a_{12}a_{21}a_{33} - a_{11}a_{23}a_{32}. \tag{5}$$

3 阶行列式(5)中的 6 项及其所带符号可以采用图 2-1 来记忆.

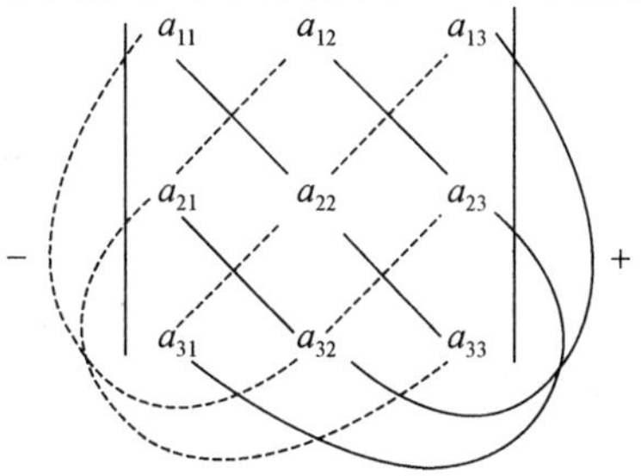

图 2-1

思考

如何运用行列式的定义计算 4 阶行列式

$$\begin{vmatrix} a_{11} & a_{12} & a_{13} & a_{14} \\ 0 & a_{22} & a_{23} & a_{24} \\ 0 & 0 & a_{33} & a_{34} \\ 0 & 0 & 0 & a_{44} \end{vmatrix} \tag{6}$$

的值？

分析

上述 4 阶行列式的主对角线下方的元素全为 0.

主对角线下方的元素全为 0 的行列式称为**上三角形行列式**.

按照行列式的定义，4 阶行列式(6)的每一项是取自不同行、不同列的 4 个元素的带正或负号的乘积. 由于第 4 行有 3 个 0，因此第 4 行只有取 a_{44} 才可能使乘积项不为 0，此时第 3 行只有取 a_{33} 才可能使乘积项不为 0（注意第 4 行已经取了第 4 列的元素 a_{44}，因此第 3 行不能取第 4 列的元素 a_{34}）；类似地，第 2 行只有取 a_{22}，而第 1 行只有取 a_{11} 才可能使乘积项不为 0. 于是，4 阶行列式(6)只有一项，且这一项应带正号，为 $a_{11}a_{22}a_{33}a_{44}$. 所以

$$\begin{vmatrix} a_{11} & a_{12} & a_{13} & a_{14} \\ 0 & a_{22} & a_{23} & a_{24} \\ 0 & 0 & a_{33} & a_{34} \\ 0 & 0 & 0 & a_{44} \end{vmatrix} = a_{11}a_{22}a_{33}a_{44}. \tag{7}$$

用类似的方法可以得到

$$\begin{vmatrix} a_{11} & a_{12} & \cdots & a_{1n} \\ 0 & a_{22} & \cdots & a_{2n} \\ \vdots & \vdots & & \vdots \\ 0 & 0 & \cdots & a_{nn} \end{vmatrix} = a_{11}a_{22}\cdots a_{nn}, \tag{8}$$

即 n 阶上三角形行列式的值等于它的主对角线上 n 个元素的乘积.

评注

在 n 阶行列式的定义中，我们把每一项中 n 个元素的乘积按照行指标成自然顺序排好位置. 但是，数的乘法有交换律，因此我们也可以考虑任意取定一个 n 元排列 $i_1i_2\cdots i_n$，把每一项中 n 个元素按照行指标形成的排列为 $i_1i_2\cdots i_n$ 排好位置. 这时，n 阶行列式中各项所带的符号怎样表达呢？下面来讨论这个问题.

在 n 阶行列式(4)中任取一项

$$(-1)^{\tau(j_1j_2\cdots j_n)}a_{1j_1}a_{2j_2}\cdots a_{nj_n}, \tag{9}$$

把这一项中 n 个元素按照行指标形成的排列为 $i_1i_2\cdots i_n$ 排好位置，得到乘积

$$a_{i_1k_1}a_{i_2k_2}\cdots a_{i_nk_n}, \tag{10}$$

这时对应的项所带的符号是什么呢？设把排列 $a_{1j_1}a_{2j_2}\cdots a_{nj_n}$ 变成排列 $a_{i_1k_1}a_{i_2k_2}\cdots a_{i_nk_n}$ 可以通过 s 个对换达到. 此时，项(9)的行指标形成的排列 $12\cdots n$ 经过相应的 s 个对换变成乘积(10)的行指标形成的排列，项(9)的列指标形成的排列 $j_1j_2\cdots j_n$ 经过相应的 s 个对换变成乘积(10)的列指标形成的排列 $k_1k_2\cdots k_n$. 于是，根据定理 2 和定理 1 分别得到

$$(-1)^{\tau(i_1i_2\cdots i_n)}=(-1)^s, \tag{11}$$

$$(-1)^{\tau(k_1k_2\cdots k_n)}=(-1)^s\cdot(-1)^{\tau(j_1j_2\cdots j_n)}. \tag{12}$$

把(11)式与(12)式相乘，得

$$(-1)^{\tau(i_1i_2\cdots i_n)+\tau(k_1k_2\cdots k_n)}=(-1)^{\tau(j_1j_2\cdots j_n)}, \tag{13}$$

因此 n 阶行列式 $|\boldsymbol{A}|$ 的项(9)等于

$$(-1)^{\tau(i_1i_2\cdots i_n)+\tau(k_1k_2\cdots k_n)}a_{i_1k_1}a_{i_2k_2}\cdots a_{i_nk_n}. \tag{14}$$

根据这个结果，我们得到下述结论：

命题 1 任意取定一个 n 元排列 $i_1i_2\cdots i_n$，把 n 阶行列式 $|\boldsymbol{A}|$ 中每一项的 n 个元素按照行指标形成的排列为 $i_1i_2\cdots i_n$ 排好位置，则

$$|\boldsymbol{A}|=\sum_{k_1k_2\cdots k_n}(-1)^{\tau(i_1i_2\cdots i_n)+\tau(k_1k_2\cdots k_n)}a_{i_1k_1}a_{i_2k_2}\cdots a_{i_nk_n}. \tag{15}$$

▍

命题 2 任意取定一个 n 元排列 $k_1k_2\cdots k_n$，把 n 阶行列式 $|\boldsymbol{A}|$ 中每一项的 n 个元素按照列指标形成的排列为 $k_1k_2\cdots k_n$ 排好位置，则

$$|\boldsymbol{A}|=\sum_{i_1i_2\cdots i_n}(-1)^{\tau(i_1i_2\cdots i_n)+\tau(k_1k_2\cdots k_n)}a_{i_1k_1}a_{i_2k_2}\cdots a_{i_nk_n}. \tag{16}$$

▍

推论 1 把 n 阶行列式 $|\boldsymbol{A}|$ 中每一项的 n 个元素按照列指标成自然顺序排好位置，则

$$|\boldsymbol{A}|=\sum_{i_1i_2\cdots i_n}(-1)^{\tau(i_1i_2\cdots i_n)}a_{i_11}a_{i_22}\cdots a_{i_nn}. \tag{17}$$

▍

(17)式和(4)式表明，行列式中行与列的地位是对等的.

例 1 主对角线上方的元素全为 0 的行列式称为**下三角形行列式**. 证明：n 阶下三角形行列式的值等于它的主对角线上 n 个元素的乘积.

证明 设 n 阶下三角形行列式

$$|\boldsymbol{A}|=\begin{vmatrix} a_{11} & 0 & 0 & 0 & \cdots & 0 & 0 \\ a_{21} & a_{22} & 0 & 0 & \cdots & 0 & 0 \\ a_{31} & a_{32} & a_{33} & 0 & \cdots & 0 & 0 \\ \vdots & \vdots & \vdots & \vdots & & \vdots & \vdots \\ a_{n-1,1} & a_{n-1,2} & a_{n-1,3} & a_{n-1,4} & \cdots & a_{n-1,n-1} & 0 \\ a_{n1} & a_{n2} & a_{n3} & a_{n4} & \cdots & a_{n,n-1} & a_{nn} \end{vmatrix}. \tag{18}$$

选取 $|\mathbf{A}|$ 中 0 最多的第 1 行开始讨论. 在第 1 行中只有取第 1 列的 a_{11} 所得到的 $|\mathbf{A}|$ 的项才可能不为 0，此时在第 2 行中只有取第 2 列的 a_{22} 所得到的 $|\mathbf{A}|$ 的项才可能不为 0，在第 3 行中只有取第 3 列的 a_{33} 所得到的 $|\mathbf{A}|$ 的项才可能不为 0，依次下去，在第 $n-1$ 行中只有取第 $n-1$ 列的 $a_{n-1,n-1}$ 所得到的 $|\mathbf{A}|$ 的项才可能不为 0，在第 n 行中只有取第 n 列的 a_{nn} 所得到的 $|\mathbf{A}|$ 的项才可能不为 0. 于是，$|\mathbf{A}|$ 只有一项可能不为 0. 这一项的列指标形成的排列为 $12\cdots n$，从而这一项所带的符号为正号，因此

$$|\mathbf{A}| = a_{11}a_{22}a_{33}\cdots a_{n-1,n-1}a_{nn}. \tag{19}$$

▌

习　题　2.2

1. 按定义计算下列行列式：

(1) $\begin{vmatrix} 0 & 0 & 0 & a_{14} \\ 0 & 0 & a_{23} & a_{24} \\ 0 & a_{32} & a_{33} & a_{34} \\ a_{41} & a_{42} & a_{43} & a_{44} \end{vmatrix}$；　(2) $\begin{vmatrix} 0 & 0 & \cdots & 0 & a_1 \\ 0 & 0 & \cdots & a_2 & 0 \\ \vdots & \vdots & & \vdots & \vdots \\ 0 & a_{n-1} & \cdots & 0 & 0 \\ a_n & 0 & \cdots & 0 & 0 \end{vmatrix}$；

(3) $\begin{vmatrix} 0 & b_1 & 0 & \cdots & 0 \\ 0 & 0 & b_2 & \cdots & 0 \\ \vdots & \vdots & \vdots & & \vdots \\ 0 & 0 & 0 & \cdots & b_{n-1} \\ b_n & 0 & 0 & \cdots & 0 \end{vmatrix}$；　(4) $\begin{vmatrix} 0 & 0 & \cdots & 0 & a_1 & 0 \\ 0 & 0 & \cdots & a_2 & 0 & 0 \\ \vdots & \vdots & & \vdots & \vdots & \vdots \\ a_{n-1} & 0 & \cdots & 0 & 0 & 0 \\ 0 & 0 & \cdots & 0 & 0 & a_n \end{vmatrix}$；

(5) $\begin{vmatrix} 0 & 0 & 0 & 1 & 0 \\ 0 & 0 & 2 & 0 & 0 \\ 0 & 3 & 8 & 0 & 0 \\ 4 & 9 & 0 & 7 & 0 \\ 6 & 0 & 0 & 0 & 5 \end{vmatrix}$.

2. 计算下列 3 阶行列式：

(1) $\begin{vmatrix} 1 & 4 & 2 \\ 3 & 5 & 1 \\ 2 & 1 & 6 \end{vmatrix}$；　(2) $\begin{vmatrix} 2 & -1 & 5 \\ 3 & 1 & -2 \\ 1 & 4 & 6 \end{vmatrix}$；

(3) $\begin{vmatrix} a_{11} & a_{12} & a_{13} \\ 0 & a_{22} & a_{23} \\ 0 & 0 & a_{33} \end{vmatrix}$；　(4) $\begin{vmatrix} c & 0 & 0 \\ 0 & a_1 & a_2 \\ 0 & b_1 & b_2 \end{vmatrix}$.

*3. 用定义计算行列式

$$\begin{vmatrix} a_1 & a_2 & a_3 & a_4 & a_5 \\ b_1 & b_2 & b_3 & b_4 & b_5 \\ c_1 & c_2 & 0 & 0 & 0 \\ d_1 & d_2 & 0 & 0 & 0 \\ e_1 & e_2 & 0 & 0 & 0 \end{vmatrix}.$$

4. n 阶行列式中反对角线上 n 个元素的乘积这一项一定带负号吗?

§3　行列式的性质

观察

从定义知道,n 阶行列式是 $n!$ 项的代数和,其中每一项是位于不同行、不同列的 n 个元素的乘积. 当 n 增大时,$n!$ 极其迅速地增大,例如

$$5! = 120, \quad 10! = 3\ 628\ 800.$$

当 n 很大时,如果直接用定义计算一个 n 阶行列式,其计算量一般是相当大的. 因此,我们需要研究行列式的性质,利用行列式的性质来简化行列式的计算,并且利用行列式的性质来研究线性方程组有唯一解的条件.

探索与论证

行列式有哪些性质呢? 先看 2 阶行列式有哪些性质. 我们有

$$\begin{vmatrix} a_1 & a_2 \\ b_1 & b_2 \end{vmatrix} = a_1b_2 - a_2b_1,$$

$$\begin{vmatrix} a_1 & b_1 \\ a_2 & b_2 \end{vmatrix} = a_1b_2 - a_2b_1.$$

由此看出,2 阶行列式的行与列互换(第 1 行变成第 1 列,第 2 行变成第 2 列,得到一个新的行列式),2 阶行列式的值不变. n 阶行列式也有此性质.

性质 1　行与列互换,n 阶行列式的值不变,即

$$\begin{vmatrix} a_{11} & a_{12} & \cdots & a_{1n} \\ a_{21} & a_{22} & \cdots & a_{2n} \\ \vdots & \vdots & & \vdots \\ a_{n1} & a_{n2} & \cdots & a_{nn} \end{vmatrix} = \begin{vmatrix} a_{11} & a_{21} & \cdots & a_{n1} \\ a_{12} & a_{22} & \cdots & a_{n2} \\ \vdots & \vdots & & \vdots \\ a_{1n} & a_{2n} & \cdots & a_{nn} \end{vmatrix}. \tag{1}$$

证明　把(1)式右边的行列式按照§2 的公式(17)展开(注意元素的第 1 个下标是列指标,第 2 个下标是行指标):

$$\text{右边} = \sum_{i_1 i_2 \cdots i_n} (-1)^{\tau(i_1 i_2 \cdots i_n)} a_{1i_1} a_{2i_2} \cdots a_{ni_n}.$$

把(1)式左边的行列式按照定义展开：

$$\text{左边} = \sum_{i_1 i_2 \cdots i_n} (-1)^{\tau(i_1 i_2 \cdots i_n)} a_{1i_1} a_{2i_2} \cdots a_{ni_n}.$$

因此,(1)式成立. ▍

性质 1 再一次表明了行列式的行与列的地位是对等的. 因此,行列式有关行的性质对于列也同样成立. 今后我们只研究行列式有关行的性质,读者可以把它们“翻译”成有关列的性质.

对于 2 阶行列式,有

$$\begin{vmatrix} a_1 & a_2 \\ kb_1 & kb_2 \end{vmatrix} = a_1(kb_2) - a_2(kb_1) = k(a_1 b_2 - a_2 b_1) = k\begin{vmatrix} a_1 & a_2 \\ b_1 & b_2 \end{vmatrix}.$$

n 阶行列式也有此性质.

性质 2　n 阶行列式一行的公因子可以提出去,即

$$\begin{vmatrix} a_{11} & a_{12} & \cdots & a_{1n} \\ \vdots & \vdots & & \vdots \\ ka_{i1} & ka_{i2} & \cdots & ka_{in} \\ \vdots & \vdots & & \vdots \\ a_{n1} & a_{n2} & \cdots & a_{nn} \end{vmatrix} = k\begin{vmatrix} a_{11} & a_{12} & \cdots & a_{1n} \\ \vdots & \vdots & & \vdots \\ a_{i1} & a_{i2} & \cdots & a_{in} \\ \vdots & \vdots & & \vdots \\ a_{n1} & a_{n2} & \cdots & a_{nn} \end{vmatrix}. \tag{2}$$

证明

$$\begin{aligned} \text{左边} &= \sum_{j_1 j_2 \cdots j_n} (-1)^{\tau(j_1 j_2 \cdots j_n)} a_{1j_1} \cdots (ka_{ij_i}) \cdots a_{nj_n} \\ &= k \sum_{j_1 j_2 \cdots j_n} (-1)^{\tau(j_1 j_2 \cdots j_n)} a_{1j_1} \cdots a_{ij_i} \cdots a_{nj_n} \\ &= \text{右边}. \end{aligned}$$

▍

在性质 2 中,当 $k=0$ 时,得出:如果行列式中有一行为零行(这一行的元素全为 0),则行列式的值为 0.

对于 2 阶行列式,有

$$\begin{aligned} \begin{vmatrix} a_1 & a_2 \\ b_1 + c_1 & b_2 + c_2 \end{vmatrix} &= a_1(b_2 + c_2) - a_2(b_1 + c_1) \\ &= (a_1 b_2 - a_2 b_1) + (a_1 c_2 - a_2 c_1) \\ &= \begin{vmatrix} a_1 & a_2 \\ b_1 & b_2 \end{vmatrix} + \begin{vmatrix} a_1 & a_2 \\ c_1 & c_2 \end{vmatrix}. \end{aligned}$$

n 阶行列式也有此性质.

性质 3　若 n 阶行列式中某一行是两组数对应项的和,则此行列式等于两个 n 阶行列式的和,这两个 n 阶行列式的这一行分别是第一组数和第二组数,而其余各行与原来行列式的相应各行相同,即

$$\begin{vmatrix} a_{11} & a_{12} & \cdots & a_{1n} \\ \vdots & \vdots & & \vdots \\ b_1+c_1 & b_2+c_2 & \cdots & b_n+c_n \\ \vdots & \vdots & & \vdots \\ a_{n1} & a_{n2} & \cdots & a_{nn} \end{vmatrix} \text{（第 } i \text{ 行）}$$

$$= \begin{vmatrix} a_{11} & a_{12} & \cdots & a_{1n} \\ \vdots & \vdots & & \vdots \\ b_1 & b_2 & \cdots & b_n \\ \vdots & \vdots & & \vdots \\ a_{n1} & a_{n2} & \cdots & a_{nn} \end{vmatrix} + \begin{vmatrix} a_{11} & a_{12} & \cdots & a_{1n} \\ \vdots & \vdots & & \vdots \\ c_1 & c_2 & \cdots & c_n \\ \vdots & \vdots & & \vdots \\ a_{n1} & a_{n2} & \cdots & a_{nn} \end{vmatrix}. \tag{3}$$

证明

$$\begin{aligned} \text{左边} &= \sum_{j_1 j_2 \cdots j_n} (-1)^{\tau(j_1 j_2 \cdots j_n)} a_{1j_1} \cdots (b_{j_i} + c_{j_i}) \cdots a_{nj_n} \\ &= \sum_{j_1 j_2 \cdots j_n} (-1)^{\tau(j_1 j_2 \cdots j_n)} a_{1j_1} \cdots b_{j_i} \cdots a_{nj_n} + \sum_{j_1 j_2 \cdots j_n} (-1)^{\tau(j_1 j_2 \cdots j_n)} a_{1j_1} \cdots c_{j_i} \cdots a_{nj_n} \\ &= \text{右边}. \end{aligned}$$

▌

对于 2 阶行列式，有

$$\begin{vmatrix} a_1 & a_2 \\ b_1 & b_2 \end{vmatrix} = a_1 b_2 - a_2 b_1,$$

$$\begin{vmatrix} b_1 & b_2 \\ a_1 & a_2 \end{vmatrix} = b_1 a_2 - b_2 a_1 = -(a_1 b_2 - a_2 b_1),$$

因此

$$\begin{vmatrix} a_1 & a_2 \\ b_1 & b_2 \end{vmatrix} = -\begin{vmatrix} b_1 & b_2 \\ a_1 & a_2 \end{vmatrix}.$$

n 阶行列式也有此性质.

性质 4 两行互换，n 阶行列式的值取反号，即

$$\begin{vmatrix} a_{11} & a_{12} & \cdots & a_{1n} \\ \vdots & \vdots & & \vdots \\ a_{i1} & a_{i2} & \cdots & a_{in} \\ \vdots & \vdots & & \vdots \\ a_{k1} & a_{k2} & \cdots & a_{kn} \\ \vdots & \vdots & & \vdots \\ a_{n1} & a_{n2} & \cdots & a_{nn} \end{vmatrix} = - \begin{vmatrix} a_{11} & a_{12} & \cdots & a_{1n} \\ \vdots & \vdots & & \vdots \\ a_{k1} & a_{k2} & \cdots & a_{kn} \\ \vdots & \vdots & & \vdots \\ a_{i1} & a_{i2} & \cdots & a_{in} \\ \vdots & \vdots & & \vdots \\ a_{n1} & a_{n2} & \cdots & a_{nn} \end{vmatrix} \begin{matrix} \\ \\ \text{（第 } i \text{ 行）} \\ \\ \text{（第 } k \text{ 行）} \\ \\ \\ \end{matrix}. \tag{4}$$

证明 注意(4)式右边行列式的第 i 行元素的第 1 个下标是 k，而第 k 行元素的第 1 个下标是 i，根据行列式的定义，我们有

$$\begin{aligned}
\text{右边} &= -\sum_{j_1\cdots j_i\cdots j_k\cdots j_n}(-1)^{\tau(j_1\cdots j_i\cdots j_k\cdots j_n)}a_{1j_1}\cdots a_{kj_i}\cdots a_{ij_k}\cdots a_{nj_n}\\
&= -\sum_{j_1\cdots j_k\cdots j_i\cdots j_n}(-1)\cdot(-1)^{\tau(j_1\cdots j_k\cdots j_i\cdots j_n)}a_{1j_1}\cdots a_{ij_k}\cdots a_{kj_i}\cdots a_{nj_n}\\
&= \sum_{j_1\cdots j_k\cdots j_i\cdots j_n}(-1)^{\tau(j_1\cdots j_k\cdots j_i\cdots j_n)}a_{1j_1}\cdots a_{ij_k}\cdots a_{kj_i}\cdots a_{nj_n}\\
&= \text{左边}.
\end{aligned}$$

▌

性质 5　若 n 阶行列式中某两行相同，则 n 阶行列式的值为 0，即

$$\begin{matrix} \\ \\ (\text{第 } i \text{ 行}) \\ \\ (\text{第 } k \text{ 行}) \\ \\ \\ \end{matrix}\begin{vmatrix} a_{11} & a_{12} & \cdots & a_{1n}\\ \vdots & \vdots & & \vdots\\ a_{i1} & a_{i2} & \cdots & a_{in}\\ \vdots & \vdots & & \vdots\\ a_{i1} & a_{i2} & \cdots & a_{in}\\ \vdots & \vdots & & \vdots\\ a_{n1} & a_{n2} & \cdots & a_{nn} \end{vmatrix} = 0. \tag{5}$$

证明　把(5)式左边行列式的第 i 行与第 k 行互换，根据性质 4 得

$$\begin{vmatrix} a_{11} & a_{12} & \cdots & a_{1n}\\ \vdots & \vdots & & \vdots\\ a_{i1} & a_{i2} & \cdots & a_{in}\\ \vdots & \vdots & & \vdots\\ a_{i1} & a_{i2} & \cdots & a_{in}\\ \vdots & \vdots & & \vdots\\ a_{n1} & a_{n2} & \cdots & a_{nn} \end{vmatrix} = -\begin{vmatrix} a_{11} & a_{12} & \cdots & a_{1n}\\ \vdots & \vdots & & \vdots\\ a_{i1} & a_{i2} & \cdots & a_{in}\\ \vdots & \vdots & & \vdots\\ a_{i1} & a_{i2} & \cdots & a_{in}\\ \vdots & \vdots & & \vdots\\ a_{n1} & a_{n2} & \cdots & a_{nn} \end{vmatrix},$$

从而(5)式左边行列式的 2 倍等于 0，因此(5)式左边行列式的值为 0. ▌

性质 6　若 n 阶行列式中某两行成比例，则 n 阶行列式的值为 0，即

$$\begin{matrix} \\ \\ (\text{第 } i \text{ 行}) \\ \\ (\text{第 } k \text{ 行}) \\ \\ \\ \end{matrix}\begin{vmatrix} a_{11} & a_{12} & \cdots & a_{1n}\\ \vdots & \vdots & & \vdots\\ a_{i1} & a_{i2} & \cdots & a_{in}\\ \vdots & \vdots & & \vdots\\ la_{i1} & la_{i2} & \cdots & la_{in}\\ \vdots & \vdots & & \vdots\\ a_{n1} & a_{n2} & \cdots & a_{nn} \end{vmatrix} = 0. \tag{6}$$

证明　把(6)式左边行列式的第 k 行的公因子 l 提出去，所得的行列式中第 i 行与第 k 行相同，从而它的值为 0，于是(6)式成立. ▌

性质 7　把一行的常数倍加到另一行上，n 阶行列式的值不变，即

$$\begin{vmatrix} a_{11} & a_{12} & \cdots & a_{1n} \\ \vdots & \vdots & & \vdots \\ a_{i1} & a_{i2} & \cdots & a_{in} \\ \vdots & \vdots & & \vdots \\ a_{k1}+la_{i1} & a_{k2}+la_{i2} & \cdots & a_{kn}+la_{in} \\ \vdots & \vdots & & \vdots \\ a_{n1} & a_{n2} & \cdots & a_{nn} \end{vmatrix} = \begin{vmatrix} a_{11} & a_{12} & \cdots & a_{1n} \\ \vdots & \vdots & & \vdots \\ a_{i1} & a_{i2} & \cdots & a_{in} \\ \vdots & \vdots & & \vdots \\ a_{k1} & a_{k2} & \cdots & a_{kn} \\ \vdots & \vdots & & \vdots \\ a_{n1} & a_{n2} & \cdots & a_{nn} \end{vmatrix}. \tag{7}$$

证明

$$\text{左边} = \begin{vmatrix} a_{11} & a_{12} & \cdots & a_{1n} \\ \vdots & \vdots & & \vdots \\ a_{i1} & a_{i2} & \cdots & a_{in} \\ \vdots & \vdots & & \vdots \\ a_{k1} & a_{k2} & \cdots & a_{kn} \\ \vdots & \vdots & & \vdots \\ a_{n1} & a_{n2} & \cdots & a_{nn} \end{vmatrix} + \begin{vmatrix} a_{11} & a_{12} & \cdots & a_{1n} \\ \vdots & \vdots & & \vdots \\ a_{i1} & a_{i2} & \cdots & a_{in} \\ \vdots & \vdots & & \vdots \\ la_{i1} & la_{i2} & \cdots & la_{in} \\ \vdots & \vdots & & \vdots \\ a_{n1} & a_{n2} & \cdots & a_{nn} \end{vmatrix}$$

$$= \begin{vmatrix} a_{11} & a_{12} & \cdots & a_{1n} \\ \vdots & \vdots & & \vdots \\ a_{i1} & a_{i2} & \cdots & a_{in} \\ \vdots & \vdots & & \vdots \\ a_{k1} & a_{k2} & \cdots & a_{kn} \\ \vdots & \vdots & & \vdots \\ a_{n1} & a_{n2} & \cdots & a_{nn} \end{vmatrix} = \text{右边}.$$

∎

评注

[1] 设 n 阶矩阵

$$\boldsymbol{A} = \begin{bmatrix} a_{11} & a_{12} & \cdots & a_{1n} \\ a_{21} & a_{22} & \cdots & a_{2n} \\ \vdots & \vdots & & \vdots \\ a_{n1} & a_{n2} & \cdots & a_{nn} \end{bmatrix},$$

把 $\boldsymbol{A}$ 的行与列互换得到的矩阵

$$\begin{bmatrix} a_{11} & a_{21} & \cdots & a_{n1} \\ a_{12} & a_{22} & \cdots & a_{n2} \\ \vdots & \vdots & & \vdots \\ a_{1n} & a_{2n} & \cdots & a_{nn} \end{bmatrix} \tag{8}$$

称为 $\boldsymbol{A}$ 的**转置**,记作 $\boldsymbol{A}^{\mathrm{T}}$.

由上述定义,立即得出

$$\boldsymbol{A}^{\mathrm{T}}(i;j)=\boldsymbol{A}(j;i),\tag{9}$$

其中 $1\leqslant i\leqslant n,1\leqslant j\leqslant n$,于是 $(\boldsymbol{A}^{\mathrm{T}})^{\mathrm{T}}=\boldsymbol{A}$.

根据行列式的性质 1,得

$$|\boldsymbol{A}^{\mathrm{T}}|=|\boldsymbol{A}|.\tag{10}$$

[2] 设 $\boldsymbol{A}$ 是 n 阶矩阵. 根据行列式的性质 7,得

$$\text{如果 }\boldsymbol{A}\xrightarrow{Ⓚ+ⓘ\cdot l}\boldsymbol{B},\text{ 则 }|\boldsymbol{B}|=|\boldsymbol{A}|.\tag{11}$$

根据行列式的性质 4,得

$$\text{如果 }\boldsymbol{A}\xrightarrow{(ⓘ,Ⓚ)}\boldsymbol{B},\text{ 则 }|\boldsymbol{B}|=-|\boldsymbol{A}|.\tag{12}$$

根据行列式的性质 2,得

$$\text{如果 }\boldsymbol{A}\xrightarrow{ⓘ\cdot c}\boldsymbol{B},\text{ 则 }|\boldsymbol{B}|=c|\boldsymbol{A}|,\tag{13}$$

其中 $c\neq 0$.

从(11),(12),(13)三式得

$$\text{如果 }\boldsymbol{A}\xrightarrow{\text{初等行变换}}\boldsymbol{B},\text{ 则 }|\boldsymbol{B}|=l|\boldsymbol{A}|,\tag{14}$$

其中 l 是某个非零常数.

[3] 行列式的性质 2 至性质 7 是对于行来叙述的,根据行列式的性质 1,容易推出它们对于列也成立. 例如,n 阶行列式一列的公因子可以提出去;两列互换,n 阶行列式的值取反号;把一列的常数倍加到另一列上,n 阶行列式的值不变;等等.

[4] 利用行列式的性质 2、性质 4 及性质 7,可以把一个行列式化成上三角形行列式的非零常数倍,而上三角形行列式的值就等于它的主对角线上所有元素的乘积,这很容易计算,因此把行列式化成上三角形行列式是计算行列式的基本方法之一.

[5] 行列式的性质 3 在计算行列式中也起着重要作用.

示范

例 1　计算行列式

$$\begin{vmatrix}1&-3&2\\-2&3&1\\-203&300&105\end{vmatrix}.$$

解

$$\text{原式}=\begin{vmatrix}1&-3&2\\-2&3&1\\-200-3&300+0&100+5\end{vmatrix}$$

$$=\begin{vmatrix}1&-3&2\\-2&3&1\\-200&300&100\end{vmatrix}+\begin{vmatrix}1&-3&2\\-2&3&1\\-3&0&5\end{vmatrix}$$

$$=0+\begin{vmatrix}1&-3&2\\0&-3&5\\0&-9&11\end{vmatrix}=\begin{vmatrix}1&-3&2\\0&-3&5\\0&0&-4\end{vmatrix}$$

$$=1\cdot(-3)\cdot(-4)=12.$$

例 2 计算 n 阶行列式

$$\begin{vmatrix}a&b&b&\cdots&b\\b&a&b&\cdots&b\\b&b&a&\cdots&b\\\vdots&\vdots&\vdots&&\vdots\\b&b&b&\cdots&a\end{vmatrix},\quad a\neq b.$$

解 这个行列式的特点是：每一行的元素之和等于常数 $a+(n-1)b$. 因此，把第 2,3,…,n 列都加到第 1 列上，就可以使得第 1 列有公因子 $a+(n-1)b$. 把这个公因子提出去，则第 1 列的元素全为 1，从而用行列式的性质 7 容易将这个行列式化成上三角形行列式. 今后我们约定对行列式的行进行变换的记号写在等号上面，而对行列式的列进行变换的记号写在等号下面.

当 $n\geqslant 2$ 时，有

$$\text{原式}\underset{\substack{①+②\cdot 1\\①+③\cdot 1\\\cdots\cdots\\①+ⓝ\cdot 1}}{=\!=\!=\!=}\begin{vmatrix}a+(n-1)b&b&b&\cdots&b\\a+(n-1)b&a&b&\cdots&b\\a+(n-1)b&b&a&\cdots&b\\\vdots&\vdots&\vdots&&\vdots\\a+(n-1)b&b&b&\cdots&a\end{vmatrix}$$

$$=[a+(n-1)b]\begin{vmatrix}1&b&b&\cdots&b\\1&a&b&\cdots&b\\1&b&a&\cdots&b\\\vdots&\vdots&\vdots&&\vdots\\1&b&b&\cdots&a\end{vmatrix}$$

$$\overset{\substack{②+①\cdot(-1)\\③+①\cdot(-1)\\\cdots\cdots\\ⓝ+①\cdot(-1)}}{=\!=\!=\!=}[a+(n-1)b]\begin{vmatrix}1&b&b&\cdots&b\\0&a-b&0&\cdots&0\\0&0&a-b&\cdots&0\\\vdots&\vdots&\vdots&&\vdots\\0&0&0&\cdots&a-b\end{vmatrix}$$

$$=[a+(n-1)b](a-b)^{n-1}.$$

当 $n=1$ 时,上述结果也成立.

例 3　证明:

$$\begin{vmatrix} a_1+b_1 & b_1+c_1 & c_1+a_1 \\ a_2+b_2 & b_2+c_2 & c_2+a_2 \\ a_3+b_3 & b_3+c_3 & c_3+a_3 \end{vmatrix} = 2\begin{vmatrix} a_1 & b_1 & c_1 \\ a_2 & b_2 & c_2 \\ a_3 & b_3 & c_3 \end{vmatrix}.$$

证明

$$\text{左边}=\begin{vmatrix} a_1 & b_1+c_1 & c_1+a_1 \\ a_2 & b_2+c_2 & c_2+a_2 \\ a_3 & b_3+c_3 & c_3+a_3 \end{vmatrix}+\begin{vmatrix} b_1 & b_1+c_1 & c_1+a_1 \\ b_2 & b_2+c_2 & c_2+a_2 \\ b_3 & b_3+c_3 & c_3+a_3 \end{vmatrix}$$

$$=\begin{vmatrix} a_1 & b_1 & c_1+a_1 \\ a_2 & b_2 & c_2+a_2 \\ a_3 & b_3 & c_3+a_3 \end{vmatrix}+\begin{vmatrix} a_1 & c_1 & c_1+a_1 \\ a_2 & c_2 & c_2+a_2 \\ a_3 & c_3 & c_3+a_3 \end{vmatrix}$$

$$+\begin{vmatrix} b_1 & b_1 & c_1+a_1 \\ b_2 & b_2 & c_2+a_2 \\ b_3 & b_3 & c_3+a_3 \end{vmatrix}+\begin{vmatrix} b_1 & c_1 & c_1+a_1 \\ b_2 & c_2 & c_2+a_2 \\ b_3 & c_3 & c_3+a_3 \end{vmatrix}$$

$$=\begin{vmatrix} a_1 & b_1 & c_1 \\ a_2 & b_2 & c_2 \\ a_3 & b_3 & c_3 \end{vmatrix}+0+0+0+0+0+\begin{vmatrix} b_1 & c_1 & a_1 \\ b_2 & c_2 & a_2 \\ b_3 & c_3 & a_3 \end{vmatrix}$$

$$=\begin{vmatrix} a_1 & b_1 & c_1 \\ a_2 & b_2 & c_2 \\ a_3 & b_3 & c_3 \end{vmatrix}-\begin{vmatrix} a_1 & c_1 & b_1 \\ a_2 & c_2 & b_2 \\ a_3 & c_3 & b_3 \end{vmatrix}=\text{右边}.$$ ▍

习　题　2.3

1. 计算下列行列式:

(1) $\begin{vmatrix} 5 & -1 & 3 \\ 2 & 2 & 2 \\ 196 & 203 & 199 \end{vmatrix}$;　　(2) $\begin{vmatrix} -1 & 203 & \frac{1}{3} \\ 3 & 298 & \frac{1}{2} \\ 5 & 399 & \frac{2}{3} \end{vmatrix}$;

(3) $\begin{vmatrix} 1 & 0 & -3 & 2 \\ -4 & -1 & 0 & -5 \\ 2 & 3 & -1 & -6 \\ 3 & 3 & -4 & 1 \end{vmatrix}$;　　(4) $\begin{vmatrix} 1 & 2 & 3 & 4 \\ 2 & 3 & 4 & 1 \\ 3 & 4 & 1 & 2 \\ 4 & 1 & 2 & 3 \end{vmatrix}$.

2. 计算下列 n 阶行列式:

(1) $\begin{vmatrix} a & 1 & 1 & \cdots & 1 \\ 1 & a & 1 & \cdots & 1 \\ \vdots & \vdots & \vdots & & \vdots \\ 1 & 1 & 1 & \cdots & a \end{vmatrix}$；(2) $\begin{vmatrix} a_1-b & a_2 & \cdots & a_n \\ a_1 & a_2-b & \cdots & a_n \\ \vdots & \vdots & & \vdots \\ a_1 & a_2 & \cdots & a_n-b \end{vmatrix}$.

3. 证明：

(1) $\begin{vmatrix} a_1-b_1 & b_1-c_1 & c_1-a_1 \\ a_2-b_2 & b_2-c_2 & c_2-a_2 \\ a_3-b_3 & b_3-c_3 & c_3-a_3 \end{vmatrix}=0$；(2) $\begin{vmatrix} a_1+b_1 & a_1+b_2 & a_1+b_3 \\ a_2+b_1 & a_2+b_2 & a_2+b_3 \\ a_3+b_1 & a_3+b_2 & a_3+b_3 \end{vmatrix}=0$.

*4. 计算下列 n 阶行列式：

(1) $\begin{vmatrix} a_1 & a_2 & a_3 & \cdots & a_n \\ b_2 & 1 & 0 & \cdots & 0 \\ b_3 & 0 & 1 & \cdots & 0 \\ \vdots & \vdots & \vdots & & \vdots \\ b_n & 0 & 0 & \cdots & 1 \end{vmatrix}$；(2) $\begin{vmatrix} x_1-a_1 & x_2 & x_3 & \cdots & x_n \\ x_1 & x_2-a_2 & x_3 & \cdots & x_n \\ x_1 & x_2 & x_3-a_3 & \cdots & x_n \\ \vdots & \vdots & \vdots & & \vdots \\ x_1 & x_2 & x_3 & \cdots & x_n-a_n \end{vmatrix}$，

其中 $a_i\neq 0, i=1,2,\cdots,n$.

§4 行列式按一行(或列)展开

计算 n 阶行列式的最重要的方法是通过研究 n 阶行列式与 $n-1$ 阶行列式的关系得到的.

首先研究 3 阶行列式与 2 阶行列式的关系.

设 $\boldsymbol{A}=[a_{ij}]$是 3 阶矩阵，取定 $\boldsymbol{A}$ 的第 1 行，按照第 1 行的元素把$|\boldsymbol{A}|$的 6 项分成 3 组：

$$\begin{aligned}|\boldsymbol{A}| &= \begin{vmatrix} a_{11} & a_{12} & a_{13} \\ a_{21} & a_{22} & a_{23} \\ a_{31} & a_{32} & a_{33} \end{vmatrix} \\ &=(a_{11}a_{22}a_{33}-a_{11}a_{23}a_{32})+(a_{12}a_{23}a_{31}-a_{12}a_{21}a_{33})+(a_{13}a_{21}a_{32}-a_{13}a_{22}a_{31}) \\ &=a_{11}\begin{vmatrix} a_{22} & a_{23} \\ a_{32} & a_{33} \end{vmatrix}-a_{12}\begin{vmatrix} a_{21} & a_{23} \\ a_{31} & a_{33} \end{vmatrix}+a_{13}\begin{vmatrix} a_{21} & a_{22} \\ a_{31} & a_{32} \end{vmatrix}. \end{aligned} \tag{1}$$

(1)式中的 2 阶行列式$\begin{vmatrix} a_{22} & a_{23} \\ a_{32} & a_{33} \end{vmatrix}$是划去 $\boldsymbol{A}$ 的第 1 行和第 1 列后剩下的元素按照原来的次序组成的 2 阶矩阵的行列式，称它为 $\boldsymbol{A}$ 的(1,1)元的余子式. 类似地，(1)式中的第 2,3 个 2 阶行列式分别称为 $\boldsymbol{A}$ 的(1,2)元、(1,3)元的余子式. 由此受到启发，引出下述概念：

定义 1 对于 n 阶矩阵 $\boldsymbol{A}=[a_{ij}]$，划去 $\boldsymbol{A}$ 的(i,j)元所在的第 i 行和第 j 列，剩下的元素按照原来的次序组成的 $n-1$ 阶矩阵的行列式称为 $\boldsymbol{A}$ 的(i,j)元的**余子式**，记作 M_{ij}，即

$$M_{ij}=\begin{vmatrix} a_{11} & \cdots & a_{1,j-1} & a_{1,j+1} & \cdots & a_{1n} \\ \vdots & & \vdots & \vdots & & \vdots \\ a_{i-1,1} & \cdots & a_{i-1,j-1} & a_{i-1,j+1} & \cdots & a_{i-1,n} \\ a_{i+1,1} & \cdots & a_{i+1,j-1} & a_{i+1,j+1} & \cdots & a_{i+1,n} \\ \vdots & & \vdots & \vdots & & \vdots \\ a_{n1} & \cdots & a_{n,j-1} & a_{n,j+1} & \cdots & a_{nn} \end{vmatrix}. \qquad (2)$$

令 $A_{ij}=(-1)^{i+j}M_{ij}$，称 A_{ij} 为 $\boldsymbol{A}$ 的 (i,j) 元的**代数余子式**.

运用定义 1，(1)式可以写成

$$|\boldsymbol{A}|=a_{11}A_{11}+a_{12}A_{12}+a_{13}A_{13}. \qquad (3)$$

由此受到启发，我们猜测并且来证明下述结论——**行列式按一行展开定理**：

定理 1 取定 n 阶矩阵 $\boldsymbol{A}=[a_{ij}]$ 的第 i 行，则 $|\boldsymbol{A}|$ 等于 $\boldsymbol{A}$ 的第 i 行元素与自己的代数余子式的乘积之和，即

$$|\boldsymbol{A}|=a_{i1}A_{i1}+a_{i2}A_{i2}+\cdots+a_{in}A_{in}=\sum_{j=1}^{n}a_{ij}A_{ij}. \qquad (4)$$

证明 取定 $\boldsymbol{A}$ 的第 i 行，把 $|\boldsymbol{A}|$ 的 $n!$ 项按照第 i 行元素分成 n 组，$|\boldsymbol{A}|$ 的每一项中把第 i 行元素放在第 1 个位置，其余 $n-1$ 个元素按照行指标成自然顺序排好位置，则根据 § 2 的命题 1 得

$$\begin{aligned}|\boldsymbol{A}|&=\sum_{jk_1\cdots k_{i-1}k_{i+1}\cdots k_n}(-1)^{\tau(i1\cdots(i-1)(i+1)\cdots n)+\tau(jk_1\cdots k_{i-1}k_{i+1}\cdots k_n)}a_{ij}a_{1k_1}\cdots a_{i-1,k_{i-1}}a_{i+1,k_{i+1}}\cdots a_{nk_n}\\&=\sum_{j=1}^{n}(-1)^{i-1}\cdot(-1)^{j-1}a_{ij}\sum_{k_1\cdots k_{i-1}k_{i+1}\cdots k_n}(-1)^{\tau(k_1\cdots k_{i-1}k_{i+1}\cdots k_n)}\\&\quad\cdot a_{1k_1}\cdots a_{i-1,k_{i-1}}a_{i+1,k_{i+1}}\cdots a_{nk_n}\\&=\sum_{j=1}^{n}(-1)^{i+j}a_{ij}M_{ij}=\sum_{j=1}^{n}a_{ij}A_{ij}.\end{aligned}$$

上式中第二个“=”成立的理由是：$jk_1\cdots k_{i-1}k_{i+1}\cdots k_n$ 取遍所有的 n 元排列可以分成两步：第一步，让 j 取遍 $1,2,\cdots,n$；第二步，对于取定的 j，让 $k_1\cdots k_{i-1}k_{i+1}\cdots k_n$ 取遍由 $1,\cdots,j-1,j+1,\cdots,n$ 形成的所有 $n-1$ 元排列. 于是，根据分步计数乘法原理和提取公因数得到第二个等式. 此外，注意对于排列 $jk_1\cdots k_{i-1}k_{i+1}\cdots k_n$，比 j 小的数有 $j-1$ 个，它们都在 j 的后面，故

$$\tau(jk_1\cdots k_{i-1}k_{i+1}\cdots k_n)=j-1+\tau(k_1\cdots k_{i-1}k_{i+1}\cdots k_n). \qquad ∎$$

公式(4)称为 n 阶行列式 $|\boldsymbol{A}|$ **按第 i 行的展开式**.

由于行列式中行与列的地位是对等的，因此我们猜测有下述结论——**行列式按一列展开定理**：

定理 2 取定 n 阶矩阵 $\boldsymbol{A}=[a_{ij}]$ 的第 j 列，则 $|\boldsymbol{A}|$ 等于 $\boldsymbol{A}$ 的第 j 列元素与自己的代数余子式的乘积之和，即

$$|\boldsymbol{A}| = a_{1j}A_{1j} + a_{2j}A_{2j} + \cdots + a_{nj}A_{nj} = \sum_{i=1}^{n} a_{ij}A_{ij}. \tag{5}$$

证明 已知

$$|\boldsymbol{A}| = \begin{vmatrix} a_{11} & \cdots & a_{1,j-1} & a_{1j} & a_{1,j+1} & \cdots & a_{1n} \\ a_{21} & \cdots & a_{2,j-1} & a_{2j} & a_{2,j+1} & \cdots & a_{2n} \\ \vdots & & \vdots & \vdots & \vdots & & \vdots \\ a_{n1} & \cdots & a_{n,j-1} & a_{nj} & a_{n,j+1} & \cdots & a_{nn} \end{vmatrix}, \quad |\boldsymbol{A}^{\mathrm{T}}| = \begin{vmatrix} a_{11} & a_{21} & \cdots & a_{n1} \\ \vdots & \vdots & & \vdots \\ a_{1,j-1} & a_{2,j-1} & \cdots & a_{n,j-1} \\ a_{1j} & a_{2j} & \cdots & a_{nj} \\ a_{1,j+1} & a_{2,j+1} & \cdots & a_{n,j+1} \\ \vdots & \vdots & & \vdots \\ a_{1n} & a_{2n} & \cdots & a_{nn} \end{vmatrix}.$$

把$|\boldsymbol{A}^{\mathrm{T}}|$按第 j 行展开,从$|\boldsymbol{A}^{\mathrm{T}}|$和$|\boldsymbol{A}|$看到,$\boldsymbol{A}^{\mathrm{T}}$ 的$(j,1)$元的余子式是由 $\boldsymbol{A}$ 的$(1,j)$元的余子式经过行与列互换得到的,且$(-1)^{j+1}=(-1)^{1+j}$,因此它们的代数余子式相等.同理,$\boldsymbol{A}^{\mathrm{T}}$ 的(j,i)元的代数余子式等于 $\boldsymbol{A}$ 的(i,j)元的代数余子式 A_{ij}.又 $\boldsymbol{A}^{\mathrm{T}}$ 的(j,i)元等于 $\boldsymbol{A}$ 的(i,j)元 a_{ij},因此

$$|\boldsymbol{A}| = |\boldsymbol{A}^{\mathrm{T}}| = a_{1j}A_{1j} + a_{2j}A_{2j} + \cdots + a_{nj}A_{nj} = \sum_{i=1}^{n} a_{ij}A_{ij}. \quad \blacksquare$$

公式(5)称为 n 阶行列式$|\boldsymbol{A}|$**按第 j 列的展开式.**

利用行列式的性质可以把行列式的某一行(或列)的许多元素变成 0,然后按这一行(或列)展开就可以把 n 阶行列式转化为 $n-1$ 阶行列式,减少计算量.这是计算行列式的最重要的方法.

示范

例 1 计算行列式

$$\begin{vmatrix} 2 & -3 & 7 \\ -4 & 1 & -2 \\ 9 & -2 & 3 \end{vmatrix}.$$

解 为了尽量避免分数运算,我们选择 1 或-1 所在的行(或列),尽可能把该行(或列)的其他元素变成 0,然后按这一行(或列)展开.现在选择 1 所在的第 2 行,有

$$\text{原式} \xlongequal[\text{③}+\text{②}\cdot 2]{\text{①}+\text{②}\cdot 4} \begin{vmatrix} -10 & -3 & 1 \\ 0 & 1 & 0 \\ 1 & -2 & -1 \end{vmatrix} = 1\cdot(-1)^{2+2}\begin{vmatrix} -10 & 1 \\ 1 & -1 \end{vmatrix} = 9.$$

例 2 计算行列式,并且把得到的 λ 的多项式因式分解:

$$\begin{vmatrix} \lambda-6 & 2 & -2 \\ 2 & \lambda-3 & -4 \\ -2 & -4 & \lambda-3 \end{vmatrix}.$$

解

$$\text{原式}\xlongequal{③+②\cdot 1}\begin{vmatrix}\lambda-6 & 2 & -2\\ 2 & \lambda-3 & -4\\ 0 & \lambda-7 & \lambda-7\end{vmatrix}$$

$$\xlongequal[②+③\cdot(-1)]{}\begin{vmatrix}\lambda-6 & 4 & -2\\ 2 & \lambda+1 & -4\\ 0 & 0 & \lambda-7\end{vmatrix}$$

$$=(\lambda-7)\cdot(-1)^{3+3}\begin{vmatrix}\lambda-6 & 4\\ 2 & \lambda+1\end{vmatrix}$$

$$=(\lambda-7)(\lambda^2-5\lambda-14)=(\lambda-7)^2(\lambda+2).$$

例 3　计算 $n(n>1)$阶行列式

$$\begin{vmatrix}a & b & 0 & 0 & \cdots & 0 & 0 & 0\\ 0 & a & b & 0 & \cdots & 0 & 0 & 0\\ 0 & 0 & a & b & \cdots & 0 & 0 & 0\\ \vdots & \vdots & \vdots & \vdots & & \vdots & \vdots & \vdots\\ 0 & 0 & 0 & 0 & \cdots & 0 & a & b\\ b & 0 & 0 & 0 & \cdots & 0 & 0 & a\end{vmatrix}.$$

解　按第 1 列展开，得

$$\text{原式}=a\begin{vmatrix}a & b & 0 & \cdots & 0 & 0 & 0\\ 0 & a & b & \cdots & 0 & 0 & 0\\ \vdots & \vdots & \vdots & & \vdots & \vdots & \vdots\\ 0 & 0 & 0 & \cdots & 0 & a & b\\ 0 & 0 & 0 & \cdots & 0 & 0 & a\end{vmatrix}+b\cdot(-1)^{n+1}\begin{vmatrix}b & 0 & 0 & \cdots & 0 & 0 & 0\\ a & b & 0 & \cdots & 0 & 0 & 0\\ 0 & a & b & \cdots & 0 & 0 & 0\\ \vdots & \vdots & \vdots & & \vdots & \vdots & \vdots\\ 0 & 0 & 0 & \cdots & 0 & a & b\end{vmatrix}$$

$$=a\cdot a^{n-1}+(-1)^{n+1}b\cdot b^{n-1}$$

$$=a^n+(-1)^{n+1}b^n.$$

观察

把下面的 3 阶行列式$|\boldsymbol{A}|$的第 1 行元素与第 2 行相应元素的代数余子式相乘，然后相加，结果如何呢？

$$|\boldsymbol{A}|=\begin{vmatrix}a_1 & a_2 & a_3\\ b_1 & b_2 & b_3\\ c_1 & c_2 & c_3\end{vmatrix}.$$

结果如下：

$$a_1A_{21}+a_2A_{22}+a_3A_{23}=a_1\cdot(-1)^{2+1}\begin{vmatrix}a_2 & a_3\\ c_2 & c_3\end{vmatrix}+a_2\cdot(-1)^{2+2}\begin{vmatrix}a_1 & a_3\\ c_1 & c_3\end{vmatrix}$$

$$+a_3\cdot(-1)^{2+3}\begin{vmatrix}a_1 & a_2\\ c_1 & c_2\end{vmatrix}$$

$$=\begin{vmatrix}a_1 & a_2 & a_3\\ a_1 & a_2 & a_3\\ c_1 & c_2 & c_3\end{vmatrix}=0.$$

这表明,3 阶行列式的第 1 行元素与第 2 行相应元素的代数余子式的乘积之和等于 0. 我们猜想对于 n 阶行列式也有类似的结论.

论证

定理 3 n 阶行列式 $|\boldsymbol{A}|$ 的第 i 行元素与第 $k(k\neq i)$ 行相应元素的代数余子式的乘积之和等于 0,即当 $k\neq i$ 时,有

$$\sum_{j=1}^{n}a_{ij}A_{kj}=0,\tag{6}$$

其中 $i,k\in\{1,2,\cdots,n\}$.

证明 设

$$|\boldsymbol{A}|=\begin{vmatrix}a_{11} & a_{12} & \cdots & a_{1n}\\ \vdots & \vdots & & \vdots\\ a_{i1} & a_{i2} & \cdots & a_{in}\\ \vdots & \vdots & & \vdots\\ a_{k1} & a_{k2} & \cdots & a_{kn}\\ \vdots & \vdots & & \vdots\\ a_{n1} & a_{n2} & \cdots & a_{nn}\end{vmatrix}\begin{matrix}\\ \\ (\text{第 } i \text{ 行})\\ \\ (\text{第 } k \text{ 行})\\ \\ \\ \end{matrix}.$$

把 $|\boldsymbol{A}|$ 的第 k 行元素换成第 i 行元素,得下式中的 n 阶行列式(其值为 0,因为其中两行相同),然后将此 n 阶行列式按第 k 行展开,并且注意它的 (k,j) 元的代数余子式与 $|\boldsymbol{A}|$ 的 (k,j) 元的代数余子式 A_{kj} 一样,得到

$$0=\begin{vmatrix}a_{11} & a_{12} & \cdots & a_{1n}\\ \vdots & \vdots & & \vdots\\ a_{i1} & a_{i2} & \cdots & a_{in}\\ \vdots & \vdots & & \vdots\\ a_{i1} & a_{i2} & \cdots & a_{in}\\ \vdots & \vdots & & \vdots\\ a_{n1} & a_{n2} & \cdots & a_{nn}\end{vmatrix}\xlongequal{\text{按第 } k \text{ 行展开}}\sum_{j=1}^{n}a_{ij}A_{kj}.$$ ▌

由于行列式的行与列的地位对等,因此也有下述结论:

定理 4 n 阶行列式 $|\boldsymbol{A}|$ 的第 j 列元素与第 $l(l\neq j)$ 列相应元素的代数余子式的乘积之和等于 0,即当 $l\neq j$ 时,有

$$\sum_{i=1}^{n} a_{ij} A_{il} = 0, \tag{7}$$

其中 $j,l \in \{1,2,\cdots,n\}$. ▍

公式(4),(6)与公式(5),(7)可以分别合并写成

$$\sum_{j=1}^{n} a_{ij} A_{kj} = \begin{cases} |\boldsymbol{A}|, & k = i, \\ 0, & k \neq i, \end{cases} \tag{8}$$

$$\sum_{i=1}^{n} a_{ij} A_{il} = \begin{cases} |\boldsymbol{A}|, & l = j, \\ 0, & l \neq j. \end{cases} \tag{9}$$

观察

n 阶行列式

$$\begin{vmatrix} 1 & 1 & 1 & \cdots & 1 \\ a_1 & a_2 & a_3 & \cdots & a_n \\ a_1^2 & a_2^2 & a_3^2 & \cdots & a_n^2 \\ \vdots & \vdots & \vdots & & \vdots \\ a_1^{n-2} & a_2^{n-2} & a_3^{n-2} & \cdots & a_n^{n-2} \\ a_1^{n-1} & a_2^{n-1} & a_3^{n-1} & \cdots & a_n^{n-1} \end{vmatrix} \quad (n \geqslant 2) \tag{10}$$

有什么特点?

它的第 1 行元素全是 1,第 2 行元素是 n 个数,第 3 行元素是这 n 个数的平方……第 n 行元素是这 n 个数的 $n-1$ 次方. 这样的行列式称为**范德蒙德(Vandermonde)行列式**. 它的值等于什么呢?

探索

当 $n=2$ 时,行列式(10)为

$$\begin{vmatrix} 1 & 1 \\ a_1 & a_2 \end{vmatrix} = a_2 - a_1;$$

当 $n=3$ 时,行列式(10)为

$$\begin{vmatrix} 1 & 1 & 1 \\ a_1 & a_2 & a_3 \\ a_1^2 & a_2^2 & a_3^2 \end{vmatrix} \xlongequal[\textcircled{2}+\textcircled{1}\cdot(-a_1)]{\textcircled{3}+\textcircled{2}\cdot(-a_1)} \begin{vmatrix} 1 & 1 & 1 \\ 0 & a_2 - a_1 & a_3 - a_1 \\ 0 & a_2^2 - a_1 a_2 & a_3^2 - a_1 a_3 \end{vmatrix}$$

$$= \begin{vmatrix} a_2 - a_1 & a_3 - a_1 \\ a_2(a_2 - a_1) & a_3(a_3 - a_1) \end{vmatrix}$$

$$= (a_2 - a_1)(a_3 - a_1) \begin{vmatrix} 1 & 1 \\ a_2 & a_3 \end{vmatrix}$$

$$= (a_2-a_1)(a_3-a_1)(a_3-a_2).$$

由此受到启发,我们猜想 n 阶范德蒙德行列式的值如下:

$$\begin{vmatrix} 1 & 1 & 1 & \cdots & 1 \\ a_1 & a_2 & a_3 & \cdots & a_n \\ a_1^2 & a_2^2 & a_3^2 & \cdots & a_n^2 \\ \vdots & \vdots & \vdots & & \vdots \\ a_1^{n-2} & a_2^{n-2} & a_3^{n-2} & \cdots & a_n^{n-2} \\ a_1^{n-1} & a_2^{n-1} & a_3^{n-1} & \cdots & a_n^{n-1} \end{vmatrix} = \prod_{1\leqslant j<i\leqslant n}(a_i-a_j) \quad (n\geqslant 2), \tag{11}$$

其中 $\prod$ 是连乘号,

$$\prod_{1\leqslant j<i\leqslant n}(a_i-a_j) = (a_2-a_1)(a_3-a_1)\cdots(a_{n-1}-a_1)(a_n-a_1) \\ \cdot(a_3-a_2)\cdots(a_{n-1}-a_2)(a_n-a_2)\cdot\cdots \\ \cdot(a_{n-1}-a_{n-2})(a_n-a_{n-2})(a_n-a_{n-1}).$$

证明 对范德蒙德行列式的阶数 n 做数学归纳法.

当 $n=2$ 时,上面已证明结论成立.

假设对于 $n-1$ 阶范德蒙德行列式结论成立. 我们来看 n 阶范德蒙德行列式的情形. 把(11)式左端第 $n-1$ 行的 $-a_1$ 倍加到第 n 行上,然后把第 $n-2$ 行的 $-a_1$ 倍加到第 $n-1$ 行上,依次类推,最后把第 1 行的 $-a_1$ 倍加到第 2 行上,得到

$$(11)\text{式左端} = \begin{vmatrix} 1 & 1 & 1 & \cdots & 1 \\ 0 & a_2-a_1 & a_3-a_1 & \cdots & a_n-a_1 \\ 0 & a_2^2-a_1a_2 & a_3^2-a_1a_3 & \cdots & a_n^2-a_1a_n \\ \vdots & \vdots & \vdots & & \vdots \\ 0 & a_2^{n-2}-a_1a_2^{n-3} & a_3^{n-2}-a_1a_3^{n-3} & \cdots & a_n^{n-2}-a_1a_n^{n-3} \\ 0 & a_2^{n-1}-a_1a_2^{n-2} & a_3^{n-1}-a_1a_3^{n-2} & \cdots & a_n^{n-1}-a_1a_n^{n-2} \end{vmatrix}$$

$$= \begin{vmatrix} a_2-a_1 & a_3-a_1 & \cdots & a_n-a_1 \\ a_2(a_2-a_1) & a_3(a_3-a_1) & \cdots & a_n(a_n-a_1) \\ \vdots & \vdots & & \vdots \\ a_2^{n-3}(a_2-a_1) & a_3^{n-3}(a_3-a_1) & \cdots & a_n^{n-3}(a_n-a_1) \\ a_2^{n-2}(a_2-a_1) & a_3^{n-2}(a_3-a_1) & \cdots & a_n^{n-2}(a_n-a_1) \end{vmatrix}$$

$$= (a_2-a_1)(a_3-a_1)\cdots(a_n-a_1)\begin{vmatrix} 1 & 1 & \cdots & 1 \\ a_2 & a_3 & \cdots & a_n \\ \vdots & \vdots & & \vdots \\ a_2^{n-3} & a_3^{n-3} & \cdots & a_n^{n-3} \\ a_2^{n-2} & a_3^{n-2} & \cdots & a_n^{n-2} \end{vmatrix}$$

$$\xlongequal{\text{用归纳假设}} (a_2-a_1)(a_3-a_1)\cdots(a_n-a_1)\prod_{2\leqslant j<i\leqslant n}(a_i-a_j)$$

$$=\prod_{1\leqslant j<i\leqslant n}(a_i-a_j).$$

根据数学归纳法,对于一切大于 1 的正整数 n,结论都成立. ▌

范德蒙德行列式在许多实际问题中出现,我们可以用公式(11)立即写出它的值. 从公式(11)看出,范德蒙德行列式的值不等于 0 当且仅当 $a_1,a_2,\cdots,a_n$ 两两不同.

例 4 计算 n 阶行列式:

$$D_n=\begin{vmatrix} \alpha+\beta & \alpha\beta & 0 & 0 & 0 & \cdots & 0 & 0 & 0 \\ 1 & \alpha+\beta & \alpha\beta & 0 & 0 & \cdots & 0 & 0 & 0 \\ 0 & 1 & \alpha+\beta & \alpha\beta & 0 & \cdots & 0 & 0 & 0 \\ \vdots & \vdots & \vdots & \vdots & \vdots & & \vdots & \vdots & \vdots \\ 0 & 0 & 0 & 0 & 0 & \cdots & 1 & \alpha+\beta & \alpha\beta \\ 0 & 0 & 0 & 0 & 0 & \cdots & 0 & 1 & \alpha+\beta \end{vmatrix}.$$

解 当 $n\geqslant 3$ 时,把 D_n 按第 1 列展开得

$$D_n=(\alpha+\beta)D_{n-1}+1\cdot(-1)^{2+1}\begin{vmatrix} \alpha\beta & 0 & 0 & 0 & \cdots & 0 & 0 & 0 \\ 1 & \alpha+\beta & \alpha\beta & 0 & \cdots & 0 & 0 & 0 \\ \vdots & \vdots & \vdots & \vdots & & \vdots & \vdots & \vdots \\ 0 & 0 & 0 & 0 & \cdots & 1 & \alpha+\beta & \alpha\beta \\ 0 & 0 & 0 & 0 & \cdots & 0 & 1 & \alpha+\beta \end{vmatrix}$$

$$=(\alpha+\beta)D_{n-1}-\alpha\beta D_{n-2}. \tag{12}$$

由(12)式得

$$D_n-\alpha D_{n-1}=\beta(D_{n-1}-\alpha D_{n-2}), \tag{13}$$

于是 $D_2-\alpha D_1,\cdots,D_{n-1}-\alpha D_{n-2},D_n-\alpha D_{n-1},\cdots$ 是等比数列,公比为 β,首项为 $D_2-\alpha D_1$. 由于

$$D_1=|\alpha+\beta|=\alpha+\beta,$$

$$D_2=\begin{vmatrix} \alpha+\beta & \alpha\beta \\ 1 & \alpha+\beta \end{vmatrix}=(\alpha+\beta)^2-\alpha\beta$$

$$=\alpha^2+\alpha\beta+\beta^2,$$

因此 $D_2-\alpha D_1=\beta^2$,从而

$$D_n-\alpha D_{n-1}=\beta^2\cdot\beta^{(n-1)-1}=\beta^n. \tag{14}$$

由(12)式还可以得到

$$D_n-\beta D_{n-1}=\alpha(D_{n-1}-\beta D_{n-2}). \tag{15}$$

同理可得

$$D_n-\beta D_{n-1}=\alpha^n. \tag{16}$$

(16)式两边乘以 α,(14)式两边 β,再相减得

$$\alpha D_n - \beta D_n = \alpha^{n+1} - \beta^{n+1}. \tag{17}$$

情形 1 $\alpha \neq \beta$. 这时,由(17)式得

$$D_n = \frac{\alpha^{n+1} - \beta^{n+1}}{\alpha - \beta}. \tag{18}$$

当 $n=1,2$ 时,(18)式也成立.

情形 2 $\alpha = \beta$. 这时,由(14)式得

$$D_n - \alpha D_{n-1} = \alpha^n. \tag{19}$$

若 $\alpha \neq 0$,在(19)式两边除以 α^n,得

$$\frac{D_n}{\alpha^n} - \frac{D_{n-1}}{\alpha^{n-1}} = 1.$$

于是,$\frac{D_1}{\alpha},\cdots,\frac{D_{n-1}}{\alpha^{n-1}},\frac{D_n}{\alpha^n},\cdots$是等差数列,公差为 1,从而

$$\frac{D_n}{\alpha^n} = \frac{D_1}{\alpha} + (n-1)\cdot 1 = \frac{2\alpha}{\alpha} + n - 1 = n+1.$$

因此

$$D_n = (n+1)\alpha^n. \tag{20}$$

若 $\alpha=0$,则 $D_n=0$,从而(20)式仍成立.

当 $n=1,2$ 时,(20)式也成立.

例 5 下述 n 阶行列式 E_n 称为**三对角线行列式**:

$$E_n = \begin{vmatrix} a & b & 0 & 0 & 0 & \cdots & 0 & 0 & 0 \\ c & a & b & 0 & 0 & \cdots & 0 & 0 & 0 \\ 0 & c & a & b & 0 & \cdots & 0 & 0 & 0 \\ \vdots & \vdots & \vdots & \vdots & \vdots & & \vdots & \vdots & \vdots \\ 0 & 0 & 0 & 0 & 0 & \cdots & c & a & b \\ 0 & 0 & 0 & 0 & 0 & \cdots & 0 & c & a \end{vmatrix}, \tag{21}$$

其中 a,b,c 是实数,且 $b\neq 0,c\neq 0$. 证明:

当 $a^2 \neq 4bc$ 时,

$$E_n = \frac{\alpha_1^{n+1} - \beta_1^{n+1}}{\alpha_1 - \beta_1}, \tag{22}$$

其中 α_1,β_1 是方程 $x^2 - ax + bc = 0$ 的两个根;

当 $a^2 = 4bc$ 时,

$$E_n = (n+1)\left(\frac{a}{2}\right)^n. \tag{23}$$

证明 由于已计算出例 4 中行列式 D_n 的值,因此从 E_n 的每一列提取公因子 c 得

$$E_n = c^n \begin{vmatrix} \frac{a}{c} & \frac{b}{c} & 0 & 0 & \cdots & 0 & 0 & 0 \\ 1 & \frac{a}{c} & \frac{b}{c} & 0 & \cdots & 0 & 0 & 0 \\ 0 & 1 & \frac{a}{c} & \frac{b}{c} & \cdots & 0 & 0 & 0 \\ \vdots & \vdots & \vdots & \vdots & & \vdots & \vdots & \vdots \\ 0 & 0 & 0 & 0 & \cdots & 1 & \frac{a}{c} & \frac{b}{c} \\ 0 & 0 & 0 & 0 & \cdots & 0 & 1 & \frac{a}{c} \end{vmatrix}. \tag{24}$$

想找 α,β,使得

$$\alpha+\beta=\frac{a}{c},\quad \alpha\beta=\frac{b}{c}.$$

于是,α,β 是方程 $x^2-\frac{a}{c}x+\frac{b}{c}=0$ 的两个根:

$$\frac{1}{2}\left[\frac{a}{c}\pm\sqrt{\left(-\frac{a}{c}\right)^2-4\frac{b}{c}}\right]=\frac{1}{2}\left(\frac{a}{c}\pm\frac{1}{c}\sqrt{a^2-4bc}\right).$$

情形 1　$a^2\neq 4bc$. 此时 $\alpha\neq\beta$. 利用(18)式,得

$$E_n = c^n\frac{\alpha^{n+1}-\beta^{n+1}}{\alpha-\beta}=\frac{(c\alpha)^{n+1}-(c\beta)^{n+1}}{c\alpha-c\beta}=\frac{\alpha_1^{n+1}-\beta_1^{n+1}}{\alpha_1-\beta_1}, \tag{25}$$

其中

$$\alpha_1=c\alpha,\quad \beta_1=c\beta.$$

由于

$$\alpha_1+\beta_1=c\alpha+c\beta=c(\alpha+\beta)=c\cdot\frac{a}{c}=a,$$

$$\alpha_1\beta_1=(c\alpha)(c\beta)=c^2\alpha\beta=c^2\cdot\frac{b}{c}=bc,$$

因此 α_1,β_1 是方程 $x^2-ax+bc=0$ 的两个根.

情形 2　$a^2=4bc$. 此时 $\alpha=\beta$. 利用(20)式,得

$$E_n=c^n(n+1)\alpha^n=(n+1)(c\alpha)^n=(n+1)\left(\frac{a}{2}\right)^n. \tag{26}$$

(26)式的最后一个等号成立是由于

$$\alpha+\alpha=\alpha+\beta=\frac{a}{c},$$

从而 $c\alpha=\frac{a}{2}$. ▌

习 题 2.4

1. 计算下列行列式：

(1) $\begin{vmatrix} 1 & -2 & 0 & 4 \\ 2 & -5 & 1 & -3 \\ 4 & 1 & -2 & 6 \\ -3 & 2 & 7 & 1 \end{vmatrix}$； (2) $\begin{vmatrix} 2 & -4 & -3 & 5 \\ -3 & 1 & 4 & -2 \\ 7 & 2 & 5 & 3 \\ 4 & -3 & -2 & 6 \end{vmatrix}$；

(3) $\begin{vmatrix} \lambda-2 & -2 & 2 \\ -2 & \lambda-5 & 4 \\ 2 & 4 & \lambda-5 \end{vmatrix}$； (4) $\begin{vmatrix} \lambda-2 & -3 & -2 \\ -1 & \lambda-8 & -2 \\ 2 & 14 & \lambda+3 \end{vmatrix}$.

2. 计算 $n(n\geqslant 2)$阶行列式

$$\begin{vmatrix} a_1 & a_2 & a_3 & \cdots & a_{n-1} & a_n \\ 1 & -1 & 0 & \cdots & 0 & 0 \\ 0 & 2 & -2 & \cdots & 0 & 0 \\ \vdots & \vdots & \vdots & & \vdots & \vdots \\ 0 & 0 & 0 & \cdots & n-1 & 1-n \end{vmatrix}.$$

3. 计算 $n(n\geqslant 2)$阶行列式

$$\begin{vmatrix} 1 & a_1 & a_1^2 & \cdots & a_1^{n-1} \\ 1 & a_2 & a_2^2 & \cdots & a_2^{n-1} \\ \vdots & \vdots & \vdots & & \vdots \\ 1 & a_n & a_n^2 & \cdots & a_n^{n-1} \end{vmatrix}.$$

4. 用数学归纳法证明：对于一切 $n\geqslant 2$，有

$$\begin{vmatrix} x & 0 & 0 & \cdots & 0 & 0 & a_0 \\ -1 & x & 0 & \cdots & 0 & 0 & a_1 \\ 0 & -1 & x & \cdots & 0 & 0 & a_2 \\ \vdots & \vdots & \vdots & & \vdots & \vdots & \vdots \\ 0 & 0 & 0 & \cdots & -1 & x & a_{n-2} \\ 0 & 0 & 0 & \cdots & 0 & -1 & x+a_{n-1} \end{vmatrix} = x^n + a_{n-1}x^{n-1} + \cdots + a_1 x + a_0.$$

5. 计算 n 阶行列式

$$D_n = \begin{vmatrix} 2 & -1 & 0 & 0 & \cdots & 0 & 0 & 0 \\ -1 & 2 & -1 & 0 & \cdots & 0 & 0 & 0 \\ 0 & -1 & 2 & -1 & \cdots & 0 & 0 & 0 \\ \vdots & \vdots & \vdots & \vdots & & \vdots & \vdots & \vdots \\ 0 & 0 & 0 & 0 & \cdots & -1 & 2 & -1 \\ 0 & 0 & 0 & 0 & \cdots & 0 & -1 & 2 \end{vmatrix}.$$

6. 计算 n 阶行列式

$$\begin{vmatrix} 2a & a^2 & 0 & 0 & \cdots & 0 & 0 & 0 \\ 1 & 2a & a^2 & 0 & \cdots & 0 & 0 & 0 \\ 0 & 1 & 2a & a^2 & \cdots & 0 & 0 & 0 \\ \vdots & \vdots & \vdots & \vdots & & \vdots & \vdots & \vdots \\ 0 & 0 & 0 & 0 & \cdots & 1 & 2a & a^2 \\ 0 & 0 & 0 & 0 & \cdots & 0 & 1 & 2a \end{vmatrix} \quad (a \in \mathbf{R}).$$

*7. 解方程

$$\begin{vmatrix} 1 & 1 & \cdots & 1 \\ x & a_1 & \cdots & a_{n-1} \\ x^2 & a_1^2 & \cdots & a_{n-1}^2 \\ \vdots & \vdots & & \vdots \\ x^{n-1} & a_1^{n-1} & \cdots & a_{n-1}^{n-1} \end{vmatrix} = 0,$$

其中 $a_1, a_2, \cdots, a_{n-1}$ 是两两不同的数.

*8. 计算 $n(n \geqslant 2)$ 阶行列式

$$\begin{vmatrix} 1 & 2 & 2 & \cdots & 2 & 2 & 2 \\ 2 & 2 & 2 & \cdots & 2 & 2 & 2 \\ 2 & 2 & 3 & \cdots & 2 & 2 & 2 \\ \vdots & \vdots & \vdots & & \vdots & \vdots & \vdots \\ 2 & 2 & 2 & \cdots & 2 & n-1 & 2 \\ 2 & 2 & 2 & \cdots & 2 & 2 & n \end{vmatrix}.$$

§5 克拉默法则

回顾

在本章开头的命题 1′中，我们证明了：含两个方程的关于 x_1, x_2 的二元一次方程组有唯一解的充要条件是它的系数行列式 $|\mathbf{A}| \neq 0$，此时它的唯一解是

$$x_1 = \frac{|\boldsymbol{B}_1|}{|\mathbf{A}|}, \quad x_2 = \frac{|\boldsymbol{B}_2|}{|\mathbf{A}|},$$

其中 $|\boldsymbol{B}_1|$ 是把 $|\mathbf{A}|$ 中第 1 列元素换成常数项而第 2 列不动所得到的行列式，$|\boldsymbol{B}_2|$ 是把 $|\mathbf{A}|$ 中第 2 列元素换成常数项而第 1 列不动所得到的行列式.

上述结论对于含 n 个方程的 n 元线性方程组是否成立？本节就来探讨这个问题.

探索

考虑数域 K 上含 n 个方程的 n 元线性方程组

$$\begin{cases} a_{11}x_1 + a_{12}x_2 + \cdots + a_{1n}x_n = b_1, \\ a_{21}x_1 + a_{22}x_2 + \cdots + a_{2n}x_n = b_2, \\ \cdots\cdots \\ a_{n1}x_1 + a_{n2}x_2 + \cdots + a_{nn}x_n = b_n. \end{cases} \tag{1}$$

用 $\boldsymbol{A}$ 表示此方程组的系数矩阵,并用 $\widetilde{\boldsymbol{A}}$ 表示其增广矩阵. 显然,$\widetilde{\boldsymbol{A}}$ 是在 $\boldsymbol{A}$ 的右边添上由常数项组成的一列而得到的.

对增广矩阵 $\widetilde{\boldsymbol{A}}$ 施行初等行变换,将其化成阶梯形矩阵,记作 $\widetilde{\boldsymbol{J}}$,则系数矩阵 $\boldsymbol{A}$ 经过这些初等行变换也被化成阶梯形矩阵,记作 $\boldsymbol{J}$. 显然,$\boldsymbol{J}$ 比 $\widetilde{\boldsymbol{J}}$ 少了最后一列. 根据§3 的评注[2],得 $|\boldsymbol{J}|=l|\boldsymbol{A}|$,其中 l 是 K 中某个非零数.

设 $\widetilde{\boldsymbol{J}}$ 有 r 行非零行,则以 $\widetilde{\boldsymbol{J}}$ 为增广矩阵的阶梯形方程组中不出现"$0=d(d\neq 0)$"这种方程的充要条件是,$\widetilde{\boldsymbol{J}}$ 的第 r 个主元不在第 $n+1$ 列. 于是,根据第一章§2 的定理 1 得

$$\begin{aligned} n\text{ 元线性方程组(1)有唯一解} &\Longleftrightarrow \widetilde{\boldsymbol{J}}\text{ 的第 } r \text{ 个主元不在第 } n+1 \text{ 列,并且 } r=n \\ &\Longleftrightarrow \widetilde{\boldsymbol{J}}\text{ 的第 } n \text{ 个主元不在第 } n+1 \text{ 列} \\ &\Longleftrightarrow \boldsymbol{J}\text{ 有 } n \text{ 行非零行} \\ &\Longleftrightarrow |\boldsymbol{J}|\neq 0 \\ &\Longleftrightarrow |\boldsymbol{A}|\neq 0. \end{aligned}$$

上述推导过程中倒数第二个"$\Longleftrightarrow$"中"$\Longrightarrow$"成立的理由是:由于系数矩阵 $\boldsymbol{A}$ 化成的阶梯形矩阵 $\boldsymbol{J}$ 有 n 行非零行,因此 $\boldsymbol{J}$ 有 n 个主元,它们分别位于 $\boldsymbol{J}$ 的第 $1,2,\cdots,n$ 列,依次记它们为 $c_{11},c_{22},\cdots,c_{nn}$. 于是,$|\boldsymbol{J}|$ 是上三角形行列式,从而 $|\boldsymbol{J}|=c_{11}c_{22}\cdots c_{nn}\neq 0$. 倒数第二个"$\Longleftrightarrow$"中"$\Longleftarrow$"成立的理由是:用反证法,假如 $\boldsymbol{J}$ 没有 n 行非零行,则 $\boldsymbol{J}$ 至少有一行元素全为 0,从而 $|\boldsymbol{J}|=0$. 这与已知条件 $|\boldsymbol{J}|\neq 0$ 矛盾.

上面的推导过程证明了下述结论:

定理 1 数域 K 上含 n 个方程的 n 元线性方程组有唯一解的充要条件是它的系数行列式不等于 0. ▌

把定理 1 应用到齐次线性方程组上便得到下述结论:

推论 1 数域 K 上含 n 个方程的 n 元齐次线性方程组只有零解的充要条件是它的系数行列式不等于 0,从而数域 K 上含 n 个方程的 n 元齐次线性方程组有非零解的充要条件是它的系数行列式等于 0. ▌

对于含 n 个方程的 n 元线性方程组,定理 1 使得我们不用对它的增广矩阵进行初等行变换,而只需计算它的系数行列式,就可以判断它是否有唯一解.

对于含 n 个方程的 n 元齐次线性方程组,推论 1 使得我们不用对它的系数矩阵进行初等行变换,而只需计算它的系数行列式,就可以判断它有没有非零解.

示范

例 1 判断下述线性方程组是否有唯一解：

$$\begin{cases} a_1x_1+a_2x_2+\cdots+a_nx_n=b_1, \\ a_1^2x_1+a_2^2x_2+\cdots+a_n^2x_n=b_2, \\ \cdots\cdots \\ a_1^nx_1+a_2^nx_2+\cdots+a_n^nx_n=b_n, \end{cases} \tag{2}$$

其中 $a_1,a_2,\cdots,a_n$ 是两两不同的非零常数.

解 方程组(2)的方程个数等于未知量个数 n. 考虑系数行列式：

$$\begin{vmatrix} a_1 & a_2 & \cdots & a_n \\ a_1^2 & a_2^2 & \cdots & a_n^2 \\ \vdots & \vdots & & \vdots \\ a_1^n & a_2^n & \cdots & a_n^n \end{vmatrix} = a_1a_2\cdots a_n \begin{vmatrix} 1 & 1 & \cdots & 1 \\ a_1 & a_2 & \cdots & a_n \\ \vdots & \vdots & & \vdots \\ a_1^{n-1} & a_2^{n-1} & \cdots & a_n^{n-1} \end{vmatrix}.$$

由于 $a_1,a_2,\cdots,a_n$ 两两不同，而且它们都不等于 0，因此上述系数行列式不等于 0，从而方程组(2)有唯一解.

例 2 当 λ 取什么值时，下述齐次线性方程组有非零解？

$$\begin{cases} (\lambda-6)x_1+2x_2-2x_3=0, \\ 2x_1+(\lambda-3)x_2-4x_3=0, \\ -2x_1-4x_2+(\lambda-3)x_3=0. \end{cases} \tag{3}$$

解 计算方程组(3)的系数行列式 D：

$$D=\begin{vmatrix} \lambda-6 & 2 & -2 \\ 2 & \lambda-3 & -4 \\ -2 & -4 & \lambda-3 \end{vmatrix} = \begin{vmatrix} \lambda-6 & 2 & -2 \\ 2 & \lambda-3 & -4 \\ 0 & \lambda-7 & \lambda-7 \end{vmatrix}$$

$$= \begin{vmatrix} \lambda-6 & 4 & -2 \\ 2 & \lambda+1 & -4 \\ 0 & 0 & \lambda-7 \end{vmatrix} = (\lambda-7)\begin{vmatrix} \lambda-6 & 4 \\ 2 & \lambda+1 \end{vmatrix}$$

$$= (\lambda-7)(\lambda^2-5\lambda-14) = (\lambda-7)^2(\lambda+2).$$

于是

$$\text{方程组(3)有非零解} \Longleftrightarrow (\lambda-7)^2(\lambda+2)=0$$

$$\Longleftrightarrow \lambda=7 \text{ 或 } \lambda=-2.$$

观察

为了探讨含 n 个方程的 n 元线性方程组有唯一解时这个解是什么，我们需要了解连加

号 $\sum$ 的性质.

设有 mn 个数相加：

$$\begin{aligned} S = \ & c_{11} + c_{12} + \cdots + c_{1n} \\ & + c_{21} + c_{22} + \cdots + c_{2n} \\ & + \cdots \\ & + c_{m1} + c_{m2} + \cdots + c_{mn}. \end{aligned} \tag{4}$$

我们可以按照(4)式中各数所在的行分组，先分别把第 $1,2,\cdots,m$ 行的 n 个元素相加，再求所得数的和：

$$S = \left(\sum_{j=1}^{n} c_{1j}\right) + \left(\sum_{j=1}^{n} c_{2j}\right) + \cdots + \left(\sum_{j=1}^{n} c_{mj}\right) = \sum_{i=1}^{m}\left(\sum_{j=1}^{n} c_{ij}\right). \tag{5}$$

我们也可以按照(4)式中各数所在的列分组，先分别把第 $1,2,\cdots,n$ 列的 m 个元素相加，再求所得数的和：

$$S = \left(\sum_{i=1}^{m} c_{i1}\right) + \left(\sum_{i=1}^{m} c_{i2}\right) + \cdots + \left(\sum_{i=1}^{m} c_{in}\right) = \sum_{j=1}^{n}\left(\sum_{i=1}^{m} c_{ij}\right). \tag{6}$$

从(5)式和(6)式得

$$\sum_{i=1}^{m}\left(\sum_{j=1}^{n} c_{ij}\right) = \sum_{j=1}^{n}\left(\sum_{i=1}^{m} c_{ij}\right). \tag{7}$$

在下面定理的论证中将用到公式(7)，以后也会经常用到这一公式.

论证

定理 2 当数域 K 上含 n 个方程的 n 元线性方程组(1)有唯一解时，这个解是

$$\left(\frac{|\boldsymbol{B}_1|}{|\boldsymbol{A}|}, \frac{|\boldsymbol{B}_2|}{|\boldsymbol{A}|}, \cdots, \frac{|\boldsymbol{B}_n|}{|\boldsymbol{A}|}\right)^{\mathrm{T}}, \tag{8}$$

其中 $|\boldsymbol{A}|$ 是方程组(1)的系数行列式，并且

$$|\boldsymbol{B}_j| = \begin{vmatrix} a_{11} & \cdots & a_{1,j-1} & b_1 & a_{1,j+1} & \cdots & a_{1n} \\ a_{21} & \cdots & a_{2,j-1} & b_2 & a_{2,j+1} & \cdots & a_{2n} \\ \vdots & & \vdots & \vdots & \vdots & & \vdots \\ a_{n1} & \cdots & a_{n,j-1} & b_n & a_{n,j+1} & \cdots & a_{nn} \end{vmatrix}, \quad j = 1,2,\cdots,n. \tag{9}$$

证明 为了证明有序数组(8)是方程组(1)的解，只要把它们代入方程组(1)的每个方程，看是否变成恒等式即可. 对于 $i \in \{1,2,\cdots,n\}$，把有序数组(8)代入第 i 个方程，计算该方程左端的值：

$$a_{i1}\frac{|\boldsymbol{B}_1|}{|\boldsymbol{A}|} + a_{i2}\frac{|\boldsymbol{B}_2|}{|\boldsymbol{A}|} + \cdots + a_{in}\frac{|\boldsymbol{B}_n|}{|\boldsymbol{A}|} = \sum_{j=1}^{n} a_{ij}\frac{|\boldsymbol{B}_j|}{|\boldsymbol{A}|} = \frac{1}{|\boldsymbol{A}|}\sum_{j=1}^{n} a_{ij}|\boldsymbol{B}_j|. \tag{10}$$

把(9)式中的行列式按照第 j 列展开，注意它的 (k,j) 元的代数余子式与 $|\boldsymbol{A}|$ 的 (k,j) 元的代数余子式 A_{kj} 一致，得到

$$|\boldsymbol{B}_j| = b_1 A_{1j} + b_2 A_{2j} + \cdots + b_n A_{nj} = \sum_{k=1}^{n} b_k A_{kj}. \tag{11}$$

把(11)式代入(10)式，得第 i 个方程左端的值为

$$\begin{aligned} \frac{1}{|\boldsymbol{A}|}\sum_{j=1}^{n} a_{ij}|\boldsymbol{B}_j| &= \frac{1}{|\boldsymbol{A}|}\sum_{j=1}^{n} a_{ij}\left(\sum_{k=1}^{n} b_k A_{kj}\right) = \frac{1}{|\boldsymbol{A}|}\sum_{j=1}^{n}\left(\sum_{k=1}^{n} a_{ij} b_k A_{kj}\right) \\ &= \frac{1}{|\boldsymbol{A}|}\sum_{k=1}^{n}\left(\sum_{j=1}^{n} a_{ij} b_k A_{kj}\right) = \frac{1}{|\boldsymbol{A}|}\sum_{k=1}^{n}\left(b_k \sum_{j=1}^{n} a_{ij} A_{kj}\right) \\ &= \frac{1}{|\boldsymbol{A}|}(b_1 \cdot 0 + \cdots + b_{i-1} \cdot 0 + b_i |\boldsymbol{A}| + b_{i+1} \cdot 0 + \cdots + b_n \cdot 0) \\ &= b_i. \end{aligned}$$

b_i 是第 i 个方程右端的值. 因此，有序数组(8)是方程组(1)的解. ▍

定理 1 的充分性和定理 2 合起来称为**克拉默(Cramer)法则**. 定理 1 的必要性是本书作者给出的.

利用行列式的性质和按一行(或列)展开的定理，我们解决了含 n 个方程的 n 元线性方程组有唯一解的判定和解的公式表示. 行列式的应用远不止于求解线性方程组，它在几何学、分析学等数学分支以及实际问题求解中都有重要应用.

例 3　是否存在唯一的次数小于或等于 2 的多项式函数 $y=c+bx+ax^2$，使得它的图像经过平面上的三点 $P[p_1, p_2]^{\mathrm{T}}, Q[q_1, q_2]^{\mathrm{T}}, R[r_1, r_2]^{\mathrm{T}}$，其中 p_1, q_1, r_1 两两不同？

解　存在多项式函数 $y=c+bx+ax^2$，使得其图像经过三点 P, Q, R

$$\Longleftrightarrow \begin{cases} c+bp_1+ap_1^2=p_2, \\ c+bq_1+aq_1^2=q_2, \\ c+br_1+ar_1^2=r_2. \end{cases}$$

$\Longleftrightarrow$ 三元一次方程组

$$\begin{cases} x_1 + p_1 x_2 + p_1^2 x_3 = p_2, \\ x_1 + q_1 x_2 + q_1^2 x_3 = q_2, \\ x_1 + r_1 x_2 + r_1^2 x_3 = r_2 \end{cases} \tag{12}$$

有解 $[c, b, a]^{\mathrm{T}}$.

存在唯一的次数小于或等于 2 的多项式函数 $y=c+bx+ax^2$，使得其图像经过三点 P, Q, R

$\Longleftrightarrow$ 方程组(12)有唯一解

$\Longleftrightarrow$ 方程组(12)的系数行列式

$$\begin{vmatrix} 1 & p_1 & p_1^2 \\ 1 & q_1 & q_1^2 \\ 1 & r_1 & r_1^2 \end{vmatrix} \neq 0. \tag{13}$$

由于 p_1, q_1, r_1 两两不同，因此(13)式成立，从而存在唯一的次数小于或等于 2 的多项式函数 $y=c+bx+ax^2$，使得其图像经过三点 P, Q, R.

习　题　2.5

1. 下述线性方程组有无解？若有解，有多少解？

$$\begin{cases} x_1 + 4x_2 + 9x_3 = b_1, \\ x_1 + 8x_2 + 27x_3 = b_2, \\ x_1 + 16x_2 + 81x_3 = b_3. \end{cases}$$

2. 下述线性方程组有无解？若有解，有多少解？

$$\begin{cases} a_1^2 x_1 + a_2^2 x_2 + \cdots + a_n^2 x_n = b_1, \\ a_1^3 x_1 + a_2^3 x_2 + \cdots + a_n^3 x_n = b_2, \\ \cdots\cdots \\ a_1^{n+1} x_1 + a_2^{n+1} x_2 + \cdots + a_n^{n+1} x_n = b_n, \end{cases}$$

其中 $a_1, a_2, \cdots, a_n$ 是两两不同的非零常数.

3. 当 λ 取什么值时，下述齐次线性方程组有非零解？

$$\begin{cases} (\lambda-2)x_1 - 3x_2 - 2x_3 = 0, \\ -x_1 + (\lambda-8)x_2 - 2x_3 = 0, \\ 2x_1 + 14x_2 + (\lambda+3)x_3 = 0. \end{cases}$$

4. 当 a, b 取什么值时，下述齐次线性方程组有非零解？

$$\begin{cases} ax_1 + x_2 + x_3 = 0, \\ x_1 + bx_2 + x_3 = 0, \\ x_1 + 2bx_2 + x_3 = 0. \end{cases}$$

5. 当 a, b 取什么值时，下述线性方程组有唯一解？

$$\begin{cases} ax_1 + x_2 + x_3 = 2, \\ x_1 + bx_2 + x_3 = 1, \\ x_1 + 2bx_2 + x_3 = 2. \end{cases}$$

*6. 对于第 5 题中的线性方程组，当 a, b 为何值时，它无解？当 a, b 为何值时，它有无穷多个解？

*7. 讨论下述线性方程组何时有唯一解，有无穷多个解，无解：

$$\begin{cases} a_1 x_1 + x_2 + x_3 = 2, \\ x_1 + bx_2 + x_3 = 1, \\ x_1 + 2bx_2 + x_3 = 1. \end{cases}$$

§6　行列式按 k 行(或列)展开

回顾

我们在§4讲了行列式按一行(或列)展开定理. 例如,3阶矩阵 $\boldsymbol{A}=[a_{ij}]$ 的行列式 $|\boldsymbol{A}|$ 按第1行展开得

$$|\boldsymbol{A}|=\begin{vmatrix} a_{11} & a_{12} & a_{13} \\ a_{21} & a_{22} & a_{23} \\ a_{31} & a_{32} & a_{33} \end{vmatrix}$$

$$=a_{11}\cdot(-1)^{1+1}\begin{vmatrix} a_{22} & a_{23} \\ a_{32} & a_{33} \end{vmatrix}+a_{12}\cdot(-1)^{1+2}\begin{vmatrix} a_{21} & a_{23} \\ a_{31} & a_{33} \end{vmatrix}+a_{13}\cdot(-1)^{1+3}\begin{vmatrix} a_{21} & a_{22} \\ a_{31} & a_{32} \end{vmatrix},\quad(1)$$

其中3个2阶行列式依次为 $\boldsymbol{A}$ 的(1,1)元、(1,2)元、(1,3)元的余子式. 现在我们反过来看,把这3个2阶行列式都称为 $\boldsymbol{A}$ 的2阶**子式**,而把3个1阶行列式 $|a_{11}|$, $|a_{12}|$, $|a_{13}|$ 分别叫作这3个子式的**余子式**. $\boldsymbol{A}$ 的2阶子式

$$\begin{vmatrix} a_{22} & a_{23} \\ a_{32} & a_{33} \end{vmatrix}\quad(2)$$

是由 $\boldsymbol{A}$ 的第2,3行与第2,3列交叉位置的元素按照原来的排法组成的2阶矩阵的行列式,我们把它记作

$$\boldsymbol{A}\begin{pmatrix} 2,3 \\ 2,3 \end{pmatrix},\quad(3)$$

其中括号内上面一行是行指标,下面一行是列指标. 2阶子式(3)的余子式 $|a_{11}|$ 是 $\boldsymbol{A}$ 的1阶子式,类似地把它记成 $\boldsymbol{A}\begin{pmatrix} 1 \\ 1 \end{pmatrix}$. 把

$$(-1)^{(2+3)+(2+3)}\boldsymbol{A}\begin{pmatrix} 1 \\ 1 \end{pmatrix}\quad(4)$$

称为2阶子式(3)的**代数余子式**. $\boldsymbol{A}$ 中第2,3行元素组成的2阶子式共有3个,它们都出现在(1)式中. 运用子式和代数余子式的术语,3阶行列式按第1行展开的(1)式又可以叙述成:

在3阶矩阵 $\boldsymbol{A}$ 中取定两行:第2,3行,这两行元素形成的所有2阶子式与它们自己的代数余子式的乘积之和等于 $|\boldsymbol{A}|$.

若在3阶矩阵 $\boldsymbol{A}$ 中取定其他两行,也有类似的结论. 这称为3阶行列式 $|\boldsymbol{A}|$ **按两行展开**.

对于 n 阶行列式是否也有类似的结论?

抽象

n 阶矩阵 $\boldsymbol{A}$ 中任意取定 k 行、k 列($1 \leqslant k < n$)，位于这些行和列交叉位置的 k^2 个元素按照原来的排法组成的 k 阶矩阵的行列式，称为 $\boldsymbol{A}$ 的一个 k 阶**子式**. 如果取定第 $i_1, i_2, \cdots, i_k$ ($1 \leqslant i_1 < i_2 < \cdots < i_k \leqslant n$)行，以及第 $j_1, j_2, \cdots, j_k$ ($1 \leqslant j_1 < j_2 < \cdots < j_k \leqslant n$)列，则所得到的 k 阶子式记作

$$\boldsymbol{A}\begin{pmatrix} i_1, i_2, \cdots, i_k \\ j_1, j_2, \cdots, j_k \end{pmatrix}. \tag{5}$$

划去 k 阶子式(5)所在的第 $i_1, i_2, \cdots, i_k$ 行和第 $j_1, j_2, \cdots, j_k$ 列，剩下的元素按照原来的排法组成的 $n-k$ 阶行列式，称为 k 阶子式(5)的**余子式**. 它前面乘以

$$(-1)^{(i_1+i_2+\cdots+i_k)+(j_1+j_2+\cdots+j_k)} \tag{6}$$

后的表达式则称为 k 阶子式(5)的**代数余子式**.

若 $\boldsymbol{A}=[a_{ij}]$，从上述定义得

$$\boldsymbol{A}\begin{pmatrix} i_1, i_2, \cdots, i_k \\ j_1, j_2, \cdots, j_k \end{pmatrix} = \begin{vmatrix} a_{i_1j_1} & a_{i_1j_2} & \cdots & a_{i_1j_k} \\ a_{i_2j_1} & a_{i_2j_2} & \cdots & a_{i_2j_k} \\ \vdots & \vdots & & \vdots \\ a_{i_kj_1} & a_{i_kj_2} & \cdots & a_{i_kj_k} \end{vmatrix}. \tag{7}$$

令

$$\{i_1', i_2', \cdots, i_{n-k}'\} = \{1, 2, \cdots, n\} \backslash \{i_1, i_2, \cdots, i_k\},$$
$$\{j_1', j_2', \cdots, j_{n-k}'\} = \{1, 2, \cdots, n\} \backslash \{j_1, j_2, \cdots, j_k\},$$

并且 $i_1' < i_2' < \cdots < i_{n-k}'$，$j_1' < j_2' < \cdots < j_{n-k}'$，则 $\boldsymbol{A}\begin{pmatrix} i_1, i_2, \cdots, i_k \\ j_1, j_2, \cdots, j_k \end{pmatrix}$ 的余子式为

$$\boldsymbol{A}\begin{pmatrix} i_1', i_2', \cdots, i_{n-k}' \\ j_1', j_2', \cdots, j_{n-k}' \end{pmatrix}. \tag{8}$$

从前面所讲的 3 阶行列式 $|\boldsymbol{A}|$ 按两行展开，我们猜测并且来证明下述定理：

定理 1[拉普拉斯(Laplace)定理]　n 阶矩阵 $\boldsymbol{A}=(a_{ij})$ 中任意取定第 $i_1, i_2, \cdots, i_k$ ($1 \leqslant k < n$)行，其中 $1 \leqslant i_1 < i_2 < \cdots < i_k \leqslant n$，则 $|\boldsymbol{A}|$ 等于这 k 行元素形成的所有 k 阶子式与它们各自的代数余子式的乘积之和，即

$$|\boldsymbol{A}| = \sum_{1 \leqslant j_1 < j_2 < \cdots < j_k \leqslant n} \boldsymbol{A}\begin{pmatrix} i_1, \cdots, i_k \\ j_1, \cdots, j_k \end{pmatrix} \cdot (-1)^{(i_1+\cdots+i_k)+(j_1+\cdots+j_k)} \boldsymbol{A}\begin{pmatrix} i_1', \cdots, i_{n-k}' \\ j_1', \cdots, j_{n-k}' \end{pmatrix}. \tag{9}$$

***证明**　把 $|\boldsymbol{A}|$ 按照第 $i_1, i_2, \cdots, i_k$ 行的元素分组，根据 §2 的命题 1 得

$$|\boldsymbol{A}| = \sum_{\mu_1 \cdots \mu_k \nu_1 \cdots \nu_{n-k}} (-1)^{\tau(i_1 \cdots i_k i_1' \cdots i_{n-k}')+\tau(\mu_1 \cdots \mu_k \nu_1 \cdots \nu_{n-k})} a_{i_1\mu_1} \cdots a_{i_k\mu_k} a_{i_1'\nu_1} \cdots a_{i_{n-k}'\nu_{n-k}}. \tag{10}$$

$\mu_1\cdots\mu_k\nu_1\cdots\nu_{n-k}$ 取遍所有 n 元排列可以分为三步完成：

第一步，从 $1,2,\cdots,n$ 中取 k 个数 $j_1,j_2,\cdots,j_k$，满足 $j_1<j_2<\cdots<j_k$，这有 C_n^k 种取法；

第二步，对于取定的 $j_1,j_2,\cdots,j_k$，让 $\mu_1\cdots\mu_k$ 取遍由 $j_1,j_2,\cdots,j_k$ 形成的所有 k 元排列；

第三步，对于取定的 $j_1,j_2,\cdots,j_k$ 以及取定的 $\mu_1\cdots\mu_k$，让 $\nu_1\cdots\nu_{n-k}$ 取遍由 $j_1',j_2',\cdots,j_{n-k}'$ 形成的所有 $n-k$ 元排列.

根据分步计数乘法原理，(10)式成为

$$|\boldsymbol{A}|=\sum_{1\leqslant j_1<j_2<\cdots<j_k\leqslant n}\sum_{\mu_1\cdots\mu_k}\sum_{\nu_1\cdots\nu_{n-k}}(-1)^{\tau(i_1\cdots i_k i_1'\cdots i_{n-k}')+\tau(\mu_1\cdots\mu_k\nu_1\cdots\nu_{n-k})}a_{i_1\mu_1}\cdots a_{i_k\mu_k}a_{i_1'\nu_1}\cdots a_{i_{n-k}'\nu_{n-k}}.\tag{11}$$

下面来计算有关排列的逆序数. 我们有

$$\begin{aligned}(-1)^{\tau(i_1\cdots i_k i_1'\cdots i_{n-k}')}&=(-1)^{(i_1-1)+(i_2-2)+\cdots+(i_k-k)}\\&=(-1)^{(i_1+i_2+\cdots+i_k)-\frac{1}{2}k(k+1)}.\end{aligned}\tag{12}$$

设排列 $\mu_1\cdots\mu_k$ 经过 s 个对换变成排列 $j_1j_2\cdots j_k$，则排列 $\mu_1\cdots\mu_k\nu_1\cdots\nu_{n-k}$ 经过这 s 个对换变成排列 $j_1j_2\cdots j_k\nu_1\cdots\nu_{n-k}$. 于是，根据 §1 的定理 1 和定理 2 得

$$\begin{aligned}(-1)^{\tau(\mu_1\cdots\mu_k\nu_1\cdots\nu_{n-k})}&=(-1)^s\cdot(-1)^{\tau(j_1j_2\cdots j_k\nu_1\cdots\nu_{n-k})}\\&=(-1)^{\tau(\mu_1\cdots\mu_k)}\cdot(-1)^{(j_1-1)+(j_2-2)+\cdots+(j_k-k)+\tau(\nu_1\cdots\nu_{n-k})}\\&=(-1)^{(j_1+j_2+\cdots+j_k)-\frac{1}{2}k(k+1)}\cdot(-1)^{\tau(\mu_1\cdots\mu_k)}\cdot(-1)^{\tau(\nu_1\cdots\nu_{n-k})}.\end{aligned}\tag{13}$$

把(12)式和(13)式代入(11)式，得

$$\begin{aligned}|\boldsymbol{A}|=&\sum_{1\leqslant j_1<j_2<\cdots<j_k}\sum_{\mu_1\cdots\mu_k}\sum_{\nu_1\cdots\nu_{n-k}}(-1)^{(i_1+\cdots+i_k)-\frac{1}{2}k(k+1)}\cdot(-1)^{(j_1+\cdots+j_k)-\frac{1}{2}k(k+1)}\\&\cdot(-1)^{\tau(\mu_1\cdots\mu_k)}\cdot(-1)^{\tau(\nu_1\cdots\nu_{n-k})}a_{i_1\mu_1}\cdots a_{i_k\mu_k}a_{i_1'\nu_1}\cdots a_{i_{n-k}'\nu_{n-k}}\\=&\sum_{1\leqslant j_1<\cdots<j_k\leqslant n}(-1)^{(i_1+\cdots+i_k)+(j_1+\cdots+j_k)}\left[\sum_{\mu_1\cdots\mu_k}(-1)^{\tau(\mu_1\cdots\mu_k)}a_{i_1\mu_1}\cdots a_{i_k\mu_k}\right.\\&\left.\cdot\left(\sum_{\nu_1\cdots\nu_{n-k}}(-1)^{\tau(\nu_1\cdots\nu_{n-k})}a_{i_1'\nu_1}\cdots a_{i_{n-k}'\nu_{n-k}}\right)\right]\\=&\sum_{1\leqslant j_1<\cdots<j_k\leqslant n}\boldsymbol{A}\begin{pmatrix}i_1,\cdots,i_k\\j_1,\cdots,j_k\end{pmatrix}\cdot(-1)^{(i_1+\cdots+i_k)+(j_1+\cdots+j_k)}\boldsymbol{A}\begin{pmatrix}i_1',\cdots,i_{n-k}'\\j_1',\cdots,j_{n-k}'\end{pmatrix}.\end{aligned}$$ ▌

定理 1 称为**行列式按 k 行展开定理**.

由于行列式中行与列的地位对等，因此也有**行列式按 k 列展开定理**：

定理 2　在 n 阶矩阵 $\boldsymbol{A}$ 中任意取定 k 列，则这 k 列元素形成的所有 k 阶子式与它们各自的代数余子式的乘积之和等于 $|\boldsymbol{A}|$. ▌

行列式按 k 行(或列)展开定理在计算某些特殊类型的行列式时发挥着重要作用. 看下面的例子.

示范

例 1 证明下式成立:

$$\begin{vmatrix} a_{11} & \cdots & a_{1k} & 0 & \cdots & 0 \\ \vdots & & \vdots & \vdots & & \vdots \\ a_{k1} & \cdots & a_{kk} & 0 & \cdots & 0 \\ c_{11} & \cdots & c_{1k} & b_{11} & \cdots & b_{1r} \\ \vdots & & \vdots & \vdots & & \vdots \\ c_{r1} & \cdots & c_{rk} & b_{r1} & \cdots & b_{rr} \end{vmatrix} = \begin{vmatrix} a_{11} & \cdots & a_{1k} \\ \vdots & & \vdots \\ a_{k1} & \cdots & a_{kk} \end{vmatrix} \begin{vmatrix} b_{11} & \cdots & b_{1r} \\ \vdots & & \vdots \\ b_{r1} & \cdots & b_{rr} \end{vmatrix}. \tag{14}$$

证明 把(14)式左端的行列式按前 k 行展开,这 k 行元素形成的 k 阶子式中只有原行列式左上角的 k 阶子式的值可能不为 0,其余的 k 阶子式一定包含零列,从而其值为 0,而左上角的 k 阶子式的余子式正好是右下角的 r 阶子式,并且

$$(-1)^{(1+2+\cdots+k)+(1+2+\cdots+k)} = 1,$$

因此(14)式成立. ▌

令

$$\boldsymbol{A}_1 = \begin{bmatrix} a_{11} & \cdots & a_{1k} \\ \vdots & & \vdots \\ a_{k1} & \cdots & a_{kk} \end{bmatrix}, \quad \boldsymbol{A}_2 = \begin{bmatrix} b_{11} & \cdots & b_{1r} \\ \vdots & & \vdots \\ b_{r1} & \cdots & b_{rr} \end{bmatrix}, \quad \boldsymbol{C} = \begin{bmatrix} c_{11} & \cdots & c_{1k} \\ \vdots & & \vdots \\ c_{r1} & \cdots & c_{rk} \end{bmatrix},$$

则(14)式可以简洁地写成

$$\begin{vmatrix} \boldsymbol{A}_1 & \boldsymbol{0} \\ \boldsymbol{C} & \boldsymbol{A}_2 \end{vmatrix} = |\boldsymbol{A}_1||\boldsymbol{A}_2|. \tag{15}$$

注意(15)式中 $\boldsymbol{A}_1, \boldsymbol{A}_2$ 都必须是方阵.

设 $\boldsymbol{A}_1$ 和 $\boldsymbol{A}_2$ 都是方阵,则根据行列式的性质 1 和(15)式得

$$\begin{vmatrix} \boldsymbol{A}_1 & \boldsymbol{D} \\ \boldsymbol{0} & \boldsymbol{A}_2 \end{vmatrix} = \begin{vmatrix} \boldsymbol{A}_1^{\mathrm{T}} & \boldsymbol{0} \\ \boldsymbol{D}^{\mathrm{T}} & \boldsymbol{A}_2^{\mathrm{T}} \end{vmatrix} = |\boldsymbol{A}_1^{\mathrm{T}}||\boldsymbol{A}_2^{\mathrm{T}}| = |\boldsymbol{A}_1||\boldsymbol{A}_2|. \tag{16}$$

公式(15)和(16)都是非常有用的.

习 题 2.6

1. 计算行列式

$$\begin{vmatrix} 2 & 3 & 0 & 0 & 0 \\ -1 & 4 & 0 & 0 & 0 \\ 37 & 85 & 1 & 2 & 0 \\ 29 & 73 & 0 & 3 & 4 \\ 19 & 67 & 1 & 0 & 2 \end{vmatrix}.$$

2. 计算行列式

$$\begin{vmatrix} a_{11} & \cdots & a_{1k} & c_{11} & \cdots & c_{1r} \\ \vdots & & \vdots & \vdots & & \vdots \\ a_{k1} & \cdots & a_{kk} & c_{k1} & \cdots & c_{kr} \\ 0 & \cdots & 0 & b_{11} & \cdots & b_{1r} \\ \vdots & & \vdots & \vdots & & \vdots \\ 0 & \cdots & 0 & b_{r1} & \cdots & b_{rr} \end{vmatrix}.$$

*3. 计算行列式

$$\begin{vmatrix} 0 & \cdots & 0 & a_{11} & \cdots & a_{1k} \\ \vdots & & \vdots & \vdots & & \vdots \\ 0 & \cdots & 0 & a_{k1} & \cdots & a_{kk} \\ b_{11} & \cdots & b_{1r} & c_{11} & \cdots & c_{1k} \\ \vdots & & \vdots & \vdots & & \vdots \\ b_{r1} & \cdots & b_{rr} & c_{r1} & \cdots & c_{rk} \end{vmatrix}.$$

*4. 设$|\mathbf{A}|$是关于 $1,2,\cdots,n$ 这 n 个数的范德蒙德行列式，计算：

(1) $\mathbf{A}\begin{pmatrix} 1,2,\cdots,n-1 \\ 2,3,\cdots,n \end{pmatrix}$；　　(2) $\mathbf{A}\begin{pmatrix} 1,2,\cdots,n-1 \\ 1,3,\cdots,n \end{pmatrix}$.

第三章　n 维向量空间 K^n

为了直接用线性方程组的系数和常数项判断线性方程组有没有解，有多少解，我们在第二章给出了用系数行列式判断含 n 个方程的 n 元线性方程组有唯一解的充要条件. 这一判定方法只适用于方程个数与未知量个数相等的线性方程组；而且，当系数行列式等于 0 时，只能得出线性方程组无解或有无穷多个解的结论，没有区分出何时无解，何时有无穷多个解. 能不能对任意的线性方程组给出直接从它的系数和常数项判断它有没有解、有多少解的方法呢？数域 K 上的 n 元线性方程组的一个解是由 K 的 n 个数组成的有序数组，这促使我们来考虑由数域 K 上所有 n 元有序数组组成的集合 K^n. 根据高中关于平面向量的知识，若向量 $\vec{a},\vec{b}$ 的坐标分别为$[a_1,a_2]^T$，$[b_1,b_2]^T$，则 $\vec{a}+\vec{b}$ 的坐标为$[a_1,a_2]^T+[b_1,b_2]^T=[a_1+b_1,a_2+b_2]^T$，$k\vec{a}$的坐标为 $k[a_1,a_2]^T=[ka_1,ka_2]^T(k\in\mathbf{R})$. 由此受到启发，我们可以在 K^n 中规定加法和数量乘法运算. 这一章我们将研究规定了加法和数量乘法运算的 K^n 的结构，然后利用它研究如何直接从线性方程组的系数和常数项判断线性方程组有无解、有多少解的问题，以及线性方程组有无穷多个解时解集的结构问题.

§1　n 维向量空间 K^n 的概念

抽象

取定一个数域 K，设 n 是任意给定的一个正整数. 令

$$K^n=\{[a_1,a_2,\cdots,a_n]\mid a_i\in K,i=1,2,\cdots,n\}.$$

K^n 中的两个元素$[a_1,a_2,\cdots,a_n]$与$[b_1,b_2,\cdots,b_n]$称为**相等**的，如果它们满足

$$a_1=b_1,\quad a_2=b_2,\quad \cdots,\quad a_n=b_n.$$

通常用黑体小写希腊字母 $\boldsymbol{\alpha},\boldsymbol{\beta},\boldsymbol{\gamma},\cdots$表示 K^n 中的元素.

在 K^n 中，规定**加法**运算如下：

$$[a_1,a_2,\cdots,a_n]+[b_1,b_2,\cdots,b_n]=[a_1+b_1,a_2+b_2,\cdots,a_n+b_n],\tag{1}$$
$$\forall\,[a_1,a_2,\cdots,a_n],[b_1,b_2,\cdots,b_n]\in K^n$$

在 K 的元素与 K^n 的元素之间规定**数量乘法**运算如下：

$$k[a_1,a_2,\cdots,a_n]=[ka_1,ka_2,\cdots,ka_n],\quad \forall\, k\in K,[a_1,a_2,\cdots,a_n]\in K^n.\tag{2}$$

容易直接验证 K^n 中的加法和数量乘法满足下述 8 条运算法则：对于任意 $\boldsymbol{\alpha},\boldsymbol{\beta},\boldsymbol{\gamma}\in K^n$，以及任意 $k,l\in K$，有

(1) $\boldsymbol{\alpha}+\boldsymbol{\beta}=\boldsymbol{\beta}+\boldsymbol{\alpha}$ **(加法交换律)**；

(2) $(\boldsymbol{\alpha}+\boldsymbol{\beta})+\boldsymbol{\gamma}=\boldsymbol{\alpha}+(\boldsymbol{\beta}+\boldsymbol{\gamma})$ (**加法结合律**);

(3) 把元素$[0,0,\cdots,0]$记作 $\mathbf{0}$,它使得

$$\mathbf{0}+\boldsymbol{\alpha}=\boldsymbol{\alpha}+\mathbf{0}=\boldsymbol{\alpha},$$

称 $\mathbf{0}$ 是 K^n 的**零元素**;

(4) 对于 $\boldsymbol{\alpha}=[a_1,a_2,\cdots,a_n]\in K^n$,令

$$-\boldsymbol{\alpha}=[-a_1,-a_2,\cdots,-a_n]\in K^n,$$

则

$$\boldsymbol{\alpha}+(-\boldsymbol{\alpha})=(-\boldsymbol{\alpha})+\boldsymbol{\alpha}=\mathbf{0},$$

称$-\boldsymbol{\alpha}$ 是 $\boldsymbol{\alpha}$ 的**负元素**;

(5) $1\boldsymbol{\alpha}=\boldsymbol{\alpha}$;

(6) $(kl)\boldsymbol{\alpha}=k(l\boldsymbol{\alpha})$;

(7) $(k+l)\boldsymbol{\alpha}=k\boldsymbol{\alpha}+l\boldsymbol{\alpha}$;

(8) $k(\boldsymbol{\alpha}+\boldsymbol{\beta})=k\boldsymbol{\alpha}+k\boldsymbol{\beta}$.

定义 1 数域 K 上所有 n 元有序数组组成的集合 K^n,连同定义在它上的加法和数量乘法运算及其满足的上述 8 条运算法则一起,称为数域 K 上的一个 n **维向量空间**(简称**向量空间**).这时,K^n 的元素称为 n **维向量**(简称**向量**).设向量 $\boldsymbol{\alpha}=[a_1,a_2,\cdots,a_n]$,称 $a_i(i=1,2,\cdots,n)$ 是 $\boldsymbol{\alpha}$ 的第 i 个**分量**.

在 n 维向量空间 K^n 中,可以定义**减法**运算如下:

$$\boldsymbol{\alpha}-\boldsymbol{\beta}=\boldsymbol{\alpha}+(-\boldsymbol{\beta}). \tag{3}$$

在 n 维向量空间 K^n 中,容易直接验证下述 4 条性质:

$$0\cdot\boldsymbol{\alpha}=\mathbf{0}, \tag{4}$$

$$(-1)\boldsymbol{\alpha}=-\boldsymbol{\alpha}, \tag{5}$$

$$k\mathbf{0}=\mathbf{0}, \tag{6}$$

$$k\boldsymbol{\alpha}=\mathbf{0}\Longrightarrow k=0 \text{ 或者 } \boldsymbol{\alpha}=\mathbf{0}. \tag{7}$$

把 n 元有序数组写成一行:$[a_1,a_2,\cdots,a_n]$,这时称它为**行向量**.也可以把 n 元有序数组写成一列:

$$\begin{bmatrix} a_1 \\ a_2 \\ \vdots \\ a_n \end{bmatrix},$$

这时称它为**列向量**.把数域 K 上所有写成列的 n 元有序数组组成的集合仍记作 K^n,并且类似地在 K^n 中定义加法运算,在 K 的元素与 K^n 的元素之间定义数量乘法运算,它们仍满足上述 8 条运算法则,因此这时 K^n 也是 K 上的一个 n 维向量空间.它与前面所说的 n 维向量空间 K^n 没有本质的区别,只是元素的写法不同而已.今后如果没有特别声明,我们把 K^n 的元素写成列向量.为了方便,我们常常将列向量写成$[a_1,a_2,\cdots,a_n]^{\mathrm{T}}$ 的形式.

例如,数域 K 上的 $s\times n$ 矩阵

$$\boldsymbol{A}=\begin{bmatrix} a_{11} & a_{12} & \cdots & a_{1n} \\ a_{21} & a_{22} & \cdots & a_{2n} \\ \vdots & \vdots & & \vdots \\ a_{s1} & a_{s2} & \cdots & a_{sn} \end{bmatrix}$$

的每一行是一个 n 维行向量,把第 $i(i=1,2,\cdots,s)$ 个行向量 $[a_{i1},a_{i2},\cdots,a_{in}]$ 记作 $\boldsymbol{\gamma}_i$,称 $\boldsymbol{\gamma}_1,\boldsymbol{\gamma}_2,\cdots,\boldsymbol{\gamma}_s$ 为 $\boldsymbol{A}$ 的**行向量组**;$\boldsymbol{A}$ 的每一列是一个 s 维列向量,把第 $j(j=1,2,\cdots,n)$ 个列向量 $\begin{bmatrix} a_{1j} \\ a_{2j} \\ \vdots \\ a_{sj} \end{bmatrix}$ 记作 $\boldsymbol{\alpha}_j$,称 $\boldsymbol{\alpha}_1,\boldsymbol{\alpha}_2,\cdots,\boldsymbol{\alpha}_n$ 为 $\boldsymbol{A}$ 的**列向量组**.

观察

在 K^3 中,设

$$\boldsymbol{\alpha}_1=\begin{bmatrix} 1 \\ -1 \\ 2 \end{bmatrix},\quad \boldsymbol{\alpha}_2=\begin{bmatrix} 0 \\ 5 \\ -3 \end{bmatrix},$$

则

$$3\boldsymbol{\alpha}_1+2\boldsymbol{\alpha}_2=3\begin{bmatrix} 1 \\ -1 \\ 2 \end{bmatrix}+2\begin{bmatrix} 0 \\ 5 \\ -3 \end{bmatrix}=\begin{bmatrix} 3 \\ 7 \\ 0 \end{bmatrix}. \tag{8}$$

我们把 $3\boldsymbol{\alpha}_1+2\boldsymbol{\alpha}_2$ 称为向量组 $\boldsymbol{\alpha}_1,\boldsymbol{\alpha}_2$ 的一个**线性组合**. 记

$$\boldsymbol{\beta}=\begin{bmatrix} 3 \\ 7 \\ 0 \end{bmatrix},$$

从(8)式知道 $\boldsymbol{\beta}=3\boldsymbol{\alpha}_1+2\boldsymbol{\alpha}_2$,我们称向量 $\boldsymbol{\beta}$ 可以由向量组 $\boldsymbol{\alpha}_1,\boldsymbol{\alpha}_2$ **线性表出**.

抽象

在 K^n 中,给定向量组 $\boldsymbol{\alpha}_1,\boldsymbol{\alpha}_2,\cdots,\boldsymbol{\alpha}_s$,任给数域 K 中一组数 $k_1,k_2,\cdots,k_s$,我们把表达式

$$k_1\boldsymbol{\alpha}_1+k_2\boldsymbol{\alpha}_2+\cdots+k_s\boldsymbol{\alpha}_s$$

称为向量组 $\boldsymbol{\alpha}_1,\boldsymbol{\alpha}_2,\cdots,\boldsymbol{\alpha}_s$ 的一个**线性组合**,其中 $k_1,k_2,\cdots,k_s$ 称为**系数**.

对于向量 $\boldsymbol{\beta}\in K^n$,如果存在数域 K 中一组数 $c_1,c_2,\cdots,c_s$,使得

$$\boldsymbol{\beta}=c_1\boldsymbol{\alpha}_1+c_2\boldsymbol{\alpha}_2+\cdots+c_s\boldsymbol{\alpha}_s, \tag{9}$$

那么称向量 $\boldsymbol{\beta}$ 可以由向量组 $\boldsymbol{\alpha}_1,\boldsymbol{\alpha}_2,\cdots,\boldsymbol{\alpha}_s$ **线性表出**.

分析

利用向量的加法和数量乘法运算，我们可以把数域 K 上的 n 元线性方程组

$$\begin{cases} a_{11}x_1 + a_{12}x_2 + \cdots + a_{1n}x_n = b_1, \\ a_{21}x_1 + a_{22}x_2 + \cdots + a_{2n}x_n = b_2, \\ \cdots\cdots \\ a_{s1}x_1 + a_{s2}x_2 + \cdots + a_{sn}x_n = b_s \end{cases} \tag{10}$$

写成

$$x_1 \begin{bmatrix} a_{11} \\ a_{21} \\ \vdots \\ a_{s1} \end{bmatrix} + x_2 \begin{bmatrix} a_{12} \\ a_{22} \\ \vdots \\ a_{s2} \end{bmatrix} + \cdots + x_n \begin{bmatrix} a_{1n} \\ a_{2n} \\ \vdots \\ a_{sn} \end{bmatrix} = \begin{bmatrix} b_1 \\ b_2 \\ \vdots \\ b_s \end{bmatrix}. \tag{11}$$

令

$$\boldsymbol{\alpha}_1 = \begin{bmatrix} a_{11} \\ a_{21} \\ \vdots \\ a_{s1} \end{bmatrix}, \quad \boldsymbol{\alpha}_2 = \begin{bmatrix} a_{12} \\ a_{22} \\ \vdots \\ a_{s2} \end{bmatrix}, \quad \cdots, \quad \boldsymbol{\alpha}_n = \begin{bmatrix} a_{1n} \\ a_{2n} \\ \vdots \\ a_{sn} \end{bmatrix}, \quad \boldsymbol{\beta} = \begin{bmatrix} b_1 \\ b_2 \\ \vdots \\ b_s \end{bmatrix},$$

则方程组(10)可以写成

$$x_1\boldsymbol{\alpha}_1 + x_2\boldsymbol{\alpha}_2 + \cdots + x_n\boldsymbol{\alpha}_n = \boldsymbol{\beta}, \tag{12}$$

其中 $\boldsymbol{\alpha}_1, \boldsymbol{\alpha}_2, \cdots, \boldsymbol{\alpha}_n$ 是方程组(10)的系数矩阵的列向量组，$\boldsymbol{\beta}$ 是常数项组成的列向量(称为**常数项列向量**). 于是

数域 K 上的线性方程组 $x_1\boldsymbol{\alpha}_1 + x_2\boldsymbol{\alpha}_2 + \cdots + x_n\boldsymbol{\alpha}_n = \boldsymbol{\beta}$ 有解

$\iff$ K 中存在一组数 $c_1, c_2, \cdots, c_n$，使得下式成立：

$$c_1\boldsymbol{\alpha}_1 + c_2\boldsymbol{\alpha}_2 + \cdots + c_n\boldsymbol{\alpha}_n = \boldsymbol{\beta}$$

$\iff$ 向量 $\boldsymbol{\beta}$ 可以由向量组 $\boldsymbol{\alpha}_1, \boldsymbol{\alpha}_2, \cdots, \boldsymbol{\alpha}_n$ 线性表出.　　(13)

这样，我们把线性方程组有没有解的问题归结为：常数项列向量 $\boldsymbol{\beta}$ 能不能由系数矩阵的列向量组线性表出？这个结果具有双向作用：一方面，为了从理论上研究线性方程组有没有解，需要去研究向量 $\boldsymbol{\beta}$ 能否由向量组 $\boldsymbol{\alpha}_1, \boldsymbol{\alpha}_2, \cdots, \boldsymbol{\alpha}_n$ 线性表出；另一方面，对于 K^n 中给定的向量组 $\boldsymbol{\alpha}_1, \boldsymbol{\alpha}_2, \cdots, \boldsymbol{\alpha}_n$，以及给定的向量 $\boldsymbol{\beta}$，为了判断向量 $\boldsymbol{\beta}$ 能否由向量组 $\boldsymbol{\alpha}_1, \boldsymbol{\alpha}_2, \cdots, \boldsymbol{\alpha}_n$ 线性表出，可以去判断线性方程组 $x_1\boldsymbol{\alpha}_1 + x_2\boldsymbol{\alpha}_2 + \cdots + x_n\boldsymbol{\alpha}_n = \boldsymbol{\beta}$ 是否有解(用第一章给出的判定方法).

示范

例 1　在 K^3 中，设

$$\boldsymbol{\alpha}_1=\begin{bmatrix}1\\2\\-3\end{bmatrix},\quad \boldsymbol{\alpha}_2=\begin{bmatrix}5\\-5\\12\end{bmatrix},\quad \boldsymbol{\alpha}_3=\begin{bmatrix}1\\-3\\6\end{bmatrix},\quad \boldsymbol{\beta}=\begin{bmatrix}2\\-1\\3\end{bmatrix},$$

判断向量 $\boldsymbol{\beta}$ 能否由向量组 $\boldsymbol{\alpha}_1,\boldsymbol{\alpha}_2,\boldsymbol{\alpha}_3$ 线性表出,若能,写出一种表出方式.

解 通过初等行变换把线性方程组 $x_1\boldsymbol{\alpha}_1+x_2\boldsymbol{\alpha}_2+x_3\boldsymbol{\alpha}_3=\boldsymbol{\beta}$ 的增广矩阵化成阶梯形矩阵:

$$\begin{bmatrix}1&5&1&2\\2&-5&-3&-1\\-3&12&6&3\end{bmatrix}\longrightarrow\begin{bmatrix}1&5&1&2\\0&3&1&1\\0&0&0&0\end{bmatrix}.$$

由此看出,此方程组有解,从而向量 $\boldsymbol{\beta}$ 能够由向量组 $\boldsymbol{\alpha}_1,\boldsymbol{\alpha}_2,\boldsymbol{\alpha}_3$ 线性表出. 为了写出一种表出方式,我们把上面得到的阶梯形矩阵进一步化成简化行阶梯形矩阵:

$$\begin{bmatrix}1&5&1&2\\0&3&1&1\\0&0&0&0\end{bmatrix}\longrightarrow\begin{bmatrix}1&0&-\frac{2}{3}&\frac{1}{3}\\0&1&\frac{1}{3}&\frac{1}{3}\\0&0&0&0\end{bmatrix}.$$

于是,上述方程组的一般解为

$$\begin{cases}x_1=\dfrac{2}{3}x_3+\dfrac{1}{3},\\[2mm] x_2=-\dfrac{1}{3}x_3+\dfrac{1}{3},\end{cases}$$

其中 x_3 是自由未知量. 令 $x_3=1$,得 $x_1=1,x_2=0$. 于是

$$\boldsymbol{\beta}=\boldsymbol{\alpha}_1+\boldsymbol{\alpha}_3.$$

由于上述方程组有无穷多个解,因此向量 $\boldsymbol{\beta}$ 由向量组 $\boldsymbol{\alpha}_1,\boldsymbol{\alpha}_2,\boldsymbol{\alpha}_3$ 线性表出的方式有无穷多种.

习 题 3.1

1. 在 K^4 中,设

$$\boldsymbol{\alpha}_1=\begin{bmatrix}1\\-2\\5\\3\end{bmatrix},\quad \boldsymbol{\alpha}_2=\begin{bmatrix}4\\7\\-2\\6\end{bmatrix},\quad \boldsymbol{\alpha}_3=\begin{bmatrix}-10\\-25\\16\\-12\end{bmatrix},$$

求 $\boldsymbol{\alpha}_1,\boldsymbol{\alpha}_2,\boldsymbol{\alpha}_3$ 的以下列各组数为系数的线性组合 $k_1\boldsymbol{\alpha}_1+k_2\boldsymbol{\alpha}_2+k_3\boldsymbol{\alpha}_3$:

(1) $k_1=-2,k_2=3,k_3=1$;

(2) $k_1=0,k_2=0,k_3=0$.

2. 在 K^4 中,设 $\boldsymbol{\alpha}=[6,-2,0,4]^{\mathrm{T}},\boldsymbol{\beta}=[-3,1,5,7]^{\mathrm{T}}$,求向量 $\boldsymbol{\gamma}$,使得

$$2\boldsymbol{\alpha}+\boldsymbol{\gamma}=3\boldsymbol{\beta}.$$

3. 在 K^4 中,判断向量 $\boldsymbol{\beta}$ 能否由下列向量组 $\boldsymbol{\alpha}_1,\boldsymbol{\alpha}_2,\boldsymbol{\alpha}_3$ 线性表出,若能,写出一种表出方式:

(1) $\boldsymbol{\alpha}_1=\begin{bmatrix}-1\\3\\0\\-5\end{bmatrix},\boldsymbol{\alpha}_2=\begin{bmatrix}2\\0\\7\\-3\end{bmatrix},\boldsymbol{\alpha}_3=\begin{bmatrix}-4\\1\\-2\\6\end{bmatrix},\boldsymbol{\beta}=\begin{bmatrix}8\\3\\-1\\-25\end{bmatrix}$;

(2) $\boldsymbol{\alpha}_1=\begin{bmatrix}-2\\7\\1\\3\end{bmatrix},\boldsymbol{\alpha}_2=\begin{bmatrix}3\\-5\\0\\-2\end{bmatrix},\boldsymbol{\alpha}_3=\begin{bmatrix}-5\\-6\\3\\-1\end{bmatrix},\boldsymbol{\beta}=\begin{bmatrix}-8\\-3\\7\\-10\end{bmatrix}$;

(3) $\boldsymbol{\alpha}_1=\begin{bmatrix}3\\-5\\2\\-4\end{bmatrix},\boldsymbol{\alpha}_2=\begin{bmatrix}-1\\7\\-3\\6\end{bmatrix},\boldsymbol{\alpha}_3=\begin{bmatrix}3\\11\\-5\\10\end{bmatrix},\boldsymbol{\beta}=\begin{bmatrix}2\\-30\\13\\-26\end{bmatrix}$.

4. 在 K^n 中,令

$$\boldsymbol{\varepsilon}_1=\begin{bmatrix}1\\0\\0\\\vdots\\0\\0\end{bmatrix},\quad \boldsymbol{\varepsilon}_2=\begin{bmatrix}0\\1\\0\\\vdots\\0\\0\end{bmatrix},\quad \cdots,\quad \boldsymbol{\varepsilon}_n=\begin{bmatrix}0\\0\\0\\\vdots\\0\\1\end{bmatrix},$$

证明:K^n 中任一向量 $\boldsymbol{\alpha}=[a_1,a_2,\cdots,a_n]^{\mathrm{T}}$ 可以由向量组 $\boldsymbol{\varepsilon}_1,\boldsymbol{\varepsilon}_2,\cdots,\boldsymbol{\varepsilon}_n$ 线性表出,并且表出方式唯一;写出这种表出方式.

5. 在 K^4 中,设

$$\boldsymbol{\alpha}_1=\begin{bmatrix}1\\0\\0\\0\end{bmatrix},\quad \boldsymbol{\alpha}_2=\begin{bmatrix}1\\1\\0\\0\end{bmatrix},\quad \boldsymbol{\alpha}_3=\begin{bmatrix}1\\1\\1\\0\end{bmatrix},\quad \boldsymbol{\alpha}_4=\begin{bmatrix}1\\1\\1\\1\end{bmatrix},$$

证明:K^4 中任一向量 $\boldsymbol{\alpha}=[a_1,a_2,a_3,a_4]^{\mathrm{T}}$ 可以由向量组 $\boldsymbol{\alpha}_1,\boldsymbol{\alpha}_2,\boldsymbol{\alpha}_3,\boldsymbol{\alpha}_4$ 线性表出,并且表出方式唯一;写出这种表出方式.

6. 证明:向量组 $\boldsymbol{\alpha}_1,\boldsymbol{\alpha}_2,\cdots,\boldsymbol{\alpha}_s$ 中任一向量 $\boldsymbol{\alpha}_i$ 可以由这个向量组线性表出.

§2　线性相关与线性无关的向量组

观察

在上一节中,我们把线性方程组有没有解的问题归结为:常数项列向量能不能由系数矩阵的列向量组线性表出？如何研究 K^n 中一个向量能不能由一个向量组线性表出呢？

我们先来看平面上两个向量的关系．对于平面 π 上两个向量 $\vec{a}=\overrightarrow{OA}$，$\vec{b}=\overrightarrow{OB}$，如果点 O,A,B 在一条直线上，那么称 $\vec{a}$ 与 $\vec{b}$ **共线**．零向量 $\vec{0}$ 与任一向量共线．设 $\vec{a}\neq\vec{0}$，把与 $\vec{a}$ 同向的单位向量记作 $\vec{a}^0$，则 $\vec{a}=|\vec{a}|\vec{a}^0$．设 $\vec{b}$ 与 $\vec{a}$ 共线．若 $\vec{b}$ 与 $\vec{a}$ 同向，如图 3-1 所示，则

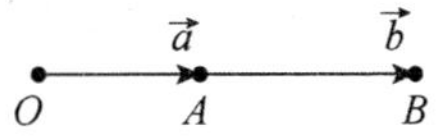

图 3-1

$$\vec{b}=|\vec{b}|\vec{b}^0=|\vec{b}|\vec{a}^0=|\vec{b}|\left(\frac{1}{|\vec{a}|}\vec{a}\right)=\frac{|\vec{b}|}{|\vec{a}|}\vec{a};$$

若 $\vec{b}$ 与 $\vec{a}$ 反向，则

$$\vec{b}=|\vec{b}|\vec{b}^0=|\vec{b}|(-\vec{a}^0)=|\vec{b}|\left(-\frac{1}{|\vec{a}|}\vec{a}\right)=\left(-\frac{|\vec{b}|}{|\vec{a}|}\right)\vec{a}.$$

综上所述，若 $\vec{b}$ 与非零向量 $\vec{a}$ 共线，则存在实数 k，使得 $\vec{b}=k\vec{a}$．反之，假设 $\vec{b}=k\vec{a}$．当 $\vec{a}=\vec{0}$ 时，$\vec{b}=\vec{0}$，从而 $\vec{b}$ 与 $\vec{a}$ 共线．当 $\vec{a}\neq\vec{0}$ 时，若 $\vec{b}=\vec{0}$，则 $\vec{b}$ 与 $\vec{a}$ 共线；若 $\vec{b}\neq\vec{0}$，则 $\vec{b}$ 与 $\vec{a}$ 同向或反向，从而 $\vec{b}$ 与 $\vec{a}$ 共线．利用这段讨论，我们可以证明下述命题：

命题 1 平面 π 上向量 $\vec{a}$ 与 $\vec{b}$ 共线的充要条件是，有不全为 0 的实数 k_1,k_2，使得

$$k_1\vec{a}+k_2\vec{b}=\vec{0}.$$

证明 *必要性* 设 $\vec{a}$ 与 $\vec{b}$ 共线．若 $\vec{a}\neq\vec{0}$，则存在实数 k，使得 $\vec{b}=k\vec{a}$，从而 $k\vec{a}-\vec{b}=\vec{0}$，即 $k\vec{a}+(-1)\vec{b}=\vec{0}$；若 $\vec{a}=\vec{0}$，则有 $1\vec{a}+0\cdot\vec{b}=\vec{0}$．

充分性 设有不全为 0 的实数 k_1,k_2，使得 $k_1\vec{a}+k_2\vec{b}=\vec{0}$．不妨设 $k_2\neq 0$，则 $\vec{b}=-\frac{k_1}{k_2}\vec{a}$，从而 $\vec{b}$ 与 $\vec{a}$ 共线． ▌

推论 1 平面 π 上向量 $\vec{a}$ 与 $\vec{b}$ 不共线的充要条件是，从 $k_1\vec{a}+k_2\vec{b}=\vec{0}$ 可以推出 $k_1=0$，$k_2=0$． ▌

从上述关于平面上两个向量关系的讨论受到启发，在 K^n 中为了研究一个向量能不能由一个向量组线性表出，需要研究像上述的共线和不共线两种类型向量组．

抽象

定义 1 K^n 中的向量组 $\boldsymbol{\alpha}_1,\boldsymbol{\alpha}_2,\cdots,\boldsymbol{\alpha}_s\ (s\geqslant 1)$ 称为**线性相关**的，如果有数域 K 中不全为 0 的数 $k_1,k_2,\cdots,k_s$，使得

$$k_1\boldsymbol{\alpha}_1+k_2\boldsymbol{\alpha}_2+\cdots+k_s\boldsymbol{\alpha}_s=\mathbf{0}. \tag{1}$$

定义 2 如果 K^n 中的向量组 $\boldsymbol{\alpha}_1,\boldsymbol{\alpha}_2,\cdots,\boldsymbol{\alpha}_s\ (s\geqslant 1)$ 不是线性相关的，则称该向量组为**线性无关**的．也就是说，如果从

$$k_1\boldsymbol{\alpha}_1+k_2\boldsymbol{\alpha}_2+\cdots+k_s\boldsymbol{\alpha}_s=\mathbf{0}$$

可以推出所有系数 $k_1,k_2,\cdots,k_s$ 全为 0，那么称向量组 $\boldsymbol{\alpha}_1,\boldsymbol{\alpha}_2,\cdots,\boldsymbol{\alpha}_s$ 是**线性无关**的．

仿照定义 1 和定义 2，再结合命题 1 和推论 1，我们可以说平面 π 上共线的两个向量是线性相关的，不共线的两个向量是线性无关的．

以下除了特殊说明外，在没有指明具体的向量空间时，我们总假定所讨论问题涉及的向量属于同一向量空间.

下面看几个重要的结论.

(1) 包含零向量的向量组一定线性相关. 这是因为

$$1\cdot\mathbf{0}+0\cdot\boldsymbol{\alpha}_2+\cdots+0\cdot\boldsymbol{\alpha}_s=\mathbf{0}.$$

(2) 单个向量 $\boldsymbol{\alpha}$ 线性相关 $\Longleftrightarrow$ 存在数 $k\neq 0$，使得 $k\boldsymbol{\alpha}=\mathbf{0}$ $\Longleftrightarrow$ $\boldsymbol{\alpha}=\mathbf{0}$.

由此立即得出

$$\text{单个向量 }\boldsymbol{\alpha}\text{ 线性无关} \Longleftrightarrow \boldsymbol{\alpha}\neq\mathbf{0}.$$

(3) 如果向量组的一个部分组(由向量组中部分向量组成的向量组)线性相关，那么整个向量组也线性相关.

证明　若向量组 $\boldsymbol{\alpha}_1,\boldsymbol{\alpha}_2,\cdots,\boldsymbol{\alpha}_t,\boldsymbol{\alpha}_{t+1},\cdots,\boldsymbol{\alpha}_s$ 的一个部分组线性相关，不妨设这个部分组为 $\boldsymbol{\alpha}_1,\boldsymbol{\alpha}_2,\cdots,\boldsymbol{\alpha}_t$，则有不全为 0 的数 $k_1,k_2,\cdots,k_t$，使得 $k_1\boldsymbol{\alpha}_1+k_2\boldsymbol{\alpha}_2+\cdots+k_t\boldsymbol{\alpha}_t=\mathbf{0}$，从而有

$$k_1\boldsymbol{\alpha}_1+k_2\boldsymbol{\alpha}_2+\cdots+k_t\boldsymbol{\alpha}_t+0\cdot\boldsymbol{\alpha}_{t+1}+\cdots+0\cdot\boldsymbol{\alpha}_s=\mathbf{0}.$$

由于 $k_1,k_2,\cdots,k_t,0,\cdots,0$ 不全为 0，因此 $\boldsymbol{\alpha}_1,\boldsymbol{\alpha}_2,\cdots,\boldsymbol{\alpha}_t,\boldsymbol{\alpha}_{t+1},\cdots,\boldsymbol{\alpha}_s$ 线性相关. ▎

由此立即得到：如果向量组线性无关，那么它的任何一个部分组也线性无关.

(4) 在 K^n 中，向量组

$$\boldsymbol{\varepsilon}_1=\begin{bmatrix}1\\0\\0\\\vdots\\0\\0\end{bmatrix},\quad \boldsymbol{\varepsilon}_2=\begin{bmatrix}0\\1\\0\\\vdots\\0\\0\end{bmatrix},\quad \cdots,\quad \boldsymbol{\varepsilon}_n=\begin{bmatrix}0\\0\\0\\\vdots\\0\\1\end{bmatrix}$$

是线性无关的.

证明　设 $k_1\boldsymbol{\varepsilon}_1+k_2\boldsymbol{\varepsilon}_2+\cdots+k_n\boldsymbol{\varepsilon}_n=\mathbf{0}$，即

$$k_1\begin{bmatrix}1\\0\\0\\\vdots\\0\\0\end{bmatrix}+k_2\begin{bmatrix}0\\1\\0\\\vdots\\0\\0\end{bmatrix}+\cdots+k_n\begin{bmatrix}0\\0\\0\\\vdots\\0\\1\end{bmatrix}=\begin{bmatrix}0\\0\\0\\\vdots\\0\\0\end{bmatrix},$$

从而

$$\begin{bmatrix}k_1\\k_2\\\vdots\\k_n\end{bmatrix}=\begin{bmatrix}0\\0\\\vdots\\0\end{bmatrix}.$$

由此得出

$$k_1=0,\quad k_2=0,\quad k_3=0,\quad \cdots,\quad k_n=0,$$

因此向量组 $\boldsymbol{\varepsilon}_1,\boldsymbol{\varepsilon}_2,\cdots,\boldsymbol{\varepsilon}_n$ 是线性无关的. ▌

评注

线性相关的向量组与线性无关的向量组的本质区别可以从以下几个方面刻画：

[1] 从线性组合看.

(1) 向量组 $\boldsymbol{\alpha}_1,\boldsymbol{\alpha}_2,\cdots,\boldsymbol{\alpha}_s$ 线性相关

$\Longleftrightarrow$ 存在该向量组的系数不全为 0 的线性组合，使得它等于零向量.

(2) 向量组 $\boldsymbol{\alpha}_1,\boldsymbol{\alpha}_2,\cdots,\boldsymbol{\alpha}_s$ 线性无关

$\Longleftrightarrow$ 对于该向量组，只有系数全为 0 的线性组合才会等于零向量.

[2] 从线性表出看.

(1) 向量组 $\boldsymbol{\alpha}_1,\boldsymbol{\alpha}_2,\cdots,\boldsymbol{\alpha}_s(s\geqslant 2)$线性相关

$\Longleftrightarrow$ 该向量组中至少有一个向量，它可以由其余向量线性表出.

证明　*必要性*　设向量组 $\boldsymbol{\alpha}_1,\boldsymbol{\alpha}_2,\cdots,\boldsymbol{\alpha}_s(s\geqslant 2)$线性相关. 由定义 1 得，有不全为 0 的数 $k_1,k_2,\cdots,k_s$，使得

$$k_1\boldsymbol{\alpha}_1+k_2\boldsymbol{\alpha}_2+\cdots+k_s\boldsymbol{\alpha}_s=\mathbf{0}. \tag{2}$$

不妨设 $k_i\neq 0(1\leqslant i\leqslant s)$，则由(2)式得

$$\boldsymbol{\alpha}_i=-\frac{k_1}{k_i}\boldsymbol{\alpha}_1-\cdots-\frac{k_{i-1}}{k_i}\boldsymbol{\alpha}_{i-1}-\frac{k_{i+1}}{k_i}\boldsymbol{\alpha}_{i+1}-\cdots-\frac{k_s}{k_i}\boldsymbol{\alpha}_s.$$

这表明，$\boldsymbol{\alpha}_i$ 可以由向量组 $\boldsymbol{\alpha}_1,\boldsymbol{\alpha}_2,\cdots,\boldsymbol{\alpha}_s$ 中的其余向量(除去 $\boldsymbol{\alpha}_i$ 以外的向量)线性表出.

充分性　设向量组 $\boldsymbol{\alpha}_1,\boldsymbol{\alpha}_2,\cdots,\boldsymbol{\alpha}_s(s\geqslant 2)$中有一个向量 $\boldsymbol{\alpha}_j$，它可以由其余向量线性表出，即存在数 $l_1,\cdots,l_{j-1},l_{j+1},\cdots,l_s$，使得

$$\boldsymbol{\alpha}_j=l_1\boldsymbol{\alpha}_1+\cdots+l_{j-1}\boldsymbol{\alpha}_{j-1}+l_{j+1}\boldsymbol{\alpha}_{j+1}+\cdots+l_s\boldsymbol{\alpha}_s,$$

移项得

$$l_1\boldsymbol{\alpha}_1+\cdots+l_{j-1}\boldsymbol{\alpha}_{j-1}-\boldsymbol{\alpha}_j+l_{j+1}\boldsymbol{\alpha}_{j+1}+\cdots+l_s\boldsymbol{\alpha}_s=\mathbf{0}. \tag{3}$$

(3)式左端的系数中至少有一个数-1，它不为 0，因此向量组 $\boldsymbol{\alpha}_1,\boldsymbol{\alpha}_2,\cdots,\boldsymbol{\alpha}_s$ 线性相关. ▌

(2) 向量组 $\boldsymbol{\alpha}_1,\boldsymbol{\alpha}_2,\cdots,\boldsymbol{\alpha}_s(s\geqslant 2)$线性无关

$\Longleftrightarrow$ 该向量组中每个向量都不能由其余向量线性表出.

[3] 从齐次线性方程组看.

(1) 列向量组 $\boldsymbol{\alpha}_1,\boldsymbol{\alpha}_2,\cdots,\boldsymbol{\alpha}_s$ 线性相关

$\Longleftrightarrow$ 有不全为 0 的数 $k_1,k_2,\cdots,k_s$，使得

$$k_1\boldsymbol{\alpha}_1+k_2\boldsymbol{\alpha}_2+\cdots+k_s\boldsymbol{\alpha}_s=\mathbf{0}$$

$\Longleftrightarrow$ 齐次线性方程组 $x_1\boldsymbol{\alpha}_1+x_2\boldsymbol{\alpha}_2+\cdots+x_s\boldsymbol{\alpha}_s=\mathbf{0}$ 有非零解.

(2) 列向量组 $\boldsymbol{\alpha}_1,\boldsymbol{\alpha}_2,\cdots,\boldsymbol{\alpha}_s$ 线性无关

$\Longleftrightarrow$ 齐次线性方程组 $x_1\boldsymbol{\alpha}_1+x_2\boldsymbol{\alpha}_2+\cdots+x_s\boldsymbol{\alpha}_s=\boldsymbol{0}$ 只有零解.

[4] 从行列式看.

(1) n 个 n 维列向量 $\boldsymbol{\alpha}_1,\boldsymbol{\alpha}_2,\cdots,\boldsymbol{\alpha}_n$ 线性相关

$\Longleftrightarrow$ 以 $\boldsymbol{\alpha}_1,\boldsymbol{\alpha}_2,\cdots,\boldsymbol{\alpha}_n$ 为列向量组的矩阵的行列式等于 0.

(2) n 个 n 维列向量 $\boldsymbol{\alpha}_1,\boldsymbol{\alpha}_2,\cdots,\boldsymbol{\alpha}_n$ 线性无关

$\Longleftrightarrow$ 以 $\boldsymbol{\alpha}_1,\boldsymbol{\alpha}_2,\cdots,\boldsymbol{\alpha}_n$ 为列向量组的矩阵的行列式不等于 0.

由于行向量组 $\boldsymbol{\gamma}_1,\boldsymbol{\gamma}_2,\cdots,\boldsymbol{\gamma}_n$ 线性相关当且仅当列向量组 $\boldsymbol{\gamma}_1^{\mathrm{T}},\boldsymbol{\gamma}_2^{\mathrm{T}},\cdots,\boldsymbol{\gamma}_n^{\mathrm{T}}$ 线性相关,并且 $|\boldsymbol{A}|=|\boldsymbol{A}^{\mathrm{T}}|$,因此也有

n 个 n 维行向量 $\boldsymbol{\gamma}_1,\boldsymbol{\gamma}_2,\cdots,\boldsymbol{\gamma}_n$ 线性相关(或线性无关)

$\Longleftrightarrow$ 以 $\boldsymbol{\gamma}_1,\boldsymbol{\gamma}_2,\cdots,\boldsymbol{\gamma}_n$ 为行向量组的矩阵的行列式等于 0(或不等于 0).

示范

例 1　证明:如果向量组 $\boldsymbol{\alpha}_1,\boldsymbol{\alpha}_2,\boldsymbol{\alpha}_3$ 线性无关,那么向量组 $\boldsymbol{\alpha}_1+\boldsymbol{\alpha}_2,\boldsymbol{\alpha}_2+\boldsymbol{\alpha}_3,\boldsymbol{\alpha}_3+\boldsymbol{\alpha}_1$ 也线性无关.

证明　设

$$k_1(\boldsymbol{\alpha}_1+\boldsymbol{\alpha}_2)+k_2(\boldsymbol{\alpha}_2+\boldsymbol{\alpha}_3)+k_3(\boldsymbol{\alpha}_3+\boldsymbol{\alpha}_1)=\boldsymbol{0}, \tag{4}$$

整理得

$$(k_1+k_3)\boldsymbol{\alpha}_1+(k_1+k_2)\boldsymbol{\alpha}_2+(k_2+k_3)\boldsymbol{\alpha}_3=\boldsymbol{0}. \tag{5}$$

已知向量组 $\boldsymbol{\alpha}_1,\boldsymbol{\alpha}_2,\boldsymbol{\alpha}_3$ 线性无关,于是从(5)式得

$$\begin{cases} k_1 \qquad\quad +k_3=0, \\ k_1+k_2 \qquad\quad =0, \\ \qquad\quad k_2+k_3=0. \end{cases} \tag{6}$$

齐次线性方程组(6)的系数行列式为

$$\begin{vmatrix} 1 & 0 & 1 \\ 1 & 1 & 0 \\ 0 & 1 & 1 \end{vmatrix}=\begin{vmatrix} 1 & 0 & 1 \\ 0 & 1 & -1 \\ 0 & 1 & 1 \end{vmatrix}=\begin{vmatrix} 1 & -1 \\ 1 & 1 \end{vmatrix}=2\neq 0,$$

因此方程组(6)只有零解,即 $k_1=0,k_2=0,k_3=0$,从而向量组 $\boldsymbol{\alpha}_1+\boldsymbol{\alpha}_2,\boldsymbol{\alpha}_2+\boldsymbol{\alpha}_3,\boldsymbol{\alpha}_3+\boldsymbol{\alpha}_1$ 线性无关. ▌

例 2　判断下列向量组是线性相关还是线性无关,如果线性相关,试找出其中一个向量,使得它可以由其余向量线性表出,并且写出一种表出方式:

(1) $\boldsymbol{\alpha}_1=\begin{bmatrix} 1 \\ -2 \\ 0 \\ 3 \end{bmatrix},\boldsymbol{\alpha}_2=\begin{bmatrix} 2 \\ 5 \\ -1 \\ 0 \end{bmatrix},\boldsymbol{\alpha}_3=\begin{bmatrix} 3 \\ 4 \\ 1 \\ 2 \end{bmatrix}$;

(2) $\boldsymbol{\alpha}_1=\begin{bmatrix}3\\4\\-2\end{bmatrix},\boldsymbol{\alpha}_2=\begin{bmatrix}2\\-5\\0\end{bmatrix},\boldsymbol{\alpha}_3=\begin{bmatrix}5\\0\\-1\end{bmatrix},\boldsymbol{\alpha}_4=\begin{bmatrix}3\\3\\-3\end{bmatrix}$;

(3) $\boldsymbol{\alpha}_1=\begin{bmatrix}1\\a\\a^2\end{bmatrix},\boldsymbol{\alpha}_2=\begin{bmatrix}1\\b\\b^2\end{bmatrix},\boldsymbol{\alpha}_3=\begin{bmatrix}1\\c\\c^2\end{bmatrix}$,其中 a,b,c 两两不同.

解 (1) 考虑齐次线性方程组 $x_1\boldsymbol{\alpha}_1+x_2\boldsymbol{\alpha}_2+x_3\boldsymbol{\alpha}_3=\mathbf{0}$. 通过初等行变换把该方程组的系数矩阵化成阶梯形矩阵:

$$\begin{bmatrix}1&2&3\\-2&5&4\\0&-1&1\\3&0&2\end{bmatrix}\longrightarrow\begin{bmatrix}1&2&3\\0&9&10\\0&-1&1\\0&-6&-7\end{bmatrix}\longrightarrow\begin{bmatrix}1&2&3\\0&-1&1\\0&0&1\\0&0&0\end{bmatrix}.$$

最后的阶梯形矩阵中非零行数 3 等于未知量个数,因此该方程组只有零解,从而向量组 $\boldsymbol{\alpha}_1,\boldsymbol{\alpha}_2,\boldsymbol{\alpha}_3$ 线性无关.

(2) 考虑齐次线性方程组 $x_1\boldsymbol{\alpha}_1+x_2\boldsymbol{\alpha}_2+x_3\boldsymbol{\alpha}_3+x_4\boldsymbol{\alpha}_4=\mathbf{0}$. 由于该方程组中方程个数 3 小于未知量个数 4,因此它必有非零解,从而向量组 $\boldsymbol{\alpha}_1,\boldsymbol{\alpha}_2,\boldsymbol{\alpha}_3,\boldsymbol{\alpha}_4$ 线性相关.

为了找出一个向量,使得它可以由其余向量线性表出,我们先来求该方程组的一般解. 把该方程组的系数矩阵化成简化行阶梯形矩阵(只标注了其中需注意的初等行变换):

$$\begin{bmatrix}3&2&5&3\\4&-5&0&3\\-2&0&-1&-3\end{bmatrix}\xrightarrow{①+③\cdot 1}\begin{bmatrix}1&2&4&0\\4&-5&0&3\\-2&0&-1&-3\end{bmatrix}$$

$$\longrightarrow\begin{bmatrix}1&2&4&0\\0&-13&-16&3\\0&4&7&-3\end{bmatrix}\xrightarrow{②+③\cdot 3}\begin{bmatrix}1&2&4&0\\0&-1&5&-6\\0&4&7&-3\end{bmatrix}$$

$$\longrightarrow\begin{bmatrix}1&2&4&0\\0&-1&5&-6\\0&0&27&-27\end{bmatrix}\longrightarrow\begin{bmatrix}1&0&0&2\\0&1&0&1\\0&0&1&-1\end{bmatrix}.$$

于是,该方程组的一般解是

$$\begin{cases}x_1=-2x_4,\\x_2=-x_4,\\x_3=x_4,\end{cases}$$

其中 x_4 是自由未知量. 令 $x_4=-1$,得到该方程组的一个解: $[2,1,-1,-1]^{\mathrm{T}}$. 于是,有

$$2\boldsymbol{\alpha}_1+\boldsymbol{\alpha}_2-\boldsymbol{\alpha}_3-\boldsymbol{\alpha}_4=\mathbf{0}.$$

由上式得出

$$\boldsymbol{\alpha}_4=2\boldsymbol{\alpha}_1+\boldsymbol{\alpha}_2-\boldsymbol{\alpha}_3.$$

(3) 由于 a,b,c 两两不同，因此

$$\begin{vmatrix} 1 & 1 & 1 \\ a & b & c \\ a^2 & b^2 & c^2 \end{vmatrix} \neq 0,$$

从而向量组 $\boldsymbol{\alpha}_1,\boldsymbol{\alpha}_2,\boldsymbol{\alpha}_3$ 线性无关.

例 3　设 3 维向量组

$$\boldsymbol{\alpha}_1=\begin{bmatrix} a_1 \\ a_2 \\ a_3 \end{bmatrix},\quad \boldsymbol{\alpha}_2=\begin{bmatrix} b_1 \\ b_2 \\ b_3 \end{bmatrix},\quad \boldsymbol{\alpha}_3=\begin{bmatrix} c_1 \\ c_2 \\ c_3 \end{bmatrix}$$

线性无关，对其每个向量都添上 2 个分量，得到 5 维向量组

$$\tilde{\boldsymbol{\alpha}}_1=\begin{bmatrix} a_1 \\ a_2 \\ a_3 \\ a_4 \\ a_5 \end{bmatrix},\quad \tilde{\boldsymbol{\alpha}}_2=\begin{bmatrix} b_1 \\ b_2 \\ b_3 \\ b_4 \\ b_5 \end{bmatrix},\quad \tilde{\boldsymbol{\alpha}}_3=\begin{bmatrix} c_1 \\ c_2 \\ c_3 \\ c_4 \\ c_5 \end{bmatrix}.$$

证明：向量组 $\tilde{\boldsymbol{\alpha}}_1,\tilde{\boldsymbol{\alpha}}_2,\tilde{\boldsymbol{\alpha}}_3$ 也线性无关(称向量组 $\tilde{\boldsymbol{\alpha}}_1,\tilde{\boldsymbol{\alpha}}_2,\tilde{\boldsymbol{\alpha}}_3$ 是向量组 $\boldsymbol{\alpha}_1,\boldsymbol{\alpha}_2,\boldsymbol{\alpha}_3$ 的**延伸组**).

证明　向量组 $\boldsymbol{\alpha}_1,\boldsymbol{\alpha}_2,\boldsymbol{\alpha}_3$ 线性无关

$\Longrightarrow$齐次线性方程组

$$x_1\begin{bmatrix} a_1 \\ a_2 \\ a_3 \end{bmatrix}+x_2\begin{bmatrix} b_1 \\ b_2 \\ b_3 \end{bmatrix}+x_3\begin{bmatrix} c_1 \\ c_2 \\ c_3 \end{bmatrix}=\mathbf{0} \tag{7}$$

只有零解

$\Longrightarrow$齐次线性方程组

$$x_1\begin{bmatrix} a_1 \\ a_2 \\ a_3 \\ a_4 \\ a_5 \end{bmatrix}+x_2\begin{bmatrix} b_1 \\ b_2 \\ b_3 \\ b_4 \\ b_5 \end{bmatrix}+x_3\begin{bmatrix} c_1 \\ c_2 \\ c_3 \\ c_4 \\ c_5 \end{bmatrix}=\mathbf{0} \tag{8}$$

只有零解[否则，方程组 (7) 也有非零解，矛盾]

$\Longrightarrow$向量组 $\tilde{\boldsymbol{\alpha}}_1,\tilde{\boldsymbol{\alpha}}_2,\tilde{\boldsymbol{\alpha}}_3$ 线性无关.　▌

用与例 3 同样的方法可以证明如下结论：

如果 n 维向量组 $\boldsymbol{\alpha}_1,\boldsymbol{\alpha}_2,\cdots,\boldsymbol{\alpha}_s$ 线性无关，对其每个向量都添上 m 个分量(所添分量的位置对于 $\boldsymbol{\alpha}_1,\boldsymbol{\alpha}_2,\cdots,\boldsymbol{\alpha}_s$ 都一样)，那么得到的 $n+m$ 维向量组 $\tilde{\boldsymbol{\alpha}}_1,\tilde{\boldsymbol{\alpha}}_2,\cdots,\tilde{\boldsymbol{\alpha}}_s$ 也线性无关.

通常，我们把向量组 $\tilde{\boldsymbol{\alpha}}_1,\tilde{\boldsymbol{\alpha}}_2,\cdots,\tilde{\boldsymbol{\alpha}}_s$ 称为向量组 $\boldsymbol{\alpha}_1,\boldsymbol{\alpha}_2,\cdots,\boldsymbol{\alpha}_s$ 的**延伸组**；反过来，把向量

组 $\boldsymbol{\alpha}_1,\boldsymbol{\alpha}_2,\cdots,\boldsymbol{\alpha}_s$ 称为向量组 $\tilde{\boldsymbol{\alpha}}_1,\tilde{\boldsymbol{\alpha}}_2,\cdots,\tilde{\boldsymbol{\alpha}}_s$ 的**缩短组**. 上述结论可以叙述成：

如果向量组线性无关，那么它的延伸组也线性无关.

由此立即得出：

如果向量组线性相关，那么它的缩短组也线性相关.

评注

为什么要研究线性无关的向量组呢？这从下述命题 2 可以看出.

命题 2 设向量 $\boldsymbol{\beta}$ 可以由向量组 $\boldsymbol{\alpha}_1,\boldsymbol{\alpha}_2,\cdots,\boldsymbol{\alpha}_s$ 线性表出，则表出方式唯一的充要条件是向量组 $\boldsymbol{\alpha}_1,\boldsymbol{\alpha}_2,\cdots,\boldsymbol{\alpha}_s$ 线性无关.

证明 *充分性* 设向量组 $\boldsymbol{\alpha}_1,\boldsymbol{\alpha}_2,\cdots,\boldsymbol{\alpha}_s$ 线性无关，再设

$$\boldsymbol{\beta}=k_1\boldsymbol{\alpha}_1+k_2\boldsymbol{\alpha}_2+\cdots+k_s\boldsymbol{\alpha}_s,$$
$$\boldsymbol{\beta}=l_1\boldsymbol{\alpha}_1+l_2\boldsymbol{\alpha}_2+\cdots+l_s\boldsymbol{\alpha}_s.$$

上两式相减，得

$$\mathbf{0}=(k_1-l_1)\boldsymbol{\alpha}_1+(k_2-l_2)\boldsymbol{\alpha}_2+\cdots+(k_s-l_s)\boldsymbol{\alpha}_s.$$

由于向量组 $\boldsymbol{\alpha}_1,\boldsymbol{\alpha}_2,\cdots,\boldsymbol{\alpha}_s$ 线性无关，因此从上式得

$$k_1-l_1=0,\quad k_2-l_2=0,\quad \cdots,\quad k_s-l_s=0,$$

从而

$$k_1=l_1,\quad k_2=l_2,\quad \cdots,\quad k_s=l_s.$$

于是，向量 $\boldsymbol{\beta}$ 由向量组 $\boldsymbol{\alpha}_1,\boldsymbol{\alpha}_2,\cdots,\boldsymbol{\alpha}_s$ 线性表出的方式唯一.

必要性 设向量 $\boldsymbol{\beta}$ 由向量组 $\boldsymbol{\alpha}_1,\boldsymbol{\alpha}_2,\cdots,\boldsymbol{\alpha}_s$ 线性表出的方式唯一. 假如向量组 $\boldsymbol{\alpha}_1,\boldsymbol{\alpha}_2,\cdots,\boldsymbol{\alpha}_s$ 线性相关，则有不全为 0 的数 $k_1,k_2,\cdots,k_s$，使得

$$\mathbf{0}=k_1\boldsymbol{\alpha}_1+k_2\boldsymbol{\alpha}_2+\cdots+k_s\boldsymbol{\alpha}_s.$$

由于向量 $\boldsymbol{\beta}$ 可以由向量组 $\boldsymbol{\alpha}_1,\boldsymbol{\alpha}_2,\cdots,\boldsymbol{\alpha}_s$ 线性表出，因此有数 $b_1,b_2,\cdots,b_s$，使得

$$\boldsymbol{\beta}=b_1\boldsymbol{\alpha}_1+b_2\boldsymbol{\alpha}_2+\cdots+b_s\boldsymbol{\alpha}_s.$$

把上两式相加，得

$$\boldsymbol{\beta}=(k_1+b_1)\boldsymbol{\alpha}_1+(k_2+b_2)\boldsymbol{\alpha}_2+\cdots+(k_s+b_s)\boldsymbol{\alpha}_s.$$

由于 $k_1,k_2,\cdots,k_s$ 不全为 0，因此

$$(k_1+b_1,k_2+b_2,\cdots,k_s+b_s)\neq(b_1,b_2,\cdots,b_s),$$

从而向量 $\boldsymbol{\beta}$ 由向量组 $\boldsymbol{\alpha}_1,\boldsymbol{\alpha}_2,\cdots,\boldsymbol{\alpha}_s$ 线性表出的方式至少有两种，不唯一，矛盾. 所以，向量组 $\boldsymbol{\alpha}_1,\boldsymbol{\alpha}_2,\cdots,\boldsymbol{\alpha}_s$ 线性无关. ▎

现在来讨论在什么条件下，向量 $\boldsymbol{\beta}$ 可以由线性无关的向量组 $\boldsymbol{\alpha}_1,\boldsymbol{\alpha}_2,\cdots,\boldsymbol{\alpha}_s$ 线性表出.

命题 3 设向量组 $\boldsymbol{\alpha}_1,\boldsymbol{\alpha}_2,\cdots,\boldsymbol{\alpha}_s$ 线性无关，则向量 $\boldsymbol{\beta}$ 可以由向量组 $\boldsymbol{\alpha}_1,\boldsymbol{\alpha}_2,\cdots,\boldsymbol{\alpha}_s$ 线性表出的充要条件是向量组 $\boldsymbol{\alpha}_1,\boldsymbol{\alpha}_2,\cdots,\boldsymbol{\alpha}_s,\boldsymbol{\beta}$ 线性相关.

证明 必要性由本节评注[2]的(1)得到. 下面证充分性.

设向量组 $\boldsymbol{\alpha}_1,\boldsymbol{\alpha}_2,\cdots,\boldsymbol{\alpha}_s,\boldsymbol{\beta}$ 线性相关，则有不全为 0 的数 $k_1,k_2,\cdots,k_s,l$，使得

$$k_1\boldsymbol{\alpha}_1+k_2\boldsymbol{\alpha}_2+\cdots+k_s\boldsymbol{\alpha}_s+l\boldsymbol{\beta}=\mathbf{0}. \tag{9}$$

假如 $l=0$,则 $k_1,k_2,\cdots,k_s$ 不全为 0,并且从(9)式得

$$k_1\boldsymbol{\alpha}_1+k_2\boldsymbol{\alpha}_2+\cdots+k_s\boldsymbol{\alpha}_s=\mathbf{0}.$$

于是,向量组 $\boldsymbol{\alpha}_1,\boldsymbol{\alpha}_2,\cdots,\boldsymbol{\alpha}_s$ 线性相关.这与已知条件矛盾,因此 $l\neq0$,从而由(9)式得

$$\boldsymbol{\beta}=-\frac{k_1}{l}\boldsymbol{\alpha}_1-\frac{k_2}{l}\boldsymbol{\alpha}_2-\cdots-\frac{k_s}{l}\boldsymbol{\alpha}_s.$$ ▍

从命题 3 立即得到下面的结论:

推论 2 设向量组 $\boldsymbol{\alpha}_1,\boldsymbol{\alpha}_2,\cdots,\boldsymbol{\alpha}_s$ 线性无关,则向量 $\boldsymbol{\beta}$ 不能由向量组 $\boldsymbol{\alpha}_1,\boldsymbol{\alpha}_2,\cdots,\boldsymbol{\alpha}_s$ 线性表出的充要条件是向量组 $\boldsymbol{\alpha}_1,\boldsymbol{\alpha}_2,\cdots,\boldsymbol{\alpha}_s,\boldsymbol{\beta}$ 线性无关. ▍

下面的命题 4 在判断向量组是线性无关还是线性相关中很有用.

命题 4 在 K^n 中,设向量组 $\boldsymbol{\alpha}_1,\boldsymbol{\alpha}_2,\cdots,\boldsymbol{\alpha}_s$ 线性无关,并且

$$\begin{aligned}&\boldsymbol{\beta}_1=b_{11}\boldsymbol{\alpha}_1+b_{21}\boldsymbol{\alpha}_2+\cdots+b_{s1}\boldsymbol{\alpha}_s,\\&\boldsymbol{\beta}_2=b_{12}\boldsymbol{\alpha}_1+b_{22}\boldsymbol{\alpha}_2+\cdots+b_{s2}\boldsymbol{\alpha}_s,\\&\cdots\cdots\\&\boldsymbol{\beta}_s=b_{1s}\boldsymbol{\alpha}_1+b_{2s}\boldsymbol{\alpha}_2+\cdots+b_{ss}\boldsymbol{\alpha}_s,\end{aligned}\tag{10}$$

则向量组 $\boldsymbol{\beta}_1,\boldsymbol{\beta}_2,\cdots,\boldsymbol{\beta}_s$ 线性无关的充要条件是

$$\begin{vmatrix}b_{11}&b_{12}&\cdots&b_{1s}\\b_{21}&b_{22}&\cdots&b_{2s}\\\vdots&\vdots&&\vdots\\b_{s1}&b_{s2}&\cdots&b_{ss}\end{vmatrix}\neq0.$$

想法 根据向量组线性无关的定义来证明.

证明 设

$$k_1\boldsymbol{\beta}_1+k_2\boldsymbol{\beta}_2+\cdots+k_s\boldsymbol{\beta}_s=\mathbf{0}.\tag{11}$$

把(10)式代入上式,得

$$k_1(b_{11}\boldsymbol{\alpha}_1+b_{21}\boldsymbol{\alpha}_2+\cdots+b_{s1}\boldsymbol{\alpha}_s)+\cdots+k_s(b_{1s}\boldsymbol{\alpha}_1+b_{2s}\boldsymbol{\alpha}_2+\cdots+b_{ss}\boldsymbol{\alpha}_s)=\mathbf{0},$$

即

$$(b_{11}k_1+\cdots+b_{1s}k_s)\boldsymbol{\alpha}_1+(b_{21}k_1+\cdots+b_{2s}k_s)\boldsymbol{\alpha}_2+\cdots+(b_{s1}k_1+\cdots+b_{ss}k_s)\boldsymbol{\alpha}_s=\mathbf{0}.\tag{12}$$

由于向量组 $\boldsymbol{\alpha}_1,\boldsymbol{\alpha}_2,\cdots,\boldsymbol{\alpha}_s$ 线性无关,因此(12)式成立当且仅当下面 s 个式子成立:

$$\begin{cases}b_{11}k_1+\cdots+b_{1s}k_s=0,\\b_{21}k_1+\cdots+b_{2s}k_s=0,\\\cdots\cdots\\b_{s1}k_1+\cdots+b_{ss}k_s=0.\end{cases}\tag{13}$$

于是

向量组 $\boldsymbol{\beta}_1,\boldsymbol{\beta}_2,\cdots,\boldsymbol{\beta}_s$ 线性无关

$\Longleftrightarrow$ 从(11)式可推出 $k_1=k_2=\cdots=k_s=0$

$\Longleftrightarrow$ 从(13)式可推出 $k_1=k_2=\cdots=k_s=0$

$\Longleftrightarrow$ 以 $k_1,\cdots,k_s$ 为未知量的齐次线性方程组(13)只有零解

$\Longleftrightarrow$ 以 $k_1,\cdots,k_s$ 为未知量的齐次线性方程组(13)的系数行列式不等于0,即

$$\begin{vmatrix} b_{11} & \cdots & b_{1s} \\ b_{21} & \cdots & b_{2s} \\ \vdots & & \vdots \\ b_{s1} & \cdots & b_{ss} \end{vmatrix} \neq 0. \qquad \blacksquare$$

几何空间是由所有点组成的集合,任意给定的一对有序的点(A,B)确定了一个向量$\overrightarrow{AB}$.向量$\overrightarrow{AB}$的方向是起点A到终点B的指向,大小是两点A,B间的距离(线段AB的长度).向量$\overrightarrow{AB}$的大小也称为该向量的长度,记作$|\overrightarrow{AB}|$.于是,几何空间又可看成所有向量组成的集合,其中长度相等且方向相同的向量称为**相等**的.向量有加法和数量乘法运算.用同一个起点O作出向量组$\vec{a},\vec{b},\vec{c},\cdots$,即$\vec{a}=\overrightarrow{OA},\vec{b}=\overrightarrow{OB},\vec{c}=\overrightarrow{OC},\cdots$,如果点$O,A,B,C,\cdots$在同一条直线(或同一个平面)上,那么称向量组$\vec{a},\vec{b},\vec{c}\cdots$是**共线**(或**共面**)的.零向量$\vec{0}$与任一向量共线,共线的向量组一定共面.可以证明下面的结论:

命题 5 几何空间中三个向量$\vec{a},\vec{b},\vec{c}$共面的充要条件是,有不全为0的实数k_1,k_2,k_3,使得

$$k_1\vec{a}+k_2\vec{b}+k_3\vec{c}=\vec{0}. \qquad \blacksquare$$

证明可参看文献[4]第7页至第8页的命题1.6.

从命题5立即得到下述结论:

推论 3 几何空间中三个向量$\vec{a},\vec{b},\vec{c}$不共面的充要条件是,从$k_1\vec{a}+k_2\vec{b}+k_3\vec{c}=\vec{0}$可以推出$k_1=k_2=k_3=0$. $\blacksquare$

根据定义1、定义2、命题5和推论3,我们可以说:几何空间中共面的三个向量是线性相关的,不共面的三个向量是线性无关的.

习 题 3.2

1. 下述说法对吗?为什么?

(1) 如果有全为0的数$k_1,k_2,\cdots,k_s$,使得

$$k_1\boldsymbol{\alpha}_1+k_2\boldsymbol{\alpha}_2+\cdots+k_s\boldsymbol{\alpha}_s=\mathbf{0},$$

则向量组$\boldsymbol{\alpha}_1,\boldsymbol{\alpha}_2,\cdots,\boldsymbol{\alpha}_s$线性无关;

(2) 如果有一组不全为0的数$k_1,k_2,\cdots,k_s$,使得

$$k_1\boldsymbol{\alpha}_1+k_1\boldsymbol{\alpha}_2+\cdots+k_s\boldsymbol{\alpha}_s\neq\mathbf{0},$$

则向量组$\boldsymbol{\alpha}_1,\boldsymbol{\alpha}_2,\cdots,\boldsymbol{\alpha}_s$线性无关;

(3) 若向量组$\boldsymbol{\alpha}_1,\boldsymbol{\alpha}_2,\cdots,\boldsymbol{\alpha}_s(s\geqslant2)$线性相关,则其中每个向量都可以由其余向量线性表出.

2. 判断下列向量组是线性相关还是线性无关,如果线性相关,试找出其中一个向量,使得它可以由其余向量线性表出,并且写出一种表出方式:

(1) $\boldsymbol{\alpha}_1=\begin{bmatrix}3\\1\\2\\-4\end{bmatrix},\boldsymbol{\alpha}_2=\begin{bmatrix}1\\0\\5\\2\end{bmatrix},\boldsymbol{\alpha}_3=\begin{bmatrix}-1\\2\\0\\3\end{bmatrix}$;

(2) $\boldsymbol{\alpha}_1=\begin{bmatrix}-2\\1\\0\\3\end{bmatrix},\boldsymbol{\alpha}_2=\begin{bmatrix}1\\-3\\2\\4\end{bmatrix},\boldsymbol{\alpha}_3=\begin{bmatrix}3\\0\\2\\-1\end{bmatrix},\boldsymbol{\alpha}_4=\begin{bmatrix}2\\-2\\4\\6\end{bmatrix}$;

(3) $\boldsymbol{\alpha}_1=\begin{bmatrix}3\\-1\\2\end{bmatrix},\boldsymbol{\alpha}_2=\begin{bmatrix}1\\5\\-7\end{bmatrix},\boldsymbol{\alpha}_3=\begin{bmatrix}7\\-13\\20\end{bmatrix},\boldsymbol{\alpha}_4=\begin{bmatrix}-2\\6\\1\end{bmatrix}$;

(4) $\boldsymbol{\alpha}_1=\begin{bmatrix}1\\-2\\4\end{bmatrix},\boldsymbol{\alpha}_2=\begin{bmatrix}1\\3\\9\end{bmatrix},\boldsymbol{\alpha}_3=\begin{bmatrix}1\\4\\16\end{bmatrix}$.

3. 证明：在 K^n 中，任意 $n+1$ 个向量都线性相关.

4. 证明：如果向量组 $\boldsymbol{\alpha}_1,\boldsymbol{\alpha}_2,\boldsymbol{\alpha}_3$ 线性无关，则向量组 $2\boldsymbol{\alpha}_1+\boldsymbol{\alpha}_2,\boldsymbol{\alpha}_2+5\boldsymbol{\alpha}_3,4\boldsymbol{\alpha}_3+3\boldsymbol{\alpha}_1$ 也线性无关.

5. 设向量组 $\boldsymbol{\alpha}_1,\boldsymbol{\alpha}_2,\boldsymbol{\alpha}_3,\boldsymbol{\alpha}_4$ 线性无关，判断向量组 $\boldsymbol{\alpha}_1+\boldsymbol{\alpha}_2,\boldsymbol{\alpha}_2+\boldsymbol{\alpha}_3,\boldsymbol{\alpha}_3+\boldsymbol{\alpha}_4,\boldsymbol{\alpha}_4+\boldsymbol{\alpha}_1$ 是否线性无关.

6. 设向量组 $\boldsymbol{\alpha}_1,\boldsymbol{\alpha}_2,\cdots,\boldsymbol{\alpha}_s$ 线性无关，向量 $\boldsymbol{\beta}=b_1\boldsymbol{\alpha}_1+b_2\boldsymbol{\alpha}_2+\cdots+b_s\boldsymbol{\alpha}_s$. 如果某个 $b_i\neq0$ $(1\leqslant i\leqslant s)$，则用向量 $\boldsymbol{\beta}$ 替换向量 $\boldsymbol{\alpha}_i$ 后得到的向量组 $\boldsymbol{\alpha}_1,\boldsymbol{\alpha}_2,\cdots,\boldsymbol{\alpha}_{i-1},\boldsymbol{\beta},\boldsymbol{\alpha}_{i+1},\cdots,\boldsymbol{\alpha}_s$ 也线性无关.

7. 设 $a_1,a_2,\cdots,a_r$ 是两两不同的数，$r\leqslant n$. 令

$$\boldsymbol{\alpha}_1=\begin{bmatrix}1\\a_1\\\vdots\\a_1^{n-1}\end{bmatrix},\quad \boldsymbol{\alpha}_2=\begin{bmatrix}1\\a_2\\\vdots\\a_2^{n-1}\end{bmatrix},\quad \cdots,\quad \boldsymbol{\alpha}_r=\begin{bmatrix}1\\a_r\\\vdots\\a_r^{n-1}\end{bmatrix},$$

证明：向量组 $\boldsymbol{\alpha}_1,\boldsymbol{\alpha}_2,\cdots,\boldsymbol{\alpha}_r$ 是线性无关的.

§3　极大线性无关组・向量组的秩

在 K^n 中，设向量 $\boldsymbol{\beta}$ 可由向量组 $\boldsymbol{\alpha}_1,\boldsymbol{\alpha}_2,\cdots,\boldsymbol{\alpha}_s$ 线性表出. 如果向量组 $\boldsymbol{\alpha}_1,\boldsymbol{\alpha}_2,\cdots,\boldsymbol{\alpha}_s$ 线性无关，那么表出方式唯一；如果向量组 $\boldsymbol{\alpha}_1,\boldsymbol{\alpha}_2,\cdots,\boldsymbol{\alpha}_s$ 线性相关，那么表出方式不唯一. 此时，想在向量组 $\boldsymbol{\alpha}_1,\boldsymbol{\alpha}_2,\cdots,\boldsymbol{\alpha}_s$ 中取出一个线性无关的部分组，使得从其余向量中任取一个添进去得到的新部分组都线性相关，从而向量 $\boldsymbol{\beta}$ 可以由原来的部分组线性表出，并且表出方式唯

一.由此引出下述概念：

定义 1 向量组的一个部分组称为一个**极大线性无关组**,如果这个部分组本身是线性无关的,但是从向量组的其余向量(如果还有的话)中任取一个添进去,得到的新部分组都线性相关.

在几何空间中,设向量 $\vec{a}_1,\vec{a}_2,\vec{a}_3$ 共面,并且它们两两不共线.如图 3-2 所示,这时向量组 $\vec{a}_1,\vec{a}_2,\vec{a}_3$ 线性相关.它的一个部分组 $\vec{a}_1,\vec{a}_2$ 线性无关,因此 $\vec{a}_1,\vec{a}_2$ 是向量组 $\vec{a}_1,\vec{a}_2,\vec{a}_3$ 的一个极大线性无关组.容易看出,$\vec{a}_2,\vec{a}_3$ 和 $\vec{a}_1,\vec{a}_3$ 都是向量组 $\vec{a}_1,\vec{a}_2,\vec{a}_3$ 的极大线性无关组.由此看到,向量组 $\vec{a}_1,\vec{a}_2,\vec{a}_3$ 的这三个极大线性无关组所含向量的个数都是 2.对于 K^n 中的任意向量组,是否也有类似的结论？即向量组 $\boldsymbol{\alpha}_1,\boldsymbol{\alpha}_2,\cdots,\boldsymbol{\alpha}_s$ 的任意两个极大线性无关组所含向量的个数是否一定相等？为了研究这个问题,就要讨论向量组的任意两个极大线性无关组之间的关系.为此,我们先一般地讨论两个向量组之间的关系.

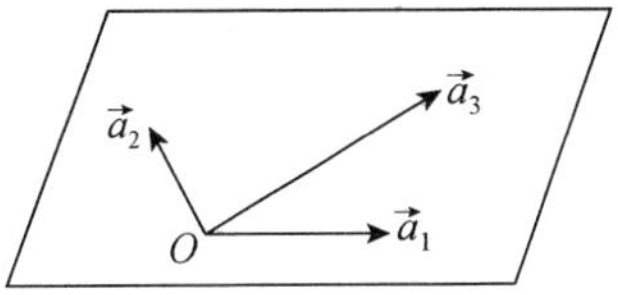

图 3-2

定义 2 如果向量组 $\boldsymbol{\alpha}_1,\boldsymbol{\alpha}_2,\cdots,\boldsymbol{\alpha}_s$ 的每个向量都可以由向量组 $\boldsymbol{\beta}_1,\boldsymbol{\beta}_2,\cdots,\boldsymbol{\beta}_r$ 线性表出,则称向量组 $\boldsymbol{\alpha}_1,\boldsymbol{\alpha}_2,\cdots,\boldsymbol{\alpha}_s$ 可以由向量组 $\boldsymbol{\beta}_1,\boldsymbol{\beta}_2,\cdots,\boldsymbol{\beta}_r$ 线性表出.如果向量组 $\boldsymbol{\alpha}_1,\boldsymbol{\alpha}_2,\cdots,\boldsymbol{\alpha}_s$ 与向量组 $\boldsymbol{\beta}_1,\boldsymbol{\beta}_2,\cdots,\boldsymbol{\beta}_r$ 可以相互线性表出,则称向量组 $\boldsymbol{\alpha}_1,\boldsymbol{\alpha}_2,\cdots,\boldsymbol{\alpha}_s$ 与向量组 $\boldsymbol{\beta}_1,\boldsymbol{\beta}_2,\cdots,\boldsymbol{\beta}_r$ **等价**,记作

$$\{\boldsymbol{\alpha}_1,\boldsymbol{\alpha}_2,\cdots,\boldsymbol{\alpha}_s\}\cong\{\boldsymbol{\beta}_1,\boldsymbol{\beta}_2,\cdots,\boldsymbol{\beta}_r\}.$$

向量组的等价是向量组之间的一种关系.容易看出,这种关系具有下述三条性质：

(1) **反身性**：任何一个向量组都与自身等价；

(2) **对称性**：如果向量组 $\boldsymbol{\alpha}_1,\boldsymbol{\alpha}_2,\cdots,\boldsymbol{\alpha}_s$ 与向量组 $\boldsymbol{\beta}_1,\boldsymbol{\beta}_2,\cdots,\boldsymbol{\beta}_r$ 等价,那么向量组 $\boldsymbol{\beta}_1,\boldsymbol{\beta}_2,\cdots,\boldsymbol{\beta}_r$ 与向量组 $\boldsymbol{\alpha}_1,\boldsymbol{\alpha}_2,\cdots,\boldsymbol{\alpha}_s$ 等价；

(3) **传递性**：如果$\{\boldsymbol{\alpha}_1,\boldsymbol{\alpha}_2,\cdots,\boldsymbol{\alpha}_s\}\cong\{\boldsymbol{\beta}_1,\boldsymbol{\beta}_2,\cdots,\boldsymbol{\beta}_r\}$,且$\{\boldsymbol{\beta}_1,\boldsymbol{\beta}_2,\cdots,\boldsymbol{\beta}_r\}\cong\{\boldsymbol{\gamma}_1,\boldsymbol{\gamma}_2,\cdots,\boldsymbol{\gamma}_t\}$,那么

$$\{\boldsymbol{\alpha}_1,\boldsymbol{\alpha}_2,\cdots,\boldsymbol{\alpha}_s\}\cong\{\boldsymbol{\gamma}_1,\boldsymbol{\gamma}_2,\cdots,\boldsymbol{\gamma}_t\}.$$

注意 可以证明线性表出有传递性,从而等价有传递性.证明如下：

设向量组 $\boldsymbol{\alpha}_1,\boldsymbol{\alpha}_2,\cdots,\boldsymbol{\alpha}_s$ 可以由向量组 $\boldsymbol{\beta}_1,\boldsymbol{\beta}_2,\cdots,\boldsymbol{\beta}_r$ 线性表出,则存在数 $b_{ij}(i=1,2,\cdots,s;j=1,2,\cdots,r)$,使得

$$\boldsymbol{\alpha}_i=\sum_{j=1}^{r}b_{ij}\boldsymbol{\beta}_j,\quad i=1,2,\cdots,s;$$

设向量组 $\boldsymbol{\beta}_1,\boldsymbol{\beta}_2,\cdots,\boldsymbol{\beta}_r$ 可以由向量组 $\boldsymbol{\gamma}_1,\boldsymbol{\gamma}_2,\cdots,\boldsymbol{\gamma}_t$ 线性表出,则存在数 $c_{jl}(j=1,2,\cdots,r;l=1,2,\cdots,t)$,使得

$$\boldsymbol{\beta}_j=\sum_{l=1}^{t}c_{jl}\boldsymbol{\gamma}_l,\quad j=1,2,\cdots,r.$$

因此

$$\boldsymbol{\alpha}_i=\sum_{j=1}^{r}b_{ij}\left(\sum_{l=1}^{t}c_{jl}\boldsymbol{\gamma}_l\right)=\sum_{l=1}^{t}\left(\sum_{j=1}^{r}b_{ij}c_{jl}\right)\boldsymbol{\gamma}_l,\quad i=1,2,\cdots,s,$$

即向量组 $\boldsymbol{\alpha}_1,\boldsymbol{\alpha}_2,\cdots,\boldsymbol{\alpha}_s$ 可以由向量组 $\boldsymbol{\gamma}_1,\boldsymbol{\gamma}_2,\cdots,\boldsymbol{\gamma}_t$ 线性表出.

现在我们来讨论向量组的任意两个极大线性无关组之间的关系. 为此,先讨论向量组与它的极大线性无关组的关系.

命题 1　向量组与它的极大线性无关组等价.

证明　设 $\boldsymbol{\alpha}_1,\boldsymbol{\alpha}_2,\cdots,\boldsymbol{\alpha}_m,\boldsymbol{\alpha}_{m+1},\cdots,\boldsymbol{\alpha}_s$ 为任一向量组. 不妨设它的一个极大线性无关组是 $\boldsymbol{\alpha}_1,\boldsymbol{\alpha}_2,\cdots,\boldsymbol{\alpha}_m$. 对于 $i\in\{1,2,\cdots,s\}$,有

$$\boldsymbol{\alpha}_i=0\cdot\boldsymbol{\alpha}_1+0\cdot\boldsymbol{\alpha}_2+\cdots+0\cdot\boldsymbol{\alpha}_{i-1}+1\boldsymbol{\alpha}_i+0\cdot\boldsymbol{\alpha}_{i+1}+\cdots+0\cdot\boldsymbol{\alpha}_s,$$

因此向量组 $\boldsymbol{\alpha}_1,\boldsymbol{\alpha}_2,\cdots,\boldsymbol{\alpha}_m$ 可以由向量组 $\boldsymbol{\alpha}_1,\boldsymbol{\alpha}_2,\cdots,\boldsymbol{\alpha}_m,\cdots,\boldsymbol{\alpha}_s$ 线性表出.

同理,向量组 $\boldsymbol{\alpha}_1,\boldsymbol{\alpha}_2,\cdots,\boldsymbol{\alpha}_m$ 中每个向量可以由向量组 $\boldsymbol{\alpha}_1,\boldsymbol{\alpha}_2,\cdots,\boldsymbol{\alpha}_m$ 线性表出.

如果 $m<s$,任取 $j\in\{m+1,\cdots,s\}$,则由极大线性无关组的定义知向量组 $\boldsymbol{\alpha}_1,\boldsymbol{\alpha}_2,\cdots,\boldsymbol{\alpha}_m,\boldsymbol{\alpha}_j$ 线性相关. 由于向量组 $\boldsymbol{\alpha}_1,\boldsymbol{\alpha}_2,\cdots,\boldsymbol{\alpha}_m$ 线性无关,根据 § 2 的命题 3,$\boldsymbol{\alpha}_j$ 可以由向量组 $\boldsymbol{\alpha}_1,\boldsymbol{\alpha}_2,\cdots,\boldsymbol{\alpha}_m$ 线性表出. 所以,向量组 $\boldsymbol{\alpha}_1,\boldsymbol{\alpha}_2,\cdots,\boldsymbol{\alpha}_m,\cdots,\boldsymbol{\alpha}_s$ 可以由向量组 $\boldsymbol{\alpha}_1,\boldsymbol{\alpha}_2,\cdots,\boldsymbol{\alpha}_m$ 线性表出.

综上所述,向量 $\boldsymbol{\alpha}_1,\boldsymbol{\alpha}_2,\cdots,\boldsymbol{\alpha}_m,\cdots,\boldsymbol{\alpha}_s$ 与向量 $\boldsymbol{\alpha}_1,\boldsymbol{\alpha}_2,\cdots,\boldsymbol{\alpha}_m$ 等价.　▌

从命题 1 和向量组等价的对称性、传递性立即得到下述结论:

推论 1　向量组的任意两个极大线性无关组等价.　▌

从推论 1 知道,向量组的任意两个极大线性无关组可以互相线性表出. 于是,为了研究两个极大线性无关组所含向量的个数是否相等,就需要先研究当一个向量组可以由另一个向量组线性表出时,它们所含向量的个数之间有什么关系.

观察

在几何空间中,如果向量组 $\vec{b}_1,\vec{b}_2,\vec{b}_3$ 可以由向量组 $\vec{a}_1,\vec{a}_2$ 线性表出,那么能得出什么结论呢?

情形 1　设 $\vec{a}_1,\vec{a}_2$ 不共线. 如果向量组 $\vec{b}_1,\vec{b}_2,\vec{b}_3$ 可以由向量组 $\vec{a}_1,\vec{a}_2$ 线性表出,则 $\vec{b}_1$,$\vec{b}_2,\vec{b}_3$ 一定共面,如图 3-3 所示.

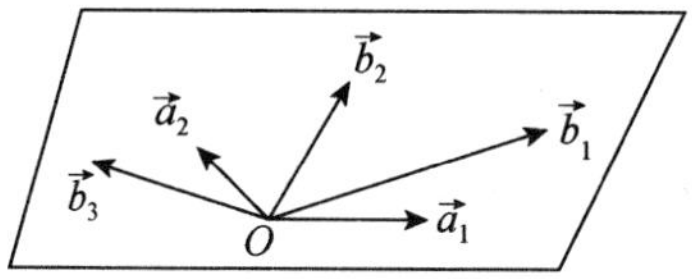

图　3-3

情形 2　设 $\vec{a}_1,\vec{a}_2$ 共线. 如果向量组 $\vec{b}_1,\vec{b}_2,\vec{b}_3$ 可以由向量组 $\vec{a}_1,\vec{a}_2$ 线性表出,则 $\vec{b}_1,\vec{b}_2,\vec{b}_3$ 一定共线,当然也共面,如图 3-4 所示.

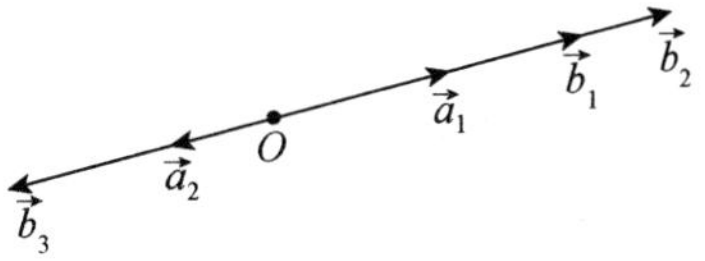

图 3-4

由此看出，无论 $\vec{a}_1,\vec{a}_2$ 共线还是不共线，只要向量组 $\vec{b}_1,\vec{b}_2,\vec{b}_3$ 可以由向量组 $\vec{a}_1,\vec{a}_2$ 线性表出，那么 $\vec{b}_1,\vec{b}_2,\vec{b}_3$ 一定共面(向量组 $\vec{b}_1,\vec{b}_2,\vec{b}_3$ 线性相关).

从上述例子受到启发，我们猜想并证明有下面的引理 1 成立.

论证

引理 1 设向量组 $\boldsymbol{\beta}_1,\boldsymbol{\beta}_2,\cdots,\boldsymbol{\beta}_r$ 可以由向量组 $\boldsymbol{\alpha}_1,\boldsymbol{\alpha}_2,\cdots,\boldsymbol{\alpha}_s$ 线性表出. 如果 $r>s$，那么向量组 $\boldsymbol{\beta}_1,\boldsymbol{\beta}_2,\cdots,\boldsymbol{\beta}_r$ 线性相关.

证明 为了证明向量组 $\boldsymbol{\beta}_1,\boldsymbol{\beta}_2,\cdots,\boldsymbol{\beta}_r$ 线性相关，就需要找到一组不全为 0 的数 $k_1,k_2,\cdots,k_r$，使得 $k_1\boldsymbol{\beta}_1+k_2\boldsymbol{\beta}_2+\cdots+k_r\boldsymbol{\beta}_r=\mathbf{0}$. 为此，考虑向量组 $\boldsymbol{\beta}_1,\boldsymbol{\beta}_2,\cdots,\boldsymbol{\beta}_r$ 的线性组合

$$x_1\boldsymbol{\beta}_1+x_2\boldsymbol{\beta}_2+\cdots+x_r\boldsymbol{\beta}_r.$$

由已知条件，可设

$$\begin{aligned}
\boldsymbol{\beta}_1 &= a_{11}\boldsymbol{\alpha}_1+a_{21}\boldsymbol{\alpha}_2+\cdots+a_{s1}\boldsymbol{\alpha}_s,\\
\boldsymbol{\beta}_2 &= a_{12}\boldsymbol{\alpha}_1+a_{22}\boldsymbol{\alpha}_2+\cdots+a_{s2}\boldsymbol{\alpha}_s,\\
&\cdots\cdots\\
\boldsymbol{\beta}_r &= a_{1r}\boldsymbol{\alpha}_1+a_{2r}\boldsymbol{\alpha}_2+\cdots+a_{sr}\boldsymbol{\alpha}_s,
\end{aligned}$$

于是

$$\begin{aligned}
&x_1\boldsymbol{\beta}_1+x_2\boldsymbol{\beta}_2+\cdots+x_r\boldsymbol{\beta}_r\\
&\quad= x_1(a_{11}\boldsymbol{\alpha}_1+a_{21}\boldsymbol{\alpha}_2+\cdots+a_{s1}\boldsymbol{\alpha}_s)\\
&\qquad+x_2(a_{12}\boldsymbol{\alpha}_1+a_{22}\boldsymbol{\alpha}_2+\cdots+a_{s2}\boldsymbol{\alpha}_s)\\
&\qquad+\cdots+x_r(a_{1r}\boldsymbol{\alpha}_1+a_{2r}\boldsymbol{\alpha}_2+\cdots+a_{sr}\boldsymbol{\alpha}_s)\\
&\quad= (a_{11}x_1+a_{12}x_2+\cdots+a_{1r}x_r)\boldsymbol{\alpha}_1\\
&\qquad+(a_{21}x_1+a_{22}x_2+\cdots+a_{2r}x_r)\boldsymbol{\alpha}_2\\
&\qquad+\cdots+(a_{s1}x_1+a_{s2}x_2+\cdots+a_{sr}x_r)\boldsymbol{\alpha}_s.
\end{aligned}\tag{1}$$

考虑齐次线性方程组

$$\begin{cases}
a_{11}x_1+a_{12}x_2+\cdots+a_{1r}x_r=0,\\
a_{21}x_1+a_{22}x_2+\cdots+a_{2r}x_r=0,\\
\cdots\cdots\\
a_{s1}x_1+a_{s2}x_2+\cdots+a_{sr}x_r=0.
\end{cases}\tag{2}$$

已知 $s<r$，因此方程组(2)必有非零解. 取它的一个非零解 $[k_1,k_2,\cdots,k_r]^{\mathrm{T}}$，则从(1)式和方程组(2)得

$$k_1\boldsymbol{\beta}_1+k_2\boldsymbol{\beta}_2+\cdots+k_r\boldsymbol{\beta}_r=0\cdot\boldsymbol{\alpha}_1+0\cdot\boldsymbol{\alpha}_2+\cdots+0\cdot\boldsymbol{\alpha}_s=\mathbf{0}.$$

因此,向量组 $\boldsymbol{\beta}_1,\boldsymbol{\beta}_2,\cdots,\boldsymbol{\beta}_r$ 线性相关. ▍

由引理 1 立即得出下面的结论:

推论 2　设向量组 $\boldsymbol{\beta}_1,\boldsymbol{\beta}_2,\cdots,\boldsymbol{\beta}_r$ 可以由向量组 $\boldsymbol{\alpha}_1,\boldsymbol{\alpha}_2,\cdots,\boldsymbol{\alpha}_s$ 线性表出. 如果向量组 $\boldsymbol{\beta}_1,\boldsymbol{\beta}_2,\cdots,\boldsymbol{\beta}_r$ 线性无关,则 $r\leqslant s$. ▍

从推论 2 又可得出下面的结论:

推论 3　等价的线性无关的向量组所含向量的个数相等.

证明　设向量组 $\boldsymbol{\alpha}_1,\boldsymbol{\alpha}_2,\cdots,\boldsymbol{\alpha}_s$ 与向量组 $\boldsymbol{\beta}_1,\boldsymbol{\beta}_2,\cdots,\boldsymbol{\beta}_r$ 等价,并且它们都是线性无关的. 由推论 2 得

$$s\leqslant r,\quad r\leqslant s,$$

因此 $s=r$. ▍

从推论 1 和推论 3 立即得到下述结论:

推论 4　向量组的任意两个极大线性无关组所含向量的个数相等. ▍

从推论 4 知,一个向量组的所有极大线性无关组所含向量的个数相等. 一个向量组的极大线性无关组所含向量的个数是相当重要的. 为此,我们引入下述向量组的秩的概念.

抽象

定义 3　向量组的极大线性无关组所含向量的个数称为这个**向量组的秩**.

规定全由零向量组成的向量组的秩为 0.

通常将向量组 $\boldsymbol{\alpha}_1,\boldsymbol{\alpha}_2,\cdots,\boldsymbol{\alpha}_s$ 的秩记作 $\mathrm{rank}\{\boldsymbol{\alpha}_1,\boldsymbol{\alpha}_2,\cdots,\boldsymbol{\alpha}_s\}$.

在几何空间中,设向量 $\vec{a}_1,\vec{a}_2,\vec{a}_3$ 共面,而向量 $\vec{a}_1,\vec{a}_2$ 不共线,则 $\vec{a}_1,\vec{a}_2$ 就是向量组 $\vec{a}_1,\vec{a}_2,\vec{a}_3$ 的一个极大线性无关组,于是 $\mathrm{rank}\{\vec{a}_1,\vec{a}_2,\vec{a}_3\}=2$.

向量组的秩是一个非常深刻和重要的概念. 例如,我们有下述结论:

命题 2　向量组 $\boldsymbol{\alpha}_1,\boldsymbol{\alpha}_2,\cdots,\boldsymbol{\alpha}_s$ 线性无关的充要条件是它的秩等于它所含向量的个数 s.

证明　向量组 $\boldsymbol{\alpha}_1,\boldsymbol{\alpha}_2,\cdots,\boldsymbol{\alpha}_s$ 线性无关

$\Longleftrightarrow$ 向量组 $\boldsymbol{\alpha}_1,\boldsymbol{\alpha}_2,\cdots,\boldsymbol{\alpha}_s$ 的极大线性无关组是它自身

$\Longleftrightarrow$ $\mathrm{rank}\{\boldsymbol{\alpha}_1,\boldsymbol{\alpha}_2,\cdots,\boldsymbol{\alpha}_s\}=s$. ▍

命题 2 告诉我们,如果 $\mathrm{rank}\{\boldsymbol{\alpha}_1,\boldsymbol{\alpha}_2,\cdots,\boldsymbol{\alpha}_s\}=s$,则向量组 $\boldsymbol{\alpha}_1,\boldsymbol{\alpha}_2,\cdots,\boldsymbol{\alpha}_s$ 线性无关;如果 $\mathrm{rank}\{\boldsymbol{\alpha}_1,\boldsymbol{\alpha}_2,\cdots,\boldsymbol{\alpha}_s\}<s$,则向量组 $\boldsymbol{\alpha}_1,\boldsymbol{\alpha}_2,\cdots,\boldsymbol{\alpha}_s$ 线性相关. 向量组的秩是一个自然数,仅仅凭这一个自然数就可以判定这个向量组是线性无关还是线性相关. 由此看出,向量组的秩是多么深刻的概念!

既然向量组的秩这么重要,我们应当研究向量组的秩的计算方法. 这里我们先给出比较两个向量组的秩的方法. 利用这个方法有时可以从一个向量组的秩求出另一个向量组的秩. 下一节我们将给出计算向量组的秩的两种方法,以后还会陆续给出向量组的秩的计算方法.

命题 3　如果向量组(Ⅰ)可以由向量组(Ⅱ)线性表出,则

$$向量组(\mathrm{I})的秩 \leqslant 向量组(\mathrm{II})的秩.$$

证明 设 $\boldsymbol{\beta}_1,\boldsymbol{\beta}_2,\cdots,\boldsymbol{\beta}_r$ 与 $\boldsymbol{\alpha}_1,\boldsymbol{\alpha}_2,\cdots,\boldsymbol{\alpha}_s$ 分别是向量组(Ⅰ)与向量组(Ⅱ)的一个极大线性无关组,则向量组 $\boldsymbol{\beta}_1,\boldsymbol{\beta}_2,\cdots,\boldsymbol{\beta}_r$ 可以由向量组(Ⅰ)线性表出.又已知向量组(Ⅰ)可以由向量组(Ⅱ)线性表出,并且向量组(Ⅱ)可以由向量组 $\boldsymbol{\alpha}_1,\boldsymbol{\alpha}_2,\cdots,\boldsymbol{\alpha}_s$ 线性表出,因此向量组 $\boldsymbol{\beta}_1,\boldsymbol{\beta}_2,\cdots,\boldsymbol{\beta}_r$ 可以由向量组 $\boldsymbol{\alpha}_1,\boldsymbol{\alpha}_2,\cdots,\boldsymbol{\alpha}_s$ 线性表出.由于向量组 $\boldsymbol{\beta}_1,\boldsymbol{\beta}_2,\cdots,\boldsymbol{\beta}_r$ 线性无关,因此 $r\leqslant s$(根据推论 2),即

$$向量组(\mathrm{I})的秩 \leqslant 向量组(\mathrm{II})的秩.$$ ▌

从命题 3 立即得出下述结论:

推论 5 等价的向量组有相同的秩. ▌

注意 秩相等的两个向量组不一定等价.例如,在几何空间中,设三个向量 $\vec{d}_1,\vec{d}_2,\vec{d}_3$ 不共面,则 $\vec{d}_1,\vec{d}_2$ 不共线,$\vec{d}_1,\vec{d}_3$ 不共线,从而

$$\operatorname{rank}\{\vec{d}_1,\vec{d}_2\}=2,\quad \operatorname{rank}\{\vec{d}_1,\vec{d}_3\}=2.$$

但是,向量 $\vec{d}_3$ 不能由向量组 $\vec{d}_1,\vec{d}_2$ 线性表出,因此向量组 $\vec{d}_1,\vec{d}_3$ 与向量组 $\vec{d}_1,\vec{d}_2$ 不等价.

命题 4 如果秩相等的两个向量组中一个向量组可以由另一个向量组线性表出,那么这两个向量组等价.

证明 设向量组(Ⅰ)与向量组(Ⅱ)的秩相等,并且向量组(Ⅰ)可以由向量组(Ⅱ)线性表出.设 $\boldsymbol{\beta}_1,\boldsymbol{\beta}_2,\cdots,\boldsymbol{\beta}_r$ 与 $\boldsymbol{\alpha}_1,\boldsymbol{\alpha}_2,\cdots,\boldsymbol{\alpha}_r$ 分别是向量组(Ⅰ)与向量组(Ⅱ)的一个极大线性无关组,则向量组 $\boldsymbol{\beta}_1,\boldsymbol{\beta}_2,\cdots,\boldsymbol{\beta}_r$ 可以由向量组(Ⅰ)线性表出,向量组(Ⅱ)可以由向量组 $\boldsymbol{\alpha}_1,\boldsymbol{\alpha}_2,\cdots,\boldsymbol{\alpha}_r$ 线性表出.又已知向量组(Ⅰ)可以由向量组(Ⅱ)线性表出,因此由线性表出的传递性知,向量组 $\boldsymbol{\beta}_1,\boldsymbol{\beta}_2,\cdots,\boldsymbol{\beta}_r$ 可以由向量组 $\boldsymbol{\alpha}_1,\boldsymbol{\alpha}_2,\cdots,\boldsymbol{\alpha}_r$ 线性表出.任取 $\boldsymbol{\alpha}_j(1\leqslant j\leqslant r)$,则向量组 $\boldsymbol{\beta}_1,\boldsymbol{\beta}_2,\cdots,\boldsymbol{\beta}_r,\boldsymbol{\alpha}_j$ 可以由向量组 $\boldsymbol{\alpha}_1,\boldsymbol{\alpha}_2,\cdots,\boldsymbol{\alpha}_r$ 线性表出.根据引理 1,向量组 $\boldsymbol{\beta}_1,\boldsymbol{\beta}_2,\cdots,\boldsymbol{\beta}_r,\boldsymbol{\alpha}_j$ 线性相关.又由于向量组 $\boldsymbol{\beta}_1,\boldsymbol{\beta}_2,\cdots,\boldsymbol{\beta}_r$ 线性无关,因此根据 §2 的命题 3,$\boldsymbol{\alpha}_j$ 可以由向量组 $\boldsymbol{\beta}_1,\boldsymbol{\beta}_2,\cdots,\boldsymbol{\beta}_r$ 线性表出,从而向量组 $\boldsymbol{\alpha}_1,\boldsymbol{\alpha}_2,\cdots,\boldsymbol{\alpha}_r$ 可以由向量组 $\boldsymbol{\beta}_1,\boldsymbol{\beta}_2,\cdots,\boldsymbol{\beta}_r$ 线性表出.因此,向量组(Ⅱ)可以由向量组(Ⅰ)线性表出.于是,向量组(Ⅰ)与向量组(Ⅱ)等价. ▌

命题 5 在 K^s 中,设向量 $\boldsymbol{\alpha}_1,\boldsymbol{\alpha}_2,\cdots,\boldsymbol{\alpha}_n$ 的后 $s-r$ 个分量都为 0,则

$$\operatorname{rank}\{\boldsymbol{\alpha}_1,\boldsymbol{\alpha}_2,\cdots,\boldsymbol{\alpha}_n\}\leqslant r.$$

证明 根据已知条件,向量组 $\boldsymbol{\alpha}_1,\boldsymbol{\alpha}_2,\cdots,\boldsymbol{\alpha}_n$ 可以由向量组 $\boldsymbol{\varepsilon}_1,\boldsymbol{\varepsilon}_2,\cdots,\boldsymbol{\varepsilon}_r$ 线性表出,并且向量组 $\boldsymbol{\varepsilon}_1,\boldsymbol{\varepsilon}_2,\cdots,\boldsymbol{\varepsilon}_r$ 线性无关(这是因为齐次线性方程组 $x_1\boldsymbol{\varepsilon}_1+x_2\boldsymbol{\varepsilon}_2+\cdots+x_r\boldsymbol{\varepsilon}_r=\mathbf{0}$ 只有零解),因此

$$\operatorname{rank}\{\boldsymbol{\alpha}_1,\boldsymbol{\alpha}_2,\cdots,\boldsymbol{\alpha}_n\}\leqslant\operatorname{rank}\{\boldsymbol{\varepsilon}_1,\boldsymbol{\varepsilon}_2,\cdots,\boldsymbol{\varepsilon}_r\}=r.$$ ▌

习 题 3.3

1. 设

$$\boldsymbol{\alpha}_1=\begin{bmatrix}2\\0\\0\end{bmatrix},\quad \boldsymbol{\alpha}_2=\begin{bmatrix}-1\\3\\0\end{bmatrix},\quad \boldsymbol{\alpha}_3=\begin{bmatrix}7\\-4\\0\end{bmatrix},$$

求向量组 $\boldsymbol{\alpha}_1,\boldsymbol{\alpha}_2,\boldsymbol{\alpha}_3$ 的一个极大线性无关组和秩.

2. 设

$$\boldsymbol{\alpha}_1=\begin{bmatrix}3\\-2\\0\end{bmatrix},\quad \boldsymbol{\alpha}_2=\begin{bmatrix}27\\-18\\0\end{bmatrix},\quad \boldsymbol{\alpha}_3=\begin{bmatrix}-1\\5\\8\end{bmatrix},$$

求向量组 $\boldsymbol{\alpha}_1,\boldsymbol{\alpha}_2,\boldsymbol{\alpha}_3$ 的一个极大线性无关组和秩.

3. 证明：秩为 r 的向量组中任意 r 个线性无关的向量都构成它的一个极大线性无关组.

4. 证明：K^n 中任一线性无关的向量组所含向量的个数不超过 n.

5. 证明：在 K^n 中，如果向量组 $\boldsymbol{\alpha}_1,\boldsymbol{\alpha}_2,\cdots,\boldsymbol{\alpha}_n$ 线性无关，则任一向量 $\boldsymbol{\beta}$ 可以由向量组 $\boldsymbol{\alpha}_1,\boldsymbol{\alpha}_2,\cdots,\boldsymbol{\alpha}_n$ 线性表出.

6. 证明：在 K^n 中，如果任一向量都可以由向量组 $\boldsymbol{\alpha}_1,\boldsymbol{\alpha}_2,\cdots,\boldsymbol{\alpha}_n$ 线性表出，则向量组 $\boldsymbol{\alpha}_1,\boldsymbol{\alpha}_2,\cdots,\boldsymbol{\alpha}_n$ 线性无关.

7. 证明：如果秩为 r 的向量组可以由它的 r 个向量线性表出，则这 r 个向量构成这个向量组的一个极大线性无关组.

8. 证明：数域 K 上含 n 个方程的 n 元线性方程组

$$x_1\boldsymbol{\alpha}_1+x_2\boldsymbol{\alpha}_2+\cdots+x_n\boldsymbol{\alpha}_n=\boldsymbol{\beta}$$

对任何 $\boldsymbol{\beta}\in K^n$ 都有解的充要条件是它的系数行列式 $|\boldsymbol{A}|\neq 0$.

9. 证明：对于向量组 $\boldsymbol{\alpha}_1,\boldsymbol{\alpha}_2,\cdots,\boldsymbol{\alpha}_s,\boldsymbol{\beta}_1,\boldsymbol{\beta}_2,\cdots,\boldsymbol{\beta}_r$，有

$$\operatorname{rank}\{\boldsymbol{\alpha}_1,\boldsymbol{\alpha}_2,\cdots,\boldsymbol{\alpha}_s,\boldsymbol{\beta}_1,\boldsymbol{\beta}_2,\cdots,\boldsymbol{\beta}_r\}\leqslant\operatorname{rank}\{\boldsymbol{\alpha}_1,\boldsymbol{\alpha}_2,\cdots,\boldsymbol{\alpha}_s\}+\operatorname{rank}\{\boldsymbol{\beta}_1,\boldsymbol{\beta}_2,\cdots,\boldsymbol{\beta}_r\}.$$

§4　矩阵的秩

观察

为了求向量组的秩，我们来考虑矩阵，因为矩阵既有列向量组，又有行向量组. 我们把矩阵的列向量组的秩称为矩阵的**列秩**，而把矩阵的行向量组的秩称为矩阵的**行秩**. 如果我们能想办法求出矩阵的列秩(或行秩)，那么我们也就会求向量组的秩. 让我们先看一个特殊情形.

设 $\boldsymbol{J}$ 是一个 3×4 阶梯形矩阵：

$$\boldsymbol{J}=\begin{bmatrix}a_1 & b_1 & c_1 & d_1\\0 & b_2 & c_2 & d_2\\0 & 0 & 0 & 0\end{bmatrix},$$

其中 $a_1b_2\neq 0$，a_1,b_2 是 $\boldsymbol{J}$ 的主元. 把 $\boldsymbol{J}$ 的列向量组记作 $\boldsymbol{\alpha}_1,\boldsymbol{\alpha}_2,\boldsymbol{\alpha}_3,\boldsymbol{\alpha}_4$，行向量组记作 $\boldsymbol{\gamma}_1,\boldsymbol{\gamma}_2,\boldsymbol{\gamma}_3$.

先求 $\boldsymbol{J}$ 的列秩. 由于

$$\begin{vmatrix} a_1 & b_1 \\ 0 & b_2 \end{vmatrix} = a_1 b_2 \neq 0, \tag{1}$$

因此向量组

$$\begin{bmatrix} a_1 \\ 0 \end{bmatrix}, \quad \begin{bmatrix} b_1 \\ b_2 \end{bmatrix}$$

线性无关,从而它的延伸组 $\boldsymbol{\alpha}_1, \boldsymbol{\alpha}_2$ 也线性无关. 于是 $\mathrm{rank}\{\boldsymbol{\alpha}_1, \boldsymbol{\alpha}_2\}=2$. 由于 $\boldsymbol{\alpha}_1, \boldsymbol{\alpha}_2, \boldsymbol{\alpha}_3, \boldsymbol{\alpha}_4$ 的后 $3-2$ 个分量都为 0,因此根据 §3 的命题 5 得 $\mathrm{rank}\{\boldsymbol{\alpha}_1, \boldsymbol{\alpha}_2, \boldsymbol{\alpha}_3, \boldsymbol{\alpha}_4\} \leqslant 2$,从而

$$2=\mathrm{rank}\{\boldsymbol{\alpha}_1, \boldsymbol{\alpha}_2\} \leqslant \mathrm{rank}\{\boldsymbol{\alpha}_1, \boldsymbol{\alpha}_2, \boldsymbol{\alpha}_3, \boldsymbol{\alpha}_4\} \leqslant 2.$$

由此得出 $\mathrm{rank}\{\boldsymbol{\alpha}_1, \boldsymbol{\alpha}_2, \boldsymbol{\alpha}_3, \boldsymbol{\alpha}_4\}=2$,于是 $\boldsymbol{J}$ 的列秩是 2,从而 $\boldsymbol{\alpha}_1, \boldsymbol{\alpha}_2$ 构成 $\boldsymbol{J}$ 的列向量组的一个极大线性无关组,它们正好是 $\boldsymbol{J}$ 的主元所在的列.

再求 $\boldsymbol{J}$ 的行秩. 从(1)式又可推出,向量组

$$[a_1, b_1], \quad [0, b_2]$$

线性无关,从而它的延伸组 $\boldsymbol{\gamma}_1, \boldsymbol{\gamma}_2$ 也线性无关. 由于 $\boldsymbol{\gamma}_3=\mathbf{0}$,因此向量组 $\boldsymbol{\gamma}_1, \boldsymbol{\gamma}_2, \boldsymbol{\gamma}_3$ 线性相关,从而 $\boldsymbol{\gamma}_1, \boldsymbol{\gamma}_2$ 是 $\boldsymbol{J}$ 的行向量组的一个极大线性无关组,于是 $\boldsymbol{J}$ 的行秩是 2.

(1)式表明,$\boldsymbol{J}$ 有一个不等于 0 的 2 阶子式. 由于 $\boldsymbol{J}$ 只有 2 行非零行,因此 $\boldsymbol{J}$ 的任一 3 阶子式必含有零行,从而 $\boldsymbol{J}$ 的任一 3 阶子式都等于 0. 所以,$\boldsymbol{J}$ 的不等于 0 的子式的最高阶数是 2.

从上面看到,3×4 阶梯形矩阵 $\boldsymbol{J}$ 的列秩等于行秩,而且等于 $\boldsymbol{J}$ 的不为 0 的子式的最高阶数;它们都等于 $\boldsymbol{J}$ 的非零行数 2.

对于任一矩阵,它的列秩是否等于行秩?是否等于不为 0 的子式的最高阶数?如何求矩阵的列秩或行秩?这一节我们就来探讨这些问题.

探索

命题 1 任一阶梯形矩阵 $\boldsymbol{J}$ 的行秩与列秩相等,它们都等于 $\boldsymbol{J}$ 的非零行数,并且 $\boldsymbol{J}$ 的主元所在的列构成 $\boldsymbol{J}$ 的列向量组的一个极大线性无关组.

***证明** 设 $\boldsymbol{J}$ 有 s 行、n 列,并有 $r(r\leqslant s)$ 行非零行,则 $\boldsymbol{J}$ 有 r 个主元. 设这些主元分别位于第 $j_1, j_2, \cdots, j_r$ 列,于是 $\boldsymbol{J}$ 形如

$$\begin{bmatrix} 0 & \cdots & 0 & c_{1j_1} & \cdots & c_{1j_2} & \cdots & c_{1j_r} & \cdots & c_{1n} \\ 0 & \cdots & 0 & 0 & \cdots & c_{2j_2} & \cdots & c_{2j_r} & \cdots & c_{2n} \\ \vdots & & \vdots & \vdots & & \vdots & & \vdots & & \vdots \\ 0 & \cdots & 0 & 0 & \cdots & 0 & \cdots & c_{rj_r} & \cdots & c_{rn} \\ 0 & \cdots & 0 & 0 & \cdots & 0 & \cdots & 0 & \cdots & 0 \\ \vdots & & \vdots & \vdots & & \vdots & & \vdots & & \vdots \\ 0 & \cdots & 0 & 0 & \cdots & 0 & \cdots & 0 & \cdots & 0 \end{bmatrix}, \tag{2}$$

其中 $c_{1j_1}c_{2j_2}\cdots c_{rj_r}\neq 0$，$c_{1j_1},c_{2j_2},\cdots,c_{rj_r}$ 是 $\boldsymbol{J}$ 的主元. 把 $\boldsymbol{J}$ 的列向量组记作 $\boldsymbol{\alpha}_1,\boldsymbol{\alpha}_2,\cdots,\boldsymbol{\alpha}_n$，行向量组记作 $\boldsymbol{\gamma}_1,\boldsymbol{\gamma}_2,\cdots,\boldsymbol{\gamma}_s$，其中 $\boldsymbol{\gamma}_{r+1}=\cdots=\boldsymbol{\gamma}_s=\boldsymbol{0}$.

先求 $\boldsymbol{J}$ 的列秩. 由于

$$\begin{vmatrix} c_{1j_1} & c_{1j_2} & \cdots & c_{1j_r} \\ 0 & c_{2j_2} & \cdots & c_{2j_r} \\ \vdots & \vdots & & \vdots \\ 0 & 0 & \cdots & c_{rj_r} \end{vmatrix} = c_{1j_1}c_{2j_2}\cdots c_{rj_r}\neq 0, \tag{3}$$

因此向量组

$$\begin{bmatrix} c_{1j_1} \\ 0 \\ \vdots \\ 0 \end{bmatrix},\quad \begin{bmatrix} c_{1j_2} \\ c_{2j_2} \\ \vdots \\ 0 \end{bmatrix},\quad \cdots,\quad \begin{bmatrix} c_{1j_r} \\ c_{2j_r} \\ \vdots \\ c_{rj_r} \end{bmatrix}$$

线性无关，从而它的延伸组 $\boldsymbol{\alpha}_{j_1},\boldsymbol{\alpha}_{j_2},\cdots,\boldsymbol{\alpha}_{j_r}$ 也线性无关. 于是 $\operatorname{rank}\{\boldsymbol{\alpha}_{j_1},\boldsymbol{\alpha}_{j_2},\cdots,\boldsymbol{\alpha}_{j_r}\}=r$. 由于 $\boldsymbol{\alpha}_1,\boldsymbol{\alpha}_2,\cdots,\boldsymbol{\alpha}_n$ 的后 $s-r$ 个分量都为 0，因此根据 §3 的命题 5 得

$$r=\operatorname{rank}\{\boldsymbol{\alpha}_{j_1},\boldsymbol{\alpha}_{j_2},\cdots,\boldsymbol{\alpha}_{j_r}\}\leqslant\operatorname{rank}\{\boldsymbol{\alpha}_1,\boldsymbol{\alpha}_2,\cdots,\boldsymbol{\alpha}_n\}\leqslant r.$$

由此得出 $\operatorname{rank}\{\boldsymbol{\alpha}_1,\boldsymbol{\alpha}_2,\cdots,\boldsymbol{\alpha}_n\}=r$，于是 $\boldsymbol{J}$ 的列秩为 r，并且 $\boldsymbol{\alpha}_{j_1},\boldsymbol{\alpha}_{j_2},\cdots,\boldsymbol{\alpha}_{j_r}$ 构成向量组 $\boldsymbol{\alpha}_1,\boldsymbol{\alpha}_2,\cdots,\boldsymbol{\alpha}_n$ 的一个极大线性无关组，它们都是 $\boldsymbol{J}$ 的主元所在的列.

再求 $\boldsymbol{J}$ 的行秩. 从(3)式知，向量组

$$[c_{1j_1},c_{1j_2},\cdots,c_{1j_r}],\quad [0,c_{2j_2},\cdots,c_{2j_r}],\quad \cdots,\quad [0,0,\cdots,c_{rj_r}]$$

线性无关，从而它的延伸组 $\boldsymbol{\gamma}_1,\boldsymbol{\gamma}_2,\cdots,\boldsymbol{\gamma}_r$ 也线性无关. 由于 $\boldsymbol{\gamma}_{r+1}=\cdots=\boldsymbol{\gamma}_s=\boldsymbol{0}$，因此 $\boldsymbol{\gamma}_1,\boldsymbol{\gamma}_2,\cdots,\boldsymbol{\gamma}_r$ 是向量组 $\boldsymbol{\gamma}_1,\boldsymbol{\gamma}_2,\cdots,\boldsymbol{\gamma}_r,\boldsymbol{\gamma}_{r+1},\cdots,\boldsymbol{\gamma}_s$ 的一个极大线性无关组，从而 $\boldsymbol{J}$ 的行秩是 r.

综上所述，$\boldsymbol{J}$ 的列秩与行秩都等于 $\boldsymbol{J}$ 的非零行数 r，并且 $\boldsymbol{J}$ 的主元所在的第 $j_1,j_2,\cdots,j_r$ 列构成 $\boldsymbol{J}$ 的列向量组的一个极大线性无关组. ▎

下面我们来探讨一般矩阵的行秩与列秩是否相等. 由于任何一个矩阵都可以经过一系列初等行变换化成阶梯形矩阵，因此解决此问题的思路自然是研究矩阵的初等行变换会不会改变矩阵的行秩，会不会改变矩阵的列秩.

命题 2　矩阵的初等行变换不改变矩阵的行秩.

证明　设矩阵 $\boldsymbol{A}$ 的行向量组是 $\boldsymbol{\gamma}_1,\boldsymbol{\gamma}_2,\cdots,\boldsymbol{\gamma}_s$. 设 $\boldsymbol{A}$ 经过Ⅰ型初等行变换 ⓙ+ⓘ·k 变成矩阵 $\boldsymbol{B}$，则 $\boldsymbol{B}$ 的行向量组是 $\boldsymbol{\gamma}_1,\boldsymbol{\gamma}_2,\cdots,\boldsymbol{\gamma}_{j-1},k\boldsymbol{\gamma}_i+\boldsymbol{\gamma}_j,\boldsymbol{\gamma}_{j+1},\cdots,\boldsymbol{\gamma}_s$. 显然，向量组 $\boldsymbol{\gamma}_1,\boldsymbol{\gamma}_2,\cdots,\boldsymbol{\gamma}_{j-1},k\boldsymbol{\gamma}_i+\boldsymbol{\gamma}_j,\boldsymbol{\gamma}_{j+1},\cdots,\boldsymbol{\gamma}_s$ 可以由向量组 $\boldsymbol{\gamma}_1,\boldsymbol{\gamma}_2,\cdots,\boldsymbol{\gamma}_s$ 线性表出. 由于 $\boldsymbol{\gamma}_j=1\cdot(k\boldsymbol{\gamma}_i+\boldsymbol{\gamma}_j)-k\boldsymbol{\gamma}_i$，因此向量组 $\boldsymbol{\gamma}_1,\boldsymbol{\gamma}_2,\cdots,\boldsymbol{\gamma}_s$ 也可以由向量组 $\boldsymbol{\gamma}_1,\boldsymbol{\gamma}_2,\cdots,\boldsymbol{\gamma}_{j-1},k\boldsymbol{\gamma}_i+\boldsymbol{\gamma}_j,\boldsymbol{\gamma}_{j+1},\cdots,\boldsymbol{\gamma}_s$ 线性表出. 于是，这两个向量组等价. 而等价的向量组有相同的秩，因此 $\boldsymbol{A}$ 的行秩等于 $\boldsymbol{B}$ 的行秩.

又容易证明Ⅱ型和Ⅲ型初等行变换所得矩阵的行向量组与原矩阵的行向量组等价，从而这两种类型初等行变换不改变矩阵的行秩. ▎

命题 3 矩阵的初等行变换不改变矩阵的列向量组的线性相关性,从而不改变矩阵的列秩.具体地,有

1° 设矩阵 $\boldsymbol{C}$ 经过初等行变换变成矩阵 $\boldsymbol{D}$,则 $\boldsymbol{C}$ 的列向量组线性相关当且仅当 $\boldsymbol{D}$ 的列向量组线性相关;

2° 设矩阵 $\boldsymbol{A}$ 经过初等行变换变成矩阵 $\boldsymbol{B}$,并且 $\boldsymbol{B}$ 的第 $j_1,j_2,\cdots,j_r$ 列构成 $\boldsymbol{B}$ 的列向量组的一个极大线性无关组,则 $\boldsymbol{A}$ 的第 $j_1,j_2,\cdots,j_r$ 列构成 $\boldsymbol{A}$ 的列向量组的一个极大线性无关组,从而 $\boldsymbol{A}$ 的列秩等于 $\boldsymbol{B}$ 的列秩.

证明 1° 设 $\boldsymbol{C}$ 的列向量组是 $\boldsymbol{\eta}_1,\boldsymbol{\eta}_2,\cdots,\boldsymbol{\eta}_n$,$\boldsymbol{D}$ 的列向量组是 $\boldsymbol{\delta}_1,\boldsymbol{\delta}_2,\cdots,\boldsymbol{\delta}_n$,则齐次线性方程组

$$x_1\boldsymbol{\eta}_1+x_2\boldsymbol{\eta}_2+\cdots+x_n\boldsymbol{\eta}_n=\boldsymbol{0}$$

的系数矩阵为 $\boldsymbol{C}$,齐次线性方程组

$$x_1\boldsymbol{\delta}_1+x_2\boldsymbol{\delta}_2+\cdots+x_n\boldsymbol{\delta}_n=\boldsymbol{0}$$

的系数矩阵为 $\boldsymbol{D}$.由于 $\boldsymbol{C}$ 经过初等行变换变成 $\boldsymbol{D}$,因此上述两个方程组同解,从而

向量组 $\boldsymbol{\eta}_1,\boldsymbol{\eta}_2,\cdots,\boldsymbol{\eta}_n$ 线性相关

$\Longleftrightarrow$ 齐次线性方程组 $x_1\boldsymbol{\eta}_1+x_2\boldsymbol{\eta}_2+\cdots+x_n\boldsymbol{\eta}_n=\boldsymbol{0}$ 有非零解

$\Longleftrightarrow$ 齐次线性方程组 $x_1\boldsymbol{\delta}_1+x_2\boldsymbol{\delta}_2+\cdots+x_n\boldsymbol{\delta}_n=\boldsymbol{0}$ 有非零解

$\Longleftrightarrow$ 向量组 $\boldsymbol{\delta}_1,\boldsymbol{\delta}_2,\cdots,\boldsymbol{\delta}_n$ 线性相关.

2° 当 $\boldsymbol{A}$ 经过一系列初等行变换变成 $\boldsymbol{B}$ 时,$\boldsymbol{A}$ 的第 $j_1,j_2,\cdots,j_r$ 列组成的矩阵 $\boldsymbol{A}_1$ 变成 $\boldsymbol{B}$ 的第 $j_1,j_2,\cdots,j_r$ 列组成的矩阵 $\boldsymbol{B}_1$.由已知条件知,$\boldsymbol{B}_1$ 的列向量组线性无关.于是,根据 1°的结论,$\boldsymbol{A}_1$ 的列向量组也线性无关.在 $\boldsymbol{A}$ 的其余列中任取一列,譬如说第 l 列.在上述初等行变换下,$\boldsymbol{A}$ 的第 $j_1,j_2,\cdots,j_r,l$ 列组成的矩阵 $\boldsymbol{A}_2$ 变成了 $\boldsymbol{B}$ 的第 $j_1,j_2,\cdots,j_r,l$ 列组成的矩阵 $\boldsymbol{B}_2$.由已知条件知,$\boldsymbol{B}_2$ 的列向量组线性相关.于是,根据 1°的结论,$\boldsymbol{A}_2$ 的列向量组也线性相关.因此,$\boldsymbol{A}$ 的第 $j_1,j_2,\cdots,j_r$ 列构成 $\boldsymbol{A}$ 的列向量组的一个极大线性无关组,从而

$$\boldsymbol{A}\text{ 的列秩}=r=\boldsymbol{B}\text{ 的列秩}.$$ ▎

定理 1 任一矩阵的行秩等于它的列秩.

证明 任取一个矩阵 $\boldsymbol{A}$,通过初等行变换把它化成阶梯形矩阵 $\boldsymbol{J}$.根据命题 2、命题 1 和命题 3,得

$$\boldsymbol{A}\text{ 的行秩}=\boldsymbol{J}\text{ 的行秩}=\boldsymbol{J}\text{ 的列秩}=\boldsymbol{A}\text{ 的列秩}.$$ ▎

定义 1 矩阵 $\boldsymbol{A}$ 的行秩与列秩统称为 $\boldsymbol{A}$ 的**秩**,记作 $\operatorname{rank}(\boldsymbol{A})$.

从定义 1 和命题 3、命题 1 立即得到下述结论:

推论 1 设矩阵 $\boldsymbol{A}$ 经过初等行变换化成阶梯形矩阵 $\boldsymbol{J}$,则 $\boldsymbol{A}$ 的秩等于 $\boldsymbol{J}$ 的非零行数;设 $\boldsymbol{J}$ 的主元所在的列是第 $j_1,j_2,\cdots,j_r$ 列,则 $\boldsymbol{A}$ 的第 $j_1,j_2,\cdots,j_r$ 列构成 $\boldsymbol{A}$ 的列向量组的一个极大线性无关组. ▎

推论 1 给出了同时求出矩阵 $\boldsymbol{A}$ 的秩和它的列向量组的一个极大线性无关组的方法.这个方法也可以用来求向量组的秩和它的一个极大线性无关组,只要把每个向量写成列向量

的形式，并且将它们组成一个矩阵即可.

例 1 设向量组

$$\boldsymbol{\alpha}_1=\begin{bmatrix}1\\-2\\4\end{bmatrix},\quad \boldsymbol{\alpha}_2=\begin{bmatrix}-1\\3\\-5\end{bmatrix},\quad \boldsymbol{\alpha}_3=\begin{bmatrix}3\\-11\\17\end{bmatrix},\quad \boldsymbol{\alpha}_4=\begin{bmatrix}2\\5\\3\end{bmatrix},$$

求该向量组的秩和一个极大线性无关组.

解 我们有

$$[\boldsymbol{\alpha}_1,\boldsymbol{\alpha}_2,\boldsymbol{\alpha}_3,\boldsymbol{\alpha}_4]=\begin{bmatrix}1&-1&3&2\\-2&3&-11&5\\4&-5&17&3\end{bmatrix}\longrightarrow\begin{bmatrix}1&-1&3&2\\0&1&-5&9\\0&0&0&4\end{bmatrix}.$$

由此看出，$\mathrm{rank}\{\boldsymbol{\alpha}_1,\boldsymbol{\alpha}_2,\boldsymbol{\alpha}_3,\boldsymbol{\alpha}_4\}=3$，并且 $\boldsymbol{\alpha}_1,\boldsymbol{\alpha}_2,\boldsymbol{\alpha}_4$ 是向量组 $\boldsymbol{\alpha}_1,\boldsymbol{\alpha}_2,\boldsymbol{\alpha}_3,\boldsymbol{\alpha}_4$ 的一个极大线性无关组.

推论 2 对于任意矩阵 $\boldsymbol{A}$，有 $\mathrm{rank}(\boldsymbol{A}^{\mathrm{T}})=\mathrm{rank}(\boldsymbol{A})$.

证明 由于 $\boldsymbol{A}^{\mathrm{T}}$ 的行(或列)向量组是 $\boldsymbol{A}$ 的列(或行)向量组，因此

$$\mathrm{rank}(\boldsymbol{A}^{\mathrm{T}})=\boldsymbol{A}^{\mathrm{T}}\text{ 的行秩 }=\boldsymbol{A}\text{ 的列秩 }=\mathrm{rank}(\boldsymbol{A}).$$ ▌

与矩阵的初等行变换类似，矩阵有三种类型的初等列变换：

Ⅰ. 把一列的常数倍加到另一列上；

Ⅱ. 两列互换位置；

Ⅲ. 用一个非零常数乘以某一列.

推论 3 矩阵的初等列变换不改变矩阵的秩.

证明 设矩阵 $\boldsymbol{A}$ 经过初等列变换变成矩阵 $\boldsymbol{B}$. 由于一个矩阵的第 j 列是它的转置矩阵的第 j 行，因此 $\boldsymbol{A}^{\mathrm{T}}$ 经过相应的初等行变换变成 $\boldsymbol{B}^{\mathrm{T}}$. 于是，根据命题 2 和推论 2 得

$$\mathrm{rank}(\boldsymbol{A})=\mathrm{rank}(\boldsymbol{A}^{\mathrm{T}})=\mathrm{rank}(\boldsymbol{B}^{\mathrm{T}})=\mathrm{rank}(\boldsymbol{B}).$$ ▌

既然矩阵的初等行变换与初等列变换都不改变矩阵的秩，那么当只需要求矩阵 $\boldsymbol{A}$ 的秩，而不需要求 $\boldsymbol{A}$ 的列向量组的极大线性无关组时，可以对 $\boldsymbol{A}$ 既做初等行变换，又做初等列变换，将其化成阶梯形矩阵.

定理 2 任一非零矩阵的秩等于它的不为 0 的子式的最高阶数.

证明 设 $s\times n$ 矩阵 $\boldsymbol{A}$ 的秩为 r，则 $\boldsymbol{A}$ 的行向量组中有 r 个向量线性无关. 设 $\boldsymbol{A}$ 的第 i_1，$i_2,\cdots,i_r$ 行线性无关，它们组成一个矩阵 $\boldsymbol{A}_1$(称 $\boldsymbol{A}_1$ 为 $\boldsymbol{A}$ 的**子矩阵**). 由于 $\boldsymbol{A}_1$ 的行向量组线性无关，因此 $\boldsymbol{A}_1$ 的行秩为 r，从而 $\boldsymbol{A}_1$ 的列秩也为 r. 于是，$\boldsymbol{A}_1$ 有 r 列线性无关. 设 $\boldsymbol{A}_1$ 的第 j_1，$j_2,\cdots,j_r$ 列线性无关，它们组成 $\boldsymbol{A}_1$ 的一个子矩阵 $\boldsymbol{A}_2$. 由于 r 阶矩阵 $\boldsymbol{A}_2$ 的列向量组线性无关，因此 $|\boldsymbol{A}_2|\neq 0$，即 $\boldsymbol{A}$ 有一个非零 r 阶子式 $|\boldsymbol{A}_2|$.

设 $m>r$，且 $m\leqslant\min\{s,n\}$. 任取 $\boldsymbol{A}$ 的一个 m 阶子式

$$\boldsymbol{A}\begin{pmatrix}k_1,k_2,\cdots,k_m\\l_1,l_2,\cdots,l_m\end{pmatrix}.$$

设 $\boldsymbol{A}$ 的列向量组的一个极大线性无关组为 $\boldsymbol{\alpha}_{j_1},\boldsymbol{\alpha}_{j_2},\cdots,\boldsymbol{\alpha}_{j_r}$，则 $\boldsymbol{A}$ 的第 $l_1,l_2,\cdots,l_m$ 列可以由 $\boldsymbol{\alpha}_{j_1}$，$\boldsymbol{\alpha}_{j_2},\cdots,\boldsymbol{\alpha}_{j_r}$ 线性表出. 由于 $m>r$，因此 $\boldsymbol{A}$ 的第 $l_1,l_2,\cdots,l_m$ 列线性相关. 而 $\boldsymbol{A}\begin{pmatrix}k_1,k_2,\cdots,k_m\\l_1,l_2,\cdots,l_m\end{pmatrix}$ 的列向量组是它的缩短组，因此也线性相关，从而

$$\boldsymbol{A}\begin{pmatrix}k_1,k_2,\cdots,k_m\\l_1,l_2,\cdots,l_m\end{pmatrix}=0.$$

综上所述，$\boldsymbol{A}$ 的不为 0 的子式的最高阶数为 r. ▍

定理 1 和定理 2 告诉我们，任一非零矩阵的行秩等于它的列秩，并且等于它的不为 0 的子式的最高阶数. 注意到数域 K 上的 $s\times n$ 矩阵 $\boldsymbol{A}$ 的行向量组是 K^n 中的向量组，而 $\boldsymbol{A}$ 的列向量组是 K^s 中的向量组，它们的秩竟然一样，而且还等于 $\boldsymbol{A}$ 的不为 0 的子式的最高阶数，真是奇妙！

推论 4 一个 n 阶矩阵 $\boldsymbol{A}$ 的秩等于 n 当且仅当 $|\boldsymbol{A}|\neq 0$.

证明 n 阶矩阵 $\boldsymbol{A}$ 的秩等于 n

$\Longleftrightarrow$ $\boldsymbol{A}$ 的不为 0 的子式的最高阶数为 n

$\Longleftrightarrow$ $|\boldsymbol{A}|\neq 0$. ▍

如果一个方阵的秩等于它的阶数，则称这方阵为**满秩矩阵**. 从推论 4 立即得出：n 阶矩阵 $\boldsymbol{A}$ 为满秩矩阵当且仅当 $|\boldsymbol{A}|\neq 0$.

定理 2 还给出了求矩阵的秩的另一种方法，即通过求不为 0 的子式的最高阶数得到矩阵的秩. 利用最高阶的不为 0 的子式，还可以求出矩阵的列或行向量组的一个极大线性无关组. 具体地，有下面的推论：

推论 5 设 $s\times n$ 矩阵 $\boldsymbol{A}$ 的秩为 r，则 $\boldsymbol{A}$ 的不为 0 的 r 阶子式所在的列（或行）构成 $\boldsymbol{A}$ 的列（或行）向量组的一个极大线性无关组.

证明 设 $\boldsymbol{A}$ 的秩为 r，且 $\boldsymbol{A}$ 的 r 阶子式

$$\boldsymbol{A}\begin{pmatrix}i_1,i_2,\cdots,i_r\\j_1,j_2,\cdots,j_r\end{pmatrix}\neq 0.$$

于是，这个 r 阶子式的列向量组线性无关，从而它的延伸组，即 $\boldsymbol{A}$ 的第 $j_1,j_2,\cdots,j_r$ 列线性无关. 由于 $\boldsymbol{A}$ 的列秩为 r，因此 $\boldsymbol{A}$ 的第 $j_1,j_2,\cdots,j_r$ 列构成 $\boldsymbol{A}$ 的列向量组的一个极大线性无关组.

类似地，可证明关于 $\boldsymbol{A}$ 的行向量组的极大线性无关组的结论. ▍

例 2 设 $s\times n$ 矩阵

$$\boldsymbol{A}=\begin{bmatrix}1 & a & a^2 & \cdots & a^{n-1}\\1 & a^2 & a^4 & \cdots & a^{2(n-1)}\\\vdots & \vdots & \vdots & & \vdots\\1 & a^s & a^{2s} & \cdots & a^{s(n-1)}\end{bmatrix},$$

其中 $s\leqslant n$，$a\neq 0$，且当 $0<r<s$ 时，$a^r\neq 1$，求 $\boldsymbol{A}$ 的秩和它的列向量组的一个极大线性无关组.

解　$\boldsymbol{A}$ 的前 s 列组成的 s 阶子式 D 为范德蒙德行列式：

$$D=\begin{vmatrix} 1 & a & a^2 & \cdots & a^{s-1} \\ 1 & a^2 & a^4 & \cdots & a^{2(s-1)} \\ \vdots & \vdots & \vdots & & \vdots \\ 1 & a^s & a^{2s} & \cdots & a^{s(s-1)} \end{vmatrix}.$$

由于 $a\neq 0$，且当 $0<r<s$ 时，$a^r\neq 1$，因此 $a,a^2,\cdots,a^s$ 两两不同，从而 $D\neq 0$. 于是 $\operatorname{rank}(\boldsymbol{A})\geqslant s$. 又由于 $\boldsymbol{A}$ 的行数为 s，因此 $\operatorname{rank}(\boldsymbol{A})\leqslant s$，从而

$$\operatorname{rank}(\boldsymbol{A})=s.$$

根据推论 5，s 阶子式 D 所在的列，即 $\boldsymbol{A}$ 的前 s 列构成 $\boldsymbol{A}$ 的列向量组的一个极大线性无关组.

例 2 中是这样求矩阵 $\boldsymbol{A}$ 的秩的：先求出矩阵 $\boldsymbol{A}$ 的一个不为 0 的 s 阶子式，得出 $\operatorname{rank}(\boldsymbol{A})\geqslant s$，然后利用 $\boldsymbol{A}$ 的秩不超过它的行或列数，得出 $\operatorname{rank}(\boldsymbol{A})\leqslant s$，进而通过夹逼求出 $\operatorname{rank}(\boldsymbol{A})=s$. 这种求矩阵的秩的方法是常用的.

习　题　3.4

1. 计算下列矩阵的秩，并且求出其列向量组的一个极大线性无关组：

(1) $\begin{bmatrix} 3 & -2 & 0 & 1 \\ -1 & -3 & 2 & 0 \\ 2 & 0 & -4 & 5 \\ 4 & 1 & -2 & 1 \end{bmatrix}$；　(2) $\begin{bmatrix} 3 & 6 & 1 & 5 \\ 1 & 4 & -1 & 3 \\ -1 & -10 & 5 & -7 \\ 4 & -2 & 8 & 0 \end{bmatrix}$.

2. 求下列向量组的秩及其一个极大线性无关组：

(1) $\boldsymbol{\alpha}_1=\begin{bmatrix} -1 \\ 5 \\ 3 \\ -2 \end{bmatrix},\boldsymbol{\alpha}_2=\begin{bmatrix} 4 \\ 1 \\ -2 \\ 9 \end{bmatrix},\boldsymbol{\alpha}_3=\begin{bmatrix} 2 \\ 0 \\ -1 \\ 4 \end{bmatrix},\boldsymbol{\alpha}_4=\begin{bmatrix} 0 \\ 3 \\ 4 \\ -5 \end{bmatrix}$；

(2) $\boldsymbol{\alpha}_1=\begin{bmatrix} 1 \\ 1 \\ 4 \end{bmatrix},\boldsymbol{\alpha}_2=\begin{bmatrix} -1 \\ -1 \\ -4 \end{bmatrix},\boldsymbol{\alpha}_3=\begin{bmatrix} -3 \\ 2 \\ 3 \end{bmatrix},\boldsymbol{\alpha}_4=\begin{bmatrix} 1 \\ -1 \\ -2 \end{bmatrix}$；

(3) $\boldsymbol{\alpha}_1=\begin{bmatrix} 1 \\ -1 \\ 2 \\ 3 \end{bmatrix},\boldsymbol{\alpha}_2=\begin{bmatrix} 3 \\ -7 \\ 8 \\ 9 \end{bmatrix},\boldsymbol{\alpha}_3=\begin{bmatrix} -1 \\ -3 \\ 0 \\ -3 \end{bmatrix},\boldsymbol{\alpha}_4=\begin{bmatrix} 1 \\ -9 \\ 6 \\ 3 \end{bmatrix}$.

3. 对于 λ 的不同值，下述矩阵的秩分别是多少？

$$\begin{bmatrix} 1 & \lambda & -1 & 2 \\ 2 & -1 & \lambda & 5 \\ 1 & 10 & -6 & 1 \end{bmatrix}.$$

4. 证明：一个矩阵的任一子矩阵的秩不会超过这个矩阵的秩.

5. 求下述复数域上的矩阵 $\boldsymbol{A}$ 的秩及其列向量组的一个极大线性无关组：

$$\boldsymbol{A}=\begin{bmatrix}1 & \mathrm{i}^{m} & \mathrm{i}^{2m} & \mathrm{i}^{3m} & \mathrm{i}^{4m}\\ 1 & \mathrm{i}^{m+1} & \mathrm{i}^{2(m+1)} & \mathrm{i}^{3(m+1)} & \mathrm{i}^{4(m+1)}\\ 1 & \mathrm{i}^{m+2} & \mathrm{i}^{2(m+2)} & \mathrm{i}^{3(m+2)} & \mathrm{i}^{4(m+2)}\\ 1 & \mathrm{i}^{m+3} & \mathrm{i}^{2(m+3)} & \mathrm{i}^{3(m+3)} & \mathrm{i}^{4(m+3)}\end{bmatrix},$$

其中 $\mathrm{i}=\sqrt{-1}$，m 是正整数.

6. 求下述复数域上的矩阵 $\boldsymbol{A}$ 的秩及其列向量组的一个极大线性无关组：

$$\boldsymbol{A}=\begin{bmatrix}1 & \omega^{m} & \omega^{2m} & \omega^{3m} & \omega^{4m}\\ 1 & \omega^{m+1} & \omega^{2(m+1)} & \omega^{3(m+1)} & \omega^{4(m+1)}\\ 1 & \omega^{m+2} & \omega^{2(m+2)} & \omega^{3(m+2)} & \omega^{4(m+2)}\end{bmatrix},$$

其中 $\omega=\dfrac{-1+\sqrt{3}\mathrm{i}}{2}$，$m$ 是正整数.

7. 设 $\boldsymbol{A},\boldsymbol{B}$ 分别是 $s\times n,l\times m$ 矩阵，证明：

$$\mathrm{rank}\begin{bmatrix}\boldsymbol{A} & \boldsymbol{0}\\ \boldsymbol{0} & \boldsymbol{B}\end{bmatrix}=\mathrm{rank}(\boldsymbol{A})+\mathrm{rank}(\boldsymbol{B}).$$

8. 设 $\boldsymbol{A},\boldsymbol{B},\boldsymbol{C}$ 分别是 $s\times n,l\times m,s\times m$ 矩阵，证明：

$$\mathrm{rank}\begin{bmatrix}\boldsymbol{A} & \boldsymbol{C}\\ \boldsymbol{0} & \boldsymbol{B}\end{bmatrix}\geqslant\mathrm{rank}(\boldsymbol{A})+\mathrm{rank}(\boldsymbol{B}).$$

*9. 证明：如果 $m\times n$ 矩阵 $\boldsymbol{A}$ 的秩为 r，那么 $\boldsymbol{A}$ 的任何 $s(1\leqslant s\leqslant m)$ 行组成的子矩阵 $\boldsymbol{A}_1$ 的秩大于或等于 $r+s-m$.

*10. 设 $\boldsymbol{A},\boldsymbol{B}$ 分别是数域 K 上的 $s\times n,s\times m$ 矩阵，用 $[\boldsymbol{A},\boldsymbol{B}]$ 表示在 $\boldsymbol{A}$ 的右边添写上 $\boldsymbol{B}$ 得到的 $s\times(n+m)$ 矩阵，证明：$\mathrm{rank}(\boldsymbol{A})=\mathrm{rank}[\boldsymbol{A},\boldsymbol{B}]$ 当且仅当 $\boldsymbol{B}$ 的列向量组可以由 $\boldsymbol{A}$ 的列向量组线性表出.

§5 线性方程组有解的充要条件

现在我们可以回答如何直接用线性方程组的系数和常数项判断线性方程组有没有解、有多少解的问题.

定理 1(线性方程组有解判别定理) 线性方程组

$$x_1\boldsymbol{\alpha}_1+x_2\boldsymbol{\alpha}_2+\cdots+x_n\boldsymbol{\alpha}_n=\boldsymbol{\beta} \tag{1}$$

有解的充要条件是，它的系数矩阵 $\boldsymbol{A}$ 与增广矩阵 $\tilde{\boldsymbol{A}}$ 有相同的秩.

证明 线性方程组 $x_1\boldsymbol{\alpha}_1+x_2\boldsymbol{\alpha}_2+\cdots+x_n\boldsymbol{\alpha}_n=\boldsymbol{\beta}$ 有解

$\Longleftrightarrow$ 向量 $\boldsymbol{\beta}$ 可以由向量组 $\boldsymbol{\alpha}_1,\boldsymbol{\alpha}_2,\cdots,\boldsymbol{\alpha}_n$ 线性表出

$$\Longleftrightarrow \{\boldsymbol{\alpha}_1,\boldsymbol{\alpha}_2,\cdots,\boldsymbol{\alpha}_n\}\cong\{\boldsymbol{\alpha}_1,\boldsymbol{\alpha}_2,\cdots,\boldsymbol{\alpha}_n,\boldsymbol{\beta}\}$$

$$\Longleftrightarrow \operatorname{rank}\{\boldsymbol{\alpha}_1,\boldsymbol{\alpha}_2,\cdots,\boldsymbol{\alpha}_n\}=\operatorname{rank}\{\boldsymbol{\alpha}_1,\boldsymbol{\alpha}_2,\cdots,\boldsymbol{\alpha}_n,\boldsymbol{\beta}\}$$

$$\Longleftrightarrow \operatorname{rank}(\boldsymbol{A})=\operatorname{rank}(\widetilde{\boldsymbol{A}}),$$

其中倒数第二个"$\Longleftrightarrow$"中的"$\Longleftarrow$"可由 § 3 的命题 4 得到. ▌

评注

[1] 从定理 1 看出,判断线性方程组有没有解,只要比较它的系数矩阵与增广矩阵的秩是否相等即可. 这比第一章给出的判别方法要优越得多: 首先,求矩阵的秩有多种方法,不一定要化成阶梯形矩阵;其次,有时不用求出系数矩阵和增广矩阵的秩的具体数值,也能比较它们的秩是否相等.

[2] 对于方程组(1),由于向量组 $\boldsymbol{\alpha}_1,\boldsymbol{\alpha}_2,\cdots,\boldsymbol{\alpha}_n$ 可以由向量组 $\boldsymbol{\alpha}_1,\boldsymbol{\alpha}_2,\cdots,\boldsymbol{\alpha}_n,\boldsymbol{\beta}$ 线性表出,因此

$$\operatorname{rank}\{\boldsymbol{\alpha}_1,\boldsymbol{\alpha}_2,\cdots,\boldsymbol{\alpha}_n\}\leqslant\operatorname{rank}\{\boldsymbol{\alpha}_1,\boldsymbol{\alpha}_2,\cdots,\boldsymbol{\alpha}_n,\boldsymbol{\beta}\},$$

即

$$\operatorname{rank}(\boldsymbol{A})\leqslant\operatorname{rank}(\widetilde{\boldsymbol{A}}). \tag{2}$$

这表明,线性方程组的系数矩阵的秩不会超过增广矩阵的秩.

示范

例 1 判断下述复数域上的线性方程组有没有解:

$$\begin{cases} x_1+\omega^m x_2+\omega^{2m}x_3+\omega^{3m}x_4=b_1, \\ x_1+\omega^{m+1}x_2+\omega^{2(m+1)}x_3+\omega^{3(m+1)}x_4=b_2, \\ x_1+\omega^{m+2}x_2+\omega^{2(m+2)}x_3+\omega^{3(m+2)}x_4=b_3, \end{cases} \tag{3}$$

其中 $\omega=\dfrac{-1+\sqrt{3}\mathrm{i}}{2}$,$m$ 是正整数.

解 方程组(3)的增广矩阵 $\widetilde{\boldsymbol{A}}$ 的前 3 列组成的 3 阶子式为范德蒙德行列式

$$\begin{vmatrix} 1 & \omega^m & \omega^{2m} \\ 1 & \omega^{m+1} & \omega^{2(m+1)} \\ 1 & \omega^{m+2} & \omega^{2(m+2)} \end{vmatrix}.$$

容易看出,$\omega^m,\omega^{m+1},\omega^{m+2}$ 两两不同,从而上述行列式不等于 0. 因此,$\operatorname{rank}(\widetilde{\boldsymbol{A}})\geqslant 3$. 又 $\widetilde{\boldsymbol{A}}$ 只有 3 行,因此 $\operatorname{rank}(\widetilde{\boldsymbol{A}})\leqslant 3$,从而 $\operatorname{rank}(\widetilde{\boldsymbol{A}})=3$. 上述行列式也是方程组(3)的系数矩阵 $\boldsymbol{A}$ 的一个 3 阶子式,因此 $\operatorname{rank}(\boldsymbol{A})\geqslant 3$,从而 $\operatorname{rank}(\boldsymbol{A})=3=\operatorname{rank}(\widetilde{\boldsymbol{A}})$. 于是,方程组(3)有解.

评注

当方程组(1)有解时,能不能用系数矩阵的秩去判断它是有唯一解,还是有无穷多个解?

定理 2 当 n 元线性方程组有解时,如果它的系数矩阵 $\boldsymbol{A}$ 的秩等于未知量个数 n,则该

方程组有唯一解;如果 $\boldsymbol{A}$ 的秩小于 n,则该方程组有无穷多个解.

证明 通过初等行变换把方程组(1)的增广矩阵 $\widetilde{\boldsymbol{A}}$ 化成阶梯形矩阵 $\widetilde{\boldsymbol{J}}$,由于方程组(1)有解,因此

$$\operatorname{rank}(\boldsymbol{A})=\operatorname{rank}(\widetilde{\boldsymbol{A}})=r,$$

其中 r 为 $\widetilde{\boldsymbol{J}}$ 的非零行数.于是,当 $\boldsymbol{A}$ 的秩($\widetilde{\boldsymbol{J}}$ 的非零行数 r)等于未知量个数 n 时,方程组(1)有唯一解;当 $\boldsymbol{A}$ 的秩小于 n 时,方程组(1)有无穷多个解. ▍

把定理 2 应用到齐次线性方程组上,便得出如下结论:

推论 1 n 元齐次线性方程组有非零解的充要条件是,它的系数矩阵的秩小于未知量个数 n. ▍

示范

例 2 在例 1 中给出的方程组(3)有多少解?

解 例 1 中已指出方程组(3)有解.由于方程组(3)的系数矩阵 $\boldsymbol{A}$ 的秩是 3,它小于未知量个数 4,因此方程组(3)有无穷多个解.

例 3 判断下述齐次线性方程组有没有非零解:

$$\begin{cases} x_1+x_2+x_3=0, \\ ax_1+bx_2+cx_3=0, \\ a^2x_1+b^2x_2+c^2x_3=0, \\ a^3x_1+b^3x_2+c^3x_3=0, \end{cases} \tag{4}$$

其中 a,b,c 两两不同.

解 方程组(4)的系数矩阵 $\boldsymbol{A}$ 的前 3 行组成的 3 阶子式为范德蒙德行列式

$$\begin{vmatrix} 1 & 1 & 1 \\ a & b & c \\ a^2 & b^2 & c^2 \end{vmatrix}.$$

由于 a,b,c 两两不同,因此这个行列式不等于 0,从而 $\operatorname{rank}(\boldsymbol{A})\geqslant 3$.又由于 $\boldsymbol{A}$ 只有 3 列,因此 $\operatorname{rank}(\boldsymbol{A})\leqslant 3$.由此得出 $\operatorname{rank}(\boldsymbol{A})=3$,即系数矩阵 $\boldsymbol{A}$ 的秩等于未知量个数.因此,方程组(4)只有零解.

习 题 3.5

1. 判断下述复数域上的线性方程组有没有解,有多少解:

$$\begin{cases} x_1+\mathrm{i}^m x_2+\mathrm{i}^{2m} x_3+\mathrm{i}^{3m} x_4=b_1, \\ x_1+\mathrm{i}^{m+1}x_2+\mathrm{i}^{2(m+1)}x_3+\mathrm{i}^{3(m+1)}x_4=b_2, \\ x_1+\mathrm{i}^{m+2}x_2+\mathrm{i}^{2(m+2)}x_3+\mathrm{i}^{3(m+2)}x_4=b_3, \\ x_1+\mathrm{i}^{m+3}x_2+\mathrm{i}^{2(m+3)}x_3+\mathrm{i}^{3(m+3)}x_4=b_4, \end{cases}$$

其中 $\mathrm{i}=\sqrt{-1}$，m 是正整数.

2. 判断下述线性方程组有没有解，有多少解：

$$\begin{cases} x_1+a\ x_2+a^2x_3+\cdots+\ a^{n-1}\ x_n=b_1, \\ x_1+a^2x_2+a^4x_3+\cdots+a^{2(n-1)}x_n=b_2, \\ \cdots\cdots \\ x_1+a^sx_2+a^{2s}x_3+\cdots+a^{s(n-1)}x_n=b_s, \end{cases}$$

其中 $s<n$，$a\neq 0$，且当 $0<r<s$ 时，$a^r\neq 1$.

3. 判断下述线性方程组有没有解：

$$\begin{cases} x_1+\ x_2+\ x_3=1, \\ ax_1+bx_2+cx_3=d, \\ a^2x_1+b^2x_2+c^2x_3=d^2, \\ a^3x_1+b^3x_2+c^3x_3=d^3, \end{cases}$$

其中 a,b,c,d 两两不同.

4. 已知线性方程组

$$\begin{cases} a_{11}x_1+a_{12}x_2+\cdots+a_{1n}x_n=b_1, \\ a_{21}x_1+a_{22}x_2+\cdots+a_{2n}x_n=b_2, \\ \cdots\cdots \\ a_{n1}x_1+a_{n2}x_2+\cdots+a_{nn}x_n=b_n \end{cases}$$

的系数矩阵 $\boldsymbol{A}$ 的秩等于下述矩阵 $\boldsymbol{B}$ 的秩：

$$\boldsymbol{B}=\begin{bmatrix} a_{11} & a_{12} & \cdots & a_{1n} & b_1 \\ a_{21} & a_{22} & \cdots & a_{2n} & b_2 \\ \vdots & \vdots & & \vdots & \vdots \\ a_{n1} & a_{n2} & \cdots & a_{nn} & b_n \\ b_1 & b_2 & \cdots & b_n & 0 \end{bmatrix}.$$

证明：上述线性方程组有解.

§6　齐次线性方程组的解集的结构

观察

数域 K 上的 n 元齐次线性方程组

$$x_1\boldsymbol{\alpha}_1+x_2\boldsymbol{\alpha}_2+\cdots+x_n\boldsymbol{\alpha}_n=\boldsymbol{0} \tag{1}$$

的一个解是 K 上的一个 n 元有序数组，从而它是 K^n 中的一个向量，称它为方程组(1)的一个**解向量**. 因此，方程组(1)的解集 W 是 K^n 的一个非空子集. 当方程组(1)有非零解时，它就有无穷多个解，这无穷多个解之间有什么关系呢？也就是说，方程组(1)的解集 W 的结构如何？这就是本节要讨论的问题.

我们可以从几何空间中的例子受到启发：在平面上取一个直角坐标系 Oxy，则一个二元齐次线性方程 $ax+by=0$ 表示这个平面上过原点 O 的一条直线 l_1，从而二元齐次线性方程组 $\begin{cases} ax+by=0, \\ cx+dy=0 \end{cases}$ 的解集 W 是两条直线 l_1 与 l_2：$cx+dy=0$ 的交点的坐标组成的集合. 若 l_1 与 l_2 重合，则 W 由 l_1 上点的坐标组成. 由于 l_1 上每个以 O 为起点的向量可以用 l_1 上一个非零向量 $\overrightarrow{OP}$ 线性表出，因此 W 中无穷多个向量可以用 W 中一个向量线性表出.

一般地，当数域 K 上的 n 元齐次线性方程组有非零解时，它的解集 W 中的无穷多个解向量能不能用 W 中的有限多个解向量线性表出？为了解决这一问题，首先需要研究齐次线性方程组的解的性质.

分析

性质 1　齐次线性方程组(1)的任意两个解的和还是方程组(1)的解. 也就是说，如果 $\boldsymbol{\gamma}$，$\boldsymbol{\delta}\in W$，那么 $\boldsymbol{\gamma}+\boldsymbol{\delta}\in W$.

证明　任取方程组(1)的两个解：

$$\boldsymbol{\gamma}=[c_1,c_2,\cdots,c_n]^{\mathrm{T}},\quad \boldsymbol{\delta}=[d_1,d_2,\cdots,d_n]^{\mathrm{T}},$$

则

$$c_1\boldsymbol{\alpha}_1+c_2\boldsymbol{\alpha}_2+\cdots+c_n\boldsymbol{\alpha}_n=\mathbf{0},$$
$$d_1\boldsymbol{\alpha}_1+d_2\boldsymbol{\alpha}_2+\cdots+d_n\boldsymbol{\alpha}_n=\mathbf{0}.$$

将上面两个式子相加，得

$$(c_1+d_1)\boldsymbol{\alpha}_1+(c_2+d_2)\boldsymbol{\alpha}_2+\cdots+(c_n+d_n)\boldsymbol{\alpha}_n=\mathbf{0}.$$

这表明

$$\boldsymbol{\gamma}+\boldsymbol{\delta}=[c_1+d_1,c_2+d_2,\cdots,c_n+d_n]^{\mathrm{T}}$$

是方程组(1)的一个解.　▌

性质 2　齐次线性方程组(1)的任一解的常数倍还是方程组(1)的一个解. 也就是说，如果 $\boldsymbol{\gamma}\in W$，$k\in K$，那么 $k\boldsymbol{\gamma}\in W$.

证明　设 $\boldsymbol{\gamma}=[c_1,c_2,\cdots,c_n]^{\mathrm{T}}\in W$，则

$$c_1\boldsymbol{\alpha}_1+c_2\boldsymbol{\alpha}_2+\cdots+c_n\boldsymbol{\alpha}_n=\mathbf{0},$$

从而

$$(kc_1)\boldsymbol{\alpha}_1+(kc_2)\boldsymbol{\alpha}_2+\cdots+(kc_n)\boldsymbol{\alpha}_n=\mathbf{0}.$$

因此 $k\boldsymbol{\gamma}=[kc_1,kc_2,\cdots,kc_n]^{\mathrm{T}}\in W$.　▌

从齐次线性方程组(1)的解的两个性质受到启发，我们引出一个概念：

定义 1　如果 K^n 的一个非空子集 U 满足条件：

1° $\boldsymbol{\gamma},\boldsymbol{\delta}\in U\Longrightarrow\boldsymbol{\gamma}+\boldsymbol{\delta}\in U$；

2° $\boldsymbol{\gamma}\in U,k\in K\Longrightarrow k\boldsymbol{\gamma}\in U$，

则称 U 是 K^n 的一个**线性子空间**(简称**子空间**).

条件 1°称为 U **对于 K^n 的加法封闭**，条件 2°称为 U **对于 K^n 的数量乘法封闭**.

从性质 1 和性质 2 看出，齐次线性方程组(1)的解集 W 是 K^n 的一个子空间，称为方程组(1)的**解空间**.

$\{0\}$是 K^n 的一个子空间，称为**零子空间**. K^n 本身也是 K^n 的一个子空间. $\{0\}$和 K^n 称为**平凡子空间**，其余子空间称为**非平凡子空间**.

如果齐次线性方程组(1)只有零解，则它的解空间是零子空间；如果方程组(1)有非零解，则它的解空间是非零子空间.

当齐次线性方程组(1)有非零解时，它的解空间 W 的结构怎么样？

定义 2　当齐次线性方程组(1)有非零解时，如果它有有限多个解 $\boldsymbol{\eta}_1,\boldsymbol{\eta}_2,\cdots,\boldsymbol{\eta}_t$ 满足条件：

1° $\boldsymbol{\eta}_1,\boldsymbol{\eta}_2,\cdots,\boldsymbol{\eta}_t$ 线性无关；

2° 方程组(1)的每个解都可以由 $\boldsymbol{\eta}_1,\boldsymbol{\eta}_2,\cdots,\boldsymbol{\eta}_t$ 线性表出，

那么称 $\boldsymbol{\eta}_1,\boldsymbol{\eta}_2,\cdots,\boldsymbol{\eta}_t$ 是方程组(1)的一个**基础解系**.

如果方程组(1)有一个基础解系 $\boldsymbol{\eta}_1,\boldsymbol{\eta}_2,\cdots,\boldsymbol{\eta}_t$，那么它的解集 W 为

$$W=\{k_1\boldsymbol{\eta}_1+k_2\boldsymbol{\eta}_2+\cdots+k_t\boldsymbol{\eta}_t \mid k_i\in K,\ i=1,2,\cdots,t\}.$$

解集 W 的代表元素

$$k_1\boldsymbol{\eta}_1+k_2\boldsymbol{\eta}_2+\cdots+k_t\boldsymbol{\eta}_t$$

称为方程组(1)的**通解**，其中 $k_1,k_2,\cdots,k_t\in K$.

定理 1　当 n 元齐次线性方程组(1)的系数矩阵 $\mathbf{A}$ 的秩小于未知量个数 n 时，方程组(1)一定有基础解系，并且它的每个基础解系所含解的个数等于 $n-\mathrm{rank}(\mathbf{A})$.

证明　设方程组(1)的系数矩阵 $\mathbf{A}$ 的秩为 r. 通过初等行变换把系数矩阵 $\mathbf{A}$ 化成简化行阶梯形矩阵 $\boldsymbol{J}$. 因为 $\mathrm{rank}(\mathbf{A})=r$，所以 $\boldsymbol{J}$ 有 r 行非零行，从而 $\boldsymbol{J}$ 有 r 个主元. 不妨设它们分别在第 $1,2,\cdots,r$ 列，即 $\boldsymbol{J}$ 形如

$$\begin{bmatrix} 1 & 0 & 0 & \cdots & 0 & 0 & b_{1,r+1} & \cdots & b_{1n} \\ 0 & 1 & 0 & \cdots & 0 & 0 & b_{2,r+1} & \cdots & b_{2n} \\ \vdots & \vdots & \vdots & & \vdots & \vdots & \vdots & & \vdots \\ 0 & 0 & 0 & \cdots & 0 & 1 & b_{r,r+1} & \cdots & b_{rn} \\ 0 & 0 & 0 & \cdots & 0 & 0 & 0 & \cdots & 0 \\ \vdots & \vdots & \vdots & & \vdots & \vdots & \vdots & & \vdots \\ 0 & 0 & 0 & \cdots & 0 & 0 & 0 & \cdots & 0 \end{bmatrix},$$

于是立即得到方程组(1)的一般解

$$\begin{cases} x_1 = -b_{1,r+1}x_{r+1} - \cdots - b_{1n}x_n, \\ x_2 = -b_{2,r+1}x_{r+1} - \cdots - b_{2n}x_n, \\ \cdots\cdots \\ x_r = -b_{r,r+1}x_{r+1} - \cdots - b_{rn}x_n, \end{cases} \tag{2}$$

其中 $x_{r+1},\cdots,x_n$ 是自由未知量.

让自由未知量 $x_{r+1},\cdots,x_n$ 取下述 $n-r$ 组数：

$$\begin{bmatrix} 1 \\ 0 \\ 0 \\ \vdots \\ 0 \\ 0 \end{bmatrix},\quad \begin{bmatrix} 0 \\ 1 \\ 0 \\ \vdots \\ 0 \\ 0 \end{bmatrix},\quad \cdots,\quad \begin{bmatrix} 0 \\ 0 \\ 0 \\ \vdots \\ 0 \\ 1 \end{bmatrix}, \tag{3}$$

则得到方程组(1)的 $n-r$ 个解

$$\boldsymbol{\eta}_1 = \begin{bmatrix} -b_{1,r+1} \\ -b_{2,r+1} \\ \vdots \\ -b_{r,r+1} \\ 1 \\ 0 \\ 0 \\ \vdots \\ 0 \\ 0 \end{bmatrix},\quad \boldsymbol{\eta}_2 = \begin{bmatrix} -b_{1,r+2} \\ -b_{2,r+2} \\ \vdots \\ -b_{r,r+2} \\ 0 \\ 1 \\ 0 \\ \vdots \\ 0 \\ 0 \end{bmatrix},\quad \cdots,\quad \boldsymbol{\eta}_{n-r} = \begin{bmatrix} -b_{1n} \\ -b_{2n} \\ \vdots \\ -b_{rn} \\ 0 \\ 0 \\ 0 \\ \vdots \\ 0 \\ 1 \end{bmatrix}. \tag{4}$$

因为(3)式中的 $n-r$ 个向量线性无关,所以它们的延伸组 $\boldsymbol{\eta}_1,\boldsymbol{\eta}_2,\cdots,\boldsymbol{\eta}_{n-r}$ 也线性无关.

任取方程组(1)的一个解

$$\boldsymbol{\eta} = [c_1,c_2,\cdots,c_n]^{\mathrm{T}},$$

于是 $\boldsymbol{\eta}$ 满足方程组(1)的一般解公式(2),即

$$\begin{cases} c_1 = -b_{1,r+1}c_{r+1} - \cdots - b_{1n}c_n, \\ c_2 = -b_{2,r+1}c_{r+1} - \cdots - b_{2n}c_n, \\ \cdots\cdots \\ c_r = -b_{r,r+1}c_{r+1} - \cdots - b_{rn}c_n, \end{cases}$$

从而 $\boldsymbol{\eta}$ 可以写成下述形式：

$$\boldsymbol{\eta}=\begin{bmatrix} c_1 \\ \vdots \\ c_r \\ c_{r+1} \\ \vdots \\ c_n \end{bmatrix}=\begin{bmatrix} -b_{1,r+1}c_{r+1}-\cdots-b_{1n}c_n \\ \vdots \\ -b_{r,r+1}c_{r+1}-\cdots-b_{rn}c_n \\ 1c_{r+1}+\cdots+0\cdot c_n \\ \vdots \\ 0\cdot c_{r+1}+\cdots+1c_n \end{bmatrix}$$

$$=\begin{bmatrix} -b_{1,r+1} \\ \vdots \\ -b_{r,r+1} \\ 1 \\ \vdots \\ 0 \end{bmatrix}c_{r+1}+\cdots+\begin{bmatrix} -b_{1n} \\ \vdots \\ -b_{rn} \\ 0 \\ \vdots \\ 1 \end{bmatrix}c_n$$

$$=c_{r+1}\boldsymbol{\eta}_1+\cdots+c_n\boldsymbol{\eta}_{n-r}. \tag{5}$$

因此，方程组(1)的每个解 $\boldsymbol{\eta}$ 可以由 $\boldsymbol{\eta}_1,\boldsymbol{\eta}_2,\cdots,\boldsymbol{\eta}_{n-r}$ 线性表出，从而 $\boldsymbol{\eta}_1,\boldsymbol{\eta}_2,\cdots,\boldsymbol{\eta}_{n-r}$ 是方程组(1)的一个基础解系，它包含的解的个数为 $n-\operatorname{rank}(\boldsymbol{A})$.

任取方程组(1)的一个基础解系 $\boldsymbol{\delta}_1,\boldsymbol{\delta}_2,\cdots,\boldsymbol{\delta}_m$. 由基础解系的定义得出，$\boldsymbol{\eta}_1,\boldsymbol{\eta}_2,\cdots,\boldsymbol{\eta}_{n-r}$ 与 $\boldsymbol{\delta}_1,\boldsymbol{\delta}_2,\cdots,\boldsymbol{\delta}_m$ 等价，又它们都线性无关，根据 § 3 的推论 3 得 $m=n-r$. 因此，方程组(1)的每个基础解系所含解的个数都等于 $n-\operatorname{rank}(\boldsymbol{A})$. ▌

定理 1 的证明过程给出了求齐次线性方程组(1)的基础解系的方法：

第一步，通过初等行变换把方程组(1)的系数矩阵 $\boldsymbol{A}$ 化成简化行阶梯形矩阵 $\boldsymbol{J}$；

第二步，从 $\boldsymbol{J}$ 直接写出方程组(1)的一般解公式；

第三步，在一般解公式中，每一次让一个自由未知量取值 1，其余自由未知量取值 0，求出方程组(1)的一个解，这样得到的 $n-r$ 个解就构成方程组(1)的一个基础解系，其中

$$r=\operatorname{rank}(\boldsymbol{A}).$$

在定理 1 的证明过程中，我们让自由未知量 $x_{r+1},\cdots,x_n$ 取(3)式中的 $n-r$ 组数. 我们也可以让它们取下述 $n-r$ 组数：

$$\begin{bmatrix} d_1 \\ 0 \\ 0 \\ \vdots \\ 0 \\ 0 \end{bmatrix},\quad \begin{bmatrix} 0 \\ d_2 \\ 0 \\ \vdots \\ 0 \\ 0 \end{bmatrix},\quad \cdots,\quad \begin{bmatrix} 0 \\ 0 \\ 0 \\ \vdots \\ 0 \\ d_{n-r} \end{bmatrix}, \tag{6}$$

其中 $d_1d_2\cdots d_{n-r}\neq 0$. 显然，(6)式中的 $n-r$ 个向量线性无关. 把它们代入一般解公式中，所得到的 $n-r$ 个解 $\boldsymbol{\gamma}_1,\boldsymbol{\gamma}_2,\cdots,\boldsymbol{\gamma}_{n-r}$ 是它们的延伸组，从而 $\boldsymbol{\gamma}_1,\boldsymbol{\gamma}_2,\cdots,\boldsymbol{\gamma}_{n-r}$ 也线性无关. 任取

方程组(1)的一个解 $\boldsymbol{\eta}$，设 $\boldsymbol{\eta}_1,\cdots,\boldsymbol{\eta}_{n-r}$ 是方程组(1)的一个基础解系，则 $\boldsymbol{\eta},\boldsymbol{\gamma}_1,\cdots,\boldsymbol{\gamma}_{n-r}$ 可以由 $\boldsymbol{\eta}_1,\cdots,\boldsymbol{\eta}_{n-r}$ 线性表出，从而 $\boldsymbol{\eta},\boldsymbol{\gamma}_1,\cdots,\boldsymbol{\gamma}_{n-r}$ 线性相关. 又由于 $\boldsymbol{\gamma}_1,\cdots,\boldsymbol{\gamma}_{n-r}$ 线性无关，因此 $\boldsymbol{\eta}$ 可以由 $\boldsymbol{\gamma}_1,\boldsymbol{\gamma}_2,\cdots,\boldsymbol{\gamma}_{n-r}$ 线性表出，从而 $\boldsymbol{\gamma}_1,\boldsymbol{\gamma}_2,\cdots,\boldsymbol{\gamma}_{n-r}$ 也是方程组(1)的一个基础解系.

示范

例 1　求下述数域 K 上的齐次线性方程组的一个基础解系，并且写出它的解集：

$$\begin{cases} x_1-3x_2+5x_3-2x_4=0, \\ -2x_1+x_2-3x_3+x_4=0, \\ -x_1-7x_2+9x_3-4x_4=0. \end{cases} \tag{7}$$

解　对方程组(7)的系数矩阵进行初等行变换：

$$\begin{bmatrix} 1 & -3 & 5 & -2 \\ -2 & 1 & -3 & 1 \\ -1 & -7 & 9 & -4 \end{bmatrix} \longrightarrow \begin{bmatrix} 1 & 0 & \frac{4}{5} & -\frac{1}{5} \\ 0 & 1 & -\frac{7}{5} & \frac{3}{5} \\ 0 & 0 & 0 & 0 \end{bmatrix}.$$

于是，方程组(7)的一般解为

$$\begin{cases} x_1=-\frac{4}{5}x_3+\frac{1}{5}x_4, \\ x_2=\frac{7}{5}x_3-\frac{3}{5}x_4, \end{cases} \tag{8}$$

其中 x_3,x_4 是自由未知量. 因此，方程组(7)的一个基础解系为

$$\boldsymbol{\eta}_1=[-4,7,5,0]^{\mathrm{T}},\quad \boldsymbol{\eta}_2=[1,-3,0,5]^{\mathrm{T}}.$$

从而方程组(7)的解集为

$$W=\{k_1\boldsymbol{\eta}_1+k_2\boldsymbol{\eta}_2 \mid k_1,k_2\in K\}.$$

习　题　3.6

1. 求下列数域 K 上的齐次线性方程组各自的一个基础解系，并且写出它们的解集：

(1) $\begin{cases} x_1-3x_2+x_3-2x_4=0, \\ -5x_1+x_2-2x_3+3x_4=0, \\ -x_1-11x_2+2x_3-5x_4=0, \\ 3x_1+5x_2+x_4=0; \end{cases}$

(2) $\begin{cases} 3x_1-x_2+2x_3+x_4=0, \\ x_1+3x_2-x_3+2x_4=0, \\ -2x_1+5x_2+x_3-x_4=0, \\ 3x_1+10x_2+x_3+4x_4=0, \\ -2x_1+15x_2-4x_3+4x_4=0; \end{cases}$

(3) $\begin{cases} 2x_1-5x_2+x_3-3x_4=0, \\ -3x_1+4x_2-2x_3+x_4=0, \\ x_1+2x_2-x_3+3x_4=0, \\ -2x_1+15x_2-6x_3+13x_4=0; \end{cases}$

(4) $\begin{cases} x_1-3x_2+x_3-2x_4-x_5=0, \\ -3x_1+9x_2-3x_3+6x_4+3x_5=0, \\ 2x_1-6x_2+2x_3-4x_4-2x_5=0, \\ 5x_1-15x_2+5x_3-10x_4-5x_5=0. \end{cases}$

2. 证明：设 $\boldsymbol{\eta}_1,\boldsymbol{\eta}_2,\cdots,\boldsymbol{\eta}_t$ 是 n 元齐次线性方程组(1)的一个基础解系，则与 $\boldsymbol{\eta}_1,\boldsymbol{\eta}_2,\cdots,\boldsymbol{\eta}_t$ 等价的线性无关向量组也是方程组(1)的基础解系.

3. 证明：设 n 元齐次线性方程组(1)的系数矩阵的秩为 $r(r<n)$，则方程组(1)的任意 $n-r$ 个线性无关的解都是它的一个基础解系.

4. 证明：设 n 元齐次线性方程组(1)的系数矩阵的秩为 $r(r<n)$，$\boldsymbol{\delta}_1,\boldsymbol{\delta}_2,\cdots,\boldsymbol{\delta}_m$ 都是方程组(1)的解，则

$$\operatorname{rank}\{\boldsymbol{\delta}_1,\boldsymbol{\delta}_2,\cdots,\boldsymbol{\delta}_m\}\leqslant n-r.$$

*5. 设一个含 n 个方程的 n 元齐次线性方程组的系数矩阵 $\boldsymbol{A}$ 的行列式等于 0，并且 $\boldsymbol{A}$ 的 (k,l) 元的代数余子式 A_{kl} 不等于 0，证明：

$$\boldsymbol{\eta}_1=[A_{k1},A_{k2},\cdots,A_{kn}]^{\mathrm{T}}$$

是这个齐次线性方程组的一个基础解系.

§7　非齐次线性方程组的解集的结构

观察

数域 K 上的 n 元非齐次线性方程组

$$x_1\boldsymbol{\alpha}_1+x_2\boldsymbol{\alpha}_2+\cdots+x_n\boldsymbol{\alpha}_n=\boldsymbol{\beta}\tag{1}$$

的一个解是 K^n 中的一个向量，称它为该方程组的一个解向量. 因此，方程组(1)的解集 U 是 K^n 的一个子集[可能是空集，如果方程组(1)无解的话]. 当方程组(1)有无穷多个解时，解集 U 的结构如何？这就是本节要讨论的问题.

我们仍可以从几何空间中的例子受到启发：在平面上取一个直角坐标系 Oxy，则一个二元非齐次线性方程 $ax+by=c$ 表示这个平面上不经过原点 O 的一条直线 l，相应的齐次线性方程 $ax+by=0$ 表示经过原点 O 的另一条直线 l_0，并且 $l_0/\!/l$，如图 3-5 所示. l 可以由 l_0 沿向量 $\overrightarrow{OA}$ 平移得到，其中点 A 是 l 与 y 轴的交点. 于是，对于 l 上每一点 P，以原点 O 为起点的向量 $\overrightarrow{OP}$ 可以表示成 $\overrightarrow{OP}=\overrightarrow{OA}+\overrightarrow{OM}$，其中点 M 在 l_0 上. 反之，对于 l_0 上任一点 M，都有 $\overrightarrow{OA}+\overrightarrow{OM}=\overrightarrow{OP}$，其中点 P 在 l 上. 因此

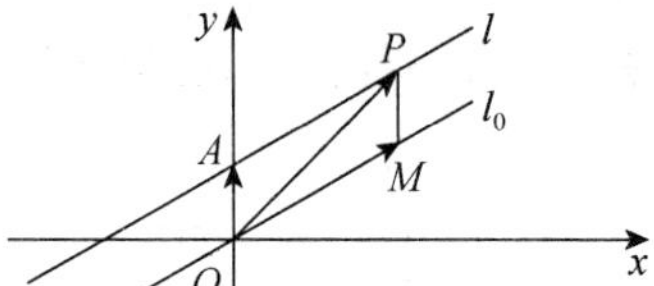

图　3-5

$$l=\{\overrightarrow{OA}+\overrightarrow{OM}\mid\overrightarrow{OM}\in l_0\}.$$

从上述几何空间中的例子受到启发，我们猜想：n 元非齐次线性方程组(1)的解集 U 与相应的 n 元齐次线性方程组 $x_1\boldsymbol{\alpha}_1+x_2\boldsymbol{\alpha}_2+\cdots+x_n\boldsymbol{\alpha}_n=\boldsymbol{0}$ 的解集 W 有如下关系：

$$U=\{\boldsymbol{\gamma}_0+\boldsymbol{\eta}\mid\boldsymbol{\eta}\in W\},$$

其中 $\boldsymbol{\gamma}_0$ 是方程组(1)的一个解.

论证

我们把 n 元齐次线性方程组

$$x_1\boldsymbol{\alpha}_1+x_2\boldsymbol{\alpha}_2+\cdots+x_n\boldsymbol{\alpha}_n=\mathbf{0} \tag{2}$$

称为 n 元非齐次线性方程组(1)的**导出组**.

性质 1 n 元非齐次线性方程组(1)的两个解的差是它的导出组(2)的一个解.

证明 设 $\boldsymbol{\gamma}=[c_1,c_2,\cdots,c_n]^{\mathrm{T}}$, $\boldsymbol{\delta}=[d_1,d_2,\cdots,d_n]^{\mathrm{T}}$ 是方程组(1)的两个解,则

$$c_1\boldsymbol{\alpha}_1+c_2\boldsymbol{\alpha}_2+\cdots+c_n\boldsymbol{\alpha}_n=\boldsymbol{\beta},$$

$$d_1\boldsymbol{\alpha}_1+d_2\boldsymbol{\alpha}_2+\cdots+d_n\boldsymbol{\alpha}_n=\boldsymbol{\beta}.$$

把上面两个式子相减,得

$$(c_1-d_1)\boldsymbol{\alpha}_1+(c_2-d_2)\boldsymbol{\alpha}_2+\cdots+(c_n-d_n)\boldsymbol{\alpha}_n=\mathbf{0}. \tag{3}$$

(3)式表明,

$$\boldsymbol{\gamma}-\boldsymbol{\delta}=[c_1-d_1,c_2-d_2,\cdots,c_n-d_n]^{\mathrm{T}}$$

是导出组(2)的一个解. ▌

性质 2 n 元非齐次线性方程组(1)的一个解与它的导出组(2)的一个解之和仍是方程组(1)的一个解.

证明 设 $\boldsymbol{\gamma}=[c_1,c_2,\cdots,c_n]^{\mathrm{T}}$ 是方程组(1)的一个解, $\boldsymbol{\eta}=[e_1,e_2,\cdots,e_n]^{\mathrm{T}}$ 是导出组(2)的一个解,则

$$c_1\boldsymbol{\alpha}_1+c_2\boldsymbol{\alpha}_2+\cdots+c_n\boldsymbol{\alpha}_n=\boldsymbol{\beta},$$

$$e_1\boldsymbol{\alpha}_1+e_2\boldsymbol{\alpha}_2+\cdots+e_n\boldsymbol{\alpha}_n=\mathbf{0}.$$

把上面两个式子相加,得

$$(c_1+e_1)\boldsymbol{\alpha}_1+(c_2+e_2)\boldsymbol{\alpha}_2+\cdots+(c_n+e_n)\boldsymbol{\alpha}_n=\boldsymbol{\beta}. \tag{4}$$

(4)式表明,

$$\boldsymbol{\gamma}+\boldsymbol{\eta}=[c_1+e_1,c_2+e_2,\cdots,c_n+e_n]^{\mathrm{T}}$$

是方程组(1)的一个解. ▌

定理 1 如果 n 元非齐次线性方程组(1)有解,则它的解集为

$$U=\{\boldsymbol{\gamma}_0+\boldsymbol{\eta}\mid\boldsymbol{\eta}\in W\}, \tag{5}$$

其中 $\boldsymbol{\gamma}_0$ 是方程组(1)的一个解(称 $\boldsymbol{\gamma}_0$ 是**特解**), W 是方程组(1)的导出组(2)的解集.

证明 任取 $\boldsymbol{\eta}\in W$,由性质 2 知 $\boldsymbol{\gamma}_0+\boldsymbol{\eta}\in U$,因此(5)式右边的集合包含于 U. 反之,任取 $\boldsymbol{\gamma}\in U$,根据性质 1 得 $\boldsymbol{\gamma}-\boldsymbol{\gamma}_0\in W$. 记 $\boldsymbol{\gamma}-\boldsymbol{\gamma}_0=\boldsymbol{\eta}$,则 $\boldsymbol{\gamma}=\boldsymbol{\gamma}_0+\boldsymbol{\eta}$. 因此, U 包含于(5)式右边的集合,从而(5)式成立. ▌

我们把集合 $\{\boldsymbol{\gamma}_0+\boldsymbol{\eta}\mid\boldsymbol{\eta}\in W\}$ 记作 $\boldsymbol{\gamma}_0+W$.

推论 1 如果 n 元非齐次线性方程组(1)有解,则它的解唯一的充要条件是它的导出组(2)只有零解.

证明 设方程组(1)有解,则它的解集 U 等于 $\boldsymbol{\gamma}_0+W$,其中 $\boldsymbol{\gamma}_0$ 是方程组(1)的一个特

解，W 是它的导出组(2)的解空间. 于是

$$\text{方程组(1)的解唯一} \iff \boldsymbol{\gamma}_0+W=\{\boldsymbol{\gamma}_0\}\iff W=\{0\}. \qquad \blacksquare$$

所以，当 n 元非齐次线性方程组(1)有无穷多个解时，它的导出组(2)必有非零解. 此时，取导出组(2)的一个基础解系 $\boldsymbol{\eta}_1,\boldsymbol{\eta}_2,\cdots,\boldsymbol{\eta}_{n-r}$，其中 r 是导出组(2)的系数矩阵 $\boldsymbol{A}$ 的秩[$\boldsymbol{A}$ 也是方程组(1)的系数矩阵]，则方程组(1)的解集为

$$U=\{\boldsymbol{\gamma}_0+k_1\boldsymbol{\eta}_1+k_2\boldsymbol{\eta}_2+\cdots+k_{n-r}\boldsymbol{\eta}_{n-r}\mid k_i\in K,i=1,2,\cdots,n-r\},$$

其中 $\boldsymbol{\gamma}_0$ 是方程组(1)的一个特解. 解集 U 的代表元素

$$\boldsymbol{\gamma}_0+k_1\boldsymbol{\eta}_1+k_2\boldsymbol{\eta}_2+\cdots+k_{n-r}\boldsymbol{\eta}_{n-r}$$

称为方程组(1)的**通解**，其中 $k_1,k_2,\cdots,k_{n-r}\in K$.

示范

例 1　求下述数域 K 上的非齐次线性方程组的解集：

$$\begin{cases} x_1-3x_2+5x_3-2x_4=4, \\ -2x_1+x_2-3x_3+x_4=-7, \\ -x_1-7x_2+9x_3-4x_4=-2. \end{cases} \tag{6}$$

解　第一步，求方程组(6)的一个特解 $\boldsymbol{\gamma}_0$. 为此，先求出它的一般解公式. 对方程组(6)的增广矩阵做初等行变换，得到

$$\begin{bmatrix} 1 & -3 & 5 & -2 & 4 \\ -2 & 1 & -3 & 1 & -7 \\ -1 & -7 & 9 & -4 & -2 \end{bmatrix} \longrightarrow \begin{bmatrix} 1 & 0 & \frac{4}{5} & -\frac{1}{5} & \frac{17}{5} \\ 0 & 1 & -\frac{7}{5} & \frac{3}{5} & -\frac{1}{5} \\ 0 & 0 & 0 & 0 & 0 \end{bmatrix},$$

故方程组(6)的一般解为

$$\begin{cases} x_1=-\dfrac{4}{5}x_3+\dfrac{1}{5}x_4+\dfrac{17}{5}, \\ x_2=\dfrac{7}{5}x_3-\dfrac{3}{5}x_4-\dfrac{1}{5}, \end{cases} \tag{7}$$

其中 x_3,x_4 是自由未知量. 由(7)式得到方程组(6)的一个特解

$$\boldsymbol{\gamma}_0=\left[\frac{17}{5},-\frac{1}{5},0,0\right]^{\mathrm{T}}.$$

第二步，求方程组(6)的导出组的一个基础解系. 由于方程组(6)与它的导出组的系数矩阵相同，因此把方程组(6)的一般解公式(7)的常数项去掉，就得到导出组的一般解

$$\begin{cases} x_1=-\dfrac{4}{5}x_3+\dfrac{1}{5}x_4, \\ x_2=\dfrac{7}{5}x_3-\dfrac{3}{5}x_4, \end{cases}$$

其中 x_3,x_4 是自由未知量，从而得到导出组的一个基础解系

$$\boldsymbol{\eta}_1=[-4,7,5,0]^{\mathrm{T}},\quad \boldsymbol{\eta}_2=[1,-3,0,5]^{\mathrm{T}}.$$

第三步,写出方程组(6)的解集:

$$U=\{\boldsymbol{\gamma}_0+k_1\boldsymbol{\eta}_1+k_2\boldsymbol{\eta}_2\mid k_1,k_2\in K\}.$$

习　题　3.7

1. 求下列数域 K 上的非齐次线性方程组的解集:

(1) $\begin{cases} x_1-5x_2+2x_3-3x_4=11, \\ -3x_1+x_2-4x_3+2x_4=-5, \\ -x_1-9x_2-4x_4=17, \\ 5x_1+3x_2+6x_3-x_4=-1; \end{cases}$

(2) $\begin{cases} 2x_1-3x_2+x_3-5x_4=1, \\ -5x_1-10x_2-2x_3+x_4=-21, \\ x_1+4x_2+3x_3+2x_4=1, \\ 2x_1-4x_2+9x_3-3x_4=-16; \end{cases}$

(3) $x_1-4x_2+2x_3-3x_4+6x_5=4$.

2. 证明:含 n 个方程的 n 元非齐次线性方程组有唯一解当且仅当它的导出组只有零解.

3. 证明:如果 $\boldsymbol{\gamma}_1,\boldsymbol{\gamma}_2,\cdots,\boldsymbol{\gamma}_t$ 都是 n 元非齐次线性方程组(1)的解,并且 K 中的一组数 $u_1,u_2,\cdots,u_t$ 满足

$$u_1+u_2+\cdots+u_t=1,$$

则 $u_1\boldsymbol{\gamma}_1+u_2\boldsymbol{\gamma}_2+\cdots+u_t\boldsymbol{\gamma}_t$ 也是方程组(1)的一个解.

4. 证明:如果 $\boldsymbol{\gamma}_0$ 是 n 元非齐次线性方程组(1)的一个特解,$\boldsymbol{\eta}_1,\boldsymbol{\eta}_2,\cdots,\boldsymbol{\eta}_t$ 是它的导出组的一个基础解系.令

$$\boldsymbol{\gamma}_1=\boldsymbol{\gamma}_0+\boldsymbol{\eta}_1,\quad \boldsymbol{\gamma}_2=\boldsymbol{\gamma}_0+\boldsymbol{\eta}_2,\quad \cdots,\quad \boldsymbol{\gamma}_t=\boldsymbol{\gamma}_0+\boldsymbol{\eta}_t,$$

则方程组(1)的任一解 $\boldsymbol{\gamma}$ 可以表示成如下形式:

$$\boldsymbol{\gamma}=u_0\boldsymbol{\gamma}_0+u_1\boldsymbol{\gamma}_1+u_2\boldsymbol{\gamma}_2+\cdots+u_t\boldsymbol{\gamma}_t,$$

其中常数 $u_0,u_1,\cdots,u_t$ 满足

$$u_0+u_1+u_2+\cdots+u_t=1.$$

§8　基·维数

观察

数域 K 上 n 元齐次线性方程组

$$x_1\boldsymbol{\alpha}_1+x_2\boldsymbol{\alpha}_2+\cdots+x_n\boldsymbol{\alpha}_n=\mathbf{0} \tag{1}$$

的解集 W 是 K^n 的一个子空间,称为**解空间**.当方程组(1)有非零解时,它有基础解系,设它的一个基础解系为 $\boldsymbol{\eta}_1,\boldsymbol{\eta}_2,\cdots,\boldsymbol{\eta}_t$,此时

$$W=\{k_1\boldsymbol{\eta}_1+k_2\boldsymbol{\eta}_2+\cdots+k_t\boldsymbol{\eta}_t\mid k_1,k_2,\cdots,k_t\in K\}. \tag{2}$$

(2)式表明,解空间 W 完全被基础解系 $\boldsymbol{\eta}_1,\boldsymbol{\eta}_2,\cdots,\boldsymbol{\eta}_t$ 决定.而方程组(1)的基础解系 $\boldsymbol{\eta}_1$,

$\boldsymbol{\eta}_2,\cdots,\boldsymbol{\eta}_t$ 是 W 中满足下述两个条件的向量组：

1° $\boldsymbol{\eta}_1,\boldsymbol{\eta}_2,\cdots,\boldsymbol{\eta}_t$ 线性无关；

2° W 中每个向量都可以由 $\boldsymbol{\eta}_1,\boldsymbol{\eta}_2,\cdots,\boldsymbol{\eta}_t$ 线性表出.

由上述受到启发，为了研究 K^n 的一个子空间 U 的结构，应当引进像齐次线性方程组的基础解系那样的概念.

抽象

定义 1　设 U 是 K^n 的一个子空间. 如果 U 中的向量组 $\boldsymbol{\alpha}_1,\boldsymbol{\alpha}_2,\cdots,\boldsymbol{\alpha}_r$ 满足下述两个条件：

1° $\boldsymbol{\alpha}_1,\boldsymbol{\alpha}_2,\cdots,\boldsymbol{\alpha}_r$ 线性无关；

2° U 中每个向量都可以由 $\boldsymbol{\alpha}_1,\boldsymbol{\alpha}_2,\cdots,\boldsymbol{\alpha}_r$ 线性表出，

那么称 $\boldsymbol{\alpha}_1,\boldsymbol{\alpha}_2,\cdots,\boldsymbol{\alpha}_r$ 是 U 的一个**基**.

易知，如果 $\boldsymbol{\eta}_1,\boldsymbol{\eta}_2,\cdots,\boldsymbol{\eta}_t$ 是齐次线性方程组(1)的一个基础解系，那么 $\boldsymbol{\eta}_1,\boldsymbol{\eta}_2,\cdots,\boldsymbol{\eta}_t$ 是解空间 W 的一个基.

由于 $\boldsymbol{\varepsilon}_1,\boldsymbol{\varepsilon}_2,\cdots,\boldsymbol{\varepsilon}_n$ 线性无关，并且 K^n 中每个向量 $\boldsymbol{\alpha}=[a_1,a_2,\cdots,a_n]^{\mathrm{T}}$ 都可以由 $\boldsymbol{\varepsilon}_1,\boldsymbol{\varepsilon}_2,\cdots,\boldsymbol{\varepsilon}_n$ 线性表出，即

$$\boldsymbol{\alpha}=a_1\boldsymbol{\varepsilon}_1+a_2\boldsymbol{\varepsilon}_2+\cdots+a_n\boldsymbol{\varepsilon}_n, \tag{3}$$

因此 $\boldsymbol{\varepsilon}_1,\boldsymbol{\varepsilon}_2,\cdots,\boldsymbol{\varepsilon}_n$ 是 K^n 的一个基，称它为 K^n 的**标准基**.

在几何空间中，任取三个不共面的向量 $\vec{a}_1,\vec{a}_2,\vec{a}_3$. 由于任一向量 $\vec{c}$ 可以由 $\vec{a}_1,\vec{a}_2,\vec{a}_3$ 线性表出，并且 $\vec{a}_1,\vec{a}_2,\vec{a}_3$ 线性无关，因此 $\vec{a}_1,\vec{a}_2,\vec{a}_3$ 是几何空间的一个基，具体证明可参看文献[4]中第一章§1.1 的定理 1.1.

K^n 的每个非零子空间 U 都有一个基，具体证明可参看文献[2]第 77 页的定理 1. 从这个证明过程还可以看出：从 U 的任一非零向量出发，都可以扩充得到 U 的一个基.

观察

当数域 K 上的 n 元齐次线性方程组(1)有非零解时，它的每个基础解系都是解空间 W 的一个基. 我们在§6 的定理 1 中已经证明，方程组(1)的每个基础解系所含解向量的个数都等于 $n-r$，其中 r 是系数矩阵 $\mathbf{A}$ 的秩. 因此，解空间 W 的任意两个基所含向量的个数相等. 对于 K^n 的任一子空间 U，是否也有类似的结论？

抽象

定理 1　K^n 的非零子空间 U 的任意两个基所含向量的个数相等.

证明　设 $\boldsymbol{\alpha}_1,\boldsymbol{\alpha}_2,\cdots,\boldsymbol{\alpha}_s$ 与 $\boldsymbol{\beta}_1,\boldsymbol{\beta}_2,\cdots,\boldsymbol{\beta}_r$ 是子空间 U 的任意两个基. 由基的定义，它们都线性无关，并且可以互相线性表出，从而等价，因此它们所含向量的个数相等. ▎

定义 2 设 U 是 K^n 的一个非零子空间，U 的一个基所含向量的个数称为 U 的**维数**，记作 $\dim_K U$，或者简记作 $\dim U$.

零子空间的维数规定为 0.

由于 $\boldsymbol{\varepsilon}_1, \boldsymbol{\varepsilon}_2, \cdots, \boldsymbol{\varepsilon}_n$ 是 K^n 的一个基，因此 $\dim K^n = n$. 这就是我们把 K^n 称为 n 维向量空间的原因.

在几何空间中，任意三个不共面的向量是它的一个基，因此几何空间是 3 维的向量空间. 对于过原点的一个平面 π，它的两个不共线向量是平面 π 的一个基，因此过原点的平面 π 是 2 维的子空间；对于过原点的一条直线 L，它的一个方向向量是 L 的一个基，因此过原点的直线 L 是 1 维的子空间.

当数域 K 上的 n 元齐次线性方程组有非零解时，它的解空间 W 的每个基所含向量的个数为 $n-\mathrm{rank}(\boldsymbol{A})$，其中 $\boldsymbol{A}$ 是该方程组的系数矩阵，因此解空间 W 的维数为

$$\dim W = n - \mathrm{rank}(\boldsymbol{A}). \tag{4}$$

若 n 元齐次线性方程组只有零解，则 $\mathrm{rank}(\boldsymbol{A}) = n$. 于是，此时(4)式也成立. n 元齐次线性方程组的解空间 W 的维数公式(4)是非常重要的，它在许多问题的研究中起到关键的作用.

评注

基对于决定子空间的结构起到十分重要的作用. 如果知道了子空间 U 的一个基 $\boldsymbol{\alpha}_1, \boldsymbol{\alpha}_2, \cdots, \boldsymbol{\alpha}_r$，那么 U 中每个向量 $\boldsymbol{\alpha}$ 都可以由 $\boldsymbol{\alpha}_1, \boldsymbol{\alpha}_2, \cdots, \boldsymbol{\alpha}_r$ 线性表出，并且表出的方式是唯一的(理由是 §2 的命题 2). 设

$$\boldsymbol{\alpha} = a_1\boldsymbol{\alpha}_1 + a_2\boldsymbol{\alpha}_2 + \cdots + a_r\boldsymbol{\alpha}_r,$$

其中系数组成的有序数组 $[a_1, a_2, \cdots, a_r]^{\mathrm{T}}$ 称为 $\boldsymbol{\alpha}$ 在基 $\boldsymbol{\alpha}_1, \boldsymbol{\alpha}_2, \cdots, \boldsymbol{\alpha}_r$ 下的**坐标**.

观察

当数域 K 上的 n 元齐次线性方程组(1)有非零解时，它的解集为

$$W = \{k_1\boldsymbol{\eta}_1 + k_2\boldsymbol{\eta}_2 + \cdots + k_t\boldsymbol{\eta}_t \mid k_1, k_2, \cdots, k_t \in K\},$$

其中 $\boldsymbol{\eta}_1, \boldsymbol{\eta}_2, \cdots, \boldsymbol{\eta}_t$ 是方程组(1)的一个基础解系. 我们又知道解集 W 是 K^n 的一个子空间. 从这可以看出，$\boldsymbol{\eta}_1, \boldsymbol{\eta}_2, \cdots, \boldsymbol{\eta}_t$ 的所有线性组合组成的集合 W 是 K^n 的一个子空间. 对于 K^n 的任一向量组，是否也有类似的结论？

抽象

设 $\boldsymbol{\alpha}_1, \boldsymbol{\alpha}_2, \cdots, \boldsymbol{\alpha}_s$ 是 K^n 的任一向量组，令

$$U = \{k_1\boldsymbol{\alpha}_1 + k_2\boldsymbol{\alpha}_2 + \cdots + k_s\boldsymbol{\alpha}_s \mid k_1, k_2, \cdots, k_s \in K\}. \tag{5}$$

显然，$\mathbf{0} \in U$. 由于

$$(k_1\boldsymbol{\alpha}_1 + k_2\boldsymbol{\alpha}_2 + \cdots + k_s\boldsymbol{\alpha}_s) + (l_1\boldsymbol{\alpha}_1 + l_2\boldsymbol{\alpha}_2 + \cdots + l_s\boldsymbol{\alpha}_s)$$

$$= (k_1 + l_1)\boldsymbol{\alpha}_1 + (k_2 + l_2)\boldsymbol{\alpha}_2 + \cdots + (k_s + l_s)\boldsymbol{\alpha}_s,$$

$$c(k_1\boldsymbol{\alpha}_1 + k_2\boldsymbol{\alpha}_2 + \cdots + k_s\boldsymbol{\alpha}_s) = (ck_1)\boldsymbol{\alpha}_1 + (ck_2)\boldsymbol{\alpha}_2 + \cdots + (ck_s)\boldsymbol{\alpha}_s,$$

其中 $l_1, l_2, \cdots, l_s, c \in K$，因此 U 对于加法和数量乘法封闭，从而 U 是 K^n 的一个子空间. 我们把 U 称为**由 $\boldsymbol{\alpha}_1, \boldsymbol{\alpha}_2, \cdots, \boldsymbol{\alpha}_s$ 生成的子空间**，记作 $\langle \boldsymbol{\alpha}_1, \boldsymbol{\alpha}_2, \cdots, \boldsymbol{\alpha}_s \rangle$.

设数域 K 上 n 元齐次线性方程组(1)的一个基础解系是 $\boldsymbol{\eta}_1, \boldsymbol{\eta}_2, \cdots, \boldsymbol{\eta}_t$，则方程组(1)的解空间 W 是由 $\boldsymbol{\eta}_1, \boldsymbol{\eta}_2, \cdots, \boldsymbol{\eta}_t$ 生成的子空间，即

$$W = \langle \boldsymbol{\eta}_1, \boldsymbol{\eta}_2, \cdots, \boldsymbol{\eta}_t \rangle.$$

设 $U = \langle \boldsymbol{\alpha}_1, \boldsymbol{\alpha}_2, \cdots, \boldsymbol{\alpha}_s \rangle$，$\boldsymbol{\alpha}_{i_1}, \boldsymbol{\alpha}_{i_2}, \cdots, \boldsymbol{\alpha}_{i_r}$ 是向量组 $\boldsymbol{\alpha}_1, \boldsymbol{\alpha}_2, \cdots, \boldsymbol{\alpha}_s$ 的一个极大线性无关组. 由于 U 中任一向量 $\boldsymbol{\beta}$ 都可以由 $\boldsymbol{\alpha}_1, \boldsymbol{\alpha}_2, \cdots, \boldsymbol{\alpha}_s$ 线性表出，又 $\boldsymbol{\alpha}_1, \boldsymbol{\alpha}_2, \cdots, \boldsymbol{\alpha}_s$ 与它的极大线性无关组等价，因此 $\boldsymbol{\beta}$ 可以由 $\boldsymbol{\alpha}_{i_1}, \boldsymbol{\alpha}_{i_2}, \cdots, \boldsymbol{\alpha}_{i_r}$ 线性表出，从而 $\boldsymbol{\alpha}_{i_1}, \boldsymbol{\alpha}_{i_2}, \cdots, \boldsymbol{\alpha}_{i_r}$ 是 U 的一个基. 这证明了下述结论：

定理 2 K^n 中向量组 $\boldsymbol{\alpha}_1, \boldsymbol{\alpha}_2, \cdots, \boldsymbol{\alpha}_s$ 的一个极大线性无关组是子空间 $U = \langle \boldsymbol{\alpha}_1, \boldsymbol{\alpha}_2, \cdots, \boldsymbol{\alpha}_s \rangle$ 的一个基，从而

$$\operatorname{rank}\{\boldsymbol{\alpha}_1, \boldsymbol{\alpha}_2, \cdots, \boldsymbol{\alpha}_s\} = \dim\langle \boldsymbol{\alpha}_1, \boldsymbol{\alpha}_2, \cdots, \boldsymbol{\alpha}_s \rangle.$$ ▌

定理 2 告诉我们，向量组 $\boldsymbol{\alpha}_1, \boldsymbol{\alpha}_2, \cdots, \boldsymbol{\alpha}_s$ 的秩等于由它生成的子空间的维数.

由数域 K 上的 $s \times n$ 矩阵 $\boldsymbol{A}$ 的列向量组 $\boldsymbol{\alpha}_1, \boldsymbol{\alpha}_2, \cdots, \boldsymbol{\alpha}_n$ 生成的子空间称为 $\boldsymbol{A}$ 的**列空间**，而由 $\boldsymbol{A}$ 的行向量组 $\boldsymbol{\gamma}_1, \boldsymbol{\gamma}_2, \cdots, \boldsymbol{\gamma}_s$ 生成的子空间称为 $\boldsymbol{A}$ 的**行空间**. 根据定理 2，$\boldsymbol{A}$ 的列秩等于它的列空间的维数；$\boldsymbol{A}$ 的行秩等于它的行空间的维数. 由于 $\boldsymbol{A}$ 的列秩等于行秩，因此 $\boldsymbol{A}$ 的列空间的维数等于行空间的维数. 注意，$\boldsymbol{A}$ 的列空间是 K^s 的子空间，而 $\boldsymbol{A}$ 的行空间是 K^n 的子空间，它们的维数竟然一样！

习 题 3.8

1. 设 $r < n$，令

$$U = \{[a_1, a_2, \cdots, a_r, 0, \cdots, 0]^{\mathrm{T}} \mid a_i \in K, i = 1, 2, \cdots, r\},$$

说明 U 是 K^n 的一个子空间，并且求 U 的一个基和维数.

2. 证明：K^n 中的向量组

$$\boldsymbol{\alpha}_1 = \begin{bmatrix} 1 \\ 0 \\ 0 \\ \vdots \\ 0 \end{bmatrix}, \quad \boldsymbol{\alpha}_2 = \begin{bmatrix} 1 \\ 1 \\ 0 \\ \vdots \\ 0 \end{bmatrix}, \quad \cdots, \quad \boldsymbol{\alpha}_n = \begin{bmatrix} 1 \\ 1 \\ 1 \\ \vdots \\ 1 \end{bmatrix}$$

是 K^n 的一个基.

3. 在 K^4 中，求由下述向量组生成的子空间的一个基和维数：

$$\boldsymbol{\alpha}_1 = \begin{bmatrix} 1 \\ 1 \\ 4 \\ 2 \end{bmatrix}, \quad \boldsymbol{\alpha}_2 = \begin{bmatrix} -1 \\ -1 \\ -4 \\ -2 \end{bmatrix}, \quad \boldsymbol{\alpha}_3 = \begin{bmatrix} -3 \\ 2 \\ 3 \\ -11 \end{bmatrix}, \quad \boldsymbol{\alpha}_4 = \begin{bmatrix} 1 \\ -1 \\ -2 \\ 4 \end{bmatrix}.$$

4. 求下述矩阵的列空间的一个基和维数：

$$\boldsymbol{A} = \begin{bmatrix} 1 & 3 & -2 & -7 \\ 0 & -1 & -3 & 4 \\ 5 & 2 & 0 & 1 \\ 1 & 4 & 1 & -11 \end{bmatrix}.$$

第四章　矩阵的运算

观察

例 1　n 元线性方程组可以用它的增广矩阵来表示，要判断它有没有解，只要比较它的系数矩阵与增广矩阵的秩是否相等即可.

例 2　某公司的 3 个商场都销售电视机、电冰箱、洗衣机、音响 4 种家电. 2023 年 9 月的销售额可以用如下一个矩阵表示：

$$\begin{bmatrix} a_{11} & a_{12} & a_{13} & a_{14} \\ a_{21} & a_{22} & a_{23} & a_{24} \\ a_{31} & a_{32} & a_{33} & a_{34} \end{bmatrix}, \tag{1}$$

其中 $a_{i1}, a_{i2}, a_{i3}, a_{i4}$ 分别表示第 i 个商场在 2023 年 9 月销售电视机、电冰箱、洗衣机、音响所得的金额，$i=1,2,3$.

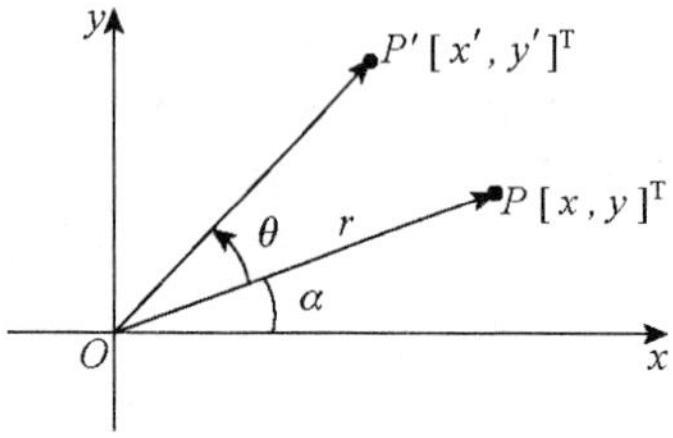

图　4-1

例 3　平面上取定一个直角坐标系 Oxy，所有以原点 O 为起点的向量组成的集合记作 V. 已知旋转 σ 是让 V 中每个向量 $\overrightarrow{OP}$ 绕原点 O 旋转角度 θ. 我们来求这个旋转的公式. 如图 4-1 所示，设 $\overrightarrow{OP}$ 的坐标为 $[x,y]^{\mathrm{T}}$，它在旋转 σ 下的像 $\overrightarrow{OP'}$ 的坐标为 $[x',y']^{\mathrm{T}}$；以 x 轴的正半轴为始边，以 $\overrightarrow{OP}$ 所在的射线为终边的角是 α，$|\overrightarrow{OP}|=r$. 从三角函数的定义得

$$x = r\cos\alpha, \qquad y = r\sin\alpha,$$
$$x' = r\cos(\alpha+\theta), \quad y' = r\sin(\alpha+\theta).$$

由此得出

$$\begin{cases} x' = x\cos\theta - y\sin\theta, \\ y' = x\sin\theta + y\cos\theta. \end{cases} \tag{2}$$

(2)式就是旋转 σ 的公式. 把公式(2)中的系数排成如下矩阵：

$$\begin{bmatrix} \cos\theta & -\sin\theta \\ \sin\theta & \cos\theta \end{bmatrix}. \tag{3}$$

矩阵(3)就表示了转角为 θ 的旋转.

例 4　设有 7 个水稻品种 $\mathrm{P}_i\ (i=1,2,\cdots,7)$，想通过种试验田来比较它们的优劣. 为了减少或避免土壤肥力不均匀对试验结果的影响，我们选择 7 块试验田(称为区组)，要求每个区组本身的土壤肥力是均匀的. 把每个区组均匀分成 3 小块，每一小块种一个品种的水稻.

为了使每两个品种都能在同一个区组里相遇，以便比较它们的优劣，我们采用下述安排(用 B_i 表示第 i 个区组，$i=1,2,\cdots,7$)：

B_1	B_2	B_3	B_4	B_5	B_6	B_7
P_1	P_2	P_3	P_4	P_5	P_6	P_7
P_2	P_3	P_4	P_5	P_6	P_7	P_1
P_4	P_5	P_6	P_7	P_1	P_2	P_3

我们可以构造一个矩阵 $\boldsymbol{M}$ 来表示上述试验方案：令

$$\boldsymbol{M}(i;j)=\begin{cases}1, & P_i\text{ 安排在 }B_j\text{ 里}, \\ 0, & \text{否则},\end{cases}\quad i,j=1,2,\cdots,7, \tag{4}$$

即

$$\boldsymbol{M}=\begin{bmatrix}1&0&0&0&1&0&1\\1&1&0&0&0&1&0\\0&1&1&0&0&0&1\\1&0&1&1&0&0&0\\0&1&0&1&1&0&0\\0&0&1&0&1&1&0\\0&0&0&1&0&1&1\end{bmatrix}. \tag{5}$$

矩阵 $\boldsymbol{M}$ 称为上述试验方案的**关联矩阵**. 从关联矩阵 $\boldsymbol{M}$ 不难看出，每两个品种恰好相遇在一个区组里.

思考

从上述例子看到，不同领域中的问题都可以用矩阵来表示. 进一步考虑如下问题：在例 2 中，如果该公司的 3 个商场在 2023 年 10 月销售 4 种家电所得的金额也用矩阵表示，那么 9 月、10 月这两个月销售额的和与表示销售额的两个矩阵有什么关系？在例 3 中，如果转角为 φ 的旋转 τ 也用矩阵表示，那么相继做旋转 σ 与旋转 τ，它们的总效果如何用 σ 的矩阵与 τ 的矩阵表示？在例 4 中，如何运用关联矩阵，使得能更直截了当地看出每两个品种恰好相遇在一个区组里，以及每个品种出现在多少个区组里？这些问题都要求对矩阵进行运算. 这一章我们就来讨论矩阵有哪些运算，这些运算满足哪些运算法则，有哪些性质.

§1　矩阵的加法、数量乘法和乘法运算

观察

在本章开头的例 2 中，设该公司的 3 个商场在 2023 年 9 月、10 月销售 4 种家电所得的

金额分别用矩阵 $\boldsymbol{A}=[a_{ij}]$，$\boldsymbol{B}=[b_{ij}]$表示，则这两个月的销售额的和可用下述矩阵 $\boldsymbol{C}$ 表示：

$$\boldsymbol{C}=\begin{bmatrix} a_{11}+b_{11} & a_{12}+b_{12} & a_{13}+b_{13} & a_{14}+b_{14} \\ a_{21}+b_{21} & a_{22}+b_{22} & a_{23}+b_{23} & a_{24}+b_{24} \\ a_{31}+b_{31} & a_{32}+b_{32} & a_{33}+b_{33} & a_{34}+b_{34} \end{bmatrix}. \tag{1}$$

从问题的实际意义很自然地把矩阵 $\boldsymbol{C}$ 称为矩阵 $\boldsymbol{A}$ 与 $\boldsymbol{B}$ 的和，记作

$$\boldsymbol{C}=\boldsymbol{A}+\boldsymbol{B}.$$

如果该公司的 3 个商场 2023 年 11 月关于 4 种家电的销售额比 9 月的销售额同步增长了 10%（每个商场在 11 月销售每种家电所得的金额都比在 9 月销售同种家电所得的金额增长了 10%），则 11 月的销售额可用下述矩阵 $\boldsymbol{M}$ 表示：

$$\boldsymbol{M}=\begin{bmatrix} 1.1a_{11} & 1.1a_{12} & 1.1a_{13} & 1.1a_{14} \\ 1.1a_{21} & 1.1a_{22} & 1.1a_{23} & 1.1a_{24} \\ 1.1a_{31} & 1.1a_{32} & 1.1a_{33} & 1.1a_{34} \end{bmatrix}. \tag{2}$$

由问题的实际意义，很自然地把矩阵 $\boldsymbol{M}$ 称为 1.1 与矩阵 $\boldsymbol{A}$ 的数量乘积，记作

$$\boldsymbol{M}=1.1\boldsymbol{A}.$$

抽象

定义 1 设 $\boldsymbol{A}=[a_{ij}]$，$\boldsymbol{B}=[b_{ij}]$都是数域 K 上的 $s\times n$ 矩阵，令

$$\boldsymbol{C}=[a_{ij}+b_{ij}]_{s\times n}, \tag{3}$$

则称矩阵 $\boldsymbol{C}$ 是矩阵 $\boldsymbol{A}$ 与 $\boldsymbol{B}$ 的**和**，记作

$$\boldsymbol{C}=\boldsymbol{A}+\boldsymbol{B}; \tag{4}$$

设 $k\in K$，令

$$\boldsymbol{M}=[ka_{ij}]_{s\times n}, \tag{5}$$

则称矩阵 $\boldsymbol{M}$ 是 k 与矩阵 $\boldsymbol{A}$ 的**数量乘积**，记作

$$\boldsymbol{M}=k\boldsymbol{A}. \tag{6}$$

这种运算称为矩阵的**数量乘法**.

容易直接验证，矩阵的加法与数量乘法满足下述 8 条运算法则：对于数域 K 上的任意 $s\times n$ 矩阵 $\boldsymbol{A}$，$\boldsymbol{B}$，$\boldsymbol{C}$，以及任意 $k,l\in K$，有

(1) $\boldsymbol{A}+\boldsymbol{B}=\boldsymbol{B}+\boldsymbol{A}$（**加法交换律**）；

(2) $(\boldsymbol{A}+\boldsymbol{B})+\boldsymbol{C}=\boldsymbol{A}+(\boldsymbol{B}+\boldsymbol{C})$（**加法结合律**）；

(3) 零矩阵 $\boldsymbol{0}$ 满足 $\boldsymbol{A}+\boldsymbol{0}=\boldsymbol{0}+\boldsymbol{A}=\boldsymbol{A}$；

(4) 设 $\boldsymbol{A}=[a_{ij}]$，矩阵$[-a_{ij}]$称为 $\boldsymbol{A}$ 的**负矩阵**，记作$-\boldsymbol{A}$，它满足

$$\boldsymbol{A}+(-\boldsymbol{A})=(-\boldsymbol{A})+\boldsymbol{A}=\boldsymbol{0};$$

(5) $1\boldsymbol{A}=\boldsymbol{A}$；

(6) $(kl)\boldsymbol{A}=k(l\boldsymbol{A})$；

(7) $(k+l)\boldsymbol{A}=k\boldsymbol{A}+l\boldsymbol{A}$；

(8) $k(\boldsymbol{A}+\boldsymbol{B})=k\boldsymbol{A}+k\boldsymbol{B}$.

利用负矩阵的概念,可以定义矩阵的**减法**运算如下:

$$\boldsymbol{A}-\boldsymbol{B}=\boldsymbol{A}+(-\boldsymbol{B}). \tag{7}$$

观察

在本章开头的例 3 中,平面上绕原点 O 转角为 θ 的旋转 σ 可以用矩阵

$$\boldsymbol{A}=\begin{bmatrix}\cos\theta & -\sin\theta \\ \sin\theta & \cos\theta\end{bmatrix} \tag{8}$$

来表示. 同理,绕原点 O 转角为 φ 的旋转 τ 可以用矩阵

$$\boldsymbol{B}=\begin{bmatrix}\cos\varphi & -\sin\varphi \\ \sin\varphi & \cos\varphi\end{bmatrix} \tag{9}$$

来表示.

现在相继做旋转 τ 与 σ,其总的效果是做了转角为 $\theta+\varphi$ 的旋转 ψ. 与上同理,ψ 可以用矩阵

$$\boldsymbol{C}=\begin{bmatrix}\cos(\theta+\varphi) & -\sin(\theta+\varphi) \\ \sin(\theta+\varphi) & \cos(\theta+\varphi)\end{bmatrix} \tag{10}$$

来表示. 我们把相继做旋转 τ 与 σ 所得的旋转 ψ 称为 σ 与 τ 的乘积,记作 $\psi=\sigma\tau$. 于是,我们很自然地把矩阵 $\boldsymbol{C}$ 称为矩阵 $\boldsymbol{A}$ 与 $\boldsymbol{B}$ 的乘积,记作 $\boldsymbol{C}=\boldsymbol{AB}$. 现在我们来仔细看一看矩阵 $\boldsymbol{C}$ 的元素与矩阵 $\boldsymbol{A}$,$\boldsymbol{B}$ 的元素之间有什么关系. 利用两角和的余弦、正弦公式得

$$\boldsymbol{C}=\begin{bmatrix}\cos\theta\cos\varphi-\sin\theta\sin\varphi & -\sin\theta\cos\varphi-\cos\theta\sin\varphi \\ \sin\theta\cos\varphi+\cos\theta\sin\varphi & \cos\theta\cos\varphi-\sin\theta\sin\varphi\end{bmatrix}. \tag{11}$$

由(11)式、(8)式和(9)式可以看出

$$\begin{aligned}\boldsymbol{C}(1;1)&=\boldsymbol{A}(1;1)\boldsymbol{B}(1;1)+\boldsymbol{A}(1;2)\boldsymbol{B}(2;1),\\ \boldsymbol{C}(1;2)&=\boldsymbol{A}(1;1)\boldsymbol{B}(1;2)+\boldsymbol{A}(1;2)\boldsymbol{B}(2;2),\\ \boldsymbol{C}(2;1)&=\boldsymbol{A}(2;1)\boldsymbol{B}(1;1)+\boldsymbol{A}(2;2)\boldsymbol{B}(2;1),\\ \boldsymbol{C}(2;2)&=\boldsymbol{A}(2;1)\boldsymbol{B}(1;2)+\boldsymbol{A}(2;2)\boldsymbol{B}(2;2),\end{aligned} \tag{12}$$

即 $\boldsymbol{C}$ 的(1,1)元等于 $\boldsymbol{A}$ 的第 1 行元素与 $\boldsymbol{B}$ 的第 1 列对应元素的乘积之和,$\boldsymbol{C}$ 的(1,2)元是 $\boldsymbol{A}$ 的第 1 行元素与 $\boldsymbol{B}$ 的第 2 列对应元素的乘积之和,等等.

例如,当 $\theta=\frac{\pi}{6}$ 时,

$$\boldsymbol{A}=\begin{bmatrix}\frac{\sqrt{3}}{2} & -\frac{1}{2} \\ \frac{1}{2} & \frac{\sqrt{3}}{2}\end{bmatrix},$$

于是

$$C=AB=\begin{bmatrix}\frac{\sqrt{3}}{2} & -\frac{1}{2}\\ \frac{1}{2} & \frac{\sqrt{3}}{2}\end{bmatrix}\begin{bmatrix}\cos\varphi & -\sin\varphi\\ \sin\varphi & \cos\varphi\end{bmatrix}$$

$$=\begin{bmatrix}\frac{\sqrt{3}}{2}\cos\varphi-\frac{1}{2}\sin\varphi & -\frac{\sqrt{3}}{2}\sin\varphi-\frac{1}{2}\cos\varphi\\ \frac{1}{2}\cos\varphi+\frac{\sqrt{3}}{2}\sin\varphi & -\frac{1}{2}\sin\varphi+\frac{\sqrt{3}}{2}\cos\varphi\end{bmatrix}.$$

从这个关于旋转的例子受到启发，我们给出矩阵乘法的定义.

抽象

定义 2　设矩阵 $\boldsymbol{A}=[a_{ij}]_{s\times n}$，$\boldsymbol{B}=[b_{ij}]_{n\times m}$，令矩阵

$$\boldsymbol{C}=[c_{ij}]_{s\times m},$$

其中

$$c_{ij}=a_{i1}b_{1j}+a_{i2}b_{2j}+\cdots+a_{in}b_{nj}=\sum_{k=1}^{n}a_{ik}b_{kj}\quad(i=1,2,\cdots,s;\ j=1,2,\cdots,m),\tag{13}$$

则称矩阵 $\boldsymbol{C}$ 为矩阵 $\boldsymbol{A}$ 与 $\boldsymbol{B}$ 的**乘积**，记作 $\boldsymbol{C}=\boldsymbol{AB}$.

从定义 2 看出，矩阵的乘法有以下几个要点：

(1) 只有左矩阵的列数与右矩阵的行数相同的两个矩阵才能相乘；

(2) 乘积矩阵 $\boldsymbol{AB}$ 的 (i,j) 元等于左矩阵 $\boldsymbol{A}$ 的第 i 行元素与右矩阵 $\boldsymbol{B}$ 的第 j 列对应元素的乘积之和，即

$$(\boldsymbol{AB})(i;j)=\sum_{k=1}^{n}\boldsymbol{A}(i;k)\boldsymbol{B}(k;j);\tag{14}$$

(3) 乘积矩阵 $\boldsymbol{AB}$ 的行数等于左矩阵 $\boldsymbol{A}$ 的行数，列数等于右矩阵 $\boldsymbol{B}$ 的列数.

示范

例 1　设矩阵

$$\boldsymbol{A}=\begin{bmatrix}1 & -2\\ 0 & 3\\ -1 & 2\end{bmatrix},\quad \boldsymbol{B}=\begin{bmatrix}4 & 5\\ 6 & 7\end{bmatrix},$$

求 $\boldsymbol{AB}$.

解

$$\boldsymbol{AB}=\begin{bmatrix}1 & -2\\ 0 & 3\\ -1 & 2\end{bmatrix}\begin{bmatrix}4 & 5\\ 6 & 7\end{bmatrix}=\begin{bmatrix}1\times4+(-2)\times6 & 1\times5+(-2)\times7\\ 0\times4+3\times6 & 0\times5+3\times7\\ (-1)\times4+2\times6 & (-1)\times5+2\times7\end{bmatrix}=\begin{bmatrix}-8 & -9\\ 18 & 21\\ 8 & 9\end{bmatrix}.$$

例 2 已知矩阵 $\boldsymbol{A},\boldsymbol{B}$ 如同例 1 所给,设

$$\boldsymbol{C}=\begin{bmatrix}0 & 1\\ -1 & 0\end{bmatrix},$$

求 $\boldsymbol{BC},\boldsymbol{A}(\boldsymbol{BC}),(\boldsymbol{AB})\boldsymbol{C}$.

解

$$\boldsymbol{BC}=\begin{bmatrix}4 & 5\\ 6 & 7\end{bmatrix}\begin{bmatrix}0 & 1\\ -1 & 0\end{bmatrix}=\begin{bmatrix}-5 & 4\\ -7 & 6\end{bmatrix},$$

$$\boldsymbol{A}(\boldsymbol{BC})=\begin{bmatrix}1 & -2\\ 0 & 3\\ -1 & 2\end{bmatrix}\begin{bmatrix}-5 & 4\\ -7 & 6\end{bmatrix}=\begin{bmatrix}9 & -8\\ -21 & 18\\ -9 & 8\end{bmatrix},$$

$$(\boldsymbol{AB})\boldsymbol{C}=\begin{bmatrix}-8 & -9\\ 18 & 21\\ 8 & 9\end{bmatrix}\begin{bmatrix}0 & 1\\ -1 & 0\end{bmatrix}=\begin{bmatrix}9 & -8\\ -21 & 18\\ -9 & 8\end{bmatrix}.$$

评注

从例 2 看出,$\boldsymbol{A}(\boldsymbol{BC})=(\boldsymbol{AB})\boldsymbol{C}$. 这对于一般情形也是正确的,即矩阵的乘法满足如下运算法则:

[1] 矩阵的乘法满足**结合律**:设矩阵 $\boldsymbol{A}=[a_{ij}]_{s\times n},\boldsymbol{B}=[b_{ij}]_{n\times m},\boldsymbol{C}=[c_{ij}]_{m\times r}$,则

$$(\boldsymbol{AB})\boldsymbol{C}=\boldsymbol{A}(\boldsymbol{BC}). \tag{15}$$

证明 根据矩阵乘法的第 3 个要点,$(\boldsymbol{AB})\boldsymbol{C}$ 与 $\boldsymbol{A}(\boldsymbol{BC})$ 都是 $s\times r$ 矩阵. 由于

$$\begin{aligned}[(\boldsymbol{AB})\boldsymbol{C}](i;j)&=\sum_{l=1}^{m}[(\boldsymbol{AB})(i;l)]c_{lj}=\sum_{l=1}^{m}\left(\sum_{k=1}^{n}a_{ik}b_{kl}\right)c_{lj}\\&=\sum_{l=1}^{m}\left(\sum_{k=1}^{n}a_{ik}b_{kl}c_{lj}\right),\\ [\boldsymbol{A}(\boldsymbol{BC})](i;j)&=\sum_{k=1}^{n}a_{ik}[(\boldsymbol{BC})(k;j)]=\sum_{k=1}^{n}a_{ik}\left(\sum_{l=1}^{m}b_{kl}c_{lj}\right)\\&=\sum_{k=1}^{n}\left(\sum_{l=1}^{m}a_{ik}b_{kl}c_{lj}\right)=\sum_{l=1}^{m}\left(\sum_{k=1}^{n}a_{ik}b_{kl}c_{lj}\right),\end{aligned}$$

因此

$$[(\boldsymbol{AB})\boldsymbol{C}](i;j)=[\boldsymbol{A}(\boldsymbol{BC})](i;j)\quad(i=1,2,\cdots,s;j=1,2,\cdots,r),$$

从而

$$(\boldsymbol{AB})\boldsymbol{C}=\boldsymbol{A}(\boldsymbol{BC}).$$ ▌

在例 1 中,$\boldsymbol{A}$ 与 $\boldsymbol{B}$ 可以做乘法,但是 $\boldsymbol{B}$ 与 $\boldsymbol{A}$ 不能做乘法. 这说明,矩阵的乘法不满足交换律. 其实,对于两个矩阵 $\boldsymbol{A},\boldsymbol{B}$,即使 $\boldsymbol{A}$ 与 $\boldsymbol{B}$ 可以做乘法,$\boldsymbol{B}$ 与 $\boldsymbol{A}$ 也可以做乘法,也有可能 $\boldsymbol{AB}\neq\boldsymbol{BA}$. 这可以从下面两个例子看出.

例 3　设矩阵

$$\boldsymbol{A}=[1,1,1],\quad \boldsymbol{B}=\begin{bmatrix}1\\1\\1\end{bmatrix},$$

求 $\boldsymbol{AB}$ 与 $\boldsymbol{BA}$.

解

$$\boldsymbol{AB}=[1,1,1]\begin{bmatrix}1\\1\\1\end{bmatrix}=[3],\quad \boldsymbol{BA}=\begin{bmatrix}1\\1\\1\end{bmatrix}[1,1,1]=\begin{bmatrix}1&1&1\\1&1&1\\1&1&1\end{bmatrix}.$$

如果运算的最后结果得到一个 1 阶矩阵,那么我们可以把它写成一个数. 在例 3 中,可以写 $\boldsymbol{AB}=3$.

一个行向量$[a_1,a_2,\cdots,a_n]$可以看成一个 $1\times n$ 矩阵,而一个列向量

$$\begin{bmatrix}a_1\\a_2\\\vdots\\a_n\end{bmatrix}$$

可以看成一个 $n\times 1$ 矩阵.

例 4　设矩阵

$$\boldsymbol{A}=\begin{bmatrix}0&1\\0&0\end{bmatrix},\quad \boldsymbol{B}=\begin{bmatrix}0&0\\0&1\end{bmatrix},$$

求 $\boldsymbol{AB}$ 与 $\boldsymbol{BA}$.

解

$$\boldsymbol{AB}=\begin{bmatrix}0&1\\0&0\end{bmatrix}\begin{bmatrix}0&0\\0&1\end{bmatrix}=\begin{bmatrix}0&1\\0&0\end{bmatrix},\quad \boldsymbol{BA}=\begin{bmatrix}0&0\\0&1\end{bmatrix}\begin{bmatrix}0&1\\0&0\end{bmatrix}=\begin{bmatrix}0&0\\0&0\end{bmatrix}.$$

从例 4 可以看到一个奇怪的现象: $\boldsymbol{B}\neq\boldsymbol{0}$, $\boldsymbol{A}\neq\boldsymbol{0}$,但是 $\boldsymbol{BA}=\boldsymbol{0}$. 这一点希望读者要特别注意. 也就是说,从 $\boldsymbol{BA}=\boldsymbol{0}$ 不能推出 $\boldsymbol{B}=\boldsymbol{0}$ 或 $\boldsymbol{A}=\boldsymbol{0}$.

[2] 矩阵的乘法满足**左分配律**:

$$\boldsymbol{A}(\boldsymbol{B}+\boldsymbol{C})=\boldsymbol{AB}+\boldsymbol{AC};\tag{16}$$

也满足**右分配律**:

$$(\boldsymbol{B}+\boldsymbol{C})\boldsymbol{D}=\boldsymbol{BD}+\boldsymbol{CD}.\tag{17}$$

证明方法类似于结合律的证明.

例 5　设矩阵

$$\boldsymbol{A}=\begin{bmatrix}1&2\\3&4\end{bmatrix},\quad \boldsymbol{B}=\begin{bmatrix}0&3\\2&5\end{bmatrix},\quad \boldsymbol{C}=\begin{bmatrix}1&1\\1&1\end{bmatrix},$$

求 $\boldsymbol{AC}$ 与 $\boldsymbol{BC}$.

解

$$AC=\begin{bmatrix}1&2\\3&4\end{bmatrix}\begin{bmatrix}1&1\\1&1\end{bmatrix}=\begin{bmatrix}3&3\\7&7\end{bmatrix},\quad BC=\begin{bmatrix}0&3\\2&5\end{bmatrix}\begin{bmatrix}1&1\\1&1\end{bmatrix}=\begin{bmatrix}3&3\\7&7\end{bmatrix}.$$

从例 5 看到,$\boldsymbol{AC}=\boldsymbol{BC}$,但是 $\boldsymbol{A}\neq\boldsymbol{B}$. 这说明,矩阵的乘法不满足消去律,即从 $\boldsymbol{AC}=\boldsymbol{BC}$ 且 $\boldsymbol{C}\neq\boldsymbol{0}$,不能推出 $\boldsymbol{A}=\boldsymbol{B}$.

[3] 主对角线上元素(简称**主对角元**)都是 1,其余元素都是 0 的 n 阶矩阵称为 n 阶**单位矩阵**,记作 $\boldsymbol{I}_n$,简记作 $\boldsymbol{I}$. 容易直接计算得

$$\boldsymbol{I}_s\boldsymbol{A}_{s\times n}=\boldsymbol{A}_{s\times n},\quad \boldsymbol{A}_{s\times n}\boldsymbol{I}_n=\boldsymbol{A}_{s\times n}. \tag{18}$$

特别地,如果 $\boldsymbol{A}$ 是 n 阶矩阵,那么

$$\boldsymbol{IA}=\boldsymbol{AI}=\boldsymbol{A}. \tag{19}$$

[4] 矩阵的乘法与数量乘法满足下述关系式:

$$k(\boldsymbol{AB})=(k\boldsymbol{A})\boldsymbol{B}=\boldsymbol{A}(k\boldsymbol{B}), \tag{20}$$

其中 k 为常数.

证明 设 $\boldsymbol{A}=[a_{ij}]_{s\times n}$,$\boldsymbol{B}=[b_{ij}]_{n\times m}$. 显然,$k(\boldsymbol{AB})$,$(k\boldsymbol{A})\boldsymbol{B}$,$\boldsymbol{A}(k\boldsymbol{B})$都是 $s\times m$ 矩阵. 由于

$$[k(\boldsymbol{AB})](i;j)=k[(\boldsymbol{AB})(i;j)]=k\left(\sum_{l=1}^{n}a_{il}b_{lj}\right)=\sum_{l=1}^{n}ka_{il}b_{lj},$$

$$[(k\boldsymbol{A})\boldsymbol{B}](i;j)=\sum_{l=1}^{n}(k\boldsymbol{A})(i;l)b_{lj}=\sum_{l=1}^{n}ka_{il}b_{lj},$$

$$[\boldsymbol{A}(k\boldsymbol{B})](i;j)=\sum_{l=1}^{n}a_{il}[(k\boldsymbol{B})(l;j)]=\sum_{l=1}^{n}a_{il}kb_{lj},$$

因此

$$[k(\boldsymbol{AB})](i;j)=[(k\boldsymbol{A})\boldsymbol{B}](i;j)=[\boldsymbol{A}(k\boldsymbol{B})](i;j)\quad(i=1,2,\cdots,s;j=1,2,\cdots,m),$$

从而

$$k(\boldsymbol{AB})=(k\boldsymbol{A})\boldsymbol{B}=\boldsymbol{A}(k\boldsymbol{B}).$$ ▌

主对角元是同一个常数 k,其余元素全为 0 的 n 阶矩阵称为 n 阶**数量矩阵**,记作 $k\boldsymbol{I}$. 容易看出

$$k\boldsymbol{I}+l\boldsymbol{I}=(k+l)\boldsymbol{I}, \tag{21}$$

$$k(l\boldsymbol{I})=(kl)\boldsymbol{I}, \tag{22}$$

$$(k\boldsymbol{I})(l\boldsymbol{I})=(kl)\boldsymbol{I}, \tag{23}$$

其中 k,l 为常数. 上述三个式子表明,n 阶数量矩阵组成的集合对于矩阵的加法、数量乘法与乘法三种运算都封闭.

利用(20)式和(19)式,得

$$(k\boldsymbol{I})\boldsymbol{A}=k\boldsymbol{A},\quad \boldsymbol{A}(k\boldsymbol{I})=k\boldsymbol{A}. \tag{24}$$

(24)式表明,数量矩阵 $k\boldsymbol{I}$ 乘以 $\boldsymbol{A}$ 等于 k 乘以 $\boldsymbol{A}$.

前面已指出,矩阵的乘法不满足交换律. 但是,对于具体的两个矩阵 $\boldsymbol{A}$ 与 $\boldsymbol{B}$,也有可能

$AB=BA$. 如果 $AB=BA$,那么称矩阵 A 与 B **可交换**. 从(24)式得出,如果 A 是 n 阶矩阵,那么

$$(kI)A = A(kI), \tag{25}$$

即数量矩阵与任一同阶矩阵可交换,这里 k 为常数.

设 A 是一个 n 阶矩阵,因为矩阵的乘法满足结合律,所以 $\underbrace{A \cdot A \cdot \cdots \cdot A}_{m个}$ 表示唯一的矩阵,把它记作 A^m,即我们规定

$$A^m = \underbrace{A \cdot A \cdot \cdots \cdot A}_{m个}. \tag{26}$$

我们还规定

$$A^0 = I. \tag{27}$$

由上述定义知,n 阶矩阵的方幂满足下列规则:

$$A^k A^l = A^{k+l}, \tag{28}$$

$$(A^k)^l = A^{kl}, \tag{29}$$

其中 k,l 是自然数.

注意 由于矩阵的乘法不满足交换律,因此一般来说,$(AB)^k \neq A^k B^k$(k 为自然数). 但是,如果 A 与 B 可交换,那么 $(AB)^k = A^k B^k$.

根据矩阵乘法的定义,我们可以把线性方程组

$$\begin{cases} a_{11}x_1 + a_{12}x_2 + \cdots + a_{1n}x_n = b_1, \\ a_{21}x_1 + a_{22}x_2 + \cdots + a_{2n}x_n = b_2, \\ \cdots\cdots \\ a_{s1}x_1 + a_{s2}x_2 + \cdots + a_{sn}x_n = b_s \end{cases} \tag{30}$$

写成

$$\begin{bmatrix} a_{11} & a_{12} & \cdots & a_{1n} \\ a_{21} & a_{22} & \cdots & a_{2n} \\ \vdots & \vdots & & \vdots \\ a_{s1} & a_{s2} & \cdots & a_{sn} \end{bmatrix} \begin{bmatrix} x_1 \\ x_2 \\ \vdots \\ x_n \end{bmatrix} = \begin{bmatrix} b_1 \\ b_2 \\ \vdots \\ b_s \end{bmatrix}. \tag{31}$$

用 A 表示方程组(30)的系数矩阵,用 x 表示未知量 $x_1,x_2,\cdots,x_n$ 组成的列向量,用 β 表示常数项列向量,则(31)式可以写成

$$Ax = \beta. \tag{32}$$

这表明,线性方程组有非常简洁的形式,形如式(32). 特别地,齐次线性方程组有非常简洁的形式:

$$Ax = 0, \tag{33}$$

它也就是方程组(30)的导出组. 于是,列向量 η 是齐次线性方程组 $Ax=0$ 的解当且仅当 $A\eta=0$. 这个结论今后经常用到.

在第三章的§1中我们曾指出，线性方程组(30)可以写成

$$x_1\boldsymbol{\alpha}_1+x_2\boldsymbol{\alpha}_2+\cdots+x_n\boldsymbol{\alpha}_n=\boldsymbol{\beta}, \tag{34}$$

其中 $\boldsymbol{\alpha}_1,\boldsymbol{\alpha}_2,\cdots,\boldsymbol{\alpha}_n$ 是系数矩阵 $\boldsymbol{A}$ 的列向量组. 这里，我们把 $\boldsymbol{A}$ 记成

$$\boldsymbol{A}=[\boldsymbol{\alpha}_1,\boldsymbol{\alpha}_2,\cdots,\boldsymbol{\alpha}_n], \tag{35}$$

则由(32)式和(34)式得

$$\boldsymbol{A}\boldsymbol{x}=x_1\boldsymbol{\alpha}_1+x_2\boldsymbol{\alpha}_2+\cdots+x_n\boldsymbol{\alpha}_n. \tag{36}$$

把(35)式代入(36)式中，得

$$[\boldsymbol{\alpha}_1,\boldsymbol{\alpha}_2,\cdots,\boldsymbol{\alpha}_n]\begin{bmatrix}x_1\\x_2\\\vdots\\x_n\end{bmatrix}=x_1\boldsymbol{\alpha}_1+x_2\boldsymbol{\alpha}_2+\cdots+x_n\boldsymbol{\alpha}_n. \tag{37}$$

(37)式表明，虽然$[\boldsymbol{\alpha}_1,\boldsymbol{\alpha}_2,\cdots,\boldsymbol{\alpha}_n]$中的每个 $\boldsymbol{\alpha}_i$ 不是一个数，但是我们仍然可以像矩阵乘法的定义那样把$[\boldsymbol{\alpha}_1,\boldsymbol{\alpha}_2,\cdots,\boldsymbol{\alpha}_n]$与列向量 $\boldsymbol{x}$ 相乘.

一般地，设 $s\times n$ 矩阵 $\boldsymbol{A}=[a_{ij}]$的列向量组为 $\boldsymbol{\alpha}_1,\boldsymbol{\alpha}_2,\cdots,\boldsymbol{\alpha}_n$，又设 $n\times m$ 矩阵 $\boldsymbol{B}=[b_{ij}]$，则 $\boldsymbol{AB}$ 的第 j 列为

$$\begin{bmatrix}a_{11}b_{1j}+a_{12}b_{2j}+\cdots+a_{1n}b_{nj}\\a_{21}b_{1j}+a_{22}b_{2j}+\cdots+a_{2n}b_{nj}\\\vdots\\a_{s1}b_{1j}+a_{s2}b_{2j}+\cdots+a_{sn}b_{nj}\end{bmatrix}=b_{1j}\boldsymbol{\alpha}_1+b_{2j}\boldsymbol{\alpha}_2+\cdots+b_{nj}\boldsymbol{\alpha}_n,$$

从而有下式成立：

$$\begin{aligned}\boldsymbol{AB}&=[\boldsymbol{\alpha}_1,\boldsymbol{\alpha}_2,\cdots,\boldsymbol{\alpha}_n]\begin{bmatrix}b_{11}&b_{12}&\cdots&b_{1m}\\b_{21}&b_{22}&\cdots&b_{2m}\\\vdots&\vdots&&\vdots\\b_{n1}&b_{n2}&\cdots&b_{nm}\end{bmatrix}\\&=[b_{11}\boldsymbol{\alpha}_1+b_{21}\boldsymbol{\alpha}_2+\cdots+b_{n1}\boldsymbol{\alpha}_n,\cdots,b_{1m}\boldsymbol{\alpha}_1+b_{2m}\boldsymbol{\alpha}_2+\cdots+b_{nm}\boldsymbol{\alpha}_n].\end{aligned} \tag{38}$$

(38)式表明，做矩阵乘法时，可以把左矩阵列向量组中的向量分别与右矩阵各列对应元素的乘积之和作为乘积矩阵的各列.

类似地，设矩阵 $\boldsymbol{B}$ 的行向量组为 $\boldsymbol{\gamma}_1,\boldsymbol{\gamma}_2,\cdots,\boldsymbol{\gamma}_n$，则

$$\boldsymbol{AB}=\begin{bmatrix}a_{11}&a_{12}&\cdots&a_{1n}\\a_{21}&a_{22}&\cdots&a_{2n}\\\vdots&\vdots&&\vdots\\a_{s1}&a_{s2}&\cdots&a_{sn}\end{bmatrix}\begin{bmatrix}\boldsymbol{\gamma}_1\\\boldsymbol{\gamma}_2\\\vdots\\\boldsymbol{\gamma}_n\end{bmatrix}=\begin{bmatrix}a_{11}\boldsymbol{\gamma}_1+a_{12}\boldsymbol{\gamma}_2+\cdots+a_{1n}\boldsymbol{\gamma}_n\\a_{21}\boldsymbol{\gamma}_1+a_{22}\boldsymbol{\gamma}_2+\cdots+a_{2n}\boldsymbol{\gamma}_n\\\vdots\\a_{s1}\boldsymbol{\gamma}_1+a_{s2}\boldsymbol{\gamma}_2+\cdots+a_{sn}\boldsymbol{\gamma}_n\end{bmatrix}. \tag{39}$$

(39)式表明，做矩阵乘法时，可以把左矩阵各行元素分别与右矩阵行向量组中对应向量的乘积之和作为乘积矩阵的各行.

观察

在例 1 中,我们计算了 $\boldsymbol{AB}$. 现在来计算 $(\boldsymbol{AB})^{\mathrm{T}}$ 及 $\boldsymbol{B}^{\mathrm{T}}\boldsymbol{A}^{\mathrm{T}}$:

$$(\boldsymbol{AB})^{\mathrm{T}} = \begin{bmatrix} -8 & 18 & 8 \\ -9 & 21 & 9 \end{bmatrix},$$

$$\boldsymbol{B}^{\mathrm{T}}\boldsymbol{A}^{\mathrm{T}} = \begin{bmatrix} 4 & 6 \\ 5 & 7 \end{bmatrix}\begin{bmatrix} 1 & 0 & -1 \\ -2 & 3 & 2 \end{bmatrix} = \begin{bmatrix} -8 & 18 & 8 \\ -9 & 21 & 9 \end{bmatrix}.$$

由此看出

$$(\boldsymbol{AB})^{\mathrm{T}} = \boldsymbol{B}^{\mathrm{T}}\boldsymbol{A}^{\mathrm{T}}.$$

抽象

矩阵的加法、数量乘法、乘法三种运算与矩阵的转置的关系如下:

(1) $(\boldsymbol{A}+\boldsymbol{B})^{\mathrm{T}} = \boldsymbol{A}^{\mathrm{T}}+\boldsymbol{B}^{\mathrm{T}}$;

(2) $(k\boldsymbol{A})^{\mathrm{T}} = k\boldsymbol{A}^{\mathrm{T}}$($k$ 为常数);

(3) $(\boldsymbol{AB})^{\mathrm{T}} = \boldsymbol{B}^{\mathrm{T}}\boldsymbol{A}^{\mathrm{T}}$.

证明　(1)与(2)的证明很容易,留给读者. 现在证明(3). 设矩阵 $\boldsymbol{A}=[a_{ij}]_{s\times n}$, $\boldsymbol{B}=[b_{ij}]_{n\times m}$, 则 $(\boldsymbol{AB})^{\mathrm{T}}$ 与 $\boldsymbol{B}^{\mathrm{T}}\boldsymbol{A}^{\mathrm{T}}$ 都是 $m\times s$ 矩阵. 由于

$$(\boldsymbol{AB})^{\mathrm{T}}(i;j) = (\boldsymbol{AB})(j;i) = \sum_{k=1}^{n} a_{jk}b_{ki},$$

$$(\boldsymbol{B}^{\mathrm{T}}\boldsymbol{A}^{\mathrm{T}})(i;j) = \sum_{k=1}^{n} \boldsymbol{B}^{\mathrm{T}}(i;k)\boldsymbol{A}^{\mathrm{T}}(k;j) = \sum_{k=1}^{n} b_{ki}a_{jk},$$

因此

$$(\boldsymbol{AB})^{\mathrm{T}}(i;j) = (\boldsymbol{B}^{\mathrm{T}}\boldsymbol{A}^{\mathrm{T}})(i;j) \quad (i=1,2,\cdots,m;\ j=1,2,\cdots,s),$$

从而

$$(\boldsymbol{AB})^{\mathrm{T}} = \boldsymbol{B}^{\mathrm{T}}\boldsymbol{A}^{\mathrm{T}}.$$ ▌

习　题　4.1

1. 设矩阵

$$\boldsymbol{A} = \begin{bmatrix} \lambda & 0 & 0 \\ 0 & \lambda & 0 \\ 0 & 0 & \lambda \end{bmatrix},\quad \boldsymbol{B} = \begin{bmatrix} 0 & 1 & 0 \\ 0 & 0 & 1 \\ 0 & 0 & 0 \end{bmatrix},$$

求 $\boldsymbol{A}+\boldsymbol{B}$.

2. 设矩阵

$$\boldsymbol{I} = \begin{bmatrix} 1 & 0 & 0 & 0 \\ 0 & 1 & 0 & 0 \\ 0 & 0 & 1 & 0 \\ 0 & 0 & 0 & 1 \end{bmatrix},\quad \boldsymbol{J} = \begin{bmatrix} 1 & 1 & 1 & 1 \\ 1 & 1 & 1 & 1 \\ 1 & 1 & 1 & 1 \\ 1 & 1 & 1 & 1 \end{bmatrix},$$

求$(r-\lambda)\boldsymbol{I}+\lambda\boldsymbol{J}$，其中$r,\lambda$为常数.

3. 设$\boldsymbol{I}$是n阶单位矩阵，$\boldsymbol{J}$是元素全为1的n阶矩阵，又设

$$\boldsymbol{M}=\begin{bmatrix} k & \lambda & \lambda & \cdots & \lambda \\ \lambda & k & \lambda & \cdots & \lambda \\ \vdots & \vdots & \vdots & & \vdots \\ \lambda & \lambda & \lambda & \cdots & k \end{bmatrix}_{n\times n},$$

试把$\boldsymbol{M}$表示成$x\boldsymbol{I}+y\boldsymbol{J}$的形式，其中$x,y$是待定系数.

4. 计算：

(1) $\begin{bmatrix} 7 & -1 \\ -2 & 5 \\ 3 & -4 \end{bmatrix}\begin{bmatrix} 1 & 4 \\ -5 & 2 \end{bmatrix}$；　　(2) $\begin{bmatrix} 0 & 2 \\ 0 & 3 \end{bmatrix}\begin{bmatrix} 1 & 1 \\ 0 & 0 \end{bmatrix}$；

(3) $\begin{bmatrix} 1 & 1 \\ 0 & 0 \end{bmatrix}\begin{bmatrix} 0 & 2 \\ 0 & 3 \end{bmatrix}$；　　(4) $[4,7,9]\begin{bmatrix} 1 \\ 1 \\ 1 \end{bmatrix}$；

(5) $\begin{bmatrix} 1 \\ 1 \\ 1 \end{bmatrix}[4,7,9]$；　　(6) $\begin{bmatrix} a_1 & a_2 & a_3 \\ b_1 & b_2 & b_3 \\ c_1 & c_2 & c_3 \end{bmatrix}\begin{bmatrix} 1 \\ 1 \\ 1 \end{bmatrix}$；

(7) $[1,1,1]\begin{bmatrix} a_1 & a_2 & a_3 \\ b_1 & b_2 & b_3 \\ c_1 & c_2 & c_3 \end{bmatrix}$；　　(8) $\begin{bmatrix} d_1 & 0 & 0 \\ 0 & d_2 & 0 \\ 0 & 0 & d_3 \end{bmatrix}\begin{bmatrix} a_1 & a_2 & a_3 \\ b_1 & b_2 & b_3 \\ c_1 & c_2 & c_3 \end{bmatrix}$；

(9) $\begin{bmatrix} a_1 & a_2 & a_3 \\ b_1 & b_2 & b_3 \\ c_1 & c_2 & c_3 \end{bmatrix}\begin{bmatrix} d_1 & 0 & 0 \\ 0 & d_2 & 0 \\ 0 & 0 & d_3 \end{bmatrix}$；　　(10) $\begin{bmatrix} 1 & 2 & 3 \\ 0 & 4 & 5 \\ 0 & 0 & 6 \end{bmatrix}\begin{bmatrix} 7 & 8 & 9 \\ 0 & 10 & 11 \\ 0 & 0 & 12 \end{bmatrix}$；

(11) $\begin{bmatrix} 1 & 0 & 0 \\ k & 1 & 0 \\ 0 & 0 & 1 \end{bmatrix}\begin{bmatrix} a_1 & a_2 & a_3 & a_4 \\ b_1 & b_2 & b_3 & b_4 \\ c_1 & c_2 & c_3 & c_4 \end{bmatrix}$；　　(12) $\begin{bmatrix} a_1 & a_2 & a_3 \\ b_1 & b_2 & b_3 \\ c_1 & c_2 & c_3 \end{bmatrix}\begin{bmatrix} 1 & 0 & 0 \\ k & 1 & 0 \\ 0 & 0 & 1 \end{bmatrix}$；

(13) $\begin{bmatrix} 0 & 1 & 0 \\ 1 & 0 & 0 \\ 0 & 0 & 1 \end{bmatrix}\begin{bmatrix} a_1 & a_2 & a_3 & a_4 \\ b_1 & b_2 & b_3 & b_4 \\ c_1 & c_2 & c_3 & c_4 \end{bmatrix}$；　　(14) $\begin{bmatrix} a_1 & a_2 & a_3 \\ b_1 & b_2 & b_3 \\ c_1 & c_2 & c_3 \end{bmatrix}\begin{bmatrix} 0 & 1 & 0 \\ 1 & 0 & 0 \\ 0 & 0 & 1 \end{bmatrix}$；

(15) $\begin{bmatrix} 3 & 4 \\ 4 & 5 \end{bmatrix}\begin{bmatrix} 1 & -1 \\ -1 & 2 \end{bmatrix}$.

5. 设矩阵

$$\boldsymbol{A}=\begin{bmatrix} 1 & 2 \\ 3 & 4 \end{bmatrix},\quad \boldsymbol{B}=\begin{bmatrix} 5 & 6 \\ 7 & 8 \end{bmatrix},$$

求$\boldsymbol{AB}$，$\boldsymbol{BA}$，$\boldsymbol{AB}-\boldsymbol{BA}$.

6. 计算：

$$[x,y,1]\begin{bmatrix} a_{11} & a_{12} & a_1 \\ a_{12} & a_{22} & a_2 \\ a_1 & a_2 & a_0 \end{bmatrix}\begin{bmatrix} x \\ y \\ 1 \end{bmatrix}.$$

7. 计算：

(1) $\begin{bmatrix} 0 & 1 \\ 1 & 0 \end{bmatrix}^2$；　(2) $\begin{bmatrix} 1 & -1 \\ 1 & -1 \end{bmatrix}^2$；

(3) $\begin{bmatrix} 1 & 1 \\ 0 & 0 \end{bmatrix}^2$；　(4) $\begin{bmatrix} 1 & 1 \\ 0 & 1 \end{bmatrix}^n$（$n$ 是正整数）；

(5) $\begin{bmatrix} 0 & 1 & 0 \\ 0 & 0 & 1 \\ 0 & 0 & 0 \end{bmatrix}^n$（$n$ 是正整数）；　(6) $\begin{bmatrix} \lambda & 1 & 0 \\ 0 & \lambda & 1 \\ 0 & 0 & \lambda \end{bmatrix}^n$（$n$ 是正整数）；

(7) $\begin{bmatrix} 1 & 1 \\ 1 & -1 \end{bmatrix}^2$；　(8) $\begin{bmatrix} 1 & 1 & 1 & 1 \\ 1 & 1 & -1 & -1 \\ 1 & -1 & 1 & -1 \\ 1 & -1 & -1 & 1 \end{bmatrix}^2$.

8. 如果 n 阶矩阵 $\boldsymbol{B}$ 满足 $\boldsymbol{B}^3=\boldsymbol{0}$，求 $(\boldsymbol{I}-\boldsymbol{B})(\boldsymbol{I}+\boldsymbol{B}+\boldsymbol{B}^2)$.

9. 证明：若矩阵 $\boldsymbol{B}_1,\boldsymbol{B}_2$ 都与矩阵 $\boldsymbol{A}$ 可交换，则 $\boldsymbol{B}_1+\boldsymbol{B}_2,\boldsymbol{B}_1\boldsymbol{B}_2$ 也都与 $\boldsymbol{A}$ 可交换.

10. 证明：如果矩阵 $\boldsymbol{A}=\frac{1}{2}(\boldsymbol{B}+\boldsymbol{I})$，则 $\boldsymbol{A}^2=\boldsymbol{A}$ 当且仅当 $\boldsymbol{B}^2=\boldsymbol{I}$.

*11. 设 $\boldsymbol{A}$ 是数域 K 上的 $s\times n$ 矩阵，证明：如果对于 K^n 中任一列向量 $\boldsymbol{\eta}$，都有 $\boldsymbol{A\eta}=\boldsymbol{0}$，则 $\boldsymbol{A}=\boldsymbol{0}$.

*12. 设 $n(n\geqslant 2)$ 阶矩阵

$$\boldsymbol{H}=\begin{bmatrix} 0 & 1 & 0 & 0 & \cdots & 0 & 0 \\ 0 & 0 & 1 & 0 & \cdots & 0 & 0 \\ \vdots & \vdots & \vdots & \vdots & & \vdots & \vdots \\ 0 & 0 & 0 & 0 & \cdots & 0 & 1 \\ 0 & 0 & 0 & 0 & \cdots & 0 & 0 \end{bmatrix},$$

证明：当 $1\leqslant m<n$ 时，

$$\boldsymbol{H}^m=\begin{bmatrix} \overbrace{0 & 0 & \cdots & 0}^{m\text{ 列}} & 1 & 0 & 0 & \cdots & 0 & 0 \\ 0 & 0 & \cdots & 0 & 0 & 1 & 0 & \cdots & 0 & 0 \\ \vdots & \vdots & & \vdots & \vdots & \vdots & \vdots & & \vdots & \vdots \\ 0 & 0 & \cdots & 0 & 0 & 0 & 0 & \cdots & 0 & 1 \\ 0 & 0 & \cdots & 0 & 0 & 0 & 0 & \cdots & 0 & 0 \\ \vdots & \vdots & & \vdots & \vdots & \vdots & \vdots & & \vdots & \vdots \\ 0 & 0 & \cdots & 0 & 0 & 0 & 0 & \cdots & 0 & 0 \end{bmatrix}\begin{matrix} \\ \\ \\ \\ \left.\begin{matrix} \\ \\ \\ \end{matrix}\right\} m\text{ 行} \end{matrix};$$

当 $m\geqslant n$ 时，$\boldsymbol{H}^m=\boldsymbol{0}$. 所以

$$\operatorname{rank}(\boldsymbol{H}^m)=\begin{cases}n-m, & 1\leqslant m<n,\\ 0, & m\geqslant n.\end{cases}$$

§2 特殊矩阵

观察

下列矩阵各有什么特点？

$$\begin{bmatrix}d_1 & 0 & 0\\ 0 & d_2 & 0\\ 0 & 0 & d_3\end{bmatrix},\quad \begin{bmatrix}a_{11} & a_{12} & a_{13}\\ 0 & a_{22} & a_{23}\\ 0 & 0 & a_{33}\end{bmatrix},\quad \begin{bmatrix}a_{11} & 0 & 0\\ a_{21} & a_{22} & 0\\ a_{31} & a_{32} & a_{33}\end{bmatrix},$$

$$\begin{bmatrix}1 & 0 & 0\\ 0 & 0 & 0\\ 0 & 0 & 0\end{bmatrix},\quad \begin{bmatrix}0 & 0 & 0\\ 0 & 0 & 1\\ 0 & 0 & 0\end{bmatrix},\quad \begin{bmatrix}1 & 0 & 0\\ k & 1 & 0\\ 0 & 0 & 1\end{bmatrix},$$

$$\begin{bmatrix}1 & 0 & 0\\ 0 & 0 & 1\\ 0 & 1 & 0\end{bmatrix},\quad \begin{bmatrix}a_{11} & a_{12} & a_{13}\\ a_{12} & a_{22} & a_{23}\\ a_{13} & a_{23} & a_{33}\end{bmatrix},\quad \begin{bmatrix}0 & a_{12} & a_{13}\\ -a_{12} & 0 & a_{23}\\ -a_{13} & -a_{23} & 0\end{bmatrix}.$$

本节将研究这些特殊矩阵的乘法有什么规律.

抽象

定义 1 主对角线以外的元素全为 0 的方阵称为**对角矩阵**，它形如

$$\begin{bmatrix}d_1 & 0 & \cdots & 0\\ 0 & d_2 & \cdots & 0\\ \vdots & \vdots & \ddots & \vdots\\ 0 & 0 & \cdots & d_n\end{bmatrix},$$

简记作 $\operatorname{diag}\{d_1,d_2,\cdots,d_n\}$.

设 $\boldsymbol{A}$ 是一个 $s\times n$ 矩阵，它的行向量组是 $\boldsymbol{\gamma}_1,\boldsymbol{\gamma}_2,\cdots,\boldsymbol{\gamma}_s$，列向量组是 $\boldsymbol{\alpha}_1,\boldsymbol{\alpha}_2,\cdots,\boldsymbol{\alpha}_n$，则

$$\begin{bmatrix}d_1 & 0 & \cdots & 0\\ 0 & d_2 & \cdots & 0\\ \vdots & \vdots & \ddots & \vdots\\ 0 & 0 & \cdots & d_s\end{bmatrix}\begin{bmatrix}\boldsymbol{\gamma}_1\\ \boldsymbol{\gamma}_2\\ \vdots\\ \boldsymbol{\gamma}_s\end{bmatrix}=\begin{bmatrix}d_1\boldsymbol{\gamma}_1\\ d_2\boldsymbol{\gamma}_2\\ \vdots\\ d_s\boldsymbol{\gamma}_s\end{bmatrix}, \tag{1}$$

$$[\boldsymbol{\alpha}_1,\boldsymbol{\alpha}_2,\cdots,\boldsymbol{\alpha}_n]\begin{bmatrix}d_1 & 0 & \cdots & 0\\ 0 & d_2 & \cdots & 0\\ \vdots & \vdots & \ddots & \vdots\\ 0 & 0 & \cdots & d_n\end{bmatrix}=[d_1\boldsymbol{\alpha}_1,d_2\boldsymbol{\alpha}_2,\cdots,d_n\boldsymbol{\alpha}_n]. \tag{2}$$

(1)式和(2)式表明,用一个对角矩阵左(或右)乘一个矩阵 **A**,就相当于用对角矩阵的主对角元分别乘以 **A** 的相应行(或列).

特别地,有

$$\begin{bmatrix} d_1 & 0 & \cdots & 0 \\ 0 & d_2 & \cdots & 0 \\ \vdots & \vdots & \ddots & \vdots \\ 0 & 0 & \cdots & d_n \end{bmatrix}\begin{bmatrix} c_1 & 0 & \cdots & 0 \\ 0 & c_2 & \cdots & 0 \\ \vdots & \vdots & \ddots & \vdots \\ 0 & 0 & \cdots & c_n \end{bmatrix}=\begin{bmatrix} d_1c_1 & 0 & \cdots & 0 \\ 0 & d_2c_2 & \cdots & 0 \\ \vdots & \vdots & \ddots & \vdots \\ 0 & 0 & \cdots & d_nc_n \end{bmatrix}.$$

上式表明,两个 n 阶对角矩阵的乘积还是 n 阶对角矩阵,并且相当于把相应的主对角元相乘.

定义 2　主对角线下(或上)方元素全为 0 的方阵称为**上(或下)三角矩阵**.

n 阶矩阵 $\boldsymbol{A}=[a_{ij}]$为上三角矩阵的充要条件是 $a_{ij}=0(i>j;i,j=1,2,\cdots,n)$.

我们有

$$\begin{bmatrix} a_1 & a_2 \\ 0 & a_3 \end{bmatrix}\begin{bmatrix} b_1 & b_2 \\ 0 & b_3 \end{bmatrix}=\begin{bmatrix} a_1b_1 & a_1b_2+a_2b_3 \\ 0 & a_3b_3 \end{bmatrix}.$$

一般地,设 $\boldsymbol{A}=[a_{ij}]$,$\boldsymbol{B}=[b_{ij}]$都是 n 阶上三角矩阵,则

$$\boldsymbol{AB}=\begin{bmatrix} a_{11} & a_{12} & \cdots & a_{1n} \\ 0 & a_{22} & \cdots & a_{2n} \\ \vdots & \vdots & \ddots & \vdots \\ 0 & 0 & \cdots & a_{nn} \end{bmatrix}\begin{bmatrix} b_{11} & b_{12} & \cdots & b_{1n} \\ 0 & b_{22} & \cdots & b_{2n} \\ \vdots & \vdots & \ddots & \vdots \\ 0 & 0 & \cdots & b_{nn} \end{bmatrix}$$

$$=\begin{bmatrix} a_{11}b_{11} & \sum_{j=1}^{2}a_{1j}b_{j2} & \cdots & \sum_{j=1}^{n}a_{1j}b_{jn} \\ 0 & a_{22}b_{22} & \cdots & \sum_{j=2}^{n}a_{2j}b_{jn} \\ \vdots & \vdots & \ddots & \vdots \\ 0 & 0 & \cdots & a_{nn}b_{nn} \end{bmatrix}.$$

于是,我们有下述定理:

定理 1　两个 n 阶上三角矩阵 **A** 与 **B** 的乘积仍为 n 阶上三角矩阵,并且 **AB** 的主对角元等于 **A** 与 **B** 的相应主对角元的乘积.　▎

对于下三角矩阵,也有类似的结论.

定义 3　只有一个元素是 1,其余元素全为 0 的矩阵称为**基本矩阵**.(i,j)元为 1 的基本矩阵记作 $\boldsymbol{E}_{ij}$.

对于 2×3 矩阵 $\boldsymbol{A}=[a_{ij}]$,我们有

$$\boldsymbol{A}=\begin{bmatrix} a_{11} & a_{12} & a_{13} \\ a_{21} & a_{22} & a_{23} \end{bmatrix}$$

$$
\begin{aligned}
&= a_{11}\begin{bmatrix}1&0&0\\0&0&0\end{bmatrix}+a_{12}\begin{bmatrix}0&1&0\\0&0&0\end{bmatrix}+a_{13}\begin{bmatrix}0&0&1\\0&0&0\end{bmatrix}\\
&\quad+a_{21}\begin{bmatrix}0&0&0\\1&0&0\end{bmatrix}+a_{22}\begin{bmatrix}0&0&0\\0&1&0\end{bmatrix}+a_{23}\begin{bmatrix}0&0&0\\0&0&1\end{bmatrix}\\
&= a_{11}\boldsymbol{E}_{11}+a_{12}\boldsymbol{E}_{12}+a_{13}\boldsymbol{E}_{13}+a_{21}\boldsymbol{E}_{21}+a_{22}\boldsymbol{E}_{22}+a_{23}\boldsymbol{E}_{23}.
\end{aligned}
$$

一般地,对于 $s\times n$ 矩阵 $\boldsymbol{A}=[a_{ij}]$,有

$$
\boldsymbol{A}=\sum_{i=1}^{s}\sum_{j=1}^{n}a_{ij}\boldsymbol{E}_{ij}. \tag{3}
$$

设 $\boldsymbol{A}$ 是一个 $s\times n$ 矩阵,它的行向量组是 $\boldsymbol{\gamma}_1,\boldsymbol{\gamma}_2,\cdots,\boldsymbol{\gamma}_s$,列向量组是 $\boldsymbol{\alpha}_1,\boldsymbol{\alpha}_2,\cdots,\boldsymbol{\alpha}_n$,则

$$
\boldsymbol{E}_{ij}\boldsymbol{A}=\underset{\text{(第 } i \text{ 行)}}{}\overset{\text{(第 } j \text{ 列)}}{\begin{bmatrix} & & \\ & 1 & \\ & & \end{bmatrix}}\begin{bmatrix}\boldsymbol{\gamma}_1\\ \boldsymbol{\gamma}_2\\ \vdots\\ \boldsymbol{\gamma}_s\end{bmatrix}=\begin{bmatrix}\boldsymbol{0}\\ \vdots\\ \boldsymbol{0}\\ \boldsymbol{\gamma}_j\\ \boldsymbol{0}\\ \vdots\\ \boldsymbol{0}\end{bmatrix}\text{(第 } i \text{ 行)}, \tag{4}
$$

$$
\boldsymbol{A}\boldsymbol{E}_{ij}=[\boldsymbol{\alpha}_1,\boldsymbol{\alpha}_2,\cdots,\boldsymbol{\alpha}_n]\overset{\text{(第 } j \text{ 列)}}{\begin{bmatrix} & & \\ & 1 & \\ & & \end{bmatrix}}\text{(第 } i \text{ 行)}=[\boldsymbol{0},\cdots,\boldsymbol{0},\underset{\text{(第 } j \text{ 列)}}{\boldsymbol{\alpha}_i},\boldsymbol{0},\cdots,\boldsymbol{0}], \tag{5}
$$

这里 $\boldsymbol{E}_{ij}$ 中未标出的元素都是 0.

(4)式和(5)式表明,用 $\boldsymbol{E}_{ij}$ 左(或右)乘一个矩阵 $\boldsymbol{A}$,就相当于把 $\boldsymbol{A}$ 的第 j 行搬到第 i 行(或第 i 列搬到第 j 列)的位置,而乘积矩阵的其余行(或列)全为 $\boldsymbol{0}$.

为了研究矩阵的初等行或列变换与矩阵的乘法之间的联系,我们引进下述特殊矩阵:

定义 4 由单位矩阵经过一次初等行或列变换得到的矩阵称为**初等矩阵**.

考虑下列单位矩阵的初等行(或列)变换,其中矩阵的主对角线以外未标出的元素都是 0:

$$
\begin{array}{r}\\ \\ \text{(第 } i \text{ 行)}\\ \\ \text{(第 } j \text{ 行)}\\ \\ \\ \end{array}
\begin{bmatrix}1&&&&&\\&\ddots&&&&\\&&1&&&\\&&&\ddots&&\\&&&&1&\\&&&&&\ddots&\\&&&&&&1\end{bmatrix}
\xrightarrow[\text{(或}\,\textcircled{i}+\textcircled{j}\cdot k)]{\textcircled{j}+\textcircled{i}\cdot k}
\begin{bmatrix}1&&&&&\\&\ddots&&&&\\&&1&&&\\&&\vdots&\ddots&&\\&&k&\cdots&1&\\&&&&&\ddots&\\&&&&&&1\end{bmatrix}
\begin{array}{l}\\ \\ \text{(第 } i \text{ 行)}\\ \\ \text{(第 } j \text{ 行)}\\ \\ \\ \end{array},
$$

$$
\begin{matrix}(\text{第 } i \text{ 行})\\ \\ (\text{第 } j \text{ 行})\end{matrix}
\begin{bmatrix}1 & & & & \\ & \ddots & & & \\ & & 1 & & & & \\ & & & \ddots & & & \\ & & & & 1 & & \\ & & & & & \ddots & \\ & & & & & & 1\end{bmatrix}
\xrightarrow[(\text{或}(ⓘ,ⓙ))]{(ⓘ,ⓙ)}
\begin{bmatrix}1 & & & & & \\ & \ddots & & & & \\ & & 0 & \cdots & 1 & & \\ & & \vdots & \ddots & \vdots & & \\ & & 1 & \cdots & 0 & & \\ & & & & & \ddots & \\ & & & & & & 1\end{bmatrix}
\begin{matrix}(\text{第 } i \text{ 行})\\ \\ (\text{第 } j \text{ 行})\end{matrix},
$$

$$
(\text{第 } i \text{ 行})
\begin{bmatrix}1 & & & & \\ & \ddots & & & \\ & & 1 & & \\ & & & \ddots & \\ & & & & 1\end{bmatrix}
\xrightarrow[(\text{或}ⓘ\cdot c)]{ⓘ\cdot c}
\begin{bmatrix}1 & & & & \\ & \ddots & & & \\ & & c & & \\ & & & \ddots & \\ & & & & 1\end{bmatrix}
(\text{第 } i \text{ 行}),\quad c\neq 0.
$$

上述箭头右边的矩阵都是初等矩阵，它们分别称为**Ⅰ型、Ⅱ型、Ⅲ型初等矩阵**，依次记作

$$
\boldsymbol{P}(j,i(k)),\quad \boldsymbol{P}(i,j),\quad \boldsymbol{P}(i(c)).
$$

设 $\boldsymbol{A}$ 是一个 $s\times n$ 矩阵，它的行向量组是 $\boldsymbol{\gamma}_1,\boldsymbol{\gamma}_2,\cdots,\boldsymbol{\gamma}_s$，列向量组是 $\boldsymbol{\alpha}_1,\boldsymbol{\alpha}_2,\cdots,\boldsymbol{\alpha}_n$，则

$$
\boldsymbol{P}(j,i(k))\boldsymbol{A}=\begin{bmatrix}1 & & & & & \\ & \ddots & & & & \\ & & 1 & & & \\ & & \vdots & \ddots & & \\ & & k & \cdots & 1 & \\ & & & & & \ddots & \\ & & & & & & 1\end{bmatrix}\begin{bmatrix}\boldsymbol{\gamma}_1\\ \vdots\\ \boldsymbol{\gamma}_i\\ \vdots\\ \boldsymbol{\gamma}_j\\ \vdots\\ \boldsymbol{\gamma}_s\end{bmatrix}=\begin{bmatrix}\boldsymbol{\gamma}_1\\ \vdots\\ \boldsymbol{\gamma}_i\\ \vdots\\ k\boldsymbol{\gamma}_i+\boldsymbol{\gamma}_j\\ \vdots\\ \boldsymbol{\gamma}_s\end{bmatrix}, \tag{6}
$$

$$
\begin{aligned}
\boldsymbol{A}\boldsymbol{P}(j,i(k))&=[\boldsymbol{\alpha}_1,\cdots,\boldsymbol{\alpha}_i,\cdots,\boldsymbol{\alpha}_j,\cdots,\boldsymbol{\alpha}_n]\begin{bmatrix}1 & & & & & \\ & \ddots & & & & \\ & & 1 & & & \\ & & \vdots & \ddots & & \\ & & k & \cdots & 1 & \\ & & & & & \ddots & \\ & & & & & & 1\end{bmatrix}\\
&=[\boldsymbol{\alpha}_1,\cdots,\boldsymbol{\alpha}_i+k\boldsymbol{\alpha}_j,\cdots,\boldsymbol{\alpha}_j,\cdots,\boldsymbol{\alpha}_n];
\end{aligned} \tag{7}
$$

$$\boldsymbol{P}(i,j)\boldsymbol{A}=\begin{bmatrix}1&&&&&&\\&\ddots&&&&&\\&&0&\cdots&1&&\\&&\vdots&\ddots&\vdots&&\\&&1&\cdots&0&&\\&&&&&\ddots&\\&&&&&&1\end{bmatrix}\begin{bmatrix}\boldsymbol{\gamma}_1\\\vdots\\\boldsymbol{\gamma}_i\\\vdots\\\boldsymbol{\gamma}_j\\\vdots\\\boldsymbol{\gamma}_s\end{bmatrix}=\begin{bmatrix}\boldsymbol{\gamma}_1\\\vdots\\\boldsymbol{\gamma}_j\\\vdots\\\boldsymbol{\gamma}_i\\\vdots\\\boldsymbol{\gamma}_s\end{bmatrix}\begin{matrix}\\\\(\text{第 } i \text{ 行})\\\\(\text{第 } j \text{ 行})\\\\\\\end{matrix},\tag{8}$$

$$\begin{aligned}\boldsymbol{A}\boldsymbol{P}(i,j)&=[\boldsymbol{\alpha}_1,\cdots,\boldsymbol{\alpha}_i,\cdots,\boldsymbol{\alpha}_j,\cdots,\boldsymbol{\alpha}_n]\begin{bmatrix}1&&&&&&\\&\ddots&&&&&\\&&0&\cdots&1&&\\&&\vdots&\ddots&\vdots&&\\&&1&\cdots&0&&\\&&&&&\ddots&\\&&&&&&1\end{bmatrix}\\&=[\boldsymbol{\alpha}_1,\cdots,\underset{(\text{第 } i \text{ 列})}{\boldsymbol{\alpha}_j},\cdots,\underset{(\text{第 } j \text{ 列})}{\boldsymbol{\alpha}_i},\cdots,\boldsymbol{\alpha}_n].\end{aligned}\tag{9}$$

(6)式和(7)式表明,用Ⅰ型初等矩阵 $\boldsymbol{P}(j,i(k))$左(或右)乘一个矩阵 $\boldsymbol{A}$,就相当于把 $\boldsymbol{A}$ 的第 i 行的 k 倍加到第 j 行(或第 j 列的 k 倍加到第 i 列)上,其余行(或列)不变;(8)式和(9)式表明,用Ⅱ型初等矩阵 $\boldsymbol{P}(j,i)$左(或右)乘一个矩阵 $\boldsymbol{A}$,就相当于把 $\boldsymbol{A}$ 的第 i 行(或列)与第 j 行(或列)互换,其余行(或列)不变. 对于Ⅲ型初等矩阵 $\boldsymbol{P}(i(c))$,也有类似的结论. 我们把这些结论综合写成下述定理:

定理 2 用初等矩阵左(或右)乘一个矩阵 $\boldsymbol{A}$,就相当于对 $\boldsymbol{A}$ 做了一次相应的初等行(或列)变换. ▍

注意 $\boldsymbol{P}(j,i(k))$既表示把单位矩阵 $\boldsymbol{I}$ 的第 i 行的 k 倍加到第 j 行上得到的初等矩阵,也表示把 $\boldsymbol{I}$ 的第 j 列的 k 倍加到第 i 列上得到的初等矩阵.

定理 2 把矩阵的初等行或列变换与矩阵的乘法相联系,这样有两个好处:既可利用初等行或列变换的直观性,又可利用矩阵乘法的运算性质.

定义 5 如果矩阵 $\boldsymbol{A}$ 满足

$$\boldsymbol{A}^{\mathrm{T}}=\boldsymbol{A},$$

那么称 $\boldsymbol{A}$ 是**对称矩阵**.

从定义 5 容易看出,对称矩阵一定是方阵,并且对于 n 阶对称矩阵 $\boldsymbol{A}$,有

$$\boldsymbol{A}(i;j)=\boldsymbol{A}^{\mathrm{T}}(j;i)=\boldsymbol{A}(j;i)\quad(i,j=1,2,\cdots,n).$$

于是,n 阶对称矩阵必形如

$$\begin{bmatrix} a_{11} & a_{12} & \cdots & a_{1n} \\ a_{12} & a_{22} & \cdots & a_{2n} \\ \vdots & \vdots & & \vdots \\ a_{1n} & a_{2n} & \cdots & a_{nn} \end{bmatrix}.$$

定义 6　如果矩阵 $\boldsymbol{A}$ 满足

$$\boldsymbol{A}^{\mathrm{T}} = -\boldsymbol{A},$$

那么称 $\boldsymbol{A}$ 是**斜对称矩阵**或**反对称矩阵**.

容易看出,斜对称矩阵一定是方阵,并且对于 n 阶斜对称矩阵 $\boldsymbol{A}$,有

$$\boldsymbol{A}(i;j) = \boldsymbol{A}^{\mathrm{T}}(j;i) = -\boldsymbol{A}(j;i) \quad (i,j = 1,2,\cdots,n).$$

特别地,有

$$\boldsymbol{A}(i;i) = -\boldsymbol{A}(i;i),$$

从而

$$\boldsymbol{A}(i;i) = 0 \quad (i = 1,2,\cdots,n).$$

于是,n 阶斜对称矩阵必形如

$$\begin{bmatrix} 0 & a_{12} & \cdots & a_{1n} \\ -a_{12} & 0 & \cdots & a_{2n} \\ \vdots & \vdots & & \vdots \\ -a_{1n} & -a_{2n} & \cdots & 0 \end{bmatrix}.$$

习　题　4.2

1. 证明:与主对角元两两不同的对角矩阵可交换的矩阵也是对角矩阵.

*2. 证明:两个 n 阶下三角矩阵的乘积仍是 n 阶下三角矩阵,并且乘积矩阵的主对角元等于因子矩阵(乘积中作为因子的矩阵)相应主对角元的乘积.

3. 证明:与所有 n 阶矩阵可交换的矩阵一定是 n 阶数量矩阵.

4. 证明:设 $\boldsymbol{A}$ 是任一 $s\times n$ 矩阵,则 $\boldsymbol{A}\boldsymbol{A}^{\mathrm{T}}$,$\boldsymbol{A}^{\mathrm{T}}\boldsymbol{A}$ 是对称矩阵.

5. 证明:两个 n 阶对称矩阵的和仍是对称矩阵,一个对称矩阵的 k 倍仍是对称矩阵.

6. 证明:两个 n 阶对称矩阵的乘积仍为对称矩阵当且仅当它们可交换.

7. 证明:设 $\boldsymbol{A}$ 是任一 n 阶矩阵,则 $\boldsymbol{A}+\boldsymbol{A}^{\mathrm{T}}$ 是对称矩阵,$\boldsymbol{A}-\boldsymbol{A}^{\mathrm{T}}$ 是斜对称矩阵.

8. 证明:数域 K 上任一 n 阶矩阵都可以表示成一个对称矩阵与一个斜对称矩阵之和,并且表示方式唯一.

*9. 证明:如果 $\boldsymbol{A}$ 是实数域上的对称矩阵,并且 $\boldsymbol{A}^2=\boldsymbol{0}$,则 $\boldsymbol{A}=\boldsymbol{0}$.

10. 证明:数域 K 上奇数阶斜对称矩阵的行列式等于 0.

§3 矩阵乘积的秩与行列式

观察

设矩阵

$$A=\begin{bmatrix}1&0\\0&0\end{bmatrix},\quad B=\begin{bmatrix}0&0\\1&0\end{bmatrix},\quad C=\begin{bmatrix}1&1\\0&1\end{bmatrix},$$

则

$$AB=\begin{bmatrix}1&0\\0&0\end{bmatrix}\begin{bmatrix}0&0\\1&0\end{bmatrix}=\begin{bmatrix}0&0\\0&0\end{bmatrix}.$$

于是 $\mathrm{rank}(\boldsymbol{AB})=0$,而 $\mathrm{rank}(\boldsymbol{A})=1$,$\mathrm{rank}(\boldsymbol{B})=1$. 又

$$AC=\begin{bmatrix}1&0\\0&0\end{bmatrix}\begin{bmatrix}1&1\\0&1\end{bmatrix}=\begin{bmatrix}1&1\\0&0\end{bmatrix},$$

于是 $\mathrm{rank}(\boldsymbol{AC})=1$,而 $\mathrm{rank}(\boldsymbol{A})=1$,$\mathrm{rank}(\boldsymbol{C})=2$.

从上述例子受到启发,我们猜想:

$$\mathrm{rank}(\boldsymbol{AB})\leqslant\mathrm{rank}(\boldsymbol{A}),\ \text{且}\ \mathrm{rank}(\boldsymbol{AB})\leqslant\mathrm{rank}(\boldsymbol{B}).$$

论证

定理 1 设矩阵 $\boldsymbol{A}=[a_{ij}]_{s\times n}$,$\boldsymbol{B}=[b_{ij}]_{n\times m}$,则

$$\mathrm{rank}(\boldsymbol{AB})\leqslant\min\{\mathrm{rank}(\boldsymbol{A}),\mathrm{rank}(\boldsymbol{B})\}. \tag{1}$$

证明 设 $\boldsymbol{A}$ 的列向量组是 $\boldsymbol{\alpha}_1,\boldsymbol{\alpha}_2,\cdots,\boldsymbol{\alpha}_n$,则

$$\begin{aligned}\boldsymbol{AB}&=[\boldsymbol{\alpha}_1,\boldsymbol{\alpha}_2,\cdots,\boldsymbol{\alpha}_n]\begin{bmatrix}b_{11}&b_{12}&\cdots&b_{1m}\\b_{21}&b_{22}&\cdots&b_{2m}\\\vdots&\vdots&&\vdots\\b_{n1}&b_{n2}&\cdots&b_{nm}\end{bmatrix}\\&=[b_{11}\boldsymbol{\alpha}_1+b_{21}\boldsymbol{\alpha}_2+\cdots+b_{n1}\boldsymbol{\alpha}_n,\cdots,b_{1m}\boldsymbol{\alpha}_1+b_{2m}\boldsymbol{\alpha}_2+\cdots+b_{nm}\boldsymbol{\alpha}_n].\end{aligned}$$

上式表明:$\boldsymbol{AB}$ 的列向量组可以由 $\boldsymbol{A}$ 的列向量组线性表出. 因此,$\boldsymbol{AB}$ 的列秩小于或等于 $\boldsymbol{A}$ 的列秩,从而

$$\mathrm{rank}(\boldsymbol{AB})\leqslant\mathrm{rank}(\boldsymbol{A}).$$

利用这个结论又可以得到

$$\mathrm{rank}(\boldsymbol{AB})=\mathrm{rank}((\boldsymbol{AB})^{\mathrm{T}})=\mathrm{rank}(\boldsymbol{B}^{\mathrm{T}}\boldsymbol{A}^{\mathrm{T}})\leqslant\mathrm{rank}(\boldsymbol{B}^{\mathrm{T}})=\mathrm{rank}(\boldsymbol{B}).$$

因此

$$\mathrm{rank}(\boldsymbol{AB})\leqslant\min\{\mathrm{rank}(\boldsymbol{A}),\mathrm{rank}(\boldsymbol{B})\}.$$ ▌

命题 1 设 $\boldsymbol{A}$ 是实数域上的 $s\times n$ 矩阵,则

$$\operatorname{rank}(\boldsymbol{A}^{\mathrm{T}}\boldsymbol{A}) = \operatorname{rank}(\boldsymbol{A}\boldsymbol{A}^{\mathrm{T}}) = \operatorname{rank}(\boldsymbol{A}). \tag{2}$$

证明　若 $\boldsymbol{A}=\boldsymbol{0}$,则

$$\operatorname{rank}(\boldsymbol{A}) = 0,\quad \operatorname{rank}(\boldsymbol{A}^{\mathrm{T}}\boldsymbol{A}) = \operatorname{rank}(\boldsymbol{A}\boldsymbol{A}^{\mathrm{T}}) = 0,$$

从而(2)式成立. 下面设 $\boldsymbol{A}\neq\boldsymbol{0}$. 如果我们能够证明 n 元齐次线性方程组$(\boldsymbol{A}^{\mathrm{T}}\boldsymbol{A})\boldsymbol{x}=\boldsymbol{0}$ 与 $\boldsymbol{A}\boldsymbol{x}=\boldsymbol{0}$ 同解,则它们的解空间一致,从而由维数公式得

$$n - \operatorname{rank}(\boldsymbol{A}^{\mathrm{T}}\boldsymbol{A}) = n - \operatorname{rank}(\boldsymbol{A}).$$

由此可得

$$\operatorname{rank}(\boldsymbol{A}^{\mathrm{T}}\boldsymbol{A})=\operatorname{rank}(\boldsymbol{A}).$$

现在来证明$(\boldsymbol{A}^{\mathrm{T}}\boldsymbol{A})\boldsymbol{x}=\boldsymbol{0}$ 与 $\boldsymbol{A}\boldsymbol{x}=\boldsymbol{0}$ 同解. 设 $\boldsymbol{\eta}$ 是 $\boldsymbol{A}\boldsymbol{x}=\boldsymbol{0}$ 的解,则 $\boldsymbol{A}\boldsymbol{\eta}=\boldsymbol{0}$,从而$(\boldsymbol{A}^{\mathrm{T}}\boldsymbol{A})\boldsymbol{\eta}=\boldsymbol{0}$. 因此,$\boldsymbol{\eta}$ 也是$(\boldsymbol{A}^{\mathrm{T}}\boldsymbol{A})\boldsymbol{x}=\boldsymbol{0}$ 的解. 反之,设 $\boldsymbol{\delta}$ 是$(\boldsymbol{A}^{\mathrm{T}}\boldsymbol{A})\boldsymbol{x}=\boldsymbol{0}$ 的解,则

$$(\boldsymbol{A}^{\mathrm{T}}\boldsymbol{A})\boldsymbol{\delta} = \boldsymbol{0}. \tag{3}$$

(3)式两边左乘 $\boldsymbol{\delta}^{\mathrm{T}}$,得 $\boldsymbol{\delta}^{\mathrm{T}}\boldsymbol{A}^{\mathrm{T}}\boldsymbol{A}\boldsymbol{\delta}=0$,即

$$(\boldsymbol{A}\boldsymbol{\delta})^{\mathrm{T}}(\boldsymbol{A}\boldsymbol{\delta}) = 0. \tag{4}$$

设

$$\boldsymbol{A}\boldsymbol{\delta}=\begin{bmatrix} c_1 \\ c_2 \\ \vdots \\ c_s \end{bmatrix},$$

则由(4)式得

$$[c_1, c_2, \cdots, c_s]\begin{bmatrix} c_1 \\ c_2 \\ \vdots \\ c_s \end{bmatrix} = 0,$$

即 $c_1^2+c_2^2+\cdots+c_s^2=0$. 由于 $c_1, c_2, \cdots, c_s$ 都是实数,因此

$$c_1 = c_2 = \cdots = c_s = 0,$$

从而 $\boldsymbol{A}\boldsymbol{\delta}=\boldsymbol{0}$,即 $\boldsymbol{\delta}$ 是 $\boldsymbol{A}\boldsymbol{x}=\boldsymbol{0}$ 的解. 所以,$(\boldsymbol{A}^{\mathrm{T}}\boldsymbol{A})\boldsymbol{x}=\boldsymbol{0}$ 与 $\boldsymbol{A}\boldsymbol{x}=\boldsymbol{0}$ 同解. 根据前面所述,得

$$\operatorname{rank}(\boldsymbol{A}^{\mathrm{T}}\boldsymbol{A}) = \operatorname{rank}(\boldsymbol{A}),$$

从而有

$$\operatorname{rank}(\boldsymbol{A}\boldsymbol{A}^{\mathrm{T}}) = \operatorname{rank}((\boldsymbol{A}^{\mathrm{T}})^{\mathrm{T}}(\boldsymbol{A}^{\mathrm{T}})) = \operatorname{rank}(\boldsymbol{A}^{\mathrm{T}}) = \operatorname{rank}(\boldsymbol{A}).$$ ▌

观察

设矩阵

$$\boldsymbol{A} = \begin{bmatrix} 1 & -1 \\ 2 & 3 \end{bmatrix},\quad \boldsymbol{B} = \begin{bmatrix} 4 & 0 \\ 1 & 5 \end{bmatrix},$$

则

$$\boldsymbol{AB}=\begin{bmatrix}1 & -1\\ 2 & 3\end{bmatrix}\begin{bmatrix}4 & 0\\ 1 & 5\end{bmatrix}=\begin{bmatrix}3 & -5\\ 11 & 15\end{bmatrix},$$

从而

$$|\boldsymbol{AB}|=\begin{vmatrix}3 & -5\\ 11 & 15\end{vmatrix}=45+55=100.$$

又

$$|\boldsymbol{A}|=\begin{vmatrix}1 & -1\\ 2 & 3\end{vmatrix}=5,\quad \boldsymbol{B}=\begin{vmatrix}4 & 0\\ 1 & 5\end{vmatrix}=20,$$

因此

$$|\boldsymbol{A}||\boldsymbol{B}|=100=|\boldsymbol{AB}|.$$

从上例受到启发,我们猜想:对于 n 阶矩阵 $\boldsymbol{A},\boldsymbol{B}$,有

$$|\boldsymbol{AB}|=|\boldsymbol{A}||\boldsymbol{B}|.$$

论证

定理 2 设 $\boldsymbol{A},\boldsymbol{B}$ 都是 n 阶矩阵,则

$$|\boldsymbol{AB}|=|\boldsymbol{A}||\boldsymbol{B}|. \tag{5}$$

证明 我们对 $n=2$ 的情形给出证明. 至于一般情形,证明方法是类似的,我们将在§5中给出.

一方面,我们有

$$\begin{vmatrix}\boldsymbol{A} & \boldsymbol{0}\\ -\boldsymbol{I} & \boldsymbol{B}\end{vmatrix}=|\boldsymbol{A}||\boldsymbol{B}|;$$

另一方面,设

$$\boldsymbol{A}=\begin{bmatrix}a_{11} & a_{12}\\ a_{21} & a_{22}\end{bmatrix},\quad \boldsymbol{B}=\begin{bmatrix}b_{11} & b_{12}\\ b_{21} & b_{22}\end{bmatrix},$$

又有

$$\begin{vmatrix}\boldsymbol{A} & \boldsymbol{0}\\ -\boldsymbol{I} & \boldsymbol{B}\end{vmatrix}=\begin{vmatrix}a_{11} & a_{12} & 0 & 0\\ a_{21} & a_{22} & 0 & 0\\ -1 & 0 & b_{11} & b_{12}\\ 0 & -1 & b_{21} & b_{22}\end{vmatrix}$$

$$\xlongequal[\text{①}+\text{④}\cdot a_{12}]{\text{①}+\text{③}\cdot a_{11}}\begin{vmatrix}0 & 0 & a_{11}b_{11}+a_{12}b_{21} & a_{11}b_{12}+a_{12}b_{22}\\ a_{21} & a_{22} & 0 & 0\\ -1 & 0 & b_{11} & b_{12}\\ 0 & -1 & b_{21} & b_{22}\end{vmatrix}$$

$$\xlongequal[\text{②}+\text{④}\cdot a_{22}]{\text{②}+\text{③}\cdot a_{21}}\begin{vmatrix} 0 & 0 & a_{11}b_{11}+a_{12}b_{21} & a_{11}b_{12}+a_{12}b_{22} \\ 0 & 0 & a_{21}b_{11}+a_{22}b_{21} & a_{21}b_{12}+a_{22}b_{22} \\ -1 & 0 & b_{11} & b_{12} \\ 0 & -1 & b_{21} & b_{22} \end{vmatrix}$$

$$=\begin{vmatrix} a_{11}b_{11}+a_{12}b_{21} & a_{11}b_{12}+a_{12}b_{22} \\ a_{21}b_{11}+a_{22}b_{21} & a_{21}b_{12}+a_{22}b_{22} \end{vmatrix}\cdot(-1)^{(1+2)+(3+4)}\begin{vmatrix} -1 & 0 \\ 0 & -1 \end{vmatrix}$$

$$=|\boldsymbol{AB}|.$$

因此
$$|\boldsymbol{AB}|=|\boldsymbol{A}|\,|\boldsymbol{B}|.$$ ∎

利用数学归纳法，定理 2 可以推广到多个 n 阶矩阵相乘的情形：

$$|\boldsymbol{A}_1\boldsymbol{A}_2\cdots\boldsymbol{A}_s|=|\boldsymbol{A}_1|\,|\boldsymbol{A}_2|\cdots|\boldsymbol{A}_s|.$$

数域上的 n 阶矩阵 $\boldsymbol{A}$ 称为**非退化**的，如果 $|\boldsymbol{A}|\neq 0$；否则，$\boldsymbol{A}$ 称为**退化**的.

设 $\boldsymbol{A},\boldsymbol{B}$ 分别是 $s\times n, n\times s$ 矩阵，则 $\boldsymbol{AB}$ 是 s 阶矩阵，从而有行列式 $|\boldsymbol{AB}|$. 试问：$|\boldsymbol{AB}|$ 等于什么？

让我们先解剖一只“麻雀”. 设矩阵

$$\boldsymbol{A}=[a_1,a_2,a_3],\quad \boldsymbol{B}=[b_1,b_2,b_3]^{\mathrm{T}},$$

则
$$\boldsymbol{AB}=a_1b_1+a_2b_2+a_3b_3,$$

从而
$$|\boldsymbol{AB}|=a_1b_1+a_2b_2+a_3b_3. \tag{6}$$

设 $\boldsymbol{C}$ 是 $s\times n$ 矩阵，在 $\boldsymbol{C}$ 中取定 k 行：第 $i_1,i_2,\cdots,i_k$ $(i_1<i_2<\cdots<i_k)$ 行；取定 k 列：第 $j_1,j_2,\cdots,j_k$ $(j_1<j_2<\cdots<j_k)$ 列，其中 $1\leqslant k\leqslant\min\{s,n\}$. 于是，位于这 k 行和 k 列交叉位置的 k^2 个元素按照原来的顺序排成一个 k 阶矩阵，其行列式称为 $\boldsymbol{C}$ 的一个 k 阶**子式**，记作

$$\boldsymbol{C}\begin{pmatrix} i_1,i_2,\cdots,i_k \\ j_1,j_2,\cdots,j_k \end{pmatrix}.$$

在上面的 1×3 矩阵 $\boldsymbol{A}$ 和 3×1 矩阵 $\boldsymbol{B}$ 的例子中，利用子式的记号，有

$$\boldsymbol{A}\begin{pmatrix}1\\1\end{pmatrix}=a_1,\quad \boldsymbol{A}\begin{pmatrix}1\\2\end{pmatrix}=a_2,\quad \boldsymbol{A}\begin{pmatrix}1\\3\end{pmatrix}=a_3,$$

$$\boldsymbol{B}\begin{pmatrix}1\\1\end{pmatrix}=b_1,\quad \boldsymbol{B}\begin{pmatrix}2\\1\end{pmatrix}=b_2,\quad \boldsymbol{B}\begin{pmatrix}3\\1\end{pmatrix}=b_3,$$

于是(6)式可以写成

$$|\boldsymbol{AB}|=\boldsymbol{A}\begin{pmatrix}1\\1\end{pmatrix}\boldsymbol{B}\begin{pmatrix}1\\1\end{pmatrix}+\boldsymbol{A}\begin{pmatrix}1\\2\end{pmatrix}\boldsymbol{B}\begin{pmatrix}2\\1\end{pmatrix}+\boldsymbol{A}\begin{pmatrix}1\\3\end{pmatrix}\boldsymbol{B}\begin{pmatrix}3\\1\end{pmatrix}. \tag{7}$$

(7)式表明：$|\boldsymbol{AB}|$ 等于 $\boldsymbol{A}$ 的所有 1 阶子式与 $\boldsymbol{B}$ 的相应 1 阶子式的乘积之和. 由于 $\boldsymbol{BA}$ 是 3 阶矩阵，并且

$$\operatorname{rank}(\boldsymbol{BA})\leqslant\operatorname{rank}(\boldsymbol{A})\leqslant 1<3,$$

因此 $\boldsymbol{BA}$ 不是满秩矩阵，从而 $|\boldsymbol{BA}|=0$.

从上述例子受到启发，我们猜测有下述结论：

*定理 3 [比内-柯西(Binet-Cauchy)公式] 设 $\boldsymbol{A}\boldsymbol{B}$ 分别是 $s\times n, n\times s$ 矩阵. 如果 $s>n$，那么 $|\boldsymbol{AB}|=0$；如果 $s\leqslant n$，那么 $|\boldsymbol{AB}|$ 等于 $\boldsymbol{A}$ 的所有 s 阶子式与 $\boldsymbol{B}$ 的相应 s 阶子式的乘积之和，即

$$|\boldsymbol{AB}| = \sum_{1\leqslant v_1<v_2<\cdots<v_s\leqslant n} \boldsymbol{A}\begin{pmatrix} 1,2,\cdots,s \\ v_1,v_2,\cdots,v_s \end{pmatrix} \boldsymbol{B}\begin{pmatrix} v_1,v_2,\cdots,v_s \\ 1,2,\cdots,s \end{pmatrix}. \tag{8}$$

证明 如果 $s>n$，那么

$$\operatorname{rank}(\boldsymbol{AB}) \leqslant \operatorname{rank}(\boldsymbol{A}) \leqslant n < s.$$

因此 s 阶矩阵 $\boldsymbol{AB}$ 不是满秩矩阵，从而 $|\boldsymbol{AB}|=0$.

当 $s\leqslant n$ 时，公式(8)的证明放在§5. ▌

例 1 设 $\boldsymbol{A}$ 是 $s\times n$ 矩阵，证明：$\boldsymbol{A}$ 的秩为 1 当且仅当 $\boldsymbol{A}$ 能表示成一个 s 维非零列向量与一个 n 维非零行向量的乘积.

证明 必要性 设 $\operatorname{rank}(\boldsymbol{A})=1$，则 $\boldsymbol{A}$ 的行向量组的一个极大线性无关组只含有一个行向量. 设这个行向量为 $\boldsymbol{\beta}^{\mathrm{T}}$，于是存在常数 $k_1,k_2,\cdots,k_s$，使得

$$\boldsymbol{A} = \begin{bmatrix} k_1\boldsymbol{\beta}^{\mathrm{T}} \\ k_2\boldsymbol{\beta}^{\mathrm{T}} \\ \vdots \\ k_s\boldsymbol{\beta}^{\mathrm{T}} \end{bmatrix} = \begin{bmatrix} k_1 \\ k_2 \\ \vdots \\ k_s \end{bmatrix} \boldsymbol{\beta}^{\mathrm{T}} = \boldsymbol{\alpha}\boldsymbol{\beta}^{\mathrm{T}},$$

其中 $\boldsymbol{\alpha}=[k_1,k_2,\cdots k_s]^{\mathrm{T}}$. 由于 $\boldsymbol{\beta}^{\mathrm{T}}$ 线性无关，因此 $\boldsymbol{\beta}^{\mathrm{T}}\neq\mathbf{0}$. 又由于

$$1=\operatorname{rank}(\boldsymbol{A})=\operatorname{rank}(\boldsymbol{\alpha}\boldsymbol{\beta}^{\mathrm{T}})\leqslant\operatorname{rank}(\boldsymbol{\alpha})\leqslant 1,$$

因此 $\operatorname{rank}(\boldsymbol{\alpha})=1$，从而 $\boldsymbol{\alpha}\neq\mathbf{0}$. 这就证明了秩为 1 的 $s\times n$ 矩阵 $\boldsymbol{A}$ 能表示成一个 s 维非零列向量 $\boldsymbol{\alpha}$ 与一个 n 维非零行向量 $\boldsymbol{\beta}^{\mathrm{T}}$ 的乘积.

充分性 设 $\boldsymbol{A}=\boldsymbol{\alpha}\boldsymbol{\beta}^{\mathrm{T}}$，其中 $\boldsymbol{\alpha}$ 是一个 s 维非零列向量，$\boldsymbol{\beta}^{\mathrm{T}}$ 是一个 n 维非零行向量. 令 $\boldsymbol{\alpha}=[a_1,a_2,\cdots,a_s]^{\mathrm{T}}$，$\boldsymbol{\beta}=[b_1,b_2,\cdots,b_n]^{\mathrm{T}}$，并设其中的分量 $a_i\neq 0, b_j\neq 0$，则 $\boldsymbol{\alpha}\boldsymbol{\beta}^{\mathrm{T}}$ 的 (i,j) 元为 $a_ib_j\neq 0$，从而 $\boldsymbol{A}=\boldsymbol{\alpha}\boldsymbol{\beta}^{\mathrm{T}}\neq\mathbf{0}$. 于是

$$0 < \operatorname{rank}(\boldsymbol{A}) = \operatorname{rank}(\boldsymbol{\alpha}\boldsymbol{\beta}^{\mathrm{T}}) \leqslant \operatorname{rank}(\boldsymbol{\alpha}) = 1.$$

因此 $\operatorname{rank}(\boldsymbol{A})=1$. ▌

习 题 4.3

1. 证明：$\operatorname{rank}(\boldsymbol{A}+\boldsymbol{B})\leqslant\operatorname{rank}(\boldsymbol{A})+\operatorname{rank}(\boldsymbol{B})$.

2. 一个矩阵称为**行(或列)满秩矩阵**，如果它的行(或列)向量组是线性无关的. 证明：如果 $s\times n$ 矩阵 $\boldsymbol{A}$ 的秩为 r，那么有 $s\times r$ 列满秩矩阵 $\boldsymbol{B}$ 和 $r\times n$ 行满秩矩阵 $\boldsymbol{C}$，使得

$$\boldsymbol{A} = \boldsymbol{BC}.$$

3. 证明：设 $\boldsymbol{A}$ 是 n 阶矩阵，则 $|\boldsymbol{A}\boldsymbol{A}^{\mathrm{T}}|=|\boldsymbol{A}|^2$.

4. 证明：设 $\boldsymbol{A}$ 是 n 阶矩阵，如果 $\boldsymbol{A}\boldsymbol{A}^{\mathrm{T}}=\boldsymbol{I}$，那么 $|\boldsymbol{A}|=1$ 或 $|\boldsymbol{A}|=-1$.

5. 证明：如果 $\boldsymbol{A}$ 是数域 K 上的 n 阶矩阵，且满足

$$AA^{\mathrm{T}} = I, \quad |A| = -1,$$

那么 $|I+A|=0$.

6. 证明：如果 A 是数域 K 上的 n 阶矩阵，n 是奇数，且满足

$$AA^{\mathrm{T}} = I, \quad |A| = 1,$$

那么 $|I-A|=0$.

7. 设 $s_k=x_1^k+x_2^k+x_3^k(k=0,1,2,3,4)$，矩阵

$$A = \begin{bmatrix} s_0 & s_1 & s_2 \\ s_1 & s_2 & s_3 \\ s_2 & s_3 & s_4 \end{bmatrix},$$

证明：

$$|A| = \prod_{1\leqslant j<i\leqslant 3}(x_i - x_j)^2.$$

*8. 形如

$$A = \begin{bmatrix} a_0 & a_1 & a_2 & a_3 \\ a_3 & a_0 & a_1 & a_2 \\ a_2 & a_3 & a_0 & a_1 \\ a_1 & a_2 & a_3 & a_0 \end{bmatrix}$$

的方阵称为 4 阶**循环矩阵**. 求复数域上 4 阶循环矩阵 A 的行列式.

*9. 设 A,B 分别是 $s\times n, n\times s$ 矩阵，$1\leqslant r\leqslant s$，证明：若 $r\leqslant n$，则对于 AB 的任一 r 阶子式 $AB\begin{pmatrix} i_1,i_2,\cdots,i_r \\ j_1,j_2,\cdots,j_r \end{pmatrix}$，有

$$AB\begin{pmatrix} i_1,i_2,\cdots,i_r \\ j_1,j_2,\cdots,j_r \end{pmatrix} = \sum_{1\leqslant v_1<v_2<\cdots<v_r\leqslant n} A\begin{pmatrix} i_1,i_2,\cdots,i_r \\ v_1,v_2,\cdots,v_r \end{pmatrix} B\begin{pmatrix} v_1,v_2,\cdots,v_r \\ j_1,j_2,\cdots,j_r \end{pmatrix}.$$

§4 可逆矩阵

记平面上绕点 O 转角为 θ 的旋转为 σ. 平面上把每一点保持不动的变换称为**恒等变换**，记作 $\mathscr{I}$. 设 τ 是绕点 O 转角为 $-\theta$ 的旋转，则 $\sigma\tau=\tau\sigma=\mathscr{I}$. 自然地，我们把 σ 称为**可逆变换**，并把 τ 称为 σ 的**逆变换**. 取直角坐标系 Oxy，则 σ 可用矩阵 $A=\begin{bmatrix} \cos\theta & -\sin\theta \\ \sin\theta & \cos\theta \end{bmatrix}$ 表示，τ 可用矩阵 $B=\begin{bmatrix} \cos(-\theta) & -\sin(-\theta) \\ \sin(-\theta) & \cos(-\theta) \end{bmatrix}$ 表示. 由于绕点 O 转角为 0 的旋转等于恒等变换 $\mathscr{I}$，因此 $\mathscr{I}$ 可用单位矩阵 $I=\begin{bmatrix} 1 & 0 \\ 0 & 1 \end{bmatrix}$ 表示. 直接计算得

$$AB = BA = I.$$

自然地,我们可以把 $\boldsymbol{A}$ 称为可逆矩阵,并把 $\boldsymbol{B}$ 称为 $\boldsymbol{A}$ 的逆矩阵. 由此引出下述概念:

定义 1 对于数域 K 上的 n 阶矩阵 $\boldsymbol{A}$,如果存在数域 K 上的 n 阶矩阵 $\boldsymbol{B}$,使得

$$\boldsymbol{AB} = \boldsymbol{BA} = \boldsymbol{I}, \tag{1}$$

那么称 $\boldsymbol{A}$ 是**可逆矩阵**或**非奇异矩阵**.

如果 $\boldsymbol{A}$ 是可逆矩阵,那么满足(1)式的矩阵 $\boldsymbol{B}$ 是唯一的. 理由如下:假如矩阵 $\boldsymbol{B}_1$ 也满足(1)式,则

$$\boldsymbol{B}_1\boldsymbol{AB} = (\boldsymbol{B}_1\boldsymbol{A})\boldsymbol{B} = \boldsymbol{IB} = \boldsymbol{B},$$

$$\boldsymbol{B}_1\boldsymbol{AB} = \boldsymbol{B}_1(\boldsymbol{AB}) = \boldsymbol{B}_1\boldsymbol{I} = \boldsymbol{B}_1,$$

因此 $\boldsymbol{B}=\boldsymbol{B}_1$.

定义 2 如果 $\boldsymbol{A}$ 是可逆矩阵,那么称满足(1)式的矩阵 $\boldsymbol{B}$ 为 $\boldsymbol{A}$ 的**逆矩阵**,记作 $\boldsymbol{A}^{-1}$.

由定义 2,如果 $\boldsymbol{A}$ 是可逆矩阵,那么它有逆矩阵 $\boldsymbol{A}^{-1}$,使得

$$\boldsymbol{AA}^{-1} = \boldsymbol{A}^{-1}\boldsymbol{A} = \boldsymbol{I}. \tag{2}$$

从(2)式看出,此时 $\boldsymbol{A}^{-1}$ 也是可逆矩阵,并且

$$(\boldsymbol{A}^{-1})^{-1} = \boldsymbol{A}. \tag{3}$$

是不是任何一个方阵都可逆? 不是. 例如,n 阶零矩阵就不是可逆矩阵,因为任何矩阵乘以零矩阵等于零矩阵. 那么,是不是非零方阵都可逆? 我们先给出一个方阵为可逆矩阵的必要条件.

命题 1 如果方阵 $\boldsymbol{A}$ 是可逆矩阵,那么 $|\boldsymbol{A}|\neq 0$.

证明 如果 $\boldsymbol{A}$ 是可逆矩阵,那么它有逆矩阵 $\boldsymbol{A}^{-1}$,使得

$$\boldsymbol{AA}^{-1} = \boldsymbol{I},$$

从而有

$$|\boldsymbol{AA}^{-1}| = |\boldsymbol{I}|, \quad \text{即} \quad |\boldsymbol{A}|\,|\boldsymbol{A}^{-1}| = 1.$$

因此 $|\boldsymbol{A}|\neq 0$. ▌

上述必要条件 $|\boldsymbol{A}|\neq 0$ 是不是充分条件? 也就是说,如果 $|\boldsymbol{A}|\neq 0$,$\boldsymbol{A}$ 一定是可逆矩阵吗? 或者说,如果 $|\boldsymbol{A}|\neq 0$,我们能不能找到一个矩阵 $\boldsymbol{B}$,使得

$$\boldsymbol{AB} = \boldsymbol{BA} = \boldsymbol{I}?$$

为了回答这个问题,我们引入下述概念:

定义 3 把 n 阶矩阵 $\boldsymbol{A}=[a_{ij}]$ 的第 1 行元素的代数余子式作为第 1 列,第 2 行元素的代数余子式作为第 2 列……第 n 行元素的代数余子式作为第 n 列,组成一个矩阵

$$\begin{bmatrix} A_{11} & A_{21} & \cdots & A_{n1} \\ A_{12} & A_{22} & \cdots & A_{n2} \\ \vdots & \vdots & & \vdots \\ A_{1n} & A_{2n} & \cdots & A_{nn} \end{bmatrix}, \tag{4}$$

称它为 $\boldsymbol{A}$ 的**伴随矩阵**,记作 $\boldsymbol{A}^*$.

利用行列式按 1 行展开的公式,得

$$AA^* = \begin{bmatrix} a_{11} & a_{12} & \cdots & a_{1n} \\ a_{21} & a_{22} & \cdots & a_{2n} \\ \vdots & \vdots & & \vdots \\ a_{n1} & a_{n2} & \cdots & a_{nn} \end{bmatrix} \begin{bmatrix} A_{11} & A_{21} & \cdots & A_{n1} \\ A_{12} & A_{22} & \cdots & A_{n2} \\ \vdots & \vdots & & \vdots \\ A_{1n} & A_{2n} & \cdots & A_{nn} \end{bmatrix}$$

$$= \begin{bmatrix} |A| & 0 & \cdots & 0 \\ 0 & |A| & \cdots & 0 \\ \vdots & \vdots & & \vdots \\ 0 & 0 & \cdots & |A| \end{bmatrix} = |A|I. \tag{5}$$

类似地,利用行列式按 1 列展开的公式,得

$$A^*A = |A|I, \tag{6}$$

于是,如果 $|A|\neq 0$,则从(5)式和(6)式得

$$A\left(\frac{1}{|A|}A^*\right) = \left(\frac{1}{|A|}A^*\right)A = I, \tag{7}$$

从而 A 是可逆矩阵. 这样,我们得到了下述定理:

定理 1　数域 K 上 n 阶矩阵 A 可逆的充要条件为 $|A|\neq 0$. 当 A 可逆时,

$$A^{-1} = \frac{1}{|A|}A^*. \tag{8}$$

▌

定理 1 给出了判断矩阵是否可逆的一种方法,并且给出了求逆矩阵的一种方法,称之为**伴随矩阵法**.

例 1　设矩阵

$$A = \begin{bmatrix} a & b \\ c & d \end{bmatrix},$$

问:当 a,b,c,d 满足什么条件时,A 可逆? 当 A 可逆时,求 A^{-1}.

解　A 可逆 $\Longleftrightarrow |A|\neq 0 \Longleftrightarrow ad-bc\neq 0$. 当 A 可逆时,

$$A^{-1} = \frac{1}{|A|}A^* = \frac{1}{ad-bc}\begin{bmatrix} d & -b \\ -c & a \end{bmatrix} = \begin{bmatrix} \frac{d}{ad-bc} & -\frac{b}{ad-bc} \\ -\frac{c}{ad-bc} & \frac{a}{ad-bc} \end{bmatrix}.$$

从定理 1 还可以推导出 n 阶矩阵 A 可逆的其他一些充要条件.

推论 1　n 阶矩阵 A 可逆的充要条件是 $\mathrm{rank}(A)=n$(A 为满秩矩阵).　▌

推论 2　n 阶矩阵 A 可逆的充要条件是 A 的行或列向量组线性无关.　▌

下面给出判别一个矩阵是否可逆的更简便的方法.

命题 2　设 A 与 B 都是 n 阶矩阵. 如果 $AB=I$,那么 A 与 B 都是可逆矩阵,并且

$$A^{-1}=B,\quad B^{-1}=A.$$

证明　因为 $\boldsymbol{AB}=\boldsymbol{I}$，所以 $|\boldsymbol{AB}|=|\boldsymbol{I}|$，从而 $|\boldsymbol{A}|\,|\boldsymbol{B}|=1$. 因此 $|\boldsymbol{A}|\neq 0$，$|\boldsymbol{B}|\neq 0$. 于是 $\boldsymbol{A}$，$\boldsymbol{B}$ 都可逆.

在 $\boldsymbol{AB}=\boldsymbol{I}$ 两边左乘 $\boldsymbol{A}^{-1}$，得

$$\boldsymbol{A}^{-1}\boldsymbol{AB}=\boldsymbol{A}^{-1}\boldsymbol{I}.$$

由此得出 $\boldsymbol{B}=\boldsymbol{A}^{-1}$，从而

$$\boldsymbol{B}^{-1}=(\boldsymbol{A}^{-1})^{-1}=\boldsymbol{A}. \qquad \blacksquare$$

利用命题 2 既可以判断矩阵是否可逆，同时又可以立即写出可逆矩阵的逆矩阵.

例 2　判断初等矩阵是否可逆？如果可逆，求出它的逆矩阵.

解　由于

（第 j 列）

$$\boldsymbol{P}(j,i(k))=\begin{bmatrix}1&&&&&\\&\ddots&&&&\\&&1&&&\\&&\vdots&\ddots&&\\&&k&\cdots&1&\\&&&&\ddots&\\&&&&&1\end{bmatrix}\begin{matrix}\\\\(\text{第 } i \text{ 行})\\\\(\text{第 } j \text{ 行})\\\\\\\end{matrix}$$

$$\xrightarrow{Ⓙ+Ⓘ\cdot(-k)}\begin{bmatrix}1&&&&&\\&\ddots&&&&\\&&1&&&\\&&\vdots&\ddots&&\\&&0&\cdots&1&\\&&&&\ddots&\\&&&&&1\end{bmatrix}=\boldsymbol{I},$$

因此

$$\boldsymbol{P}(j,i(-k))\boldsymbol{P}(j,i(k))=\boldsymbol{I}.$$

从而初等矩阵 $\boldsymbol{P}(j,i(k))$ 可逆，并且

$$\boldsymbol{P}(j,i(k))^{-1}=\boldsymbol{P}(j,i(-k)).$$

同理，有 $\boldsymbol{P}(i,j)\boldsymbol{P}(i,j)=\boldsymbol{I}$，因此初等矩阵 $\boldsymbol{P}(i,j)$ 可逆，并且

$$\boldsymbol{P}(i,j)^{-1}=\boldsymbol{P}(i,j);$$

也有 $\boldsymbol{P}\left(i\left(\frac{1}{c}\right)\right)\boldsymbol{P}(i(c))=\boldsymbol{I}$，因此初等矩阵 $\boldsymbol{P}(i(c))$ 可逆，并且

$$\boldsymbol{P}(i(c))^{-1}=\boldsymbol{P}\left(i\left(\frac{1}{c}\right)\right).$$

例 2 表明，初等矩阵都可逆，并且它的逆矩阵是与它同型的初等矩阵.

思考

可逆矩阵有哪些性质?

性质 1 单位矩阵 $\boldsymbol{I}$ 可逆,并且 $\boldsymbol{I}^{-1}=\boldsymbol{I}$. ▌

性质 2 如果矩阵 $\boldsymbol{A}$ 可逆,那么 $\boldsymbol{A}^{-1}$ 也可逆,并且

$$(\boldsymbol{A}^{-1})^{-1} = \boldsymbol{A}. \qquad ▌$$

性质 3 如果 n 阶矩阵 $\boldsymbol{A},\boldsymbol{B}$ 都可逆,那么 $\boldsymbol{AB}$ 也可逆,并且

$$(\boldsymbol{AB})^{-1} = \boldsymbol{B}^{-1}\boldsymbol{A}^{-1}. \tag{9}$$

证明 因为 $\boldsymbol{A},\boldsymbol{B}$ 都可逆,所以有 $\boldsymbol{A}^{-1},\boldsymbol{B}^{-1}$,并且

$$(\boldsymbol{AB})(\boldsymbol{B}^{-1}\boldsymbol{A}^{-1}) = \boldsymbol{A}(\boldsymbol{BB}^{-1})\boldsymbol{A}^{-1} = \boldsymbol{AIA}^{-1} = \boldsymbol{I}.$$

因此,$\boldsymbol{AB}$ 可逆,并且 $(\boldsymbol{AB})^{-1}=\boldsymbol{B}^{-1}\boldsymbol{A}^{-1}$. ▌

性质 3 可以推广到多个 n 阶可逆矩阵相乘的情形,即如果 n 阶矩阵 $\boldsymbol{A}_1,\boldsymbol{A}_2,\cdots,\boldsymbol{A}_s$ 都可逆,那么 $\boldsymbol{A}_1\boldsymbol{A}_2\cdots\boldsymbol{A}_s$ 也可逆,并且

$$(\boldsymbol{A}_1\boldsymbol{A}_2\cdots\boldsymbol{A}_s)^{-1} = \boldsymbol{A}_s^{-1}\cdots\boldsymbol{A}_2^{-1}\boldsymbol{A}_1^{-1}. \tag{10}$$

性质 4 如果矩阵 $\boldsymbol{A}$ 可逆,那么 $\boldsymbol{A}^{\mathrm{T}}$ 也可逆,并且

$$(\boldsymbol{A}^{\mathrm{T}})^{-1} = (\boldsymbol{A}^{-1})^{\mathrm{T}}. \tag{11}$$

证明 因为 $\boldsymbol{A}$ 可逆,所以有 $\boldsymbol{A}^{-1}$,并且

$$\boldsymbol{A}^{\mathrm{T}}(\boldsymbol{A}^{-1})^{\mathrm{T}} = (\boldsymbol{A}^{-1}\boldsymbol{A})^{\mathrm{T}} = \boldsymbol{I}^{\mathrm{T}} = \boldsymbol{I}.$$

因此,$\boldsymbol{A}^{\mathrm{T}}$ 可逆,并且 $(\boldsymbol{A}^{\mathrm{T}})^{-1}=(\boldsymbol{A}^{-1})^{\mathrm{T}}$. ▌

性质 5 可逆矩阵经过初等行变换化成的简化行阶梯形矩阵一定是单位矩阵.

证明 设 n 阶可逆矩阵 $\boldsymbol{A}$ 经过初等行变换化成的简化行阶梯形矩阵是 $\boldsymbol{J}$,则 $\boldsymbol{J}$ 的非零行数等于 $\operatorname{rank}(\boldsymbol{A})=n$,从而 $\boldsymbol{J}$ 有 n 个主元. 由于 n 个主元位于不同的列,从而它们分别位于第 $1,2,\cdots,n$ 列,即

$$\boldsymbol{J} = \begin{bmatrix} 1 & 0 & 0 & \cdots & 0 \\ 0 & 1 & 0 & \cdots & 0 \\ \vdots & \vdots & \vdots & & \vdots \\ 0 & 0 & 0 & \cdots & 1 \end{bmatrix} = \boldsymbol{I}. \qquad ▌$$

性质 6 矩阵 $\boldsymbol{A}$ 可逆的充要条件是它可以表示成一些初等矩阵的乘积.

证明 *充分性* 设 $\boldsymbol{A}$ 可以表示成一些初等矩阵的乘积. 由于初等矩阵都可逆,因此它们的乘积也可逆,从而 $\boldsymbol{A}$ 可逆.

必要性 设 $\boldsymbol{A}$ 可逆,则 $\boldsymbol{A}$ 经过初等行变换化成的简化行阶梯矩阵一定是单位矩阵 $\boldsymbol{I}$. 因此,有初等矩阵 $\boldsymbol{P}_1,\boldsymbol{P}_2,\cdots,\boldsymbol{P}_t$($t$ 是某个正整数),使得

$$\boldsymbol{P}_t\cdots\boldsymbol{P}_2\boldsymbol{P}_1\boldsymbol{A} = \boldsymbol{I}, \tag{12}$$

从而

$$\boldsymbol{A} = (\boldsymbol{P}_t\cdots\boldsymbol{P}_2\boldsymbol{P}_1)^{-1} = \boldsymbol{P}_1^{-1}\boldsymbol{P}_2^{-1}\cdots\boldsymbol{P}_t^{-1}. \tag{13}$$

由于初等矩阵的逆矩阵仍是初等矩阵,因此(13)式表明:$\boldsymbol{A}$ 可以表示成一些初等矩阵的乘积. ▍

性质 7 用一个可逆矩阵左或右乘矩阵 $\boldsymbol{A}$,不改变 $\boldsymbol{A}$ 的秩.

证明 设 $\boldsymbol{P}$ 为可逆矩阵,且 $\boldsymbol{PA}$ 有意义,则有初等矩阵 $\boldsymbol{P}_1,\boldsymbol{P}_2,\cdots,\boldsymbol{P}_m$($m$ 是某个正整数),使得

$$\boldsymbol{P}=\boldsymbol{P}_1\boldsymbol{P}_2\cdots\boldsymbol{P}_m,$$

从而

$$\boldsymbol{PA}=\boldsymbol{P}_1\boldsymbol{P}_2\cdots\boldsymbol{P}_m\boldsymbol{A},$$

即用 $\boldsymbol{P}$ 左乘 $\boldsymbol{A}$ 相当于对 $\boldsymbol{A}$ 做了一系列初等行变换. 由于初等行变换不改变矩阵的秩,因此

$$\operatorname{rank}(\boldsymbol{PA})=\operatorname{rank}(\boldsymbol{A}).$$

类似地,由于初等列变换不改变矩阵的秩,因此当用可逆矩阵 $\boldsymbol{Q}$ 右乘 $\boldsymbol{A}$ 有意义时,有

$$\operatorname{rank}(\boldsymbol{AQ})=\operatorname{rank}(\boldsymbol{A}).$$ ▍

思考

除了可以用伴随矩阵法及命题 2 来求可逆矩阵的逆矩阵外,还有没有其他方法? 你能从公式(12)受到启发给出求逆矩阵的一种方法吗?

分析

设 $\boldsymbol{A}$ 是 n 阶可逆矩阵,则从性质 6 的必要性的证明过程知道,有初等矩阵 $\boldsymbol{P}_1,\boldsymbol{P}_2,\cdots,\boldsymbol{P}_t$($t$ 为某个正整数),使得

$$\boldsymbol{P}_t\cdots\boldsymbol{P}_2\boldsymbol{P}_1\boldsymbol{A}=\boldsymbol{I}. \tag{14}$$

由此,再根据命题 2,得

$$\boldsymbol{A}^{-1}=\boldsymbol{P}_t\cdots\boldsymbol{P}_2\boldsymbol{P}_1, \tag{15}$$

即

$$\boldsymbol{P}_t\cdots\boldsymbol{P}_2\boldsymbol{P}_1\boldsymbol{I}=\boldsymbol{A}^{-1}. \tag{16}$$

比较(14)式和(16)式,得到:如果用一系列初等行变换把 $\boldsymbol{A}$ 化成了单位矩阵 $\boldsymbol{I}$,那么同样的这些初等行变换就把 $\boldsymbol{I}$ 化成了 $\boldsymbol{A}^{-1}$. 因此,我们可以把 $\boldsymbol{A}$ 与 $\boldsymbol{I}$ 并排放在一起,组成一个 $n\times 2n$ 阶矩阵 $[\boldsymbol{A},\boldsymbol{I}]$. 再对 $[\boldsymbol{A},\boldsymbol{I}]$ 做一系列初等行变换,把它的左半部分化成 $\boldsymbol{I}$,这时右半部分就是 $\boldsymbol{A}^{-1}$,即

$$[\boldsymbol{A},\boldsymbol{I}]\xrightarrow{\text{初等行变换}}[\boldsymbol{I},\boldsymbol{A}^{-1}]. \tag{17}$$

这种求逆矩阵的方法称为**初等变换法**,它是最常用的方法.

示范

例 3 设矩阵

$$A=\begin{bmatrix}4&1&2\\3&2&1\\5&-3&2\end{bmatrix},$$

求 A^{-1}.

解 由于

$$[A,I]=\begin{bmatrix}4&1&2&1&0&0\\3&2&1&0&1&0\\5&-3&2&0&0&1\end{bmatrix}\xrightarrow{①+②\cdot(-1)}\begin{bmatrix}1&-1&1&1&-1&0\\3&2&1&0&1&0\\5&-3&2&0&0&1\end{bmatrix}$$

$$\longrightarrow\begin{bmatrix}1&-1&1&1&-1&0\\0&5&-2&-3&4&0\\0&2&-3&-5&5&1\end{bmatrix}\xrightarrow{②+③\cdot(-2)}\begin{bmatrix}1&-1&1&1&-1&0\\0&1&4&7&-6&-2\\0&2&-3&-5&5&1\end{bmatrix}$$

$$\longrightarrow\begin{bmatrix}1&-1&1&1&-1&0\\0&1&4&7&-6&-2\\0&0&1&\frac{19}{11}&-\frac{17}{11}&-\frac{5}{11}\end{bmatrix}\longrightarrow\begin{bmatrix}1&-1&0&-\frac{8}{11}&\frac{6}{11}&\frac{5}{11}\\0&1&0&\frac{1}{11}&\frac{2}{11}&-\frac{2}{11}\\0&0&1&\frac{19}{11}&-\frac{17}{11}&-\frac{5}{11}\end{bmatrix}$$

$$\longrightarrow\begin{bmatrix}1&0&0&-\frac{7}{11}&\frac{8}{11}&\frac{3}{11}\\0&1&0&\frac{1}{11}&\frac{2}{11}&-\frac{2}{11}\\0&0&1&\frac{19}{11}&-\frac{17}{11}&-\frac{5}{11}\end{bmatrix},$$

因此

$$A^{-1}=\begin{bmatrix}-\frac{7}{11}&\frac{8}{11}&\frac{3}{11}\\\frac{1}{11}&\frac{2}{11}&-\frac{2}{11}\\\frac{19}{11}&-\frac{17}{11}&-\frac{5}{11}\end{bmatrix}.$$

例 4 **解矩阵方程** $AX=B$(X 是未知矩阵,以下同),其中

$$A=\begin{bmatrix}1&0&-2\\-3&4&-1\\2&1&3\end{bmatrix},\quad B=\begin{bmatrix}5&-1\\-2&3\\1&4\end{bmatrix}.$$

解 如果矩阵 A 可逆,那么在 $AX=B$ 两边左乘 A^{-1},得

$$A^{-1}AX=A^{-1}B.$$

由此得

$$X=A^{-1}B.$$

我们来求 A^{-1}：由于

$$[A,I]=\begin{bmatrix}1&0&-2&1&0&0\\-3&4&-1&0&1&0\\2&1&3&0&0&1\end{bmatrix}\longrightarrow\begin{bmatrix}1&0&0&\frac{13}{35}&-\frac{2}{35}&\frac{8}{35}\\0&1&0&\frac{7}{35}&\frac{7}{35}&\frac{7}{35}\\0&0&1&-\frac{11}{35}&-\frac{1}{35}&\frac{4}{35}\end{bmatrix},$$

因此

$$A^{-1}=\begin{bmatrix}\frac{13}{35}&-\frac{2}{35}&\frac{8}{35}\\\frac{7}{35}&\frac{7}{35}&\frac{7}{35}\\-\frac{11}{35}&-\frac{1}{35}&\frac{4}{35}\end{bmatrix}.$$

于是

$$X=A^{-1}B=\begin{bmatrix}\frac{13}{35}&-\frac{2}{35}&\frac{8}{35}\\\frac{7}{35}&\frac{7}{35}&\frac{7}{35}\\-\frac{11}{35}&-\frac{1}{35}&\frac{4}{35}\end{bmatrix}\begin{bmatrix}5&-1\\-2&3\\1&4\end{bmatrix}=\begin{bmatrix}\frac{11}{5}&\frac{13}{35}\\\frac{4}{5}&\frac{6}{5}\\-\frac{7}{5}&\frac{24}{35}\end{bmatrix}.$$

例 5 解矩阵方程 $XA=C$，其中 A 同例 4，而

$$C=\begin{bmatrix}-1&0&6\\2&1&0\end{bmatrix}.$$

解 在例 4 中已经知道 A 可逆. 在 $XA=C$ 的两边右乘 A^{-1}，得 $XAA^{-1}=CA^{-1}$，因此

$$X=CA^{-1}=\begin{bmatrix}-1&0&6\\2&1&0\end{bmatrix}\begin{bmatrix}\frac{13}{35}&-\frac{2}{35}&\frac{8}{35}\\\frac{7}{35}&\frac{7}{35}&\frac{7}{35}\\-\frac{11}{35}&-\frac{1}{35}&\frac{4}{35}\end{bmatrix}=\begin{bmatrix}-\frac{79}{35}&-\frac{4}{35}&\frac{16}{35}\\\frac{33}{35}&\frac{3}{35}&\frac{23}{35}\end{bmatrix}.$$

***例 6** 用 J 表示元素全为 1 的 $n(n\geqslant 2)$ 阶矩阵，求 $J-I$ 的逆矩阵.

解 根据命题 2，要找一个矩阵 B，使得 $(J-I)B=I$. 用 $\mathbf{1}_n$ 表示元素全为 1 的 n 维列向量，则 $J=\mathbf{1}_n\mathbf{1}_n^{\mathrm{T}}$，从而

$$J^2=(\mathbf{1}_n\mathbf{1}_n^{\mathrm{T}})(\mathbf{1}_n\mathbf{1}_n^{\mathrm{T}})=\mathbf{1}_n(\mathbf{1}_n^{\mathrm{T}}\mathbf{1}_n)\mathbf{1}_n^{\mathrm{T}}=n\mathbf{1}_n\mathbf{1}_n^{\mathrm{T}}=nJ.$$

于是，猜测 B 具有 $aI+bJ$ 的形式，其中 a,b 为常数. 为此，做如下计算：

$$(J-I)(aI+bJ)=aJ+bJ^2-aI-bJ=-aI+(a-b)J+bnJ$$

$$= -a\boldsymbol{I} + (a-b+bn)\boldsymbol{J}.$$

取 $a=-1, b=\dfrac{1}{n-1}$，则

$$(\boldsymbol{J}-\boldsymbol{I})(a\boldsymbol{I}+b\boldsymbol{J}) = (\boldsymbol{J}-\boldsymbol{I})\left(-\boldsymbol{I}+\frac{1}{n-1}\boldsymbol{J}\right) = \boldsymbol{I}.$$

因此

$$(\boldsymbol{J}-\boldsymbol{I})^{-1} = -\boldsymbol{I}+\frac{1}{n-1}\boldsymbol{J}.$$

例 6 中求逆矩阵的方法称为**凑矩阵法**.

习 题 4.4

1. 数量矩阵 $k\boldsymbol{I}$ 何时可逆？何时不可逆？当 $k\boldsymbol{I}$ 可逆时，求它的逆矩阵.

2. 下列矩阵可逆吗？

(1) $\begin{bmatrix} 1 & 0 \\ 0 & 0 \end{bmatrix}$； (2) $\begin{bmatrix} 1 & 1 \\ 1 & 1 \end{bmatrix}$.

3. 判断下列矩阵是否可逆，若可逆，求它的逆矩阵：

(1) $\begin{bmatrix} 5 & 7 \\ 8 & 11 \end{bmatrix}$； (2) $\begin{bmatrix} 0 & 1 \\ 1 & 0 \end{bmatrix}$.

4. 证明：如果矩阵 $\boldsymbol{A}$ 可逆，那么 $\boldsymbol{A}^*$ 也可逆；并且求 $(\boldsymbol{A}^*)^{-1}$.

5. 证明：如果 n 阶矩阵 $\boldsymbol{A}$ 满足 $\boldsymbol{A}^3=\boldsymbol{0}$，那么 $\boldsymbol{I}-\boldsymbol{A}$ 可逆；并且求 $(\boldsymbol{I}-\boldsymbol{A})^{-1}$.

6. 证明：如果 n 阶矩阵 $\boldsymbol{A}$ 满足 $\boldsymbol{A}^3-2\boldsymbol{A}^2+3\boldsymbol{A}-\boldsymbol{I}=\boldsymbol{0}$，那么 $\boldsymbol{A}$ 可逆；并且求 $\boldsymbol{A}^{-1}$.

7. 证明：如果 n 阶矩阵 $\boldsymbol{A}$ 满足 $2\boldsymbol{A}^4-5\boldsymbol{A}^2+4\boldsymbol{A}+2\boldsymbol{I}=\boldsymbol{0}$，那么 $\boldsymbol{A}$ 可逆；并且求 $\boldsymbol{A}^{-1}$.

8. 证明：可逆的对称（或斜对称）矩阵的逆矩阵仍是对称（或斜对称）矩阵.

9. 求下列矩阵的逆矩阵：

(1) $\begin{bmatrix} 1 & 0 & -1 \\ -2 & 1 & 3 \\ 3 & -1 & 2 \end{bmatrix}$； (2) $\begin{bmatrix} 1 & -3 & 2 \\ -3 & 0 & 1 \\ 1 & 1 & -1 \end{bmatrix}$；

(3) $\begin{bmatrix} 3 & -2 & -5 \\ 2 & -1 & -3 \\ -4 & 0 & 1 \end{bmatrix}$； (4) $\begin{bmatrix} 1 & 1 & 1 & 1 \\ 1 & 1 & -1 & -1 \\ 1 & -1 & 1 & -1 \\ 1 & -1 & -1 & 1 \end{bmatrix}$.

10. 解下列矩阵方程：

(1) $\begin{bmatrix} 1 & -2 & 0 \\ 4 & -2 & -1 \\ -3 & 1 & 2 \end{bmatrix}\boldsymbol{X} = \begin{bmatrix} -1 & 4 \\ 2 & 5 \\ 1 & -3 \end{bmatrix}$；

(2) $\boldsymbol{X}\begin{bmatrix} 3 & -1 & 2 \\ 1 & 0 & -1 \\ -2 & 1 & 4 \end{bmatrix}=\begin{bmatrix} 3 & 0 & -2 \\ -1 & 4 & 1 \end{bmatrix}$;

(3) $\begin{bmatrix} 1 & -2 & 0 \\ 4 & -2 & -1 \\ -3 & 1 & 2 \end{bmatrix}\boldsymbol{X}\begin{bmatrix} 3 & -1 & 2 \\ 1 & 0 & -1 \\ -2 & 1 & 4 \end{bmatrix}=\begin{bmatrix} 5 & 0 & -1 \\ 1 & -3 & 0 \\ -2 & 1 & 3 \end{bmatrix}$.

11. 证明：可逆的上(或下)三角矩阵的逆矩阵仍是上(或下)三角矩阵.

*12. 证明：如果 n 阶矩阵 $\boldsymbol{A}$ 满足 $\boldsymbol{A}^k=\boldsymbol{0}$，那么 $\boldsymbol{I}-\boldsymbol{A}$ 可逆；并且求 $(\boldsymbol{I}-\boldsymbol{A})^{-1}$.

*13. 求下述 $n(n\geqslant 2)$ 阶矩阵的逆矩阵：

$$\boldsymbol{A}=\begin{bmatrix} 1+a & 1 & 1 & \cdots & 1 & 1 \\ 1 & 1+a & 1 & \cdots & 1 & 1 \\ \vdots & \vdots & \vdots & & \vdots & \vdots \\ 1 & 1 & 1 & \cdots & 1 & 1+a \end{bmatrix},$$

其中 $a\neq 0$ 且 $a\neq -n$.

§5 矩阵的分块

观察

在第二章§6 的最后一段，我们把其中的(14)式简洁地写成

$$\begin{vmatrix} \boldsymbol{A}_1 & \boldsymbol{0} \\ \boldsymbol{C} & \boldsymbol{A}_2 \end{vmatrix}=|\boldsymbol{A}_1|\,|\boldsymbol{A}_2|,$$

其中 $\boldsymbol{A}_1,\boldsymbol{A}_2$ 分别是 k 阶、r 阶矩阵，$\boldsymbol{C}$ 是 $r\times k$ 矩阵，$\boldsymbol{0}$ 是 $k\times r$ 零矩阵. 我们把一个矩阵写成

$$\begin{bmatrix} \boldsymbol{A}_1 & \boldsymbol{0} \\ \boldsymbol{C} & \boldsymbol{A}_2 \end{bmatrix}$$

这种形式，既简洁，又突出了该矩阵的特点. 这种形式的矩阵称为分块矩阵. 本节来讨论分块矩阵的运算.

分析

由矩阵 $\boldsymbol{A}$ 的若干行与若干列交叉位置的元素按原来顺序排成的矩阵称为 $\boldsymbol{A}$ 的一个**子矩阵**.

把一个矩阵 $\boldsymbol{A}$ 的行分成若干组，列也分成若干组，从而 $\boldsymbol{A}$ 被分成若干个子矩阵，这称为**矩阵的分块**. 把 $\boldsymbol{A}$ 看成是由这些子矩阵组成的. 这种由子矩阵组成的矩阵称为**分块矩阵**.

从矩阵加法的定义容易看出，两个具有相同分法的分块矩阵相加时，只要把对应的子矩阵相加即可；从矩阵数量乘法的定义容易看出，数 k 乘以一个分块矩阵时，只要用 k 去乘每

个子矩阵即可.

分块矩阵的乘法如何进行呢？由矩阵乘法的定义容易想到分块矩阵相乘需要满足下述两个条件：

(1) 左矩阵的列组数等于右矩阵的行组数；

(2) 左矩阵的每个列组所含的列数等于右矩阵相应行组所含的行数.

设 $\boldsymbol{A},\boldsymbol{B}$ 分别是 $s\times n, n\times m$ 矩阵，把 $\boldsymbol{A}$ 的行分成 u 组，列分成 t 组，同时把 $\boldsymbol{B}$ 的行分成 t 组，列分成 v 组，则分块矩阵的乘积

$$\begin{array}{c} \\ s_1 \\ \vdots \\ s_p \\ \vdots \\ s_u \end{array}\begin{array}{c} \begin{array}{cccc} n_1 & n_2 & \cdots & n_t \end{array} \\ \begin{bmatrix} \boldsymbol{A}_{11} & \boldsymbol{A}_{12} & \cdots & \boldsymbol{A}_{1t} \\ \vdots & \vdots & & \vdots \\ \boldsymbol{A}_{p1} & \boldsymbol{A}_{p2} & \cdots & \boldsymbol{A}_{pt} \\ \vdots & \vdots & & \vdots \\ \boldsymbol{A}_{u1} & \boldsymbol{A}_{u2} & \cdots & \boldsymbol{A}_{ut} \end{bmatrix} \end{array} \begin{array}{c} \begin{array}{ccccc} m_1 & \cdots & m_q & \cdots & m_v \end{array} \\ \begin{bmatrix} \boldsymbol{B}_{11} & \cdots & \boldsymbol{B}_{1q} & \cdots & \boldsymbol{B}_{1v} \\ \boldsymbol{B}_{21} & \cdots & \boldsymbol{B}_{2q} & \cdots & \boldsymbol{B}_{2v} \\ \vdots & \vdots & & \vdots & \\ \boldsymbol{B}_{t1} & \cdots & \boldsymbol{B}_{tq} & \cdots & \boldsymbol{B}_{tv} \end{bmatrix} \end{array} \begin{array}{c} \\ n_1 \\ n_2 \\ \vdots \\ n_t \end{array}$$

中，第 p 个行组与第 q 个列组交叉位置的子矩阵 $\boldsymbol{C}_{pq}$ 的 (i,j) 元等于 $\boldsymbol{A}_{p1},\boldsymbol{A}_{p2},\cdots,\boldsymbol{A}_{pt}$ 的第 i 行与 $\boldsymbol{B}_{1q},\boldsymbol{B}_{2q},\cdots,\boldsymbol{B}_{tq}$ 的第 j 列对应元素的乘积之和，即 $\boldsymbol{A}_{p1}\boldsymbol{B}_{1q}+\boldsymbol{A}_{p2}\boldsymbol{B}_{2q}+\cdots+\boldsymbol{A}_{pt}\boldsymbol{B}_{tq}$ 的 (i,j) 元，从而 $\boldsymbol{C}_{pq}=\boldsymbol{A}_{p1}\boldsymbol{B}_{1q}+\boldsymbol{A}_{p2}\boldsymbol{B}_{2q}+\cdots+\boldsymbol{A}_{pt}\boldsymbol{B}_{tq}$. 由此看出，满足上述两个条件的两个分块矩阵相乘，只要把左矩阵的每一个行组与右矩阵的每一个列组的对应子矩阵相乘，然后再相加即可. 要注意，子矩阵之间的乘法应当是左矩阵的子矩阵在左边，右矩阵的子矩阵在右边，不能交换次序.

示范

分块矩阵的乘法有许多应用，我们举一些例子.

例 1　设 $\boldsymbol{A}$ 是 $s\times n$ 矩阵，$\boldsymbol{B}$ 是 $n\times m$ 矩阵，$\boldsymbol{B}$ 的列向量组为 $\boldsymbol{\beta}_1,\boldsymbol{\beta}_2,\cdots,\boldsymbol{\beta}_m$，则

$$\boldsymbol{AB}=[\boldsymbol{A\beta}_1,\boldsymbol{A\beta}_2,\cdots,\boldsymbol{A\beta}_m]. \tag{1}$$

证明　把 $\boldsymbol{A}$ 的所有行作为一组，所有列作为一组，同时把 $\boldsymbol{B}$ 的所有行作为一组，列分成 m 组，每组含一列，则

$$\boldsymbol{AB}=[\boldsymbol{A}][\boldsymbol{\beta}_1,\boldsymbol{\beta}_2,\cdots,\boldsymbol{\beta}_m]=[\boldsymbol{A\beta}_1,\boldsymbol{A\beta}_2,\cdots,\boldsymbol{A\beta}_m].$$ ▍

公式(1)是非常有用的. 这可由下面的例 2 看出.

例 2　设矩阵 $\boldsymbol{A}_{s\times n}\neq\boldsymbol{0}$，矩阵 $\boldsymbol{B}_{n\times m}$ 的列向量组是 $\boldsymbol{\beta}_1,\boldsymbol{\beta}_2,\cdots,\boldsymbol{\beta}_m$，则

$$\boldsymbol{AB}=\boldsymbol{0}\Longleftrightarrow \boldsymbol{\beta}_1,\boldsymbol{\beta}_2,\cdots,\boldsymbol{\beta}_m \text{ 都是齐次线性方程组 } \boldsymbol{Ax}=\boldsymbol{0} \text{ 的解}.$$

证明　由题设条件

$$\begin{aligned}\boldsymbol{AB}=\boldsymbol{0} &\Longleftrightarrow [\boldsymbol{A\beta}_1,\boldsymbol{A\beta}_2,\cdots,\boldsymbol{A\beta}_m]=\boldsymbol{0}\\ &\Longleftrightarrow \boldsymbol{A\beta}_1=\boldsymbol{0},\boldsymbol{A\beta}_2=\boldsymbol{0},\cdots,\boldsymbol{A\beta}_m=\boldsymbol{0}\\ &\Longleftrightarrow \boldsymbol{\beta}_1,\boldsymbol{\beta}_2,\cdots,\boldsymbol{\beta}_m \text{ 都是齐次线性方程组 } \boldsymbol{Ax}=\boldsymbol{0} \text{ 的解}.\end{aligned}$$ ▍

例 2 使得我们可以利用齐次线性方程组的理论去解决矩阵理论中涉及 $\boldsymbol{AB}=\boldsymbol{0}$ 的一类问题.

评注

分块矩阵的转置不仅要把第 i 个行组写成第 i 个列组，而且要把每个子矩阵转置，例如

$$\begin{bmatrix} \boldsymbol{A}_1 & \boldsymbol{A}_2 \\ \boldsymbol{A}_3 & \boldsymbol{A}_4 \end{bmatrix}^{\mathrm{T}} = \begin{bmatrix} \boldsymbol{A}_1^{\mathrm{T}} & \boldsymbol{A}_3^{\mathrm{T}} \\ \boldsymbol{A}_2^{\mathrm{T}} & \boldsymbol{A}_4^{\mathrm{T}} \end{bmatrix}. \tag{2}$$

主对角线上的所有子矩阵都是方阵，其余子矩阵全为 $\mathbf{0}$ 的分块矩阵称为**分块对角矩阵**，它形如

$$\begin{bmatrix} \boldsymbol{A}_1 & \mathbf{0} & \mathbf{0} & \cdots & \mathbf{0} \\ \mathbf{0} & \boldsymbol{A}_2 & \mathbf{0} & \cdots & \mathbf{0} \\ \vdots & \vdots & \vdots & & \vdots \\ \mathbf{0} & \mathbf{0} & \mathbf{0} & \cdots & \boldsymbol{A}_s \end{bmatrix}, \tag{3}$$

其中 $\boldsymbol{A}_1, \boldsymbol{A}_2, \cdots, \boldsymbol{A}_s$ 都是方阵. 分块对角矩阵(3)可简写成

$$\operatorname{diag}\{\boldsymbol{A}_1, \boldsymbol{A}_2, \cdots, \boldsymbol{A}_s\}.$$

主对角线上的所有子矩阵都是方阵，而位于主对角线下方的所有子矩阵都为 $\mathbf{0}$ 的分块矩阵称为**分块上三角矩阵**，它形如

$$\begin{bmatrix} \boldsymbol{A}_{11} & \boldsymbol{A}_{12} & \cdots & \boldsymbol{A}_{1s} \\ \mathbf{0} & \boldsymbol{A}_{22} & \cdots & \boldsymbol{A}_{2s} \\ \vdots & \vdots & & \vdots \\ \mathbf{0} & \mathbf{0} & \cdots & \boldsymbol{A}_{ss} \end{bmatrix}, \tag{4}$$

其中 $\boldsymbol{A}_{11}, \boldsymbol{A}_{12}, \cdots, \boldsymbol{A}_{ss}$ 都是方阵.

在第二章的§6中，我们证明了：$\begin{vmatrix} \boldsymbol{A}_1 & \boldsymbol{D} \\ \mathbf{0} & \boldsymbol{A}_2 \end{vmatrix} = |\boldsymbol{A}_1|\,|\boldsymbol{A}_2|$. 它可以推广成

$$\begin{vmatrix} \boldsymbol{A}_{11} & \boldsymbol{A}_{12} & \cdots & \boldsymbol{A}_{1s} \\ \mathbf{0} & \boldsymbol{A}_{22} & \cdots & \boldsymbol{A}_{2s} \\ \vdots & \vdots & & \vdots \\ \mathbf{0} & \mathbf{0} & \cdots & \boldsymbol{A}_{ss} \end{vmatrix} = |\boldsymbol{A}_{11}|\,|\boldsymbol{A}_{22}|\cdots|\boldsymbol{A}_{ss}|.$$

分块上三角矩阵有许多应用. 为了把一般的分块矩阵变成分块上三角矩阵，我们引入下述概念：

下列三种变换称为**分块矩阵的初等行变换**：

Ⅰ. 把一个块行(行组)的左 $\boldsymbol{P}$ 倍($\boldsymbol{P}$ 是矩阵)加到另一个块行上，例如

$$\begin{bmatrix} \boldsymbol{A}_{11} & \boldsymbol{A}_{12} \\ \boldsymbol{A}_{21} & \boldsymbol{A}_{22} \end{bmatrix} \xrightarrow{② + \boldsymbol{P} \cdot ①} \begin{bmatrix} \boldsymbol{A}_{11} & \boldsymbol{A}_{12} \\ \boldsymbol{P}\boldsymbol{A}_{11} + \boldsymbol{A}_{21} & \boldsymbol{P}\boldsymbol{A}_{12} + \boldsymbol{A}_{22} \end{bmatrix}; \tag{5}$$

Ⅱ. 两个块行互换位置；

Ⅲ. 用一个可逆矩阵左乘某一块行.

类似地，有**分块矩阵的初等列变换**，但要注意，这时Ⅰ型和Ⅲ型初等列变换都要右乘.

为了使分块矩阵的初等行或列变换能够通过分块矩阵的乘法来实现，我们引入分块初等矩阵的概念：

分块单位矩阵(把单位矩阵分块得到的分块矩阵)经过一次分块矩阵的初等行或列变换得到的矩阵称为**分块初等矩阵**，例如

$$\begin{bmatrix} \boldsymbol{I} & \boldsymbol{0} \\ \boldsymbol{0} & \boldsymbol{I} \end{bmatrix} \xrightarrow{②+\boldsymbol{P}\cdot①} \begin{bmatrix} \boldsymbol{I} & \boldsymbol{0} \\ \boldsymbol{P} & \boldsymbol{I} \end{bmatrix}, \quad \begin{bmatrix} \boldsymbol{I} & \boldsymbol{0} \\ \boldsymbol{0} & \boldsymbol{I} \end{bmatrix} \xrightarrow[①+②\cdot\boldsymbol{P}]{} \begin{bmatrix} \boldsymbol{I} & \boldsymbol{0} \\ \boldsymbol{P} & \boldsymbol{I} \end{bmatrix}. \tag{6}$$

(6)式箭头右端是一个分块初等矩阵. 我们有

$$\begin{bmatrix} \boldsymbol{I} & \boldsymbol{0} \\ \boldsymbol{P} & \boldsymbol{I} \end{bmatrix} \begin{bmatrix} \boldsymbol{A}_{11} & \boldsymbol{A}_{12} \\ \boldsymbol{A}_{21} & \boldsymbol{A}_{22} \end{bmatrix} = \begin{bmatrix} \boldsymbol{A}_{11} & \boldsymbol{A}_{12} \\ \boldsymbol{P}\boldsymbol{A}_{11}+\boldsymbol{A}_{21} & \boldsymbol{P}\boldsymbol{A}_{12}+\boldsymbol{A}_{22} \end{bmatrix}. \tag{7}$$

把(7)式与(5)式做比较，得到：对一个分块矩阵$\boldsymbol{A}$做一次Ⅰ型初等行变换，就相当于用一个相应的分块初等矩阵左乘$\boldsymbol{A}$. 对于分块矩阵的Ⅱ型、Ⅲ型初等行变换，也有类似结论. 同样，分块矩阵的初等列变换也有类似结论(这时要用相应的分块初等矩阵右乘$\boldsymbol{A}$)，例如

$$\begin{bmatrix} \boldsymbol{A}_{11} & \boldsymbol{A}_{12} \\ \boldsymbol{A}_{21} & \boldsymbol{A}_{22} \end{bmatrix} \begin{bmatrix} \boldsymbol{I} & \boldsymbol{0} \\ \boldsymbol{P} & \boldsymbol{I} \end{bmatrix} = \begin{bmatrix} \boldsymbol{A}_{11}+\boldsymbol{A}_{12}\boldsymbol{P} & \boldsymbol{A}_{12} \\ \boldsymbol{A}_{21}+\boldsymbol{A}_{22}\boldsymbol{P} & \boldsymbol{A}_{22} \end{bmatrix} \xleftarrow[①+②\cdot\boldsymbol{P}]{} \begin{bmatrix} \boldsymbol{A}_{11} & \boldsymbol{A}_{12} \\ \boldsymbol{A}_{21} & \boldsymbol{A}_{22} \end{bmatrix}.$$

由于分块初等矩阵是可逆矩阵，因此由上述结论得：分块矩阵的初等行或列变换不改变矩阵的秩.

例 3　设$\boldsymbol{A},\boldsymbol{B}$分别是$s\times n$，$n\times s$矩阵，证明：

$$\begin{vmatrix} \boldsymbol{I}_n & \boldsymbol{B} \\ \boldsymbol{A} & \boldsymbol{I}_s \end{vmatrix} = |\boldsymbol{I}_s-\boldsymbol{A}\boldsymbol{B}|. \tag{8}$$

证明　设法把(8)式左端变成分块上三角矩阵的行列式. 为此，做分块矩阵的初等行变换：

$$\begin{bmatrix} \boldsymbol{I}_n & \boldsymbol{B} \\ \boldsymbol{A} & \boldsymbol{I}_s \end{bmatrix} \xrightarrow{②+(-\boldsymbol{A})\cdot①} \begin{bmatrix} \boldsymbol{I}_n & \boldsymbol{B} \\ \boldsymbol{0} & \boldsymbol{I}_s-\boldsymbol{A}\boldsymbol{B} \end{bmatrix}. \tag{9}$$

于是

$$\begin{bmatrix} \boldsymbol{I}_n & \boldsymbol{0} \\ -\boldsymbol{A} & \boldsymbol{I}_s \end{bmatrix} \begin{bmatrix} \boldsymbol{I}_n & \boldsymbol{B} \\ \boldsymbol{A} & \boldsymbol{I}_s \end{bmatrix} = \begin{bmatrix} \boldsymbol{I}_n & \boldsymbol{B} \\ \boldsymbol{0} & \boldsymbol{I}_s-\boldsymbol{A}\boldsymbol{B} \end{bmatrix}, \tag{10}$$

在(10)式两边取行列式，得

$$\begin{vmatrix} \boldsymbol{I}_n & \boldsymbol{0} \\ -\boldsymbol{A} & \boldsymbol{I}_s \end{vmatrix} \begin{vmatrix} \boldsymbol{I}_n & \boldsymbol{B} \\ \boldsymbol{A} & \boldsymbol{I}_s \end{vmatrix} = \begin{vmatrix} \boldsymbol{I}_n & \boldsymbol{B} \\ \boldsymbol{0} & \boldsymbol{I}_s-\boldsymbol{A}\boldsymbol{B} \end{vmatrix}.$$

由此得

$$|\boldsymbol{I}_n|\,|\boldsymbol{I}_s| \begin{vmatrix} \boldsymbol{I}_n & \boldsymbol{B} \\ \boldsymbol{A} & \boldsymbol{I}_s \end{vmatrix} = |\boldsymbol{I}_n|\,|\boldsymbol{I}_s-\boldsymbol{A}\boldsymbol{B}|,$$

从而(8)式成立. ▌

***例 4**　证明：设$\boldsymbol{A},\boldsymbol{B}$分别是$s\times n$，$n\times m$矩阵，则有**西尔维斯特(Sylvester)秩不等式**

$$\operatorname{rank}(\boldsymbol{AB}) \geqslant \operatorname{rank}(\boldsymbol{A}) + \operatorname{rank}(\boldsymbol{B}) - n. \tag{11}$$

证明 只需证 $n+\operatorname{rank}(\boldsymbol{AB})\geqslant\operatorname{rank}(\boldsymbol{A})+\operatorname{rank}(\boldsymbol{B})$ 即可.

根据第三章习题 3.4 中第 7 题的结论，有

$$n + \operatorname{rank}(\boldsymbol{AB}) = \operatorname{rank}\begin{bmatrix}\boldsymbol{I}_n & \boldsymbol{0}\\ \boldsymbol{0} & \boldsymbol{AB}\end{bmatrix}. \tag{12}$$

又有

$$\begin{bmatrix}\boldsymbol{I}_n & \boldsymbol{0}\\ \boldsymbol{0} & \boldsymbol{AB}\end{bmatrix} \xrightarrow{②+\boldsymbol{A}\cdot①} \begin{bmatrix}\boldsymbol{I}_n & \boldsymbol{0}\\ \boldsymbol{A} & \boldsymbol{AB}\end{bmatrix} \xrightarrow[②+①\cdot(-\boldsymbol{B})]{} \begin{bmatrix}\boldsymbol{I}_n & -\boldsymbol{B}\\ \boldsymbol{A} & \boldsymbol{0}\end{bmatrix}$$

$$\xrightarrow[②\cdot(-\boldsymbol{I}_m)]{} \begin{bmatrix}\boldsymbol{I}_n & \boldsymbol{B}\\ \boldsymbol{A} & \boldsymbol{0}\end{bmatrix} \xrightarrow[(①,②)]{} \begin{bmatrix}\boldsymbol{B} & \boldsymbol{I}_n\\ \boldsymbol{0} & \boldsymbol{A}\end{bmatrix}. \tag{13}$$

根据第三章习题 3.4 中第 8 题的结论，有

$$\operatorname{rank}\begin{bmatrix}\boldsymbol{B} & \boldsymbol{I}_n\\ \boldsymbol{0} & \boldsymbol{A}\end{bmatrix} \geqslant \operatorname{rank}(\boldsymbol{B}) + \operatorname{rank}(\boldsymbol{A}). \tag{14}$$

由于分块矩阵的初等行或列变换不改变矩阵的秩，因此由(12)式、(13)式和(14)式得

$$n + \operatorname{rank}(\boldsymbol{AB}) \geqslant \operatorname{rank}(\boldsymbol{A}) + \operatorname{rank}(\boldsymbol{B}).$$ ▌

***例 5** 如果 n 阶矩阵 $\boldsymbol{A}$ 满足 $\boldsymbol{A}^2=\boldsymbol{A}$，那么称 $\boldsymbol{A}$ 是**幂等矩阵**. 证明：n 阶矩阵 $\boldsymbol{A}$ 是幂等矩阵的充要条件是

$$\operatorname{rank}(\boldsymbol{A}) + \operatorname{rank}(\boldsymbol{I} - \boldsymbol{A}) = n. \tag{15}$$

证明 我们有

$$\begin{aligned} n \text{ 阶矩阵 } \boldsymbol{A} \text{ 是幂等矩阵} &\Longleftrightarrow \boldsymbol{A}^2=\boldsymbol{A} \Longleftrightarrow \boldsymbol{A}-\boldsymbol{A}^2=\boldsymbol{0}\\ &\Longleftrightarrow \operatorname{rank}(\boldsymbol{A}-\boldsymbol{A}^2)=0. \end{aligned}$$

由于

$$\begin{bmatrix}\boldsymbol{A} & \boldsymbol{0}\\ \boldsymbol{0} & \boldsymbol{I}-\boldsymbol{A}\end{bmatrix} \xrightarrow{②+①} \begin{bmatrix}\boldsymbol{A} & \boldsymbol{0}\\ \boldsymbol{A} & \boldsymbol{I}-\boldsymbol{A}\end{bmatrix} \xrightarrow[②+①]{} \begin{bmatrix}\boldsymbol{A} & \boldsymbol{A}\\ \boldsymbol{A} & \boldsymbol{I}\end{bmatrix}$$

$$\xrightarrow{①+(-\boldsymbol{A})\cdot②} \begin{bmatrix}\boldsymbol{A}-\boldsymbol{A}^2 & \boldsymbol{0}\\ \boldsymbol{A} & \boldsymbol{I}\end{bmatrix} \xrightarrow[①+②\cdot(-\boldsymbol{A})]{} \begin{bmatrix}\boldsymbol{A}-\boldsymbol{A}^2 & \boldsymbol{0}\\ \boldsymbol{0} & \boldsymbol{I}\end{bmatrix},$$

因此

$$\operatorname{rank}\begin{bmatrix}\boldsymbol{A} & \boldsymbol{0}\\ \boldsymbol{0} & \boldsymbol{I}-\boldsymbol{A}\end{bmatrix} = \operatorname{rank}\begin{bmatrix}\boldsymbol{A}-\boldsymbol{A}^2 & \boldsymbol{0}\\ \boldsymbol{0} & \boldsymbol{I}\end{bmatrix}.$$

从而

$$\operatorname{rank}(\boldsymbol{A})+\operatorname{rank}(\boldsymbol{I}-\boldsymbol{A})=\operatorname{rank}(\boldsymbol{A}-\boldsymbol{A}^2)+n.$$

于是

$$\begin{aligned} n \text{ 阶矩阵 } \boldsymbol{A} \text{ 是幂等矩阵} &\Longleftrightarrow \operatorname{rank}(\boldsymbol{A}-\boldsymbol{A}^2)=0\\ &\Longleftrightarrow \operatorname{rank}(\boldsymbol{A})+\operatorname{rank}(\boldsymbol{I}-\boldsymbol{A})=n. \end{aligned}$$ ▌

例 5 表明，仅用矩阵的秩这样的自然数就能够刻画幂等矩阵. 由此也可体会到矩阵的秩的概念是多么深刻.

§3 的定理 2 设 $\boldsymbol{A},\boldsymbol{B}$ 都是 n 阶矩阵，则

$$|\boldsymbol{AB}| = |\boldsymbol{A}|\,|\boldsymbol{B}|. \tag{16}$$

*证明 设$\boldsymbol{A}=[a_{ij}]$,$\boldsymbol{B}=[b_{ij}]$. 由于$\begin{vmatrix} \boldsymbol{A} & \boldsymbol{0} \\ -\boldsymbol{I} & \boldsymbol{B} \end{vmatrix} = |\boldsymbol{A}|\,|\boldsymbol{B}|$,并且

$$\begin{bmatrix} \boldsymbol{A} & \boldsymbol{0} \\ -\boldsymbol{I} & \boldsymbol{B} \end{bmatrix} \xrightarrow{①+\boldsymbol{A}\cdot②} \begin{bmatrix} \boldsymbol{0} & \boldsymbol{AB} \\ -\boldsymbol{I} & \boldsymbol{B} \end{bmatrix}, \tag{17}$$

因此我们运用行列式的性质 7 把(17)式左端矩阵的行列式变成右端矩阵的行列式:

$$\begin{vmatrix} \boldsymbol{A} & \boldsymbol{0} \\ -\boldsymbol{I} & \boldsymbol{B} \end{vmatrix} = \begin{vmatrix} a_{11} & a_{12} & \cdots & a_{1n} & 0 & 0 & \cdots & 0 \\ a_{21} & a_{22} & \cdots & a_{2n} & 0 & 0 & \cdots & 0 \\ \vdots & \vdots & & \vdots & \vdots & \vdots & & \vdots \\ a_{n1} & a_{n2} & \cdots & a_{nn} & 0 & 0 & \cdots & 0 \\ -1 & 0 & \cdots & 0 & b_{11} & b_{12} & \cdots & b_{1n} \\ 0 & -1 & \cdots & 0 & b_{21} & b_{22} & \cdots & b_{2n} \\ \vdots & \vdots & & \vdots & \vdots & \vdots & & \vdots \\ 0 & 0 & \cdots & -1 & b_{n1} & b_{n2} & \cdots & b_{nn} \end{vmatrix}$$

$$\xlongequal[\substack{\cdots\cdots \\ ①+\textcircled{2n}\cdot a_{1n}}]{\substack{①+\textcircled{n+1}\cdot a_{11} \\ ①+\textcircled{n+2}\cdot a_{12}}} \begin{vmatrix} 0 & 0 & \cdots & 0 & \sum\limits_{k=1}^{n} a_{1k}b_{k1} & \cdots & \sum\limits_{k=1}^{n} a_{1k}b_{kn} \\ a_{21} & a_{22} & \cdots & a_{2n} & 0 & \cdots & 0 \\ \vdots & \vdots & \vdots & & \vdots & & \vdots \\ a_{n1} & a_{n2} & \cdots & a_{nn} & 0 & \cdots & 0 \\ -1 & 0 & \cdots & 0 & b_{11} & \cdots & b_{1n} \\ 0 & -1 & \cdots & 0 & b_{21} & \cdots & b_{2n} \\ \vdots & \vdots & & \vdots & \vdots & & \vdots \\ 0 & 0 & \cdots & -1 & b_{n1} & \cdots & b_{nn} \end{vmatrix}$$

$$\xlongequal[\substack{\cdots\cdots \\ ②+\textcircled{2n}\cdot a_{2n}}]{\substack{②+\textcircled{n+1}\cdot a_{21} \\ ②+\textcircled{n+2}\cdot a_{22}}} \begin{vmatrix} 0 & 0 & \cdots & 0 & \sum\limits_{k=1}^{n} a_{1k}b_{k1} & \cdots & \sum\limits_{k=1}^{n} a_{1k}b_{kn} \\ 0 & 0 & \cdots & 0 & \sum\limits_{k=1}^{n} a_{2k}b_{k1} & \cdots & \sum\limits_{k=1}^{n} a_{2k}b_{kn} \\ \vdots & \vdots & & \vdots & \vdots & & \vdots \\ a_{n1} & a_{n2} & \cdots & a_{nn} & 0 & \cdots & 0 \\ -1 & 0 & \cdots & 0 & b_{11} & \cdots & b_{1n} \\ 0 & -1 & \cdots & 0 & b_{21} & \cdots & b_{2n} \\ \vdots & \vdots & & \vdots & \vdots & & \vdots \\ 0 & 0 & \cdots & -1 & b_{n1} & \cdots & b_{nn} \end{vmatrix}$$

$$= \cdots$$

$$\xlongequal[\substack{n+(2n)\cdot a_{nn}}]{\substack{n+(n+1)\cdot a_{n1}\\ n+(n+2)\cdot a_{n2}\\ \cdots\cdots}} \begin{vmatrix} 0 & 0 & \cdots & 0 & \sum_{k=1}^{n} a_{1k}b_{k1} & \cdots & \sum_{k=1}^{n} a_{1k}b_{kn} \\ 0 & 0 & \cdots & 0 & \sum_{k=1}^{n} a_{2k}b_{k1} & \cdots & \sum_{k=1}^{n} a_{2k}b_{kn} \\ \vdots & \vdots & & \vdots & \vdots & & \vdots \\ 0 & 0 & \vdots & 0 & \sum_{k=1}^{n} a_{nk}b_{k1} & \cdots & \sum_{k=1}^{n} a_{nk}b_{kn} \\ -1 & 0 & \cdots & 0 & b_{11} & \cdots & b_{1n} \\ 0 & -1 & \cdots & 0 & b_{21} & \cdots & b_{2n} \\ \vdots & \vdots & & \vdots & \vdots & & \vdots \\ 0 & 0 & \cdots & -1 & b_{n1} & \cdots & b_{nn} \end{vmatrix}$$

$$= \begin{vmatrix} \mathbf{0} & \mathbf{AB} \\ -\mathbf{I} & \mathbf{B} \end{vmatrix} = |\mathbf{AB}| \cdot (-1)^{(1+2+\cdots+n)+[(n+1)+(n+2)+\cdots+2n]} |-\mathbf{I}|$$

$$= |\mathbf{AB}| \cdot (-1)^{\frac{1}{2}(1+2n)2n} \cdot (-1)^n |\mathbf{I}| = |\mathbf{AB}|,$$

其中倒数第三个等号成立的理由是：把行列式按前 n 行展开. 因此

$$|\mathbf{AB}| = |\mathbf{A}|\,|\mathbf{B}|.$$

▌

***§3 的定理 3(比内-柯西公式)** 设 $\mathbf{A},\mathbf{B}$ 分别是 $s\times n, n\times s$ 矩阵. 如果 $s>n$，那么 $|\mathbf{AB}|=0$；如果 $s\leqslant n$，那么 $|\mathbf{AB}|$ 等于 $\mathbf{A}$ 的所有 s 阶子式与 $\mathbf{B}$ 的相应 s 阶子式的乘积之和，即

$$|\mathbf{AB}| = \sum_{1\leqslant v_1<\cdots<v_s\leqslant n} \mathbf{A}\begin{pmatrix} 1,\cdots,s \\ v_1,\cdots,v_s \end{pmatrix} \mathbf{B}\begin{pmatrix} v_1,\cdots,v_s \\ 1,\cdots,s \end{pmatrix}. \tag{18}$$

证明 $s>n, s=n$ 的情形都已经证明，下面设 $s<n$. 由于

$$\begin{vmatrix} \mathbf{I}_n & \mathbf{B} \\ \mathbf{0} & \mathbf{AB} \end{vmatrix} = |\mathbf{I}_n|\,|\mathbf{AB}| = |\mathbf{AB}|,$$

因此考虑如下分块矩阵的初等行变换：

$$\begin{bmatrix} \mathbf{I}_n & \mathbf{B} \\ \mathbf{0} & \mathbf{AB} \end{bmatrix} \xrightarrow{②+(-\mathbf{A})\cdot ①} \begin{bmatrix} \mathbf{I}_n & \mathbf{B} \\ -\mathbf{A} & \mathbf{0} \end{bmatrix}.$$

于是

$$\begin{bmatrix} \mathbf{I}_n & \mathbf{0} \\ -\mathbf{A} & \mathbf{I}_s \end{bmatrix} \begin{bmatrix} \mathbf{I}_n & \mathbf{B} \\ \mathbf{0} & \mathbf{AB} \end{bmatrix} = \begin{bmatrix} \mathbf{I}_n & \mathbf{B} \\ -\mathbf{A} & \mathbf{0} \end{bmatrix}.$$

上式两边取行列式，得

$$\begin{vmatrix} \mathbf{I}_n & \mathbf{0} \\ -\mathbf{A} & \mathbf{I}_s \end{vmatrix} \begin{vmatrix} \mathbf{I}_n & \mathbf{B} \\ \mathbf{0} & \mathbf{AB} \end{vmatrix} = \begin{vmatrix} \mathbf{I}_n & \mathbf{B} \\ -\mathbf{A} & \mathbf{0} \end{vmatrix},$$

从而

$$\begin{vmatrix} I_n & B \\ 0 & AB \end{vmatrix} = \begin{vmatrix} I_n & B \\ -A & 0 \end{vmatrix}. \tag{19}$$

把(19)式右端的行列式按后 s 行展开,得

$$\begin{vmatrix} I_n & B \\ -A & 0 \end{vmatrix} = \sum_{1 \leqslant v_1 < \cdots < v_s \leqslant n} (-A)\begin{pmatrix} 1, \cdots, s \\ v_1, \cdots, v_s \end{pmatrix} \cdot (-1)^{[(n+1)+\cdots+(n+s)]+(v_1+\cdots+v_s)} \left| [\boldsymbol{\varepsilon}_{u_1}, \cdots, \boldsymbol{\varepsilon}_{u_{n-s}}, B] \right|,$$

其中$\{u_1, \cdots, u_{n-s}\} = \{1, \cdots, n\} \setminus \{v_1, \cdots, v_s\}$,且 $u_1 < \cdots < u_{n-s}$. 把$\left| [\boldsymbol{\varepsilon}_{u_1}, \cdots, \boldsymbol{\varepsilon}_{u_{n-s}}, B] \right|$按前 $n-s$ 列展开,得

$$\left| [\boldsymbol{\varepsilon}_{u_1}, \cdots, \boldsymbol{\varepsilon}_{u_{n-s}}, B] \right| = |I_{n-s}| \cdot (-1)^{(u_1+\cdots+u_{n-s})+[1+\cdots+(n-s)]} B\begin{pmatrix} v_1, \cdots, v_s \\ 1, \cdots, s \end{pmatrix},$$

因此

$$\begin{aligned} \begin{vmatrix} I_n & B \\ -A & 0 \end{vmatrix} &= \sum_{1 \leqslant v_1 < \cdots < v_s \leqslant n} (-1)^s A\begin{pmatrix} 1, \cdots, s \\ v_1, \cdots, v_s \end{pmatrix} (-1)^{\frac{1}{2}(1+s)s+ns+(v_1+\cdots+v_s)} \\ &\quad \cdot (-1)^{(u_1+\cdots+u_{n-s})+\frac{1}{2}(1+n-s)(n-s)} B\begin{pmatrix} v_1, \cdots, v_s \\ 1, \cdots, s \end{pmatrix} \\ &= \sum_{1 \leqslant v_1 < \cdots < v_s \leqslant n} (-1)^{s+s^2+n+n^2} A\begin{pmatrix} 1, \cdots, s \\ v_1, \cdots, v_s \end{pmatrix} B\begin{pmatrix} v_1, \cdots, v_s \\ 1, \cdots, s \end{pmatrix} \\ &= \sum_{1 \leqslant v_1 < \cdots < v_s \leqslant n} A\begin{pmatrix} 1, \cdots, s \\ v_1, \cdots, v_s \end{pmatrix} B\begin{pmatrix} v_1, \cdots, v_s \\ 1, \cdots, s \end{pmatrix}. \end{aligned} \tag{20}$$

由(19)式和(20)式得

$$|AB| = \sum_{1 \leqslant v_1 < \cdots < v_s \leqslant n} A\begin{pmatrix} 1, \cdots, s \\ v_1, \cdots, v_s \end{pmatrix} B\begin{pmatrix} v_1, \cdots, v_s \\ 1, \cdots, s \end{pmatrix}. \quad \blacksquare$$

习　题　4.5

1. 证明:设 A, B 分别是 $s \times n, n \times m$ 矩阵. 如果 $AB = 0$,那么

$$\operatorname{rank}(A) + \operatorname{rank}(B) \leqslant n.$$

2. 设 A 是 n 阶矩阵,且 $A \neq 0$,证明:存在一个 $n \times m$ 非零矩阵 B,使得 $AB = 0$ 的充要条件为 $|A| = 0$.

*3. 设 B 为 n 阶矩阵,C 为 $n \times m$ 行满秩矩阵,证明:

(1) 如果 $BC = 0$,那么 $B = 0$;

(2) 如果 $BC = C$,那么 $B = I$.

*4. 如果 n 阶矩阵 A 满足 $A^2 = I$,那么称 A 为**对合矩阵**. 证明:n 阶矩阵 A 是对合矩阵的充要条件是

$$\operatorname{rank}(I + A) + \operatorname{rank}(I - A) = n.$$

5. 设 A 是 $s \times n$ 矩阵,且 $A \neq 0$;B 是 $n \times m$ 矩阵,其列向量组是 $\boldsymbol{\beta}_1, \boldsymbol{\beta}_2, \cdots, \boldsymbol{\beta}_m$;$C$ 是 $s \times m$

矩阵,其列向量组是 $\boldsymbol{\delta}_1,\boldsymbol{\delta}_2,\cdots,\boldsymbol{\delta}_m$. 证明:

$$\boldsymbol{AB}=\boldsymbol{C}\Longleftrightarrow \boldsymbol{\beta}_j \text{ 是线性方程组 } \boldsymbol{Ax}=\boldsymbol{\delta}_j \text{ 的一个解}, j=1,2,\cdots,m.$$

6. 设 $\boldsymbol{A}$ 是实数域上的 $s\times n$ 矩阵,$\boldsymbol{\beta}$ 是 $\mathbf{R}^s$ 中的任一列向量,证明: n 元线性方程组 $\boldsymbol{A}^{\mathrm{T}}\boldsymbol{Ax}=\boldsymbol{A}^{\mathrm{T}}\boldsymbol{\beta}$ 一定有解.

7. 设 $\boldsymbol{A}$ 是 n 阶矩阵,且 $\operatorname{rank}(\boldsymbol{A})=1$,证明: $\boldsymbol{A}^2=k\boldsymbol{A}$,其中 k 是某个常数.

8. 设 $\boldsymbol{A}$ 是 $n(n\geqslant 2)$ 阶矩阵,证明:

$$|\boldsymbol{A}^*|=|\boldsymbol{A}|^{n-1}.$$

9. 设 $\boldsymbol{A}$ 是 $n(n\geqslant 2)$ 阶矩阵,证明:

$$\operatorname{rank}(\boldsymbol{A}^*)=\begin{cases} n, & \operatorname{rank}(\boldsymbol{A})=n, \\ 1, & \operatorname{rank}(\boldsymbol{A})=n-1, \\ 0, & \operatorname{rank}(\boldsymbol{A})<n-1. \end{cases}$$

10. 证明: 分块对角矩阵 $\boldsymbol{A}=\operatorname{diag}\{\boldsymbol{A}_1,\boldsymbol{A}_2,\cdots,\boldsymbol{A}_s\}$ 可逆的充要条件是它的主对角线上所有子矩阵 $\boldsymbol{A}_i$ 可逆,并且当 $\boldsymbol{A}$ 可逆时,有

$$\boldsymbol{A}^{-1}=\operatorname{diag}\{\boldsymbol{A}_1^{-1},\boldsymbol{A}_2^{-1},\cdots,\boldsymbol{A}_s^{-1}\}.$$

11. 设矩阵

$$\boldsymbol{A}=\begin{bmatrix} \boldsymbol{A}_{11} & \boldsymbol{A}_{12} \\ \boldsymbol{0} & \boldsymbol{A}_{22} \end{bmatrix},$$

其中 $\boldsymbol{A}_{11},\boldsymbol{A}_{22}$ 分别是 r 阶、s 阶矩阵,证明: $\boldsymbol{A}$ 可逆当且仅当 $\boldsymbol{A}_{11},\boldsymbol{A}_{22}$ 都可逆,并且当 $\boldsymbol{A}$ 可逆时,有

$$\boldsymbol{A}^{-1}=\begin{bmatrix} \boldsymbol{A}_{11}^{-1} & -\boldsymbol{A}_{11}^{-1}\boldsymbol{A}_{12}\boldsymbol{A}_{22}^{-1} \\ \boldsymbol{0} & \boldsymbol{A}_{22}^{-1} \end{bmatrix}.$$

12. 设矩阵

$$\boldsymbol{B}=\begin{bmatrix} \boldsymbol{0} & \boldsymbol{B}_1 \\ \boldsymbol{B}_2 & \boldsymbol{0} \end{bmatrix},$$

其中 $\boldsymbol{B}_1,\boldsymbol{B}_2$ 分别是 r 阶、s 阶矩阵,证明: $\boldsymbol{B}$ 可逆当且仅当 $\boldsymbol{B}_1,\boldsymbol{B}_2$ 都可逆,并且当 $\boldsymbol{B}$ 可逆时,有

$$\boldsymbol{B}^{-1}=\begin{bmatrix} \boldsymbol{0} & \boldsymbol{B}_2^{-1} \\ \boldsymbol{B}_1^{-1} & \boldsymbol{0} \end{bmatrix}.$$

13. 设 $\boldsymbol{A},\boldsymbol{B}$ 分别是 $s\times n, n\times s$ 矩阵,证明:

$$\begin{vmatrix} \boldsymbol{I}_n & \boldsymbol{B} \\ \boldsymbol{A} & \boldsymbol{I}_s \end{vmatrix}=|\boldsymbol{I}_n-\boldsymbol{BA}|.$$

14. 设 $\boldsymbol{A},\boldsymbol{B}$ 分别是 $s\times n, n\times s$ 矩阵,证明:

$$|\boldsymbol{I}_s-\boldsymbol{AB}|=|\boldsymbol{I}_n-\boldsymbol{BA}|.$$

15. 设 $\boldsymbol{A}$ 是 n 阶可逆矩阵,$\boldsymbol{\alpha}$ 是 n 维列向量,证明:

$$|\boldsymbol{A}-\boldsymbol{\alpha}\boldsymbol{\alpha}^{\mathrm{T}}|=(1-\boldsymbol{\alpha}^{\mathrm{T}}\boldsymbol{A}^{-1}\boldsymbol{\alpha})|\boldsymbol{A}|.$$

*16. 设 $\boldsymbol{A},\boldsymbol{B},\boldsymbol{C},\boldsymbol{D}$ 都是 n 阶矩阵，证明：如果 $\boldsymbol{AC}=\boldsymbol{CA}$，且 $\boldsymbol{A}$ 是可逆矩阵，那么

$$\begin{vmatrix}\boldsymbol{A} & \boldsymbol{B}\\ \boldsymbol{C} & \boldsymbol{D}\end{vmatrix}=|\boldsymbol{AD}-\boldsymbol{CB}|.$$

§6 正交矩阵

观察

在平面上取一个直角坐标系 Oxy，设向量 $\vec{a},\vec{b}$ 的坐标分别是 $[a_1,a_2]^{\mathrm{T}},[b_1,b_2]^{\mathrm{T}}$. 如果 $\vec{a},\vec{b}$ 都是单位向量，并且互相垂直，那么它们的坐标满足

$$\begin{aligned}&a_1^2+a_2^2=1,\quad a_1b_1+a_2b_2=0,\\&b_1^2+b_2^2=1,\quad b_1a_1+b_2a_2=0.\end{aligned}\tag{1}$$

以 $\vec{a},\vec{b}$ 的坐标为第 1,2 列组成一个矩阵 $\boldsymbol{A}$，则从上述四个等式可以得到

$$\boldsymbol{A}^{\mathrm{T}}\boldsymbol{A}=\begin{bmatrix}a_1 & a_2\\ b_1 & b_2\end{bmatrix}\begin{bmatrix}a_1 & b_1\\ a_2 & b_2\end{bmatrix}=\begin{bmatrix}1 & 0\\ 0 & 1\end{bmatrix},\tag{2}$$

即

$$\boldsymbol{A}^{\mathrm{T}}\boldsymbol{A}=\boldsymbol{I}.$$

根据 $\vec{a},\vec{b}$ 的几何意义，我们很自然地把矩阵 $\boldsymbol{A}$ 称为正交矩阵.

这一节我们来研究正交矩阵的性质，尤其是它的行(列)向量组的特性.

抽象

定义 1 如果实数域上的方阵 $\boldsymbol{A}$ 满足

$$\boldsymbol{A}^{\mathrm{T}}\boldsymbol{A}=\boldsymbol{I},\tag{3}$$

那么称 $\boldsymbol{A}$ 是**正交矩阵**.

从定义 1 得

$$\begin{aligned}\text{实数域上的方阵 }\boldsymbol{A}\text{ 是正交矩阵}&\Longleftrightarrow \boldsymbol{A}^{\mathrm{T}}\boldsymbol{A}=\boldsymbol{I}\\&\Longleftrightarrow \boldsymbol{A}\text{ 可逆，并且 }\boldsymbol{A}^{-1}=\boldsymbol{A}^{\mathrm{T}}\qquad(4)\\&\Longleftrightarrow \boldsymbol{A}\boldsymbol{A}^{\mathrm{T}}=\boldsymbol{I}.\qquad(5)\end{aligned}$$

例 1 判断下述矩阵是否为正交矩阵：

$$\boldsymbol{A}=\begin{bmatrix}\cos\theta & -\sin\theta\\ \sin\theta & \cos\theta\end{bmatrix},$$

其中 θ 是实数.

解 由于

$$AA^{\mathrm{T}}=\begin{bmatrix}\cos\theta & -\sin\theta\\ \sin\theta & \cos\theta\end{bmatrix}\begin{bmatrix}\cos\theta & \sin\theta\\ -\sin\theta & \cos\theta\end{bmatrix}=\begin{bmatrix}1 & 0\\ 0 & 1\end{bmatrix},$$

因此 $\boldsymbol{A}$ 是正交矩阵.

正交矩阵具有下列性质：

(1) $\boldsymbol{I}$ 是正交矩阵；

(2) 若 $\boldsymbol{A}$ 与 $\boldsymbol{B}$ 都是 n 阶正交矩阵，则 $\boldsymbol{AB}$ 也是正交矩阵；

(3) 若 $\boldsymbol{A}$ 是正交矩阵，则 $\boldsymbol{A}^{-1}$ 或 $\boldsymbol{A}^{\mathrm{T}}$ 也是正交矩阵；

(4) 若 $\boldsymbol{A}$ 是正交矩阵，则 $|\boldsymbol{A}|=1$ 或 -1.

证明 (1)的证明很容易，下面只证(2),(3),(4).

(2) 若 $\boldsymbol{A},\boldsymbol{B}$ 都是 n 阶正交矩阵，则

$$(\boldsymbol{AB})(\boldsymbol{AB})^{\mathrm{T}}=\boldsymbol{A}(\boldsymbol{BB}^{\mathrm{T}})\boldsymbol{A}^{\mathrm{T}}=\boldsymbol{AIA}^{\mathrm{T}}=\boldsymbol{I}. \tag{6}$$

因此，$\boldsymbol{AB}$ 也是正交矩阵.

(3) 若 $\boldsymbol{A}$ 是正交矩阵，则 $\boldsymbol{A}^{-1}=\boldsymbol{A}^{\mathrm{T}}$. 由于

$$(\boldsymbol{A}^{\mathrm{T}})^{\mathrm{T}}(\boldsymbol{A}^{\mathrm{T}})=\boldsymbol{AA}^{\mathrm{T}}=\boldsymbol{I},$$

因此 $\boldsymbol{A}^{\mathrm{T}}$ 是正交矩阵，从而 $\boldsymbol{A}^{-1}$ 是正交矩阵.

(4) 若 $\boldsymbol{A}$ 是正交矩阵，则 $|\boldsymbol{AA}^{\mathrm{T}}|=|\boldsymbol{I}|$，从而 $|\boldsymbol{A}||\boldsymbol{A}^{\mathrm{T}}|=1$，即 $|\boldsymbol{A}|^2=1$. 由此得出

$$|\boldsymbol{A}|=1 \text{ 或 } -1.$$ ▍

观察

在例 1 中，设矩阵 $\boldsymbol{A}$ 的行向量组是 $\boldsymbol{\gamma}_1,\boldsymbol{\gamma}_2$，则

$$\begin{aligned}
\boldsymbol{AA}^{\mathrm{T}}=\boldsymbol{I} &\Longleftrightarrow \begin{bmatrix}\boldsymbol{\gamma}_1\\ \boldsymbol{\gamma}_2\end{bmatrix}[\boldsymbol{\gamma}_1^{\mathrm{T}},\boldsymbol{\gamma}_2^{\mathrm{T}}]=\boldsymbol{I}\\
&\Longleftrightarrow \begin{bmatrix}\boldsymbol{\gamma}_1\boldsymbol{\gamma}_1^{\mathrm{T}} & \boldsymbol{\gamma}_1\boldsymbol{\gamma}_2^{\mathrm{T}}\\ \boldsymbol{\gamma}_2\boldsymbol{\gamma}_1^{\mathrm{T}} & \boldsymbol{\gamma}_2\boldsymbol{\gamma}_2^{\mathrm{T}}\end{bmatrix}=\begin{bmatrix}1 & 0\\ 0 & 1\end{bmatrix}\\
&\Longleftrightarrow \begin{cases}\boldsymbol{\gamma}_1\boldsymbol{\gamma}_1^{\mathrm{T}}=1, & \boldsymbol{\gamma}_1\boldsymbol{\gamma}_2^{\mathrm{T}}=0,\\ \boldsymbol{\gamma}_2\boldsymbol{\gamma}_1^{\mathrm{T}}=0, & \boldsymbol{\gamma}_2\boldsymbol{\gamma}_2^{\mathrm{T}}=1,\end{cases}\\
&\Longleftrightarrow \boldsymbol{\gamma}_i\boldsymbol{\gamma}_j^{\mathrm{T}}=\begin{cases}1, & i=j,\\ 0, & i\neq j\end{cases}\quad (i,j=1,2).
\end{aligned}$$

一般的 n 阶正交矩阵的行向量组是否也有类似的规律？列向量组的情况呢？

论证

定理 1 设实数域上的 n 阶矩阵 $\boldsymbol{A}$ 的行向量组为 $\boldsymbol{\gamma}_1,\boldsymbol{\gamma}_2,\cdots,\boldsymbol{\gamma}_n$，列向量组为 $\boldsymbol{\alpha}_1,\boldsymbol{\alpha}_2,\cdots,\boldsymbol{\alpha}_n$，则

1° $\boldsymbol{A}$ 为正交矩阵当且仅当 $\boldsymbol{A}$ 的行向量组满足

$$\boldsymbol{\gamma}_i\boldsymbol{\gamma}_j^{\mathrm{T}}=\begin{cases}1, & i=j,\\0, & i\neq j\end{cases}\quad(i,j=1,2,\cdots,n);\tag{7}$$

2° $\boldsymbol{A}$ 为正交矩阵当且仅当 $\boldsymbol{A}$ 的列向量组满足

$$\boldsymbol{\alpha}_i^{\mathrm{T}}\boldsymbol{\alpha}_j=\begin{cases}1, & i=j,\\0, & i\neq j\end{cases}\quad(i,j=1,2,\cdots,n).\tag{8}$$

证明　1° $\boldsymbol{A}$ 为正交矩阵 $\Longleftrightarrow \boldsymbol{A}\boldsymbol{A}^{\mathrm{T}}=\boldsymbol{I}$

$$\Longleftrightarrow\begin{bmatrix}\boldsymbol{\gamma}_1\\\boldsymbol{\gamma}_2\\\vdots\\\boldsymbol{\gamma}_n\end{bmatrix}[\boldsymbol{\gamma}_1^{\mathrm{T}},\boldsymbol{\gamma}_2^{\mathrm{T}},\cdots,\boldsymbol{\gamma}_n^{\mathrm{T}}]=\begin{bmatrix}1&0&\cdots&0\\0&1&\cdots&0\\\vdots&\vdots&&\vdots\\0&0&\cdots&1\end{bmatrix}$$

$$\Longleftrightarrow\boldsymbol{\gamma}_i\boldsymbol{\gamma}_j^{\mathrm{T}}=\begin{cases}1, & i=j,\\0, & i\neq j\end{cases}\quad(i,j=1,2,\cdots,n).$$

2° $\boldsymbol{A}$ 为正交矩阵 $\Longleftrightarrow \boldsymbol{A}^{\mathrm{T}}\boldsymbol{A}=\boldsymbol{I}$

$$\Longleftrightarrow\begin{bmatrix}\boldsymbol{\alpha}_1^{\mathrm{T}}\\\boldsymbol{\alpha}_2^{\mathrm{T}}\\\vdots\\\boldsymbol{\alpha}_n^{\mathrm{T}}\end{bmatrix}[\boldsymbol{\alpha}_1,\boldsymbol{\alpha}_2,\cdots,\boldsymbol{\alpha}_n]=\begin{bmatrix}1&0&\cdots&0\\0&1&\cdots&0\\\vdots&\vdots&&\vdots\\0&0&\cdots&1\end{bmatrix}$$

$$\Longleftrightarrow\boldsymbol{\alpha}_i^{\mathrm{T}}\boldsymbol{\alpha}_j=\begin{cases}1, & i=j,\\0, & i\neq j\end{cases}\quad(i,j=1,2,\cdots,n).$$ ▌

我们引入一个符号 δ_{ij}，它的含意是

$$\delta_{ij}=\begin{cases}1, & i=j,\\0, & i\neq j.\end{cases}$$

δ_{ij} 称为**克罗内克(Kronecker)记号**. 采用这个符号，(7)式和(8)式可以分别写成

$$\boldsymbol{\gamma}_i\boldsymbol{\gamma}_j^{\mathrm{T}}=\delta_{ij}\quad(i,j=1,2,\cdots,n),\tag{9}$$

$$\boldsymbol{\alpha}_i^{\mathrm{T}}\boldsymbol{\alpha}_j=\delta_{ij}\quad(i,j=1,2,\cdots,n).\tag{10}$$

观察

定理 1 告诉我们：正交矩阵的行向量组满足(9)式，列向量组满足(10)式. 这两组式子的左端都是两个 n 元有序数组对应元素的乘积之和. 这与几何空间中两个向量的内积在直角坐标系中的计算公式相像. 由此类比，我们可以在实数域 $\mathbf{R}$ 上的 n 维向量空间 $\mathbf{R}^n$ 中也引入内积的概念.

抽象

定义 2　在 $\mathbf{R}^n$ 中，任给向量 $\boldsymbol{\alpha}=[a_1,a_2,\cdots,a_n]^{\mathrm{T}}$，$\boldsymbol{\beta}=[b_1,b_2,\cdots,b_n]^{\mathrm{T}}$，规定一个二元实

值函数

$$(\boldsymbol{\alpha},\boldsymbol{\beta}) = a_1b_1 + a_2b_2 + \cdots + a_nb_n. \tag{11}$$

称这个二元实值函数为 $\mathbf{R}^n$ 的一个**内积**. 通常也称这个内积为 $\mathbf{R}^n$ 的**标准内积**. (11)式也可写成

$$(\boldsymbol{\alpha},\boldsymbol{\beta}) = \boldsymbol{\alpha}^{\mathrm{T}}\boldsymbol{\beta}.$$

容易直接按照定义验证 $\mathbf{R}^n$ 的标准内积具有下列基本性质：对于一切 $\boldsymbol{\alpha},\boldsymbol{\beta},\boldsymbol{\gamma}\in\mathbf{R}^n, k\in\mathbf{R}$，有

(1) $(\boldsymbol{\alpha},\boldsymbol{\beta})=(\boldsymbol{\beta},\boldsymbol{\alpha})$ (**对称性**)；

(2) $(\boldsymbol{\alpha}+\boldsymbol{\gamma},\boldsymbol{\beta})=(\boldsymbol{\alpha},\boldsymbol{\beta})+(\boldsymbol{\gamma},\boldsymbol{\beta})$ (**线性性之一**)；

(3) $(k\boldsymbol{\alpha},\boldsymbol{\beta})=k(\boldsymbol{\alpha},\boldsymbol{\beta})$ (**线性性之二**)；

(4) $(\boldsymbol{\alpha},\boldsymbol{\alpha})\geqslant 0$，等号成立当且仅当 $\boldsymbol{\alpha}=\mathbf{0}$ (**正定性**).

由(1)，(2)，(3)可以得出

$$\begin{aligned}(k_1\boldsymbol{\alpha}_1 + k_2\boldsymbol{\alpha}_2,\boldsymbol{\beta}) &= k_1(\boldsymbol{\alpha}_1,\boldsymbol{\beta}) + k_2(\boldsymbol{\alpha}_2,\boldsymbol{\beta}),\\ (\boldsymbol{\alpha},k_1\boldsymbol{\beta}_1 + k_2\boldsymbol{\beta}_2) &= k_1(\boldsymbol{\alpha},\boldsymbol{\beta}_1) + k_2(\boldsymbol{\alpha},\boldsymbol{\beta}_2),\end{aligned} \quad k_1,k_2\in\mathbf{R}.$$

在 n 维向量空间 $\mathbf{R}^n$ 有了标准内积后，我们就称 $\mathbf{R}^n$ 为一个**欧几里得空间**.

在欧几里得空间 $\mathbf{R}^n$ 中，向量 $\boldsymbol{\alpha}$ 的长度 $|\boldsymbol{\alpha}|$ 规定为

$$|\boldsymbol{\alpha}| = \sqrt{(\boldsymbol{\alpha},\boldsymbol{\alpha})}. \tag{12}$$

长度为 1 的向量称为**单位向量**. 显然，$\boldsymbol{\alpha}$ 是单位向量的充要条件为 $(\boldsymbol{\alpha},\boldsymbol{\alpha})=1$.

由于 $|k\boldsymbol{\alpha}| = \sqrt{(k\boldsymbol{\alpha},k\boldsymbol{\alpha})} = \sqrt{k^2(\boldsymbol{\alpha},\boldsymbol{\alpha})} = |k|\sqrt{(\boldsymbol{\alpha},\boldsymbol{\alpha})} = |k|\,|\boldsymbol{\alpha}|, k\in\mathbf{R},\boldsymbol{\alpha}\in\mathbf{R}^n$，因此

$$|k\boldsymbol{\alpha}| = |k|\,|\boldsymbol{\alpha}|. \tag{13}$$

于是，当 $\boldsymbol{\alpha}\neq\mathbf{0}$ 时，$|\boldsymbol{\alpha}|^{-1}\boldsymbol{\alpha}$ 一定是单位向量. 把非零向量 $\boldsymbol{\alpha}$ 乘以 $|\boldsymbol{\alpha}|^{-1}$，称为把 $\boldsymbol{\alpha}$ **单位化**.

在欧几里得空间 $\mathbf{R}^n$ 中，如果 $(\boldsymbol{\alpha},\boldsymbol{\beta})=0$，那么称 $\boldsymbol{\alpha}$ 与 $\boldsymbol{\beta}$ 是**正交**的，记作 $\boldsymbol{\alpha}\perp\boldsymbol{\beta}$.

显然，零向量与任何向量都正交.

在欧几里得空间 $\mathbf{R}^n$ 中，对于由非零向量组成的向量组，如果其中每两个不同的向量都正交(两两正交)，那么称它们是**正交向量组**. 规定仅由一个非零向量组成的向量组也是正交向量组.

如果正交向量组的每个向量都是单位向量，则称它为**正交单位向量组**.

定理 2 在欧几里得空间 $\mathbf{R}^n$ 中，正交向量组一定是线性无关的.

证明 设 $\boldsymbol{\alpha}_1,\boldsymbol{\alpha}_2,\cdots,\boldsymbol{\alpha}_s$ 是 $\mathbf{R}^n$ 中的正交向量组，并设

$$k_1\boldsymbol{\alpha}_1 + k_2\boldsymbol{\alpha}_2 + \cdots + k_s\boldsymbol{\alpha}_s = \mathbf{0}, \tag{14}$$

其中 $k_1,k_2,\cdots,k_s\in\mathbf{R}$. 把(14)式两端的向量都与 $\boldsymbol{\alpha}_i(i=1,2,\cdots,s)$ 做内积，得

$$(k_1\boldsymbol{\alpha}_1 + k_2\boldsymbol{\alpha}_2 + \cdots + k_s\boldsymbol{\alpha}_s,\boldsymbol{\alpha}_i) = (\mathbf{0},\boldsymbol{\alpha}_i), \quad i = 1,2,\cdots,s. \tag{15}$$

由于当 $j\neq i$ 时，$(\boldsymbol{\alpha}_j,\boldsymbol{\alpha}_i)=0(i=1,2,\cdots,s)$，因此由(15)式得

$$k_i(\boldsymbol{\alpha}_i,\boldsymbol{\alpha}_i) = 0, \quad i = 1,2,\cdots,s \tag{16}$$

由于 $\boldsymbol{\alpha}_i \neq \mathbf{0}$，因此 $(\boldsymbol{\alpha}_i, \boldsymbol{\alpha}_i) \neq 0 (i=1,2,\cdots,s)$. 于是，由(16)式得 $k_i = 0 (i=1,2,\cdots,s)$，从而 $\boldsymbol{\alpha}_1, \boldsymbol{\alpha}_2, \cdots, \boldsymbol{\alpha}_s$ 线性无关. ▌

根据定理 2，欧几里得空间 $\mathbf{R}^n$ 中 n 个向量组成的正交向量组一定是 $\mathbf{R}^n$ 的一个基，称它为**正交基**；n 个单位向量组成的正交向量组称为 $\mathbf{R}^n$ 的一个**标准正交基**.

例如，容易看出 $\boldsymbol{\varepsilon}_1, \boldsymbol{\varepsilon}_2, \cdots, \boldsymbol{\varepsilon}_n$ 是两两正交的，并且每个都是单位向量，因此 $\boldsymbol{\varepsilon}_1, \boldsymbol{\varepsilon}_2, \cdots, \boldsymbol{\varepsilon}_n$ 是欧几里得空间 $\mathbf{R}^n$ 的一个标准正交基.

命题 1　实数域 $\mathbf{R}$ 上的 n 阶矩阵 $\boldsymbol{A}$ 为正交矩阵的充要条件是，$\boldsymbol{A}$ 的列或行向量组是欧几里得空间 $\mathbf{R}^n$ 的一个标准正交基.

证明　设 $\boldsymbol{A}$ 的列向量组为 $\boldsymbol{\alpha}_1, \boldsymbol{\alpha}_2, \cdots, \boldsymbol{\alpha}_n$，则

$$
\begin{aligned}
\mathbf{R}\text{ 上的 } n \text{ 阶矩阵 } \boldsymbol{A} \text{ 是正交矩阵} &\Longleftrightarrow \boldsymbol{\alpha}_i^{\mathrm{T}} \boldsymbol{\alpha}_j = \delta_{ij} (i,j=1,2,\cdots,n) \\
&\Longleftrightarrow (\boldsymbol{\alpha}_i, \boldsymbol{\alpha}_j) = \delta_{ij} (i,j=1,2,\cdots,n) \\
&\Longleftrightarrow \boldsymbol{\alpha}_1, \boldsymbol{\alpha}_2, \cdots, \boldsymbol{\alpha}_n \text{ 是 } \mathbf{R}^n \text{ 的一个标准正交基.}
\end{aligned}
$$

同理可证，$\boldsymbol{A}$ 的行向量组是 $\mathbf{R}^n$ 的一个标准正交基. ▌

命题 1 告诉我们，构造正交矩阵等价于求欧几里得空间 $\mathbf{R}^n$ 的标准正交基. 许多实际问题需要构造正交矩阵，于是我们要设法求 $\mathbf{R}^n$ 的标准正交基.

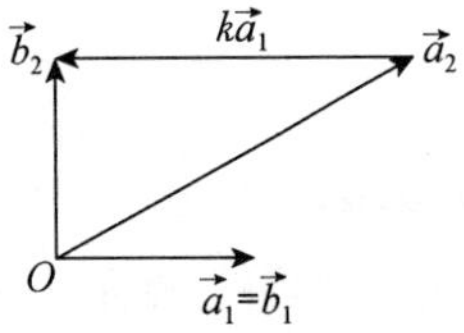

图　4-2

观察

如图 4-2 所示，平面上给了两个不共线的向量 $\vec{a}_1, \vec{a}_2$，我们很容易找到一个正交向量组 $\vec{b}_1, \vec{b}_2$：

$$
\begin{aligned}
\vec{b}_1 &= \vec{a}_1, \\
\vec{b}_2 &= \vec{a}_2 + k\vec{a}_1,
\end{aligned}
$$

其中 k 为待定系数. 为了求待定系数 k，在上式两边用 $\vec{a}_1$ 去做内积，得

$$(\vec{b}_2, \vec{a}_1) = (\vec{a}_2 + k\vec{a}_1, \vec{a}_1),$$

从而

$$0 = (\vec{a}_2, \vec{a}_1) + k(\vec{a}_1, \vec{a}_1),$$

因此

$$k = -\frac{(\vec{a}_2, \vec{a}_1)}{(\vec{a}_1, \vec{a}_1)},$$

于是

$$\vec{b}_2 = \vec{a}_2 - \frac{(\vec{a}_2, \vec{a}_1)}{(\vec{a}_1, \vec{a}_1)}\vec{a}_1 = \vec{a}_2 - \frac{(\vec{a}_2, \vec{b}_1)}{(\vec{b}_1, \vec{b}_1)}\vec{b}_1. \tag{17}$$

从几何中的这个例子受到启发，对于欧几里得空间 $\mathbf{R}^n$，我们可以考虑从一个线性无关的向量组出发，构造一个正交向量组.

论证

定理 3　设 $\boldsymbol{\alpha}_1, \boldsymbol{\alpha}_2, \cdots, \boldsymbol{\alpha}_s$ 是欧几里得空间 $\mathbf{R}^n$ 中一个线性无关的向量组，令

$$\boldsymbol{\beta}_1 = \boldsymbol{\alpha}_1,$$

$$\boldsymbol{\beta}_2 = \boldsymbol{\alpha}_2 - \frac{(\boldsymbol{\alpha}_2, \boldsymbol{\beta}_1)}{(\boldsymbol{\beta}_1, \boldsymbol{\beta}_1)}\boldsymbol{\beta}_1,$$

$$\cdots\cdots$$

$$\boldsymbol{\beta}_s = \boldsymbol{\alpha}_s - \sum_{j=1}^{s-1} \frac{(\boldsymbol{\alpha}_s, \boldsymbol{\beta}_j)}{(\boldsymbol{\beta}_j, \boldsymbol{\beta}_j)}\boldsymbol{\beta}_j, \tag{18}$$

则 $\boldsymbol{\beta}_1,\boldsymbol{\beta}_2,\cdots,\boldsymbol{\beta}_s$ 是正交向量组，并且 $\boldsymbol{\beta}_1,\boldsymbol{\beta}_2,\cdots,\boldsymbol{\beta}_s$ 与 $\boldsymbol{\alpha}_1,\boldsymbol{\alpha}_2,\cdots,\boldsymbol{\alpha}_s$ 等价.

证明 对线性无关的向量组所含向量的个数 s 做数学归纳法.

当 $s=1$ 时，向量组为 $\boldsymbol{\alpha}_1$，且 $\boldsymbol{\alpha}_1\neq\mathbf{0}$. 此时，令 $\boldsymbol{\beta}_1=\boldsymbol{\alpha}_1$，则 $\boldsymbol{\beta}_1$ 是正交向量组. 显然，

$$\{\boldsymbol{\alpha}_1\}\cong\{\boldsymbol{\beta}_1\}.$$

假设 $s=k$ 时命题为真，即 $\boldsymbol{\beta}_1,\boldsymbol{\beta}_2,\cdots,\boldsymbol{\beta}_k$ 是正交向量组，且它与 $\boldsymbol{\alpha}_1,\boldsymbol{\alpha}_2,\cdots,\boldsymbol{\alpha}_k$ 等价. 现在来看 $s=k+1$ 的情形. 由于

$$\boldsymbol{\beta}_{k+1} = \boldsymbol{\alpha}_{k+1} - \sum_{j=1}^{k} \frac{(\boldsymbol{\alpha}_{k+1}, \boldsymbol{\beta}_j)}{(\boldsymbol{\beta}_j, \boldsymbol{\beta}_j)}\boldsymbol{\beta}_j, \tag{19}$$

因此当 $1\leqslant i\leqslant k$ 时，有

$$\begin{aligned}(\boldsymbol{\beta}_{k+1}, \boldsymbol{\beta}_i) &= (\boldsymbol{\alpha}_{k+1}, \boldsymbol{\beta}_i) - \sum_{j=1}^{k} \frac{(\boldsymbol{\alpha}_{k+1}, \boldsymbol{\beta}_j)}{(\boldsymbol{\beta}_j, \boldsymbol{\beta}_j)}(\boldsymbol{\beta}_j, \boldsymbol{\beta}_i) \\ &= (\boldsymbol{\alpha}_{k+1}, \boldsymbol{\beta}_i) - \frac{(\boldsymbol{\alpha}_{k+1}, \boldsymbol{\beta}_i)}{(\boldsymbol{\beta}_i, \boldsymbol{\beta}_i)}(\boldsymbol{\beta}_i, \boldsymbol{\beta}_i) = 0.\end{aligned}$$

这表明，$\boldsymbol{\beta}_{k+1}$ 与 $\boldsymbol{\beta}_i(i=1,2,\cdots,k)$ 正交. 从(19)式以及归纳假设可以看出，$\boldsymbol{\beta}_{k+1}$ 可以由 $\boldsymbol{\alpha}_1,\boldsymbol{\alpha}_2,\cdots,\boldsymbol{\alpha}_k,\boldsymbol{\alpha}_{k+1}$ 线性表出，并且表达式中 $\boldsymbol{\alpha}_{k+1}$ 的系数为 1，因此 $\boldsymbol{\beta}_{k+1}\neq\mathbf{0}$. 于是，$\boldsymbol{\beta}_1,\boldsymbol{\beta}_2,\cdots,\boldsymbol{\beta}_k,\boldsymbol{\beta}_{k+1}$ 是正交向量组. 从(19)式以及归纳假设立即得到 $\boldsymbol{\beta}_1,\boldsymbol{\beta}_2,\cdots,\boldsymbol{\beta}_k,\boldsymbol{\beta}_{k+1}$ 与 $\boldsymbol{\alpha}_1,\boldsymbol{\alpha}_2,\cdots,\boldsymbol{\alpha}_k,\boldsymbol{\alpha}_{k+1}$ 等价. 因此，当 $s=k+1$ 时，命题也为真.

根据数学归纳法，对于一切正整数 s，命题为真. ▌

定理 3 给出了由欧几里得空间 $\mathbf{R}^n$ 中一个线性无关的向量组 $\boldsymbol{\alpha}_1,\boldsymbol{\alpha}_2,\cdots,\boldsymbol{\alpha}_s$ 构造与它等价的一个正交向量组 $\boldsymbol{\beta}_1,\boldsymbol{\beta}_2,\cdots,\boldsymbol{\beta}_s$ 的方法，这种方法的具体操作过程称为**施密特(Schmidt)正交化**. 只要再将 $\boldsymbol{\beta}_1,\boldsymbol{\beta}_2,\cdots,\boldsymbol{\beta}_s$ 中每个向量单位化，即令

$$\boldsymbol{\eta}_i = \frac{1}{|\boldsymbol{\beta}_i|}\boldsymbol{\beta}_i, \quad i=1,2,\cdots,s, \tag{20}$$

则 $\boldsymbol{\eta}_1,\boldsymbol{\eta}_2,\cdots,\boldsymbol{\eta}_s$ 是与 $\boldsymbol{\alpha}_1,\boldsymbol{\alpha}_2,\cdots,\boldsymbol{\alpha}_s$ 等价的正交单位向量组.

若给了欧几里得空间 $\mathbf{R}^n$ 的一个基 $\boldsymbol{\alpha}_1,\boldsymbol{\alpha}_2,\cdots,\boldsymbol{\alpha}_n$，则先经过施密特正交化，然后经过单位化，得到的向量组 $\boldsymbol{\eta}_1,\boldsymbol{\eta}_2,\cdots,\boldsymbol{\eta}_n$ 就是 $\mathbf{R}^n$ 的一个标准正交基.

示范

例 2 在欧几里得空间 $\mathbf{R}^3$ 中，设向量组

$$\boldsymbol{\alpha}_1 = [2,-1,0]^{\mathrm{T}}, \quad \boldsymbol{\alpha}_2 = [2,0,1]^{\mathrm{T}},$$

求与 $\boldsymbol{\alpha}_1,\boldsymbol{\alpha}_2$ 等价的正交单位向量组.

解 首先,正交化:令

$$\boldsymbol{\beta}_1=\boldsymbol{\alpha}_1,$$

$$\boldsymbol{\beta}_2=\boldsymbol{\alpha}_2-\frac{(\boldsymbol{\alpha}_2,\boldsymbol{\beta}_1)}{(\boldsymbol{\beta}_1,\boldsymbol{\beta}_1)}\boldsymbol{\beta}_1=[2,0,1]^{\mathrm{T}}-\frac{4}{5}[2,-1,0]^{\mathrm{T}}=\left[\frac{2}{5},\frac{4}{5},1\right]^{\mathrm{T}};$$

然后,单位化:令

$$\boldsymbol{\eta}_1=\frac{1}{|\boldsymbol{\beta}_1|}\boldsymbol{\beta}_1=\frac{1}{\sqrt{5}}[2,-1,0]^{\mathrm{T}}=\left[\frac{2\sqrt{5}}{5},-\frac{\sqrt{5}}{5},0\right]^{\mathrm{T}},$$

$$\boldsymbol{\eta}_2=\frac{1}{|\boldsymbol{\beta}_2|}\boldsymbol{\beta}_2=\frac{1}{\sqrt{\frac{9}{5}}}\left[\frac{2}{5},\frac{4}{5},1\right]^{\mathrm{T}}=\left[\frac{2\sqrt{5}}{15},\frac{4\sqrt{5}}{15},\frac{\sqrt{5}}{3}\right]^{\mathrm{T}}.$$

所以,$\boldsymbol{\eta}_1,\boldsymbol{\eta}_2$ 是与 $\boldsymbol{\alpha}_1,\boldsymbol{\alpha}_2$ 等价的正交单位向量组.

习 题 4.6

1. 判断下列矩阵是否是正交矩阵:

(1) $\begin{bmatrix}\frac{\sqrt{3}}{2} & -\frac{1}{2}\\ \frac{1}{2} & \frac{\sqrt{3}}{2}\end{bmatrix}$; (2) $\begin{bmatrix}\frac{\sqrt{2}}{2} & -\frac{\sqrt{2}}{2}\\ \frac{\sqrt{2}}{2} & \frac{\sqrt{2}}{2}\end{bmatrix}$; (3) $\begin{bmatrix}\frac{\sqrt{3}}{2} & \frac{1}{2}\\ \frac{1}{2} & -\frac{\sqrt{3}}{2}\end{bmatrix}$;

(4) $\begin{bmatrix}\frac{\sqrt{2}}{2} & \frac{\sqrt{2}}{2}\\ \frac{\sqrt{2}}{2} & -\frac{\sqrt{2}}{2}\end{bmatrix}$; (5) $\begin{bmatrix}-\frac{1}{2} & -\frac{\sqrt{3}}{2}\\ \frac{\sqrt{3}}{2} & -\frac{1}{2}\end{bmatrix}$; (6) $\begin{bmatrix}-\frac{1}{2} & \frac{\sqrt{3}}{2}\\ \frac{\sqrt{3}}{2} & \frac{1}{2}\end{bmatrix}$;

(7) $\begin{bmatrix}1 & 0\\ 0 & -1\end{bmatrix}$; (8) $\begin{bmatrix}1 & 1\\ 1 & -1\end{bmatrix}$.

2. 求第 1 题中各个矩阵的行列式.

3. 证明:如果 $\boldsymbol{A}$ 是实数域上的 n 阶对称矩阵,$\boldsymbol{T}$ 是 n 阶正交矩阵,则 $\boldsymbol{T}^{-1}\boldsymbol{A}\boldsymbol{T}$ 是对称矩阵.

*4. 证明:如果实数域上的 n 阶矩阵 $\boldsymbol{A}$ 具有下列三个性质中的任意两个,则它必具有第三个性质:$\boldsymbol{A}$ 是正交矩阵,$\boldsymbol{A}$ 是对称矩阵,$\boldsymbol{A}$ 是对合矩阵.

*5. 证明:如果正交矩阵 $\boldsymbol{A}$ 是上三角矩阵,那么 $\boldsymbol{A}$ 一定是对角矩阵,并且其主对角元是 1 或 -1.

6. 在欧几里得空间 $\mathbf{R}^4$ 中,计算 $(\boldsymbol{\alpha},\boldsymbol{\beta})$:

(1) $\boldsymbol{\alpha}=[-1,0,3,-5]^{\mathrm{T}},\boldsymbol{\beta}=[4,-2,0,1]^{\mathrm{T}}$;

(2) $\boldsymbol{\alpha}=\left[\frac{\sqrt{3}}{2},-\frac{1}{3},\frac{\sqrt{3}}{4},-1\right]^{\mathrm{T}},\boldsymbol{\beta}=\left[-\frac{\sqrt{3}}{2},-2,\sqrt{3},\frac{2}{3}\right]^{\mathrm{T}}$.

7. 在欧几里得空间 $\mathbf{R}^4$ 中,把下列向量单位化:

(1) $\boldsymbol{\alpha}=[3,0,-1,4]^{\mathrm{T}}$; (2) $\boldsymbol{\alpha}=[5,1,-2,0]^{\mathrm{T}}$.

8. 证明:在欧几里得空间 $\mathbf{R}^n$ 中,如果向量 $\boldsymbol{\alpha}$ 与 $\boldsymbol{\beta}$ 正交,那么对于任意实数 k,l,向量 $k\boldsymbol{\alpha}$ 与 $l\boldsymbol{\beta}$ 也正交.

9. 证明:在欧几里得空间 $\mathbf{R}^n$ 中,如果向量 $\boldsymbol{\beta}$ 与向量组 $\boldsymbol{\alpha}_1,\boldsymbol{\alpha}_2,\cdots,\boldsymbol{\alpha}_s$ 中的每个向量都正交,则 $\boldsymbol{\beta}$ 与 $\boldsymbol{\alpha}_1,\boldsymbol{\alpha}_2,\cdots,\boldsymbol{\alpha}_s$ 的任一线性组合也正交.

10. 证明:在欧几里得空间 $\mathbf{R}^n$ 中,如果向量 $\boldsymbol{\alpha}$ 与任意向量都正交,那么 $\boldsymbol{\alpha}=\mathbf{0}$.

11. 设向量组

$$\boldsymbol{\alpha}_1=[1,-2,0]^{\mathrm{T}},\quad \boldsymbol{\alpha}_2=[1,0,-1]^{\mathrm{T}},$$

在欧几里得空间 $\mathbf{R}^3$ 中求与 $\boldsymbol{\alpha}_1,\boldsymbol{\alpha}_2$ 等价的正交单位向量组.

12. 设向量组

$$\boldsymbol{\alpha}_1=[1,1,0,0]^{\mathrm{T}},\quad \boldsymbol{\alpha}_2=[1,0,1,0]^{\mathrm{T}},\quad \boldsymbol{\alpha}_3=[1,0,0,-1]^{\mathrm{T}},$$

在欧几里得空间 $\mathbf{R}^4$ 中求与 $\boldsymbol{\alpha}_1,\boldsymbol{\alpha}_2,\boldsymbol{\alpha}_3$ 等价的正交单位向量组.

13. 设 $\boldsymbol{A}$ 是 n 阶正交矩阵,证明:对于欧几里得空间 $\mathbf{R}^n$ 中任一列向量 $\boldsymbol{\alpha}$,都有

$$|\boldsymbol{A}\boldsymbol{\alpha}|=|\boldsymbol{\alpha}|.$$

*14. 设 $\boldsymbol{A}$ 是实数域上的 n 阶可逆矩阵,证明:$\boldsymbol{A}$ 可以分解成

$$\boldsymbol{A}=\boldsymbol{T}\boldsymbol{B},$$

其中 $\boldsymbol{T}$ 是正交矩阵,$\boldsymbol{B}$ 是上三角矩阵,并且 $\boldsymbol{B}$ 的主对角元都为正数;这种分解是唯一的.

第五章　矩阵的相抵与相似

从第一章至第四章，我们多次使用了矩阵的初等行或列变换. 在第三章的 §4 中，我们证明了矩阵的初等行或列变换不改变矩阵的秩. 因此，如果矩阵 $\boldsymbol{A}$ 经过初等行或列变换变成矩阵 $\boldsymbol{B}$，那么 $\boldsymbol{A}$ 的秩等于 $\boldsymbol{B}$ 的秩. 反之，如果 $\boldsymbol{A}$ 与 $\boldsymbol{B}$ 的秩相等，那么 $\boldsymbol{A}$ 能不能经过初等行或列变换变成矩阵 $\boldsymbol{B}$？这是本章要研究的第一个问题.

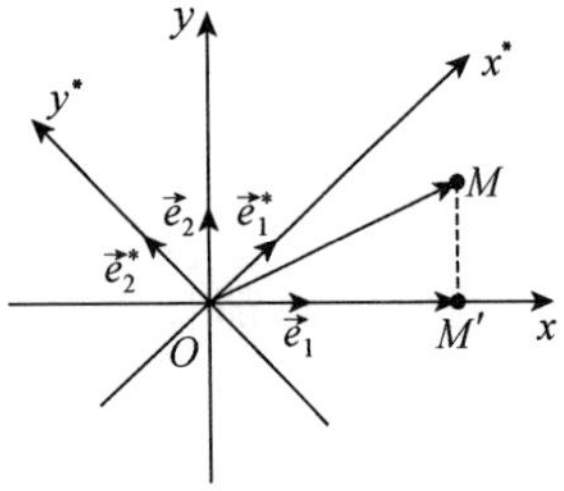

图　5-1

在平面上取一个直角坐标系 Oxy，其中 x 轴、y 轴正向的单位向量分别记作 $\vec{e}_1,\vec{e}_2$. 把平面上任一向量 $\overrightarrow{OM}$ 对应到一个向量 $\overrightarrow{OM'}$，其中点 M' 是点 M 到 x 轴的垂线段的垂足，如图 5-1 所示. 这是平面上在 x 轴上的正投影，记作 $\mathscr{P}_x$. 设 $\overrightarrow{OM}$ 的坐标为 $[x,y]^{\mathrm{T}}$，$\overrightarrow{OM'}$ 的坐标为 $[x',y']^{\mathrm{T}}$，则

$$\begin{cases} x' = x = 1\cdot x + 0\cdot y, \\ y' = 0 = 0\cdot x + 0\cdot y, \end{cases} \tag{1}$$

(1)式可以写成

$$\begin{bmatrix} x' \\ y' \end{bmatrix} = \begin{bmatrix} 1 & 0 \\ 0 & 0 \end{bmatrix} \begin{bmatrix} x \\ y \end{bmatrix}. \tag{2}$$

称(2)式右端的矩阵

$$\boldsymbol{A} = \begin{bmatrix} 1 & 0 \\ 0 & 0 \end{bmatrix}$$

为正投影 $\mathscr{P}_x$ 在基 $\vec{e}_1,\vec{e}_2$ 下的矩阵.

将平面上绕原点 O 转角为 θ 的旋转记作 σ. 根据第四章开头的例 3，旋转 σ 的公式为

$$\begin{cases} x^* = x\cos\theta - y\sin\theta, \\ y^* = x\sin\theta + y\cos\theta. \end{cases} \tag{3}$$

上式中系数排成的矩阵为

$$\boldsymbol{S} = \begin{bmatrix} \cos\theta & -\sin\theta \\ \sin\theta & \cos\theta \end{bmatrix}. \tag{4}$$

在旋转 σ 下，$\vec{e}_1,\vec{e}_2$ 的像分别记作 $\vec{e}_1^*,\vec{e}_2^*$，它们在 Oxy 中的坐标分别为

$$\begin{bmatrix} \cos\theta \\ \sin\theta \end{bmatrix},\quad \begin{bmatrix} -\sin\theta \\ \cos\theta \end{bmatrix}.$$

以 O 为原点，$\vec{e}_1^*,\vec{e}_2^*$ 的方向分别为 x^* 轴、y^* 轴的正向，建立一个直角坐标系 Ox^*y^*，如图5-1所示. 设 $\overrightarrow{OM},\overrightarrow{OM'}$ 在 Ox^*y^* 中的坐标分别为 $[x^*,y^*]^{\mathrm{T}}$，$[(x^*)',(y^*)']^{\mathrm{T}}$，则

$$\overrightarrow{OM} = x^* \vec{e}_1^* + y^* \vec{e}_2^* = x^* (\cos\theta \vec{e}_1 + \sin\theta \vec{e}_2) + y^* (-\sin\theta \vec{e}_1 + \cos\theta \vec{e}_2)$$
$$= (x^* \cos\theta - y^* \sin\theta) \vec{e}_1 + (x^* \sin\theta + y^* \cos\theta) \vec{e}_2.$$

又 $\overrightarrow{OM} = x\vec{e}_1 + y\vec{e}_2$,因此

$$\begin{cases} x = x^* \cos\theta - y^* \sin\theta, \\ y = x^* \sin\theta + y^* \cos\theta, \end{cases} \tag{5}$$

从而

$$\begin{bmatrix} x \\ y \end{bmatrix} = \begin{bmatrix} \cos\theta & -\sin\theta \\ \sin\theta & \cos\theta \end{bmatrix} \begin{bmatrix} x^* \\ y^* \end{bmatrix} = \boldsymbol{S} \begin{bmatrix} x^* \\ y^* \end{bmatrix}, \tag{6}$$

其中 $\boldsymbol{S}$ 称为基 $\vec{e}_1, \vec{e}_2$ 到基 $\vec{e}_1^*, \vec{e}_2^*$ 的**过渡矩阵**. 于是

$$\begin{bmatrix} x^* \\ y^* \end{bmatrix} = \boldsymbol{S}^{-1} \begin{bmatrix} x \\ y \end{bmatrix}. \tag{7}$$

同理

$$\begin{bmatrix} (x^*)' \\ (y^*)' \end{bmatrix} = \boldsymbol{S}^{-1} \begin{bmatrix} x' \\ y' \end{bmatrix}. \tag{8}$$

因此,根据(2)式和(6)式得

$$\begin{bmatrix} (x^*)' \\ (y^*)' \end{bmatrix} = \boldsymbol{S}^{-1}\boldsymbol{A} \begin{bmatrix} x \\ y \end{bmatrix} = \boldsymbol{S}^{-1}\boldsymbol{A}\boldsymbol{S} \begin{bmatrix} x^* \\ y^* \end{bmatrix}. \tag{9}$$

(9)式第二个等号右端的矩阵 $\boldsymbol{S}^{-1}\boldsymbol{A}\boldsymbol{S}$ 称为**正投影 $\mathscr{P}_x$ 在基 $\vec{e}_1^*, \vec{e}_2^*$ 下的矩阵**. 由此促使我们抽象出下述概念:

定义 1 设 $\boldsymbol{A}, \boldsymbol{B}$ 都是数域 K 上的 n 阶矩阵. 如果存在数域 K 上的一个 n 阶可逆矩阵 $\boldsymbol{U}$,使得 $\boldsymbol{B} = \boldsymbol{U}^{-1}\boldsymbol{A}\boldsymbol{U}$,那么称矩阵 $\boldsymbol{A}$ 与 $\boldsymbol{B}$ **相似**,记作 $\boldsymbol{A} \sim \boldsymbol{B}$.

上述正投影 $\mathscr{P}_x$ 的例子表明,$\mathscr{P}_x$ 在平面的不同基下的矩阵是相似的.

这一章要研究的第二个问题就是:相似的矩阵有哪些性质?在相似的矩阵中有没有形式最简单的矩阵?此外,还会研究与这个问题有密切关系的矩阵的特征值和特征向量. 在第八章的§2和§3中,我们将研究数域 K 上 n 维线性空间中的线性变换的形式最简单的矩阵表示. 这是我们研究相似的矩阵的强大动力. 为了简便,我们常常略去数域 K,默认所讨论问题中矩阵及常数是在同一数域上的.

§1 矩阵的相抵

观察

下述矩阵 $\boldsymbol{A}$ 经过初等行变换可以化成简化行阶梯形矩阵,再经过初等列变换可以进一步化成更简单的矩阵:

$$A=\begin{bmatrix}1&3&-2\\-1&-2&1\\2&-4&6\end{bmatrix}\xrightarrow{\text{初等行变换}}\begin{bmatrix}1&0&1\\0&1&-1\\0&0&0\end{bmatrix}\xrightarrow{\text{初等列变换}}\begin{bmatrix}1&0&0\\0&1&0\\0&0&0\end{bmatrix}.$$

抽象

定义 1 如果矩阵 $\boldsymbol{A}$ 经过一系列初等行或列变换变成矩阵 $\boldsymbol{B}$，那么称 $\boldsymbol{A}$ 与 $\boldsymbol{B}$ 是**相抵**或**等价**的，记作 $\boldsymbol{A}\overset{\text{相抵}}{\sim}\boldsymbol{B}$.

从上述定义容易看出，矩阵之间的相抵关系具有下述性质：

(1) **反身性**：任一矩阵 $\boldsymbol{A}$ 与自身相抵；

(2) **对称性**：如果矩阵 $\boldsymbol{A}$ 与 $\boldsymbol{B}$ 相抵，那么 $\boldsymbol{B}$ 与 $\boldsymbol{A}$ 相抵；

(3) **传递性**：如果矩阵 $\boldsymbol{A}$ 与 $\boldsymbol{B}$ 相抵，矩阵 $\boldsymbol{B}$ 与 $\boldsymbol{C}$ 相抵，那么 $\boldsymbol{A}$ 与 $\boldsymbol{C}$ 相抵.

由于矩阵的初等行或列变换可以通过初等矩阵与矩阵相乘来实现，并且一个矩阵可逆的充要条件是它能表示成一些初等矩阵的乘积，因此

$s\times n$ 矩阵 $\boldsymbol{A}$ 与 $\boldsymbol{B}$ 相抵

$\Longleftrightarrow$ $\boldsymbol{A}$ 经过一系列初等行或列变换变成 $\boldsymbol{B}$

$\Longleftrightarrow$ 存在 s 阶初等矩阵 $\boldsymbol{P}_1,\boldsymbol{P}_2,\cdots,\boldsymbol{P}_t$ 与 n 阶初等矩阵 $\boldsymbol{Q}_1,\boldsymbol{Q}_2,\cdots,\boldsymbol{Q}_m$，使得

$$\boldsymbol{P}_t\cdots\boldsymbol{P}_2\boldsymbol{P}_1\boldsymbol{A}\boldsymbol{Q}_1\boldsymbol{Q}_2\cdots\boldsymbol{Q}_m=\boldsymbol{B},$$

其中 t,m 是某两个正整数

$\Longleftrightarrow$ 存在 s 阶可逆矩阵 $\boldsymbol{P}$ 与 n 阶可逆矩阵 $\boldsymbol{Q}$，使得

$$\boldsymbol{PAQ}=\boldsymbol{B}. \tag{1}$$

定理 1 设 $s\times n$ 矩阵 $\boldsymbol{A}$ 的秩为 r. 如果 $r\neq 0$，那么 $\boldsymbol{A}$ 相抵于矩阵

$$\begin{bmatrix}\boldsymbol{I}_r&\boldsymbol{0}\\\boldsymbol{0}&\boldsymbol{0}\end{bmatrix}. \tag{2}$$

矩阵(2)称为 $\boldsymbol{A}$ 的**相抵标准形**. 如果 $r=0$，那么 $\boldsymbol{A}=\boldsymbol{0}$，此时称 $\boldsymbol{A}$ 的相抵标准形是零矩阵.

证明 设 $r\neq 0$，则 $\boldsymbol{A}$ 经过初等行变换化成的简化行阶梯形矩阵有 r 行非零行. 再经过一些适当的两列互换，它可以变成下述形式：

$$\boldsymbol{J}=\begin{bmatrix}1&0&0&\cdots&0&c_{1,r+1}&\cdots&c_{1n}\\0&1&0&\cdots&0&c_{2,r+1}&\cdots&c_{2n}\\\vdots&\vdots&\vdots&&\vdots&\vdots&&\vdots\\0&0&0&\cdots&1&c_{r,r+1}&\cdots&c_{rn}\\0&0&0&\cdots&0&0&\cdots&0\\\vdots&\vdots&\vdots&&\vdots&\vdots&&\vdots\\0&0&0&\cdots&0&0&\cdots&0\end{bmatrix}. \tag{3}$$

把 $\boldsymbol{J}$ 的第 1 列的 $-c_{1,r+1}$ 倍加到第 $r+1$ 列上，可以使矩阵的 $(1,r+1)$ 元变为 0，而其余元素

没有变化.由此看出,只要把 $\boldsymbol{J}$ 的第 1 列的 $-c_{1,r+1},\cdots,-c_{1n}$ 倍分别加到第 $r+1,\cdots,n$ 列上,接着把所得矩阵的第 2 列的 $-c_{2,r+1},\cdots,-c_{2n}$ 倍分别加到第 $r+1,\cdots,n$ 列上,依次类推,最后把所得矩阵的第 r 列的 $-c_{r,r+1},\cdots,-c_{rn}$ 倍分别加到第 $r+1,\cdots,n$ 列上,就可以得到矩阵

$$\begin{bmatrix} \boldsymbol{I}_r & \boldsymbol{0} \\ \boldsymbol{0} & \boldsymbol{0} \end{bmatrix},$$

因此 $\boldsymbol{A}$ 相抵于最后得到的这个矩阵. ▌

定理 2 两个 $s\times n$ 矩阵相抵的充要条件是它们的秩相等.

证明 *必要性* 设 $\boldsymbol{A}$ 与 $\boldsymbol{B}$ 是两个 $s\times n$ 矩阵.如果 $\boldsymbol{A}$ 与 $\boldsymbol{B}$ 相抵,由于初等行或列变换不改变矩阵的秩,因此 $\operatorname{rank}(\boldsymbol{A})=\operatorname{rank}(\boldsymbol{B})$.

充分性 如果 $\operatorname{rank}(\boldsymbol{A})=\operatorname{rank}(\boldsymbol{B})=r$,且 $r\neq 0$,那么 $\boldsymbol{A}$ 与矩阵(2)相抵,$\boldsymbol{B}$ 也与矩阵(2)相抵.由相抵关系的对称性和传递性知,$\boldsymbol{A}$ 与 $\boldsymbol{B}$ 相抵.若 $r=0$,则 $\boldsymbol{A}=\boldsymbol{B}=\boldsymbol{0}$.于是,根据相抵关系的反身性,$\boldsymbol{A}$ 与 $\boldsymbol{B}$ 相抵. ▌

从定理 2 看出,矩阵的秩完全刻画了矩阵的相抵关系.

推论 1 设 $s\times n$ 矩阵 $\boldsymbol{A}$ 的秩为 $r(r\neq 0)$,则存在 s 阶可逆矩阵 $\boldsymbol{P}$ 与 n 阶可逆矩阵 $\boldsymbol{Q}$,使得

$$\boldsymbol{A}=\boldsymbol{P}\begin{bmatrix} \boldsymbol{I}_r & \boldsymbol{0} \\ \boldsymbol{0} & \boldsymbol{0} \end{bmatrix}\boldsymbol{Q}. \tag{4}$$

证明 由定理 1 和(1)式知,存在 s 阶可逆矩阵 $\boldsymbol{P}_0$ 和 n 阶可逆矩阵 $\boldsymbol{Q}_0$,使得

$$\boldsymbol{P}_0\boldsymbol{A}\boldsymbol{Q}_0=\begin{bmatrix} \boldsymbol{I}_r & \boldsymbol{0} \\ \boldsymbol{0} & \boldsymbol{0} \end{bmatrix},$$

从而

$$\boldsymbol{A}=\boldsymbol{P}_0^{-1}\begin{bmatrix} \boldsymbol{I}_r & \boldsymbol{0} \\ \boldsymbol{0} & \boldsymbol{0} \end{bmatrix}\boldsymbol{Q}_0^{-1}.$$

令 $\boldsymbol{P}=\boldsymbol{P}_0^{-1},\boldsymbol{Q}=\boldsymbol{Q}_0^{-1}$,即得(4)式. ▌

习 题 5.1

1. 求下列矩阵的相抵标准形:

(1) $\begin{bmatrix} 1 & -1 & 3 \\ -2 & 3 & -11 \\ 4 & -5 & 17 \end{bmatrix}$; (2) $\begin{bmatrix} 1 & -1 & 3 & 2 \\ -2 & 3 & -11 & 5 \\ 4 & -5 & 17 & 3 \end{bmatrix}$; (3) $\begin{bmatrix} 1 & -2 \\ -3 & 6 \\ 2 & -4 \end{bmatrix}$.

2. 证明:$s\times n$ 矩阵 $\boldsymbol{A}$ 的秩为 $r(r\neq 0)$ 当且仅当存在 $s\times r$ 列满秩矩阵 $\boldsymbol{P}_1$ 与 $r\times n$ 行满秩矩阵 $\boldsymbol{Q}_1$,使得

$$\boldsymbol{A}=\boldsymbol{P}_1\boldsymbol{Q}_1.$$

3. 证明:任一秩为 $r(r\neq 0)$ 的矩阵都可以表示成 r 个秩为 1 的矩阵之和.

*4. 设 $\boldsymbol{B},\boldsymbol{C}$ 都是 $s\times r$ 列满秩矩阵,证明:存在 s 阶可逆矩阵 $\boldsymbol{P}$,使得 $\boldsymbol{C}=\boldsymbol{P}\boldsymbol{B}$.

§2 矩阵的相似

回顾

在本章开头我们证明了：在平面上取两个直角坐标 Oxy，Ox^*y^*，将 x 轴、y 轴、x^* 轴、y^* 轴正向的单位向量分别记为 $\vec{e}_1,\vec{e}_2,\vec{e}_1^*,\vec{e}_2^*$，则在 x 轴上的正投影 $\mathscr{P}_x$ 在基 $\vec{e}_1,\vec{e}_2$ 下的矩阵 $\boldsymbol{A}$ 与 $\mathscr{P}_x$ 在基 $\vec{e}_1^*,\vec{e}_2^*$ 下的矩阵 $\boldsymbol{B}$ 满足 $\boldsymbol{B}=\boldsymbol{S}^{-1}\boldsymbol{AS}$，其中 $\boldsymbol{S}$ 是基 $\vec{e}_1,\vec{e}_2$ 到基 $\vec{e}_1^*,\vec{e}_2^*$ 的过渡矩阵. 由此我们抽象出了下述概念：

定义 1 设 $\boldsymbol{A},\boldsymbol{B}$ 都是数域 K 上的 n 阶矩阵. 如果存在数域 K 上的一个 n 阶可逆矩阵 $\boldsymbol{U}$，使得

$$\boldsymbol{U}^{-1}\boldsymbol{AU}=\boldsymbol{B}, \tag{1}$$

那么称 $\boldsymbol{A}$ 与 $\boldsymbol{B}$ 是**相似的**，记作 $\boldsymbol{A}\sim\boldsymbol{B}$.

探索

从定义 1 容易得出，矩阵之间的相似关系具有下列性质：

(1) **反身性**：任一 n 阶矩阵 $\boldsymbol{A}$ 与自身相似；

(2) **对称性**：如果 $\boldsymbol{A}\sim\boldsymbol{B}$，那么 $\boldsymbol{B}\sim\boldsymbol{A}$；

(3) **传递性**：如果 $\boldsymbol{A}\sim\boldsymbol{B}$，$\boldsymbol{B}\sim\boldsymbol{C}$，那么 $\boldsymbol{A}\sim\boldsymbol{C}$.

矩阵的相似性关于矩阵的运算具有下面的性质：

命题 1 如果 $\boldsymbol{B}_1=\boldsymbol{U}^{-1}\boldsymbol{A}_1\boldsymbol{U}$，$\boldsymbol{B}_2=\boldsymbol{U}^{-1}\boldsymbol{A}_2\boldsymbol{U}$，那么

$$\boldsymbol{B}_1+\boldsymbol{B}_2=\boldsymbol{U}^{-1}(\boldsymbol{A}_1+\boldsymbol{A}_2)\boldsymbol{U}, \tag{2}$$

$$\boldsymbol{B}_1\boldsymbol{B}_2=\boldsymbol{U}^{-1}(\boldsymbol{A}_1\boldsymbol{A}_2)\boldsymbol{U}, \tag{3}$$

$$\boldsymbol{B}_1^m=\boldsymbol{U}^{-1}\boldsymbol{A}_1^m\boldsymbol{U}, \tag{4}$$

其中 m 是正整数.

证明

$$\boldsymbol{B}_1+\boldsymbol{B}_2=\boldsymbol{U}^{-1}\boldsymbol{A}_1\boldsymbol{U}+\boldsymbol{U}^{-1}\boldsymbol{A}_2\boldsymbol{U}=\boldsymbol{U}^{-1}(\boldsymbol{A}_1+\boldsymbol{A}_2)\boldsymbol{U},$$

$$\begin{aligned}\boldsymbol{B}_1\boldsymbol{B}_2&=(\boldsymbol{U}^{-1}\boldsymbol{A}_1\boldsymbol{U})(\boldsymbol{U}^{-1}\boldsymbol{A}_2\boldsymbol{U})=\boldsymbol{U}^{-1}\boldsymbol{A}_1(\boldsymbol{U}\boldsymbol{U}^{-1})\boldsymbol{A}_2\boldsymbol{U}\\&=\boldsymbol{U}^{-1}\boldsymbol{A}_1\boldsymbol{I}\boldsymbol{A}_2\boldsymbol{U}=\boldsymbol{U}^{-1}(\boldsymbol{A}_1\boldsymbol{A}_2)\boldsymbol{U},\end{aligned}$$

$$\begin{aligned}\boldsymbol{B}_1^m&=(\boldsymbol{U}^{-1}\boldsymbol{A}_1\boldsymbol{U})^m=(\boldsymbol{U}^{-1}\boldsymbol{A}_1\boldsymbol{U})(\boldsymbol{U}^{-1}\boldsymbol{A}_1\boldsymbol{U})\cdots(\boldsymbol{U}^{-1}\boldsymbol{A}_1\boldsymbol{U})\\&=\boldsymbol{U}^{-1}\boldsymbol{A}_1(\boldsymbol{U}\boldsymbol{U}^{-1})\boldsymbol{A}_1(\boldsymbol{U}\boldsymbol{U}^{-1})\cdots(\boldsymbol{U}\boldsymbol{U}^{-1})\boldsymbol{A}_1\boldsymbol{U}\\&=\boldsymbol{U}^{-1}\boldsymbol{A}_1\boldsymbol{A}_1\cdots\boldsymbol{A}_1\boldsymbol{U}=\boldsymbol{U}^{-1}\boldsymbol{A}_1^m\boldsymbol{U}.\end{aligned}$$

∎

相似的矩阵有许多共同的性质：

(1) 相似的矩阵有相同的行列式.

证明 设 $\boldsymbol{A}\sim\boldsymbol{B}$，则存在可逆矩阵 $\boldsymbol{U}$，使得 $\boldsymbol{U}^{-1}\boldsymbol{AU}=\boldsymbol{B}$，从而

$$|\boldsymbol{B}|=|\boldsymbol{U}^{-1}\boldsymbol{A}\boldsymbol{U}|=|\boldsymbol{U}^{-1}||\boldsymbol{A}||\boldsymbol{U}|=|\boldsymbol{U}|^{-1}|\boldsymbol{A}||\boldsymbol{U}|=|\boldsymbol{A}|.$$ ▍

(2) 相似的矩阵或者都可逆,或者都不可逆,并且当它们可逆时,它们的逆矩阵也相似.

证明 由性质(1)即得结论的前半部分.

现在设 $\boldsymbol{A}\sim\boldsymbol{B}$,且 $\boldsymbol{A}$ 可逆,则有可逆矩阵 $\boldsymbol{U}$,使得 $\boldsymbol{U}^{-1}\boldsymbol{A}\boldsymbol{U}=\boldsymbol{B}$,从而

$$\boldsymbol{B}^{-1}=(\boldsymbol{U}^{-1}\boldsymbol{A}\boldsymbol{U})^{-1}=\boldsymbol{U}^{-1}\boldsymbol{A}^{-1}\boldsymbol{U}.$$

因此 $\boldsymbol{A}^{-1}\sim\boldsymbol{B}^{-1}$. ▍

(3) 相似的矩阵有相同的秩.

证明 设 $\boldsymbol{A}\sim\boldsymbol{B}$,则有可逆矩阵 $\boldsymbol{U}$,使得 $\boldsymbol{U}^{-1}\boldsymbol{A}\boldsymbol{U}=\boldsymbol{B}$,从而 $\boldsymbol{A}$ 与 $\boldsymbol{B}$ 相抵.因此,$\boldsymbol{A}$ 与 $\boldsymbol{B}$ 的秩相同. ▍

n 阶矩阵 $\boldsymbol{A}$ 的主对角元的和称为 $\boldsymbol{A}$ 的**迹**,记作 $\mathrm{tr}(\boldsymbol{A})$.

矩阵的迹具有下列性质:

$$\mathrm{tr}(\boldsymbol{A}+\boldsymbol{B})=\mathrm{tr}(\boldsymbol{A})+\mathrm{tr}(\boldsymbol{B}),\tag{5}$$

$$\mathrm{tr}(c\boldsymbol{A})=c\,\mathrm{tr}(\boldsymbol{A}),\tag{6}$$

$$\mathrm{tr}(\boldsymbol{A}\boldsymbol{B})=\mathrm{tr}(\boldsymbol{B}\boldsymbol{A}),\tag{7}$$

其中 $\boldsymbol{A},\boldsymbol{B}$ 均为 n 阶矩阵,c 为常数.

直接计算可得(5)式和(6)式成立.(7)式的证明如下:

设 $\boldsymbol{A}=[a_{ij}]_{n\times n}$,$\boldsymbol{B}=[b_{ij}]_{n\times n}$,则

$$\mathrm{tr}(\boldsymbol{A}\boldsymbol{B})=\sum_{i=1}^{n}(\boldsymbol{A}\boldsymbol{B})(i;i)=\sum_{i=1}^{n}\left(\sum_{k=1}^{n}a_{ik}b_{ki}\right),$$

$$\mathrm{tr}(\boldsymbol{B}\boldsymbol{A})=\sum_{k=1}^{n}(\boldsymbol{B}\boldsymbol{A})(k;k)=\sum_{k=1}^{n}\left(\sum_{i=1}^{n}b_{ki}a_{ik}\right)=\sum_{i=1}^{n}\left(\sum_{k=1}^{n}a_{ik}b_{ki}\right),$$

因此 $\mathrm{tr}(\boldsymbol{A}\boldsymbol{B})=\mathrm{tr}(\boldsymbol{B}\boldsymbol{A})$. ▍

(4) 相似的矩阵有相同的迹.

证明 设 $\boldsymbol{A}\sim\boldsymbol{B}$,则有可逆矩阵 $\boldsymbol{U}$,使得 $\boldsymbol{U}^{-1}\boldsymbol{A}\boldsymbol{U}=\boldsymbol{B}$.于是

$$\mathrm{tr}(\boldsymbol{B})=\mathrm{tr}(\boldsymbol{U}^{-1}\boldsymbol{A}\boldsymbol{U})=\mathrm{tr}(\boldsymbol{U}^{-1}(\boldsymbol{A}\boldsymbol{U}))=\mathrm{tr}((\boldsymbol{A}\boldsymbol{U})\boldsymbol{U}^{-1})=\mathrm{tr}(\boldsymbol{A}).$$ ▍

相似的矩阵有这么多共同性质,这促使我们想在与 n 阶矩阵 $\boldsymbol{A}$ 相似的矩阵中找一个形式最简单的矩阵,以便于研究 $\boldsymbol{A}$ 的性质.从现在开始到本章结束,我们就研究这个问题,在第八章的§2和§3还将继续研究这个问题.

思考

如果 n 阶矩阵 $\boldsymbol{A}$ 相似于一个对角矩阵 $\boldsymbol{D}$,那么 $\boldsymbol{D}^m$ 容易计算,从而 $\boldsymbol{A}^m$ 也就比较容易计算.是不是任何一个 n 阶矩阵 $\boldsymbol{B}$ 都能相似于一个对角矩阵?当能够相似于对角矩阵时,如何找出可逆矩阵 $\boldsymbol{U}$,使得 $\boldsymbol{U}^{-1}\boldsymbol{B}\boldsymbol{U}$ 为对角矩阵?

分析

n 阶矩阵 $\boldsymbol{A}$ 相似于对角矩阵 $\boldsymbol{D}=\mathrm{diag}\{\lambda_1,\lambda_2,\cdots,\lambda_n\}$

$\Longleftrightarrow$ 存在 n 阶可逆矩阵 $\boldsymbol{U}=[\boldsymbol{\alpha}_1,\boldsymbol{\alpha}_2,\cdots,\boldsymbol{\alpha}_n]$，使得

$$\boldsymbol{U}^{-1}\boldsymbol{A}\boldsymbol{U}=\boldsymbol{D},$$

即
$$\boldsymbol{A}\boldsymbol{U}=\boldsymbol{U}\boldsymbol{D},$$

亦即
$$\boldsymbol{A}[\boldsymbol{\alpha}_1,\boldsymbol{\alpha}_2,\cdots,\boldsymbol{\alpha}_n]=[\boldsymbol{\alpha}_1,\boldsymbol{\alpha}_2,\cdots,\boldsymbol{\alpha}_n]\boldsymbol{D},$$

亦即
$$[\boldsymbol{A}\boldsymbol{\alpha}_1,\boldsymbol{A}\boldsymbol{\alpha}_2,\cdots,\boldsymbol{A}\boldsymbol{\alpha}_n]=[\lambda_1\boldsymbol{\alpha}_1,\lambda_2\boldsymbol{\alpha}_2,\cdots,\lambda_n\boldsymbol{\alpha}_n]$$

$\Longleftrightarrow$ 存在 n 个线性无关的向量 $\boldsymbol{\alpha}_1,\boldsymbol{\alpha}_2,\cdots,\boldsymbol{\alpha}_n$，使得

$$\boldsymbol{A}\boldsymbol{\alpha}_1=\lambda_1\boldsymbol{\alpha}_1,\quad \boldsymbol{A}\boldsymbol{\alpha}_2=\lambda_2\boldsymbol{\alpha}_2,\quad \cdots,\quad \boldsymbol{A}\boldsymbol{\alpha}_n=\lambda_n\boldsymbol{\alpha}_n.$$

所以，我们证明了下面的结论：

定理 1　数域 K 上的 n 阶矩阵 $\boldsymbol{A}$ 相似于对角矩阵的充要条件是，K 中有 n 个数 $\lambda_1,\lambda_2,\cdots,\lambda_n$，并且 K^n 中有 n 个线性无关的向量 $\boldsymbol{\alpha}_1,\boldsymbol{\alpha}_2,\cdots,\boldsymbol{\alpha}_n$，使得

$$\boldsymbol{A}\boldsymbol{\alpha}_1=\lambda_1\boldsymbol{\alpha}_1,\quad \boldsymbol{A}\boldsymbol{\alpha}_2=\lambda_2\boldsymbol{\alpha}_2,\quad \cdots,\quad \boldsymbol{A}\boldsymbol{\alpha}_n=\lambda_n\boldsymbol{\alpha}_n. \tag{8}$$

这时，令 $\boldsymbol{U}=(\boldsymbol{\alpha}_1,\boldsymbol{\alpha}_2,\cdots,\boldsymbol{\alpha}_n)$，则

$$\boldsymbol{U}^{-1}\boldsymbol{A}\boldsymbol{U}=\mathrm{diag}\{\lambda_1,\lambda_2,\cdots,\lambda_n\}.$$ ▌

如果一个 n 阶矩阵 $\boldsymbol{A}$ 相似于某个对角矩阵 $\boldsymbol{D}$，那么称 $\boldsymbol{A}$ **可对角化**，并把对角矩阵 $\boldsymbol{D}$ 称为 $\boldsymbol{A}$ 的**相似标准形**.

定理 1 告诉我们：判断数域 K 上的 n 阶矩阵 $\boldsymbol{A}$ 是否可对角化，以及当 $\boldsymbol{A}$ 可对角化时，找出可逆矩阵 $\boldsymbol{U}$，使得 $\boldsymbol{U}^{-1}\boldsymbol{A}\boldsymbol{U}$ 为对角矩阵，关键在于 K 中有没有 n 个数 $\lambda_1,\lambda_2,\cdots,\lambda_n$，以及 K^n 中有没有 n 个线性无关的向量 $\boldsymbol{\alpha}_1,\boldsymbol{\alpha}_2,\cdots,\boldsymbol{\alpha}_n$，满足(8)式. 下一节我们将研究满足(8)式的 K 中的数 λ_i 和 K^n 中的向量 $\boldsymbol{\alpha}_i$，$i=1,2,\cdots,n$.

习　题　5.2

1. 证明：如果 $\boldsymbol{A}\sim\boldsymbol{B}$，那么 $k\boldsymbol{A}\sim k\boldsymbol{B}$（$k$ 为常数），$\boldsymbol{A}^{\mathrm{T}}\sim\boldsymbol{B}^{\mathrm{T}}$.

2. 证明：如果矩阵 $\boldsymbol{A}$ 可逆，那么 $\boldsymbol{A}\boldsymbol{B}\sim\boldsymbol{B}\boldsymbol{A}$.

3. 证明：如果 $\boldsymbol{A}_1\sim\boldsymbol{B}_1,\boldsymbol{A}_2\sim\boldsymbol{B}_2$，那么

$$\begin{bmatrix}\boldsymbol{A}_1 & \boldsymbol{0}\\ \boldsymbol{0} & \boldsymbol{A}_2\end{bmatrix}\sim\begin{bmatrix}\boldsymbol{B}_1 & \boldsymbol{0}\\ \boldsymbol{0} & \boldsymbol{B}_2\end{bmatrix}.$$

4. 证明：如果矩阵 $\boldsymbol{A}$ 与 $\boldsymbol{B}$ 可交换，那么 $\boldsymbol{U}^{-1}\boldsymbol{A}\boldsymbol{U}$ 与 $\boldsymbol{U}^{-1}\boldsymbol{B}\boldsymbol{U}$ 也可交换.

5. 设 $f(x)=a_0+a_1x+\cdots+a_mx^m$ 是数域 K 上的一元多项式，$\boldsymbol{A}$ 是数域 K 上的 n 阶矩阵，定义

$$f(\boldsymbol{A})=a_0\boldsymbol{I}+a_1\boldsymbol{A}+\cdots+a_m\boldsymbol{A}^m.$$

显然，$f(\boldsymbol{A})$ 仍是数域 K 上的一个 n 阶矩阵，称 $f(\boldsymbol{A})$ 是**矩阵 $\boldsymbol{A}$ 的多项式**. 证明：如果 $\boldsymbol{A}\sim\boldsymbol{B}$，那么 $f(\boldsymbol{A})\sim f(\boldsymbol{B})$.

6. 证明：如果矩阵 $\boldsymbol{A}$ 可对角化，那么 $\boldsymbol{A}\sim\boldsymbol{A}^{\mathrm{T}}$.

7. 证明：如果 n 阶矩阵 $\boldsymbol{A},\boldsymbol{B}$ 满足

$$\boldsymbol{A}\boldsymbol{B}-\boldsymbol{B}\boldsymbol{A}=\boldsymbol{A},$$

那么 $\boldsymbol{A}$ 不可逆.

8. 证明：与幂等矩阵相似的矩阵仍是幂等矩阵.

9. 证明：与对合矩阵相似的矩阵仍是对合矩阵.

10. 方阵 $\boldsymbol{A}$ 称为**幂零矩阵**，如果 $\boldsymbol{A}$ 的某个正整数次幂等于零矩阵；使 $\boldsymbol{A}^l=\boldsymbol{0}$ 成立的最小正整数 l 称为 $\boldsymbol{A}$ 的**幂零指数**. 证明：与幂零矩阵相似的矩阵仍是幂零矩阵，并且其幂零指数相同.

§3 矩阵的特征值和特征向量

背景

上一节最后我们指出了：数域 K 上的一个 n 阶矩阵 $\boldsymbol{A}$ 是否可对角化，以及当 $\boldsymbol{A}$ 可对角化时，找出可逆矩阵 $\boldsymbol{U}$，使得 $\boldsymbol{U}^{-1}\boldsymbol{A}\boldsymbol{U}$ 为对角矩阵，关键在于 K 中有没有 n 个数 $\lambda_1,\lambda_2,\cdots,\lambda_n$，以及 K^n 中有没有 n 个线性无关的向量 $\boldsymbol{\alpha}_1,\boldsymbol{\alpha}_2,\cdots,\boldsymbol{\alpha}_n$，满足

$$\boldsymbol{A}\boldsymbol{\alpha}_1=\lambda_1\boldsymbol{\alpha}_1,\quad \boldsymbol{A}\boldsymbol{\alpha}_2=\lambda_2\boldsymbol{\alpha}_2,\quad \cdots,\quad \boldsymbol{A}\boldsymbol{\alpha}_n=\lambda_n\boldsymbol{\alpha}_n.$$

在平面上取一个直角坐标系 Oxy，其中 x 轴、y 轴正向的单位向量分别记作 $\vec{e}_1,\vec{e}_2$. 平面既可作为点集，又可看成以原点 O 为起点的所有向量组成的集合. 把平面上的每一点 M 对应于它到 x 轴的垂线段的垂足 M'，这个映射就是在 x 轴上的正投影，记作 $\mathscr{P}_x$，如图 5-1 所示. 由这个定义得

$$\mathscr{P}_x(\vec{e}_1)=\vec{e}_1=1\cdot\vec{e}_1,\qquad \mathscr{P}_x(\vec{e}_2)=\vec{0}=0\cdot\vec{e}_2,$$

于是实数 1,0 以及平面上的向量 $\vec{e}_1,\vec{e}_2$ 反映了正投影 $\mathscr{P}_x$ 的特征. $\vec{e}_1,\vec{e}_2$ 的坐标分别为 $[1,0]^{\mathrm{T}}$，$[0,1]^{\mathrm{T}}$. 设 $\overrightarrow{OM}$ 的坐标为 $[x,y]^{\mathrm{T}}$，$\overrightarrow{OM}$ 在 $\mathscr{P}_x$ 下的像 $\overrightarrow{OM'}$ 的坐标为 $[x',y']^{\mathrm{T}}$，则

$$\begin{cases} x'=x=1\cdot x+0\cdot y, \\ y'=0=0\cdot x+0\cdot y, \end{cases}$$

把 x,y 的系数组成一个矩阵

$$\boldsymbol{A}=\begin{bmatrix}1&0\\0&0\end{bmatrix}.$$

$\boldsymbol{A}$ 就是正投影 $\mathscr{P}_x$ 在基 $\vec{e}_1,\vec{e}_2$ 下的矩阵. 直接计算得

$$\boldsymbol{A}\begin{bmatrix}1\\0\end{bmatrix}=\begin{bmatrix}1&0\\0&0\end{bmatrix}\begin{bmatrix}1\\0\end{bmatrix}=\begin{bmatrix}1\\0\end{bmatrix}=1\cdot\begin{bmatrix}1\\0\end{bmatrix},$$

$$\boldsymbol{A}\begin{bmatrix}0\\1\end{bmatrix}=\begin{bmatrix}1&0\\0&0\end{bmatrix}\begin{bmatrix}0\\1\end{bmatrix}=\begin{bmatrix}0\\0\end{bmatrix}=0\cdot\begin{bmatrix}0\\1\end{bmatrix},$$

于是实数 1,0 以及 $\mathbf{R}^2$ 中的向量 $\begin{bmatrix}1\\0\end{bmatrix},\begin{bmatrix}0\\1\end{bmatrix}$ 反映了矩阵 $\boldsymbol{A}$ 的特征.

把平面上不在 x 轴上的每一点 M 对应到点 M'，使得 MM' 与 x 轴垂直，点 M' 与 M 在 x

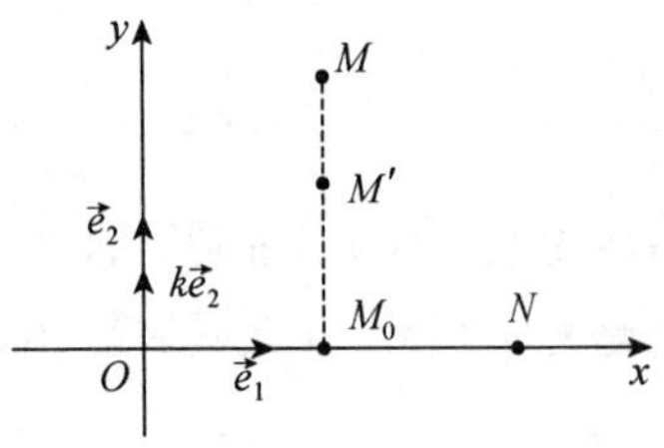

图　5-2

轴的同侧，并且 $|M_0M'|=k|M_0M|$，其中 M_0 为垂足，k 是一个正数，如图 5-2 所示；当点 N 在 x 轴上时，把点 N 对应到自身. 平面上的这个变换称为**向着 x 轴的正伸缩**（简称**正伸缩**），其中 k 称为**伸缩系数**. 记这个变换为 τ. 当 $0<k<1$ 时，称 τ 为**正压缩**；当 $k>1$ 时，称 τ 为**正拉伸**. 从这个定义得

$$\tau(\vec{e}_1)=\vec{e}_1=1\cdot\vec{e}_1,$$
$$\tau(\vec{e}_2)=k\cdot\vec{e}_2,$$

即正伸缩 τ 把 $\vec{e}_1$ 变成自身，把 $\vec{e}_2$ 变成 $\vec{e}_2$ 的 k 倍，k 是 τ 的伸缩系数. 于是，实数 $1,k$ 以及向量 $\vec{e}_1,\vec{e}_2$ 反映了正伸缩 τ 的特征. 设 $\overrightarrow{OM}$ 的坐标为 $[x,y]^{\mathrm{T}}$，$\overrightarrow{OM}$ 在正伸缩 τ 下的像 $\overrightarrow{OM'}$ 的坐标为 $[x',y']^{\mathrm{T}}$，则

$$\begin{cases}x'=x=1\cdot x+0\cdot y,\\ y'=ky=0\cdot x+k\cdot y.\end{cases}$$

把它们的系数组成一个矩阵

$$\boldsymbol{B}=\begin{bmatrix}1&0\\0&k\end{bmatrix}.$$

称 $\boldsymbol{B}$ 为正伸缩 τ **在基** $\vec{e}_1,\vec{e}_2$ **下的矩阵**. 我们有

$$\boldsymbol{B}\begin{bmatrix}1\\0\end{bmatrix}=\begin{bmatrix}1&0\\0&k\end{bmatrix}\begin{bmatrix}1\\0\end{bmatrix}=\begin{bmatrix}1\\0\end{bmatrix}=1\cdot\begin{bmatrix}1\\0\end{bmatrix},$$

$$\boldsymbol{B}\begin{bmatrix}0\\1\end{bmatrix}=\begin{bmatrix}1&0\\0&k\end{bmatrix}\begin{bmatrix}0\\1\end{bmatrix}=\begin{bmatrix}0\\k\end{bmatrix}=k\cdot\begin{bmatrix}0\\1\end{bmatrix},$$

于是实数 $1,k$ 以及 $\mathbf{R}^2$ 中的向量 $\begin{bmatrix}1\\0\end{bmatrix},\begin{bmatrix}0\\1\end{bmatrix}$ 反映了矩阵 $\boldsymbol{B}$ 的特征，其中 k 是正伸缩 τ 的伸缩系数.

上述两个例子的共同点是：有实数 $\lambda_1=1,\lambda_2=0$（或 $\lambda_1=1,\lambda_2=k$）以及 $\mathbf{R}^2$ 中的非零向量 $\boldsymbol{\alpha}_1=\begin{bmatrix}1\\0\end{bmatrix},\boldsymbol{\alpha}_2=\begin{bmatrix}0\\1\end{bmatrix}$，使得 $\boldsymbol{A}\boldsymbol{\alpha}_1=\lambda_1\boldsymbol{\alpha}_1,\boldsymbol{A}\boldsymbol{\alpha}_2=\lambda_2\boldsymbol{\alpha}_2$（或 $\boldsymbol{B}\boldsymbol{\alpha}_1=\lambda_1\boldsymbol{\alpha}_1,\boldsymbol{B}\boldsymbol{\alpha}_2=\lambda_2\boldsymbol{\alpha}_2$）. 由此抽象出下述概念.

抽象

定义 1　设 $\boldsymbol{A}$ 是数域 K 上的 n 阶矩阵. 如果 K 中有数 λ_0，并且 K^n 中有非零向量 $\boldsymbol{\alpha}$，使得

$$\boldsymbol{A}\boldsymbol{\alpha}=\lambda_0\boldsymbol{\alpha},$$

那么称 λ_0 是 $\boldsymbol{A}$ 的一个**特征值**，并称 $\boldsymbol{\alpha}$ 是 $\boldsymbol{A}$ 的属于特征值 λ_0 的一个**特征向量**.

从上述正伸缩的例子看到，n 阶矩阵 $\boldsymbol{A}$ 的属于特征值 λ_0 的特征向量 $\boldsymbol{\alpha}$ 有这样的“几何意

义”：$\boldsymbol{A}$ 乘以 $\boldsymbol{\alpha}$ 是把 $\boldsymbol{\alpha}$ 拉伸或压缩至 λ_0 倍，其中倍数 λ_0 是 $\boldsymbol{A}$ 的一个特征值.

如果 $\boldsymbol{\alpha}$ 是数域 K 上 n 阶矩阵 $\boldsymbol{A}$ 的属于特征值 λ_0 的一个特征向量，那么

$$\boldsymbol{A\alpha} = \lambda_0\boldsymbol{\alpha},$$

从而对于任意 $k\in K$，有

$$\boldsymbol{A}(k\boldsymbol{\alpha}) = k(\boldsymbol{A}\alpha) = k(\lambda_0\boldsymbol{\alpha}) = \lambda_0(k\boldsymbol{\alpha}).$$

因此，当 $k\neq 0$ 时，$k\boldsymbol{\alpha}$ 也是 $\boldsymbol{A}$ 的属于特征值 λ_0 的特征向量.

设 σ 是平面上绕原点 O 转角为 $\frac{\pi}{3}$ 的旋转，则 σ 可以用下述矩阵表示：

$$\boldsymbol{A} = \begin{bmatrix} \frac{1}{2} & -\frac{\sqrt{3}}{2} \\ \frac{\sqrt{3}}{2} & \frac{1}{2} \end{bmatrix}.$$

由于平面上任一非零向量在旋转 σ 下都不会变成它的实数倍，因此在 $\mathbf{R}^2$ 中不存在满足 $\boldsymbol{A\alpha}=\lambda_0\boldsymbol{\alpha}$ 的非零向量 $\boldsymbol{\alpha}$，从而 $\boldsymbol{A}$ 没有特征值和特征向量.

矩阵的特征值和特征向量有许多的应用：可以用来判断一个矩阵能不能对角化，判别平面上用直角坐标系下的方程表示的二次曲线是什么样的二次曲线，求出实数域上的二次型的一个标准形，判断实数域上的对称矩阵是不是正定矩阵；另外，在物理学、生物学、经济学、音乐等领域都有重要应用.

思考

如何判断数域 K 上的 n 阶矩阵 $\boldsymbol{A}$ 是否有特征值和特征向量？如果有的话，怎样求 $\boldsymbol{A}$ 的全部特征值和特征向量？

分析

设

$$\boldsymbol{A} = \begin{bmatrix} 1 & 2 \\ -1 & 4 \end{bmatrix}$$

是数域 K 上的矩阵，试问：$\boldsymbol{A}$ 是否有特征值和特征向量？

我们有

λ_0 是 $\boldsymbol{A}$ 的一个特征值，$\boldsymbol{\alpha}$ 是 $\boldsymbol{A}$ 的属于特征值 λ_0 的一个特征向量

$\Longleftrightarrow$ $\boldsymbol{A\alpha}=\lambda_0\boldsymbol{\alpha}$，且 $\boldsymbol{\alpha}\neq\boldsymbol{0}$，$\boldsymbol{\alpha}\in K^2$，$\lambda_0\in K$

$\Longleftrightarrow$ $(\lambda_0\boldsymbol{I}-\boldsymbol{A})\boldsymbol{\alpha}=\boldsymbol{0}$，且 $\boldsymbol{\alpha}\neq\boldsymbol{0}$，$\boldsymbol{\alpha}\in K^2$，$\lambda_0\in K$

$\Longleftrightarrow$ $\boldsymbol{\alpha}$ 是齐次线性方程组 $(\lambda_0\boldsymbol{I}-\boldsymbol{A})\boldsymbol{x}=\boldsymbol{0}$ 的一个非零解，$\lambda_0\in K$

$\Longleftrightarrow$ $|\lambda_0\boldsymbol{I}-\boldsymbol{A}|=0$，$\boldsymbol{\alpha}$ 是齐次线性方程组 $(\lambda_0\boldsymbol{I}-\boldsymbol{A})\boldsymbol{x}=\boldsymbol{0}$ 的一个非零解，$\lambda_0\in K$.

由于

$$|\lambda_0 \boldsymbol{I}-\boldsymbol{A}|=\begin{vmatrix}\lambda_0-1 & -2\\ 1 & \lambda_0-4\end{vmatrix}=\lambda_0^2-5\lambda_0+6,$$

因此

$$\begin{aligned}|\lambda_0\boldsymbol{I}-\boldsymbol{A}|=0 &\Longleftrightarrow \lambda_0^2-5\lambda_0+6=0\\ &\Longleftrightarrow \lambda_0 \text{ 是多项式 } \lambda^2-5\lambda+6 \text{ 的一个根.}\end{aligned}$$

我们把多项式 $\lambda^2-5\lambda+6$ 称为 $\boldsymbol{A}$ 的特征多项式. 它是怎么计算得来的？从 $\lambda_0^2-5\lambda_0+6=|\lambda_0\boldsymbol{I}-\boldsymbol{A}|$ 受到启发，有

$$|\lambda\boldsymbol{I}-\boldsymbol{A}|=\begin{vmatrix}\lambda-1 & -2\\ 1 & \lambda-4\end{vmatrix}=\lambda^2-5\lambda+6.$$

因此，**$\boldsymbol{A}$ 的特征多项式是** $|\lambda\boldsymbol{I}-\boldsymbol{A}|$. 于是，从上面的推导过程得出

$$\begin{aligned}&\lambda_0 \text{ 是 } \boldsymbol{A} \text{ 的一个特征值}, \boldsymbol{\alpha} \text{ 是 } \boldsymbol{A} \text{ 的属于特征值 } \lambda_0 \text{ 的一个特征向量}\\ &\Longleftrightarrow \lambda_0 \text{ 是 } \boldsymbol{A} \text{ 的特征多项式 } |\lambda\boldsymbol{I}-\boldsymbol{A}| \text{ 在 } K \text{ 中的一个根},\\ &\quad\ \boldsymbol{\alpha} \text{ 是齐次线性方程组 } (\lambda_0\boldsymbol{I}-\boldsymbol{A})\boldsymbol{x}=\boldsymbol{0} \text{ 的一个非零解.}\end{aligned}$$

上述推导过程对于任意 n 阶矩阵也适用，因此我们有下面的定理：

定理 1　设 $\boldsymbol{A}$ 是数域 K 上的 n 阶矩阵，则

1° λ_0 是 $\boldsymbol{A}$ 的一个特征值当且仅当 λ_0 是 $\boldsymbol{A}$ 的特征多项式 $|\lambda\boldsymbol{I}-\boldsymbol{A}|$ 在 K 中的一个根；

2° $\boldsymbol{\alpha}$ 是 $\boldsymbol{A}$ 的属于特征值 λ_0 的一个特征向量当且仅当 $\boldsymbol{\alpha}$ 是齐次线性方程组 $(\lambda_0\boldsymbol{I}-\boldsymbol{A})\boldsymbol{x}=\boldsymbol{0}$ 的一个非零解. ▌

n 阶矩阵 $\boldsymbol{A}=[a_{ij}]$ 的特征多项式具体写出来就是

$$|\lambda\boldsymbol{I}-\boldsymbol{A}|=\begin{vmatrix}\lambda-a_{11} & -a_{12} & \cdots & -a_{1n}\\ -a_{21} & \lambda-a_{22} & \cdots & -a_{2n}\\ \vdots & \vdots & & \vdots\\ -a_{n1} & -a_{n2} & \cdots & \lambda-a_{nn}\end{vmatrix}. \tag{1}$$

由于多项式有加法、减法和乘法运算，因此可以按照数域 K 上 n 阶矩阵的行列式定义来定义元素为多项式的 n 阶矩阵的行列式，并且行列式的 7 条性质、行列式按一行(或列)展开定理、矩阵乘积的行列式定理也都成立.

判断数域 K 上的 n 阶矩阵 $\boldsymbol{A}$ 有没有特征值和特征向量，以及在 $\boldsymbol{A}$ 有特征值和特征向量时，求其全部特征值和特征向量的方法如下：

第一步，计算 $\boldsymbol{A}$ 的特征多项式 $|\lambda\boldsymbol{I}-\boldsymbol{A}|$.

第二步，判别多项式 $|\lambda\boldsymbol{I}-\boldsymbol{A}|$ 在数域 K 中有没有根. 如果它在 K 中没有根，则 $\boldsymbol{A}$ 没有特征值，从而 $\boldsymbol{A}$ 也没有特征向量；如果 $|\lambda\boldsymbol{I}-\boldsymbol{A}|$ 在 K 中有根，则它在 K 中的全部根就是 $\boldsymbol{A}$ 的全部特征值，此时接着做第三步.

第三步，对于 $\boldsymbol{A}$ 的每个特征值 λ_j，求出齐次线性方程组 $(\lambda_j\boldsymbol{I}-\boldsymbol{A})\boldsymbol{x}=\boldsymbol{0}$ 的一个基础解系 $\boldsymbol{\eta}_1,\boldsymbol{\eta}_2,\cdots,\boldsymbol{\eta}_{t_j}$. 于是，$\boldsymbol{A}$ 的属于特征值 λ_j 的全部特征向量组成的集合是

$$\{k_1\boldsymbol{\eta}_1 + k_2\boldsymbol{\eta}_2 + \cdots + k_{t_j}\boldsymbol{\eta}_{t_j} \mid k_1, k_2, \cdots, k_{t_j} \in K, \text{且它们不全为 } 0\}.$$

设λ_j是n阶矩阵$\boldsymbol{A}$的一个特征值,我们把齐次线性方程组$(\lambda_j\boldsymbol{I}-\boldsymbol{A})\boldsymbol{x}=\boldsymbol{0}$的解空间称为$\boldsymbol{A}$的属于特征值$\lambda_j$的**特征子空间**. 它的全部非零向量就是$\boldsymbol{A}$的属于特征值$\lambda_j$的全部特征向量.

注意 零向量不是特征向量.

示范

例 1 设

$$\boldsymbol{A} = \begin{bmatrix} 1 & 2 \\ -1 & 4 \end{bmatrix}$$

是数域K上的矩阵,求$\boldsymbol{A}$的全部特征值和特征向量.

解 $\boldsymbol{A}$的特征多项式是

$$|\lambda\boldsymbol{I}-\boldsymbol{A}| = \begin{vmatrix} \lambda-1 & -2 \\ 1 & \lambda-4 \end{vmatrix} = \lambda^2 - 5\lambda + 6 = (\lambda-2)(\lambda-3),$$

因此$\boldsymbol{A}$的全部特征值是 2,3.

对于特征值 2,解齐次线性方程组$(2\boldsymbol{I}-\boldsymbol{A})\boldsymbol{x}=\boldsymbol{0}$: 由于

$$\begin{bmatrix} 1 & -2 \\ 1 & -2 \end{bmatrix} \longrightarrow \begin{bmatrix} 1 & -2 \\ 0 & 0 \end{bmatrix},$$

所以该方程组的一般解是

$$x_1 = 2x_2,$$

其中x_2是自由未知量,从而它的一个基础解系是

$$\boldsymbol{\alpha}_1 = [2,1]^{\mathrm{T}}.$$

因此,$\boldsymbol{A}$的属于特征值 2 的全部特征向量是

$$\{k_1\boldsymbol{\alpha}_1 \mid k_1 \in K, \text{且 } k_1 \neq 0\}.$$

类似地,对于特征值 3,求得齐次线性方程组$(3\boldsymbol{I}-\boldsymbol{A})\boldsymbol{x}=\boldsymbol{0}$的一个基础解

$$\boldsymbol{\alpha}_2 = [1,1]^{\mathrm{T}},$$

因此$\boldsymbol{A}$的属于特征值 3 的全部特征向量是

$$\{k_2\boldsymbol{\alpha}_2 \mid k_2 \in K, \text{且 } k_2 \neq 0\}.$$

例 2 设

$$\boldsymbol{A} = \begin{bmatrix} 2 & -2 & 2 \\ -2 & -1 & 4 \\ 2 & 4 & -1 \end{bmatrix}$$

是数域K上的矩阵,求$\boldsymbol{A}$的全部特征值和特征向量.

解 $\boldsymbol{A}$的特征多项式是

$$
|\lambda \boldsymbol{I}-\boldsymbol{A}|=\begin{vmatrix}\lambda-2 & 2 & -2\\ 2 & \lambda+1 & -4\\ -2 & -4 & \lambda+1\end{vmatrix}=\begin{vmatrix}\lambda-2 & 2 & -2\\ 2 & \lambda+1 & -4\\ 0 & \lambda-3 & \lambda-3\end{vmatrix}
$$

$$
=\begin{vmatrix}\lambda-2 & 4 & -2\\ 2 & \lambda+5 & -4\\ 0 & 0 & \lambda-3\end{vmatrix}=(\lambda-3)\begin{vmatrix}\lambda-2 & 4\\ 2 & \lambda+5\end{vmatrix}
$$

$$
=(\lambda-3)(\lambda^2+3\lambda-18)=(\lambda-3)^2(\lambda+6),
$$

因此 $\boldsymbol{A}$ 的全部特征值是 3(二重),−6.

对于特征值 3,解齐次线性方程组 $(3\boldsymbol{I}-\boldsymbol{A})\boldsymbol{x}=\boldsymbol{0}$：由于

$$
\begin{bmatrix}1 & 2 & -2\\ 2 & 4 & -4\\ -2 & -4 & 4\end{bmatrix}\longrightarrow\begin{bmatrix}1 & 2 & -2\\ 0 & 0 & 0\\ 0 & 0 & 0\end{bmatrix},
$$

所以该方程组的一般解是

$$
x_1=-2x_2+2x_3,
$$

其中 x_2,x_3 是自由未知量,从而它的一个基础解系是

$$
\boldsymbol{\alpha}_1=[-2,1,0]^{\mathrm{T}},\quad \boldsymbol{\alpha}_2=[2,0,1]^{\mathrm{T}}.
$$

因此,$\boldsymbol{A}$ 的属于特征值 3 的全部特征向量是

$$
\{k_1\boldsymbol{\alpha}_1+k_2\boldsymbol{\alpha}_2 \mid k_1,k_2\in K,\text{且 } k_1,k_2 \text{ 不全为 } 0\}.
$$

对于特征值−6,求得齐次线性方程组 $(-6\boldsymbol{I}-\boldsymbol{A})\boldsymbol{x}=\boldsymbol{0}$ 的一个基础解系

$$
\boldsymbol{\alpha}_3=[1,2,-2]^{\mathrm{T}},
$$

因此 $\boldsymbol{A}$ 的属于特征值−6 的全部特征向量是

$$
\{k_3\boldsymbol{\alpha}_3 \mid k_3\in K,\text{且 } k_3\neq 0\}.
$$

例 3 设矩阵

$$
\boldsymbol{A}=\begin{bmatrix}1 & -1\\ 1 & 1\end{bmatrix}.
$$

如果把 $\boldsymbol{A}$ 看成实数域 $\mathbf{R}$ 上的矩阵,$\boldsymbol{A}$ 有没有特征值？如果把 $\boldsymbol{A}$ 看成复数域 $\mathbf{C}$ 上的矩阵,求 $\boldsymbol{A}$ 的全部特征值和特征向量.

解 $\boldsymbol{A}$ 的特征多项式是

$$
|\lambda \boldsymbol{I}-\boldsymbol{A}|=\begin{vmatrix}\lambda-1 & 1\\ -1 & \lambda-1\end{vmatrix}=\lambda^2-2\lambda+2.
$$

由于判别式 $\Delta=(-2)^2-4\cdot 1\cdot 2=-4<0$,因此 $\lambda^2-2\lambda+2$ 没有实根,从而实数域 $\mathbf{R}$ 上的矩阵 $\boldsymbol{A}$ 没有特征值.

$\lambda^2-2\lambda+2$ 的两个虚根是 $1+\mathrm{i},1-\mathrm{i}$. 这就是复数域 $\mathbf{C}$ 上的矩阵 $\boldsymbol{A}$ 的全部特征值.

对于特征值 $1+\mathrm{i}$,求得齐次线性方程组 $[(1+\mathrm{i})\boldsymbol{I}-\boldsymbol{A}]\boldsymbol{x}=\boldsymbol{0}$ 的一个基础解系

$$
\boldsymbol{\alpha}_1=[\mathrm{i},1]^{\mathrm{T}},
$$

因此 $\boldsymbol{A}$ 的属于特征值 $1+\mathrm{i}$ 的全部特征向量是

$$\{k_1\boldsymbol{\alpha}_1 \mid k_1 \in \mathbf{C}, 且\ k_1 \neq 0\}.$$

类似地，求得 $\boldsymbol{A}$ 的属于特征值 $1-\mathrm{i}$ 的全部特征向量

$$\{k_2\boldsymbol{\alpha}_2 \mid k_2 \in \mathbf{C}, 且\ k_2 \neq 0\},$$

其中

$$\boldsymbol{\alpha}_2 = [-\mathrm{i}, 1]^{\mathrm{T}}.$$

观察

例 1 中 $\boldsymbol{A}$ 是 2 阶矩阵，它的特征多项式 $\lambda^2-5\lambda+6$ 是二次多项式，且二次项的系数为 1，常数项为 6，又注意到

$$|\boldsymbol{A}| = \begin{vmatrix} 1 & 2 \\ -1 & 4 \end{vmatrix} = 6,$$

即 $\boldsymbol{A}$ 的特征多项式的常数项等于 $|\boldsymbol{A}|$；一次项系数为 -5，它等于 $-\mathrm{tr}(\boldsymbol{A})$.

从上述例子受到启发，我们猜想：n 阶矩阵 $\boldsymbol{A}$ 的特征多项式 $|\lambda\boldsymbol{I}-\boldsymbol{A}|$ 是 λ 的 n 次多项式，且 λ^n 的系数为 1，λ^{n-1} 的系数为 $-\mathrm{tr}(\boldsymbol{A})$，常数项为 $(-1)^n|\boldsymbol{A}|$.

论证

定理 2 设 $\boldsymbol{A}$ 是 n 阶矩阵，则 $\boldsymbol{A}$ 的特征多项式 $|\lambda\boldsymbol{I}-\boldsymbol{A}|$ 是 λ 的 n 次多项式，且 λ^n 的系数为 1，λ^{n-1} 的系数为 $-\mathrm{tr}(\boldsymbol{A})$，常数项为 $(-1)^n|\boldsymbol{A}|$.

证明 由行列式的定义知，$|\lambda\boldsymbol{I}-\boldsymbol{A}|$[参看(1)式]有如下一项：

$$\begin{aligned}(\lambda-a_{11})(\lambda-a_{22})\cdots(\lambda-a_{nn}) &= \lambda^n-(a_{11}+a_{22}+\cdots+a_{nn})\lambda^{n-1} \\ &\quad +\cdots+(-1)^n a_{11}a_{22}\cdots a_{nn}.\end{aligned} \tag{2}$$

现在考虑 $|\lambda\boldsymbol{I}-\boldsymbol{A}|$ 中与项(2)不同的任一项. 这样的项至少包含一个因子 $-a_{ij}$，从而此项不能包含 $\lambda-a_{ii}$（因为它与 $-a_{ij}$ 位于同一行），也不能包含 $\lambda-a_{jj}$（因为它与 $-a_{ij}$ 位于同一列），因此该项不含 λ^n，也不含 λ^{n-1}. 于是，$|\lambda\boldsymbol{I}-\boldsymbol{A}|$ 中 λ^n 的系数是 1，λ^{n-1} 的系数是

$$-(a_{11}+a_{22}+\cdots+a_{nn}) = -\mathrm{tr}(\boldsymbol{A}),$$

从而

$$|\lambda\boldsymbol{I}-\boldsymbol{A}| = \lambda^n-\mathrm{tr}(\boldsymbol{A})\lambda^{n-1}+\cdots+c_1\lambda+c_0. \tag{3}$$

将(3)式两边的 λ 用 0 代入，得

$$c_0 = |0\cdot\boldsymbol{I}-\boldsymbol{A}| = |-\boldsymbol{A}| = (-1)^n|\boldsymbol{A}|.$$ ∎

在定理 2 中，$|\lambda\boldsymbol{I}-\boldsymbol{A}|$ 中 $\lambda^{n-k}(1\leqslant k<n)$ 的系数等于 $(-1)^k$ 乘以 $\boldsymbol{A}$ 的所有 k 阶主子式的和. 证明可看文献[2]第 177 页的命题 2.

***推论 1** 设 $\boldsymbol{A}$ 是 n 阶矩阵，则 $\boldsymbol{A}$ 的特征多项式 $|\lambda\boldsymbol{I}-\boldsymbol{A}|$ 的 n 个复根的和等于 $\mathrm{tr}(\boldsymbol{A})$，$n$ 个复根的积等于 $|\boldsymbol{A}|$.

证明 设 $|\lambda\boldsymbol{I}-\boldsymbol{A}|$ 的 n 个复根为 $c_1, c_2, \cdots, c_n$，则

$$|\lambda\boldsymbol{I}-\boldsymbol{A}| = (\lambda-c_1)(\lambda-c_2)\cdots(\lambda-c_n),$$

从而$|\lambda\boldsymbol{I}-\boldsymbol{A}|$中$\lambda^{n-1}$的系数为$-(c_1+c_2+\cdots+c_n)$，常数项为$(-1)^n c_1c_2\cdots c_n$. 又根据定理 2，$|\lambda\boldsymbol{I}-\boldsymbol{A}|$中$\lambda^{n-1}$的系数为$-\mathrm{tr}(\boldsymbol{A})$，常数项为$(-1)^n|\boldsymbol{A}|$，因此

$$c_1+c_2+\cdots+c_n=\mathrm{tr}(\boldsymbol{A}),\quad c_1c_2\cdots c_n=|\boldsymbol{A}|.$$ ▌

评注

现在我们来看相似的矩阵的特征值有什么关系.

[1] 相似的矩阵有相同的特征多项式.

证明　设$\boldsymbol{A}\sim\boldsymbol{B}$，则有可逆矩阵$\boldsymbol{U}$，使得$\boldsymbol{U}^{-1}\boldsymbol{A}\boldsymbol{U}=\boldsymbol{B}$. 于是

$$\begin{aligned}|\lambda\boldsymbol{I}-\boldsymbol{B}|&=|\lambda\boldsymbol{I}-\boldsymbol{U}^{-1}\boldsymbol{A}\boldsymbol{U}|=|\boldsymbol{U}^{-1}(\lambda\boldsymbol{I})\boldsymbol{U}-\boldsymbol{U}^{-1}\boldsymbol{A}\boldsymbol{U}|\\&=|\boldsymbol{U}^{-1}(\lambda\boldsymbol{I}-\boldsymbol{A})\boldsymbol{U}|=|\boldsymbol{U}^{-1}|\,|\lambda\boldsymbol{I}-\boldsymbol{A}|\,|\boldsymbol{U}|\\&=|\lambda\boldsymbol{I}-\boldsymbol{A}|.\end{aligned}$$ ▌

从性质[1]立即得出下面的性质：

[2] 相似的矩阵有相同的特征值(包括重数相同). ▌

注意　特征多项式相同的两个矩阵不一定相似. 例如，矩阵

$$\boldsymbol{A}=\begin{bmatrix}1&1\\0&1\end{bmatrix},\quad\boldsymbol{I}=\begin{bmatrix}1&0\\0&1\end{bmatrix},$$

的特征多项式都是$(\lambda-1)^2$，但是$\boldsymbol{A}$与$\boldsymbol{I}$不相似(因为与$\boldsymbol{I}$相似的矩阵只有$\boldsymbol{I}$自身).

习　题　5.3

1. 求数域K上的矩阵$\boldsymbol{A}$的全部特征值和特征向量，这里$\boldsymbol{A}$如下：

(1) $\boldsymbol{A}=\begin{bmatrix}2&2&-2\\2&5&-4\\-2&-4&5\end{bmatrix}$；　　(2) $\boldsymbol{A}=\begin{bmatrix}2&3&2\\1&8&2\\-2&-14&-3\end{bmatrix}$；

(3) $\boldsymbol{A}=\begin{bmatrix}6&2&4\\2&3&2\\4&2&6\end{bmatrix}$；　　(4) $\boldsymbol{A}=\begin{bmatrix}2&-1&2\\5&-3&3\\-1&0&-2\end{bmatrix}$；

(5) $\boldsymbol{A}=\begin{bmatrix}0&\frac{1}{2}&\frac{1}{2}\\1&-\frac{1}{2}&\frac{1}{2}\\1&-\frac{1}{2}&\frac{1}{2}\end{bmatrix}$.

2. 求复数域$\mathbf{C}$上的矩阵$\boldsymbol{A}$的全部特征值和特征向量；如果把$\boldsymbol{A}$看成实数域$\mathbf{R}$上的矩阵，它有没有特征值？有多少个特征值？这里$\boldsymbol{A}$如下：

(1) $\boldsymbol{A}=\begin{bmatrix}1&-\sqrt{3}\\\sqrt{3}&1\end{bmatrix}$；　　(2) $\boldsymbol{A}=\begin{bmatrix}3&7&-3\\-2&-5&2\\-4&-10&3\end{bmatrix}$.

3. 设 $\boldsymbol{A}$ 是实数域 $\mathbf{R}$ 上的 n 阶矩阵，证明：把 $\boldsymbol{A}$ 看成复数域 $\mathbf{C}$ 上的矩阵时，如果 λ_0 是 $\boldsymbol{A}$ 的一个特征值，$\boldsymbol{\alpha}$ 是 $\boldsymbol{A}$ 的属于特征值 λ_0 的一个特征向量，那么 $\overline{\lambda}_0$ 也是 $\boldsymbol{A}$ 的一个特征值，$\overline{\boldsymbol{\alpha}}$ 是 $\boldsymbol{A}$ 的属于特征值 $\overline{\lambda}_0$ 的一个特征向量，其中 $\overline{\boldsymbol{\alpha}}$ 表示把 $\boldsymbol{\alpha}$ 的每个分量取共轭复数得到的向量.

4. 证明：n 阶幂零矩阵的特征值都是 0.

5. 证明：n 阶幂等矩阵一定有特征值，并且它的特征值是 1 或 0.

*6. 如果方阵 $\boldsymbol{A}$ 满足 $\boldsymbol{A}^m=\boldsymbol{I}$（$m$ 是某个正整数），那么称 $\boldsymbol{A}$ 是**周期矩阵**；使 $\boldsymbol{A}^m=\boldsymbol{I}$ 成立的最小正整数 m 称为 $\boldsymbol{A}$ 的**周期**. 证明：复数域 $\mathbf{C}$ 上周期为 m 的周期矩阵的特征值都是 m 次单位根.（注：如果一个复数 z 满足 $z^m=1$，则称 z 是一个 m 次单位根.）

7. 证明：方阵 $\boldsymbol{A}$ 与 $\boldsymbol{A}^{\mathrm{T}}$ 有相同的特征多项式，从而它们有相同的特征值.

8. 设 $\boldsymbol{A}$ 是数域 K 上的可逆矩阵，证明：

(1) 如果 $\boldsymbol{A}$ 有特征值，那么 $\boldsymbol{A}$ 的特征值不等于 0；

(2) 如果 λ_0 是 $\boldsymbol{A}$ 的一个特征值，那么 λ_0^{-1} 是 $\boldsymbol{A}^{-1}$ 的一个特征值.

9. 证明：方阵 $\boldsymbol{A}$ 的行列式等于 0 当且仅当 $\boldsymbol{A}$ 有特征值 0.

10. 设 $\boldsymbol{A}$ 是一个 n 阶正交矩阵，证明：

(1) 如果 $\boldsymbol{A}$ 有特征值，那么 $\boldsymbol{A}$ 的特征值是 1 或 -1；

(2) 如果 n 是奇数，且 $|\boldsymbol{A}|=1$，那么 1 是 $\boldsymbol{A}$ 的一个特征值；

(3) 如果 $|\boldsymbol{A}|=-1$，那么 -1 是 $\boldsymbol{A}$ 的一个特征值.

11. 设 λ_0 是数域 K 上 n 阶矩阵 $\boldsymbol{A}$ 的一个特征值，证明：

(1) 对于任意 $k\in K$，$k\lambda_0$ 是矩阵 $k\boldsymbol{A}$ 的一个特征值；

(2) 对于任意正整数 m，λ_0^m 是矩阵 $\boldsymbol{A}^m$ 的一个特征值；

(3) 对于系数属于 K 的一元多项式 $f(x)=a_0+a_1x+\cdots+a_mx^m$，$f(\lambda_0)$ 是矩阵 $f(\boldsymbol{A})=a_0\boldsymbol{I}+a_1\boldsymbol{A}+\cdots+a_m\boldsymbol{A}^m$ 的一个特征值.

*12. 设 $\boldsymbol{A},\boldsymbol{B}$ 分别是 $s\times n$，$n\times s$ 矩阵，证明：$\boldsymbol{AB}$ 与 $\boldsymbol{BA}$ 有相同的非零特征值.

*13. 设 $\boldsymbol{A}$ 是数域 K 上的 n 阶矩阵，λ_1 是 $\boldsymbol{A}$ 的一个特征值. 把 $\boldsymbol{A}$ 的属于特征值 λ_1 的特征子空间的维数称为 λ_1 的**几何重数**，把 λ_1 作为 $\boldsymbol{A}$ 的特征多项式的根时的重数称为 λ_1 的**代数重数**（简称**重数**）. 证明：特征值 λ_1 的几何重数小于或等于代数重数.

§4 矩阵可对角化的条件

回顾

§2 的定理 1 给出了数域 K 上的 n 阶矩阵 $\boldsymbol{A}$ 能够相似于对角矩阵的充要条件：K^n 中有 n 个线性无关的向量 $\boldsymbol{\alpha}_1,\boldsymbol{\alpha}_2,\cdots,\boldsymbol{\alpha}_n$，以及 K 中有 n 个数 $\lambda_1,\lambda_2,\cdots,\lambda_n$，使得

$$\boldsymbol{A\alpha}_1=\lambda_1\boldsymbol{\alpha}_1,\quad \boldsymbol{A\alpha}_2=\lambda_2\boldsymbol{\alpha}_2,\quad \cdots,\quad \boldsymbol{A\alpha}_n=\lambda_n\boldsymbol{\alpha}_n.$$

这时，令 $\boldsymbol{U}=[\boldsymbol{\alpha}_1,\boldsymbol{\alpha}_2,\cdots,\boldsymbol{\alpha}_n]$，则

$$U^{-1}AU = \mathrm{diag}\{\lambda_1, \lambda_2, \cdots, \lambda_n\}.$$

用特征值和特征向量的术语可以把这个结论写成下面的定理：

定理 1　数域 K 上 n 阶矩阵 $\boldsymbol{A}$ 可对角化的充要条件是 $\boldsymbol{A}$ 有 n 个线性无关的特征向量 $\boldsymbol{\alpha}_1, \boldsymbol{\alpha}_2, \cdots, \boldsymbol{\alpha}_n$. 此时，令

$$\boldsymbol{U} = [\boldsymbol{\alpha}_1, \boldsymbol{\alpha}_2, \cdots, \boldsymbol{\alpha}_n],$$

则

$$\boldsymbol{U}^{-1}\boldsymbol{A}\boldsymbol{U} = \mathrm{diag}\{\lambda_1, \lambda_2, \cdots, \lambda_n\},$$

其中 $\lambda_i (i=1,2,\cdots,n)$ 是 $\boldsymbol{\alpha}_i$ 所属的特征值. 此时，称对角矩阵 $\mathrm{diag}\{\lambda_1, \lambda_2, \cdots, \lambda_n\}$ 为 $\boldsymbol{A}$ 的**相似标准形**. 在不考虑主对角元排列次序的情况下，$\boldsymbol{A}$ 的相似标准形是被 $\boldsymbol{A}$ 唯一决定的. ▌

思考

如何判断数域 K 上的 n 阶矩阵 $\boldsymbol{A}$ 有没有 n 个线性无关的特征向量？

分析

首先，求出 n 阶矩阵 $\boldsymbol{A}$ 的全部特征值，设 $\boldsymbol{A}$ 的所有不同的特征值是 $\lambda_1, \lambda_2, \cdots, \lambda_m$；然后，对于每个特征值 λ_j，求出齐次线性方程组 $(\lambda_j \boldsymbol{I} - \boldsymbol{A})\boldsymbol{x} = \boldsymbol{0}$ 的一个基础解系 $\boldsymbol{\alpha}_{j1}, \boldsymbol{\alpha}_{j2}, \cdots, \boldsymbol{\alpha}_{jr_j}$，它们是 $\boldsymbol{A}$ 的线性无关的特征向量. 我们自然会想：把这 m 组向量合在一起是否仍线性无关？下面我们来探讨这个问题.

定理 2　设 λ_1, λ_2 是数域 K 上 n 阶矩阵 $\boldsymbol{A}$ 的不同特征值，$\boldsymbol{\alpha}_1, \boldsymbol{\alpha}_2, \cdots, \boldsymbol{\alpha}_s$ 与 $\boldsymbol{\beta}_1, \boldsymbol{\beta}_2, \cdots, \boldsymbol{\beta}_r$ 分别是 $\boldsymbol{A}$ 的属于特征值 λ_1, λ_2 的线性无关特征向量，则向量组 $\boldsymbol{\alpha}_1, \boldsymbol{\alpha}_2, \cdots, \boldsymbol{\alpha}_s, \boldsymbol{\beta}_1, \boldsymbol{\beta}_2, \cdots, \boldsymbol{\beta}_r$ 线性无关.

证明　设

$$k_1\boldsymbol{\alpha}_1 + k_2\boldsymbol{\alpha}_2 + \cdots + k_s\boldsymbol{\alpha}_s + l_1\boldsymbol{\beta}_1 + l_2\boldsymbol{\beta}_2 + \cdots + l_r\boldsymbol{\beta}_r = \boldsymbol{0}, \tag{1}$$

其中 $k_i, l_j \in K (i=1,2,\cdots,s; j=1,2,\cdots,r)$. (1)式两边左乘 $\boldsymbol{A}$，得

$$k_1\boldsymbol{A}\boldsymbol{\alpha}_1 + k_2\boldsymbol{A}\boldsymbol{\alpha}_2 + \cdots + k_s\boldsymbol{A}\boldsymbol{\alpha}_s + l_1\boldsymbol{A}\boldsymbol{\beta}_1 + l_2\boldsymbol{A}\boldsymbol{\beta}_2 + \cdots + l_r\boldsymbol{A}\boldsymbol{\beta}_r = \boldsymbol{0},$$

从而有

$$k_1\lambda_1\boldsymbol{\alpha}_1 + k_2\lambda_1\boldsymbol{\alpha}_2 + \cdots + k_s\lambda_1\boldsymbol{\alpha}_s + l_1\lambda_2\boldsymbol{\beta}_1 + l_2\lambda_2\boldsymbol{\beta}_2 + \cdots + l_r\lambda_2\boldsymbol{\beta}_r = \boldsymbol{0}. \tag{2}$$

由于 $\lambda_1 \neq \lambda_2$，因此 λ_1, λ_2 不全为 0. 不妨设 $\lambda_2 \neq 0$. (1)式两边乘以 λ_2，得

$$k_1\lambda_2\boldsymbol{\alpha}_1 + k_2\lambda_2\boldsymbol{\alpha}_2 + \cdots + k_s\lambda_2\boldsymbol{\alpha}_s + l_1\lambda_2\boldsymbol{\beta}_1 + l_2\lambda_2\boldsymbol{\beta}_2 + \cdots + l_r\lambda_2\boldsymbol{\beta}_r = \boldsymbol{0}. \tag{3}$$

(2)式减去(3)式，得

$$k_1(\lambda_1 - \lambda_2)\boldsymbol{\alpha}_1 + k_2(\lambda_1 - \lambda_2)\boldsymbol{\alpha}_2 + \cdots + k_s(\lambda_1 - \lambda_2)\boldsymbol{\alpha}_s = \boldsymbol{0}.$$

由于 $\lambda_1 \neq \lambda_2$，因此上式两边乘以 $(\lambda_1 - \lambda_2)^{-1}$ 得

$$k_1\boldsymbol{\alpha}_1 + k_2\boldsymbol{\alpha}_2 + \cdots + k_s\boldsymbol{\alpha}_s = \boldsymbol{0}. \tag{4}$$

由于 $\boldsymbol{\alpha}_1, \boldsymbol{\alpha}_2, \cdots, \boldsymbol{\alpha}_s$ 线性无关，因此从(4)式得 $k_1 = k_2 = \cdots = k_s = 0$. 把它们代入(1)式，得

$$l_1\boldsymbol{\beta}_1 + l_2\boldsymbol{\beta}_2 + \cdots + l_r\boldsymbol{\beta}_r = \boldsymbol{0}. \tag{5}$$

由于 $\boldsymbol{\beta}_1, \boldsymbol{\beta}_2, \cdots, \boldsymbol{\beta}_r$ 线性无关，因此从(5)式得 $l_1 = l_2 = \cdots = l_r = 0$，从而 $\boldsymbol{\alpha}_1, \boldsymbol{\alpha}_2, \cdots, \boldsymbol{\alpha}_s, \boldsymbol{\beta}_1, \boldsymbol{\beta}_2, \cdots, \boldsymbol{\beta}_r$

线性无关. ▌

对 n 阶矩阵 $\boldsymbol{A}$ 的不同特征值的个数做数学归纳法,可得到下述定理:

定理 3 设 $\lambda_1,\lambda_2,\cdots,\lambda_m$ 是数域 K 上 n 阶矩阵 $\boldsymbol{A}$ 的不同特征值,$\boldsymbol{\alpha}_{j1},\boldsymbol{\alpha}_{j2},\cdots,\boldsymbol{\alpha}_{jr_j}$ 是 $\boldsymbol{A}$ 的属于特征值 $\lambda_j(j=1,2,\cdots,m)$ 的线性无关特征向量,则向量组

$$\boldsymbol{\alpha}_{11},\ \boldsymbol{\alpha}_{12},\cdots,\ \boldsymbol{\alpha}_{1r_1},\ \boldsymbol{\alpha}_{21},\ \boldsymbol{\alpha}_{22},\ \cdots,\ \boldsymbol{\alpha}_{2r_2},\ \cdots,\ \boldsymbol{\alpha}_{m1},\ \boldsymbol{\alpha}_{m2},\ \cdots,\ \boldsymbol{\alpha}_{mr_m}$$

是线性无关的. ▌

推论 1 n 阶矩阵 $\boldsymbol{A}$ 的属于不同特征值的特征向量是线性无关的. ▌

从定理 3 得到: 设 $\lambda_1,\lambda_2,\cdots,\lambda_m$ 是数域 K 上 n 阶矩阵 $\boldsymbol{A}$ 的所有不同特征值,$\boldsymbol{\alpha}_{j1},\boldsymbol{\alpha}_{j2},\cdots,\boldsymbol{\alpha}_{jr_j}$ 是齐次线性方程组$(\lambda_j\boldsymbol{I}-\boldsymbol{A})\boldsymbol{x}=\boldsymbol{0}(j=1,2,\cdots,m)$的一个基础解系,则 $\boldsymbol{A}$ 的特征向量组

$$\boldsymbol{\alpha}_{11},\ \boldsymbol{\alpha}_{12},\ \cdots,\ \boldsymbol{\alpha}_{1r_1},\ \boldsymbol{\alpha}_{21},\ \boldsymbol{\alpha}_{22},\ \cdots,\ \boldsymbol{\alpha}_{2r_2},\ \cdots,\ \boldsymbol{\alpha}_{m1},\ \boldsymbol{\alpha}_{m2},\ \cdots,\ \boldsymbol{\alpha}_{mr_m} \tag{6}$$

一定线性无关. 如果 $r_1+r_2+\cdots+r_m=n$,那么 $\boldsymbol{A}$ 有 n 个线性无关的特征向量,从而 $\boldsymbol{A}$ 可对角化;如果 $r_1+r_2+\cdots+r_m<n$,那么 $\boldsymbol{A}$ 没有 n 个线性无关的特征向量,从而 $\boldsymbol{A}$ 不可对角化.

从上面的讨论得到下述定理:

定理 4 n 阶矩阵 $\boldsymbol{A}$ 可对角化的充要条件是,$\boldsymbol{A}$ 的属于不同特征值的特征子空间的维数之和等于 n. ▌

从定理 4 立即得到下述结论:

推论 2 如果 n 阶矩阵 $\boldsymbol{A}$ 有 n 个不同的特征值,那么 $\boldsymbol{A}$ 可对角化. ▌

***定理 5** 数域 K 上的 n 阶矩阵 $\boldsymbol{A}$ 可对角化的充要条件是,$\boldsymbol{A}$ 的特征多项式的全部复根都属于 K,并且 $\boldsymbol{A}$ 的每个特征值的几何重数(属于这个特征值的特征子空间的维数)等于它的代数重数(这个特征值作为 $\boldsymbol{A}$ 的特征多项式的根时的重数).

证明 *必要性* 设 $\boldsymbol{A}$ 可对角化,$\lambda_1,\lambda_2,\cdots,\lambda_m$ 是 $\boldsymbol{A}$ 的全部不同特征值,$\boldsymbol{A}$ 的属于特征值 $\lambda_j(j=1,2,\cdots,m)$ 的特征子空间的维数为 r_j. 根据定理 4 的必要性,得

$$r_1+r_2+\cdots+r_m=n.$$

根据定理 1 的必要性,得

$$\boldsymbol{A}\sim\operatorname{diag}\{\underbrace{\lambda_1,\cdots,\lambda_1}_{r_1\text{个}},\underbrace{\lambda_2,\cdots,\lambda_2}_{r_2\text{个}},\cdots,\underbrace{\lambda_m,\cdots,\lambda_m}_{r_m\text{个}}\}.$$

因为相似的矩阵有相同的特征多项式,所以

$$|\lambda\boldsymbol{I}-\boldsymbol{A}|=(\lambda-\lambda_1)^{r_1}(\lambda-\lambda_2)^{r_2}\cdots(\lambda-\lambda_m)^{r_m}.$$

这表明,$\boldsymbol{A}$ 的特征多项式的全部根都属于 K,并且每个特征值 λ_j 的代数重数等于它的几何重数 r_j.

充分性 设 $\boldsymbol{A}$ 的特征多项式$|\lambda\boldsymbol{I}-\boldsymbol{A}|$在复数域 $\mathbf{C}$ 中的全部不同根 $\lambda_1,\lambda_2,\cdots,\lambda_m$ 都属于 K,并且每个特征值 λ_j 的几何重数 r_j 等于它的代数重数,则

$$|\lambda\boldsymbol{I}-\boldsymbol{A}|=(\lambda-\lambda_1)^{r_1}(\lambda-\lambda_2)^{r_2}\cdots(\lambda-\lambda_m)^{r_m},$$

从而 $r_1+r_2+\cdots+r_m=n$. 根据定理 4 的充分性,$\boldsymbol{A}$ 可对角化. ▌

定理 5 的优点在于: 只要知道 n 阶矩阵 $\boldsymbol{A}$ 的特征多项式有一个复根不属于数域 K,那

么 $\boldsymbol{A}$ 不可对角化；或者只要知道 $\boldsymbol{A}$ 有一个特征值的几何重数小于它的代数重数，那么 $\boldsymbol{A}$ 不可对角化.

示范

在 §3 的例 1 中，2 阶矩阵 $\boldsymbol{A}$ 有 2 个不同的特征值，因此 $\boldsymbol{A}$ 可对角化.

在 §3 的例 2 中，3 阶矩阵 $\boldsymbol{A}$ 有 3 个线性无关的特征向量 $\boldsymbol{\alpha}_1,\boldsymbol{\alpha}_2,\boldsymbol{\alpha}_3$，因此 $\boldsymbol{A}$ 可对角化. 令

$$\boldsymbol{U}=\begin{bmatrix}-2 & 2 & 1\\ 1 & 0 & 2\\ 0 & 1 & -2\end{bmatrix},$$

则

$$\boldsymbol{U}^{-1}\boldsymbol{A}\boldsymbol{U}=\begin{bmatrix}3 & 0 & 0\\ 0 & 3 & 0\\ 0 & 0 & -6\end{bmatrix}.$$

在 §3 的例 3 中，将 2 阶矩阵 $\boldsymbol{A}$ 看成实数域 $\mathbf{R}$ 上的矩阵时，它没有特征值，从而它没有特征向量，因此它不能对角化. 将 $\boldsymbol{A}$ 看成复数域 $\mathbf{C}$ 上的矩阵时，它有 2 个不同的特征值，因此它可对角化.

例 1　证明：幂等矩阵一定可对角化；并且，如果 n 阶幂等矩阵 $\boldsymbol{A}$ 的秩为 $r(r>0)$，那么

$$\boldsymbol{A}\sim\begin{bmatrix}\boldsymbol{I}_r & \boldsymbol{0}\\ \boldsymbol{0} & \boldsymbol{0}\end{bmatrix}.$$

证明　若 $r=n$，则 $\boldsymbol{A}$ 可逆. 从 $\boldsymbol{A}^2=\boldsymbol{A}$ 得 $\boldsymbol{A}=\boldsymbol{I}$，于是 $\boldsymbol{A}$ 可对角化，$\boldsymbol{A}\sim\boldsymbol{I}$.

若 $r=0$，则 $\boldsymbol{A}=\boldsymbol{0}$. 于是，$\boldsymbol{A}$ 可对角化.

设 $0<r<n$. 根据习题 5.3 第 5 题的证明过程，$\boldsymbol{A}$ 的全部特征值是 1 和 0. 对于特征值 0，齐次线性方程组 $(0\cdot\boldsymbol{I}-\boldsymbol{A})\boldsymbol{x}=\boldsymbol{0}$ 的解空间 W_0 的维数为

$$\dim W_0=n-\operatorname{rank}(-\boldsymbol{A})=n-r.$$

由于 $\boldsymbol{A}$ 是幂等矩阵，因此 $\operatorname{rank}(\boldsymbol{A})+\operatorname{rank}(\boldsymbol{I}-\boldsymbol{A})=n$，从而

$$\operatorname{rank}(\boldsymbol{I}-\boldsymbol{A})=n-r.$$

于是，对于特征值 1，齐次线性方程组 $(\boldsymbol{I}-\boldsymbol{A})\boldsymbol{x}=\boldsymbol{0}$ 的解空间 W_1 的维数为

$$\dim W_1=n-\operatorname{rank}(\boldsymbol{I}-\boldsymbol{A})=n-(n-r)=r.$$

由于

$$\dim W_0+\dim W_1=(n-r)+r=n,$$

根据定理 4，$\boldsymbol{A}$ 可对角化. 再根据定理 1 的必要性，得

$$\boldsymbol{A}\sim\operatorname{diag}\{\underbrace{1,\cdots,1}_{r\text{个}},\underbrace{0,\cdots,0}_{n-r\text{个}}\}=\begin{bmatrix}\boldsymbol{I}_r & \boldsymbol{0}\\ \boldsymbol{0} & \boldsymbol{0}\end{bmatrix}.$$ ▌

例 2 证明：幂等矩阵的秩等于它的迹.

证明 设 $\boldsymbol{A}$ 是 n 阶幂等矩阵，且 $\boldsymbol{A}\neq\boldsymbol{0}$，则 $\operatorname{rank}(\boldsymbol{A})>0$. 记 $\operatorname{rank}(\boldsymbol{A})=r$. 根据例 1，得

$$\boldsymbol{A}\sim\begin{bmatrix}\boldsymbol{I}_r & \boldsymbol{0}\\ \boldsymbol{0} & \boldsymbol{0}\end{bmatrix}.$$

由于相似的矩阵有相同的迹，因此

$$\operatorname{tr}(\boldsymbol{A})=\operatorname{tr}\begin{bmatrix}\boldsymbol{I}_r & \boldsymbol{0}\\ \boldsymbol{0} & \boldsymbol{0}\end{bmatrix}=r=\operatorname{rank}(\boldsymbol{A}).$$

若 $\boldsymbol{A}=\boldsymbol{0}$，则 $\operatorname{tr}(\boldsymbol{A})=0=\operatorname{rank}(\boldsymbol{A})$. ▌

习 题 5.4

1. 在习题 5.3 的第 1,2 题中，哪些矩阵可对角化？哪些矩阵不可对角化？对于可对角化的矩阵 $\boldsymbol{A}$，求可逆矩阵 $\boldsymbol{U}$，使得 $\boldsymbol{U}^{-1}\boldsymbol{A}\boldsymbol{U}$ 为对角矩阵，并且写出这个对角矩阵.

2. 设 $\boldsymbol{A}=[a_{ij}]$ 是 n 阶上三角矩阵，证明：

(1) $\boldsymbol{A}$ 的主对角元是 $\boldsymbol{A}$ 的全部特征值；

(2) 若 $\boldsymbol{A}$ 的主对角元两两不相等，则 $\boldsymbol{A}$ 可对角化.

3. 设矩阵

$$\boldsymbol{A}=\begin{bmatrix}1 & 2\\ -1 & 4\end{bmatrix},$$

求 $\boldsymbol{A}^m$（m 是任一正整数）.

4. 证明：如果 $\boldsymbol{\alpha}$ 与 $\boldsymbol{\beta}$ 是 n 阶矩阵 $\boldsymbol{A}$ 的属于不同特征值的特征向量，那么 $\boldsymbol{\alpha}+\boldsymbol{\beta}$ 不是 $\boldsymbol{A}$ 的特征向量.

5. 设 $\boldsymbol{A}$ 是数域 K 上的 n 阶矩阵，证明：如果 K^n 中任一非零向量都是 $\boldsymbol{A}$ 的特征向量，那么 $\boldsymbol{A}$ 一定是数量矩阵.

6. 证明：不为零矩阵的幂零矩阵不可对角化.

§5 实对称矩阵的对角化

背景

设二次曲线 S 在直角坐标系 Oxy 中的方程为

$$5x^2+4xy+2y^2-24x-12y+18=0. \tag{1}$$

这是什么样的二次曲线呢？

解决这个问题的思路是：做直角坐标变换，使得在新的直角坐标系 Ox^*y^* 中，S 的方程不含交叉项（x^*y^* 项），二次项都是平方项，那么就可看出 S 是什么二次曲线. 设直角坐标变换公式为

$$\begin{bmatrix} x \\ y \end{bmatrix} = \boldsymbol{T} \begin{bmatrix} x^* \\ y^* \end{bmatrix}, \tag{2}$$

其中 $\boldsymbol{T}$ 一定是正交矩阵[理由见文献[4]第四章 §4 的 4.1.2 小节].(1)式左端的二次项部分可以写成

$$5x^2 + 4xy + 2y^2 = [x, y] \begin{bmatrix} 5 & 2 \\ 2 & 2 \end{bmatrix} \begin{bmatrix} x \\ y \end{bmatrix}. \tag{3}$$

把(3)式右端的 2 阶矩阵记作 $\boldsymbol{A}$. 将(2)式代入(3)式的右边,得

$$[x^*, y^*] \boldsymbol{T}^{\mathrm{T}} \boldsymbol{A} \boldsymbol{T} \begin{bmatrix} x^* \\ y^* \end{bmatrix}. \tag{4}$$

为了使(4)式中不出现交叉项 x^*y^* 项,只要使矩阵 $\boldsymbol{T}^{\mathrm{T}}\boldsymbol{A}\boldsymbol{T}$ 为对角矩阵即可. 由于 $\boldsymbol{T}^{\mathrm{T}} = \boldsymbol{T}^{-1}$,因此也就是要使 $\boldsymbol{T}^{-1}\boldsymbol{A}\boldsymbol{T}$ 为对角矩阵. 这就希望 $\boldsymbol{A}$ 可对角化,并且可找到一个正交矩阵 $\boldsymbol{T}$,使得 $\boldsymbol{T}^{-1}\boldsymbol{A}\boldsymbol{T}$ 为对角矩阵. 注意 $\boldsymbol{A}$ 是实数域 $\mathbf{R}$ 上的对称矩阵,于是提出了一个问题:对于实数域 $\mathbf{R}$ 上的对称矩阵 $\boldsymbol{A}$,能不能找到正交矩阵 $\boldsymbol{T}$,使得 $\boldsymbol{T}^{-1}\boldsymbol{A}\boldsymbol{T}$ 为对角矩阵? 本节就来研究这个问题.

探索

实数域 $\mathbf{R}$ 上的矩阵简称为**实矩阵**,实数域 $\mathbf{R}$ 上的对称矩阵简称为**实对称矩阵**.

对于 n 阶实矩阵 $\boldsymbol{A}, \boldsymbol{B}$,如果存在一个 n 阶正交矩阵 $\boldsymbol{T}$,使得

$$\boldsymbol{T}^{-1}\boldsymbol{A}\boldsymbol{T} = \boldsymbol{B},$$

那么称 $\boldsymbol{A}$ **正交相似于** $\boldsymbol{B}$.

二次曲线方程的化简提出了这样一个问题:实对称矩阵 $\boldsymbol{A}$ 能不能正交相似于对角矩阵? 如果能,那么由于对角矩阵的主对角元都是 $\boldsymbol{A}$ 的特征值,因此 $\boldsymbol{A}$ 的特征多项式在复数域中的根全是实数. 这是真的吗?

定理 1　实对称矩阵的特征多项式在复数域 $\mathbf{C}$ 中的每个根都是实数,从而它们都是这个实对称矩阵的特征值.

证明　设 $\boldsymbol{A}$ 是 n 阶实对称矩阵,λ_0 是 $\boldsymbol{A}$ 的特征多项式 $|\lambda\boldsymbol{I} - \boldsymbol{A}|$ 在复数域 $\mathbf{C}$ 中的任一根,于是 $|\lambda_0\boldsymbol{I} - \boldsymbol{A}| = 0$,从而复数域 $\mathbf{C}$ 上的齐次线性方程组 $(\lambda_0\boldsymbol{I} - \boldsymbol{A})\boldsymbol{x} = \boldsymbol{0}$ 有非零解. 取它的一个非零解

$$\boldsymbol{\alpha} = [c_1, c_2, \cdots, c_n]^{\mathrm{T}},$$

则 $(\lambda_0\boldsymbol{I} - \boldsymbol{A})\boldsymbol{\alpha} = \boldsymbol{0}$,且 $\boldsymbol{\alpha} \in \mathbf{C}^n$,从而

$$\boldsymbol{A}\boldsymbol{\alpha} = \lambda_0\boldsymbol{\alpha}. \tag{5}$$

想证 $\overline{\lambda}_0 = \lambda_0$,于是在(5)式两边取共轭复数,得

$$\overline{\boldsymbol{A}}\overline{\boldsymbol{\alpha}} = \overline{\lambda}_0\overline{\boldsymbol{\alpha}}. \tag{6}$$

由于 $\boldsymbol{A}$ 是实矩阵,因此 $\overline{\boldsymbol{A}} = \boldsymbol{A}$,从而(6)式也就是

$$\boldsymbol{A}\overline{\boldsymbol{\alpha}} = \overline{\lambda}_0\overline{\boldsymbol{\alpha}}. \tag{7}$$

(7)式两边左乘 $\boldsymbol{\alpha}^{\mathrm{T}}$，得

$$\boldsymbol{\alpha}^{\mathrm{T}}\boldsymbol{A}\overline{\boldsymbol{\alpha}} = \overline{\lambda}_0\boldsymbol{\alpha}^{\mathrm{T}}\overline{\boldsymbol{\alpha}}. \tag{8}$$

由于 $\boldsymbol{A}$ 是对称矩阵，因此 $\boldsymbol{A}^{\mathrm{T}}=\boldsymbol{A}$. 在(5)式两边取转置，然后用 $\overline{\boldsymbol{\alpha}}$ 右乘，得

$$\boldsymbol{\alpha}^{\mathrm{T}}\boldsymbol{A}\overline{\boldsymbol{\alpha}} = \lambda_0\boldsymbol{\alpha}^{\mathrm{T}}\overline{\boldsymbol{\alpha}}. \tag{9}$$

比较(8)式和(9)式，得

$$\overline{\lambda}_0\boldsymbol{\alpha}^{\mathrm{T}}\overline{\boldsymbol{\alpha}} = \lambda_0\boldsymbol{\alpha}^{\mathrm{T}}\overline{\boldsymbol{\alpha}},$$

即

$$(\overline{\lambda}_0 - \lambda_0)\boldsymbol{\alpha}^{\mathrm{T}}\overline{\boldsymbol{\alpha}} = 0. \tag{10}$$

由于 $\boldsymbol{\alpha}\neq\boldsymbol{0}$，因此

$$\boldsymbol{\alpha}^{\mathrm{T}}\overline{\boldsymbol{\alpha}}=c_1\overline{c}_1+c_2\overline{c}_2+\cdots+c_n\overline{c}_n=|c_1|^2+|c_2|^2+\cdots+|c_n|^2\neq 0.$$

于是，从(10)式得 $\overline{\lambda}_0-\lambda_0=0$，即 $\overline{\lambda}_0=\lambda_0$，因此 λ_0 是实数. ▌

定理 2 实对称矩阵 $\boldsymbol{A}$ 的属于不同特征值的特征向量是正交的.

证明 设 λ_1 与 λ_2 是 $\boldsymbol{A}$ 的不同特征值，$\boldsymbol{\alpha}_i(i=1,2)$是 $\boldsymbol{A}$ 的属于特征值 λ_i 的特征向量. 由于

$$\lambda_1(\boldsymbol{\alpha}_1,\boldsymbol{\alpha}_2) = (\lambda_1\boldsymbol{\alpha}_1,\boldsymbol{\alpha}_2) = (\boldsymbol{A}\boldsymbol{\alpha}_1,\boldsymbol{\alpha}_2) = (\boldsymbol{A}\boldsymbol{\alpha}_1)^{\mathrm{T}}\boldsymbol{\alpha}_2 = \boldsymbol{\alpha}_1^{\mathrm{T}}\boldsymbol{A}^{\mathrm{T}}\boldsymbol{\alpha}_2 = \boldsymbol{\alpha}_1^{\mathrm{T}}\boldsymbol{A}\boldsymbol{\alpha}_2,$$

$$\lambda_2(\boldsymbol{\alpha}_1,\boldsymbol{\alpha}_2) = (\boldsymbol{\alpha}_1,\lambda_2\boldsymbol{\alpha}_2) = (\boldsymbol{\alpha}_1,\boldsymbol{A}\boldsymbol{\alpha}_2) = \boldsymbol{\alpha}_1^{\mathrm{T}}\boldsymbol{A}\boldsymbol{\alpha}_2,$$

因此 $\lambda_1(\boldsymbol{\alpha}_1,\boldsymbol{\alpha}_2)=\lambda_2(\boldsymbol{\alpha}_1,\boldsymbol{\alpha}_2)$，从而$(\lambda_1-\lambda_2)(\boldsymbol{\alpha}_1,\boldsymbol{\alpha}_2)=0$. 又由于 $\lambda_1\neq\lambda_2$，因此$(\boldsymbol{\alpha}_1,\boldsymbol{\alpha}_2)=0$，即 $\boldsymbol{\alpha}_1$ 与 $\boldsymbol{\alpha}_2$ 正交. ▌

定理 3 实对称矩阵一定正交相似于对角矩阵.

证明 设 $\boldsymbol{A}$ 为任一 n 阶实对称矩阵. 下面对 $\boldsymbol{A}$ 的阶数 n 做数学归纳法.

当 $n=1$ 时，可设 $\boldsymbol{A}=[a]$，$a\in\mathbf{R}$. $[a]$已经是对角矩阵，且 $\boldsymbol{I}_1^{-1}[a]\boldsymbol{I}_1=[a]$.

假设任一 $n-1$ 阶实对称矩阵都正交相似于对角矩阵. 现在来看 n 阶实对称矩阵 $\boldsymbol{A}$.

取 $\boldsymbol{A}$ 的一个特征值λ_1(这由定理 1 保证可取到)，并取 $\boldsymbol{A}$ 的属于特征值λ_1 的一个特征向量 $\boldsymbol{\eta}_1$，且$|\boldsymbol{\eta}_1|=1$. $\boldsymbol{\eta}_1$ 可扩充成 $\mathbf{R}^n$ 的一个基(见第三章的§8 中指出的一个结论)，然后经过施密特正交化和单位化，可得到 $\mathbf{R}^n$ 的一个标准正交基 $\boldsymbol{\eta}_1,\boldsymbol{\eta}_2,\cdots,\boldsymbol{\eta}_n$. 令

$$\boldsymbol{T}_1 = [\boldsymbol{\eta}_1,\boldsymbol{\eta}_2,\cdots,\boldsymbol{\eta}_n],$$

则 $\boldsymbol{T}_1$ 是 n 阶正交矩阵. 我们有

$$\boldsymbol{T}_1^{-1}\boldsymbol{A}\boldsymbol{T}_1=\boldsymbol{T}_1^{-1}[\boldsymbol{A}\boldsymbol{\eta}_1,\boldsymbol{A}\boldsymbol{\eta}_2,\cdots,\boldsymbol{A}\boldsymbol{\eta}_n]=[\boldsymbol{T}_1^{-1}\lambda_1\boldsymbol{\eta}_1,\boldsymbol{T}_1^{-1}\boldsymbol{A}\boldsymbol{\eta}_2,\cdots,\boldsymbol{T}_1^{-1}\boldsymbol{A}\boldsymbol{\eta}_n].$$

因为 $\boldsymbol{T}_1^{-1}\boldsymbol{T}_1=\boldsymbol{I}$，所以

$$\boldsymbol{T}_1^{-1}[\boldsymbol{\eta}_1,\boldsymbol{\eta}_2,\cdots,\boldsymbol{\eta}_n]=[\boldsymbol{\varepsilon}_1,\boldsymbol{\varepsilon}_2,\cdots,\boldsymbol{\varepsilon}_n].$$

于是 $\boldsymbol{T}_1^{-1}\boldsymbol{\eta}_1=\boldsymbol{\varepsilon}_1$，从而 $\boldsymbol{T}_1^{-1}\boldsymbol{A}\boldsymbol{T}_1$ 的第 1 列是 $\lambda_1\boldsymbol{\varepsilon}_1$. 因此，可以设

$$\boldsymbol{T}_1^{-1}\boldsymbol{A}\boldsymbol{T}_1 = \begin{bmatrix}\lambda_1 & \boldsymbol{\alpha}^{\mathrm{T}} \\ \boldsymbol{0} & \boldsymbol{B}\end{bmatrix}.$$

由于 $\boldsymbol{T}_1$ 是正交矩阵，$\boldsymbol{A}$ 是实对称矩阵，因此 $\boldsymbol{T}_1^{-1}\boldsymbol{A}\boldsymbol{T}_1$ 也是实对称矩阵，从而 $\boldsymbol{\alpha}=\boldsymbol{0}$，且 $\boldsymbol{B}$

是 $n-1$ 阶实对称矩阵. 根据归纳假设,有 $n-1$ 阶正交矩阵 $\boldsymbol{T}_2$,使得

$$\boldsymbol{T}_2^{-1}\boldsymbol{B}\boldsymbol{T}_2=\mathrm{diag}\{\lambda_2,\cdots,\lambda_n\}.$$

令

$$\boldsymbol{T}=\boldsymbol{T}_1\begin{bmatrix}1 & \boldsymbol{0}\\ \boldsymbol{0} & \boldsymbol{T}_2\end{bmatrix}.$$

由于上式右端的两个矩阵都是 n 阶正交矩阵,因此 $\boldsymbol{T}$ 是 n 阶正交矩阵,并且有

$$\begin{aligned}\boldsymbol{T}^{-1}\boldsymbol{A}\boldsymbol{T}&=\begin{bmatrix}1 & \boldsymbol{0}\\ \boldsymbol{0} & \boldsymbol{T}_2\end{bmatrix}^{-1}\boldsymbol{T}_1^{-1}\boldsymbol{A}\boldsymbol{T}_1\begin{bmatrix}1 & \boldsymbol{0}\\ \boldsymbol{0} & \boldsymbol{T}_2\end{bmatrix}\\ &=\begin{bmatrix}1 & \boldsymbol{0}\\ \boldsymbol{0} & \boldsymbol{T}_2^{-1}\end{bmatrix}\begin{bmatrix}\lambda_1 & \boldsymbol{0}\\ \boldsymbol{0} & \boldsymbol{B}\end{bmatrix}\begin{bmatrix}1 & \boldsymbol{0}\\ \boldsymbol{0} & \boldsymbol{T}_2\end{bmatrix}=\begin{bmatrix}\lambda_1 & \boldsymbol{0}\\ \boldsymbol{0} & \boldsymbol{T}_2^{-1}\boldsymbol{B}\boldsymbol{T}_2\end{bmatrix}\\ &=\mathrm{diag}\{\lambda_1,\lambda_2,\cdots,\lambda_n\}.\end{aligned}$$

根据数学归纳法,对于任意正整数 n,任一 n 阶实对称矩阵都正交相似于对角矩阵. ▍

定理 3 告诉我们:对于 n 阶实对称矩阵 $\boldsymbol{A}$,一定能找到一个正交矩阵 $\boldsymbol{T}$,使得 $\boldsymbol{T}^{-1}\boldsymbol{A}\boldsymbol{T}$ 为对角矩阵. 具体做法如下:

第一步,求出 $\boldsymbol{A}$ 的特征多项式 $|\lambda\boldsymbol{I}-\boldsymbol{A}|$,并求出它在复数域 $\mathbf{C}$ 中的全部不同根 $\lambda_1,\lambda_2,\cdots,\lambda_m$. 这些根都是实数,从而它们都是 $\boldsymbol{A}$ 的特征值.

第二步,对于每个特征值 λ_j,求出齐次线性方程组 $(\lambda_j\boldsymbol{I}-\boldsymbol{A})\boldsymbol{x}=\boldsymbol{0}$ 的一个基础解系 $\boldsymbol{\alpha}_{j1},\boldsymbol{\alpha}_{j2},\cdots,\boldsymbol{\alpha}_{jr_j}$,然后对 $\boldsymbol{\alpha}_{j1},\boldsymbol{\alpha}_{j2},\cdots,\boldsymbol{\alpha}_{jr_j}$ 进行施密特正交化和单位化,得 $\boldsymbol{\eta}_{j1},\boldsymbol{\eta}_{j2},\cdots,\boldsymbol{\eta}_{jr_j}$. 它们与 $\boldsymbol{\alpha}_{j1},\boldsymbol{\alpha}_{j2},\cdots,\boldsymbol{\alpha}_{jr_j}$ 等价,因此它们也是 $\boldsymbol{A}$ 的属于特征值 λ_j 的特征向量,并且它们构成正交单位向量组.

第三步,令

$$\boldsymbol{T}=[\boldsymbol{\eta}_{11},\boldsymbol{\eta}_{12},\cdots,\boldsymbol{\eta}_{1r_1},\boldsymbol{\eta}_{21},\boldsymbol{\eta}_{22},\cdots,\boldsymbol{\eta}_{2r_2},\cdots,\boldsymbol{\eta}_{m1},\boldsymbol{\eta}_{m2},\cdots,\boldsymbol{\eta}_{mr_m}].$$

由于 $\boldsymbol{A}$ 可对角化,因此

$$r_1+r_2+\cdots+r_m=n,$$

从而 $\boldsymbol{T}$ 是 n 阶矩阵. 根据定理 2,$\boldsymbol{T}$ 的列向量组是正交单位向量组,从而 $\boldsymbol{T}$ 是 n 阶正交矩阵. 由于 $\boldsymbol{T}$ 的列向量都是 $\boldsymbol{A}$ 的特征向量,因此

$$\boldsymbol{T}^{-1}\boldsymbol{A}\boldsymbol{T}=\mathrm{diag}\{\underbrace{\lambda_1,\cdots,\lambda_1}_{r_1\text{个}},\underbrace{\lambda_2,\cdots,\lambda_2}_{r_2\text{个}},\cdots,\underbrace{\lambda_m,\cdots,\lambda_m}_{r_m\text{个}}\}.$$

示范

例 1　设实数域 $\mathbf{R}$ 上的 3 阶对称矩阵

$$\boldsymbol{A}=\begin{bmatrix}1 & -2 & -4\\ -2 & 4 & -2\\ -4 & -2 & 1\end{bmatrix},$$

求正交矩阵 $\boldsymbol{T}$,使得 $\boldsymbol{T}^{-1}\boldsymbol{A}\boldsymbol{T}$ 为对角矩阵.

解 矩阵 $\boldsymbol{A}$ 的特征多项式是

$$|\lambda\boldsymbol{I}-\boldsymbol{A}|=\begin{vmatrix}\lambda-1 & 2 & 4\\ 2 & \lambda-4 & 2\\ 4 & 2 & \lambda-1\end{vmatrix}=\begin{vmatrix}\lambda-1 & 2 & 4\\ 2 & \lambda-4 & 2\\ 0 & -2\lambda+10 & \lambda-5\end{vmatrix}$$

$$=\begin{vmatrix}\lambda-1 & 10 & 4\\ 2 & \lambda & 2\\ 0 & 0 & \lambda-5\end{vmatrix}=(\lambda-5)\begin{vmatrix}\lambda-1 & 10\\ 2 & \lambda\end{vmatrix}$$

$$=(\lambda-5)(\lambda^2-\lambda-20)=(\lambda-5)^2(\lambda+4),$$

因此 $\boldsymbol{A}$ 的全部特征值是 5(二重),-4.

对于特征值 5,求出齐次线性方程组 $(5\boldsymbol{I}-\boldsymbol{A})\boldsymbol{x}=\boldsymbol{0}$ 的一个基础解系:

$$\boldsymbol{\alpha}_1=[1,-2,0]^{\mathrm{T}},\quad \boldsymbol{\alpha}_2=[1,0,-1]^{\mathrm{T}}.$$

令

$$\boldsymbol{\beta}_1=\boldsymbol{\alpha}_1,$$

$$\boldsymbol{\beta}_2=\boldsymbol{\alpha}_2-\frac{(\boldsymbol{\alpha}_2,\boldsymbol{\beta}_1)}{(\boldsymbol{\beta}_1,\boldsymbol{\beta}_1)}\boldsymbol{\beta}_1=[1,0,-1]^{\mathrm{T}}-\frac{1}{5}[1,-2,0]^{\mathrm{T}}=\left[\frac{4}{5},\frac{2}{5},-1\right]^{\mathrm{T}}.$$

记

$$\boldsymbol{\eta}_1=\frac{1}{|\boldsymbol{\beta}_1|}\boldsymbol{\beta}_1=\left[\frac{\sqrt{5}}{5},-\frac{2\sqrt{5}}{5},0\right]^{\mathrm{T}},\quad \boldsymbol{\eta}_2=\frac{1}{|\boldsymbol{\beta}_2|}\boldsymbol{\beta}_2=\left[\frac{4\sqrt{5}}{15},\frac{2\sqrt{5}}{15},-\frac{\sqrt{5}}{3}\right]^{\mathrm{T}}.$$

对于特征值 -4,求出齐次线性方程组 $(-4\boldsymbol{I}-\boldsymbol{A})\boldsymbol{x}=\boldsymbol{0}$ 的一个基础解系:

$$\boldsymbol{\alpha}_3=[2,1,2]^{\mathrm{T}}.$$

记

$$\boldsymbol{\eta}_3=\frac{1}{|\boldsymbol{\alpha}_3|}\boldsymbol{\alpha}_3=\left[\frac{2}{3},\frac{1}{3},\frac{2}{3}\right]^{\mathrm{T}}.$$

令

$$\boldsymbol{T}=[\boldsymbol{\eta}_1,\boldsymbol{\eta}_2,\boldsymbol{\eta}_3]=\begin{bmatrix}\frac{\sqrt{5}}{5} & \frac{4\sqrt{5}}{15} & \frac{2}{3}\\ -\frac{2\sqrt{5}}{5} & \frac{2\sqrt{5}}{15} & \frac{1}{3}\\ 0 & -\frac{\sqrt{5}}{3} & \frac{2}{3}\end{bmatrix},$$

则 $\boldsymbol{T}$ 是正交矩阵,并且有

$$\boldsymbol{T}^{-1}\boldsymbol{A}\boldsymbol{T}=\begin{bmatrix}5 & 0 & 0\\ 0 & 5 & 0\\ 0 & 0 & -4\end{bmatrix}.$$

习　题　5.5

1. 对于下述实对称矩阵 $\boldsymbol{A}$,求正交矩阵 $\boldsymbol{T}$,使得 $\boldsymbol{T}^{-1}\boldsymbol{A}\boldsymbol{T}$ 为对角矩阵:

(1) $\boldsymbol{A}=\begin{bmatrix} 0 & -2 & 2 \\ -2 & -3 & 4 \\ 2 & 4 & -3 \end{bmatrix}$;　　(2) $\boldsymbol{A}=\begin{bmatrix} 1 & 2 & 4 \\ 2 & -2 & 2 \\ 4 & 2 & 1 \end{bmatrix}$;

(3) $\boldsymbol{A}=\begin{bmatrix} 3 & -2 & 0 \\ -2 & 2 & -2 \\ 0 & -2 & 1 \end{bmatrix}$;　　(4) $\boldsymbol{A}=\begin{bmatrix} 4 & 1 & 0 & -1 \\ 1 & 4 & -1 & 0 \\ 0 & -1 & 4 & 1 \\ -1 & 0 & 1 & 4 \end{bmatrix}$.

2. 证明:如果 n 阶实对称矩阵 $\boldsymbol{A}$,$\boldsymbol{B}$ 有相同的特征多项式,那么 $\boldsymbol{A}$ 与 $\boldsymbol{B}$ 相似.

3. 证明:如果实矩阵 $\mathbf{A}$ 正交相似于对角矩阵,那么 $\mathbf{A}$ 一定是对称矩阵.

*4. 证明:如果 n 阶实矩阵 $\boldsymbol{A}$ 的特征多项式在复数域 $\mathbf{C}$ 中的根都是实数,那么 $\mathbf{A}$ 一定正交相似于上三角矩阵.

*5. 证明:如果 $\mathbf{A}$ 是实对称矩阵,并且 $\mathbf{A}$ 是幂零矩阵,那么 $\mathbf{A}=\mathbf{0}$.

第六章　二次型·矩阵的合同

背景

在第五章§5的开头,我们指出:若二次曲线 S 在直角坐标系 Oxy 中的方程为

$$5x^2+4xy+2y^2-24x-12y+18=0, \tag{1}$$

为了判别 S 是什么样的二次曲线,应当做直角坐标变换

$$\begin{bmatrix} x \\ y \end{bmatrix}=\boldsymbol{T}\begin{bmatrix} x^* \\ y^* \end{bmatrix}, \tag{2}$$

其中 $\boldsymbol{T}$ 是正交矩阵,使得在新的直角坐标系中方程(1)左端的二次项部分

$$\begin{aligned} 5x^2+4xy+2y^2 &= [x,y]\begin{bmatrix} 5 & 2 \\ 2 & 2 \end{bmatrix}\begin{bmatrix} x \\ y \end{bmatrix} \\ &= [x,y]\boldsymbol{A}\begin{bmatrix} x \\ y \end{bmatrix} \end{aligned} \tag{3}$$

变成

$$[x^*,y^*]\boldsymbol{T}^{\mathrm{T}}\boldsymbol{A}\boldsymbol{T}\begin{bmatrix} x^* \\ y^* \end{bmatrix}, \tag{4}$$

其中 $\boldsymbol{T}^{\mathrm{T}}\boldsymbol{A}\boldsymbol{T}$ 为对角矩阵,从而(4)式只含 x^{*2},y^{*2} 项,于是可判别 S 是什么样的二次曲线.

(3)式的每一项都是二次的,即(3)式是 x,y 的二次齐次多项式,称它为 x,y 的二次型.上述问题表明:需要研究在如(2)式那样的变量替换下将一个二次型变成只含平方项的形式的问题.本章就来对一般的二次型研究这一问题.

§1　二次型和它的标准形

观察

下述多项式有什么共同点?

$$x^2+4y^2+z^2-4xy-8xz-4yz,$$

$$x^2-y^2,$$

$$x_1^2+2x_2^2-x_3^2+4x_1x_2-4x_1x_3-4x_2x_3,$$

$$x_1x_2+x_1x_3-3x_2x_3.$$

这几个多项式的共同点是:它们的每一项都是二次的.

抽象

定义 1　系数在数域 K 中的 n 个变量 $x_1,x_2,\cdots,x_n$ 的二次齐次多项式 $f(x_1,x_2,\cdots,x_n)$，称为数域 K 上的 n **元二次型**(简称**二次型**)，它的一般形式是

$$\begin{aligned}f(x_1,x_2,\cdots,x_n)=a_{11}x_1^2&+2a_{12}x_1x_2+2a_{13}x_1x_3+\cdots+2a_{1n}x_1x_n\\&+a_{22}x_2^2\qquad+2a_{23}x_2x_3+\cdots+2a_{2n}x_2x_n\\&\qquad\qquad+\cdots\\&\qquad\qquad\qquad\qquad+a_{nn}x_n^2.\end{aligned}\tag{1}$$

(1)式也可以写成

$$\begin{aligned}f(x_1,x_2,\cdots,x_n)=&\ a_{11}x_1^2+a_{12}x_1x_2+a_{13}x_1x_3+\cdots+a_{1n}x_1x_n\\&+a_{21}x_2x_1+a_{22}x_2^2+a_{23}x_2x_3+\cdots+a_{2n}x_2x_n\\&+\cdots\\&+a_{n1}x_nx_1+a_{n2}x_nx_2+a_{n3}x_nx_3+\cdots+a_{nn}x_n^2\\=&\sum_{i=1}^{n}\sum_{j=1}^{n}a_{ij}x_ix_j,\end{aligned}\tag{2}$$

其中 $a_{ji}=a_{ij}\,(i,j=1,2,\cdots,n)$.

把(2)式中的系数排成一个 n 阶矩阵 $\boldsymbol{A}$[注意 $a_{ji}=a_{ij}\,(i,j=1,2,\cdots,n)$]：

$$\boldsymbol{A}=\begin{bmatrix}a_{11}&a_{12}&\cdots&a_{1n}\\a_{12}&a_{22}&\cdots&a_{2n}\\\vdots&\vdots&&\vdots\\a_{1n}&a_{2n}&\cdots&a_{nn}\end{bmatrix}.\tag{3}$$

称 $\boldsymbol{A}$ 为**二次型** $f(x_1,x_2,\cdots,x_n)$ **的矩阵**，它是对称矩阵. 显然，二次型 $f(x_1,x_2,\cdots,x_n)$ 的矩阵是唯一的：主对角元依次是 $x_1^2,x_2^2,\cdots,x_n^2$ 的系数；(i,j)元是 x_ix_j 的系数的一半，其中 $i,j=1,2,\cdots,n$ 且 $i\neq j$. 令

$$\boldsymbol{x}=[x_1,x_2,\cdots,x_n]^{\mathrm{T}},\tag{4}$$

则二次型 $f(x_1,x_2,\cdots,x_n)$ 可以写成

$$f(x_1,x_2,\cdots,x_n)=\boldsymbol{x}^{\mathrm{T}}\boldsymbol{A}\boldsymbol{x},\tag{5}$$

其中 $\boldsymbol{A}$ 是二次型 $f(x_1,x_2,\cdots,x_n)$ 的矩阵.

设 $y_1,y_2,\cdots,y_n$ 为 n 个变量，并令

$$\boldsymbol{y}=[y_1,y_2,\cdots,y_n]^{\mathrm{T}}.\tag{6}$$

设 $\boldsymbol{C}$ 是数域 K 上的一个 n 阶可逆矩阵，关系式

$$\boldsymbol{x}=\boldsymbol{C}\boldsymbol{y}\tag{7}$$

称为变量 $x_1,x_2,\cdots,x_n$ 到变量 $y_1,y_2,\cdots,y_n$ 的一个**非退化线性替换**.

n 元二次型 $\boldsymbol{x}^{\mathrm{T}}\boldsymbol{A}\boldsymbol{x}$ 经过非退化线性替换 $\boldsymbol{x}=\boldsymbol{C}\boldsymbol{y}$ 变成

$$(\boldsymbol{Cy})^{\mathrm{T}}\boldsymbol{A}(\boldsymbol{Cy}) = \boldsymbol{y}^{\mathrm{T}}(\boldsymbol{C}^{\mathrm{T}}\boldsymbol{AC})\boldsymbol{y}, \tag{8}$$

记 $\boldsymbol{B}=\boldsymbol{C}^{\mathrm{T}}\boldsymbol{AC}$,则(8)式可写成 $\boldsymbol{y}^{\mathrm{T}}\boldsymbol{By}$. 这是变量 $y_1,y_2,\cdots,y_n$ 的一个二次型. 由于

$$\boldsymbol{B}^{\mathrm{T}} = (\boldsymbol{C}^{\mathrm{T}}\boldsymbol{AC})^{\mathrm{T}} = \boldsymbol{C}^{\mathrm{T}}\boldsymbol{A}^{\mathrm{T}}(\boldsymbol{C}^{\mathrm{T}})^{\mathrm{T}} = \boldsymbol{C}^{\mathrm{T}}\boldsymbol{AC}, \tag{9}$$

因此 $\boldsymbol{B}$ 也是对称矩阵. 于是,二次型 $\boldsymbol{y}^{\mathrm{T}}\boldsymbol{By}$ 的矩阵正好是 $\boldsymbol{B}$.

由此受到启发,引入下述两个概念:

定义 2 对于数域 K 上的两个 n 元二次型 $\boldsymbol{x}^{\mathrm{T}}\boldsymbol{Ax}$ 与 $\boldsymbol{y}^{\mathrm{T}}\boldsymbol{By}$,如果存在一个非退化线性替换 $\boldsymbol{x}=\boldsymbol{Cy}$,把 $\boldsymbol{x}^{\mathrm{T}}\boldsymbol{Ax}$ 变成 $\boldsymbol{y}^{\mathrm{T}}\boldsymbol{By}$,那么称二次型 $\boldsymbol{x}^{\mathrm{T}}\boldsymbol{Ax}$ 与 $\boldsymbol{y}^{\mathrm{T}}\boldsymbol{By}$ **等价**,记作 $\boldsymbol{x}^{\mathrm{T}}\boldsymbol{Ax}\cong\boldsymbol{y}^{\mathrm{T}}\boldsymbol{By}$.

定义 3 对于数域 K 上的两个 n 阶矩阵 $\boldsymbol{A}$ 与 $\boldsymbol{B}$,如果存在 K 上的一个可逆矩阵 $\boldsymbol{C}$,使得

$$\boldsymbol{C}^{\mathrm{T}}\boldsymbol{AC} = \boldsymbol{B}, \tag{10}$$

那么称 $\boldsymbol{A}$ 与 $\boldsymbol{B}$ **合同**,记作 $\boldsymbol{A}\simeq\boldsymbol{B}$.

从(8)式容易看出下述结论:

命题 1 数域 K 上的两个 n 元二次型 $\boldsymbol{x}^{\mathrm{T}}\boldsymbol{Ax}$ 与 $\boldsymbol{y}^{\mathrm{T}}\boldsymbol{By}$ 等价当且仅当 n 阶对称矩阵 $\boldsymbol{A}$ 与 $\boldsymbol{B}$ 合同. ▌

二次型的等价关系及矩阵的合同关系都满足反身性、对称性和传递性. 事实上,由于 $\boldsymbol{A}=\boldsymbol{I}^{\mathrm{T}}\boldsymbol{AI}$,因此 $\boldsymbol{A}\simeq\boldsymbol{A}$. 设 $\boldsymbol{A}\simeq\boldsymbol{B}$,则存在可逆矩阵 $\boldsymbol{C}$,使得 $\boldsymbol{B}=\boldsymbol{C}^{\mathrm{T}}\boldsymbol{AC}$,从而

$$\boldsymbol{A}=(\boldsymbol{C}^{\mathrm{T}})^{-1}\boldsymbol{BC}^{-1}=(\boldsymbol{C}^{-1})^{\mathrm{T}}\boldsymbol{B}(\boldsymbol{C}^{-1}).$$

因此 $\boldsymbol{B}\simeq\boldsymbol{A}$. 设 $\boldsymbol{A}\simeq\boldsymbol{B}$,$\boldsymbol{B}\simeq\boldsymbol{E}$,则存在可逆矩阵 $\boldsymbol{C},\boldsymbol{D}$,使得 $\boldsymbol{B}=\boldsymbol{C}^{\mathrm{T}}\boldsymbol{AC}$,$\boldsymbol{E}=\boldsymbol{D}^{\mathrm{T}}\boldsymbol{BD}$,从而

$$\boldsymbol{E}=\boldsymbol{D}^{\mathrm{T}}(\boldsymbol{C}^{\mathrm{T}}\boldsymbol{AC})\boldsymbol{D}=(\boldsymbol{CD})^{\mathrm{T}}\boldsymbol{A}(\boldsymbol{CD}).$$

因此 $\boldsymbol{A}\simeq\boldsymbol{E}$. 这证明了矩阵的合同关系满足反身性、对称性和传递性. 结合命题 1 得,二次型的等价关系满足反身性、对称性和传递性.

本章研究的基本问题是: 数域 K 上的一个 n 元二次型能不能等价于一个只含平方项的二次型? 容易看出,二次型只含平方项当且仅当它的矩阵是对角矩阵. 因此,用矩阵的术语来说,本章研究的基本问题就是: 数域 K 上的一个 n 阶对称矩阵能不能合同于一个对角矩阵?

如果二次型 $\boldsymbol{x}^{\mathrm{T}}\boldsymbol{Ax}$ 等价于一个只含平方项的二次型,那么称这个只含平方项的二次型为 $\boldsymbol{x}^{\mathrm{T}}\boldsymbol{Ax}$ 的一个**标准形**.

如果对称矩阵 $\boldsymbol{A}$ 合同于一个对角矩阵,那么称这个对角矩阵是 $\boldsymbol{A}$ 的一个**合同标准形**.

对于实数域 $\mathbf{R}$ 上的 n 阶对称矩阵 $\boldsymbol{A}$,在第五章 §5 的定理 3 已经证明: 存在一个 n 阶正交矩阵 $\boldsymbol{T}$,使得 $\boldsymbol{T}^{-1}\boldsymbol{AT}$ 为对角矩阵,并且其主对角元是 $\boldsymbol{A}$ 的全部特征值. 由于 $\boldsymbol{T}^{-1}=\boldsymbol{T}^{\mathrm{T}}$,因此 $\boldsymbol{T}^{\mathrm{T}}\boldsymbol{AT}$ 为对角矩阵,即 $\boldsymbol{A}$ 合同于对角矩阵. 于是,实数域 $\mathbf{R}$ 上的 n 元二次型 $\boldsymbol{x}^{\mathrm{T}}\boldsymbol{Ax}$ 一定等价于只含平方项的二次型,而且能找到正交矩阵 $\boldsymbol{T}$,使得经过变量替换 $\boldsymbol{x}=\boldsymbol{Ty}$,二次型 $\boldsymbol{x}^{\mathrm{T}}\boldsymbol{Ax}$ 化成一个标准形

$$\lambda_1 y_1^2 + \lambda_2 y_2^2 + \cdots + \lambda_n y_n^2, \tag{11}$$

其中 $\lambda_1,\lambda_2,\cdots,\lambda_n$ 是 $\boldsymbol{A}$ 的全部特征值.

如果 $\boldsymbol{T}$ 是正交矩阵,那么称变量替换 $\boldsymbol{x}=\boldsymbol{Ty}$ 为**正交替换**.

例 1　设二次曲线 S 在直角坐标系 Oxy 中的方程为

$$5x^2+4xy+2y^2-24x-12y+18=0, \tag{12}$$

试做直角坐标变换,把它化成标准方程,并且指出 S 是什么二次曲线.

解　下面通过正交替换把方程(12)左端二次项部分构成的二次型

$$f(x,y)=5x^2+4xy+2y^2 \tag{13}$$

化成标准形.二次型(13)的矩阵是

$$\boldsymbol{A}=\begin{bmatrix}5&2\\2&2\end{bmatrix}. \tag{14}$$

$\boldsymbol{A}$ 的特征多项式 $\lambda^2-(5+2)\lambda+(5\times2-2^2)$ 的两个实根为 6,1,于是 $\boldsymbol{A}$ 有两个特征值 $\lambda_1=6$,$\lambda_2=1$.

对于特征值 $\lambda_1=6$,解齐次线性方程组 $(6\boldsymbol{I}-\boldsymbol{A})\boldsymbol{x}=\boldsymbol{0}$,得一个基础解系 $\boldsymbol{\gamma}_1=[2,1]^{\mathrm{T}}$.将 $\boldsymbol{\gamma}_1$ 单位化,得

$$\boldsymbol{\eta}_1=\left[\frac{2\sqrt{5}}{5},\frac{\sqrt{5}}{5}\right]^{\mathrm{T}}.$$

对于特征值 $\lambda_2=1$,解齐次线性方程组 $(\boldsymbol{I}-\boldsymbol{A})\boldsymbol{x}=\boldsymbol{0}$,得一个基础解系 $\boldsymbol{\gamma}_2=[-1,2]^{\mathrm{T}}$.将 $\boldsymbol{\gamma}_2$ 单位化,得

$$\boldsymbol{\eta}_2=\left[-\frac{\sqrt{5}}{5},\frac{2\sqrt{5}}{5}\right]^{\mathrm{T}}.$$

令

$$\boldsymbol{T}=[\boldsymbol{\eta}_1,\boldsymbol{\eta}_2]=\begin{bmatrix}\dfrac{2\sqrt{5}}{5}&-\dfrac{\sqrt{5}}{5}\\\dfrac{\sqrt{5}}{5}&\dfrac{2\sqrt{5}}{5}\end{bmatrix},$$

则 $\boldsymbol{T}$ 是正交矩阵,且使得 $\boldsymbol{T}^{-1}\boldsymbol{A}\boldsymbol{T}=\mathrm{diag}\{6,1\}$.于是,做正交替换

$$\begin{bmatrix}x\\y\end{bmatrix}=\boldsymbol{T}\begin{bmatrix}x^*\\y^*\end{bmatrix}, \tag{15}$$

可以把二次型(13)化成标准形:

$$f(x,y)=6x^{*2}+y^{*2}. \tag{16}$$

这时,方程(12)的一次项部分为

$$\begin{aligned}-24x-12y&=[-24,-12]\begin{bmatrix}x\\y\end{bmatrix}=[-24,-12]\boldsymbol{T}\begin{bmatrix}x^*\\y^*\end{bmatrix}\\&=[-12\sqrt{5},0]\begin{bmatrix}x^*\\y^*\end{bmatrix}=-12\sqrt{5}x^*.\end{aligned}$$

因此,做直角坐标变换(15)后,二次曲面 S 在新的直角坐标系 Ox^*y^* 中的方程为

$$6x^{*2}+y^{*2}-12\sqrt{5}x^*+18=0. \tag{17}$$

把(17)式左端对 x^* 配方,得

$$6(x^*-\sqrt{5})^2+y^{*2}-12=0.$$

做移轴

$$\begin{bmatrix} x^* \\ y^* \end{bmatrix}=\begin{bmatrix} \tilde{x} \\ \tilde{y} \end{bmatrix}+\begin{bmatrix} \sqrt{5} \\ 0 \end{bmatrix},$$

则二次曲线 S 在直角坐标系 $\tilde{O}\tilde{x}\tilde{y}$ 中的方程为

$$6\tilde{x}^2+\tilde{y}^2-12=0.$$

由此看出,S 是椭圆,它的长轴在 $\tilde{y}$ 轴上,长半轴为 $\sqrt{12}=2\sqrt{3}$,短轴在 $\tilde{x}$ 轴上,短半轴为$\sqrt{2}$;并且,可求出中心 $\tilde{O}$ 在直角坐标系 Oxy 中的坐标为$[2,1]^{\mathrm{T}}$.

数域 K 上的任一 n 元二次型是否也等价于只含平方项的二次型?也就是说,数域 K 上的任一 n 阶对称矩阵是否也合同于对角矩阵?对于实数域上的 n 元二次型,能不能不做正交替换,而做一般的非退化线性替换化成标准形?让我们先看两个具体例子.

例 2 做非退化线性替换把下述数域 K 上的二次型化成标准形,并且写出所做的非退化线性替换:

(1) $f(x_1,x_2,x_3)=x_1^2+2x_2^2-x_3^2+4x_1x_2-4x_1x_3-4x_2x_3$;

(2) $f(x_1,x_2,x_3)=x_1x_2+x_1x_3-3x_2x_3$.

解 (1) 用配方法把各项配成关于变量 x_1,x_2,x_3 的完全平方形式:

$$\begin{aligned} f(x_1,x_2,x_3) &= x_1^2+2x_2^2-x_3^2+4x_1x_2-4x_1x_3-4x_2x_3 \\ &= x_1^2+4x_1(x_2-x_3)+[2(x_2-x_3)]^2-[2(x_2-x_3)]^2 \\ &\quad +2x_2^2-x_3^2-4x_2x_3 \\ &= [x_1+2(x_2-x_3)]^2-4(x_2^2-2x_2x_3+x_3^2) \\ &\quad +2x_2^2-x_3^2-4x_2x_3 \\ &= (x_1+2x_2-2x_3)^2-2x_2^2+4x_2x_3-5x_3^2 \\ &= (x_1+2x_2-2x_3)^2-2(x_2^2-2x_2x_3+x_3^2-x_3^2)-5x_3^2 \\ &= (x_1+2x_2-2x_3)^2-2(x_2-x_3)^2-3x_3^2. \end{aligned}$$

令

$$\begin{cases} y_1=x_1+2x_2-2x_3, \\ y_2=x_2-x_3, \\ y_3=x_3, \end{cases}$$

则

$$f(x_1,x_2,x_3)=y_1^2-2y_2^2-3y_3^2.$$

易得所做的线性替换是

$$\begin{cases} x_1=y_1-2y_2, \\ x_2=y_2+y_3, \\ x_3=y_3, \end{cases}$$

其系数矩阵的行列式为

$$\begin{vmatrix} 1 & -2 & 0 \\ 0 & 1 & 1 \\ 0 & 0 & 1 \end{vmatrix} \neq 0,$$

因此这个线性替换是非退化的.

(2) 为了能够配方,要先变成有平方项的情形.为此,令

$$\begin{cases} x_1 = y_1 - y_2, \\ x_2 = y_1 + y_2, \\ x_3 = y_3, \end{cases} \tag{18}$$

则

$$\begin{aligned} f(x_1,x_2,x_3) &= (y_1-y_2)(y_1+y_2)+(y_1-y_2)y_3-3(y_1+y_2)y_3 \\ &= y_1^2-y_2^2-2y_1y_3-4y_2y_3 \\ &= y_1^2-2y_1y_3+y_3^2-y_3^2-[y_2^2+4y_2y_3+(2y_3)^2-(2y_3)^2] \\ &= (y_1-y_3)^2-y_3^2-(y_2+2y_3)^2+4y_3^2 \\ &= (y_1-y_3)^2-(y_2+2y_3)^2+3y_3^2. \end{aligned}$$

再令

$$\begin{cases} z_1 = y_1 - y_3, \\ z_2 = y_2 + 2y_3, \\ z_3 = y_3, \end{cases} \tag{19}$$

则
$$f(x_1,x_2,x_3) = z_1^2 - z_2^2 + 3z_3^2.$$

为了写出所做的线性替换,先从(19)式解出 y_1,y_2,y_3,得

$$\begin{cases} y_1 = z_1 + z_3, \\ y_2 = z_2 - 2z_3, \\ y_3 = z_3. \end{cases} \tag{20}$$

把(20)式代入(18)式,得

$$\begin{cases} x_1 = z_1 - z_2 + 3z_3, \\ x_2 = z_1 + z_2 - z_3, \\ x_3 = z_3. \end{cases} \tag{21}$$

容易看出,线性替换(21)的系数矩阵的行列式不等于 0,因此它是非退化的.

例 1 和例 2 中所用的配方法,能够通过非退化线性替换把数域 K 上的任一 n 元二次型变成只含平方项的二次型.这可以对二次型的变量个数 n 做数学归纳法予以证明.下面我们采用另一种方法,证明数域 K 上的任一 n 阶对称矩阵一定合同于对角矩阵,从而数域 K 上的任一 n 元二次型一定等价于只含平方项的二次型.

论证

设 $\boldsymbol{A},\boldsymbol{B}$ 都是数域 K 上的 n 阶矩阵，则

$$\begin{aligned}\boldsymbol{A}\simeq\boldsymbol{B} &\Longleftrightarrow \text{存在 } K \text{ 上的 } n \text{ 阶可逆矩阵 } \boldsymbol{C}\text{，使得 } \boldsymbol{C}^{\mathrm{T}}\boldsymbol{A}\boldsymbol{C}=\boldsymbol{B}\\ &\Longleftrightarrow \text{存在 } K \text{ 上的初等矩阵 } \boldsymbol{P}_1,\boldsymbol{P}_2,\cdots,\boldsymbol{P}_t\,(t\text{ 为某个正整数})\text{，使得}\end{aligned}$$

$$\boldsymbol{C}=\boldsymbol{P}_1\boldsymbol{P}_2\cdots\boldsymbol{P}_t, \tag{22}$$

$$\boldsymbol{P}_t^{\mathrm{T}}\cdots\boldsymbol{P}_2^{\mathrm{T}}\boldsymbol{P}_1^{\mathrm{T}}\boldsymbol{A}\boldsymbol{P}_1\boldsymbol{P}_2\cdots\boldsymbol{P}_t=\boldsymbol{B}. \tag{23}$$

初等矩阵有三种类型：$\boldsymbol{P}(j,i(k))$，$\boldsymbol{P}(i,j)$，$\boldsymbol{P}(i(c))$，其中 $c\neq0$. 它们的转置矩阵分别为

$$\begin{aligned}(\boldsymbol{P}(j,i(k)))^{\mathrm{T}}&=\begin{bmatrix}1&&&&&\\&\ddots&&&&\\&&1&&&\\&&\vdots&\ddots&&\\&&k&\cdots&1&\\&&&&&\ddots&\\&&&&&&1\end{bmatrix}^{\mathrm{T}}\begin{matrix}\\\\(\text{第 } i \text{ 行})\\\\(\text{第 } j \text{ 行})\\\\\\\end{matrix}\\ &=\begin{bmatrix}1&&&&&\\&\ddots&&&&\\&&1&\cdots&k&\\&&&\ddots&\vdots&\\&&&&1&\\&&&&&\ddots&\\&&&&&&1\end{bmatrix}\begin{matrix}\\\\(\text{第 } i \text{ 行})\\\\(\text{第 } j \text{ 行})\\\\\\\end{matrix}\\ &=\boldsymbol{P}(i,j(k)),\end{aligned} \tag{24}$$

$$\begin{aligned}(\boldsymbol{P}(i,j))^{\mathrm{T}}&=\begin{bmatrix}1&&&&&\\&\ddots&&&&\\&&0&\cdots&1&\\&&\vdots&\ddots&\vdots&\\&&1&\cdots&0&\\&&&&&\ddots&\\&&&&&&1\end{bmatrix}^{\mathrm{T}}\begin{matrix}\\\\(\text{第 } i \text{ 行})\\\\(\text{第 } j \text{ 行})\\\\\\\end{matrix}\\ &=\boldsymbol{P}(i,j),\end{aligned} \tag{25}$$

$$(\boldsymbol{P}(i(c)))^{\mathrm{T}}=\boldsymbol{P}(i(c)). \tag{26}$$

因此

$$(\boldsymbol{P}(j,i(k)))^{\mathrm{T}}\boldsymbol{A}\boldsymbol{P}(j,i(k))=\boldsymbol{P}(i,j(k))\boldsymbol{A}\boldsymbol{P}(j,i(k)), \tag{27}$$

即乘积 $(\boldsymbol{P}(j,i(k)))^{\mathrm{T}}\boldsymbol{A}\boldsymbol{P}(j,i(k))$ 的结果相当于对 $\boldsymbol{A}$ 进行了下述初等行变换和初等列变换：

$$A \xrightarrow{\text{ⓘ}+\text{ⓙ}\cdot k} P(i,j(k))A \xrightarrow[\text{ⓘ}+\text{ⓙ}\cdot k]{} P(i,j(k))AP(j,i(k)),$$

其中初等行变换和初等列变换都是ⓘ+ⓙ・k,称它们为**成对初等行、列变换**.同样,也有

$$(P(i,j))^{\mathrm{T}}AP(i,j)=P(i,j)AP(i,j), \tag{28}$$

即乘积$(P(i,j))^{\mathrm{T}}AP(i,j)$的结果相当于先把$A$的第$i,j$行互换,接着把所得矩阵的第$i,j$列互换,这也是成对初等行、列变换;还有

$$(P(i(c)))^{\mathrm{T}}AP(i(c))=P(i(c))AP(i(c)), \tag{29}$$

即乘积$(P(i(c)))^{\mathrm{T}}AP(i(c))$的结果相当于先把$A$的第$i$行乘以非零数$c$,接着把所得矩阵的第$i$列乘以$c$,这也是成对初等行、列变换.

从(23)式和(22)式(可写成$C=IP_1P_2\cdots P_t$)得到下述结论:

引理 1　设A,B都是数域K上的矩阵,则A合同于B当且仅当A经过一系列成对初等行、列变换可以变成B,并且对I只做其中的初等列变换所得到的可逆矩阵C,就使得

$$C^{\mathrm{T}}AC=B.$$ ▌

现在我们来证明本节的主要结论:

定理 1　数域K上的任一n阶对称矩阵都合同于一个对角矩阵.

* **证明**　设$A=[a_{ij}]$是K上的任一n阶对称矩阵,下面对阶数n做数学归纳法.

当$n=1$时,$A=[a_{11}]\simeq[a_{11}]$.

假设K上的$n-1$阶对称矩阵都合同于对角矩阵,现在来看n阶对称矩阵$A=[a_{ij}]$.

情形 1　$a_{11}\neq0$.把A写成分块矩阵的形式,并且做分块矩阵的初等行或列变换:

$$A=\begin{bmatrix} a_{11} & \boldsymbol{\alpha}^{\mathrm{T}} \\ \boldsymbol{\alpha} & A_1 \end{bmatrix} \xrightarrow{②+(-a_{11}^{-1}\boldsymbol{\alpha})\cdot①} \begin{bmatrix} a_{11} & \boldsymbol{\alpha}^{\mathrm{T}} \\ \mathbf{0} & A_1-a_{11}^{-1}\boldsymbol{\alpha}\boldsymbol{\alpha}^{\mathrm{T}} \end{bmatrix}$$

$$\xrightarrow[②+①\cdot(-a_{11}^{-1}\boldsymbol{\alpha}^{\mathrm{T}})]{} \begin{bmatrix} a_{11} & \mathbf{0} \\ \mathbf{0} & A_1-a_{11}^{-1}\boldsymbol{\alpha}\boldsymbol{\alpha}^{\mathrm{T}} \end{bmatrix}.$$

记$A_2=A_1-a_{11}^{-1}\boldsymbol{\alpha}\boldsymbol{\alpha}^{\mathrm{T}}$,则从上述变换得

$$\begin{bmatrix} 1 & \mathbf{0} \\ -a_{11}^{-1}\boldsymbol{\alpha} & I_{n-1} \end{bmatrix}\begin{bmatrix} a_{11} & \boldsymbol{\alpha}^{\mathrm{T}} \\ \boldsymbol{\alpha} & A_1 \end{bmatrix}\begin{bmatrix} 1 & -a_{11}^{-1}\boldsymbol{\alpha}^{\mathrm{T}} \\ \mathbf{0} & I_{n-1} \end{bmatrix}=\begin{bmatrix} a_{11} & \mathbf{0} \\ \mathbf{0} & A_2 \end{bmatrix}. \tag{30}$$

由于

$$\begin{bmatrix} 1 & \mathbf{0} \\ -a_{11}^{-1}\boldsymbol{\alpha} & I_{n-1} \end{bmatrix}=\begin{bmatrix} 1 & -a_{11}^{-1}\boldsymbol{\alpha}^{\mathrm{T}} \\ \mathbf{0} & I_{n-1} \end{bmatrix}^{\mathrm{T}},$$

因此从(30)式得

$$A\simeq\begin{bmatrix} a_{11} & \mathbf{0} \\ \mathbf{0} & A_2 \end{bmatrix}.$$

由于

$$A_2^{\mathrm{T}}=(A_1-a_{11}^{-1}\boldsymbol{\alpha}\boldsymbol{\alpha}^{\mathrm{T}})^{\mathrm{T}}=A_1^{\mathrm{T}}-a_{11}^{-1}\boldsymbol{\alpha}\boldsymbol{\alpha}^{\mathrm{T}}=A_2,$$

因此 $\boldsymbol{A}_2$ 是 $n-1$ 阶对称矩阵. 根据归纳假设，存在数域 K 上的 $n-1$ 阶可逆矩阵 $\boldsymbol{C}_2$，使得 $\boldsymbol{C}_2^{\mathrm{T}}\boldsymbol{A}_2\boldsymbol{C}_2=\boldsymbol{D}_2$，其中 $\boldsymbol{D}_2$ 是对角矩阵，从而

$$\begin{bmatrix}1 & \mathbf{0}\\ \mathbf{0} & \boldsymbol{C}_2\end{bmatrix}^{\mathrm{T}}\begin{bmatrix}a_{11} & \mathbf{0}\\ \mathbf{0} & \boldsymbol{A}_2\end{bmatrix}\begin{bmatrix}1 & \mathbf{0}\\ \mathbf{0} & \boldsymbol{C}_2\end{bmatrix}=\begin{bmatrix}a_{11} & \mathbf{0}\\ \mathbf{0} & \boldsymbol{D}_2\end{bmatrix},$$

因此

$$\boldsymbol{A}\simeq\begin{bmatrix}a_{11} & \mathbf{0}\\ \mathbf{0} & \boldsymbol{D}_2\end{bmatrix}.$$

情形 2　$a_{11}=0$，存在 $a_{ii}\neq0$. 把 $\boldsymbol{A}$ 的第 $1,i$ 行互换，接着把所得矩阵的第 $1,i$ 列互换，得到的一个矩阵 $\boldsymbol{B}$，它的 $(1,1)$ 元为 a_{ii}. 根据情形 1 的结论，得 $\boldsymbol{B}\simeq\boldsymbol{D}$，其中 $\boldsymbol{D}$ 是某个对角矩阵. 再根据引理 1，得 $\boldsymbol{A}\simeq\boldsymbol{B}$，因此 $\boldsymbol{A}\simeq\boldsymbol{D}$.

情形 3　$a_{11}=a_{22}=\cdots=a_{nn}=0$，存在 $a_{ij}\neq0(i\neq j)$. 把 $\boldsymbol{A}$ 的第 j 行加到第 i 行上，接着把所得矩阵的第 j 列加到第 i 列上，得到的一个矩阵 $\boldsymbol{H}$，它的 (i,i) 元为 $2a_{ij}$. 根据情形 2 的结论，得 $\boldsymbol{H}\simeq\boldsymbol{D}$，其中 $\boldsymbol{D}$ 为某个对角矩阵. 再根据引理 1，得 $\boldsymbol{A}\simeq\boldsymbol{H}$，因此 $\boldsymbol{A}\simeq\boldsymbol{D}$.

情形 4　$\boldsymbol{A}=\mathbf{0}$. 这时，$\boldsymbol{A}$ 显然合同于对角矩阵.

根据数学归纳法，对于一切正整数 n，K 上的任一 n 阶对称矩阵 $\boldsymbol{A}$ 合同于一个对角矩阵. ▎

从定理 1 立即得到下述结论：

定理 2　数域 K 上的任一二次型都等价于一个只含平方项的二次型. ▎

利用引理 1、定理 1 和定理 2，可以得到求二次型的标准形的另一种方法：对于数域 K 上的 n 元二次型 $\boldsymbol{x}^{\mathrm{T}}\boldsymbol{A}\boldsymbol{x}$，用它的矩阵 $\boldsymbol{A}$ 及单位矩阵 $\boldsymbol{I}$ 构造如下矩阵，并施行成对初等行、列变换：

$$\begin{bmatrix}\boldsymbol{A}\\ \boldsymbol{I}\end{bmatrix}\xrightarrow[\text{对 }\boldsymbol{I}\text{ 只做其中的初等列变换}]{\text{对 }\boldsymbol{A}\text{ 做成对初等行、列变换}}\begin{bmatrix}\boldsymbol{D}\\ \boldsymbol{C}\end{bmatrix},\tag{31}$$

其中 $\boldsymbol{D}$ 是对角矩阵 $\mathrm{diag}\{d_1,d_2,\cdots,d_n\}$，则

$$\boldsymbol{C}^{\mathrm{T}}\boldsymbol{A}\boldsymbol{C}=\boldsymbol{D}.$$

令 $\boldsymbol{x}=\boldsymbol{C}\boldsymbol{y}$，则得到二次型 $\boldsymbol{x}^{\mathrm{T}}\boldsymbol{A}\boldsymbol{x}$ 的一个标准形

$$d_1y_1^2+d_2y_2^2+\cdots+d_ny_n^2.\tag{32}$$

这种求标准形的方法称为**矩阵的成对初等行、列变换法**.

示范

例 3　用矩阵的成对初等行、列变换法把下述数域 K 上的二次型化成标准形，并且写出所做的非退化线性替换：

$$f(x_1,x_2,x_3)=x_1x_2+x_1x_3-3x_2x_3.$$

解　二次型 $f(x_1,x_2,x_3)$ 的矩阵是

$$A=\begin{bmatrix} 0 & \frac{1}{2} & \frac{1}{2} \\ \frac{1}{2} & 0 & -\frac{3}{2} \\ \frac{1}{2} & -\frac{3}{2} & 0 \end{bmatrix}.$$

对矩阵$\begin{bmatrix} A \\ I \end{bmatrix}$施行成对初等行、列变换：

$$\begin{bmatrix} A \\ I \end{bmatrix}=\begin{bmatrix} 0 & \frac{1}{2} & \frac{1}{2} \\ \frac{1}{2} & 0 & -\frac{3}{2} \\ \frac{1}{2} & -\frac{3}{2} & 0 \\ 1 & 0 & 0 \\ 0 & 1 & 0 \\ 0 & 0 & 1 \end{bmatrix} \xrightarrow{①+②\cdot 1} \begin{bmatrix} \frac{1}{2} & \frac{1}{2} & -1 \\ \frac{1}{2} & 0 & -\frac{3}{2} \\ \frac{1}{2} & -\frac{3}{2} & 0 \\ 1 & 0 & 0 \\ 0 & 1 & 0 \\ 0 & 0 & 1 \end{bmatrix}$$

$$\xrightarrow[①+②\cdot 1]{} \begin{bmatrix} 1 & \frac{1}{2} & -1 \\ \frac{1}{2} & 0 & -\frac{3}{2} \\ -1 & -\frac{3}{2} & 0 \\ 1 & 0 & 0 \\ 1 & 1 & 0 \\ 0 & 0 & 1 \end{bmatrix} \xrightarrow{②+①\cdot\left(-\frac{1}{2}\right)} \begin{bmatrix} 1 & \frac{1}{2} & -1 \\ 0 & -\frac{1}{4} & -1 \\ -1 & -\frac{3}{2} & 0 \\ 1 & 0 & 0 \\ 1 & 1 & 0 \\ 0 & 0 & 1 \end{bmatrix}$$

$$\xrightarrow[②+①\cdot\left(-\frac{1}{2}\right)]{} \begin{bmatrix} 1 & 0 & -1 \\ 0 & -\frac{1}{4} & -1 \\ -1 & -1 & 0 \\ 1 & -\frac{1}{2} & 0 \\ 1 & \frac{1}{2} & 0 \\ 0 & 0 & 1 \end{bmatrix} \xrightarrow{③+①\cdot 1} \begin{bmatrix} 1 & 0 & -1 \\ 0 & -\frac{1}{4} & -1 \\ 0 & -1 & -1 \\ 1 & -\frac{1}{2} & 0 \\ 1 & \frac{1}{2} & 0 \\ 0 & 0 & 1 \end{bmatrix}$$

$$\xrightarrow{③+①\cdot 1}\begin{bmatrix}1 & 0 & 0\\ 0 & -\frac{1}{4} & -1\\ 0 & -1 & -1\\ 1 & -\frac{1}{2} & 1\\ 1 & \frac{1}{2} & 1\\ 0 & 0 & 1\end{bmatrix}\xrightarrow{③+②\cdot(-4)}\begin{bmatrix}1 & 0 & 0\\ 0 & -\frac{1}{4} & -1\\ 0 & 0 & 3\\ 1 & -\frac{1}{2} & 1\\ 1 & \frac{1}{2} & 1\\ 0 & 0 & 1\end{bmatrix}$$

$$\xrightarrow{③+②\cdot(-4)}\begin{bmatrix}1 & 0 & 0\\ 0 & -\frac{1}{4} & 0\\ 0 & 0 & 3\\ 1 & -\frac{1}{2} & 3\\ 1 & \frac{1}{2} & -1\\ 0 & 0 & 1\end{bmatrix}\xlongequal{\text{记为}}\begin{bmatrix}\boldsymbol{D}\\ \boldsymbol{C}\end{bmatrix},$$

其中

$$\boldsymbol{D}=\begin{bmatrix}1 & 0 & 0\\ 0 & -\frac{1}{4} & 0\\ 0 & 0 & 3\end{bmatrix},\quad \boldsymbol{C}=\begin{bmatrix}1 & -\frac{1}{2} & 3\\ 1 & \frac{1}{2} & -1\\ 0 & 0 & 1\end{bmatrix}.$$

令 $\boldsymbol{x}=\boldsymbol{C}\boldsymbol{y}$,得

$$f(x_1,x_2,x_3)=y_1^2-\frac{1}{4}y_2^2+3y_3^2.$$

所做的非退化线性替换为 $\boldsymbol{x}=\boldsymbol{C}\boldsymbol{y}$,详细写出来就是

$$\begin{cases}x_1=y_1-\frac{1}{2}y_2+3y_3,\\ x_2=y_1+\frac{1}{2}y_2-y_3,\\ x_3=y_3.\end{cases}$$

比较例 3 和例 2 的结果可看出,同一个二次型,其标准形不唯一,但是标准形中系数不为 0 的平方项的个数相同. 其理由如下：设二次型 $\boldsymbol{x}^{\mathrm{T}}\boldsymbol{A}\boldsymbol{x}$ 经过非退化线性替换 $\boldsymbol{x}=\boldsymbol{C}\boldsymbol{y}$ 化成标准形

$$d_1y_1^2+d_2y_2^2+\cdots+d_ry_r^2\quad(d_i\neq 0,i=1,2,\cdots,r),$$

则

$$C^{\mathrm{T}}AC=\begin{bmatrix} d_1 & & & & & & \\ & d_2 & & & & & \\ & & \ddots & & & & \\ & & & d_r & & & \\ & & & & 0 & & \\ & & & & & \ddots & \\ & & & & & & 0 \end{bmatrix}.$$

因此 $\mathrm{rank}(\boldsymbol{A})=r$. 这表明,二次型 $\boldsymbol{x}^{\mathrm{T}}\boldsymbol{A}\boldsymbol{x}$ 的标准形中系数不为 0 的平方项的个数 r 等于它的矩阵 $\boldsymbol{A}$ 的秩,因而是唯一的. 今后我们就把二次型 $\boldsymbol{x}^{\mathrm{T}}\boldsymbol{A}\boldsymbol{x}$ 的矩阵 $\boldsymbol{A}$ 的秩称为**二次型 $\boldsymbol{x}^{\mathrm{T}}\boldsymbol{A}\boldsymbol{x}$ 的秩**.

对于实数域 $\mathbf{R}$ 上的 n 元二次型 $\boldsymbol{x}^{\mathrm{T}}\boldsymbol{A}\boldsymbol{x}$,用正交替换可以将它化成一个标准形,这个标准形中平方项的系数是矩阵 $\boldsymbol{A}$ 的全部特征值. 于是,只要把 $\boldsymbol{A}$ 的全部特征值求出来,就可以立即写出这个标准形,而不用求所做的正交替换 $\boldsymbol{x}=\boldsymbol{T}\boldsymbol{y}$,即不用求正交矩阵 $\boldsymbol{T}$. 我们来看下面的例子.

***例 4** 对于实数域 $\mathbf{R}$ 上的 $n(n\geqslant 2)$元二次型

$$\sum_{i=1}^{n}x_i^2+\sum_{1\leqslant i<j\leqslant n}2x_ix_j,$$

求它的用正交替换化成的一个标准形,不用求所做的正交替换.

解 该 n 元二次型的矩阵 $\boldsymbol{A}$ 的主对角元全是 1,非主对角元也全是 1,因此 $\boldsymbol{A}=\boldsymbol{J}$,其中 $\boldsymbol{J}$ 是元素全为 1 的 n 阶矩阵. 用 $\mathbf{1}_n$ 表示元素全是 1 的 n 维列向量,则 $\boldsymbol{J}=\mathbf{1}_n\mathbf{1}_n^{\mathrm{T}}$. 根据习题 5.3 的第 12 题,$\boldsymbol{J}$ 与 $\mathbf{1}_n^{\mathrm{T}}\mathbf{1}_n=[n]$有相同的非零特征值. 1 阶矩阵$[n]$的特征多项式 $\lambda-n$ 的根是 n,因此$[n]$的全部特征值是 n,从而 $\boldsymbol{J}$ 有特征值 n. 由于 $\mathrm{rank}(\boldsymbol{J})=1$,因此 $|\boldsymbol{J}|=0$,从而 0 是 $\boldsymbol{J}$ 的特征值. 又由于齐次线性方程组$(0\cdot\boldsymbol{I}-\boldsymbol{J})\boldsymbol{x}=\mathbf{0}$ 的解空间的维数等于 $n-\mathrm{rank}(\boldsymbol{J})=n-1$,因此 $\boldsymbol{J}$ 的特征值 0 的几何重数等于 $n-1$. 因为 $\boldsymbol{J}$ 是实对称矩阵,所以 $\boldsymbol{J}$ 可对角化. 根据第五章 §4 的定理 5,$\boldsymbol{J}$ 的特征值 0 的代数重数等于它的几何重数 $n-1$,于是 $\boldsymbol{J}$ 的全部特征值是 n,0($n-1$ 重). 因此,该二次型在正交替换下的一个标准形为 ny_1^2.

习 题 6.1

1. 用正交替换把下列实数域上的二次型化成标准形:

(1) $f(x_1,x_2,x_3)=2x_1^2+5x_2^2+5x_3^2+4x_1x_2-4x_1x_3-8x_2x_3$;

(2) $f(x_1,x_2,x_3,x_4)=2x_1x_2-2x_3x_4$.

*2. 做直角坐标变换,把下述二次曲线 S 的方程化成标准方程,并且指出它是什么二次曲线:

$$4x^2+8xy+4y^2+13x+3y+4=0.$$

3. 做非退化线性替换把下列实数域上的二次型化成标准形,并且写出所做的非退化线性替换:

(1) $f(x_1,x_2,x_3)=x_1^2+2x_2^2+2x_1x_2-2x_1x_3$;

(2) $f(x_1,x_2,x_3)=x_1^2-x_3^2+2x_1x_2+2x_2x_3$;

(3) $f(x_1,x_2,x_3)=x_1x_2+x_1x_3+x_2x_3$;

(4) $f(x_1,x_2,x_3)=2x_1x_2-2x_3x_4$.

4. 证明:

$$\begin{bmatrix} a_1 & 0 & 0 \\ 0 & a_2 & 0 \\ 0 & 0 & a_3 \end{bmatrix} \simeq \begin{bmatrix} a_2 & 0 & 0 \\ 0 & a_3 & 0 \\ 0 & 0 & a_1 \end{bmatrix}.$$

5. 设 $\boldsymbol{A}$ 是数域 K 上的 n 阶矩阵,证明:$\boldsymbol{A}$ 是斜对称矩阵当且仅当对于 K^n 中任一向量 $\boldsymbol{\alpha}$,都有 $\boldsymbol{\alpha}^{\mathrm{T}}\boldsymbol{A}\boldsymbol{\alpha}=0$.

6. 设 $\boldsymbol{A}$ 是数域 K 上的 n 阶对称矩阵,证明:如果对于 K^n 中任一向量 $\boldsymbol{\alpha}$,都有 $\boldsymbol{\alpha}^{\mathrm{T}}\boldsymbol{A}\boldsymbol{\alpha}=0$,那么 $\boldsymbol{A}=\boldsymbol{0}$.

7. 证明:秩为 r 的对称矩阵可以表示成 r 个秩为 1 的对称矩阵之和.

8. 用矩阵的成对初等行、列变换法把下述数域 K 上的二次型化成标准形,并且写出所做的非退化线性替换:

(1) $f(x_1,x_2,x_3)=x_1^2-2x_2^2+x_3^2-2x_1x_2+4x_2x_3$;

(2) $f(x_1,x_2,x_3)=x_1x_2+x_1x_3+x_2x_3$.

*9. 证明:数域 K 上的斜对称矩阵一定合同于如下形式的分块对角矩阵:

$$\mathrm{diag}\left\{\begin{bmatrix} 0 & 1 \\ -1 & 0 \end{bmatrix},\cdots,\begin{bmatrix} 0 & 1 \\ -1 & 0 \end{bmatrix},[0],\cdots,[0]\right\}.$$

*10. 证明:斜对称矩阵的秩一定是偶数.

*11. 设实数域上 n 元二次型 $\boldsymbol{x}^{\mathrm{T}}\boldsymbol{A}\boldsymbol{x}$ 的矩阵 $\boldsymbol{A}$ 的一个特征值是 λ_i,证明:存在 $\mathbf{R}^n$ 中的非零向量 $\boldsymbol{\alpha}=[a_1,a_2,\cdots,a_n]^{\mathrm{T}}$,使得

$$\boldsymbol{\alpha}^{\mathrm{T}}\boldsymbol{A}\boldsymbol{\alpha} = \lambda_i(a_1^2+a_2^2+\cdots+a_n^2).$$

*12. 对于实数域上的 $n(n\geqslant 2)$ 元二次型

$$\sum_{1\leqslant i<j\leqslant n} x_ix_j,$$

求它的用正交替换化成的一个标准形,不用求所做的正交替换.

§2 实二次型的规范形

观察

§1 的例 2 与例 3 表明,同一个二次型 $f(x_1,x_2,x_3)$,它的标准形不唯一:$z_1^2-z_2^2+3z_3^2$,$y_1^2-\frac{1}{4}y_2^2+3y_3^2$ 都是其标准形.但是,标准形中系数不为 0 的平方项个数相同,并且系数为

正的平方项个数相同.前者对于数域 K 上的任何二次型都成立,后者是否也成立?本节将证明后者对于实数域上的二次型是成立的.

分析

实数域上的二次型简称**实二次型**.

n 元实二次型 $\boldsymbol{x}^{\mathrm{T}}\boldsymbol{A}\boldsymbol{x}$ 经过一个适当的非退化线性替换 $\boldsymbol{x}=\boldsymbol{C}\boldsymbol{y}$ 可以化成如下形式的标准形:

$$d_1y_1^2+d_2y_2^2+\cdots+d_py_p^2-d_{p+1}y_{p+1}^2-\cdots-d_ry_r^2, \tag{1}$$

其中 $d_i>0(i=1,2,\cdots,r)$,并且 r 是这个二次型的秩.因为正实数总可以开平方,所以可以再做一个非退化线性替换:

$$y_i=\frac{1}{\sqrt{d_i}}z_i,\quad i=1,2,\cdots,r,$$

$$y_j=z_j,\quad j=r+1,\cdots,n.$$

这时,二次型(1)可以变成

$$z_1^2+z_2^2+\cdots+z_p^2-z_{p+1}^2-\cdots-z_r^2. \tag{2}$$

因此,实二次型 $\boldsymbol{x}^{\mathrm{T}}\boldsymbol{A}\boldsymbol{x}$ 有形如(2)式的标准形,称它为实二次型 $\boldsymbol{x}^{\mathrm{T}}\boldsymbol{A}\boldsymbol{x}$ 的**规范形**.它的特征是:只含平方项,且平方项的系数为 1,−1 或 0;系数为 1 的平方项都写在前面.实二次型 $\boldsymbol{x}^{\mathrm{T}}\boldsymbol{A}\boldsymbol{x}$ 的规范形被两个自然数 p 和 r 决定.实二次型 $\boldsymbol{x}^{\mathrm{T}}\boldsymbol{A}\boldsymbol{x}$ 的规范形是不是唯一的呢?回答是肯定的.

定理 1(惯性定理)　n 元实二次型 $\boldsymbol{x}^{\mathrm{T}}\boldsymbol{A}\boldsymbol{x}$ 的规范形是唯一的.

证明　设 n 元实二次型 $\boldsymbol{x}^{\mathrm{T}}\boldsymbol{A}\boldsymbol{x}$ 的秩为 r.假设它分别经过非退化线性替换 $\boldsymbol{x}=\boldsymbol{C}\boldsymbol{y},\boldsymbol{x}=\boldsymbol{B}\boldsymbol{z}$ 变成两个规范形:

$$\boldsymbol{x}^{\mathrm{T}}\boldsymbol{A}\boldsymbol{x}=y_1^2+y_2^2+\cdots+y_p^2-y_{p+1}^2-\cdots-y_r^2, \tag{3}$$

$$\boldsymbol{x}^{\mathrm{T}}\boldsymbol{A}\boldsymbol{x}=z_1^2+z_2^2+\cdots+z_q^2-z_{q+1}^2-\cdots-z_r^2. \tag{4}$$

我们来证明 $p=q$,从而实二次型 $\boldsymbol{x}^{\mathrm{T}}\boldsymbol{A}\boldsymbol{x}$ 的规范形唯一.

从(3)式和(4)式看出,做非退化线性替换 $\boldsymbol{z}=(\boldsymbol{B}^{-1}\boldsymbol{C})\boldsymbol{y}$,得

$$z_1^2+z_2^2+\cdots+z_q^2-z_{q+1}^2-\cdots-z_r^2=y_1^2+y_2^2+\cdots+y_p^2-y_{p+1}^2-\cdots-y_r^2. \tag{5}$$

记 $\boldsymbol{B}^{-1}\boldsymbol{C}=\boldsymbol{G}=[g_{ij}]$.假如 $p>q$,我们想找到变量 $y_1,y_2,\cdots,y_n$ 的一组值,使得(5)式右端大于 0,而左端小于或等于 0,从而产生矛盾.为此,令

$$[y_1,y_2,\cdots,y_p,y_{p+1},\cdots,y_n]=[k_1,k_2,\cdots,k_p,0,\cdots,0], \tag{6}$$

其中 $k_1,k_2,\cdots,k_p$ 是待定的不全为 0 的实数,并且使变量 $z_1,z_2,\cdots,z_q$ 的取值为 0.由于

$$\begin{bmatrix} z_1\\ \vdots\\ z_q\\ z_{q+1}\\ \vdots\\ z_n\end{bmatrix}=\begin{bmatrix} g_{11} & g_{12} & \cdots & g_{1n}\\ g_{21} & g_{22} & \cdots & g_{2n}\\ \vdots & \vdots & & \vdots\\ g_{n1} & g_{n2} & \cdots & g_{nn}\end{bmatrix}\begin{bmatrix} k_1\\ \vdots\\ k_p\\ 0\\ \vdots\\ 0\end{bmatrix}, \tag{7}$$

因此

$$\begin{cases} z_1 = g_{11}k_1 + g_{12}k_2 + \cdots + g_{1p}k_p, \\ z_2 = g_{21}k_1 + g_{22}k_2 + \cdots + g_{2p}k_p, \\ \cdots\cdots \\ z_q = g_{q1}k_1 + g_{q2}k_2 + \cdots + g_{qp}k_p. \end{cases}$$

为了使 $z_1, z_2, \cdots, z_q$ 的取值为 0，考虑齐次线性方程组

$$\begin{cases} g_{11}k_1 + g_{12}k_2 + \cdots + g_{1p}k_p = 0, \\ g_{21}k_1 + g_{22}k_2 + \cdots + g_{2p}k_p = 0, \\ \cdots\cdots \\ g_{q1}k_1 + g_{q2}k_2 + \cdots + g_{qp}k_p = 0. \end{cases} \tag{8}$$

由于 $q<p$，因此齐次线性方程组(8)有非零解. 于是，$k_1, k_2, \cdots, k_p$ 可以取到一组不全为 0 的实数，使得 $z_1=0, z_2=0, \cdots, z_q=0$. 此时，(5)式左端的值小于或等于 0，而右端的值大于 0，矛盾，因此 $p \leqslant q$. 同理可证 $q \leqslant p$，从而 $p=q$. ▌

定义 1 在 n 元实二次型 $\boldsymbol{x}^{\mathrm{T}}\boldsymbol{A}\boldsymbol{x}$ 的规范形中，系数为 1 的平方项个数 p 称为 $\boldsymbol{x}^{\mathrm{T}}\boldsymbol{A}\boldsymbol{x}$ 的**正惯性指数**，系数为 -1 的平方项个数 $r-p$ 称为 $\boldsymbol{x}^{\mathrm{T}}\boldsymbol{A}\boldsymbol{x}$ 的**负惯性指数**；正惯性指数减去负惯性指数所得的差 $2p-r$ 称为 $\boldsymbol{x}^{\mathrm{T}}\boldsymbol{A}\boldsymbol{x}$ 的**符号差**.

由上述知，实二次型 $\boldsymbol{x}^{\mathrm{T}}\boldsymbol{A}\boldsymbol{x}$ 的规范形被它的秩和正惯性指数决定. 利用二次型等价关系的传递性和对称性立即得出下述结论：

命题 1 两个 n 元实二次型等价 $\Longleftrightarrow$ 它们的规范形相同

$\Longleftrightarrow$ 它们的秩相等，并且正惯性指数也相等.

证明 设 $\boldsymbol{x}^{\mathrm{T}}\boldsymbol{A}\boldsymbol{x}$ 与 $\boldsymbol{x}^{\mathrm{T}}\boldsymbol{B}\boldsymbol{x}$ 是两个 n 元实二次型. 先证第一个充要条件.

必要性 设 $\boldsymbol{x}^{\mathrm{T}}\boldsymbol{A}\boldsymbol{x} \cong \boldsymbol{x}^{\mathrm{T}}\boldsymbol{B}\boldsymbol{x}$. 由于实二次型 $\boldsymbol{x}^{\mathrm{T}}\boldsymbol{A}\boldsymbol{x}$ 等价于它的规范形，因此由二次型等价关系的对称性和传递性知，实二次型 $\boldsymbol{x}^{\mathrm{T}}\boldsymbol{B}\boldsymbol{x}$ 等价于实二次型 $\boldsymbol{x}^{\mathrm{T}}\boldsymbol{A}\boldsymbol{x}$ 的规范形，从而实二次型 $\boldsymbol{x}^{\mathrm{T}}\boldsymbol{B}\boldsymbol{x}$ 的规范形就是实二次型 $\boldsymbol{x}^{\mathrm{T}}\boldsymbol{A}\boldsymbol{x}$ 的规范形.

充分性 设实二次型 $\boldsymbol{x}^{\mathrm{T}}\boldsymbol{A}\boldsymbol{x}$ 与实二次型 $\boldsymbol{x}^{\mathrm{T}}\boldsymbol{B}\boldsymbol{x}$ 有相同的规范形. 由于每个实二次型与它的规范形等价，因此由二次型等价关系的对称性和传递性得 $\boldsymbol{x}^{\mathrm{T}}\boldsymbol{A}\boldsymbol{x} \cong \boldsymbol{x}^{\mathrm{T}}\boldsymbol{B}\boldsymbol{x}$.

由于实二次型的规范形由它的秩和正惯性指数决定，因此得到第二个充要条件. ▌

从实二次型经过非退化线性替换化成规范形的过程看到，实二次型的任一标准形中系数为正的平方项个数等于实二次型的正惯性指数，系数为负的平方项个数等于实二次型的负惯性指数，从而虽然实二次型的标准形不唯一，但是标准形中系数为正(或负)的平方项个数是唯一确定的.

从惯性定理可得到下述结论：

推论 1 任一 n 阶实对称矩阵 $\boldsymbol{A}$ 合同于一个主对角元只含 $1,-1,0$ 的对角矩阵

$$\mathrm{diag}\{1,1,\cdots,1,-1,-1,\cdots,-1,0,0,\cdots,0\},$$

其中 1 的个数等于实二次型 $\boldsymbol{x}^{\mathrm{T}}\boldsymbol{A}\boldsymbol{x}$ 的正惯性指数，-1 的个数等于实二次型 $\boldsymbol{x}^{\mathrm{T}}\boldsymbol{A}\boldsymbol{x}$ 的负惯性

指数(分别把它们称为 $\boldsymbol{A}$ 的正惯性指数和负惯性指数). 这个对角矩阵称为 $\boldsymbol{A}$ 的**合同规范形**. ▌

从上面的讨论容易得出,n 阶实对称矩阵 $\boldsymbol{A}$ 的合同标准形中,主对角元为正(或负)的个数等于 $\boldsymbol{A}$ 的正(或负)惯性指数.

从命题 1 立即得到下述结论:

推论 2　两个 n 阶实对称矩阵合同 $\Longleftrightarrow$ 它们的秩相等,并且正惯性指数也相等. ▌

示范

例 1　将所有 2 阶实对称矩阵组成的集合按照合同关系分类,可以分成多少类? 在每一类中找出一个形式最简单的矩阵——合同规范形.

解　2 阶实对称矩阵的秩有三种可能性: 0,1,2.

秩为 0 的 2 阶实对称矩阵只有零矩阵 $\begin{bmatrix} 0 & 0 \\ 0 & 0 \end{bmatrix}$.

秩为 1 的 2 阶实对称矩阵的正惯性指数有两种可能性: 0,1. 它们各对应一类,相应的合同规范形分别为

$$\begin{bmatrix} -1 & 0 \\ 0 & 0 \end{bmatrix}, \quad \begin{bmatrix} 1 & 0 \\ 0 & 0 \end{bmatrix}.$$

秩为 2 的 2 阶实对称矩阵的正惯性指数有三种可能性: 0,1,2. 它们各对应一类,相应的合同规范形分别为

$$\begin{bmatrix} -1 & 0 \\ 0 & -1 \end{bmatrix}, \quad \begin{bmatrix} 1 & 0 \\ 0 & -1 \end{bmatrix}, \quad \begin{bmatrix} 1 & 0 \\ 0 & 1 \end{bmatrix}.$$

综上所述,总共可分成六类.

习　题　6.2

1. 把习题 6.1 第 3 题的所有实二次型的标准形进一步化成规范形,并且写出所做的非退化线性替换.

2. 将所有 3 阶实对称矩阵组成的集合按照合同关系分类,可以分成多少类? 在每一类中找出一个形式最简单的矩阵(合同规范形).

*3. 将所有 n 阶实对称矩阵组成的集合按照合同关系分类,可以分成多少类?

4. 设 $\boldsymbol{x}^{\mathrm{T}}\boldsymbol{A}\boldsymbol{x}$ 是一个 n 元实二次型,证明: 如果 $\mathbf{R}^n$ 中有向量 $\boldsymbol{\alpha}_1,\boldsymbol{\alpha}_2$,使得 $\boldsymbol{\alpha}_1^{\mathrm{T}}\boldsymbol{A}\boldsymbol{\alpha}_1>0$, $\boldsymbol{\alpha}_2^{\mathrm{T}}\boldsymbol{A}\boldsymbol{\alpha}_2<0$,那么 $\mathbf{R}^n$ 中有非零向量 $\boldsymbol{\alpha}_3$,使得

$$\boldsymbol{\alpha}_3^{\mathrm{T}}\boldsymbol{A}\boldsymbol{\alpha}_3=0.$$

5. 设 $\boldsymbol{A}$ 为一个 n 阶实对称矩阵,证明: 如果 $|\boldsymbol{A}|<0$,那么在 $\mathbf{R}^n$ 中有非零向量 $\boldsymbol{\alpha}$,使得 $\boldsymbol{\alpha}^{\mathrm{T}}\boldsymbol{A}\boldsymbol{\alpha}<0$.

6. 证明: 一个 n 元实二次型可以分解成两个实系数一次齐次多项式的乘积当且仅当

它的秩等于 2,并且符号差为 0,或者它的秩等于 1.

7. 证明：复数域 **C** 上的 n 元二次型(简称**复二次型**)$\boldsymbol{x}^{\mathrm{T}}\boldsymbol{A}\boldsymbol{x}$ 能经过非退化线性替换化成下述形式的标准形：

$$z_1^2+z_2^2+\cdots+z_r^2,$$

其中 r 是复二次型 $\boldsymbol{x}^{\mathrm{T}}\boldsymbol{A}\boldsymbol{x}$ 的秩.这种形式的标准形称为复二次型 $\boldsymbol{x}^{\mathrm{T}}\boldsymbol{A}\boldsymbol{x}$ 的**规范形**,它只含平方项,并且平方项的系数为 1 或 0.

§3　正定二次型与正定矩阵

观察

一元二次函数 $f(x)=x^2$ 在 $x=0$ 处达到最小值,这是因为对于任意实数 $a\neq 0$,都有 $f(a)=a^2>0$,而 $f(0)=0$.这个例子表明,一元二次函数 $f(x)=x^2$ 的最小值问题与一元二次型 x^2 的性质密切相关.一般地,n 元二次函数的极值问题是否也与 n 元实二次型的性质有关？若有关,与 n 元实二次型的什么性质有关？本节我们就来研究这个问题.

分析

定义 1　设有 n 元实二次型 $\boldsymbol{x}^{\mathrm{T}}\boldsymbol{A}\boldsymbol{x}$.如果对于 $\mathbf{R}^n$ 中任意非零向量 $\boldsymbol{\alpha}$,都有 $\boldsymbol{\alpha}^{\mathrm{T}}\boldsymbol{A}\boldsymbol{\alpha}>0$,那么称实二次型 $\boldsymbol{x}^{\mathrm{T}}\boldsymbol{A}\boldsymbol{x}$ 是**正定**的.

例如,3 元实二次型

$$\boldsymbol{x}^{\mathrm{T}}\boldsymbol{A}\boldsymbol{x}=x_1^2+x_2^2+x_3^2$$

是正定的;3 元实二次型

$$\boldsymbol{x}^{\mathrm{T}}\boldsymbol{B}\boldsymbol{x}=x_1^2+x_2^2$$

不是正定的,因为对于 $\boldsymbol{\alpha}=[0,0,1]^{\mathrm{T}}$,有 $\boldsymbol{\alpha}^{\mathrm{T}}\boldsymbol{B}\boldsymbol{\alpha}=0$;3 元实二次型

$$\boldsymbol{x}^{\mathrm{T}}\boldsymbol{D}\boldsymbol{x}=x_1^2+x_2^2-x_3^2$$

也不是正定的,因为对于 $\boldsymbol{\alpha}=[0,0,1]^{\mathrm{T}}$,有 $\boldsymbol{\alpha}^{\mathrm{T}}\boldsymbol{D}\boldsymbol{\alpha}=-1$.

由上述三个例子受到启发,我们猜想有下述结论：

定理 1　n 元实二次型 $\boldsymbol{x}^{\mathrm{T}}\boldsymbol{A}\boldsymbol{x}$ 是正定的充要条件为它的正惯性指数等于 n.

证明　*必要性*　设实二次型 $\boldsymbol{x}^{\mathrm{T}}\boldsymbol{A}\boldsymbol{x}$ 是正定的.做某个非退化线性替换 $\boldsymbol{x}=\boldsymbol{C}\boldsymbol{y}$,将实二次型 $\boldsymbol{x}^{\mathrm{T}}\boldsymbol{A}\boldsymbol{x}$ 化成规范形,并且设

$$\boldsymbol{x}^{\mathrm{T}}\boldsymbol{A}\boldsymbol{x}\xlongequal{\boldsymbol{x}=\boldsymbol{C}\boldsymbol{y}}y_1^2+y_2^2+\cdots+y_p^2-y_{p+1}^2-\cdots-y_r^2,$$

这里 p 是实二次型 $\boldsymbol{x}^{\mathrm{T}}\boldsymbol{A}\boldsymbol{x}$ 的正惯性指数.如果 $p<n$,则 y_n^2 的系数为 0 或 -1.令 $\boldsymbol{\alpha}=\boldsymbol{C}\boldsymbol{\varepsilon}_n$,显然 $\boldsymbol{\alpha}\neq\mathbf{0}$,并且有 $\boldsymbol{\alpha}^{\mathrm{T}}\boldsymbol{A}\boldsymbol{\alpha}=0$ 或 -1,矛盾,因此 $p=n$.

充分性　设实二次型 $\boldsymbol{x}^{\mathrm{T}}\boldsymbol{A}\boldsymbol{x}$ 的正惯性指数等于 n,则可以通过某个非退化线性替换

$\boldsymbol{x}=\boldsymbol{C}\boldsymbol{y}$ 将实二次型 $\boldsymbol{x}^{\mathrm{T}}\boldsymbol{A}\boldsymbol{x}$ 化成规范形 $y_1^2+y_2^2+\cdots+y_n^2$，即

$$\boldsymbol{x}^{\mathrm{T}}\boldsymbol{A}\boldsymbol{x} \xlongequal{\boldsymbol{x}=\boldsymbol{C}\boldsymbol{y}} y_1^2+y_2^2+\cdots+y_n^2.$$

任取 $\boldsymbol{\alpha}\in\mathbf{R}^n$ 且 $\boldsymbol{\alpha}\neq\boldsymbol{0}$. 令 $\boldsymbol{\beta}=\boldsymbol{C}^{-1}\boldsymbol{\alpha}=[b_1,b_2,\cdots,b_n]^{\mathrm{T}}$，则 $\boldsymbol{\beta}\neq\boldsymbol{0}$，从而

$$\boldsymbol{\alpha}^{\mathrm{T}}\boldsymbol{A}\boldsymbol{\alpha} \xlongequal{\boldsymbol{\alpha}=\boldsymbol{C}\boldsymbol{\beta}} b_1^2+b_2^2+\cdots+b_n^2>0,$$

因此实二次型 $\boldsymbol{x}^{\mathrm{T}}\boldsymbol{A}\boldsymbol{x}$ 是正定的. ▌

从定理 1 立即得出下述结论：

推论 1　n 元实二次型 $\boldsymbol{x}^{\mathrm{T}}\boldsymbol{A}\boldsymbol{x}$ 是正定的 $\Longleftrightarrow$ 它的规范形为 $y_1^2+y_2^2+\cdots+y_n^2$

$\Longleftrightarrow$ 它的标准形中 n 个系数全大于 0. ▌

定义 2　n 阶实对称矩阵 $\boldsymbol{A}$ 称为**正定的**，如果 n 元实二次型 $\boldsymbol{x}^{\mathrm{T}}\boldsymbol{A}\boldsymbol{x}$ 是正定的，即对于 $\mathbf{R}^n$ 中任意非零向量 $\boldsymbol{\alpha}$，有 $\boldsymbol{\alpha}^{\mathrm{T}}\boldsymbol{A}\boldsymbol{\alpha}>0$.

正定的实对称矩阵简称为**正定矩阵**.

从定义 2、定理 1 和推论 1 立即得出下述结论：

定理 2　n 阶实对称矩阵 $\boldsymbol{A}$ 是正定的 $\Longleftrightarrow$ $\boldsymbol{A}$ 的正惯性指数等于 n

$\Longleftrightarrow$ $\boldsymbol{A}\simeq\boldsymbol{I}$

$\Longleftrightarrow$ $\boldsymbol{A}$ 的合同标准形中主对角元全大于 0. ▌

对于 n 阶实对称矩阵 $\boldsymbol{A}$，能找到正交矩阵 $\boldsymbol{T}$，使得

$$\boldsymbol{T}^{\mathrm{T}}\boldsymbol{A}\boldsymbol{T}=\mathrm{diag}\{\lambda_1,\lambda_2,\cdots,\lambda_n\},$$

其中 $\lambda_1,\lambda_2,\cdots,\lambda_n$ 是 $\boldsymbol{A}$ 的全部特征值. 因此，从定理 2 立即得到下述结论：

推论 2　n 阶实对称矩阵 $\boldsymbol{A}$ 是正定的当且仅当 $\boldsymbol{A}$ 的特征值全大于 0. ▌

由于实对称矩阵 $\boldsymbol{A}$ 正定当且仅当 $\boldsymbol{A}\simeq\boldsymbol{I}$，根据合同关系的对称性和传递性立即得到下述结论：

推论 3　与正定矩阵合同的实对称矩阵也是正定矩阵. ▌

从推论 3 立即得出下述结论：

推论 4　与正定二次型等价的实二次型也是正定的，从而非退化线性替换不改变实二次型的正定性. ▌

推论 5　正定矩阵的行列式大于 0.

证明　设 $\boldsymbol{A}$ 是 n 阶正定矩阵，则 $\boldsymbol{A}\simeq\boldsymbol{I}$，从而存在实可逆矩阵 $\boldsymbol{C}$，使得 $\boldsymbol{A}=\boldsymbol{C}^{\mathrm{T}}\boldsymbol{I}\boldsymbol{C}=\boldsymbol{C}^{\mathrm{T}}\boldsymbol{C}$，因此

$$|\boldsymbol{A}|=|\boldsymbol{C}^{\mathrm{T}}\boldsymbol{C}|=|\boldsymbol{C}^{\mathrm{T}}||\boldsymbol{C}|-|\boldsymbol{C}|^2>0.$$ ▌

反之，如果实对称矩阵 $\boldsymbol{A}$ 的行列式大于 0，$\boldsymbol{A}$ 不一定是正定的. 例如，设

$$\boldsymbol{A}=\begin{bmatrix}-1 & 0\\ 0 & -1\end{bmatrix},$$

显然 $|\boldsymbol{A}|=1>0$，但是 $\boldsymbol{A}$ 的正惯性指数为 0，因此 $\boldsymbol{A}$ 不是正定的.

为了从子式的角度研究实对称矩阵 $\boldsymbol{A}$ 是正定矩阵的条件，我们引入下述概念：

定义 3 设 $\boldsymbol{A}$ 是一个 n 阶矩阵，$\boldsymbol{A}$ 的一个子式称为**主子式**，如果它的行指标与列指标相同，即它形如

$$\boldsymbol{A}\begin{pmatrix} i_1, i_2, \cdots, i_k \\ i_1, i_2, \cdots, i_k \end{pmatrix}.$$

$\boldsymbol{A}$ 的主子式

$$\boldsymbol{A}\begin{pmatrix} 1,2,\cdots,k \\ 1,2,\cdots,k \end{pmatrix}$$

称为 $\boldsymbol{A}$ 的 k 阶**顺序主子式**，$k=1,2,\cdots,n$.

例如，设矩阵

$$\boldsymbol{A}=\begin{bmatrix} 1 & 0 & 3 \\ -1 & 2 & 1 \\ 0 & 1 & 4 \end{bmatrix},$$

则 $\boldsymbol{A}$ 有 3 个顺序主子式，分别是

$$|1|, \quad \begin{vmatrix} 1 & 0 \\ -1 & 2 \end{vmatrix}, \quad \begin{vmatrix} 1 & 0 & 3 \\ -1 & 2 & 1 \\ 0 & 1 & 4 \end{vmatrix}.$$

定理 3 实对称矩阵是正定矩阵的充要条件为它的所有顺序主子式都大于 0.

证明 *必要性* 设 n 阶实对称矩阵 $\boldsymbol{A}$ 是正定的. 对于 $k\in\{1,2,\cdots,n-1\}$，把 $\boldsymbol{A}$ 写成分块矩阵：

$$\boldsymbol{A}=\begin{bmatrix} \boldsymbol{A}_k & \boldsymbol{B}_1 \\ \boldsymbol{B}_1^{\mathrm{T}} & \boldsymbol{B}_2 \end{bmatrix},$$

其中 $|\boldsymbol{A}_k|$ 是 $\boldsymbol{A}$ 的 k 阶顺序主子式. 我们来证 $\boldsymbol{A}_k$ 是正定的. 在 $\mathbf{R}^k$ 中任取一个非零向量 $\boldsymbol{\delta}$，由于 $\boldsymbol{A}$ 是正定的，因此

$$0<\begin{bmatrix} \boldsymbol{\delta} \\ \boldsymbol{0} \end{bmatrix}^{\mathrm{T}} \boldsymbol{A} \begin{bmatrix} \boldsymbol{\delta} \\ \boldsymbol{0} \end{bmatrix}=[\boldsymbol{\delta}^{\mathrm{T}}, \boldsymbol{0}]\begin{bmatrix} \boldsymbol{A}_k & \boldsymbol{B}_1 \\ \boldsymbol{B}_1^{\mathrm{T}} & \boldsymbol{B}_2 \end{bmatrix}\begin{bmatrix} \boldsymbol{\delta} \\ \boldsymbol{0} \end{bmatrix}=\boldsymbol{\delta}^{\mathrm{T}}\boldsymbol{A}_k\boldsymbol{\delta},$$

从而 $\boldsymbol{A}_k$ 是正定的. 所以，由推论 5 知 $|\boldsymbol{A}_k|>0$. 同样，由推论 5 知 $|\boldsymbol{A}|>0$.

充分性 设 n 阶实对称矩阵 $\boldsymbol{A}=[a_{ij}]$ 的所有顺序主子式都大于 0. 下面对实对称矩阵 $\boldsymbol{A}$ 的阶数 n 做数学归纳法.

当 $n=1$ 时，$\boldsymbol{A}=[a_{11}]$，已知 $|\boldsymbol{A}|=|a_{11}|>0$，于是根据定理 2 知 $\boldsymbol{A}=[a_{11}]$ 是正定的.

假设对于 $n-1$ 阶实对称矩阵充分性成立. 现在来看 n 阶实对称矩阵 $\boldsymbol{A}=[a_{ij}]$. 把 $\boldsymbol{A}$ 写成分块矩阵：

$$\boldsymbol{A}=\begin{bmatrix} \boldsymbol{A}_{n-1} & \boldsymbol{\alpha} \\ \boldsymbol{\alpha}^{\mathrm{T}} & a_{nn} \end{bmatrix}, \tag{1}$$

其中 $\boldsymbol{A}_{n-1}$ 是 $n-1$ 阶实对称矩阵. 显然，$\boldsymbol{A}_{n-1}$ 的所有顺序主子式是 $\boldsymbol{A}$ 的 1 阶至 $n-1$ 阶顺序主子

式，从而由已知条件知它们都大于 0，于是根据归纳假设，$\boldsymbol{A}_{n-1}$ 是正定的. 因此，有 $n-1$ 阶实可逆矩阵 $\boldsymbol{C}_1$，使得

$$\boldsymbol{C}_1^{\mathrm{T}}\boldsymbol{A}_{n-1}\boldsymbol{C}_1=\boldsymbol{I}_{n-1}. \tag{2}$$

由于

$$\begin{bmatrix}\boldsymbol{A}_{n-1} & \boldsymbol{\alpha}\\ \boldsymbol{\alpha}^{\mathrm{T}} & a_{nn}\end{bmatrix}\xrightarrow{②+(-\boldsymbol{\alpha}^{\mathrm{T}}\boldsymbol{A}_{n-1}^{-1})\cdot ①}\begin{bmatrix}\boldsymbol{A}_{n-1} & \boldsymbol{\alpha}\\ \boldsymbol{0} & a_{nn}-\boldsymbol{\alpha}^{\mathrm{T}}\boldsymbol{A}_{n-1}^{-1}\boldsymbol{\alpha}\end{bmatrix}$$
$$\xrightarrow[②+①\cdot(-\boldsymbol{A}_{n-1}^{-1}\boldsymbol{\alpha})]{}\begin{bmatrix}\boldsymbol{A}_{n-1} & \boldsymbol{0}\\ \boldsymbol{0} & a_{nn}-\boldsymbol{\alpha}^{\mathrm{T}}\boldsymbol{A}_{n-1}^{-1}\boldsymbol{\alpha}\end{bmatrix},$$

因此

$$\begin{bmatrix}\boldsymbol{I}_{n-1} & \boldsymbol{0}\\ -\boldsymbol{\alpha}^{\mathrm{T}}\boldsymbol{A}_{n-1}^{-1} & 1\end{bmatrix}\begin{bmatrix}\boldsymbol{A}_{n-1} & \boldsymbol{\alpha}\\ \boldsymbol{\alpha}^{\mathrm{T}} & a_{nn}\end{bmatrix}\begin{bmatrix}\boldsymbol{I}_{n-1} & -\boldsymbol{A}_{n-1}^{-1}\boldsymbol{\alpha}\\ \boldsymbol{0} & 1\end{bmatrix}=\begin{bmatrix}\boldsymbol{A}_{n-1} & \boldsymbol{0}\\ \boldsymbol{0} & a_{nn}-\boldsymbol{\alpha}^{\mathrm{T}}\boldsymbol{A}_{n-1}^{-1}\boldsymbol{\alpha}\end{bmatrix}. \tag{3}$$

记 $b=a_{nn}-\boldsymbol{\alpha}^{\mathrm{T}}\boldsymbol{A}_{n-1}^{-1}\boldsymbol{\alpha}$，由于

$$\begin{bmatrix}\boldsymbol{I}_{n-1} & \boldsymbol{0}\\ -\boldsymbol{\alpha}^{\mathrm{T}}\boldsymbol{A}_{n-1}^{-1} & 1\end{bmatrix}=\begin{bmatrix}\boldsymbol{I}_{n-1} & -\boldsymbol{A}_{n-1}^{-1}\boldsymbol{\alpha}\\ \boldsymbol{0} & 1\end{bmatrix}^{\mathrm{T}},$$

因此从(3)式得

$$\boldsymbol{A}\simeq\begin{bmatrix}\boldsymbol{A}_{n-1} & \boldsymbol{0}\\ \boldsymbol{0} & b\end{bmatrix}, \tag{4}$$

且 $|\boldsymbol{A}|=|\boldsymbol{A}_{n-1}|b$，从而 $b>0$. 由于

$$\begin{bmatrix}\boldsymbol{C}_1 & \boldsymbol{0}\\ \boldsymbol{0} & 1\end{bmatrix}^{\mathrm{T}}\begin{bmatrix}\boldsymbol{A}_{n-1} & \boldsymbol{0}\\ \boldsymbol{0} & b\end{bmatrix}\begin{bmatrix}\boldsymbol{C}_1 & \boldsymbol{0}\\ \boldsymbol{0} & 1\end{bmatrix}=\begin{bmatrix}\boldsymbol{C}_1^{\mathrm{T}}\boldsymbol{A}_{n-1}\boldsymbol{C}_1 & \boldsymbol{0}\\ \boldsymbol{0} & b\end{bmatrix}=\begin{bmatrix}\boldsymbol{I}_{n-1} & \boldsymbol{0}\\ \boldsymbol{0} & b\end{bmatrix},$$

因此

$$\begin{bmatrix}\boldsymbol{A}_{n-1} & \boldsymbol{0}\\ \boldsymbol{0} & b\end{bmatrix}\simeq\begin{bmatrix}\boldsymbol{I}_{n-1} & \boldsymbol{0}\\ \boldsymbol{0} & b\end{bmatrix}. \tag{5}$$

而(5)式右端的矩阵是正定的，于是从(4)式和(5)式知 $\boldsymbol{A}$ 是正定的.

根据数学归纳法，充分性得证. ▌

从定理 3 立即得到下述结论：

推论 6 实二次型 $\boldsymbol{x}^{\mathrm{T}}\boldsymbol{A}\boldsymbol{x}$ 是正定的充要条件为 $\boldsymbol{A}$ 的所有顺序主子式都大于 0. ▌

例 1 判别下述实二次型是否正定：

$$f(x_1,x_2,x_3)=x_1^2+2x_2^2-3x_3^2+4x_1x_2+2x_2x_3.$$

解 二次型 $f(x_1,x_2,x_3)$ 的矩阵是

$$\boldsymbol{A}=\begin{bmatrix}1 & 2 & 0\\ 2 & 2 & 1\\ 0 & 1 & -3\end{bmatrix}.$$

由于 $\boldsymbol{A}$ 的 2 阶顺序主子式

$$\begin{vmatrix} 1 & 2 \\ 2 & 2 \end{vmatrix} = 2-4=-2<0,$$

因此实二次型 $f(x_1,x_2,x_3)$不是正定的.

例 2 证明：对于任一实可逆矩阵 $\boldsymbol{C}$,都有 $\boldsymbol{C}^{\mathrm{T}}\boldsymbol{C}$ 是正定矩阵.

证明 直接验证得,$\boldsymbol{C}^{\mathrm{T}}\boldsymbol{C}$ 是对称矩阵. 由于 $\boldsymbol{C}^{\mathrm{T}}\boldsymbol{C}=\boldsymbol{C}^{\mathrm{T}}\boldsymbol{I}\boldsymbol{C}$,且 $\boldsymbol{C}$ 是实可逆矩阵,因此

$$\boldsymbol{C}^{\mathrm{T}}\boldsymbol{C} \simeq \boldsymbol{I},$$

从而 $\boldsymbol{C}^{\mathrm{T}}\boldsymbol{C}$ 是正定矩阵. ▌

对于实二次型,除了有正定的以外,还有其他一些类型.

定义 4 称 n 元实二次型 $\boldsymbol{x}^{\mathrm{T}}\boldsymbol{A}\boldsymbol{x}$ 是**半正定**(或**负定**、**半负定**)的,如果对于 $\mathbf{R}^n$ 中任一非零向量 $\boldsymbol{\alpha}$,都有

$$\boldsymbol{\alpha}^{\mathrm{T}}\boldsymbol{A}\boldsymbol{\alpha} \geqslant 0 \quad (\text{或 } \boldsymbol{\alpha}^{\mathrm{T}}\boldsymbol{A}\boldsymbol{\alpha}<0, \boldsymbol{\alpha}^{\mathrm{T}}\boldsymbol{A}\boldsymbol{\alpha} \leqslant 0).$$

如果 $\boldsymbol{x}^{\mathrm{T}}\boldsymbol{A}\boldsymbol{x}$ 既不是半正定的,又不是半负定的,那么称它是**不定**的.

定义 5 称实对称矩阵 $\boldsymbol{A}$ 为**半正定**(或**负定**、**半负定**、**不定**)的,如果实二次型 $\boldsymbol{x}^{\mathrm{T}}\boldsymbol{A}\boldsymbol{x}$ 是半正定(或负定、半负定、不定)的.

例 3 判别下列 3 元实二次型属于哪种类型：

(1) $y_1^2+y_2^2$； (2) y_1^2； (3) $y_1^2+y_2^2-y_3^2$；

(4) $-y_1^2-y_2^2-y_3^2$； (5) $-y_1^2-y_2^2$.

解 (1) 该二次型是半正定的； (2) 该二次型是半正定的； (3) 该二次型是不定的； (4) 该二次型是负定的； (5) 该二次型是半负定的.

习 题 6.3

1. 证明：如果 $\boldsymbol{A},\boldsymbol{B}$ 都是 n 阶正定矩阵,那么 $\boldsymbol{A}+\boldsymbol{B}$ 也是正定矩阵.

2. 证明：如果 $\boldsymbol{A}$ 是正定矩阵,那么 $\boldsymbol{A}^{-1}$ 也是正定矩阵.

3. 证明：如果 $\boldsymbol{A}$ 是正定矩阵,那么 $\boldsymbol{A}^*$ 也是正定矩阵.

4. 设 $\boldsymbol{A}$ 是 n 阶实对称矩阵,它的 n 个特征值的绝对值中最大者记作 $S_r(\boldsymbol{A})$,证明：当 $t>S_r(\boldsymbol{A})$时,$t\boldsymbol{I}+\boldsymbol{A}$ 是正定矩阵.

5. 证明：正定矩阵的迹大于 0.

6. 判断下列实二次型是否正定：

(1) $f(x_1,x_2,x_3)=5x_1^2+6x_2^2+4x_3^2-4x_1x_2-4x_2x_3$；

(2) $f(x_1,x_2,x_3)=10x_1^2+8x_1x_2+24x_1x_3+2x_2^2-28x_2x_3+x_3^2$；

(3) $f(x_1,x_2,x_3)=3x_1^2+4x_2^2+5x_3^2+4x_1x_2-4x_2x_3$.

7. t 满足什么条件时,下列实二次型是正定的?

(1) $f(x_1,x_2,x_3)=x_1^2+x_2^2+5x_3^2+2tx_1x_2-2x_1x_3+4x_2x_3$；

(2) $f(x_1,x_2,x_3)=x_1^2+4x_2^2+2x_3^2+2tx_1x_2+2x_1x_3$.

8. 证明：n 阶实对称矩阵 $\boldsymbol{A}$ 是正定的充要条件为,存在可逆实对称矩阵 $\boldsymbol{C}$,使得 $\boldsymbol{A}=\boldsymbol{C}^2$.

9. 证明：如果 $\boldsymbol{A}$ 是正定矩阵，那么存在唯一的正定矩阵 $\boldsymbol{C}$，使得 $\boldsymbol{A}=\boldsymbol{C}^2$.

10. 证明：如果 $\boldsymbol{A}$ 是 n 阶正定矩阵，$\boldsymbol{B}$ 是 n 阶半正定矩阵，那么 $\boldsymbol{A}+\boldsymbol{B}$ 是正定矩阵.

11. 判断 $\boldsymbol{I}+\boldsymbol{J}$ 是不是正定矩阵，其中 $\boldsymbol{J}$ 是元素全为 1 的 n 阶矩阵.

12. 证明：n 阶实对称矩阵 $\boldsymbol{A}$ 是负定的充要条件为，它的偶数阶顺序主子式全大于 0，奇数阶顺序主子式全小于 0.

*13. n 元实二次型 $\sum_{i=1}^{n} x_i^2 + \sum_{i=1}^{n-1} x_i x_{i+1}$ 是否正定？写出它的规范形.

*14. 证明：n 阶实对称矩阵 $\boldsymbol{A}$ 是正定的充要条件为它的所有主子式都大于 0.

*15. 证明：

n 元实二次型 $\boldsymbol{x}^{\mathrm{T}}\boldsymbol{A}\boldsymbol{x}$ 是半正定的

$\Longleftrightarrow$ $\boldsymbol{x}^{\mathrm{T}}\boldsymbol{A}\boldsymbol{x}$ 的正惯性指数等于它的秩

$\Longleftrightarrow$ $\boldsymbol{x}^{\mathrm{T}}\boldsymbol{A}\boldsymbol{x}$ 的规范形形如 $y_1^2+y_2^2+\cdots+y_r^2$，其中 $r=\operatorname{rank}(\boldsymbol{A})$.

$\Longleftrightarrow$ $\boldsymbol{x}^{\mathrm{T}}\boldsymbol{A}\boldsymbol{x}$ 的标准形中 n 个系数全非负.

*16. 证明：

n 阶实对称矩阵 $\boldsymbol{A}$ 是半正定的

$\Longleftrightarrow$ $\boldsymbol{A}$ 的正惯性指数等于它的秩

$\Longleftrightarrow$ $\boldsymbol{A} \simeq \begin{bmatrix} \boldsymbol{I}_r & \boldsymbol{0} \\ \boldsymbol{0} & \boldsymbol{0} \end{bmatrix}$，其中 $r=\operatorname{rank}(\boldsymbol{A})$

$\Longleftrightarrow$ $\boldsymbol{A}$ 的合同标准形中 n 个主对角元全非负

$\Longleftrightarrow$ $\boldsymbol{A}$ 的特征值全非负.

*17. 证明**极分解定理**：对于任一实可逆矩阵 $\boldsymbol{A}$，一定是存在一个正交矩阵 $\boldsymbol{T}$ 和一个正定矩阵 $\boldsymbol{S}$，使得 $\boldsymbol{A}=\boldsymbol{S}\boldsymbol{T}$，并且这种分解是唯一的.

第七章　线 性 空 间

现实世界的空间形式中表现为“线性”的有直线、平面. 研究直线和平面的工具是向量. 几何空间中所有向量组成的集合有加法、数量乘法运算，它们满足如下加法交换律、结合律等 8 条运算法则：对于几何空间中的任意向量 $\vec{a},\vec{b},\vec{c}$，以及任意实数 k,l，有

(1) $\vec{a}+\vec{b}=\vec{b}+\vec{a}$(加法交换律)；

(2) $(\vec{a}+\vec{b})+\vec{c}=\vec{a}+(\vec{b}+\vec{c})$(加法结合律)；

(3) $\vec{a}+\vec{0}=\vec{a}$($\vec{0}$ 为零向量)；

(4) $\vec{a}+(-\vec{a})=\vec{0}$($-\vec{a}$ 为 $\vec{a}$ 的负向量)；

(5) $1\vec{a}=\vec{a}$；

(6) $(kl)\vec{a}=k(l\vec{a})$；

(7) $(k+l)\vec{a}=k\vec{a}+l\vec{a}$；

(8) $k(\vec{a}+\vec{b})=k\vec{a}+k\vec{b}$.

[详见文献[4]的第 2～6 页].

现实世界的数量关系中“线性”问题可以用线性方程组来处理. 研究线性方程组的工具是 n 维向量(n 元有序数组). 数域 K 上所有 n 元有序数组组成的集合 K^n 有加法、数量乘法运算，它们也满足加法交换律、结合律等 8 条运算法则.

矩阵在研究线性方程组中发挥了重要作用，因此矩阵也是研究线性问题的有力工具. 数域 K 上所有 $s\times n$ 矩阵组成的集合有加法、数量乘法运算，它们同样满足加法交换律、结合律等 8 条运算法则.

从上述受到启发，本章我们将建立一个数学模型——线性空间，并研究线性空间的结构. 线性空间是研究现实世界中线性问题的重要理论. 即使对于非线性问题，经过局部化后，也可以运用线性空间的理论来处理，或者可以用线性空间的理论研究非线性问题的某一侧面.

§1　线性空间的结构

观察

上面关于几何空间中的向量、K^n 中的 n 维向量、K 上的 $s\times n$ 矩阵的三个例子有如下共同之处：存在一个集合、一个数域、两种运算(加法与数量乘法)，满足 8 条运算法则. 由此抽象出线性空间的概念.

抽象

为了把运算这个概念精确化，我们先简单介绍映射的概念(在第八章开头将详细介绍有关映射的概念).

设 S 和 S' 是两个集合，如果存在一个法则 f，使得对于 S 中每个元素 a，都有 S' 中唯一确定的元素 b 与它对应，那么称 f 是 S 到 S' 的一个**映射**，记作

$$f: S \to S'$$
$$a \mapsto b,$$

其中 b 称为 a 在 f 下的**像**，a 称为 b 在 f 下的一个**原像**. a 在 f 下的像用符号 $f(a)$ 或 fa 表示，于是映射 f 也可以记成

$$f(a) = b, \quad \forall\, a \in S.$$

设 V 是一个非空集合，令

$$V \times V = \{(\alpha,\beta) \mid \alpha,\beta \in V\}.$$

集合 $V\times V$ 到 V 的一个映射称为 V 上的一个**代数运算**.

定义 1　设 V 是一个非空集合，K 是一个数域. 在 V 上定义一种代数运算：$(\alpha,\beta)\mapsto\gamma$，称之为**加法**，并把 γ 称为 α 与 β 的**和**，记作 $\gamma=\alpha+\beta$；在 K 与 V 之间定义一种运算：$K\times V$ 到 V 的一个映射 $(k,\alpha)\mapsto\delta$，称之为**数量乘法**，并把 δ 称为 k 与 α 的**数量乘积**，记作 $\delta=k\alpha$. 如果这样定义的加法和数量乘法满足下述 8 条运算法则：对于任意 $\alpha,\beta,\gamma\in V,k,l\in K$，有

1° $\alpha+\beta=\beta+\alpha$（**加法交换律**）；

2° $(\alpha+\beta)+\gamma=\alpha+(\beta+\gamma)$（**加法结合律**）；

3° V 中有一个元素，记作 0，它满足

$$\alpha + 0 = \alpha,$$

（具有这个性质的元素 0 称为 V 的**零元素**）；

4° 对于 α，存在 $\delta\in V$，使得

$$\alpha + \delta = 0,$$

（具有这个性质的元素 δ 称为 α 的**负元素**）；

5° $1\alpha=\alpha$；

6° $(kl)\alpha=k(l\alpha)$；

7° $(k+l)\alpha=k\alpha+l\alpha$；

8° $k(\alpha+\beta)=k\alpha+k\beta$，

那么称 V 是数域 K 上的**线性空间**.

借助几何语言，把线性空间的元素称为**向量**，这样线性空间又可称为**向量空间**. 数域 K 上线性空间 V 的加法与数量乘法统称为**线性运算**.

几何空间中以原点为起点的所有向量组成的集合，对于向量的加法与数量乘法构成实数域 $\mathbf{R}$ 上的一个线性空间.

数域 K 上所有 n 元有序数组组成的集合 K^n，对于有序数组的加法与数量乘法构成数域 K 上的一个线性空间. 在第三章中，我们把 K^n 称为数域 K 上的 n 维向量空间.

数域 K 上所有 $s\times n$ 矩阵组成的集合，对于矩阵的加法与数量乘法构成数域 K 上的一个线性空间，记作 $M_{s\times n}(K)$.

下面我们再举一些线性空间的例子.

例 1 设 X 为实数域 $\mathbf{R}$ 的任一非空子集,将定义域为 X 的所有实值函数组成的集合记作 $\mathbf{R}^X$,它对于函数的加法[对于任意 $f,g\in\mathbf{R}^X$,规定 $(f+g)(x)=f(x)+g(x)$, $\forall\, x\in X$]以及实数与函数的数量乘法[对于任意 $f\in\mathbf{R}^X$, $k\in\mathbf{R}$,规定 $(kf)(x)=kf(x)$, $\forall\, x\in X$],构成 $\mathbf{R}$ 上的一个线性空间.

例 2 设 X 为任一非空集合,K 是一个数域,X 到 K 的任一映射称为 X 上的一个 K 值函数. 将 X 上的所有 K 值函数组成的集合记作 K^X. 在 K^X 中定义加法与数量乘法如下:对于任意 $f,g\in K^X$, $k\in K$,规定

$$(f+g)(x)=f(x)+g(x),\quad \forall\, x\in X,$$
$$(kf)(x)=k(f(x)),\quad \forall\, x\in X.$$

容易验证它们满足加法交换律、结合律等 8 条运算法则,因此 K^X 是数域 K 上的一个线性空间. K^X 的零元素是零函数,记作 0,即

$$0(x)=0,\quad \forall\, x\in X.$$

例 3 将数域 K 上所有一元多项式组成的集合记作 $K[x]$,它对于多项式的加法以及 K 中元素与多项式的乘法(数量乘法)构成数域 K 上一个线性空间.

例 4 复数域 $\mathbf{C}$ 可以看成实数域 $\mathbf{R}$ 上的一个线性空间,其加法是复数的加法,数量乘法是实数与复数相乘.

例 5 数域 K 可以看成自身上的线性空间,其加法就是数域 K 中的加法,数量乘法就是 K 中的乘法.

上述例子表明,线性空间这一数学模型适用性很广. 从现在开始,我们将从线性空间的定义出发做逻辑推理,深入揭示线性空间的性质和结构,所得到的结论对于所有具体的线性空间都成立.

分析

设 V 是数域 K 上的线性空间.

(1) V 中的零元素是唯一的.

证明 假设 $0_1, 0_2$ 是 V 中的两个零元素,则

$$0_1+0_2=0_1,$$
$$0_1+0_2=0_2+0_1=0_2,$$

因此 $0_1=0_2$. ▌

(2) V 中的任一元素 α 的负元素是唯一的.

证明 假设 β_1,β_2 都是 α 的负元素,则

$$(\beta_1+\alpha)+\beta_2=(\alpha+\beta_1)+\beta_2=0+\beta_2=\beta_2+0=\beta_2,$$
$$\beta_1+(\alpha+\beta_2)=\beta_1+0=\beta_1.$$

根据加法结合律,得 $\beta_1=\beta_2$. ▌

今后把 α 的唯一的负元素记成 $-\alpha$.

利用负元素,可以在 V 中定义**减法**: 对于任意 $\alpha,\beta\in V$,规定

$$\alpha-\beta=\alpha+(-\beta).$$

(3) $0\cdot\alpha=0,\forall\alpha\in V$.

证明　我们有

$$0\cdot\alpha=(0+0)\alpha=0\cdot\alpha+0\cdot\alpha.$$

上式两边加上 $-0\cdot\alpha$,得

$$0\cdot\alpha+(-0\cdot\alpha)=(0\cdot\alpha+0\cdot\alpha)+(-0\cdot\alpha).$$

根据定义 1 中的运算法则 2°,4°,3°,得

$$0\cdot\alpha=0.$$ ▌

(4) $k0=0,\forall k\in K$.

证明　我们有

$$k0+k0=k(0+0)=k0.$$

上式两边加上 $-k0$,得

$$(k0+k0)+(-k0)=k0+(-k0).$$

根据定义 1 中的运算法则 2°,4°,3°,得

$$k0=0.$$ ▌

(5) 如果 $k\alpha=0$,那么 $k=0$ 或 $\alpha=0$.

证明　假设 $k\neq0$,则

$$\alpha=1\alpha=(k^{-1}k)\alpha=k^{-1}(k\alpha)=k^{-1}0=0.$$ ▌

(6) $(-1)\alpha=-\alpha,\forall\alpha\in V$.

证明　由于

$$\alpha+(-1)\alpha=1\alpha+(-1)\alpha=[1+(-1)]\alpha=0\cdot\alpha=0,$$

因此从 α 的负元素的唯一性得 $(-1)\alpha=-\alpha$. ▌

设 V 是数域 K 上的线性空间. V 中按照一定次序排成的有限个向量 $\alpha_1,\alpha_2,\cdots,\alpha_s$ 称为 V 的一个**向量组**;任给 K 中的一组数 $k_1,k_2,\cdots,k_s$,向量 $k_1\alpha_1+k_2\alpha_2+\cdots+k_s\alpha_s$ 称为向量组 $\alpha_1,\alpha_2,\cdots,\alpha_s$ 的一个**线性组合**,其中 $k_1,k_2,\cdots,k_s$ 称为**系数**.

对于 $\beta\in V$,如果有 K 中的一组数 $c_1,c_2,\cdots,c_s$,使得

$$\beta=c_1\alpha_1+c_2\alpha_2+\cdots+c_s\alpha_s,$$

那么称 β 可以由向量组 $\alpha_1,\alpha_2,\cdots,\alpha_s$ **线性表出**.

为了研究数域 K 上的线性空间 V 的结构,从研究几何空间和数域 K 上的 n 维向量空间 K^n 的结构受到启发,先引进下述概念:

定义 2　设 V 是数域 K 上的线性空间. 称 V 中的向量组 $\alpha_1,\alpha_2,\cdots,\alpha_s(s\geqslant1)$ 是**线性相关**的,如果有 K 中不全为 0 的数 $k_1,k_2,\cdots,k_s$,使得

$$k_1\alpha_1+k_2\alpha_2+\cdots+k_s\alpha_s=0.\tag{1}$$

否则,称向量组 $\alpha_1,\alpha_2,\cdots,\alpha_s$ 是**线性无关**的. 也就是说,如果从

$$k_1\alpha_1+k_2\alpha_2+\cdots+k_s\alpha_s=0$$

可以推出 $k_1=k_2=\cdots=k_s=0$,那么称向量组 $\alpha_1,\alpha_2,\cdots,\alpha_s$ 是线性无关的.

我们把对应于 $s=0$ 的空向量组定义成线性无关的,这可以为今后的讨论带来方便.

称线性空间 V 的非空有限子集 W 是**线性相关**(或**线性无关**)的,如果对于 W 中元素的一种编号(从而每一种编号)所得的向量组是线性相关(或线性无关)的.

定义 3 设 W 是线性空间 V 的任一无限子集. 如果 W 有一个有限子集是线性相关的,则称 W 是**线性相关**的;如果 W 的任何有限子集都是线性无关的,则称 W 是**线性无关**的.

命题 1 单个向量 α 线性相关 $\Longleftrightarrow$ $\alpha=0$(理由:α 线性相关 $\Longleftrightarrow$ 存在 $k\in K$ 且 $k\neq 0$,使得 $k\alpha=0\Longleftrightarrow\alpha=0$),$\alpha$ 线性无关 $\Longleftrightarrow$ $\alpha\neq 0$. ▌

命题 2 如果向量组的一个部分组线性相关,那么整个向量组也线性相关.

证明 设向量组 $\alpha_1,\alpha_2,\cdots,\alpha_s$ 的一个部分组 $\alpha_{i_1},\cdots,\alpha_{i_t}$ 线性相关,则 K 中有不全为 0 的数 $k_1,\cdots,k_t$,使得 $k_1\alpha_{i_1}+\cdots+k_t\alpha_{i_t}=0$,从而

$$0\cdot\alpha_1+\cdots+0\cdot\alpha_{i_1-1}+k_1\alpha_{i_1}+0\cdot\alpha_{i_1+1}+\cdots+0\cdot\alpha_{i_2-1}+k_2\alpha_{i_2}+0\cdot\alpha_{i_2+1}+\cdots+0\cdot\alpha_{i_t-1}$$
$$+k_t\alpha_{i_t}+0\cdot\alpha_{i_t+1}+\cdots+0\cdot\alpha_s=0.$$

于是,$\alpha_1,\alpha_2,\cdots,\alpha_s$ 线性相关. ▌

命题 3 包含零向量的向量集(或向量组)一定线性相关(从命题 1 和定义 3 立即得到). ▌

与第三章 § 2 的方法类似,我们可以证明下述结论:

命题 4 向量个数大于或等于 2 的向量组线性相关当且仅当其中至少有一个向量,它可以由其余向量线性表出,从而向量个数大于或等于 2 的向量组线性无关当且仅当其中每个向量都不能由其余向量线性表出. ▌

命题 5 设向量 β 可以由向量组 $\alpha_1,\alpha_2,\cdots,\alpha_s$ 线性表出,则表出方式唯一的充要条件是向量组 $\alpha_1,\alpha_2,\cdots,\alpha_s$ 线性无关. ▌

命题 6 设向量组 $\alpha_1,\alpha_2,\cdots,\alpha_s$ 线性无关,则向量 β 可以由向量组 $\alpha_1,\alpha_2,\cdots,\alpha_s$ 线性表出的充要条件是向量组 $\alpha_1,\alpha_2,\cdots,\alpha_s,\beta$ 线性相关. ▌

与第三章的 § 3 类似,我们引入下面一些概念,并且可以证明相应的一些结论.

定义 4 设 $\alpha_1,\alpha_2,\cdots,\alpha_s$ 和 $\beta_1,\beta_2,\cdots,\beta_r$ 是线性空间 V 的两个向量组,如果向量组 $\alpha_1,\alpha_2,\cdots,\alpha_s$ 中每个向量都可以由向量组 $\beta_1,\beta_2,\cdots,\beta_r$ 线性表出,那么称向量组 $\alpha_1,\alpha_2,\cdots,\alpha_s$ 可以由向量组 $\beta_1,\beta_2,\cdots,\beta_r$ **线性表出**. 如果向量组 $\alpha_1,\alpha_2,\cdots,\alpha_s$ 与向量组 $\beta_1,\beta_2,\cdots,\beta_r$ 可以互相线性表出,那么称向量组 $\alpha_1,\alpha_2,\cdots,\alpha_s$ 与向量组 $\beta_1,\beta_2,\cdots,\beta_r$ **等价**.

容易证明,线性表出具有传递性,从而线性空间 V 中向量组的等价关系具有传递性. 显然,向量组的等价关系具有反身性和对称性.

引理 1 设向量组 $\beta_1,\beta_2,\cdots,\beta_r$ 可以由向量组 $\alpha_1,\alpha_2,\cdots,\alpha_s$ 线性表出. 如果 $r>s$,那么向量组 $\beta_1,\beta_2,\cdots,\beta_r$ 线性相关. ▌

推论 1 设向量组 $\beta_1,\beta_2,\cdots,\beta_r$ 可以由向量组 $\alpha_1,\alpha_2,\cdots,\alpha_s$ 线性表出. 如果 $\beta_1,\beta_2,\cdots,\beta_r$ 线性无关,那么 $r\leqslant s$. ▌

推论 2 等价的线性无关向量组所含向量的个数相等. ▌

定义 5 向量组的一个部分组称为一个**极大线性无关组**,如果这个部分组本身是线性无关的,但是从向量组的其余向量(如果还有的话)中任取一个添进去,所得到的新部分组都线性相关.

推论 3 向量组与它的极大线性无关组等价. ▌

从推论 3 可知,向量组的任意两个极大线性无关组等价. 于是,根据推论 2 得到下述结论:

推论 4 向量组的任意两个极大线性无关组所含向量的个数相等. ▌

定义 6 向量组的一个极大线性无关组所含向量的个数称为**向量组的秩**.

全由零向量组成的向量组的秩为 0.

向量组 $\alpha_1,\alpha_2,\cdots,\alpha_s$ 的秩记作 $\mathrm{rank}\{\alpha_1,\alpha_2,\cdots,\alpha_s\}$.

命题 7 向量组线性无关的充要条件是它的秩等于它所含向量的个数. ▌

命题 8 如果向量组(Ⅰ)可以由向量组(Ⅱ)线性表出,那么

$$(\text{Ⅰ})\text{的秩}\leqslant(\text{Ⅱ})\text{的秩}.$$ ▌

推论 5 等价的向量组有相同的秩. ▌

观察

几何空间的结构被它的一个基(三个不共面的向量)决定.

数域 K 上 n 元齐次线性方程组的解空间的结构被它的一个基(基础解系)决定.

数域 K 上 n 维向量空间 K^n 的结构被 K^n 的一个基决定.

由这些论断受到启发,我们猜想数域 K 上的线性空间 V 也有基,且 V 的结构由它的一个基决定.

论证

设 V 是数域 K 上的线性空间.

定义 7 如果线性空间 V 中的向量集 S 满足下述两个条件:

1° 向量集 S 是线性无关的;

2° V 中每个向量可以由 S 中有限个向量线性表出,

那么称 S 是 V 的一个**基**.

规定只含有零向量的线性空间的基为空集.

可以证明:数域 K 上的任一线性空间 V 都有基. 证明可参看文献[6]的第 159 页.

例 6 数域 K 上所有 $s\times n$ 矩阵构成的线性空间 $M_{s\times n}(K)$ 中,所有基本矩阵组成的子集

$$\{\boldsymbol{E}_{11},\boldsymbol{E}_{12},\cdots,\boldsymbol{E}_{1n},\cdots,\boldsymbol{E}_{s1},\boldsymbol{E}_{s2},\cdots,\boldsymbol{E}_{sn}\}$$

是 $M_{s\times n}(K)$ 的一个基.

证明 $M_{s\times n}(K)$ 中任一 $s\times n$ 矩阵 $\boldsymbol{A}=[a_{ij}]$ 可以表示成

$$\boldsymbol{A}=\sum_{i=1}^{s}\sum_{j=1}^{n}a_{ij}\boldsymbol{E}_{ij}.$$

设 $\sum_{i=1}^{s}\sum_{j=1}^{n}k_{ij}\boldsymbol{E}_{ij}=\boldsymbol{0}$，则矩阵 $[k_{ij}]$ 是零矩阵，从而

$$k_{ij}=0\quad(i=1,2,\cdots,s;j=1,2,\cdots,n).$$

因此 $\{\boldsymbol{E}_{11},\boldsymbol{E}_{12},\cdots,\boldsymbol{E}_{1n},\cdots,\boldsymbol{E}_{s1},\boldsymbol{E}_{s2},\cdots,\boldsymbol{E}_{sn}\}$ 线性无关，从而它是 $M_{s\times n}(K)$ 的一个基. ▎

例 7 对于数域 K 上所有一元多项式构成的线性空间 $K[x]$，子集

$$S=\{1,x,x^2,\cdots,x^n,\cdots\}$$

是它的一个基.

证明 K 上的每个一元多项式 $f(x)$ 可以写成如下形式：

$$f(x)=a_0+a_1x+a_2x^2+\cdots+a_nx^n,$$

其中 $a_i\in K(i=0,1,2,\cdots,n,n$ 是非负整数).

任取 S 的一个有限子集 $\{x^{i_1},x^{i_2},\cdots,x^{i_m}\}$. 设

$$k_1x^{i_1}+k_2x^{i_2}+\cdots+k_mx^{i_m}=0,$$

则根据一元多项式的定义得 $k_1=k_2=\cdots=k_m=0$，从而这个子集线性无关. 因此，S 线性无关. 于是，S 是 $K[x]$ 的一个基. ▎

定义 8 称线性空间 V 是**有限维**的，如果 V 的一个基包含有限个向量；否则，称 V 是**无限维**的.

例 6 中的 $M_{s\times n}(K)$ 是有限维的，例 7 中的 $K[x]$ 是无限维的[容易看出，$K[x]$ 不可能有一个包含有限个向量的基].

定理 1 如果线性空间 V 是有限维的，那么 V 的任意两个基所含向量的个数相等.

证明 由定义 8 知，V 有一个基，它包含有限个向量. 不妨设这个基包含 n 个向量 $\alpha_1,\alpha_2,\cdots,\alpha_n$. 又设向量集 S 是 V 的另一个基. 假如 S 包含的向量个数多于 n 个，则 S 中可取出 $n+1$ 个向量 $\beta_1,\beta_2,\cdots,\beta_{n+1}$，它们可以由向量组 $\alpha_1,\alpha_2,\cdots,\alpha_n$ 线性表出. 根据引理 1，向量组 $\beta_1,\beta_2,\cdots,\beta_{n+1}$ 线性相关. 这与 S 线性无关矛盾，因此 $|S|\leqslant n$. 设 $S=\{\beta_1,\beta_2,\cdots,\beta_m\}$. 根据基的定义，向量组 $\beta_1,\beta_2,\cdots,\beta_m$ 与向量组 $\alpha_1,\alpha_2,\cdots,\alpha_n$ 等价，并且它们都线性无关. 根据推论 2，得 $m=n$. ▎

定义 9 设数域 K 上的线性空间 V 是有限维的，则 V 的一个基所含向量的个数称为 V 的**维数**，记作 $\dim_K V$，简记作 $\dim V$.

规定只含零向量的线性空间的维数为 0.

由例 6 知道，$\dim M_{s\times n}(K)=sn$.

维数对于研究有限维线性空间的结构起着重要作用.

命题 9 如果 $\dim V=n$，那么线性空间 V 中任意 $n+1$ 个向量都线性相关.

证明 任取 V 中 $n+1$ 个向量 $\beta_1,\beta_2,\cdots,\beta_{n+1}$，再取 V 的一个基 $\{\alpha_1,\alpha_2,\cdots,\alpha_n\}$，则向量组 $\beta_1,\beta_2,\cdots,\beta_{n+1}$ 可由向量组 $\alpha_1,\alpha_2,\cdots,\alpha_n$ 线性表出. 根据引理 1，向量组 $\beta_1,\beta_2,\cdots,\beta_{n+1}$ 线性相关. ▌

命题 10 如果 $\dim V=n$，那么线性空间 V 中任意 n 个线性无关的向量都构成 V 的一个基.

证明 在 V 中任取 n 个线性无关的向量 $\alpha_1,\alpha_2,\cdots,\alpha_n$. 对于任意的 $\beta\in V$，根据命题 9，向量组 $\alpha_1,\alpha_2,\cdots,\alpha_n,\beta$ 线性相关. 于是，根据命题 6，向量 β 可以由向量组 $\alpha_1,\alpha_2,\cdots,\alpha_n$ 线性表出. 因此，$\{\alpha_1,\alpha_2,\cdots,\alpha_n\}$ 是 V 的一个基. ▌

基对于研究线性空间的结构起着重要作用. 下面将有限维线性空间的基写成向量组的形式.

命题 11 设 $\alpha_1,\alpha_2,\cdots,\alpha_n$ 是线性空间 V 的一个基，则 V 中任一向量 α 可以唯一地表示成基 $\alpha_1,\alpha_2,\cdots,\alpha_n$ 的线性组合.

证明 由基的定义知，α 可以由基 $\alpha_1,\alpha_2,\cdots,\alpha_n$ 线性表出. 又由于基 $\alpha_1,\alpha_2,\cdots,\alpha_n$ 线性无关，因此根据命题 5 得表出方式唯一. ▌

线性空间中向量 α 由基 $\alpha_1,\alpha_2,\cdots,\alpha_n$ 线性表出的系数所组成的 n 元有序数组，称为 α 在基 $\alpha_1,\alpha_2,\cdots,\alpha_n$ 下的**坐标**. 通常把线性空间中向量的坐标写成列向量的形式.

由上述看出，若给定有限维线性空间 V 的一个基，则 V 中每个向量都可以唯一地表示成这个基的线性组合，从而 V 的结构就很清楚了.

思考

设 V 是数域 K 上的 n 维线性空间. 若给定 V 的两个基，V 中每个向量分别在这两个基下的坐标有什么关系？

分析

设 $\alpha_1,\alpha_2,\cdots,\alpha_n$ 与 $\beta_1,\beta_2,\cdots,\beta_n$ 是线性空间 V 的两个基，V 中向量 α 在这两个基下的坐标分别为

$$\boldsymbol{x}=[x_1,x_2,\cdots,x_n]^{\mathrm{T}},\quad \boldsymbol{y}=[y_1,y_2,\cdots,y_n]^{\mathrm{T}}.$$

为了求 $\boldsymbol{x}$ 与 $\boldsymbol{y}$ 之间的关系，首先要把这两个基之间的关系搞清楚. 由于 $\alpha_1,\alpha_2,\cdots,\alpha_n$ 是 V 的一个基，因此有 $a_{ij}\in K(i,j=1,2,\cdots,n)$，使得

$$\begin{cases}\beta_1=a_{11}\alpha_1+a_{21}\alpha_2+\cdots+a_{n1}\alpha_n,\\ \beta_2=a_{12}\alpha_1+a_{22}\alpha_2+\cdots+a_{n2}\alpha_n,\\ \cdots\cdots\\ \beta_n=a_{1n}\alpha_1+a_{2n}\alpha_2+\cdots+a_{nn}\alpha_n.\end{cases}\tag{2}$$

为了使推导过程简洁，我们引进一种形式写法：

$$x_1\alpha_1 + x_2\alpha_2 + \cdots + x_n\alpha_n \xlongequal{\text{def}} [\alpha_1, \alpha_2, \cdots, \alpha_n]\begin{bmatrix} x_1 \\ x_2 \\ \vdots \\ x_n \end{bmatrix}. \tag{3}$$

进而,可以把(2)式写成

$$[\beta_1, \beta_2, \cdots, \beta_n] = [\alpha_1, \alpha_2, \cdots, \alpha_n]\begin{bmatrix} a_{11} & a_{12} & \cdots & a_{1n} \\ a_{21} & a_{22} & \cdots & a_{2n} \\ \vdots & \vdots & & \vdots \\ a_{n1} & a_{n2} & \cdots & a_{nn} \end{bmatrix}. \tag{4}$$

我们把(4)式右端的 n 阶矩阵记作 $\boldsymbol{A}$,称它是基 $\alpha_1, \alpha_2, \cdots, \alpha_n$ 到基 $\beta_1, \beta_2, \cdots, \beta_n$ 的**过渡矩阵**.于是,(4)式可写成

$$[\beta_1, \beta_2, \cdots, \beta_n] = [\alpha_1, \alpha_2, \cdots, \alpha_n]\boldsymbol{A}. \tag{5}$$

形式写法是模仿矩阵乘法的定义给出的,因此类似于矩阵乘法的结合律,左、右分配律,以及矩阵的乘法与数量乘法的关系,可以证明形式写法满足以下规则:

设 $\alpha_1, \alpha_2, \cdots, \alpha_n$ 与 $\beta_1, \beta_2, \cdots, \beta_n$ 是 V 中的两个向量组,$\boldsymbol{A}, \boldsymbol{B}$ 是数域 K 上的两个 n 阶矩阵,$k \in K$,则

$$([\alpha_1, \alpha_2, \cdots, \alpha_n]\boldsymbol{A})\boldsymbol{B} = [\alpha_1, \alpha_2, \cdots, \alpha_n](\boldsymbol{AB}), \tag{6}$$

$$[\alpha_1, \alpha_2, \cdots, \alpha_n]\boldsymbol{A} + [\alpha_1, \alpha_2, \cdots, \alpha_n]\boldsymbol{B} = [\alpha_1, \alpha_2, \cdots, \alpha_n](\boldsymbol{A} + \boldsymbol{B}), \tag{7}$$

$$[\alpha_1, \alpha_2, \cdots, \alpha_n]\boldsymbol{A} + [\beta_1, \beta_2, \cdots, \beta_n]\boldsymbol{A} = [\alpha_1 + \beta_1, \alpha_2 + \beta_2, \cdots, \alpha_n + \beta_n]\boldsymbol{A}, \tag{8}$$

$$(k[\alpha_1, \alpha_2, \cdots, \alpha_n])\boldsymbol{A} = [\alpha_1, \alpha_2, \cdots, \alpha_n](k\boldsymbol{A}) = k([\alpha_1, \alpha_2, \cdots, \alpha_n]\boldsymbol{A}), \tag{9}$$

其中

$$[\alpha_1, \alpha_2, \cdots, \alpha_n] + [\beta_1, \beta_2, \cdots, \beta_n] \xlongequal{\text{def}} [\alpha_1 + \beta_1, \alpha_2 + \beta_2, \cdots, \alpha_n + \beta_n], \tag{10}$$

$$k[\alpha_1, \alpha_2, \cdots, \alpha_n] \xlongequal{\text{def}} [k\alpha_1, k\alpha_2, \cdots, k\alpha_n]. \tag{11}$$

命题 12 设 $\alpha_1, \alpha_2, \cdots, \alpha_n$ 是线性空间 V 的一个基,并且

$$[\beta_1, \beta_2, \cdots, \beta_n] = [\alpha_1, \alpha_2, \cdots, \alpha_n]\boldsymbol{A},$$

则 $\beta_1, \beta_2, \cdots, \beta_n$ 是 V 的一个基当且仅当 $\boldsymbol{A}$ 是可逆矩阵.

证明 由于 $\alpha_1, \alpha_2, \cdots, \alpha_n$ 线性无关,并且

$$k_1\beta_1 + k_2\beta_2 + \cdots + k_n\beta_n = [\beta_1, \beta_2, \cdots, \beta_n]\begin{bmatrix} k_1 \\ k_2 \\ \vdots \\ k_n \end{bmatrix} = [\alpha_1, \alpha_2, \cdots, \alpha_n]\boldsymbol{A}\begin{bmatrix} k_1 \\ k_2 \\ \vdots \\ k_n \end{bmatrix},$$

因此

$$\beta_1, \beta_2, \cdots, \beta_n \text{ 是 } V \text{ 的一个基}$$
$$\Longleftrightarrow \beta_1, \beta_2, \cdots, \beta_n \text{ 线性无关}$$

$\Longleftrightarrow$ 从 $k_1\beta_1+k_2\beta_2+\cdots+k_n\beta_n=0$ 可推出 $k_1=k_2=\cdots=k_n=0$

$$\Longleftrightarrow \text{从}[\alpha_1,\alpha_2,\cdots,\alpha_n]\boldsymbol{A}\begin{bmatrix}k_1\\k_2\\\vdots\\k_n\end{bmatrix}=0\text{ 可推出}\begin{bmatrix}k_1\\k_2\\\vdots\\k_n\end{bmatrix}=\boldsymbol{0}$$

$$\Longleftrightarrow \text{从 }\boldsymbol{A}\begin{bmatrix}k_1\\k_2\\\vdots\\k_n\end{bmatrix}=\boldsymbol{0}\text{ 可推出}\begin{bmatrix}k_1\\k_2\\\vdots\\k_n\end{bmatrix}=\boldsymbol{0}$$

$\Longleftrightarrow$ 齐次线性方程组 $\boldsymbol{Az}=\boldsymbol{0}$ 只有零解

$\Longleftrightarrow$ $|\boldsymbol{A}|\neq 0$

$\Longleftrightarrow$ $\boldsymbol{A}$ 是可逆矩阵. ▌

命题 12 的必要性表明,基 $\alpha_1,\alpha_2,\cdots,\alpha_n$ 到基 $\beta_1,\beta_2,\cdots,\beta_n$ 的过渡矩阵 $\boldsymbol{A}$ 是可逆矩阵.

现在我们可以给出向量 α 分别在基 $\alpha_1,\alpha_2,\cdots,\alpha_n$ 与基 $\beta_1,\beta_2,\cdots,\beta_n$ 下的坐标 $\boldsymbol{x},\boldsymbol{y}$ 之间的关系了. 由于

$$\alpha=[\alpha_1,\alpha_2,\cdots,\alpha_n]\boldsymbol{x},\quad \alpha=[\beta_1,\beta_2,\cdots,\beta_n]\boldsymbol{y},$$

并且基 $\alpha_1,\alpha_2,\cdots,\alpha_n$ 到基 $\beta_1,\beta_2,\cdots,\beta_n$ 的过渡矩阵是 $\boldsymbol{A}$,因此

$$[\alpha_1,\alpha_2,\cdots,\alpha_n]\boldsymbol{x}=[\beta_1,\beta_2,\cdots,\beta_n]\boldsymbol{y}=[\alpha_1,\alpha_2,\cdots,\alpha_n]\boldsymbol{Ay}.$$

又由于同一个向量由基 $\alpha_1,\alpha_2,\cdots,\alpha_n$ 线性表出的方式唯一,因此从上式得

$$\boldsymbol{x}=\boldsymbol{Ay}.\tag{12}$$

从(12)式得

$$\boldsymbol{y}=\boldsymbol{A}^{-1}\boldsymbol{x}.\tag{13}$$

习　题　7.1

1. 判断下述集合对于所指的运算是否构成实数域 $\mathbf{R}$ 上的线性空间:

(1) $\mathbf{R}[x]$中所有二次多项式组成的集合,对于多项式的加法与数量乘法;

(2) 所有正实数组成的集合 $\mathbf{R}^+$,对于如下定义的加法$\oplus$与数量乘法$\odot$:

$$a\oplus b=ab,\quad \forall\, a,b\in\mathbf{R}^+,$$

$$k\odot a=a^k,\quad \forall\, a\in\mathbf{R}^+,k\in\mathbf{R};$$

(3) 区间$[a,b]$上的所有连续函数组成的集合,记作 $C[a,b]$,对于函数的加法与数量乘法.

2. 判断实数域 $\mathbf{R}$ 上线性空间 $\mathbf{R}^{\mathbf{R}}$ 中的下列函数组是否线性无关:

(1) $1,\cos^2x,\cos2x$;

(2) $1,\cos x,\cos2x,\cos3x$;

(3) $1,\sin x,\cos x$;

(4) $\sin x$, $\cos x$, $\sin^2 x$, $\cos^2 x$;

(5) $1, e^x, e^{2x}, e^{3x}, \cdots, e^{nx}$;

(6) x^2, $x|x|$.

3. 求第1题的第(2)小题中线性空间的一个基和维数.

4. 把复数域 **C** 看成实数域 **R** 上的线性空间,求它的一个基和维数以及任一复数 $z=a+bi$ 在这个基下的坐标.

5. 把数域 K 看成自身上的线性空间,求它的一个基和维数.

6. 说明数域 K 上所有 n 阶对称矩阵组成的集合 V_1 对于矩阵的加法与数量乘法构成 K 上的一个线性空间,求 V_1 的一个基和维数.

7. 说明数域 K 上所有 n 阶斜对称矩阵组成的集合 V_2 对于矩阵的加法与数量乘法构成 K 上的一个线性空间,求 V_2 的一个基和维数.

8. 说明数域 K 上所有 n 阶上三角矩阵组成的集合 W 对于矩阵的加法与数量乘法构成 K 上的一个线性空间,求 W 的一个基和维数.

9. 已知 K^3 的两个基:

$$\boldsymbol{\alpha}_1=[1,0,-1]^{\mathrm{T}},\quad \boldsymbol{\alpha}_2=[2,1,1]^{\mathrm{T}},\quad \boldsymbol{\alpha}_3=[1,1,1]^{\mathrm{T}};$$
$$\boldsymbol{\beta}_1=[0,1,1]^{\mathrm{T}},\quad \boldsymbol{\beta}_2=[-1,1,0]^{\mathrm{T}},\quad \boldsymbol{\beta}_3=[1,2,1]^{\mathrm{T}}.$$

求基 $\boldsymbol{\alpha}_1,\boldsymbol{\alpha}_2,\boldsymbol{\alpha}_3$ 到基 $\boldsymbol{\beta}_1,\boldsymbol{\beta}_2,\boldsymbol{\beta}_3$ 的过渡矩阵 $\boldsymbol{P}$,并且求向量 $\boldsymbol{\alpha}=[2,5,3]^{\mathrm{T}}$ 分别在这两个基下的坐标 $\boldsymbol{x},\boldsymbol{y}$.

10. 证明:在数域 K 上的 n 维线性空间 V 中,如果每个向量都可由 $\alpha_1,\alpha_2,\cdots,\alpha_n$ 线性表出,那么 $\alpha_1,\alpha_2,\cdots,\alpha_n$ 是 V 的一个基.

§2 子空间的交与和·子空间的直和

观察

数域 K 上 n 元齐次线性方程组 $\boldsymbol{Ax}=\boldsymbol{0}$ 的解空间 W 是 K^n 的子空间,意思是齐次线性方程组的解集对于有序数组的加法与数量乘法封闭.

将数域 K 上所有 n 阶矩阵组成的集合记作 $M_n(K)$,它对于矩阵的加法与数量乘法构成 K 上的一个线性空间. K 上所有 n 阶对称矩阵组成的集合 V_1 对于矩阵的加法与数量乘法也构成 K 上的一个线性空间(见习题7.1的第6题).显然,V_1 是 $M_n(K)$的子集,并且 V_1 的加法就是 $M_n(K)$的加法,V_1 的数量乘法就是 $M_n(K)$的数量乘法.很自然地,把 V_1 叫作 $M_n(K)$的一个子空间.

本节将介绍任意线性空间的子空间的概念和运算,并研究如何利用子空间来刻画线性空间的结构.

抽象

定义 1 如果数域 K 上线性空间 V 的一个非空子集 U 对于 V 的加法与数量乘法也构成 K 上的一个线性空间，那么称 U 是 V 的一个**线性子空间**(简称**子空间**).

显然，$\{0\}$是 V 的一个子空间，称它为 V 的**零子空间**，也记作 0.

显然，V 是 V 的一个子空间. 0 和 V 称为 V 的**平凡子空间**，其余子空间称为 V 的**非平凡子空间**.

定理 1 数域 K 上线性空间 V 的非空子集 U 是 V 的一个子空间当且仅当 U 对于 V 的加法与数量乘法都封闭，即

1° $u_1, u_2 \in U \Longrightarrow u_1 + u_2 \in U$;

2° $u \in U, k \in K \Longrightarrow ku \in U$.

证明 必要性由定义 1 直接得出. 现在证充分性.

由已知条件得，V 的加法与数量乘法都是 U 的运算. 由于 V 是线性空间，因此 U 的加法满足交换律、结合律；数量乘法满足 §1 定义 1 中的 5°,6°,7°,8°这 4 条运算法则.

由于 U 是非空集，因此有 $u \in U$. 由已知条件得 $0 \cdot u \in U$. 由于 V 是线性空间，因此 $0 \cdot u = 0$，从而 $0 \in U$. 于是，V 的零元素是 U 的零元素.

任取 $\alpha \in U$，则由已知条件得$(-1)\alpha \in U$. 由于 V 是线性空间，因此$(-1)\alpha = -\alpha$，从而 $-\alpha \in U$. 于是，α 在 V 中的负元素 $-\alpha$ 也是 α 在 U 中的负元素.

综上所述，U 是 K 上的一个线性空间，从而 U 是 V 的一个子空间. ▍

例 1 将数域 K 上所有次数小于 n 的一元多项式组成的集合记作 $K[x]_n$. 证明：$K[x]_n$ 是 $K[x]$ 的一个子空间.

证明 显然，$K[x]_n$ 是非空集. 由于两个次数小于 n 的一元多项式的和的次数仍小于 n，且任一常数 k 与一个次数小于 n 的一元多项式的乘积的次数仍小于 n，因此 $K[x]_n$ 对于多项式的加法与数量乘法都封闭，从而 $K[x]_n$ 是 $K[x]$的一个子空间. ▍

命题 1 设 U 是数域 K 上 n 维线性空间 V 的一个子空间，则

$$\dim U \leqslant \dim V.$$

证明 由于 n 维线性空间 V 中的任意 $n+1$ 个向量都线性相关，因此 U 的一个基所含向量的个数一定小于或等于 n，从而

$$\dim U \leqslant \dim V. \quad ▍$$

命题 2 设 U 是数域 K 上 n 维线性空间 V 的一个子空间. 如果 $\dim U = \dim V$，那么

$$U = V.$$

证明 由于 $\dim U = \dim V = n$，因此 U 的一个基 $\delta_1, \delta_2, \cdots, \delta_n$ 就是 V 的一个基，从而 V 中任一向量 $\alpha = a_1\delta_1 + a_2\delta_2 + \cdots + a_n\delta_n \in U$. 所以 $V \subseteq U$. 又有 $U \subseteq V$，故 $U = V$. ▍

命题 3 设 U 是数域 K 上 n 维线性空间 V 的一个子空间，则 U 的一个基可以扩充成 V 的一个基.

证明 设 $\alpha_1,\alpha_2,\cdots,\alpha_s$ 是 U 的一个基，则 $s\leqslant n$. 如果 $s=n$，那么 $\alpha_1,\alpha_2,\cdots,\alpha_s$ 是 V 的一个基. 下面设 $s<n$. 此时，$\alpha_1,\alpha_2,\cdots,\alpha_s$ 不是 V 的基，于是 V 中至少有一个向量 β_1，它不能由 $\alpha_1,\alpha_2,\cdots,\alpha_s$ 线性表出，从而 $\alpha_1,\alpha_2,\cdots,\alpha_s,\beta_1$ 线性无关. 如果 $s+1=n$，那么已得到 V 的一个基. 如果 $s+1<n$，那么同理有 $\beta_2\in V$，使得 $\alpha_1,\alpha_2,\cdots,\alpha_s,\beta_1,\beta_2$ 线性无关. 依次下去，可得到 n 个线性无关的向量 $\alpha_1,\alpha_2,\cdots,\alpha_s,\beta_1,\beta_2,\cdots,\beta_r(s+r=n)$，这就是 V 的一个基. ▌

如何构造数域 K 上线性空间 V 的子空间呢？具体方法与我们在第三章的§8中构造向量空间 K^n 的子空间的方法类似：对于 V 中的向量组 $\alpha_1,\alpha_2,\cdots,\alpha_s$，其所有线性组合组成的集合

$$\{k_1\alpha_1+k_2\alpha_2+\cdots+k_s\alpha_s \mid k_1,k_2,\cdots,k_s\in K\}$$

是 V 的一个子空间，称之为**由** $\alpha_1,\alpha_2,\cdots,\alpha_s$ **生成的子空间**，记作 $\langle\alpha_1,\alpha_2,\cdots,\alpha_s\rangle$.

与第三章§8的定理2类似，可以证明下述结论：

定理 2 在数域 K 上的线性空间 V 中，如果

$$U=\langle\alpha_1,\alpha_2,\cdots,\alpha_s\rangle,$$

则向量组 $\alpha_1,\alpha_2,\cdots,\alpha_s$ 的一个极大线性无关组是 U 的一个基，从而

$$\dim U=\operatorname{rank}\{\alpha_1,\alpha_2,\cdots,\alpha_s\}.$$ ▌

从基的定义容易看出，如果 $\delta_1,\delta_2,\cdots,\delta_r$ 是线性空间 V 的子空间 U 的一个基，那么

$$U=\langle\delta_1,\delta_2,\cdots,\delta_r\rangle.$$

由此看出，V 的任一有限维子空间都是由 V 中的向量组生成的子空间.

观察

几何空间中给了两个过原点 O 的平面 π_1,π_2，它们是几何空间的子空间，如图 7-1 所示. 从 π_1 与 π_2 能得到几何空间的哪些子空间呢？

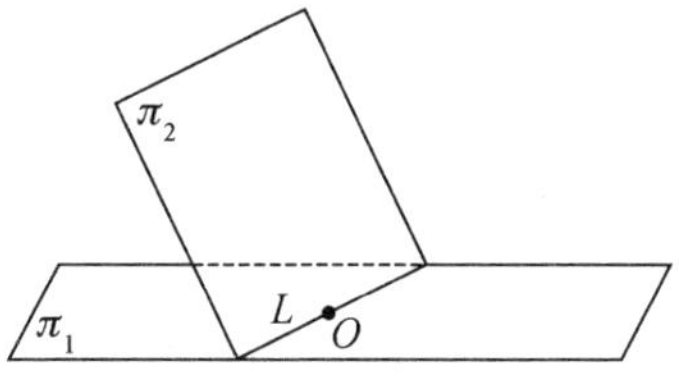

图 7-1

分析

在上述几何空间的例子中，平面 π_1 与 π_2 的交线 L 是几何空间的一个子空间. 一般地，我们有下述结论：

定理 3 设 V_1,V_2 都是数域 K 上线性空间 V 的子空间，则 $V_1\cap V_2$ 也是 V 的子空间.

证明 因为 $0\in V_1\cap V_2$，所以 $V_1\cap V_2$ 是非空集. 设 $\alpha,\beta\in V_1\cap V_2$，则 $\alpha,\beta\in V_i(i=1,2)$，

从而 $\alpha+\beta\in V_i(i=1,2)$. 因此 $\alpha+\beta\in V_1\cap V_2$. 同理可证, $V_1\cap V_2$ 对于 V 的数量乘法封闭. 因此, $V_1\cap V_2$ 是 V 的子空间. ▌

子空间的交满足交换律、结合律,即

$$V_1\cap V_2=V_2\cap V_1,\quad (V_1\cap V_2)\cap V_3=V_1\cap(V_2\cap V_3),$$

其中 V_1,V_2,V_3 是线性空间 V 的任意子空间. 由结合律,我们可定义 V 的多个子空间 V_1, $V_2,\cdots,V_s$ 的交: $\bigcap\limits_{i=1}^{s}V_i$, 它是 V 的一个子空间.

$V_1\cup V_2$ 是不是 V 的一个子空间? 从上述几何空间的例子看出,如果 $\vec{a}_i\in\pi_i$, 且 $\vec{a}_i\notin L$ $(i=1,2)$, 那么虽然 $\vec{a}_i\in\pi_1\cup\pi_2(i=1,2)$, 但是 $\vec{a}_1+\vec{a}_2$ 可能不属于 $\pi_1\cup\pi_2$. 因此, $\pi_1\cup\pi_2$ 不是几何空间的子空间. 对于 V 的子空间 V_1 与 V_2, 如果我们想构造一个包含 $V_1\cup V_2$ 的子空间,那么这个子空间应当包含 V_1 中任一向量 α_1 与 V_2 中任一向量 α_2 的和. 由此受到启发,我们应当考虑下述集合:

$$\{\alpha_1+\alpha_2\mid\alpha_1\in V_1,\alpha_2\in V_2\}.$$

定理 4　设 V_1,V_2 都是数域 K 上线性空间 V 的子空间,则 V 的子集

$$\{\alpha_1+\alpha_2\mid\alpha_1\in V_1,\alpha_2\in V_2\}$$

是 V 的一个子空间,称它是 V_1 与 V_2 的**和**,记作 V_1+V_2, 即

$$V_1+V_2=\{\alpha_1+\alpha_2\mid\alpha_1\in V_1,\alpha_2\in V_2\}.\tag{1}$$

证明　由于 $0=0+0$, 因此 $0\in V_1+V_2$. 在 V_1+V_2 中任取两个向量 $\alpha=\alpha_1+\alpha_2$, $\beta=\beta_1+\beta_2$, 其中 $\alpha_1,\beta_1\in V_1,\alpha_2,\beta_2\in V_2$. 由于 $\alpha_1+\beta_1\in V_1,\alpha_2+\beta_2\in V_2$, 因此

$$\begin{aligned}\alpha+\beta&=(\alpha_1+\alpha_2)+(\beta_1+\beta_2)\\&=(\alpha_1+\beta_1)+(\alpha_2+\beta_2)\in V_1+V_2.\end{aligned}$$

任取 $k\in K$, 则

$$k\alpha=k(\alpha_1+\alpha_2)=k\alpha_1+k\alpha_2\in V_1+V_2.$$

于是, V_1+V_2 对于 V 的数量乘法封闭. 因此, V_1+V_2 是 V 的一个子空间. ▌

从(1)式容易看出,子空间的和满足下述运算法则:

(1) $V_1+V_2=V_2+V_1$ (**交换律**);

(2) $(V_1+V_2)+V_3=V_1+(V_2+V_3)$ (**结合律**).

由结合律,我们可以定义线性空间 V 的多个子空间 $V_1,V_2,\cdots,V_s$ 的和:

$$V_1+V_2+\cdots+V_s=\{\alpha_1+\alpha_2+\cdots+\alpha_s\mid\alpha_i\in V_i,i=1,2,\cdots,s\},\tag{2}$$

它仍是 V 的一个子空间. 通常记

$$V_1+V_2+\cdots+V_s=\sum_{i=1}^{s}V_i.$$

命题 4　设 $\alpha_1,\alpha_2,\cdots,\alpha_s$ 与 $\beta_1,\beta_2,\cdots,\beta_r$ 是数域 K 上线性空间 V 的两个向量组,则

$$\langle\alpha_1,\alpha_2,\cdots,\alpha_s\rangle+\langle\beta_1,\beta_2,\cdots,\beta_r\rangle=\langle\alpha_1,\alpha_2,\cdots,\alpha_s,\beta_1,\beta_2,\cdots,\beta_r\rangle.$$

证明　根据由向量组生成的子空间及子空间的和的定义,得

$$\begin{aligned}&\langle\alpha_1,\alpha_2,\cdots,\alpha_s\rangle+\langle\beta_1,\beta_2,\cdots,\beta_r\rangle\\&=\{(k_1\alpha_1+k_2\alpha_2+\cdots+k_s\alpha_s)+(l_1\beta_1+l_2\beta_2+\cdots+l_r\beta_r)\mid\\&\qquad k_i,l_j\in K,i=1,2,\cdots,s;j=1,2,\cdots,r\}\\&=\langle\alpha_1,\alpha_2,\cdots,\alpha_s,\beta_1,\beta_2,\cdots,\beta_r\rangle.\end{aligned}$$

▌

观察

对于图 7-1 中的平面 π_1,π_2，有 $\dim\pi_1=\dim\pi_2=2$，$\dim(\pi_1\cap\pi_2)=1$. 容易看出，$\pi_1+\pi_2$ 等于几何空间，因此 $\dim(\pi_1+\pi_2)=3$，于是有

$$\dim\pi_1+\dim\pi_2=\dim(\pi_1+\pi_2)+\dim(\pi_1\cap\pi_2).$$

对于 n 维线性空间 V 的子空间 V_1 与 V_2，上式是否成立？回答是肯定的.

论证

定理 5(子空间的维数公式) 设 V_1,V_2 都是数域 K 上 n 维线性空间 V 的子空间，则

$$\dim V_1+\dim V_2=\dim(V_1+V_2)+\dim(V_1\cap V_2). \tag{3}$$

证明 设 $V_1,V_2,V_1\cap V_2$ 的维数分别是 n_1,n_2,m. 在 $V_1\cap V_2$ 中任取一个基 $\alpha_1,\cdots,\alpha_m$. 由于 $V_1\cap V_2\subseteq V_i(i=1,2)$，因此可把 $\alpha_1,\cdots,\alpha_m$ 分别扩充成 V_1,V_2 的一个基：

$$\alpha_1,\ \cdots,\ \alpha_m,\ \beta_1,\ \cdots,\ \beta_{n_1-m};\quad \alpha_1,\ \cdots,\ \alpha_m,\ \gamma_1,\ \cdots,\ \gamma_{n_2-m}.$$

于是

$$\begin{aligned}V_1+V_2&=\langle\alpha_1,\cdots,\alpha_m,\beta_1,\cdots,\beta_{n_1-m}\rangle+\langle\alpha_1,\cdots,\alpha_m,\gamma_1,\cdots,\gamma_{n_2-m}\rangle\\&=\langle\alpha_1,\cdots,\alpha_m,\beta_1,\cdots,\beta_{n_1-m},\gamma_1,\cdots,\gamma_{n_2-m}\rangle.\end{aligned}$$

如果能证明向量组 $\alpha_1,\cdots,\alpha_m,\beta_1,\cdots,\beta_{n_1-m},\gamma_1,\cdots,\gamma_{n_2-m}$ 线性无关，那么它是 V_1+V_2 的一个基，从而得到

$$\begin{aligned}\dim(V_1+V_2)&=m+(n_1-m)+(n_2-m)=n_1+n_2-m\\&=\dim V_1+\dim V_2-\dim(V_1\cap V_2).\end{aligned}$$

假设有等式

$$k_1\alpha_1+\cdots+k_m\alpha_m+p_1\beta_1+\cdots+p_{n_1-m}\beta_{n_1-m}+q_1\gamma_1+\cdots+q_{n_2-m}\gamma_{n_2-m}=0, \tag{4}$$

则

$$q_1\gamma_1+\cdots+q_{n_2-m}\gamma_{n_2-m}=-k_1\alpha_1-\cdots-k_m\alpha_m-p_1\beta_1-\cdots-p_{n_1-m}\beta_{n_1-m}. \tag{5}$$

(5)式左边属于 V_2，右边属于 V_1，从而左边属于 $V_1\cap V_2$，因此左边可由 $\alpha_1,\cdots,\alpha_m$ 线性表出，即有 $l_1,\cdots,l_m\in K$，使得

$$q_1\gamma_1+\cdots+q_{n_2-m}\gamma_{n_2-m}=l_1\alpha_1+\cdots+l_m\alpha_m,$$

移项得

$$l_1\alpha_1+\cdots+l_m\alpha_m-q_1\gamma_1-\cdots-q_{n_2-m}\gamma_{n_2-m}=0. \tag{6}$$

由于 $\alpha_1,\cdots,\alpha_m,\gamma_1,\cdots,\gamma_{n_2-m}$ 是 V_2 的一个基，因此从(6)式得出

$$l_1 = \cdots = l_m = q_1 = \cdots = q_{n_2-m} = 0,$$

代入(4)式，得

$$k_1\alpha_1 + \cdots + k_m\alpha_m + p_1\beta_1 + \cdots + p_{n_1-m}\beta_{n_1-m} = 0.$$

由于 $\alpha_1,\cdots,\alpha_m,\beta_1,\cdots,\beta_{n_1-m}$ 是 V_1 的一个基，因此从上式得出

$$k_1 = \cdots = k_m = p_1 = \cdots = p_{n_1-m} = 0.$$

从而 $\alpha_1,\cdots,\alpha_m,\beta_1,\cdots,\beta_{n_1-m},\gamma_1,\cdots,\gamma_{n_2-m}$ 线性无关. ▌

推论 1　设 V_1,V_2 都是数域 K 上 n 维线性空间 V 的子空间，则

$$\dim(V_1+V_2) = \dim V_1 + \dim V_2 \iff V_1\cap V_2 = 0.$$ ▌

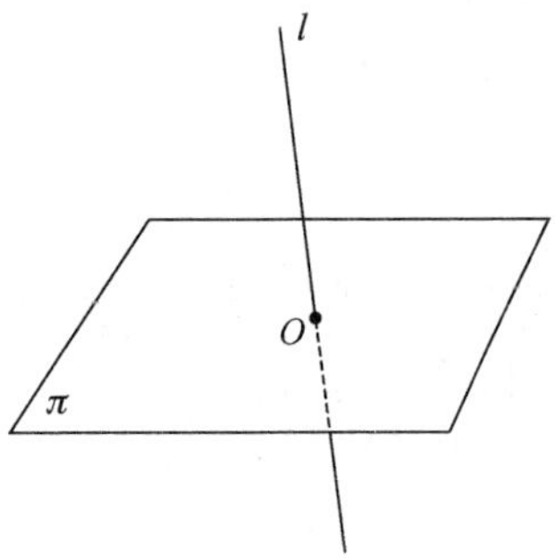

图　7-2

观察

在几何空间中，设 π 是过原点 O 的一个平面，l 是过原点 O 的一条直线，且 l 不在平面 π 上，如图 7-2 所示. 容易看出，$\pi+l$ 等于几何空间，且 $\pi+l$ 中任一向量 $\vec{a}$ 都能唯一地表示成如下形式：

$$\vec{a} = \vec{a}_1 + \vec{a}_2,\quad \vec{a}_1\in\pi, \vec{a}_2\in l.$$

由此受到启发，我们引出下述直和的概念.

抽象

定义 2　设 V_1,V_2 都是数域 K 上线性空间 V 的子空间. 如果 V_1+V_2 中任一向量 α 能唯一地表示成如下形式：

$$\alpha = \alpha_1 + \alpha_2,\quad \alpha_1\in V_1, \alpha_2\in V_2, \tag{7}$$

那么称 V_1+V_2 是**直和**，记作 $V_1\oplus V_2$.

在上述几何空间的例子中，$\pi+l$ 是直和. 我们还可以得到：$\pi\cap l=0$，$\dim(\pi+l)=3=\dim\pi+\dim l$，$\pi$ 的一个基与 l 的一个基合起来是 $\pi+l$ 的一个基. 由此受到启发，我们猜测有下述结论并且给予证明：

定理 6　设 V_1,V_2 都是数域 K 上 n 维线性空间 V 的子空间，则下列命题互相等价：

1° V_1+V_2 是直和；

2° V_1+V_2 中零向量的表示法唯一，即如果 $0=\alpha_1+\alpha_2$，$\alpha_1\in V_1$，$\alpha_2\in V_2$，那么 $\alpha_1=0$ 且 $\alpha_2=0$；

3° $V_1\cap V_2=0$；

4° $\dim(V_1+V_2)=\dim V_1+\dim V_2$；

5° V_1 的一个基与 V_2 的一个基合起来是 V_1+V_2 的一个基.

证明　1°$\Longrightarrow$2°：由定义 2 立即得到.

2°$\Longrightarrow$3°：任取 $\alpha\in V_1\cap V_2$，于是零向量 0 可表示成

$$0 = \alpha + (-\alpha),\quad \alpha\in V_1, -\alpha\in V_2.$$

由命题 2°得 $\alpha=0$,因此 $V_1\cap V_2=0$.

3°⟹1°:任取 $\alpha\in V_1+V_2$,假设 α 有两种表示法:

$$\alpha=\alpha_1+\alpha_2,\quad \alpha_1\in V_1,\alpha_2\in V_2,$$
$$\alpha=\beta_1+\beta_2,\quad \beta_1\in V_1,\beta_2\in V_2,$$

则 $\alpha_1+\alpha_2=\beta_1+\beta_2$,从而 $\alpha_1-\beta_1=\beta_2-\alpha_2\in V_1\cap V_2$. 由于 $V_1\cap V_2=0$,因此 $\alpha_1=\beta_1,\alpha_2=\beta_2$,从而 V_1+V_2 是直和.

3°⟺4°:由推论 1 立即得到.

4°⟹5°:设 $\alpha_1,\alpha_2,\cdots,\alpha_s$ 是 V_1 的一个基,$\beta_1,\beta_2,\cdots,\beta_r$ 是 V_2 的一个基,则

$$\begin{aligned}V_1+V_2&=\langle\alpha_1,\alpha_2,\cdots,\alpha_s\rangle+\langle\beta_1,\beta_2,\cdots,\beta_r\rangle\\&=\langle\alpha_1,\alpha_2,\cdots,\alpha_s,\beta_1,\beta_2,\cdots,\beta_r\rangle.\end{aligned}$$

因为 $\dim(V_1+V_2)=\dim V_1+\dim V_2=s+r$,且 V_1+V_2 的每个向量可由 $\alpha_1,\alpha_2,\cdots,\alpha_s,\beta_1,\beta_2,\cdots,\beta_r$ 线性表出,所以 $\alpha_1,\alpha_2,\cdots,\alpha_s,\beta_1,\beta_2,\cdots,\beta_r$ 是 V_1+V_2 的一个基(根据习题 7.1 第 10 题的结论).

5°⟹4°:由维数的定义立即得到. ▌

定义 3 设 V_1,V_2 都是线性空间 V 的子空间,如果它们满足:

1° $V_1+V_2=V$;

2° V_1+V_2 是直和,

那么称 V 是 V_1 与 V_2 的**直和**,记作 $V=V_1\oplus V_2$. 此时,称 V_1 是 V_2 的**补空间**,也称 V_2 是 V_1 的补空间.

例 2 设 $V=M_n(K)$,其中 K 是数域. 分别用 V_1,V_2 表示 K 上所有 n 阶对称、斜对称矩阵组成的子空间,证明:

$$V=V_1\oplus V_2.$$

证明 第一步,证明 $V_1+V_2=V$. 显然,$V_1+V_2\subseteq V$. 下面要证 $V\subseteq V_1+V_2$. 任取 $\boldsymbol{A}\in V=M_n(K)$,有

$$\boldsymbol{A}=\frac{\boldsymbol{A}+\boldsymbol{A}^{\mathrm{T}}}{2}+\frac{\boldsymbol{A}-\boldsymbol{A}^{\mathrm{T}}}{2}.\tag{8}$$

容易验证 $\dfrac{\boldsymbol{A}+\boldsymbol{A}^{\mathrm{T}}}{2}$ 是对称矩阵,$\dfrac{\boldsymbol{A}-\boldsymbol{A}^{\mathrm{T}}}{2}$ 是斜对称矩阵,因此从(8)式得 $\boldsymbol{A}\in V_1+V_2$,从而 $V\subseteq V_1+V_2$. 所以 $V=V_1+V_2$.

第二步,证明 V_1+V_2 是直和. 为此,只要证 $V_1\cap V_2=0$ 即可. 任取 $\boldsymbol{B}\in V_1\cap V_2$,则 $\boldsymbol{B}^{\mathrm{T}}=\boldsymbol{B}$,且 $\boldsymbol{B}^{\mathrm{T}}=-\boldsymbol{B}$,于是 $\boldsymbol{B}=-\boldsymbol{B}$,即 $2\boldsymbol{B}=\boldsymbol{0}$,从而 $\boldsymbol{B}=\boldsymbol{0}$. 因此 $V_1\cap V_2=0$.

综上所述,得 $V=V_1\oplus V_2$. ▌

在几何空间中,设 l_1,l_2,l_3 是过原点 O 的三条直线,它们不在同一平面上,如图 7-3 所示. 容易看出,$l_1+l_2+l_3$ 等于几何空间,且 $l_1+l_2+l_3$ 中任一向量 $\vec{a}$ 能唯一地表示成如下形式:

$$\vec{a}=\vec{a}_1+\vec{a}_2+\vec{a}_3,\quad \vec{a}_1\in l_1,\vec{a}_2\in l_2,\vec{a}_3\in l_3.$$

由此受到启发，我们引出下述概念：

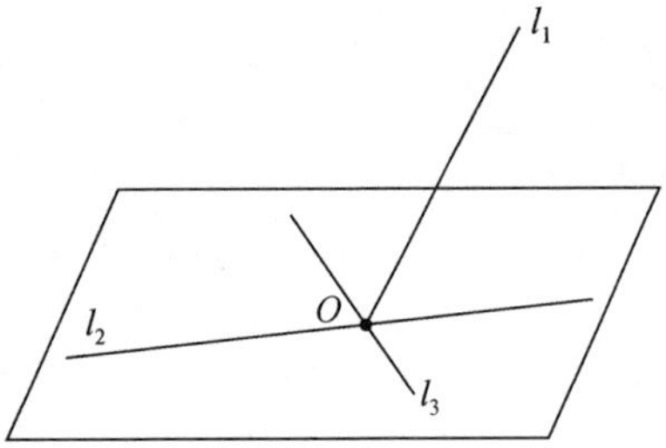

图　7-3

定义 4　设 $V_1, V_2, \cdots, V_s$ 都是数域 K 上线性空间 V 的子空间. 如果 $\sum_{i=1}^{s} V_i = V_1 + V_2 + \cdots + V_s$ 中任一向量 α 可以唯一地表示成如下形式：

$$\alpha = \alpha_1 + \alpha_2 + \cdots + \alpha_s, \quad \alpha_i \in V_i, i = 1, 2, \cdots, s, \tag{9}$$

那么称 $\sum_{i=1}^{s} V_i$ 是**直和**，记作 $V_1 \oplus V_2 \oplus \cdots \oplus V_s$ 或 $\bigoplus_{i=1}^{s} V_i$.

在上述几何空间的例子中，$l_1 + l_2 + l_3$ 是直和. 我们还可以得到：$l_1 \cap (l_2 + l_3) = 0$，$l_2 \cap (l_1 + l_3) = 0$，$l_3 \cap (l_1 + l_2) = 0$，$\dim(l_1 + l_2 + l_3) = \dim l_1 + \dim l_2 + \dim l_3$，$l_1$ 的一个基、l_2 的一个基和 l_3 的一个基合起来是 $l_1 + l_2 + l_3$ 的一个基. 由此受到启发，我们猜测有下述结论并且给予证明：

定理 7　设 $V_1, V_2, \cdots, V_s$ 都是数域 K 上 n 维线性空间 V 的子空间，则下列命题互相等价：

1° $\sum_{i=1}^{s} V_i$ 是直和；

2° $\sum_{i=1}^{s} V_i$ 中零向量的表示法唯一，即如果 $0 = \alpha_1 + \alpha_2 + \cdots + \alpha_s (\alpha_i \in V_i, i = 1, 2, \cdots, s)$，那么 $\alpha_i = 0 (i = 1, 2, \cdots, s)$；

3° $V_i \cap \left(\sum_{j \neq i} V_j \right) = 0 (i = 1, 2, \cdots, s)$；

4° $\dim\left(\sum_{i=1}^{s} V_i \right) = \sum_{i=1}^{s} \dim V_i$；

5° V_1 的一个基、V_2 的一个基……V_s 的一个基合起来是 $\sum_{i=1}^{s} V_i$ 的一个基.

* **证明**　证明的途径是：

$$\begin{array}{ccccccccc} 1^\circ & \Longrightarrow & 2^\circ & \Longrightarrow & 3^\circ & \Longrightarrow & 4^\circ & \Longrightarrow & 5^\circ \\ & & & & \Downarrow & & & & \Downarrow \\ & & & & 1^\circ & & & & 2^\circ \end{array}$$

1°⟹2°：由定义 4 立即得到.

2°⟹3°：对于任意 $i \in \{1, 2, \cdots, s\}$，任取 $\alpha \in V_i \cap \left(\sum_{j \neq i} V_j \right)$，则 $\alpha \in V_i$ 且 $\alpha \in \sum_{j \neq i} V_j$. 于是，$-\alpha \in V_i$，且 α 可表示为如下形式：$\alpha = \sum_{j \neq i} \alpha_j$，其中 $\alpha_j \in V_j, j \neq i$. 因此

$$0=(-\alpha)+\alpha=(-\alpha)+\sum_{j\neq i}\alpha_j.$$

根据命题 2°，得 $-\alpha=0$，从而 $\alpha=0$，因此 $V_i\cap\left(\sum_{j\neq i}V_j\right)=0$.

3°⟹1°：任取 $\alpha\in\sum_{i=1}^{s}V_i$，设

$$\alpha=\alpha_1+\alpha_2+\cdots+\alpha_s\quad(\alpha_i\in V_i,i=1,2,\cdots,s),$$
$$\alpha=\beta_1+\beta_2+\cdots+\beta_s\quad(\beta_i\in V_i,i=1,2,\cdots,s).$$

上面两个式子相减，得

$$0=(\alpha_1-\beta_1)+(\alpha_2-\beta_2)+\cdots+(\alpha_s-\beta_s),$$

从而对于任意 $i\in\{1,2,\cdots,s\}$，有

$$-(\alpha_i-\beta_i)=\sum_{j\neq i}(\alpha_j-\beta_j)\in V_i\cap\left(\sum_{j\neq i}V_j\right).$$

根据命题 3°，得 $\alpha_i-\beta_i=0$，即 $\alpha_i=\beta_i$. 因此，$\sum_{i=1}V_i$ 是直和.

3°⟹4°：已知 $V_i\cap\left(\sum_{j\neq i}V_j\right)=0(i=1,2,\cdots,s)$，于是根据推论 1 得

$$\dim\left(\sum_{i=1}^{s}V_i\right)=\dim V_1+\dim\left(\sum_{j=2}^{s}V_j\right).$$

由于 $V_2\cap\left(\sum_{j=3}^{s}V_j\right)\subseteq V_2\cap\left(\sum_{j\neq 2}V_j\right)=0$，因此根据推论 1 得

$$\dim\left(\sum_{j=2}^{s}V_j\right)=\dim V_2+\dim\left(\sum_{j=3}^{s}V_j\right).$$

依次下去得（可用数学归纳法证明）

$$\dim\left(\sum_{i=1}^{s}V_i\right)=\dim V_1+\dim V_2+\cdots+\dim V_s=\sum_{i=1}^{s}\dim V_i.$$

4°⟹5°：已知 $\dim\left(\sum_{i=1}^{s}V_i\right)=\sum_{i=1}^{s}\dim V_i$. 在 V_i 中任取一个基 $\eta_{i1},\cdots,\eta_{ir_i}(i=1,2,\cdots,s)$，则

$$\begin{aligned}\sum_{i=1}^{s}V_i&=\langle\eta_{11},\cdots,\eta_{ir_1}\rangle+\cdots+\langle\eta_{s1},\cdots,\eta_{sr_s}\rangle\\&=\langle\eta_{11},\cdots,\eta_{1r_1},\cdots,\eta_{s1},\cdots,\eta_{sr_s}\rangle.\end{aligned}$$

由于 $\dim\left(\sum_{i=1}^{s}V_i\right)=\sum_{i=1}^{s}\dim V_i$，根据习题 7.1 的第 10 题，$\eta_{11},\cdots,\eta_{1r_1},\cdots,\eta_{s1},\cdots,\eta_{sr_s}$ 是 $\sum_{i=1}^{s}V_i$ 的一个基.

$5^\circ \Longrightarrow 2^\circ$：设 $0=\alpha_1+\alpha_2+\cdots+\alpha_s(\alpha_i\in V_i,i=1,2,\cdots,s)$. 在 V_i 中任取一个基 $\eta_{i1},\cdots,\eta_{ir_i}(i=1,2,\cdots,s)$，则存在 $k_{ij}\in K(j=1,2,\cdots,r_i;i=1,2,\cdots,s)$，使得 $\alpha_i=\sum\limits_{j=1}^{r_i}k_{ij}\eta_{ij}(i=1,2,\cdots,s)$，从而

$$0=(k_{11}\eta_{11}+\cdots+k_{1r_1}\eta_{1r_1})+\cdots+(k_{s1}\eta_{s1}+\cdots+k_{sr_s}\eta_{sr_s}).$$

根据命题 5°，$\eta_{11},\cdots,\eta_{1r_1},\cdots,\eta_{s1},\cdots,\eta_{sr_s}$ 是 $\sum\limits_{i=1}^{s}V_i$ 的一个基，因此从上式得

$$k_{11}=\cdots=k_{1r_1}=\cdots=k_{s1}=\cdots=k_{sr_s}=0,$$

从而 $\alpha_i=0(i=1,2,\cdots,s)$. 所以，在 $\sum\limits_{i=1}^{s}V_i$ 中零向量的表示法唯一. ▌

定义 5 设 $V_1,V_2,\cdots,V_s$ 都是线性空间 V 的子空间，如果它们满足：

1° $\sum\limits_{i-1}^{s}V_i=V$；

2° $\sum\limits_{i=1}^{s}V_i$ 是直和，

那么称 V 是 $V_1,V_2,\cdots,V_s$ 的**直和**，记作 $V=V_1\oplus V_2\oplus\cdots\oplus V_s=\bigoplus\limits_{i=1}^{s}V_i$.

定理 8 设 $V_1,V_2,\cdots,V_s$ 都是数域 K 上 n 维线性空间 V 的子空间，则 $V=\bigoplus\limits_{i=1}^{s}V_i$ 当且仅当 V_1 的一个基、V_2 的一个基……V_s 的一个基合起来是 V 的一个基.

证明 必要性 设 $V=\bigoplus\limits_{i=1}^{s}V_i$. 由于 $\sum\limits_{i=1}^{s}V_i$ 是直和，因此根据定理 7，V_1 的一个基、V_2 的一个基……V_s 的一个基合起来是 $\sum\limits_{i=1}^{s}V_i$ 的一个基. 又因 $\sum\limits_{i=1}^{s}V_i=V$，故它就是 V 的一个基.

充分性 设 V_1 的一个基 $\eta_{11},\cdots,\eta_{1r_1}$……$V_s$ 的一个基 $\eta_{s1},\cdots,\eta_{sr_s}$ 合起来是 V 的一个基，则对于 V 中任一向量 α，有 $a_{ij}\in K(j=1,2,\cdots,r_i;i=1,2,\cdots,s)$，使得

$$\alpha=a_{11}\eta_{11}+\cdots+a_{1r_1}\eta_{1r_1}+\cdots+a_{s1}\eta_{s1}+\cdots+a_{sr_s}\eta_{sr_s}\in\sum_{i=1}^{s}V_i,$$

从而 $V=\sum\limits_{i=1}^{s}V_i$. 又根据定理 7 得 $\sum\limits_{i=1}^{s}V_i$ 是直和，因此

$$V=\bigoplus_{i=1}^{s}V_i.$$ ▌

定理 8 揭示了研究线性空间 V 的结构的第二条途径，即如果 V 等于它的子空间 $V_1,V_2,\cdots,V_s$ 的直和，那么从 $V_1,V_2,\cdots,V_s$ 中各取一个基，它们合起来就是 V 的一个基.

习 题 7.2

1. 判断下列数域 K 上 n 元方程的解集是否为 K^n 的子空间：

(1) $a_1x_1+a_2x_2+\cdots+a_nx_n=0$;

(2) $a_1x_1+a_2x_2+\cdots+a_nx_n=1$;

(3) $x_1^2+x_2^2+x_3^2+\cdots+x_{n-1}^2-x_n^2=0$.

2. 设 $\boldsymbol{A}$ 是数域 K 上的 n 阶矩阵,证明:数域 K 上所有与 $\boldsymbol{A}$ 可交换的矩阵组成的集合是 $M_n(K)$ 的一个子空间. 这个子空间记作 $C(\boldsymbol{A})$.

3. 设矩阵 $\boldsymbol{A}=\mathrm{diag}\{a_1,a_2,\cdots,a_n\}$,其中 $a_1,a_2,\cdots,a_n$ 是数域 K 中两两不同的数,求 $C(\boldsymbol{A})$ 的一个基和维数.

4. 设 $V=K^4$, $V_1=\langle\boldsymbol{\alpha}_1,\boldsymbol{\alpha}_2,\boldsymbol{\alpha}_3\rangle$, $V_2=\langle\boldsymbol{\beta}_1,\boldsymbol{\beta}_2\rangle$,其中

$$\boldsymbol{\alpha}_1=\begin{bmatrix}1\\2\\1\\0\end{bmatrix},\quad \boldsymbol{\alpha}_2=\begin{bmatrix}-1\\1\\1\\1\end{bmatrix},\quad \boldsymbol{\alpha}_3=\begin{bmatrix}0\\3\\2\\1\end{bmatrix},\quad \boldsymbol{\beta}_1=\begin{bmatrix}2\\-1\\0\\1\end{bmatrix},\quad \boldsymbol{\beta}_2=\begin{bmatrix}1\\-1\\3\\7\end{bmatrix},$$

分别求 V_1+V_2, $V_1\cap V_2$ 的一个基和维数.

5. 设 $V=K^4$, $V_1=\langle\boldsymbol{\alpha}_1,\boldsymbol{\alpha}_2\rangle$, $V_2=\langle\boldsymbol{\beta}_1,\boldsymbol{\beta}_2\rangle$,其中

$$\boldsymbol{\alpha}_1=\begin{bmatrix}1\\-1\\0\\1\end{bmatrix},\quad \boldsymbol{\alpha}_2=\begin{bmatrix}-2\\3\\1\\-3\end{bmatrix},\quad \boldsymbol{\beta}_1=\begin{bmatrix}1\\2\\0\\-2\end{bmatrix},\quad \boldsymbol{\beta}_2=\begin{bmatrix}1\\3\\1\\-3\end{bmatrix},$$

分别求 V_1+V_2, $V_1\cap V_2$ 的一个基和维数.

6. 设 $V=K^n$,把齐次线性方程

$$x_1+x_2+\cdots+x_n=0$$

的解空间记作 W_1,齐次线性方程组

$$\begin{cases}x_1-x_2=0,\\x_1-x_3=0,\\\cdots\cdots\\x_1-x_n=0\end{cases}$$

的解空间记作 W_2. 证明: $V=W_1\oplus W_2$.

7. 证明:数域 K 上任一 n 维线性空间 V 都可以表示成 n 个一维子空间的直和.

8. 用 $M_n^0(K)$ 表示 $M_n(K)$ 中所有迹为 0 的矩阵组成的集合,证明:

(1) $M_n^0(K)$ 是线性空间 $M_n(K)$ 的一个子空间;

(2) $M_n(K)=\langle\boldsymbol{I}\rangle\oplus M_n^0(K)$.

*9. 设 $\boldsymbol{A}$ 是数域 K 上的 n 阶矩阵, $\lambda_1,\lambda_2,\cdots,\lambda_s$ 是 $\boldsymbol{A}$ 的全部不同的特征值,用 W_{λ_j} 表示 $\boldsymbol{A}$ 的属于特征值 λ_j 的特征子空间,证明: $\boldsymbol{A}$ 可对角化的充要条件是

$$K^n=W_{\lambda_1}\oplus W_{\lambda_2}\oplus\cdots\oplus W_{\lambda_s}.$$

§3　线性空间的同构

观察

在几何空间中，经过定点 O 的平面有很多，它们除了位置不同以及所含向量不同外，本质上是一样的. 事实上，如图 7-4 所示，对于经过点 O 的两个不重合的平面 π_1 与 π_2，任取 π_1 的一个基 $\vec{a}_1,\vec{a}_2$ 和 π_2 的一个基 $\vec{b}_1,\vec{b}_2$，令

$$\sigma:\ \pi_1 \to \pi_2,$$
$$\vec{c} = k_1\vec{a}_1 + k_2\vec{a}_2 \mapsto k_1\vec{b}_1 + k_2\vec{b}_2 \quad (k_1, k_2 \in \mathbf{R}),$$

则 π_1 的向量与 π_2 的向量之间有一个一一对应，而且对于任意 $\vec{c}=k_1\vec{a}_1+k_2\vec{a}_2$，$\vec{d}=l_1\vec{a}_1+l_2\vec{a}_2$ $(k_1,k_2,l_1,l_2\in\mathbf{R})$及 $k\in\mathbf{R}$，有

$$\begin{aligned}\sigma(\vec{c}+\vec{d})&=\sigma((k_1+l_1)\vec{a}_1+(k_2+l_2)\vec{a}_2)=(k_1+l_1)\vec{b}_1+(k_2+l_2)\vec{b}_2\\&=(k_1\vec{b}_1+k_2\vec{b}_2)+(l_1\vec{b}_1+l_2\vec{b}_2)\\&=\sigma(\vec{c})+\sigma(\vec{d}),\end{aligned}$$

$$\begin{aligned}\sigma(k\vec{c})&=\sigma(k(k_1\vec{a}_1+k_2\vec{a}_2))=\sigma((kk_1)\vec{a}_1+(kk_2)\vec{a}_2)\\&=(kk_1)\vec{b}_1+(kk_2)\vec{b}_2=k(k_1\vec{b}_1)+k(k_2\vec{b}_2)\\&=k(k_1\vec{b}_1+k_2\vec{b}_2)=k\sigma(\vec{c}).\end{aligned}$$

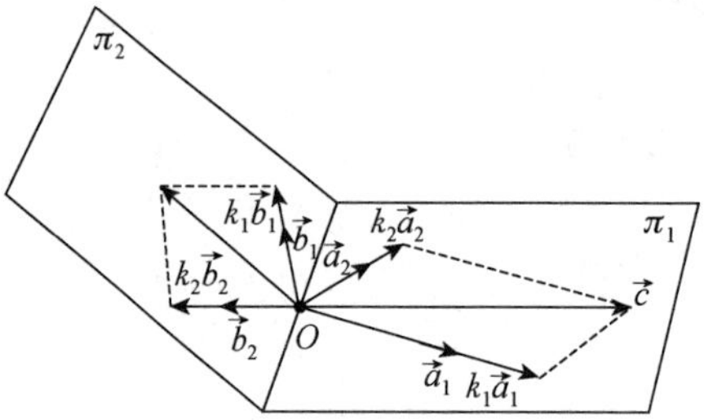

图　7-4

因此，从线性空间的运算角度看，π_1 与 π_2 在本质上是一样的. 由此受到启发，我们考虑问题：数域 K 上的线性空间有很多，哪些在本质上是相同的？为此，我们引出下述同构的概念.

抽象

定义 1　设 V,V'都是数域 K 上的线性空间. 如果在 V 与 V'的元素之间存在一个一一对应 σ，使得对于任意 $\alpha,\beta\in V$，$k\in K$，有

$$\sigma(\alpha+\beta)=\sigma(\alpha)+\sigma(\beta), \tag{1}$$
$$\sigma(k\alpha)=k\sigma(\alpha), \tag{2}$$

那么称 σ 是 V 到 V' 的一个**同构映射**(简称**同构**). 如果有 V 到 V' 的一个同构映射,那么称 V 与 V' 是**同构**的,记作

$$V \cong V'.$$

数域 K 上的线性空间 V 到线性空间 V' 的任一同构映射 σ 具有下列性质:

性质 1 $\sigma(0)$ 是 V' 的零元素 $0'$.

证明 因为 $0 \cdot \alpha = 0$,所以

$$\sigma(0) = \sigma(0 \cdot \alpha) = 0 \cdot \sigma(\alpha) = 0'.$$ ▌

性质 2 对于任意 $\alpha \in V$,有 $\sigma(-\alpha) = -\sigma(\alpha)$.

证明 $\sigma(-\alpha) = \sigma((-1)\alpha) = (-1)\sigma(\alpha) = -\sigma(\alpha)$. ▌

性质 3 对于 V 中任一向量组 $\alpha_1, \alpha_2, \cdots, \alpha_s$ 以及 K 中任一组数 $k_1, k_2, \cdots, k_s$,有

$$\sigma(k_1\alpha_1 + k_2\alpha_2 + \cdots + k_s\alpha_s) = k_1\sigma(\alpha_1) + k_2\sigma(\alpha_2) + \cdots + k_s\sigma(\alpha_s).$$

证明 由定义 1 即得. ▌

性质 4 V 中的向量组 $\alpha_1, \alpha_2, \cdots, \alpha_s$ 线性相关当且仅当 $\sigma(\alpha_1), \sigma(\alpha_2), \cdots, \sigma(\alpha_s)$ 是 V' 中线性相关的向量组,从而 V 中的向量组 $\alpha_1, \alpha_2, \cdots, \alpha_s$ 线性无关当且仅当 $\sigma(\alpha_1), \sigma(\alpha_2), \cdots, \sigma(\alpha_s)$ 是 V' 中线性无关的向量组.

证明 因为 σ 是 V 到 V' 的一个一一对应,所以如果 $\sigma(\alpha) = \sigma(\beta)$,那么 $\alpha = \beta$. 于是,有

$$\begin{aligned} k_1\alpha_1 + k_2\alpha_2 + \cdots + k_s\alpha_s = 0 &\Longleftrightarrow \sigma(k_1\alpha_1 + k_2\alpha_2 + \cdots + k_s\alpha_s) = \sigma(0) \\ &\Longleftrightarrow k_1\sigma(\alpha_1) + k_2\sigma(\alpha_2) + \cdots + k_s\sigma(\alpha_s) = 0', \end{aligned}$$

从而 $\alpha_1, \alpha_2, \cdots, \alpha_s$ 线性相关当且仅当 $\sigma(\alpha_1), \sigma(\alpha_2), \cdots, \sigma(\alpha_s)$ 线性相关. ▌

性质 5 如果 $\alpha_1, \alpha_2, \cdots, \alpha_n$ 是 V 的一个基,那么 $\sigma(\alpha_1), \sigma(\alpha_2), \cdots, \sigma(\alpha_n)$ 是 V' 的一个基.

证明 根据性质 4, $\sigma(\alpha_1), \sigma(\alpha_2), \cdots, \sigma(\alpha_n)$ 是 V' 的一个线性无关的向量组. 任取 $\beta \in V'$,由于 σ 是 V 到 V' 的一个一一对应,因此存在 $\alpha \in V$,使得 $\sigma(\alpha) = \beta$. 设

$$\alpha = a_1\alpha_1 + a_2\alpha_2 + \cdots + a_n\alpha_n,$$

则

$$\beta = \sigma(\alpha) = a_1\sigma(\alpha_1) + a_2\sigma(\alpha_2) + \cdots + a_n\sigma(\alpha_n),$$

因此 $\sigma(\alpha_1), \sigma(\alpha_2), \cdots, \sigma(\alpha_n)$ 是 V' 的一个基. ▌

在本节开头几何空间的例子中,经过点 O 的任何两个平面 π_1 与 π_2 都是同构的,它们的维数都等于 2. 由此,我们猜想有下述结论并且给予证明:

定理 1 数域 K 上两个有限维线性空间同构的充要条件是它们的维数相同.

证明 设 V, V' 都是数域 K 上的有限维线性空间.

必要性从性质 5 立即得到. 下面证明充分性.

设 $\dim V = \dim V' = n$. 在 V, V' 中各取一个基: $\alpha_1, \alpha_2, \cdots, \alpha_n$ 和 $\gamma_1, \gamma_2, \cdots, \gamma_n$. 令

$$\sigma: V \to V',$$

$$\alpha = \sum_{i=1}^{n} a_i\alpha_i \mapsto \sum_{i=1}^{n} a_i\gamma_i. \tag{3}$$

从(3)式看出, V 中每个向量 α 都有 V' 中唯一的向量与 α 对应. 由于 $\gamma_1, \gamma_2, \cdots, \gamma_n$ 是 V' 的一

个基,因此对于V'中每个向量$\delta=\sum_{i=1}^{n}b_i\gamma_i$,都有$V$中唯一的向量$\beta=\sum_{i=1}^{n}b_i\alpha_i$与之对应,从而$\sigma$是$V$到$V'$的一个一一对应.

对于任意$\alpha=\sum_{i=1}^{n}a_i\alpha_i\in V,\beta=\sum_{i=1}^{n}b_i\alpha_i\in V,k\in K$,有

$$\sigma(\alpha+\beta)=\sigma\left(\sum_{i=1}^{n}(a_i+b_i)\alpha_i\right)=\sum_{i=1}^{n}(a_i+b_i)\gamma_i$$
$$=\sum_{i=1}^{n}a_i\gamma_i+\sum_{i=1}^{n}b_i\gamma_i=\sigma(\alpha)+\sigma(\beta),$$
$$\sigma(k\alpha)=\sigma\left(\sum_{i=1}^{n}(ka_i)\alpha_i\right)=\sum_{i=1}^{n}(ka_i)\gamma_i=k\sum_{i=1}^{n}a_i\gamma_i=k\sigma(\alpha),$$

综上所述,σ是V到V'的一个同构映射,从而$V\cong V'$. 充分性得证. ▌

从定理1立即得到,数域K上任一n维线性空间V都与K^n同构,并且可以如下建立V到K^n的一个同构映射:在V中任取一个基$\alpha_1,\alpha_2,\cdots,\alpha_n$,在$K^n$中取标准基$\boldsymbol{\varepsilon}_1,\boldsymbol{\varepsilon}_2,\cdots,\boldsymbol{\varepsilon}_n$,令

$$\sigma: V\to K^n,$$
$$\alpha=\sum_{i=1}^{n}a_i\alpha_i\mapsto\sum_{i=1}^{n}a_i\boldsymbol{\varepsilon}_i=[a_1,a_2,\cdots,a_n]^{\mathrm{T}}, \tag{4}$$

即σ把V中每个向量α对应到它在V的一个基$\alpha_1,\alpha_2,\cdots,\alpha_n$下的坐标$[a_1,a_2,\cdots,a_n]^{\mathrm{T}}$,则$\sigma$就是$V$到$K^n$的一个同构映射. 正是因为数域$K$上任一$n$维线性空间$V$与$K^n$同构,所以我们可以利用$K^n$的性质来研究$K$上$n$维线性空间$V$的性质.

命题1 设V是数域K上的n维线性空间,U是V的一个子空间. 在V中取一个基$\alpha_1,\alpha_2,\cdots,\alpha_n$. 设$\sigma$把$V$中每个向量$\alpha$对应到它在基$\alpha_1,\alpha_2,\cdots,\alpha_n$下的坐标. 令

$$\sigma(U)=\{\sigma(\alpha)\mid\alpha\in U\},$$

则$\sigma(U)$是K^n的一个子空间,且

$$\dim U=\dim\sigma(U).$$

证明 显然,$\sigma(U)$是非空集. 任取$\alpha,\beta\in U,k\in K$,有$\alpha+\beta\in U,k\alpha\in U$. 由于$\sigma$是$V$到$K^n$的一个同构映射,因此

$$\sigma(\alpha)+\sigma(\beta)=\sigma(\alpha+\beta)\in\sigma(U),$$
$$k\sigma(\alpha)=\sigma(k\alpha)\in\sigma(U),$$

于是,$\sigma(U)$是K^n的一个子空间.

由于$U,\sigma(U)$都是数域K上的有限维线性空间,且σ限制到U上是U到$\sigma(U)$的一个同构映射,根据定理1的必要性得

$$\dim U=\dim\sigma(U).$$ ▌

习 题 7.3

1. 证明:数域K上的线性空间$M_{s\times n}(K)$与K^{sn}同构;并且写出一个同构映射.

2. 证明：数域 K 上的线性空间 $K[x]_n$ 与 K^n 同构；并且写出一个同构映射.

3. 证明：实数域 $\mathbf{R}$ 作为它自身上的线性空间与习题 7.1 第 1 题的第(2)小题中的线性空间 $\mathbf{R}^+$ 同构；并且写出一个同构映射.

*4. 令

$$L = \left\{ \begin{bmatrix} a & b \\ -b & a \end{bmatrix} \middle| a, b \in \mathbf{R} \right\}.$$

(1) 证明：L 是实数域上线性空间 $M_2(\mathbf{R})$ 的一个子空间；并且求 L 的一个基和维数.

(2) 证明：复数域 $\mathbf{C}$ 作为实数域 $\mathbf{R}$ 上的线性空间与 L 同构；并且写出一个同构映射.

第八章　线性映射

回顾与提高

我们来详细介绍有关映射的概念和重要结论.

定义 1　设 S 和 S' 是两个集合. 如果存在一个法则 f,使得对于集合 S 中每个元素 a,都有集合 S' 中唯一确定的元素 b 与它对应,那么称 f 是 S 到 S' 的一个**映射**,记作

$$f: S \to S'$$
$$a \mapsto b,$$

其中 b 称为 a 在 f 下的**像**,a 称为 b 在 f 下的一个**原像**. a 在 f 下的像用符号 $f(a)$ 或 fa 表示,于是映射 f 也可以记成

$$f(a) = b, \quad \forall a \in S.$$

设 f 是集合 S 到集合 S' 的一个映射,则 S 叫作映射 f 的**定义域**,S' 叫作 f 的**陪域**. S 的所有元素在 f 下的像组成的集合叫作 f 的**值域**或**像**,记作 $f(S)$ 或 $\mathrm{Im} f$,即

$$f(S) = \{f(a) | a \in S\}.$$

容易看出,$f(S) \subseteq S'$,即 f 的值域是陪域的子集.

设 f 是集合 S 到集合 S' 的一个映射. 如果 f 的值域 $f(S)$ 与陪域 S' 相等,那么称 f 是**满射**. 由这个定义得,f 是满射当且仅当 f 的陪域中的每个元素都至少有一个原像.

如果映射 f 的定义域 S 中不同元素在 f 下的像也不同,那么称 f 是**单射**. 由这个定义得,f 是单射当且仅当从 $a_1, a_2 \in S$ 且 $f(a_1) = f(a_2)$ 可以推出 $a_1 = a_2$.

如果映射 f 既是单射,又是满射,那么称 f 是**双射**或**一一对应**. 由上述满射和单射的充要条件得,f 是双射当且仅当陪域中每个元素都有唯一的原像.

映射 f 与映射 g 称为**相等**的,如果它们的定义域相等,陪域相等,并且对应法则相同[对于任意 $x \in S$,有 $f(x) = g(x)$].

通常将集合 S 到自身的一个映射称为 S 上的一个**变换**.

通常将集合 S 到数集(数域 K 的任一非空子集)的一个映射称为 S 上的一个**函数**. 也就是说,通常认为函数是陪域为数集的映射.

映射 f 的陪域 S' 中的元素 b 在 f 下的所有原像组成的集合,称为 b 在 f 下的**原像集**,记作 $f^{-1}(b)$,它是定义域 S 的一个子集.

定义 2　如果映射 $f: S \to S$ 把 S 中每个元素对应到它自身,即对于任意 $x \in S$,有 $f(x) = x$,那么称 f 是 S 上的**恒等变换**,记作 1_S.

定义 3　相继施行映射 $g: S \to S'$ 和 $f: S' \to S''$,得到一个 S 到 S'' 的映射,称之为 f 与 g

的**乘积**或**合成**,记作 fg,即

$$(fg)(a) = f(g(a)), \quad \forall a \in S. \tag{1}$$

我们称这种求映射乘积的运算为**映射的乘法**.

命题 1　映射的乘法满足结合律,即设

$$h: S \to S', \quad g: S' \to S'', \quad f: S'' \to S''',$$

则

$$f(gh) = (fg)h.$$

证明　从已知条件和映射乘法的定义得,$f(gh)$与$(fg)h$ 都是 S 到 S'''的映射. 任给 $a \in S$,有

$$[f(gh)](a) = f((gh)(a)) = f(g(h(a))),$$
$$[(fg)h](a) = (fg)(h(a)) = f(g(h(a))),$$

因此

$$[f(gh)](a) = [(fg)h](a),$$

从而

$$f(gh) = (fg)h.$$

∎

注意　映射的乘法不满足交换律. 例如,在平面上,设 σ 是绕定点 O 转角为 30°的旋转,τ 是关于经过点 O 的直线 l 的反射. 如图 8-1 所示,有

$$\overrightarrow{OP} \overset{\sigma}{\longmapsto} \overrightarrow{OP'} \overset{\tau}{\longmapsto} \overrightarrow{OP''},$$

$$\overrightarrow{OP} \overset{\tau}{\longmapsto} \overrightarrow{OQ} \overset{\sigma}{\longmapsto} \overrightarrow{OQ'}.$$

由于 $\overrightarrow{OP''} \neq \overrightarrow{OQ'}$,因此 $\tau\sigma \neq \sigma\tau$. 由此看出,映射的乘法不满足交换律.

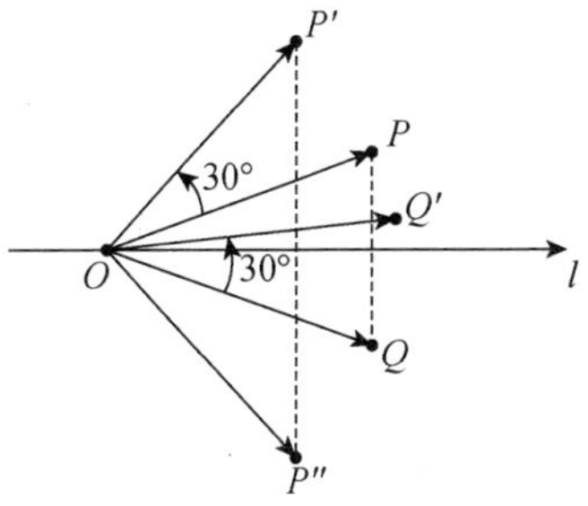

图　8-1

命题 2　对于任一映射 $f: S \to S'$,有

$$f1_S = f, \quad 1_{S'}f = f. \tag{2}$$

证明　对于任意 $a \in S$,有

$$(f1_S)(a) = f(1_S(a)) = f(a),$$

因此 $f1_S = f$. 又有

$$(1_{S'}f)(a) = 1_{S'}(f(a)) = f(a),$$

因此 $1_{S'}f = f$.　∎

在平面上,设 σ 是绕定点 O 转角为 30°的旋转,τ 是绕定点 O 转角为 −30°的旋转,则对于任一向量 $\overrightarrow{OP}$,有

$$(\tau\sigma)(\overrightarrow{OP}) = \overrightarrow{OP}, \quad (\sigma\tau)(\overrightarrow{OP}) = \overrightarrow{OP}.$$

因此 $\tau\sigma$ 和 $\sigma\tau$ 都是平面上的恒等变换. 很自然地,称 σ 是可逆的,并且称 τ 是 σ 的逆变换. 由此受到启发,我们引入下述概念:

定义 4　设 $f: S\to S'$. 如果存在一个映射 $g: S'\to S$,使得

$$fg = 1_{S'}, \quad gf = 1_S, \tag{3}$$

那么称映射 f 是**可逆**的,此时称 g 是 f 的一个**逆映射**.

容易证明:如果 f 是可逆的,那么它的逆映射是唯一的. 我们把 f 的逆映射记作 f^{-1}. 从(3)式得

$$ff^{-1} = 1_{S'}, \quad f^{-1}f = 1_S. \tag{4}$$

(4)式表明,当 f 是可逆映射时,它的逆映射 f^{-1} 也可逆,并且

$$(f^{-1})^{-1} = f. \tag{5}$$

定理 1　映射 $f: S\to S'$ 是可逆的充要条件为 f 是双射.

证明　*必要性*　设 $f: S\to S'$ 是可逆的,则有逆映射 $f^{-1}: S'\to S$,使得

$$ff^{-1} = 1_{S'}, \quad f^{-1}f = 1_S.$$

任给 $a'\in S'$,有 $f^{-1}(a')\in S$,且

$$f(f^{-1}(a')) = (ff^{-1})(a') = 1_{S'}(a') = a',$$

因此 a' 在 f 下至少有一个原像 $f^{-1}(a')$,从而 f 是满射.

任给 $a_1, a_2\in S$,假如 $f(a_1)=f(a_2)$,则

$$f^{-1}(f(a_1)) = f^{-1}(f(a_2)).$$

我们有 $f^{-1}(f(a_1))=(f^{-1}f)(a_1)=1_S(a_1)=a_1$,同理 $f^{-1}(f(a_2))=a_2$,因此 $a_1=a_2$,从而 f 是单射. 所以,f 是双射.

充分性　设 $f: S\to S'$ 是双射,则对于任意 $a'\in S'$,它在 f 下有唯一的原像 a,此时 $f(a)=a'$. 令

$$\begin{aligned} g: S' &\to S, \\ a' &\mapsto a, \end{aligned}$$

则 g 是 S' 到 S 的一个映射,并且

$$(fg)(a') = f(g(a')) = f(a) = a',$$

因此 $fg=1_{S'}$.

任取 $x\in S$,由映射 g 的定义知 $g(f(x))=x$,因此

$$(gf)(x) = g(f(x)) = x,$$

从而 $gf=1_S$.

综上所述,f 是可逆的,且 $f^{-1}=g$. ▌

在定理 1 的充分性的证明过程中,对于可逆映射 f,给出了它的逆映射 f^{-1} 的构造,即若 $f(a)=b$, $\forall a\in S$,则 $f^{-1}(b)=a$, $\forall b\in S'$.

观察

在第四章开始部分的例 3 中,我们介绍了平面上绕直角坐标系 Oxy 的原点 O 转角为 θ 的旋转 σ 的公式

$$\begin{cases} x' = x\cos\theta - y\sin\theta, \\ y' = x\sin\theta + y\cos\theta, \end{cases} \tag{6}$$

这里$[x,y]^{\mathrm{T}}$是平面上任一点P的坐标(向量$\overrightarrow{OP}$的坐标),$[x',y']^{\mathrm{T}}$是点P在旋转σ下的像P'的坐标(向量$\overrightarrow{OP'}$的坐标). 利用矩阵的乘法,(6)式可以写成

$$\begin{bmatrix} x' \\ y' \end{bmatrix} = \begin{bmatrix} \cos\theta & -\sin\theta \\ \sin\theta & \cos\theta \end{bmatrix} \begin{bmatrix} x \\ y \end{bmatrix}. \tag{7}$$

把(7)式右边的 2 阶矩阵记作$\mathbf{A}$,则(7)式可写成

$$\begin{bmatrix} x' \\ y' \end{bmatrix} = \mathbf{A} \begin{bmatrix} x \\ y \end{bmatrix}. \tag{8}$$

平面(以原点O为起点的所有向量组成的集合)是实数域$\mathbf{R}$上的 2 维线性空间,它同构于$\mathbf{R}$上的 2 维向量空间$\mathbf{R}^2$,于是可以把旋转σ看成$\mathbf{R}^2$到自身的一个映射. 由(8)式得

$$\sigma\left(\begin{bmatrix} x \\ y \end{bmatrix}\right) = \mathbf{A} \begin{bmatrix} x \\ y \end{bmatrix}. \tag{9}$$

σ具有下述性质:对于任意$\begin{bmatrix} x_1 \\ y_1 \end{bmatrix}, \begin{bmatrix} x_2 \\ y_2 \end{bmatrix}, \begin{bmatrix} x \\ y \end{bmatrix} \in \mathbf{R}^2, k \in \mathbf{R}$,有

$$\sigma\left(\begin{bmatrix} x_1 \\ y_1 \end{bmatrix} + \begin{bmatrix} x_2 \\ y_2 \end{bmatrix}\right) = \mathbf{A}\left(\begin{bmatrix} x_1 \\ y_1 \end{bmatrix} + \begin{bmatrix} x_2 \\ y_2 \end{bmatrix}\right) = \mathbf{A}\begin{bmatrix} x_1 \\ y_1 \end{bmatrix} + \mathbf{A}\begin{bmatrix} x_2 \\ y_2 \end{bmatrix} = \sigma\left(\begin{bmatrix} x_1 \\ y_1 \end{bmatrix}\right) + \sigma\left(\begin{bmatrix} x_2 \\ y_2 \end{bmatrix}\right), \tag{10}$$

$$\sigma\left(k\begin{bmatrix} x \\ y \end{bmatrix}\right) = \mathbf{A}\left(k\begin{bmatrix} x \\ y \end{bmatrix}\right) = k\left(\mathbf{A}\begin{bmatrix} x \\ y \end{bmatrix}\right) = k\left(\sigma\begin{bmatrix} x \\ y \end{bmatrix}\right). \tag{11}$$

(10)式表明σ保持加法运算,(11)式表明σ保持数量乘法运算.

从旋转这个例子看到,我们需要研究数域K上的线性空间V到线性空间V'的保持加法和数量乘法运算的映射. 称这种映射为**线性映射**.

研究线性空间的结构及其线性映射是线性代数的主线. 线性空间为研究数学的各个分支以及自然科学、社会科学、经济学等提供了广阔天地,线性映射好比在这个广阔天地里驰骋的“一匹匹骏马”.

本章主要研究线性映射的性质、运算、矩阵表示,线性变换(线性空间V到自身的线性映射)的特征值和特征向量,以及线性变换的形式最简单的矩阵表示.

§1 线性映射及其运算

抽象

定义 1 设V与V'是数域K上的两个线性空间. 如果V到V'的一个映射$\mathscr{A}$保持加法和数量乘法运算,即

$$\mathscr{A}(\alpha+\beta) = \mathscr{A}(\alpha) + \mathscr{A}(\beta), \quad \forall\, \alpha,\beta \in V, \tag{1}$$

$$\mathscr{A}(k\alpha) = k\mathscr{A}(\alpha), \quad \forall\, \alpha \in V, k \in K, \tag{2}$$

那么称 $\mathscr{A}$ 是 V 到 V' 的一个**线性映射**.

线性空间 V 到自身的线性映射称为 V 上的**线性变换**.

数域 K 上的线性空间 V 到 K 的线性映射称为 V 上的**线性函数**.

例 1　数域 K 上线性空间 V 到线性空间 V' 的零映射[$\mathscr{A}(\alpha)=0, \forall\, \alpha \in V$]是一个线性映射，记作 $\mathscr{o}$. 当 $V'=V$ 时，零映射称为**零变换**.

例 2　数域 K 上线性空间 V 上的恒等变换 1_V 是 V 上的一个线性变换，也可记成 $\mathscr{I}$.

例 3　给定 $k \in K$，K 上的线性空间 V 到自身的映射 $\mathscr{k}(\alpha)=k\alpha$ 称为 V 上由 k 决定的**数乘变换**，它是 V 上的一个线性变换. 当 $k=0$ 时，便得到零变换；当 $k=1$ 时，便得到恒等变换.

例 4　设 $\mathbf{A}$ 是数域 K 上的 $s \times n$ 矩阵. 令

$$\mathscr{A}(\boldsymbol{\alpha}) = \mathbf{A}\boldsymbol{\alpha}, \quad \forall\, \boldsymbol{\alpha} \in K^n.$$

易知 $\mathscr{A}$ 是 K^n 到 K^s 的一个线性映射.

例 5　用 $C^{(1)}(a,b)$ 表示区间 (a,b) 上所有一次可微函数组成的集合，容易验证它是实数域 $\mathbf{R}$ 上的线性空间 $\mathbf{R}^{(a,b)}$ 的一个子空间. 用 $\mathscr{D}$ 表示求导数，即

$$\mathscr{D}(f(x)) = f'(x), \quad \forall\, f(x) \in C^{(1)}(a,b),$$

则 $\mathscr{D}$ 是 $C^{(1)}(a,b)$ 到 $\mathbf{R}^{(a,b)}$ 的一个线性映射.

例 6　设 V, V' 都是数域 K 上的线性空间，证明：σ 是 V 到 V' 的同构映射当且仅当 σ 是 V 到 V' 的可逆线性映射.

证明　由于同构映射比线性映射多一个条件：双射(一一对应)，而一个映射是双射当且仅当它是可逆映射，因此命题成立. ▌

由于线性映射只比同构映射少了"双射"这一条件，因此在同构映射的性质中，只要其证明没有用到单射和满射的条件，它们对于线性映射也成立. 于是，如果 $\mathscr{A}$ 是数域 K 上的线性空间 V 到线性空间 V' 的线性映射，那么 $\mathscr{A}$ 具有下述性质：

(1) $\mathscr{A}(0)=0'$，其中 $0'$ 是 V' 的零向量.

(2) $\mathscr{A}(-\alpha)=-\mathscr{A}(\alpha), \forall\, \alpha \in V$.

(3) $\mathscr{A}(k_1\alpha_1+k_2\alpha_2+\cdots+k_s\alpha_s)=k_1\mathscr{A}(\alpha_1)+k_2\mathscr{A}(\alpha_2)+\cdots+k_s\mathscr{A}(\alpha_s), \forall\, \alpha_i \in V, k_i \in K, i=1,2,\cdots,s$.

(4) 如果 $\alpha_1,\alpha_2,\cdots,\alpha_s$ 是 V 的线性相关向量组，则 $\mathscr{A}(\alpha_1),\mathscr{A}(\alpha_2),\cdots,\mathscr{A}(\alpha_s)$ 是 V' 的线性相关向量组；但是，反之不成立，即线性映射可能把线性无关的向量组变成线性相关的向量组.

(5) 如果 V 是 n 维的，且 $\alpha_1,\alpha_2,\cdots,\alpha_n$ 是 V 的一个基，则对于 V 中任一向量 $\alpha=a_1\alpha_1+a_2\alpha_2+\cdots+a_n\alpha_n$，有

$$\mathscr{A}(\alpha) = a_1\mathscr{A}(\alpha_1) + a_2\mathscr{A}(\alpha_2) + \cdots + a_n\mathscr{A}(\alpha_n). \tag{3}$$

这表明，只要知道了 V 的一个基 $\alpha_1,\alpha_2,\cdots,\alpha_n$ 在 $\mathscr{A}$ 下的像，那么 V 中任一向量在 $\mathscr{A}$ 下的像

就都确定了,即 V 到 V'的线性映射完全被它在 V 的一个基上的作用所决定.

下面的定理说明,数域 K 上的有限维线性空间 V 到 K 上的任一线性空间 V'的线性映射一定存在.

定理 1 设 $\alpha_1,\alpha_2,\cdots,\alpha_n$ 是数域 K 上 n 维线性空间 V 的一个基,在 K 上的线性空间 V' 中任意取 n 个向量 $\gamma_1,\gamma_2,\cdots,\gamma_n$(它们中可以有相同的),令

$$\mathscr{A}: V \to V',$$

$$\alpha = \sum_{i=1}^{n} a_i\alpha_i \mapsto \sum_{i=1}^{n} a_i\gamma_i, \tag{4}$$

则 $\mathscr{A}$ 是 V 到 V'的一个线性映射,且

$$\mathscr{A}(\alpha_j) = \gamma_j, \quad j = 1,2,\cdots,n. \tag{5}$$

V 到 V'的把 $\alpha_j(j=1,2,\cdots,n)$映成 γ_j 的线性映射是唯一的.

证明 由于 α 能唯一地表示成 $\alpha_1,\alpha_2,\cdots,\alpha_n$ 的线性组合,因此 $\mathscr{A}$ 是 V 到 V' 的一个映射. 设 $\beta = \sum_{i=1}^{n} b_i\alpha_i$,则

$$\mathscr{A}(\alpha+\beta) = \sum_{i=1}^{n}(a_i+b_i)\gamma_i = \sum_{i=1}^{n}a_i\gamma_i + \sum_{i=1}^{n}b_i\gamma_i = \mathscr{A}(\alpha)+\mathscr{A}(\beta).$$

任给 $k\in K$,有

$$\mathscr{A}(k\alpha) = \sum_{i=1}^{n}(ka_i)\gamma_i = k\sum_{i=1}^{n}a_i\gamma_i = k\mathscr{A}(\alpha).$$

因此,$\mathscr{A}$ 是 V 到 V' 的一个线性映射. 由(4) 式得

$$\mathscr{A}(\alpha_j) = \gamma_j, \quad j = 1,2,\cdots,n.$$

若 V 到 V'的一个线性映射 $\mathscr{B}$ 满足 $\mathscr{B}(\alpha_j)=\gamma_j(j=1,2,\cdots,n)$,则

$$\mathscr{A}(\alpha_j)=\mathscr{B}(\alpha_j), \quad j=1,2,\cdots,n.$$

根据性质(5),得 $\mathscr{A}=\mathscr{B}$. ▌

思考

线性映射有哪些运算?

分析

命题 1 设 V,U,W 都是数域 K 上的线性空间,$\mathscr{A}$ 是 V 到 U 的一个线性映射,$\mathscr{B}$ 是 U 到 W 的一个线性映射,则 $\mathscr{B}\mathscr{A}$ 是 V 到 W 的一个线性映射.

证明 显然,$\mathscr{B}\mathscr{A}$ 是 V 到 W 的一个映射. 任取 $\alpha,\beta\in V,k\in K$,有

$$\begin{aligned}(\mathscr{B}\mathscr{A})(\alpha+\beta)&=\mathscr{B}(\mathscr{A}(\alpha+\beta))=\mathscr{B}(\mathscr{A}(\alpha)+\mathscr{A}(\beta))\\&=\mathscr{B}(\mathscr{A}(\alpha))+\mathscr{B}(\mathscr{A}(\beta))=(\mathscr{B}\mathscr{A})(\alpha)+(\mathscr{B}\mathscr{A})(\beta),\\(\mathscr{B}\mathscr{A})(k\alpha)&=\mathscr{B}(\mathscr{A}(k\alpha))=\mathscr{B}(k\mathscr{A}(\alpha))=k\mathscr{B}(\mathscr{A}(\alpha))=k(\mathscr{B}\mathscr{A})(\alpha),\end{aligned}$$

因此 $\mathscr{B}\mathscr{A}$ 是 V 到 W 的一个线性映射. ▌

由于映射的乘法满足结合律,不满足交换律,因此线性映射的乘法也满足结合律,不满足交换律.

命题 2　设 $\mathscr{A}$ 是数域 K 上线性空间 V 到线性空间 V' 的一个线性映射. 如果 $\mathscr{A}$ 可逆,那么 $\mathscr{A}^{-1}$ 是 V' 到 V 的一个可逆线性映射.

证明　$\mathscr{A}$ 是 V 到 V' 的可逆线性映射 $\Longleftrightarrow$ $\mathscr{A}$ 是 V 到 V' 的同构映射

$\Longrightarrow$ $\mathscr{A}^{-1}$ 是 V' 到 V 的同构映射

$\Longrightarrow$ $\mathscr{A}^{-1}$ 是 V' 到 V 的可逆线性映射,

其中倒数第二个"$\Longrightarrow$"成立的理由如下:由于 $\mathscr{A}$ 可逆,因此 $\mathscr{A}^{-1}$ 也可逆,于是 $\mathscr{A}^{-1}$ 是 V' 到 V 的双射. 任给 $\alpha',\beta'\in V'$,则存在 $\alpha,\beta\in V$,使得 $\mathscr{A}(\alpha)=\alpha'$,$\mathscr{A}(\beta)=\beta'$,从而 $\mathscr{A}^{-1}(\alpha')=\alpha$,$\mathscr{A}^{-1}(\beta')=\beta$. 于是

$$\begin{aligned}\mathscr{A}^{-1}(\alpha'+\beta')&=\mathscr{A}^{-1}(\mathscr{A}(\alpha)+\mathscr{A}(\beta))=\mathscr{A}^{-1}(\mathscr{A}(\alpha+\beta))=(\mathscr{A}^{-1}\mathscr{A})(\alpha+\beta)\\&=1_V(\alpha+\beta)=\alpha+\beta=\mathscr{A}^{-1}(\alpha')+\mathscr{A}^{-1}(\beta');\end{aligned}$$

$$\begin{aligned}\mathscr{A}^{-1}(k\alpha')&=\mathscr{A}^{-1}(k\mathscr{A}(\alpha))=\mathscr{A}^{-1}(\mathscr{A}(k\alpha))=(\mathscr{A}^{-1}\mathscr{A})(k\alpha)\\&=1_V(k\alpha)=k\alpha=k\mathscr{A}^{-1}(\alpha'),\quad\forall k\in K.\end{aligned}$$

因此,$\mathscr{A}^{-1}$ 是 V' 到 V 的同构映射. ▌

由于数域 K 上两个有限维线性空间 V 与 V' 同构的充要条件是它们的维数相同,因此 V 到 V' 的可逆线性映射存在的充要条件是

$$\dim V=\dim V'.$$

线性映射还有加法与数量乘法运算.

命题 3　设 $\mathscr{A},\mathscr{B}$ 都是数域 K 上线性空间 V 到线性空间 V' 的线性映射,$k\in K$,令

$$(\mathscr{A}+\mathscr{B})(\alpha)=\mathscr{A}(\alpha)+\mathscr{B}(\alpha),\quad\forall\alpha\in V,\tag{6}$$

$$(k\mathscr{A})(\alpha)=k(\mathscr{A}(\alpha)),\quad\forall\alpha\in V,\tag{7}$$

则 $\mathscr{A}+\mathscr{B}$,$k\mathscr{A}$ 都是 V 到 V' 的线性映射. 称 $\mathscr{A}+\mathscr{B}$ 是 $\mathscr{A}$ 与 $\mathscr{B}$ 的**和**,并称 $k\mathscr{A}$ 是 k 与 $\mathscr{A}$ 的**数量乘积**.

证明　显然,由(6)式定义的 $\mathscr{A}+\mathscr{B}$ 是 V 到 V' 的一个映射. 对于任意 $\alpha,\beta\in V$,$l\in K$,有

$$\begin{aligned}(\mathscr{A}+\mathscr{B})(\alpha+\beta)&=\mathscr{A}(\alpha+\beta)+\mathscr{B}(\alpha+\beta)\\&=\mathscr{A}(\alpha)+\mathscr{A}(\beta)+\mathscr{B}(\alpha)+\mathscr{B}(\beta)\\&=(\mathscr{A}+\mathscr{B})(\alpha)+(\mathscr{A}+\mathscr{B})(\beta),\\(\mathscr{A}+\mathscr{B})(l\alpha)&=\mathscr{A}(l\alpha)+\mathscr{B}(l\alpha)=l\mathscr{A}(\alpha)+l\mathscr{B}(\alpha)\\&=l(\mathscr{A}(\alpha)+\mathscr{B}(\alpha))=l(\mathscr{A}+\mathscr{B})(\alpha),\end{aligned}$$

因此 $\mathscr{A}+\mathscr{B}$ 是 V 到 V' 的线性映射.

同理可证,由(7)式定义的 $k\mathscr{A}$ 是 V 到 V' 的线性映射. ▌

容易验证,线性映射的加法与数量乘法满足线性空间定义中的 8 条运算法则,因此数域 K 上线性空间 V 到线性空间 V' 的所有线性映射组成的集合构成 K 上的一个线性空间,记

作 Hom(V,V').

特别地，线性空间 V 上的所有线性变换组成的集合构成 K 上的一个线性空间，记作 Hom(V,V). 此外，Hom(V,V)还有乘法运算，并且容易验证乘法与数量乘法运算满足下述关系式：对于任意 $\mathscr{A},\mathscr{B}\in$ Hom(V,V)，$k\in K$，有

$$k(\mathscr{A}\mathscr{B}) = (k\mathscr{A})\mathscr{B} = \mathscr{A}(k\mathscr{B}). \tag{8}$$

在 Hom(V,V')中，可以定义减法：

$$\mathscr{A}-\mathscr{B}\xlongequal{\text{def}}\mathscr{A}+(-\mathscr{B}).$$

在 Hom(V,V)中，可以定义线性变换 $\mathscr{A}$ 的正整数指数幂：

$$\mathscr{A}^m\xlongequal{\text{def}}\underbrace{\mathscr{A}\cdot\mathscr{A}\cdot\cdots\cdot\mathscr{A}}_{m\text{个}}; \tag{9}$$

还可以定义 $\mathscr{A}$ 的零次幂：

$$\mathscr{A}^0\xlongequal{\text{def}}\mathscr{I}. \tag{10}$$

容易验证：

$$\mathscr{A}^m\cdot\mathscr{A}^n = \mathscr{A}^{m+n},\quad (\mathscr{A}^m)^n = \mathscr{A}^{mn},\quad m,n\in\mathbf{N}. \tag{11}$$

当 $\mathscr{A}$ 可逆时，可以定义 $\mathscr{A}$ 的负整数指数幂：

$$\mathscr{A}^{-m}\xlongequal{\text{def}}(\mathscr{A}^{-1})^m,\quad m\in\mathbf{N}^+. \tag{12}$$

设 $f(x)=a_0+a_1x+\cdots+a_mx^m$ 是数域 K 上的一元多项式，x 用 V 上的线性变换 $\mathscr{A}$ 代入，得

$$f(\mathscr{A}) = a_0\mathscr{I}+a_1\mathscr{A}+\cdots+a_m\mathscr{A}^m. \tag{13}$$

$f(\mathscr{A})$仍是 V 上的一个线性变换. 称 $f(\mathscr{A})$是 $\mathscr{A}$ 的一个多项式. 容易验证，$\mathscr{A}$ 的任意两个多项式 $f(\mathscr{A})$与 $g(\mathscr{A})$是可交换的，即

$$f(\mathscr{A})g(\mathscr{A}) = g(\mathscr{A})f(\mathscr{A}). \tag{14}$$

在几何空间 V 中，设 π 是过原点 O 的一个平面，l 是过原点 O 的一条直线，且 l 不在平面 π 上，如图 8-2 所示. 在第七章的 §2 中，我们已指出 $V=\pi\oplus l$. 于是，几何空间 V 中任一向量 $\vec{a}$ 可以唯一地表示成如下形式：

$$\vec{a} = \vec{a}_1+\vec{a}_2,\quad \vec{a}_1\in\pi,\ \vec{a}_2\in l.$$

我们称把 $\vec{a}$ 对应到$\vec{a}_1$的映射为**平行于 l 在平面 π 上的投影**，记作 $\mathscr{P}_\pi$，即

$$\mathscr{P}_\pi(\vec{a}) = \vec{a}_1.$$

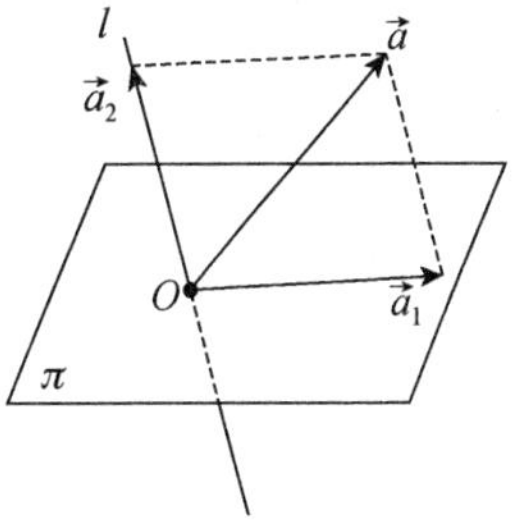

图 8-2

从几何空间的这个例子受到启发，我们引入下述概念：

定义 2 设 V 是数域 K 上的线性空间. 若 $V=U\oplus W$，则对于任意 $\alpha\in V$，α 可以唯一地表示成如下形式：$\alpha=\alpha_1+\alpha_2$，$\alpha_1\in U$，$\alpha_2\in W$. 称把 α 对应到 α_1 的映射为**平行于 W 在 U 上的投影**，记作 $\mathscr{P}_U$，即

$$\mathscr{P}_U(\alpha)=\alpha_1;$$

称把 α 对应到 α_2 的映射为**平行 U 在 W 上的投影**,记作 $\mathscr{P}_W$,即

$$\mathscr{P}_W(\alpha)=\alpha_2.$$

习 题 8.1

1. 判断下面定义的 K^3 上的变换是不是线性变换:

(1) $\mathscr{A}\begin{bmatrix}x_1\\x_2\\x_3\end{bmatrix}=\begin{bmatrix}x_1-x_2\\x_2+x_3\\x_3^2\end{bmatrix}$; (2) $\mathscr{A}\begin{bmatrix}x_1\\x_2\\x_3\end{bmatrix}=\begin{bmatrix}2x_1-x_2\\x_2+x_3\\3x_1-x_2+x_3\end{bmatrix}$.

2. 判断下面定义的 $M_n(K)$上的变换是不是线性变换:

(1) 设 $\boldsymbol{A}\in M_n(K)$,令

$$\mathscr{A}(\boldsymbol{X})=\boldsymbol{XA},\quad \forall\, \boldsymbol{X}\in M_n(K);$$

(2) 设 $\boldsymbol{B},\boldsymbol{C}\in M_n(K)$,令

$$\mathscr{A}(\boldsymbol{X})=\boldsymbol{BXC},\quad \forall\, \boldsymbol{X}\in M_n(K).$$

*3. 判断下面定义的 $K[x]$上的变换是不是线性变换:给定 $a\in K$,令

$$\mathscr{A}(f(x))=f(x+a),\quad \forall\, f(x)\in K[x].$$

4. 设 $\mathbf{R}^+$ 是习题 7.1 第 1 题的第(2)小题中实数域 $\mathbf{R}$ 上的线性空间,判别 $\mathbf{R}^+$ 到 $\mathbf{R}$ 的下述映射是不是线性映射:设 $a>0$ 且 $a\neq 1$,令

$$\log_a:\mathbf{R}^+\to\mathbf{R}$$
$$x\mapsto \log_a x.$$

*5. 在 $K[x]$中,令

$$\mathscr{A}(f(x))=xf(x),\quad \forall\, f(x)\in K[x].$$

(1) 证明:$\mathscr{A}$ 是 $K[x]$上的一个线性变换;

(2) 用 $\mathscr{D}$ 表示求导数,证明:

$$\mathscr{D}\mathscr{A}-\mathscr{A}\mathscr{D}=\mathscr{I}.$$

6. 设 $\alpha_1,\alpha_2,\cdots,\alpha_n$ 是线性空间 V 的一个基,$\mathscr{A}$ 是 V 上的一个线性变换,证明:$\mathscr{A}$ 可逆当且仅当 $\mathscr{A}(\alpha_1),\mathscr{A}(\alpha_2),\cdots,\mathscr{A}(\alpha_n)$是 V 的一个基.

7. 设 $\mathscr{A}$ 是线性空间 V 上的一个线性变换,证明:如果

$$\mathscr{A}^{m-1}(\alpha)\neq 0,\quad \mathscr{A}^m(\alpha)=0,\quad m\in\mathbf{N}^+,\alpha\in V,$$

那么 $\alpha,\mathscr{A}(\alpha),\mathscr{A}^2(\alpha),\cdots,\mathscr{A}^{m-1}(\alpha)$线性无关.

8. 设 V 是数域 K 上的线性空间,并且 $V=U\oplus W$,证明:

(1) $\mathscr{P}_U,\mathscr{P}_W$ 都是 V 上的线性变换;

(2) $\mathscr{P}_U(\delta)=\begin{cases}\delta, & \delta\in U,\\ 0, & \delta\in W;\end{cases}$

(3) $\mathscr{P}_U^2=\mathscr{P}_U$, $\mathscr{P}_U+\mathscr{P}_W=\mathscr{I}$, $\mathscr{P}_U\mathscr{P}_W=\mathscr{O}$.（注：如果线性变换 $\mathscr{A}$ 满足 $\mathscr{A}^2=\mathscr{A}$，那么称 $\mathscr{A}$ 是**幂等变换**. 这里 $\mathscr{P}_U$ 是幂等变换.）

§2　线性变换和线性映射的矩阵表示・线性变换的特征值和特征向量

观察

数域 K 上 n 维线性空间 V 上的线性变换有加法、数量乘法、乘法三种运算，数域 K 上的 n 阶矩阵也有这三种运算. 线性变换与矩阵之间是不是有某种联系？本节我们就来研究这个问题.

分析

设 V 是数域 K 上的 n 维线性空间，$\mathscr{A}$ 是 V 上的一个线性变换. 我们知道，$\mathscr{A}$ 由它在 V 的一个基上的作用决定. 取 V 的一个基 $\alpha_1,\alpha_2,\cdots,\alpha_n$. 由于 $\mathscr{A}(\alpha_i)\in V(i=1,2,\cdots,n)$，因此 $\mathscr{A}(\alpha_i)$ 可以由 V 的基 $\alpha_1,\alpha_2,\cdots,\alpha_n$ 唯一地线性表出：

$$\begin{cases}\mathscr{A}(\alpha_1)=a_{11}\alpha_1+a_{21}\alpha_2+\cdots+a_{n1}\alpha_n,\\ \mathscr{A}(\alpha_2)=a_{12}\alpha_1+a_{22}\alpha_2+\cdots+a_{n2}\alpha_n,\\ \cdots\cdots\\ \mathscr{A}(\alpha_n)=a_{1n}\alpha_1+a_{2n}\alpha_2+\cdots+a_{nn}\alpha_n.\end{cases}\tag{1}$$

按照形式写法，(1)式可以写成

$$[\mathscr{A}(\alpha_1),\mathscr{A}(\alpha_2),\cdots,\mathscr{A}(\alpha_n)]=[\alpha_1,\alpha_2,\cdots,\alpha_n]\begin{bmatrix}a_{11}&a_{12}&\cdots&a_{1n}\\a_{21}&a_{22}&\cdots&a_{2n}\\\vdots&\vdots&&\vdots\\a_{n1}&a_{n2}&\cdots&a_{nn}\end{bmatrix}.\tag{2}$$

我们把(2)式右端的 n 阶矩阵 $[a_{ij}]$ 记作 $\boldsymbol{A}$，并称 $\boldsymbol{A}$ 为**线性变换 $\mathscr{A}$ 在基 $\alpha_1,\alpha_2,\cdots,\alpha_n$ 下的矩阵**. $\boldsymbol{A}$ 的第 j 列是 $\mathscr{A}(\alpha_j)$ 在基 $\alpha_1,\alpha_2,\cdots,\alpha_n$ 下的坐标，$j=1,2,\cdots,n$，因此 $\boldsymbol{A}$ 由线性变换 $\mathscr{A}$ 唯一决定.

我们把 $[\mathscr{A}(\alpha_1),\mathscr{A}(\alpha_2),\cdots,\mathscr{A}(\alpha_n)]$ 简记成 $\mathscr{A}(\alpha_1,\alpha_2,\cdots,\alpha_n)$. 于是，从(2)式得，$n$ 阶矩阵 $\boldsymbol{A}$ 是 V 上的线性变换 $\mathscr{A}$ 在基 $\alpha_1,\alpha_2,\cdots,\alpha_n$ 下的矩阵当且仅当下式成立：

$$\mathscr{A}(\alpha_1,\alpha_2,\cdots,\alpha_n)=[\alpha_1,\alpha_2,\cdots,\alpha_n]\boldsymbol{A}.\tag{3}$$

例 1　在 $\mathbf{R}^{\mathbf{R}}$ 中，设

$$V=\langle 1,\sin x,\cos x\rangle.$$

求导数 $\mathscr{D}$ 是 V 上的线性变换[因为 $\mathscr{D}(k_1\cdot 1+k_2\sin x+k_3\cos x)=k_2\cos x-k_3\sin x\in V$, $\forall\, k_1,k_2,k_3\in\mathbf{R}$]；$1,\sin x,\cos x$ 是 V 的一个基（因为它们线性无关）. 写出 $\mathscr{D}$ 在基 $1,\sin x,\cos x$ 下的

矩阵.

解　因为

$$\mathscr{D}(1)=0=0\cdot 1+0\cdot \sin x+0\cdot \cos x,$$
$$\mathscr{D}(\sin x)=\cos x=0\cdot 1+0\cdot \sin x+1\cdot \cos x,$$
$$\mathscr{D}(\cos x)=-\sin x=0\cdot 1+(-1)\sin x+0\cdot \cos x,$$

所以 $\mathscr{D}$ 在基 $1,\sin x,\cos x$ 下的矩阵是

$$\boldsymbol{D}=\begin{bmatrix}0 & 0 & 0\\ 0 & 0 & -1\\ 0 & 1 & 0\end{bmatrix}.$$

上述内容说明,n 维线性空间 V 上的线性变换可以用矩阵来表示. 下面我们来讨论两个有限维线性空间之间的线性映射能不能用矩阵来表示.

设 V 和 V' 分别是数域 K 上的 n 维和 s 维线性空间,$\mathscr{A}$ 是 V 到 V' 的一个线性映射. 在 V 中任取一个基 $\alpha_1,\alpha_2,\cdots,\alpha_n$,又在 V' 中任取一个基 $\eta_1,\eta_2,\cdots,\eta_s$. 由于 $\mathscr{A}(\alpha_i)\in V'\ (i=1,2,\cdots,n)$,因此 $\mathscr{A}(\alpha_i)$ 可以由 V' 的基 $\eta_1,\eta_2,\cdots,\eta_s$ 唯一地线性表出:

$$\begin{cases}\mathscr{A}(\alpha_1)=a_{11}\eta_1+a_{21}\eta_2+\cdots+a_{s1}\eta_s,\\ \mathscr{A}(\alpha_2)=a_{12}\eta_1+a_{22}\eta_2+\cdots+a_{s2}\eta_s,\\ \cdots\cdots\\ \mathscr{A}(\alpha_n)=a_{1n}\eta_1+a_{2n}\eta_2+\cdots+a_{sn}\eta_s.\end{cases}\tag{4}$$

按照形式写法,(4)式可以写成

$$[\mathscr{A}(\alpha_1),\mathscr{A}(\alpha_2),\cdots,\mathscr{A}(\alpha_n)]=[\eta_1,\eta_2,\cdots,\eta_s]\begin{bmatrix}a_{11} & a_{12} & \cdots & a_{1n}\\ a_{21} & a_{22} & \cdots & a_{2n}\\ \vdots & \vdots & & \vdots\\ a_{s1} & a_{s2} & \cdots & a_{sn}\end{bmatrix}.\tag{5}$$

我们把(5)式右端的 $s\times n$ 矩阵$[a_{ij}]$记作 $\boldsymbol{A}$,并称 $\boldsymbol{A}$ 是**线性映射 $\mathscr{A}$ 在 V 的基 $\alpha_1,\alpha_2,\cdots,\alpha_n$ 和 V' 的基 $\eta_1,\eta_2,\cdots,\eta_s$ 下的矩阵**. $\boldsymbol{A}$ 的第 j 列是 $\mathscr{A}(\alpha_j)\ (j=1,2,\cdots,n)$ 在基 $\eta_1,\eta_2,\cdots,\eta_s$ 下的坐标,因此 $\boldsymbol{A}$ 由线性映射 $\mathscr{A}$ 唯一决定. 从(5)式得,$s\times n$ 矩阵 $\boldsymbol{A}$ 是 V 到 V' 的线性映射 $\mathscr{A}$ 在 V 的基 $\alpha_1,\alpha_2,\cdots,\alpha_n$ 和 V' 的基 $\eta_1,\eta_2,\cdots,\eta_s$ 下的矩阵当且仅当下式成立:

$$\mathscr{A}(\alpha_1,\alpha_2,\cdots,\alpha_n)=[\eta_1,\eta_2,\cdots,\eta_s]\boldsymbol{A}.\tag{6}$$

思考

从上面看到,数域 K 上 n 维线性空间 V 到 s 维线性空间 V' 的每个线性映射 $\mathscr{A}$ 可以用一个 $s\times n$ 矩阵 $\boldsymbol{A}$ 来表示. 我们在 §1 中已经知道,V 到 V' 的所有线性映射组成的集合 $\mathrm{Hom}(V,V')$ 是数域 K 上的一个线性空间. 我们又知道,K 上所有 $s\times n$ 矩阵组成的集合 $M_{s\times n}(K)$ 也是数域 K 上的一个线性空间. 试问:这两个线性空间之间有什么关系?

分析

在 V 中任取一个基 $\alpha_1,\alpha_2,\cdots,\alpha_n$，又在 V' 中任取一个基 $\eta_1,\eta_2,\cdots,\eta_s$. 令

$$\sigma:\ \mathrm{Hom}(V,V') \to M_{s\times n}(K),$$

$$\mathscr{A} \mapsto \boldsymbol{A},$$

其中 $\boldsymbol{A}$ 是线性映射 $\mathscr{A}$ 在 V 的基 $\alpha_1,\alpha_2,\cdots,\alpha_n$ 和 V' 的基 $\eta_1,\eta_2,\cdots,\eta_s$ 下的矩阵.

显然，σ 是 $\mathrm{Hom}(V,V')$ 到 $M_{s\times n}(K)$ 的一个映射.

任给 $\boldsymbol{C}\in M_{s\times n}(K)$，令

$$[\gamma_1,\gamma_2,\cdots,\gamma_n] = [\eta_1,\eta_2,\cdots,\eta_s]\boldsymbol{C}, \tag{7}$$

则 $\gamma_1,\gamma_2,\cdots,\gamma_n\in V'$. 根据 §1 的定理 1，存在 V 到 V' 的唯一线性映射 $\mathscr{C}$，使得 $\mathscr{C}(\alpha_j)=\gamma_j\ (j=1,2,\cdots,n)$，于是

$$\mathscr{C}(\alpha_1,\alpha_2,\cdots,\alpha_n) = [\gamma_1,\gamma_2,\cdots,\gamma_n] = [\eta_1,\eta_2,\cdots,\eta_s]\boldsymbol{C}. \tag{8}$$

(8)式表明，$\boldsymbol{C}$ 是线性映射 $\mathscr{C}$ 在 V 的基 $\alpha_1,\alpha_2,\cdots,\alpha_n$ 和 V' 的基 $\eta_1,\eta_2,\cdots,\eta_s$ 下的矩阵，因此 $\sigma(\mathscr{C})=\boldsymbol{C}$. 这表明 σ 是双射.

现在来看 σ 是否保持加法与数量乘法运算. 任取 $\mathscr{A},\mathscr{B}\in \mathrm{Hom}(V,V')$，设 $\sigma(\mathscr{A})=\boldsymbol{A}$，$\sigma(\mathscr{B})=\boldsymbol{B}$. 由于

$$\begin{aligned}(\mathscr{A}+\mathscr{B})(\alpha_1,\alpha_2,\cdots,\alpha_n) &= [\mathscr{A}(\alpha_1)+\mathscr{B}(\alpha_1),\mathscr{A}(\alpha_2)+\mathscr{B}(\alpha_2),\cdots,\mathscr{A}(\alpha_n)+\mathscr{B}(\alpha_n)] \\ &= [\mathscr{A}(\alpha_1),\mathscr{A}(\alpha_2),\cdots,\mathscr{A}(\alpha_n)]+[\mathscr{B}(\alpha_1),\mathscr{B}(\alpha_2),\cdots,\mathscr{B}(\alpha_n)] \\ &= [\eta_1,\eta_2,\cdots,\eta_s]\boldsymbol{A}+[\eta_1,\eta_2,\cdots,\eta_s]\boldsymbol{B} \\ &= [\eta_1,\eta_2,\cdots,\eta_s](\boldsymbol{A}+\boldsymbol{B}),\end{aligned}$$

因此线性映射 $\mathscr{A}+\mathscr{B}$ 的矩阵是 $\boldsymbol{A}+\boldsymbol{B}$，从而

$$\sigma(\mathscr{A}+\mathscr{B}) = \boldsymbol{A}+\boldsymbol{B} = \sigma(\mathscr{A})+\sigma(\mathscr{B}).$$

这表明 σ 保持加法运算. 再任取 $k\in K$，我们有

$$\begin{aligned}(k\mathscr{A})(\alpha_1,\alpha_2,\cdots,\alpha_n) &= [k\mathscr{A}(\alpha_1),k\mathscr{A}(\alpha_2),\cdots,k\mathscr{A}(\alpha_n)] = k[\mathscr{A}(\alpha_1),\mathscr{A}(\alpha_2),\cdots,\mathscr{A}(\alpha_n)] \\ &= k([\eta_1,\eta_2,\cdots,\eta_s]\boldsymbol{A}) = [\eta_1,\eta_2,\cdots,\eta_s](k\boldsymbol{A}),\end{aligned}$$

因此线性映射 $k\mathscr{A}$ 的矩阵是 $k\boldsymbol{A}$，从而

$$\sigma(k\mathscr{A}) = k\boldsymbol{A} = k\sigma(\mathscr{A}). \tag{9}$$

这表明 σ 保持数量乘法运算.

综上所述，σ 是线性空间 $\mathrm{Hom}(V,V')$ 到 $M_{s\times n}(K)$ 的一个同构映射. 因此，我们得到下述结论：

定理 1 设 V 和 V' 分别是数域 K 上的 n 维和 s 维线性空间，则

$$\mathrm{Hom}(V,V') \cong M_{s\times n}(K), \tag{10}$$

从而

$$\dim \mathrm{Hom}(V,V') = \dim M_{s\times n}(K) = sn = \dim V\cdot \dim V'. \tag{11}$$

▌

推论 1　设 V 是数域 K 上的 n 维线性空间，则

$$\mathrm{Hom}(V,V) \cong M_n(K), \tag{12}$$

且

$$\dim \mathrm{Hom}(V,V) = (\dim V)^2. \tag{13}$$

∎

在 $\mathrm{Hom}(V,V)$ 与 $M_n(K)$ 中都有乘法运算. 我们可以进一步证明：把线性变换 $\mathscr{A}$ 对应到它在 V 的基 $\alpha_1,\alpha_2,\cdots,\alpha_n$ 下的矩阵 $\boldsymbol{A}$ 这个映射（记为 σ）保持乘法运算. 事实上，设线性变换 $\mathscr{B}$ 在 V 的基 $\alpha_1,\alpha_2,\cdots,\alpha_n$ 下的矩阵是 $\boldsymbol{B}=[b_{ij}]$，由于

$$\begin{aligned}
(\mathscr{A}\mathscr{B})(\alpha_1,\alpha_2,\cdots,\alpha_n) &= \mathscr{A}(\mathscr{B}(\alpha_1),\mathscr{B}(\alpha_2),\cdots,\mathscr{B}(\alpha_n)) = \mathscr{A}([\alpha_1,\alpha_2,\cdots,\alpha_n]\boldsymbol{B})\\
&= \mathscr{A}(b_{11}\alpha_1+b_{21}\alpha_2+\cdots+b_{n1}\alpha_n,\cdots,b_{1n}\alpha_1+b_{2n}\alpha_2+\cdots+b_{nn}\alpha_n)\\
&= [b_{11}\mathscr{A}(\alpha_1)+b_{21}\mathscr{A}(\alpha_2)+\cdots+b_{n1}\mathscr{A}(\alpha_n),\cdots,b_{1n}\mathscr{A}(\alpha_1)+b_{2n}\mathscr{A}(\alpha_2)+\cdots+b_{nn}\mathscr{A}(\alpha_n)]\\
&= [\mathscr{A}(\alpha_1),\mathscr{A}(\alpha_2),\cdots,\mathscr{A}(\alpha_n)]\boldsymbol{B} = (\mathscr{A}(\alpha_1,\alpha_2,\cdots,\alpha_n))\boldsymbol{B}\\
&= ([\alpha_1,\alpha_2,\cdots,\alpha_n]\boldsymbol{A})\boldsymbol{B} = [\alpha_1,\alpha_2,\cdots,\alpha_n](\boldsymbol{AB}),
\end{aligned} \tag{14}$$

因此 $\mathscr{A}\mathscr{B}$ 在基 $\alpha_1,\alpha_2,\cdots,\alpha_n$ 下的矩阵是 $\boldsymbol{AB}$，从而

$$\sigma(\mathscr{A}\mathscr{B}) = \boldsymbol{AB} = \sigma(\mathscr{A})\sigma(\mathscr{B}), \tag{15}$$

这表明 σ 保持乘法运算.

从(14)式的推导过程中还可看到

$$\mathscr{A}([\alpha_1,\alpha_2,\cdots,\alpha_n]\boldsymbol{B}) = (\mathscr{A}(\alpha_1,\alpha_2,\cdots,\alpha_n))\boldsymbol{B}. \tag{16}$$

显然，线性空间 V 上的恒等变换 $\mathscr{I}$ 在基 $\alpha_1,\alpha_2,\cdots,\alpha_n$ 下的矩阵是单位矩阵 $\boldsymbol{I}$，因此

$$\sigma(\mathscr{I})=\boldsymbol{I}.$$

设线性空间 V 上的线性变换 $\mathscr{A}$ 在基 $\alpha_1,\alpha_2,\cdots,\alpha_n$ 下的矩阵是 $\boldsymbol{A}$. 由于

线性变换 $\mathscr{A}$ 可逆 $\Longleftrightarrow$ 存在 V 上的线性变换 $\mathscr{B}$，使得 $\mathscr{A}\mathscr{B}=\mathscr{B}\mathscr{A}=\mathscr{I}$

$\Longleftrightarrow$ 存在 V 上的线性变换 $\mathscr{B}$，使得 $\sigma(\mathscr{A})\sigma(\mathscr{B})=\sigma(\mathscr{B})\sigma(\mathscr{A})=\sigma(\mathscr{I})$

$\Longleftrightarrow$ 存在数域 K 上 n 阶矩阵 $\boldsymbol{B}$，使得 $\boldsymbol{AB}=\boldsymbol{BA}=\boldsymbol{I}$

$\Longleftrightarrow$ 矩阵 $\boldsymbol{A}$ 可逆，

因此 V 上的线性变换 $\mathscr{A}$ 可逆当且仅当它在 V 的一个基下的矩阵 $\boldsymbol{A}$ 可逆. 从上述推导过程还可看到，若线性变换 $\mathscr{A},\mathscr{B}$ 在 V 的一个基下的矩阵分别为 $\boldsymbol{A},\boldsymbol{B}$，则 $\mathscr{B}$ 是可逆线性变换 $\mathscr{A}$ 的逆变换当且仅当 $\boldsymbol{B}$ 是可逆矩阵 $\boldsymbol{A}$ 的逆矩阵.

评注

设 $\mathscr{A}$ 是数域 K 上 n 维线性空间 V 上的一个线性变换，且 $\mathscr{A}$ 在 V 的一个基 $\alpha_1,\alpha_2,\cdots,\alpha_n$ 下的矩阵是 $\boldsymbol{A}$. 将 V 中任一向量 α 在基 $\alpha_1,\alpha_2,\cdots,\alpha_n$ 下的坐标记作 $\boldsymbol{x}$. 问：$\mathscr{A}(\alpha)$ 在基 $\alpha_1,\alpha_2,\cdots,\alpha_n$ 下的坐标是什么？

由于 $\alpha=[\alpha_1,\alpha_2,\cdots,\alpha_n]\boldsymbol{x}$，因此利用(16)式得到

$$\begin{aligned}
\mathscr{A}(\alpha) &= \mathscr{A}([\alpha_1,\alpha_2,\cdots,\alpha_n]\boldsymbol{x}) = (\mathscr{A}(\alpha_1,\alpha_2,\cdots,\alpha_n))\boldsymbol{x}\\
&= ([\alpha_1,\alpha_2,\cdots,\alpha_n]\boldsymbol{A})\boldsymbol{x} = [\alpha_1,\alpha_2,\cdots,\alpha_n](\boldsymbol{Ax}).
\end{aligned}$$

这表明，$\mathscr{A}(\alpha)$在基$\alpha_1,\alpha_2,\cdots,\alpha_n$下的坐标是$\boldsymbol{Ax}$.

由于V中两个向量相等当且仅当它们在V的一个基下的坐标相等，因此如果向量γ在基$\alpha_1,\alpha_2,\cdots,\alpha_n$下的坐标为$\boldsymbol{y}$，则

$$\mathscr{A}(\alpha)=\gamma \Longleftrightarrow \boldsymbol{Ax}=\boldsymbol{y}. \tag{17}$$

思考

设V是数域K上的n维线性空间，V上的一个线性变换$\mathscr{A}$在V的不同基下的矩阵有什么关系呢？

分析

定理 2 设V是数域K上的n维线性空间，V上的一个线性变换$\mathscr{A}$在V的两个基$\alpha_1,\alpha_2,\cdots,\alpha_n$与$\eta_1,\eta_2,\cdots,\eta_n$下的矩阵分别为$\boldsymbol{A},\boldsymbol{B}$，从基$\alpha_1,\alpha_2,\cdots,\alpha_n$到基$\eta_1,\eta_2,\cdots,\eta_n$的过渡矩阵是$\boldsymbol{S}$，则

$$\boldsymbol{B}=\boldsymbol{S}^{-1}\boldsymbol{AS}. \tag{18}$$

证明 由已知条件，我们有

$$\begin{aligned}\mathscr{A}(\alpha_1,\alpha_2,\cdots,\alpha_n)&=[\alpha_1,\alpha_2,\cdots,\alpha_n]\boldsymbol{A},\\ \mathscr{A}(\eta_1,\eta_2,\cdots,\eta_n)&=[\eta_1,\eta_2,\cdots,\eta_n]\boldsymbol{B},\\ [\eta_1,\eta_2,\cdots,\eta_n]&=[\alpha_1,\alpha_2,\cdots,\alpha_n]\boldsymbol{S},\end{aligned}$$

于是

$$\begin{aligned}[\eta_1,\eta_2,\cdots,\eta_n]\boldsymbol{S}^{-1}&=([\alpha_1,\alpha_2,\cdots,\alpha_n]\boldsymbol{S})\boldsymbol{S}^{-1}=[\alpha_1,\alpha_2,\cdots,\alpha_n](\boldsymbol{SS}^{-1})\\ &=[\alpha_1,\alpha_2,\cdots,\alpha_n],\end{aligned}$$

从而

$$\begin{aligned}\mathscr{A}(\eta_1,\eta_2,\cdots,\eta_n)&=\mathscr{A}([\alpha_1,\alpha_2,\cdots,\alpha_n]\boldsymbol{S})=(\mathscr{A}(\alpha_1,\alpha_2,\cdots,\alpha_n))\boldsymbol{S}\\ &=([\alpha_1,\alpha_2,\cdots,\alpha_n]\boldsymbol{A})\boldsymbol{S}=[\alpha_1,\alpha_2,\cdots,\alpha_n](\boldsymbol{AS})\\ &=([\eta_1,\eta_2,\cdots,\eta_n]\boldsymbol{S}^{-1})(\boldsymbol{AS})=[\eta_1,\eta_2,\cdots,\eta_n](\boldsymbol{S}^{-1}\boldsymbol{AS}).\end{aligned} \tag{19}$$

(19)式表明，$\mathscr{A}$在基$\eta_1,\eta_2,\cdots,\eta_n$下的矩阵是$\boldsymbol{S}^{-1}\boldsymbol{AS}$. 由于$\mathscr{A}$在基$\eta_1,\eta_2,\cdots,\eta_n$下的矩阵是唯一的，因此$\boldsymbol{B}=\boldsymbol{S}^{-1}\boldsymbol{AS}$. ▎

定理 2 表明，同一个线性变换$\mathscr{A}$在V的不同基下的矩阵是相似的.

由于相似的矩阵有相同的行列式(或秩、迹、特征多项式、特征值)，因此我们可以把线性变换$\mathscr{A}$在V的一个基下的矩阵$\boldsymbol{A}$的特征值(或秩、迹、特征多项式、特征值)称为**线性变换$\mathscr{A}$的行列式(或秩、迹、特征多项式、特征值)**.

为了更好地理解线性变换的特征值的“几何意义”，并且对无限维线性空间上的线性变换也考虑它的特征值，我们先看一个例子. 在几何空间中，设π是过原点O的一个平面，l是过原点O的一条直线，且$l\notin\pi$，则平行于l在π上的投影$\mathscr{P}_\pi$具有下述性质：

$$\mathscr{P}_\pi(\gamma)=\gamma=1\gamma,\ \forall\,\gamma\in\pi;\quad \mathscr{P}_\pi(\delta)=0=0\cdot\delta,\ \forall\,\delta\in l.$$

于是，1 和 0，以及 π 上的向量 γ，l 上的向量 δ 反映了 $\mathscr{P}_\pi$ 的特征. 由此受到启发，我们给出如下的定义：

定义 1　设 $\mathscr{A}$ 是数域 K 上线性空间 V 上的一个线性变换. 如果 K 中存在一个数 λ_0 以及 V 中存在一个非零向量 ξ，使得

$$\mathscr{A}(\xi)=\lambda_0\xi, \tag{20}$$

那么称 λ_0 是 $\mathscr{A}$ 的一个**特征值**，并称 ξ 是 $\mathscr{A}$ 的属于特征值 λ_0 的一个**特征向量**.

从定义 1 看出，线性变换 $\mathscr{A}$ 的特征向量 ξ 有这样的“几何意义”：$\mathscr{A}$ 对 ξ 的作用是把 ξ “拉伸或压缩”至 λ_0 倍，其中这个倍数 λ_0 就是 $\mathscr{A}$ 的一个特征值.

设 V 是数域 K 上的 n 维线性空间，在 V 中取定一个基 $\alpha_1,\alpha_2,\cdots,\alpha_n$，并设 V 上的一个线性变换 $\mathscr{A}$ 在基 $\alpha_1,\alpha_2,\cdots,\alpha_n$ 下的矩阵是 $\boldsymbol{A}$，向量 ξ 在基 $\alpha_1,\alpha_2,\cdots,\alpha_n$ 下的坐标是 $\boldsymbol{x}$，$\lambda_0\in K$. 从 (17) 式得

$$\mathscr{A}(\xi)=\lambda_0\xi\Longleftrightarrow \boldsymbol{A}\boldsymbol{x}=\lambda_0\boldsymbol{x}. \tag{21}$$

由此可得

$$\lambda_0\ \text{是}\ \mathscr{A}\ \text{的一个特征值}\Longleftrightarrow \lambda_0\ \text{是}\ \boldsymbol{A}\ \text{的一个特征值}, \tag{22}$$

$$\xi\ \text{是}\ \mathscr{A}\ \text{的属于特征值}\ \lambda_0\ \text{的一个特征向量}$$
$$\Longleftrightarrow \xi\ \text{的坐标}\ \boldsymbol{x}\ \text{是}\ \boldsymbol{A}\ \text{的属于特征值}\ \lambda_0\ \text{的一个特征向量}. \tag{23}$$

(22)式说明，对于有限维线性空间，用线性变换的矩阵的特征值定义线性变换的特征值，与定义 1 是一致的.

(22)式和(23)式给出了求有限维线性空间上的线性变换 $\mathscr{A}$ 的全部特征值和特征向量的方法：只要求出 $\mathscr{A}$ 在 V 的一个基下的矩阵 $\boldsymbol{A}$ 的全部特征值和特征向量即可. 但是要注意：矩阵 $\boldsymbol{A}$ 的特征向量 $\boldsymbol{x}$ 是线性变换 $\mathscr{A}$ 的特征向量 ξ 的坐标.

例 2　设 V 是数域 K 上的 3 维线性空间，$\mathscr{A}$ 是 V 上的一个线性变换，$\mathscr{A}$ 在 V 的一个基 $\alpha_1,\alpha_2,\alpha_3$ 下的矩阵是

$$\boldsymbol{A}=\begin{bmatrix}2&-2&2\\-2&-1&4\\2&4&-1\end{bmatrix},$$

求 $\mathscr{A}$ 的全部特征值和特征向量.

解　$\mathscr{A}$ 的特征多项式为

$$|\lambda\boldsymbol{I}-\boldsymbol{A}|=\begin{vmatrix}\lambda-2&2&-2\\2&\lambda+1&-4\\-2&-4&\lambda+1\end{vmatrix}=(\lambda-3)^2(\lambda+6),$$

于是 $\mathscr{A}$ 的全部特征值是 3(二重)，-6.

对于特征值 3，解齐次线性方程组 $(3\boldsymbol{I}-\boldsymbol{A})\boldsymbol{x}=\boldsymbol{0}$，得到一个基础解系：

$$[-2,1,0]^{\mathrm{T}},\quad [2,0,1]^{\mathrm{T}}.$$

于是,令

$$\xi_1 = -2\alpha_1 + \alpha_2, \quad \xi_2 = 2\alpha_1 + \alpha_3,$$

则 $\mathscr{A}$ 的属于特征值 3 的全部特征向量是

$$\{k_1\xi_1 + k_2\xi_2 \mid k_1, k_2 \in K, \text{且 } k_1, k_2 \text{ 不全为 } 0\}.$$

对于特征值 -6,求出齐次线性方程组 $(-6\boldsymbol{I}-\boldsymbol{A})\boldsymbol{x}=\boldsymbol{0}$ 的一个基础解系:

$$[1,2,-2]^{\mathrm{T}}.$$

于是,令

$$\xi_3 = \alpha_1 + 2\alpha_2 - 2\alpha_3,$$

则 $\mathscr{A}$ 的属于特征值 -6 的全部特征向量是

$$\{k\xi_3 \mid k \in K, \text{且 } k \neq 0\}.$$

设 $\mathscr{A}$ 是数域 K 上线性空间 V 上的一个线性变换,λ_0 是 $\mathscr{A}$ 的一个特征值. 令

$$V_{\lambda_0} = \{\alpha \mid \mathscr{A}(\alpha) = \lambda_0\alpha, \alpha \in V\}, \tag{24}$$

则易验证 V_{λ_0} 是 V 的一个子空间. 称 V_{λ_0} 是 $\mathscr{A}$ 的属于特征值 λ_0 的**特征子空间**. V_{λ_0} 中的全部非零向量就是 $\mathscr{A}$ 的属于特征值 λ_0 的全部特征向量.

对于线性空间 V 上的线性变换 $\mathscr{A}$,无论是在理论还是在实际应用上,我们都希望在 V 中能找到一个适当的基,使得 $\mathscr{A}$ 在这个基下的矩阵具有最简单的形式. 由于 $\mathscr{A}$ 在 V 的不同基下的矩阵是相似的,因此这个问题也就是求 $\mathscr{A}$ 在 V 的一个基下的矩阵的相似标准形. 我们曾在第五章讨论过 n 阶矩阵 $\boldsymbol{A}$ 的相似标准形问题,给出了 $\boldsymbol{A}$ 的相似标准形为对角矩阵($\boldsymbol{A}$ 可对角化)的充要条件. 但是,对于不可以对角化的矩阵 $\boldsymbol{A}$,它的相似标准形是什么呢? 我们对这个问题尚未进行讨论. 这个问题就包含在下面要讨论的问题中. 从现在开始,我们将对线性变换 $\mathscr{A}$ 研究如何找 V 的一个适当的基,使得 $\mathscr{A}$ 在这个基下的矩阵具有最简单的形式.

如果线性空间 V 中存在一个基,使得线性变换 $\mathscr{A}$ 在这个基下的矩阵是对角矩阵,那么称 $\mathscr{A}$ **可对角化**.

设线性变换 $\mathscr{A}$ 在线性空间 V 的一个基 $\alpha_1,\alpha_2,\cdots,\alpha_n$ 下的矩阵为 $\boldsymbol{A}$,则 $\mathscr{A}$ 可对角化当且仅当 $\boldsymbol{A}$ 可对角化. 于是,从 n 阶矩阵 $\boldsymbol{A}$ 可对角化的充要条件(见第五章§4 的定理 1、定理 4,第七章习题 7.2 的第 9 题),以及 V 与 K^n 同构的性质,可以得出如下线性变换 $\mathscr{A}$ 可对角化的充要条件:

定理 3 设 $\mathscr{A}$ 是数域 K 上 n 维线性空间 V 上的一个线性变换,则

$\mathscr{A}$ 可对角化 $\Longleftrightarrow$ $\mathscr{A}$ 有 n 个线性无关的特征向量

$\Longleftrightarrow$ V 中存在由 $\mathscr{A}$ 的特征向量组成的一个基

$\Longleftrightarrow$ $\mathscr{A}$ 的属于不同特征值的特征子空间的维数之和等于 n

$\Longleftrightarrow$ $V = V_{\lambda_1} \oplus V_{\lambda_2} \oplus \cdots \oplus V_{\lambda_s}$,

其中 $\lambda_1,\lambda_2,\cdots,\lambda_s$ 是 $\mathscr{A}$ 的所有不同的特征值. ▌

如果线性变换 $\mathscr{A}$ 可对角化,那么 $\mathscr{A}$ 有 n 个线性无关的特征向量 $\xi_1,\xi_2,\cdots,\xi_n$,满足 $\mathscr{A}(\xi_i)=\lambda_i\xi_i\,(i=1,2,\cdots,n)$,其中 λ_i 是 $\mathscr{A}$ 的特征值. 于是

$$\mathscr{A}(\xi_1,\xi_2,\cdots,\xi_n)=[\xi_1,\xi_2,\cdots,\xi_n]\begin{bmatrix}\lambda_1 & 0 & 0 & \cdots & 0\\ 0 & \lambda_2 & 0 & \cdots & 0\\ \vdots & \vdots & \vdots & & \vdots\\ 0 & 0 & 0 & \cdots & \lambda_n\end{bmatrix}. \tag{25}$$

从(25)式看出,其右端对角矩阵的主对角元恰好是 $\mathscr{A}$ 的全部特征值(重根按重数计算).因此,这个对角矩阵除了主对角元的排列次序外,是由线性变换 $\mathscr{A}$ 唯一决定的.我们把这个对角矩阵称为**线性变换 $\mathscr{A}$ 的标准形**.

例 3 例 2 中的线性变换 $\mathscr{A}$ 是否可对角化?如果 $\mathscr{A}$ 可对角化,求 $\mathscr{A}$ 的标准形.

解 在例 2 中已求出 $\mathscr{A}$ 的属于特征值 3 的两个线性无关特征向量 ξ_1,ξ_2 以及 $\mathscr{A}$ 的属于特征值-6 的一个特征向量 ξ_3.我们从第五章的§4 知道,矩阵 $\boldsymbol{A}$ 的属于不同特征值的特征向量是线性无关的.利用线性空间同构的性质得到,ξ_1,ξ_2,ξ_3 也是线性无关的,因此 $\mathscr{A}$ 可对角化.

由于 $\mathscr{A}$ 的全部特征值是 3(二重),-6,因此 $\mathscr{A}$ 的标准形是

$$\begin{bmatrix}3 & 0 & 0\\ 0 & 3 & 0\\ 0 & 0 & -6\end{bmatrix}.$$

对于不可以对角化的线性变换 $\mathscr{A}$,能不能在 V 中找到一个适当的基,使得 $\mathscr{A}$ 在这个基下的矩阵具有最简单形式呢?这个最简单形式当然不是对角矩阵了,那么它是什么样的矩阵呢?这个问题在下一节中讨论.

习 题 8.2

1. 设 $\mathscr{A}$ 是 K^3 上的一个线性变换:

$$\mathscr{A}\begin{bmatrix}x_1\\ x_2\\ x_3\end{bmatrix}=\begin{bmatrix}x_1+2x_2\\ x_3-x_2\\ x_2-x_3\end{bmatrix},$$

求 $\mathscr{A}$ 在标准基 $\boldsymbol{\varepsilon}_1,\boldsymbol{\varepsilon}_2,\boldsymbol{\varepsilon}_3$ 下的矩阵.

2. 在 $\mathbf{R}^{\mathbf{R}}$ 中,将两个函数

$$f_1=\mathrm{e}^{ax}\cos bx,\quad f_2=\mathrm{e}^{ax}\sin bx$$

所生成的 2 维子空间记作 V.说明求导数 $\mathscr{D}$ 是 V 上的一个线性变换,并且求 $\mathscr{D}$ 在 V 的一个基 f_1,f_2 下的矩阵.

3. 设 $\mathscr{A}$ 是 $M_2(K)$上的一个线性变换:

$$\mathscr{A}(\boldsymbol{X})=\begin{bmatrix}a & b\\ c & d\end{bmatrix}\boldsymbol{X},\quad \forall\,\boldsymbol{X}\in M_2(K),$$

求 $\mathscr{A}$ 在基 $\boldsymbol{E}_{11},\boldsymbol{E}_{12},\boldsymbol{E}_{21},\boldsymbol{E}_{22}$ 下的矩阵.

4. 设 V 是数域 K 上的 n 维线性空间,存在 V 上的线性变换 $\mathscr{A}$ 与 V 中的向量 α,使得

$\mathscr{A}^{n-1}(\alpha)\neq 0$ 且 $\mathscr{A}^n(\alpha)=0$,证明:V 中存在一个基,使得 $\mathscr{A}$ 在这个基下的矩阵是

$$\begin{bmatrix} 0 & 1 & 0 & \cdots & 0 \\ 0 & 0 & 1 & \cdots & 0 \\ \vdots & \vdots & \vdots & & \vdots \\ 0 & 0 & 0 & \cdots & 1 \\ 0 & 0 & 0 & \cdots & 0 \end{bmatrix}.$$

*5. 设 $\mathscr{A}$ 是数域 K 上 n 维线性空间 V 上的一个线性变换,证明:在 $K[x]$中存在一个次数不超过 n^2 的非零多项式 $f(x)$,使得

$$f(\mathscr{A})=\mathscr{O}.$$

6. 设 V 是数域 K 上的 n 维线性空间. K 可看成自身上的线性空间, V 到 K 的线性映射称为 V 上的线性函数. 把 $\mathrm{Hom}(V,K)$记成 V^*,称 V^* 是 V 的**对偶空间**. 证明:$V^*\cong V$.

7. 设 $\mathscr{A}$ 是 n 维线性空间 V 上的一个线性变换,$\mathscr{A}$ 在 V 的一个基下的矩阵是 $\boldsymbol{A}$,证明:$\mathscr{A}$ 是幂等变换当且仅当 $\boldsymbol{A}$ 是幂等矩阵.

8. 已知 K^3 上的线性变换 $\mathscr{A}$ 在标准基 $\boldsymbol{\varepsilon}_1,\boldsymbol{\varepsilon}_2,\boldsymbol{\varepsilon}_3$ 下的矩阵是

$$\boldsymbol{A}=\begin{bmatrix} 15 & -11 & 5 \\ 20 & -15 & 8 \\ 8 & -7 & 6 \end{bmatrix}.$$

设 $\boldsymbol{\eta}_1=[2,3,1]^{\mathrm{T}}$, $\boldsymbol{\eta}_2=[3,4,1]^{\mathrm{T}}$, $\boldsymbol{\eta}_3=[1,2,2]^{\mathrm{T}}$,它们构成 K^3 的一个基,求 $\mathscr{A}$ 在基 $\boldsymbol{\eta}_1,\boldsymbol{\eta}_2,\boldsymbol{\eta}_3$ 下的矩阵 $\boldsymbol{B}$.

9. 设 V 是数域 K 上的 3 维线性空间,V 上的一个线性变换 $\mathscr{A}$ 在 V 的一个基 $\alpha_1,\alpha_2,\alpha_3$ 下的矩阵 $\boldsymbol{A}$ 如下,求 $\mathscr{A}$ 的全部特征值和特征向量:

(1) $\boldsymbol{A}=\begin{bmatrix} 2 & 2 & -2 \\ 2 & 5 & -4 \\ -2 & -4 & 5 \end{bmatrix}$; (2) $\boldsymbol{A}=\begin{bmatrix} 2 & 3 & 2 \\ 1 & 8 & 2 \\ -2 & -14 & -3 \end{bmatrix}$.

10. 第 9 题中的线性变换 $\mathscr{A}$ 是否可对角化? 如果 $\mathscr{A}$ 可对角化,求 $\mathscr{A}$ 的标准形.

11. 设 $\alpha_1,\alpha_2,\alpha_3,\alpha_4$ 是数域 K 上 4 维线性空间 V 的一个基,V 上的线性变换 $\mathscr{A}$ 在这个基下的矩阵为

$$\boldsymbol{A}=\begin{bmatrix} 1 & 0 & 0 & 0 \\ 0 & 0 & 0 & 0 \\ 1 & 0 & 0 & 0 \\ 0 & 0 & 0 & 1 \end{bmatrix}.$$

(1) 求 $\mathscr{A}$ 的全部特征值与特征向量;

(2) 求 V 的一个基,使得 $\mathscr{A}$ 在这个基下的矩阵为对角矩阵,并且写出这个对角矩阵.

*12. 设 V 是数域 K 上的任一线性空间(可以是无限维的),$\mathscr{A}$ 是 V 上的一个线性变换,证明:$\mathscr{A}$ 的属于不同特征值的特征向量是线性无关的.

*§3　若尔当标准形

观察

用 $\mathbf{R}[x]_3$ 表示所有次数小于 3 的实系数一元多项式组成的集合，它是实数域 $\mathbf{R}$ 上的一个线性空间. 求导数 $\mathscr{D}$ 是 $\mathbf{R}[x]_3$ 上的一个线性变换. 在 $\mathbf{R}[x]_3$ 中取一个基 $1,x,\frac{1}{2}x^2$. 由于

$$\mathscr{D}(1)=0,\quad \mathscr{D}(x)=1,\quad \mathscr{D}\left(\frac{1}{2}x^2\right)=x,$$

因此 $\mathscr{D}$ 在基 $1,x,\frac{1}{2}x^2$ 下的矩阵是

$$\boldsymbol{D}=\begin{bmatrix}0&1&0\\0&0&1\\0&0&0\end{bmatrix}. \tag{1}$$

$\mathscr{D}$ 的特征多项式是

$$|\lambda\boldsymbol{I}-\boldsymbol{D}|=\begin{vmatrix}\lambda&-1&0\\0&\lambda&-1\\0&0&\lambda\end{vmatrix}=\lambda^3,$$

因此 $\mathscr{D}$ 的全部特征值是 0(三重).

由于 $\operatorname{rank}(\boldsymbol{D})=2$，因此齐次线性方程组 $(0\cdot\boldsymbol{I}-\boldsymbol{D})\boldsymbol{x}=\boldsymbol{0}$ 的解空间 W 的维数为

$$\dim W=3-2=1,$$

从而 $\mathscr{D}$ 不可以对角化. $\mathscr{D}$ 在基 $1,x,\frac{1}{2}x^2$ 下的矩阵 $\boldsymbol{D}$ 已经是形式最简单的矩阵，像 $\boldsymbol{D}$ 这样的矩阵称为一个若尔当(Jordan)块.

抽象

定义 1　如果数域 K 上的一个 r 阶矩阵形如

$$\begin{bmatrix}a&1&0&\cdots&0&0\\0&a&1&\cdots&0&0\\\vdots&\vdots&\vdots&&\vdots&\vdots\\0&0&0&\cdots&a&1\\0&0&0&\cdots&0&a\end{bmatrix}, \tag{2}$$

则称它为一个 r 阶**若尔当块**(简称**若尔当块**)，记作 $\boldsymbol{J}_r(a)$，其中 a 是主对角元，r 是矩阵的阶数.

1 阶若尔当块就是 1 阶矩阵 $[a]$.

由一些若尔当块组成的分块对角矩阵称为**若尔当形矩阵.**

对角矩阵可以看成由 1 阶若尔当块组成的若尔当形矩阵.

可以证明下述结论[证明可参看文献[1]第六章 §6.11 的定理 1]:

定理 1 设 $\mathscr{A}$ 是复数域上 n 维线性空间 V 上的一个线性变换,则 V 中存在一个基,使得 $\mathscr{A}$ 在这个基下的矩阵为若尔当形矩阵,其主对角元为 $\mathscr{A}$ 的全部特征值,特征值 λ_j 在主对角线上出现的次数等于 λ_j 的代数重数,主对角元是 λ_j 的若尔当块的总数为

$$N(\lambda_j) = \dim V - \operatorname{rank}(\mathscr{A} - \lambda_j \mathscr{I}), \tag{3}$$

其中 t 阶若尔当块 $\boldsymbol{J}_t(\lambda_j)$ 的个数为

$$N(t;\lambda_j) = \operatorname{rank}((\mathscr{A}-\lambda_j\mathscr{I})^{t+1}) + \operatorname{rank}((\mathscr{A}-\lambda_j\mathscr{I})^{t-1}) - 2\operatorname{rank}((\mathscr{A}-\lambda_j\mathscr{I})^{t}). \tag{4}$$

这个若尔当形矩阵在不考虑若尔当块的排列次序的情形下,是被 $\mathscr{A}$ 唯一决定的,称它为 $\mathscr{A}$ 的**若尔当标准形.** ▌

用矩阵的语言来叙述上述结果就是:

定理 2 复数域上的 n 阶矩阵 $\boldsymbol{A}$ 一定相似于一个若尔当形矩阵,其主对角元是 $\boldsymbol{A}$ 的全部特征值,特征值 λ_j 在主对角线上出现的次数等于 λ_j 的代数重数,主对角元是 λ_j 的若尔当块的总数为

$$N(\lambda_j) = n - \operatorname{rank}(\boldsymbol{A} - \lambda_j \boldsymbol{I}), \tag{5}$$

其中 t 阶若尔当块 $\boldsymbol{J}_t(\lambda_j)$ 的个数为

$$N(t;\lambda_j) = \operatorname{rank}((\boldsymbol{A}-\lambda_j\boldsymbol{I})^{t+1}) + \operatorname{rank}((\boldsymbol{A}-\lambda_j\boldsymbol{I})^{t-1}) - 2\operatorname{rank}((\boldsymbol{A}-\lambda_j\boldsymbol{I})^{t}). \tag{6}$$

这个若尔当形矩阵在不考虑若尔当块的排列次序的情形下,是被 $\boldsymbol{A}$ 唯一决定的,称它为 $\boldsymbol{A}$ 的**若尔当标准形.** ▌

示范

例 1 求下述复数域 $\mathbf{C}$ 上的矩阵的若尔当标准形:

$$\boldsymbol{A} = \begin{bmatrix} 2 & 3 & 2 \\ 1 & 8 & 2 \\ -2 & -14 & -3 \end{bmatrix}.$$

解 $\boldsymbol{A}$ 的特征多项式是

$$f(\lambda) = |\lambda\boldsymbol{I} - \boldsymbol{A}| = \begin{vmatrix} \lambda-2 & -3 & -2 \\ -1 & \lambda-8 & -2 \\ 2 & 14 & \lambda+3 \end{vmatrix} = (\lambda-1)(\lambda-3)^2,$$

于是 $\boldsymbol{A}$ 的全部特征值是 1,3(二重).

对于特征值 $\lambda_1=1$,它是 $f(\lambda)$ 的一重根,因此它在 $\boldsymbol{A}$ 的若尔当标准形的主对角线上只出现一次.

对于特征值 $\lambda_2=3$,先求 $\operatorname{rank}(\boldsymbol{A}-3\boldsymbol{I})$. 由于

$$A-3I=\begin{bmatrix}-1 & 3 & 2\\ 1 & 5 & 2\\ -2 & -14 & -6\end{bmatrix}\longrightarrow\begin{bmatrix}-1 & 3 & 2\\ 0 & 8 & 4\\ 0 & 0 & 0\end{bmatrix}.$$

因此 $\mathrm{rank}(A-3I)=2$,从而主对角元为 3 的若尔当块的总数为

$$N(\lambda_2)=3-2=1.$$

综上所述,A 的若尔当标准形为

$$\begin{bmatrix}1 & 0 & 0\\ 0 & 3 & 1\\ 0 & 0 & 3\end{bmatrix}.$$

习　题　8.3

1. 求下列复数域 $\mathbf{C}$ 上的矩阵的若尔当标准形:

(1) $\begin{bmatrix}4 & -5 & 2\\ 5 & -7 & 3\\ 6 & -9 & 4\end{bmatrix}$;　　(2) $\begin{bmatrix}1 & -3 & 4\\ 4 & -7 & 8\\ 6 & -7 & 7\end{bmatrix}$;

(3) $\begin{bmatrix}0 & 1 & 0\\ -4 & 4 & 0\\ -2 & 1 & 2\end{bmatrix}$;　　(4) $\begin{bmatrix}1 & -3 & 3\\ -2 & -6 & 13\\ -1 & -4 & 8\end{bmatrix}$.

2. 证明:n 阶复矩阵 A 的迹等于 A 的 n 个特征值的和.

第九章　欧几里得空间和酉空间

从第四章的§6我们知道：实数域 $\mathbf{R}$ 上的 n 维向量空间 $\mathbf{R}^n$ 中规定了一个内积，就可以定义长度、正交等度量概念.

在实数域 $\mathbf{R}$ 上的线性空间 V 中，是否也可以通过规定一个内积来引进度量的概念？对于复数域 $\mathbf{C}$ 上的线性空间，是否也可以引进度量的概念呢？本章就来讨论这两个问题.

§1　欧几里得空间的结构

我们把第四章的§6介绍的 $\mathbf{R}^n$ 中标准内积的4条性质作为实数域 $\mathbf{R}$ 上的线性空间 V 的内积定义.

定义1　设 V 是实数域 $\mathbf{R}$ 上的线性空间，将 V 上的一个二元函数记作 (α,β). 如果二元函数 (α,β) 满足下述4条性质：对于任意 $\alpha,\beta,\gamma\in V$，$k\in\mathbf{R}$，有

1° $(\alpha,\beta)=(\beta,\alpha)$ **(对称性)**；

2° $(\alpha+\gamma,\beta)=(\alpha,\beta)+(\gamma,\beta)$ **(线性性之一)**；

3° $(k\alpha,\beta)=k(\alpha,\beta)$ **(线性性之二)**；

4° $(\alpha,\alpha)\geqslant 0$，等号成立当且仅当 $\alpha=0$ **(正定性)**，

那么称这个二元函数是 V 上的一个**内积**.

从定义1中的性质2°，3°，1°知，对于任意 $\alpha_1,\alpha_2,\beta\in V$，$k_1,k_2\in\mathbf{R}$，有

$$(k_1\alpha_1+k_2\alpha_2,\beta)=k_1(\alpha_1,\beta)+k_2(\alpha_2,\beta),$$
$$(\alpha,k_1\beta_1+k_2\beta_2)=k_1(\alpha,\beta_1)+k_2(\alpha,\beta_2).$$

例1　在 $\mathbf{R}^3$ 中，设 $\boldsymbol{\alpha}=[a_1,a_2,a_3]^{\mathrm{T}}$，$\boldsymbol{\beta}=[b_1,b_2,b_3]^{\mathrm{T}}$，规定

$$(\boldsymbol{\alpha},\boldsymbol{\beta})=a_1b_1+2a_2b_2+3a_3b_3. \tag{1}$$

容易验证，$(\boldsymbol{\alpha},\boldsymbol{\beta})$ 是 $\mathbf{R}^3$ 上的一个内积，它与 $\mathbf{R}^3$ 上的标准内积不同.

例2　在实数域 $\mathbf{R}$ 上的线性空间 $M_n(\mathbf{R})$ 中，规定一个二元函数

$$(\boldsymbol{A},\boldsymbol{B})=\operatorname{tr}(\boldsymbol{A}\boldsymbol{B}^{\mathrm{T}}), \tag{2}$$

则 $(\boldsymbol{A},\boldsymbol{B})$ 是 $M_n(\mathbf{R})$ 上的一个内积. 理由如下：对于任意 $\boldsymbol{A},\boldsymbol{B}\in M_n(\mathbf{R})$，$k\in\mathbf{R}$，有

$$(\boldsymbol{A},\boldsymbol{B})=\operatorname{tr}(\boldsymbol{A}\boldsymbol{B}^{\mathrm{T}})=\operatorname{tr}((\boldsymbol{A}\boldsymbol{B}^{\mathrm{T}})^{\mathrm{T}})=\operatorname{tr}(\boldsymbol{B}\boldsymbol{A}^{\mathrm{T}})=(\boldsymbol{B},\boldsymbol{A}),$$
$$\begin{aligned}(\boldsymbol{A}+\boldsymbol{C},\boldsymbol{B})&=\operatorname{tr}((\boldsymbol{A}+\boldsymbol{C})\boldsymbol{B}^{\mathrm{T}})=\operatorname{tr}(\boldsymbol{A}\boldsymbol{B}^{\mathrm{T}}+\boldsymbol{C}\boldsymbol{B}^{\mathrm{T}})=\operatorname{tr}(\boldsymbol{A}\boldsymbol{B}^{\mathrm{T}})+\operatorname{tr}(\boldsymbol{C}\boldsymbol{B}^{\mathrm{T}})\\&=(\boldsymbol{A},\boldsymbol{B})+(\boldsymbol{C},\boldsymbol{B}),\end{aligned}$$
$$(k\boldsymbol{A},\boldsymbol{B})=\operatorname{tr}((k\boldsymbol{A})\boldsymbol{B}^{\mathrm{T}})=\operatorname{tr}(k(\boldsymbol{A}\boldsymbol{B}^{\mathrm{T}}))=k\operatorname{tr}(\boldsymbol{A}\boldsymbol{B}^{\mathrm{T}})=k(\boldsymbol{A},\boldsymbol{B}).$$

设 $\boldsymbol{A}=[a_{ij}]\in M_n(\mathbf{R})$，则

$$(\boldsymbol{A},\boldsymbol{A})=\operatorname{tr}(\boldsymbol{A}\boldsymbol{A}^{\mathrm{T}})=\sum_{i=1}^{n}(\boldsymbol{A}\boldsymbol{A}^{\mathrm{T}})(i,i)=\sum_{i=1}^{n}\sum_{j=1}^{n}a_{ij}^{2}\geqslant 0,$$

等号成立当且仅当 $a_{ij}=0(i,j=1,2,\cdots,n)$，即 $\boldsymbol{A}=\boldsymbol{0}$.

例 3　在 $C[a,b]$ 中，规定一个二元函数

$$(f,g)=\int_a^b f(x)g(x)\mathrm{d}x. \tag{3}$$

容易验证，(f,g) 是 $C[a,b]$ 上的一个内积.

定义 2　如果实数域 $\mathbf{R}$ 上的线性空间 V 中给定了一个内积，那么称 V 是一个**实内积空间**. 有限维的实内积空间 V 称为**欧几里得空间**，此时把线性空间 V 的维数叫作欧几里得空间 V 的**维数**.

在实内积空间 V 中，由于有了内积的概念，因此就可以引进长度、角度、正交、距离等度量概念.

定义 3　设 α 是实内积空间 V 中的一个向量，称非负实数 $\sqrt{(\alpha,\alpha)}$ 为向量 α 的**长度**，记作 $|\alpha|$ 或 $\|\alpha\|$.

根据内积的正定性，零向量的长度为 0，非零向量的长度是正数. 我们还可得到

$$|k\alpha|=|k|\,|\alpha|,\quad \forall\,\alpha\in V,k\in\mathbf{R}.$$

事实上，

$$|k\alpha|=\sqrt{(k\alpha,k\alpha)}=\sqrt{k^2(\alpha,\alpha)}=|k|\,|\alpha|.$$

长度为 1 的向量称为**单位向量**. 若 $\alpha\neq 0$，则 $\dfrac{1}{|\alpha|}\alpha$ 是一个单位向量. 把 α 化成 $\dfrac{1}{|\alpha|}\alpha$，这称为把 α **单位化**.

定理 1［柯西-布尼亚科夫斯基(Cauchy-Bunyakovsky)不等式］　在实内积空间 V 中，对于任意向量 α,β，有

$$|(\alpha,\beta)|\leqslant|\alpha|\,|\beta|, \tag{4}$$

等号成立当且仅当 α,β 线性相关.

证明　如果 α,β 线性相关，那么 $\alpha=0$ 或 $\beta=k\alpha(k\in\mathbf{R})$. 若 $\alpha=0$，则

$$|(0,\beta)|=|0(0,\beta)|=0=|0|\,|\beta|;$$

若 $\beta=k\alpha(k\in\mathbf{R})$，则

$$|(\alpha,\beta)|=|(\alpha,k\alpha)|=|k(\alpha,\alpha)|=|k|\,|\alpha|^2=|\alpha|\,|k\alpha|=|\alpha|\,|\beta|.$$

如果 α,β 线性无关，那么对于任意 $t\in\mathbf{R}$，有 $\beta\neq t\alpha$，从而 $t\alpha-\beta\neq 0$. 根据内积的正定性，有

$$0<(t\alpha-\beta,t\alpha-\beta)=t^2|\alpha|^2-2t(\alpha,\beta)+|\beta|^2. \tag{5}$$

这表明，一元二次多项式 $|\alpha|^2x^2-2(\alpha,\beta)x+|\beta|^2$ 没有实根，从而它的判别式小于 0，即

$$4(\alpha,\beta)^2-4|\alpha|^2|\beta|^2<0.$$

由此得出

$$|(\alpha,\beta)|<|\alpha|\,|\beta|.$$

∎

定义 4 在实内积空间中,两个非零向量 α,β 的**夹角** $\langle\alpha,\beta\rangle$ 规定为

$$\langle\alpha,\beta\rangle=\arccos\frac{(\alpha,\beta)}{|\alpha||\beta|},\tag{6}$$

于是 $0\leqslant\langle\alpha,\beta\rangle\leqslant\pi$.

对于非零向量 α,β,从(6)式得

$$\langle\alpha,\beta\rangle=\frac{\pi}{2}\Longleftrightarrow(\alpha,\beta)=0.$$

于是,引入下面的定义:

定义 5 如果 $(\alpha,\beta)=0$,那么称 α 与 β **正交**,记为 $\alpha\perp\beta$.

对于任意 $\beta\in V$,有 $(0,\beta)=0\cdot(0,\beta)=0$,因此零向量与 V 中任意向量正交.若 α 与 V 中一切向量都正交,则 $(\alpha,\alpha)=0$.由内积的正定性得 $\alpha=0$.

推论 1 在实内积空间 V 中,**三角形不等式**成立,即对于任意 $\alpha,\beta\in V$,有

$$|\alpha+\beta|\leqslant|\alpha|+|\beta|.\tag{7}$$

证明 我们有

$$\begin{aligned}|\alpha+\beta|^2&=(\alpha+\beta,\alpha+\beta)=|\alpha|^2+2(\alpha,\beta)+|\beta|^2\\&\leqslant|\alpha|^2+2|\alpha||\beta|+|\beta|^2=(|\alpha|+|\beta|)^2.\end{aligned}$$

由此得出

$$|\alpha+\beta|\leqslant|\alpha|+|\beta|.$$ ▍

推论 2 在实内积空间 V 中,**勾股定理**成立,即如果 α 与 β 正交,那么

$$|\alpha+\beta|^2=|\alpha|^2+|\beta|^2.\tag{8}$$

证明 $|\alpha+\beta|^2=(\alpha+\beta,\alpha+\beta)=|\alpha|^2+2(\alpha,\beta)+|\beta|^2=|\alpha|^2+|\beta|^2.$ ▍

利用数学归纳法可以把勾股定理进行推广:如果实内积空间 V 中的向量 $\alpha_1,\alpha_2,\cdots,\alpha_s$ 两两正交,那么

$$|\alpha_1+\alpha_2+\cdots+\alpha_s|^2=|\alpha_1|^2+|\alpha_2|^2+\cdots+|\alpha_s|^2.$$

定义 6 在实内积空间 V 中,对于任意向量 α,β,规定

$$d(\alpha,\beta)=|\alpha-\beta|,\tag{9}$$

称 $d(\alpha,\beta)$ 是 α 与 β 的**距离**.

设 V 是实内积空间.容易验证,对于任意 $\alpha,\beta,\gamma\in V$,有下列性质:

(1) $d(\alpha,\beta)=d(\beta,\alpha)$ (**对称性**).

理由:$d(\alpha,\beta)=|\alpha-\beta|=|-(\beta-\alpha)|=|(-1)(\beta-\alpha)|=|-1||\beta-\alpha|=|\beta-\alpha|=d(\beta,\alpha)$.

(2) $d(\alpha,\beta)\geqslant0$,等号成立当且仅当 $\alpha=\beta$ (**正定性**).

(3) $d(\alpha,\gamma)\leqslant d(\alpha,\beta)+d(\beta,\gamma)$ (**三角形不等式**).

理由:$d(\alpha,\gamma)=|\alpha-\gamma|=|\alpha-\beta+\beta-\gamma|\leqslant|\alpha-\beta|+|\beta-\gamma|=d(\alpha,\beta)+d(\beta,\gamma)$.

思考

在第四章的§6中我们曾指出:欧几里得空间 $\mathbf{R}^n$ 有标准正交基.那么,任意欧几里得

空间 V 是否也有标准正交基呢？

论证

在欧几里得空间 V 中，由两两正交的非零向量组成的向量组称为**正交向量组**. 由两两正交的单位向量组成的向量组称为**正交单位向量组**.

命题 1　在欧几里得空间 V 中，正交向量组一定线性无关. ▌

证明方法与第四章 §6 中定理 2 的证明方法一样.

在 n 维欧几里得空间 V 中，n 个向量组成的正交向量组一定是 V 的一个基，称它为**正交基**；n 个单位向量组成的正交向量组是 V 的一个正交基，称它为**标准正交基**.

与第四章 §6 中定理 3 的证明方法完全一样，可以证明下述结论：

定理 2　设 $\alpha_1,\alpha_2,\cdots,\alpha_s$ 是欧几里得空间 V 的一个线性无关向量组，令

$$\begin{cases}\beta_1=\alpha_1,\\ \beta_2=\alpha_2-\dfrac{(\alpha_2,\beta_1)}{(\beta_1,\beta_1)}\beta_1,\\ \cdots\cdots\\ \beta_s=\alpha_s-\displaystyle\sum_{j=1}^{s-1}\dfrac{(\alpha_s,\beta_j)}{(\beta_j,\beta_j)}\beta_j,\end{cases}\tag{10}$$

则 $\beta_1,\beta_2,\cdots,\beta_s$ 是正交向量组，并且 $\beta_1,\beta_2,\cdots,\beta_s$ 与 $\alpha_1,\alpha_2,\cdots,\alpha_s$ 等价. ▌

定理 2 中把线性无关的向量组 $\alpha_1,\alpha_2,\cdots,\alpha_s$ 变成与它等价的正交向量组 $\beta_1,\beta_2,\cdots,\beta_s$ 的过程称为**施密特正交化**. 只要再将每个 β_j 单位化，就可得到一个与 $\alpha_1,\alpha_2,\cdots,\alpha_s$ 等价的正交单位向量组 $\eta_1,\eta_2,\cdots,\eta_s$. 因此，$n$ 维欧几里得空间 V 的一个基 $\alpha_1,\alpha_2,\cdots,\alpha_n$ 经过施密特正交化以及单位化，就变成 V 的一个标准正交基 $\eta_1,\eta_2,\cdots,\eta_n$.

由标准正交基的定义知，在 n 维欧几里得空间 V 中，向量组 $\eta_1,\eta_2,\cdots,\eta_n$ 是 V 的一个标准正交基当且仅当

$$(\eta_i,\eta_j)=\delta_{ij},\quad i,j=1,2,\cdots,n.\tag{11}$$

利用标准正交基容易计算向量的内积：设向量 α,β 在 V 的标准正交基 $\eta_1,\eta_2,\cdots,\eta_n$ 下的坐标分别是 $\boldsymbol{x}=[x_1,x_2,\cdots,x_n]^{\mathrm{T}}$，$\boldsymbol{y}=[y_1,y_2,\cdots,y_n]^{\mathrm{T}}$，则

$$\begin{aligned}(\alpha,\beta)&=\left(\sum_{i=1}^n x_i\eta_i,\sum_{j=1}^n y_j\eta_j\right)=\sum_{i=1}^n\sum_{j=1}^n x_iy_j(\eta_i,\eta_j)\\&=\sum_{i=1}^n x_iy_i=\boldsymbol{x}^{\mathrm{T}}\boldsymbol{y}.\end{aligned}\tag{12}$$

利用标准正交基，向量的坐标的分量可以用内积表达：设向量 α 在标准正交基 $\eta_1,\eta_2,\cdots,\eta_n$ 下的坐标为 $[x_1,x_2,\cdots,x_n]^{\mathrm{T}}$，则

$$\alpha=\sum_{i=1}^n x_i\eta_i.$$

上式两边用 $\eta_j(j=1,2,\cdots,n)$ 做内积,得

$$(\alpha,\eta_j)=\left(\sum_{i=1}^{n}x_i\eta_i,\eta_j\right)=\sum_{i=1}^{n}x_i(\eta_i,\eta_j)=x_j,$$

因此

$$\alpha=\sum_{i=1}^{n}(\alpha,\eta_i)\eta_i. \tag{13}$$

称(13)式为 α 的**傅里叶(Fourier)展开**,其中每个系数 (α,η_i) 都称为 α 的**傅里叶系数**.

命题 2 在欧几里得空间 V 中,标准正交基到标准正交基的过渡矩阵是正交矩阵.

证明 设 V 的维数是 n,并设 $\eta_1,\eta_2,\cdots,\eta_n$ 与 $\beta_1,\beta_2,\cdots,\beta_n$ 是 V 的两个标准正交基,$\boldsymbol{P}$ 是基 $\eta_1,\eta_2,\cdots,\eta_n$ 到基 $\beta_1,\beta_2,\cdots,\beta_n$ 的过渡矩阵,即

$$[\beta_1,\beta_2,\cdots,\beta_n]=[\eta_1,\eta_2,\cdots,\eta_n]\boldsymbol{P}, \tag{14}$$

于是 $\boldsymbol{P}$ 的第 j 列 $\boldsymbol{y}_j$ 是 $\beta_j(j=1,2,\cdots,n)$ 在标准正交基 $\eta_1,\eta_2,\cdots,\eta_n$ 下的坐标,从而

$$(\beta_i,\beta_j)=\boldsymbol{y}_i^{\mathrm{T}}\boldsymbol{y}_j,\quad i,j=1,2,\cdots,n. \tag{15}$$

由于 $\beta_1,\beta_2,\cdots,\beta_n$ 是标准正交基,因此

$$(\beta_i,\beta_j)=\delta_{ij},\quad i,j=1,2,\cdots,n. \tag{16}$$

从(15)式和(16)式得

$$\boldsymbol{y}_i^{\mathrm{T}}\boldsymbol{y}_j=\delta_{ij},\quad i,j=1,2,\cdots,n. \tag{17}$$

根据第四章 § 6 的定理 1,$\boldsymbol{P}$ 是正交矩阵. ▌

命题 3 在 n 维欧几里得空间 V 中,设 $\eta_1,\eta_2,\cdots,\eta_n$ 是一个标准正交基,向量组 $\beta_1,\beta_2,\cdots,\beta_n$ 满足

$$[\beta_1,\beta_2,\cdots,\beta_n]=[\eta_1,\eta_2,\cdots,\eta_n]\boldsymbol{P},$$

其中 $\boldsymbol{P}$ 是正交矩阵,则 $\beta_1,\beta_2,\cdots,\beta_n$ 是 V 的一个标准正交基.

证明 $\boldsymbol{P}$ 的第 j 列 $\boldsymbol{y}_j$ 是 $\beta_j(j=1,2,\cdots,n)$ 在标准正交基 $\eta_1,\eta_2,\cdots,\eta_n$ 下的坐标. 由于 $\boldsymbol{P}$ 是正交矩阵,因此

$$\boldsymbol{y}_i^{\mathrm{T}}\boldsymbol{y}_j=\delta_{ij},\quad i,j=1,2,\cdots,n, \tag{18}$$

从而

$$(\beta_i,\beta_j)=\boldsymbol{y}_i^{\mathrm{T}}\boldsymbol{y}_j=\delta_{ij},\quad i,j=1,2,\cdots,n. \tag{19}$$

所以,$\beta_1,\beta_2,\cdots,\beta_n$ 是 V 的一个标准正交基. ▌

思考

对于实数域 $\mathbf{R}$ 上的一个线性空间 V,当指定不同的内积时,V 便成为不同的实内积空间. 这些实内积空间之间有什么关系呢? 对实数域 $\mathbf{R}$ 上不同的线性空间各自指定一个内积,在成为实内积空间后它们之间又有什么关系?

分析

定义 7 设 V 和 V' 都是实内积空间. 如果存在 V 到 V' 的一个双射 σ,使得对于任意

$\alpha,\beta\in V,k\in\mathbf{R}$,有

$$\sigma(\alpha+\beta)=\sigma(\alpha)+\sigma(\beta),\quad \sigma(k\alpha)=k\sigma(\alpha),\quad (\sigma(\alpha),\sigma(\beta))=(\alpha,\beta),$$

那么称 σ 是 V 到 V' 的一个**同构映射**,此时也称 V 与 V' 是**同构**的,记作 $V\cong V'$.

从定义 7 看出,实内积空间 V 到实内积空间 V' 的一个同构映射 σ 首先是实数域 $\mathbf{R}$ 上线性空间 V 到线性空间 V' 的一个同构映射,其次保持内积,因此 σ 既具有线性空间的同构映射的性质,又具有与内积有关的性质. 譬如,σ 把 V 的一个标准正交基映成 V' 的一个标准正交基. 理由如下:设 $\eta_1,\eta_2,\cdots,\eta_n$ 是 V 的一个标准正交基,则

$$(\eta_i,\eta_j)=\delta_{ij},\quad i,j=1,2,\cdots,n,$$

从而

$$(\sigma(\eta_i),\sigma(\eta_j))=(\eta_i,\eta_j)=\delta_{ij},\quad i,j=1,2,\cdots,n.$$

因此,$\sigma(\eta_1),\sigma(\eta_2),\cdots,\sigma(\eta_n)$ 不仅是 V' 的一个基(根据线性空间的同构映射的性质),而且是 V' 的一个标准正交基.

定理 3　两个欧几里得空间同构的充要条件是它们的维数相同.

证明　设 V 和 V' 都是欧几里得空间.

必要性　由于 V 和 V' 作为线性空间也同构,因此它们的维数相同.

充分性　设 V 与 V' 的维数相同,都是 n. 在 V 和 V' 中各取一个标准正交基:$\eta_1,\eta_2,\cdots,\eta_n$ 和 $\delta_1,\delta_2,\cdots,\delta_n$. 令

$$\sigma\colon V\to V',$$

$$\alpha=\sum_{i=1}^{n}x_i\eta_i\mapsto\sum_{i=1}^{n}x_i\delta_i,$$

则 σ 是线性空间 V 到线性空间 V' 的一个同构映射. 设 $\beta=\sum_{i=1}^{n}y_i\eta_i$,则 $\sigma(\beta)=\sum_{i=1}^{n}y_i\delta_i$. 又有 $\sigma(\alpha)=\sum_{i=1}^{n}x_i\delta_i$,于是

$$(\sigma(\alpha),\sigma(\beta))=\sum_{i=1}^{n}x_iy_i=(\alpha,\beta).$$

因此,σ 是实内积空间 V 到实内积空间 V' 的一个同构映射,从而 $V\cong V'$. ▌

从定理 3 得出,**任一 n 维欧几里得空间 V 都与定义了标准内积的欧几里得空间 $\mathbf{R}^n$ 同构**,并且一个同构映射是

$$\sigma\colon V\to\mathbf{R}^n,$$

$$\alpha=\sum_{i=1}^{n}x_i\eta_i\mapsto(x_1,x_2,\cdots,x_n)^{\mathrm{T}},$$

其中 $\eta_1,\eta_2,\cdots,\eta_n$ 是 V 的一个标准正交基.

***命题 4**　设 V 和 V' 都是实内积空间. 如果 σ 是 V 到 V' 的一个同构映射,那么 σ^{-1} 是 V' 到 V 的一个同构映射.

证明 由于$\sigma: V\to V'$是双射,因此σ可逆,从而$\sigma^{-1}: V'\to V$也可逆.于是,σ^{-1}是双射,并且

$$\sigma(\alpha)=\alpha',\ \forall\,\alpha\in V \Longleftrightarrow \sigma^{-1}(\alpha')=\alpha,\ \forall\,\alpha'\in V'.$$

任给$\alpha',\beta'\in V'$,则存在$\alpha,\beta\in V$,使得$\sigma(\alpha)=\alpha'$,$\sigma(\beta)=\beta'$,从而

$$\sigma^{-1}(\alpha')=\alpha,\quad \sigma^{-1}(\beta')=\beta.$$

于是

$$\begin{aligned}\sigma^{-1}(\alpha'+\beta')&=\sigma^{-1}(\sigma(\alpha)+\sigma(\beta))=\sigma^{-1}(\sigma(\alpha+\beta))=(\sigma^{-1}\sigma)(\alpha+\beta)\\&=1_V(\alpha+\beta)=\alpha+\beta=\sigma^{-1}(\alpha')+\sigma^{-1}(\beta'),\\ \sigma^{-1}(k\alpha')&=\sigma^{-1}(k\sigma(\alpha))=\sigma^{-1}(\sigma(k\alpha))=\sigma^{-1}\sigma(k\alpha)\\&=1_V(k\alpha)=k\alpha=k\sigma^{-1}(\alpha'),\quad \forall\,k\in K,\\ (\alpha',\beta')&=(\sigma(\alpha),\sigma(\beta))=(\alpha,\beta)=(\sigma^{-1}(\alpha'),\sigma^{-1}(\beta')).\end{aligned}$$

因此,σ^{-1}是V'到V的一个同构映射. ▌

***命题 5** 设V,V',V''都是实内积空间.若σ是V到V'的一个同构映射,τ是V'到V''的一个同构映射,则$\tau\sigma$是V到V''的一个同构映射.

证明 由于$\sigma: V\to V'$是双射,因此σ可逆;由于$\tau: V'\to V''$是双射,因此τ可逆.又由于

$$(\tau\sigma)(\sigma^{-1}\tau^{-1})=\tau(\sigma\sigma^{-1})\tau^{-1}=\tau 1_{V'}\tau^{-1}=\tau\tau^{-1}=1_{V''},$$

$$(\sigma^{-1}\tau^{-1})(\tau\sigma)=\sigma^{-1}(\tau^{-1}\tau)\sigma=\sigma^{-1}1_{V'}\sigma=\sigma^{-1}\sigma=1_V,$$

因此$\tau\sigma$是V到V''的可逆映射,从而$\tau\sigma$是双射.

任取$\alpha,\beta\in V,k\in K$,有

$$\begin{aligned}\tau\sigma(\alpha+\beta)&=\tau(\sigma(\alpha+\beta))=\tau(\sigma(\alpha)+\sigma(\beta))=\tau(\sigma(\alpha))+\tau(\sigma(\beta))\\&=\tau\sigma(\alpha)+\tau\sigma(\beta),\\ \tau\sigma(k\alpha)&=\tau(\sigma(k\alpha))=\tau(k\sigma(\alpha))=k(\tau\sigma(\alpha)),\\ (\tau\sigma(\alpha),\tau\sigma(\beta))&=\tau(\sigma(\alpha),\sigma(\beta))=(\sigma(\alpha),\sigma(\beta))=(\alpha,\beta).\end{aligned}$$

综上所述,$\tau\sigma$是V到V''的一个同构映射.

同构作为实内积空间之间的关系具有反身性(因为恒等变换是同构映射)、对称性(由命题4得到)、传递性(由命题5得到).

习 题 9.1

1. 在$\mathbf{R}^2$中,对于任意$\boldsymbol{\alpha}=[x_1,x_2]^{\mathrm{T}}$,$\boldsymbol{\beta}=[y_1,y_2]^{\mathrm{T}}$,规定

$$(\boldsymbol{\alpha},\boldsymbol{\beta})=x_1y_1-x_1y_2-x_2y_1+4x_2y_2.$$

这是$\mathbf{R}^2$上的一个二元函数.判断$(\boldsymbol{\alpha},\boldsymbol{\beta})$是不是$\mathbf{R}^2$上的一个内积.

2. 在实数域$\mathbf{R}$上的线性空间$M_n(\mathbf{R})$中,规定一个二元函数

$$f(\boldsymbol{A},\boldsymbol{B})=\mathrm{tr}(\boldsymbol{AB}),\quad \forall\,\boldsymbol{A},\boldsymbol{B}\in M_n(\mathbf{R}).$$

判断$f(\boldsymbol{A},\boldsymbol{B})$是不是$M_n(\mathbf{R})$上的一个内积.

3. 在$\mathbf{R}^n$中,对于任意两个向量$\boldsymbol{\alpha},\boldsymbol{\beta}$,规定

$$(\boldsymbol{\alpha},\boldsymbol{\beta})=\boldsymbol{\alpha}^{\mathrm{T}}\boldsymbol{A}\boldsymbol{\beta},$$

其中 $\boldsymbol{A}$ 是一个 n 阶正定矩阵. 这是 $\mathbf{R}^n$ 上的一个二元函数. 证明：$(\boldsymbol{\alpha},\boldsymbol{\beta})$是 $\mathbf{R}^n$ 上的一个内积.

4. 在 $\mathbf{R}^4$ 中,给定了标准内积,求 $\boldsymbol{\alpha}$ 与 $\boldsymbol{\beta}$ 的夹角$\langle\boldsymbol{\alpha},\boldsymbol{\beta}\rangle$,其中

$$\boldsymbol{\alpha}=[1,-1,4,0]^{\mathrm{T}},\quad \boldsymbol{\beta}=[3,1,-2,2]^{\mathrm{T}}.$$

5. 在 $\mathbf{R}[x]_3$ 中,给定一个内积

$$(f(x),g(x))=\int_{-1}^{1}f(x)g(x)\mathrm{d}x.$$

求 $\mathbf{R}[x]_3$ 的一个标准正交基.

6. 设 V 是 3 维欧几里得空间,$\alpha_1,\alpha_2,\alpha_3$ 是 V 的一个基,令

$$\boldsymbol{A}=\begin{bmatrix}(\alpha_1,\alpha_1) & (\alpha_1,\alpha_2) & (\alpha_1,\alpha_3)\\(\alpha_2,\alpha_1) & (\alpha_2,\alpha_2) & (\alpha_2,\alpha_3)\\(\alpha_3,\alpha_1) & (\alpha_3,\alpha_2) & (\alpha_3,\alpha_3)\end{bmatrix},$$

称 $\boldsymbol{A}$ 是基 $\alpha_1,\alpha_2,\alpha_3$ 的**度量矩阵**. 设

$$\boldsymbol{A}=\begin{bmatrix}1 & 0 & 1\\0 & 10 & -2\\1 & -2 & 2\end{bmatrix},$$

由此求 V 的一个标准正交基.

7. 设 η_1,η_2,η_3 是 3 维欧几里得空间 V 的一个标准正交基,令

$$\beta_1=\frac{1}{3}(2\eta_1-\eta_2+2\eta_3),\quad \beta_2=\frac{1}{3}(2\eta_1+2\eta_2-\eta_3),\quad \beta_3=\frac{1}{3}(\eta_1-2\eta_2-2\eta_3),$$

证明：β_1,β_2,β_3 是 V 的一个标准正交基.

8. 设 $\eta_1,\eta_2,\eta_3,\eta_4,\eta_5$ 是 5 维欧几里得空间 V 的一个标准正交基,$V_1=\langle\alpha_1,\alpha_2,\alpha_3\rangle$,其中

$$\alpha_1=\eta_1+2\eta_3-\eta_5,\quad \alpha_2=\eta_2-\eta_3+\eta_4,\quad \alpha_3=-\eta_2+\eta_3+\eta_5.$$

(1) 求(α_i,α_j),$i,j=1,2,3$;

(2) 求 V_1 的一个正交基.

*9. 在 $\mathbf{R}^2$ 中指定一个内积

$$(\boldsymbol{\alpha},\boldsymbol{\beta})=x_1y_1+2x_2y_2,$$

其中 $\boldsymbol{\alpha}=[x_1,x_2]^{\mathrm{T}}$,$\boldsymbol{\beta}=[y_1,y_2]^{\mathrm{T}}$,并把由此构成的欧几里得空间记作 V. 找出 V 到指定标准内积的欧几里得空间 $\mathbf{R}^2$ 的一个同构映射.

10. 设 $\alpha_1,\alpha_2,\cdots,\alpha_m$ 是 n 维欧几里得空间 V 的一个向量组,令

$$\boldsymbol{A}=\begin{bmatrix}(\alpha_1,\alpha_1) & (\alpha_1,\alpha_2) & \cdots & (\alpha_1,\alpha_m)\\(\alpha_2,\alpha_1) & (\alpha_2,\alpha_2) & \cdots & (\alpha_2,\alpha_m)\\\vdots & \vdots & & \vdots\\(\alpha_m,\alpha_1) & (\alpha_m,\alpha_2) & \cdots & (\alpha_m,\alpha_m)\end{bmatrix},$$

称 $\boldsymbol{A}$ 是向量组 $\alpha_1,\alpha_2,\cdots,\alpha_m$ 的**格拉姆(Gram)矩阵**,记作 $\boldsymbol{G}(\alpha_1,\alpha_2,\cdots,\alpha_m)$,并且把 $|\boldsymbol{A}|=|\boldsymbol{G}(\alpha_1,\alpha_2,\cdots,\alpha_m)|$称为这个向量组的**格拉姆行列式**. 证明：

$$|\boldsymbol{G}(\alpha_1,\alpha_2,\cdots,\alpha_m)|\geqslant 0,$$

等号成立当且仅当 $\alpha_1,\alpha_2,\cdots,\alpha_m$ 线性相关.

11. 在 n 维欧几里得空间 V 中,线性无关的向量组 $\alpha_1,\alpha_2,\cdots,\alpha_m$ 张成的"m 维平行 $2m$ 面体"的体积 $V(\alpha_1,\alpha_2,\cdots,\alpha_m)$规定如下:

$$(V(\alpha_1,\alpha_2,\cdots,\alpha_m))^2=|\boldsymbol{G}(\alpha_1,\alpha_2,\cdots,\alpha_m)|.$$

当 $m=2,3$ 时,分别给出计算$(V(\alpha_1,\alpha_2,\cdots,\alpha_m))^2$ 的表达式,并说明其"几何意义".

§2 正交补·正交投影

观察

在几何空间中,设 π 是过原点 O 的一个平面,l 是过原点 O 且与平面 π 垂直的一条直线,则 l 上的每个向量与平面 π 上的每个向量都正交.我们称 l 是 π 的正交补.

在一般的欧几里得空间 V 中,对于它的任一子空间 U,也有正交补的概念.正交补具有什么性质呢?本节我们就来讨论这一问题.

分析

设 V 是一个实内积空间,V_1 是 V 的任一线性子空间.由于 V_1 中的每两个向量之间有内积(按照 V 上指定的内积进行计算),因此 V_1 也成为实内积空间,称 V_1 是实内积空间 V 的一个**子空间**.

定义 1 设 V 是实内积空间,S 是 V 的一个非空子集.我们把 V 中与 S 的每个向量都正交的所有向量组成的集合叫作 S 的**正交补**,记作 $S^{\perp}$,即

$$S^{\perp}=\{\alpha\in V\mid(\alpha,\beta)=0,\forall\beta\in S\}.\tag{1}$$

容易验证,定义 1 中 $S^{\perp}$ 是 V 的一个子空间.

定理 1 设 U 是 n 维欧几里得空间 V 的一个子空间,则

$$V=U\oplus U^{\perp}.\tag{2}$$

证明 在 U 中取一个标准正交基 $\eta_1,\eta_2,\cdots,\eta_m$,可以把它扩充成 V 的一个标准正交基 $\eta_1,\eta_2,\cdots,\eta_m,\eta_{m+1},\cdots,\eta_n$(先将 $\eta_1,\eta_2,\cdots,\eta_m$ 扩充成 V 的一个基,然后进行施密特正交化和单位化,就可得到 V 的一个标准正交基),于是

$$\begin{aligned}V&=\langle\eta_1,\eta_2,\cdots,\eta_m,\eta_{m+1},\cdots,\eta_n\rangle\\&=\langle\eta_1,\eta_2,\cdots,\eta_m\rangle+\langle\eta_{m+1},\cdots,\eta_n\rangle\\&=U+\langle\eta_{m+1},\cdots,\eta_n\rangle.\end{aligned}$$

由于当 $i\neq j$ 时有$(\eta_i,\eta_j)=0$,因此$\langle\eta_{m+1},\cdots,\eta_n\rangle$中每个向量都与 U 中每个向量正交,从而$\langle\eta_{m+1},\cdots,\eta_n\rangle\subseteq U^{\perp}$.反之,任取 $U^{\perp}$ 中一个向量 β,设

$$\beta=b_1\eta_1+b_2\eta_2+\cdots+b_m\eta_m+b_{m+1}\eta_{m+1}+\cdots+b_n\eta_n,$$

其中 $b_i\in\mathbf{R}(i=1,2,\cdots,n)$. 由于$(\beta,\eta_j)=0(j=1,2,\cdots,m)$,因此 $b_j=0(j=1,2,\cdots,m)$,从而 $\beta=b_{m+1}\eta_{m+1}+\cdots+b_n\eta_n\in\langle\eta_{m+1},\cdots,\eta_n\rangle$. 于是 $U^{\perp}\subseteq\langle\eta_{m+1},\cdots,\eta_n\rangle$,从而

$$U^{\perp}=\langle\eta_{m+1},\cdots,\eta_n\rangle.$$

因此 $V=U+U^{\perp}$.

任取 $\alpha\in U\cap U^{\perp}$. 由于 $\alpha\in U^{\perp}$,因此 α 与 U 中每个向量都正交. 又由于 $\alpha\in U$,因此 $(\alpha,\alpha)=0$. 由内积的正定性得 $\alpha=0$,所以 $U\cap U^{\perp}=0$,从而 $V=U\oplus U^{\perp}$. ▌

定理 1 从子空间的角度揭示了欧几里得空间 V 的结构: V 是它的任一子空间 U 与 $U^{\perp}$ 的直和,于是 U 的一个标准正交基与 $U^{\perp}$ 的一个标准正交基合起来是 V 的一个标准正交基(根据第七章 §2 的定理 8,它们合起来是 V 的一个基,又知它们是两两正交的单位向量);并且,V 中每个向量 α 可以唯一地分解成

$$\alpha=\alpha_1+\alpha_2,\quad \alpha_1\in U,\alpha_2\in U^{\perp},\tag{3}$$

从而有 V 上的线性变换 $\mathscr{P}_U:\alpha\mapsto\alpha_1$. 我们把 $\mathscr{P}_U$ 称为 **V 在 U 上的正交投影**,并把 α_1 称为 **α 在 U 上的正交投影**. 从(3)式得,当 $\alpha_1\in U$ 时,α_1 是 α 在 U 上的正交投影当且仅当 $\alpha-\alpha_1\in U^{\perp}$.

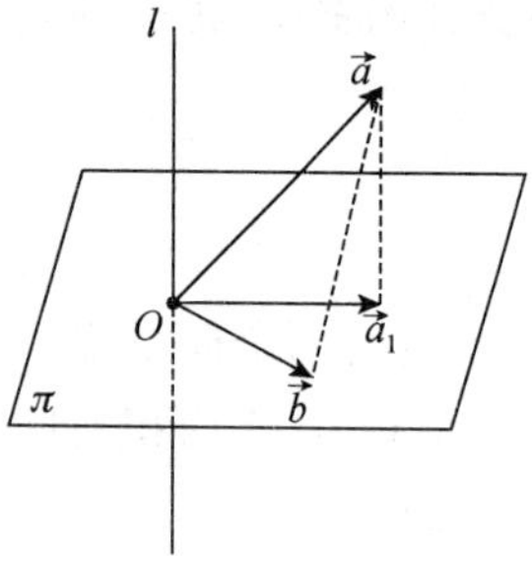

图　9-1

在几何空间中,设 π 是过原点 O 的一个平面,l 是过原点 O 且与平面 π 垂直的一条直线,则 $l=\pi^{\perp}$. 根据立体几何的结论"从平面外一点向平面引垂线段和斜线段,则垂线段比任何一条斜线段都短"得,向量 $\vec{a}$ 与它在平面 π 上的正交投影 $\vec{a}_1$ 的距离最短,即 $d(\vec{a},\vec{a}_1)\leqslant d(\vec{a},\vec{b}),\forall\vec{b}\in\pi$,如图 9-1 所示. 由此受到启发,我们猜测有下述结论并且给予证明:

定理 2　设 U 是欧几里得空间 V 的一个子空间,$\alpha\in V,\alpha_1\in U$,则 α_1 是 α 在 U 上的正交投影当且仅当

$$d(\alpha,\alpha_1)\leqslant d(\alpha,\gamma),\quad\forall\gamma\in U.\tag{4}$$

证明　必要性　设 α_1 是 α 在 U 上的正交投影,则 $\alpha-\alpha_1\in U^{\perp}$,从而对于任意 $\gamma\in U$,有

$$(\alpha-\alpha_1)\perp(\alpha_1-\gamma).$$

由勾股定理得

$$\begin{aligned}|\alpha-\alpha_1|^2+|\alpha_1-\gamma|^2&=|(\alpha-\alpha_1)+(\alpha_1-\gamma)|^2\\&=|\alpha-\gamma|^2.\end{aligned}$$

由此得 $|\alpha-\alpha_1|\leqslant|\alpha-\gamma|$,即 $d(\alpha,\alpha_1)\leqslant d(\alpha,\gamma)$.

充分性　设(4)式成立. 假设 δ 是 α 在 U 上的正交投影. 根据必要性得 $d(\alpha,\delta)\leqslant d(\alpha,\alpha_1)$,再结合(4)式得

$$d(\alpha,\delta)=d(\alpha,\alpha_1).$$

由于 $\alpha-\delta\in U^{\perp},\delta-\alpha_1\in U$,因此

$$|\alpha-\alpha_1|^2=|(\alpha-\delta)+(\delta-\alpha_1)|^2=|\alpha-\delta|^2+|\delta-\alpha_1|^2.$$

由此得 $|\delta-\alpha_1|^2=0$,因此 $\delta=\alpha_1$. ▌

正交投影有重要的应用,下面给出一个例子.

在实际问题中，由观测数据列出的线性方程组 $\boldsymbol{Ax}=\boldsymbol{\beta}$ 可能无解，其中 $\boldsymbol{A}=[a_{ij}]_{s\times n}$，$\boldsymbol{\beta}=[b_1,b_2,\cdots,b_s]^{\mathrm{T}}$. 当线性方程组 $\boldsymbol{Ax}=\boldsymbol{\beta}$ 无解时，由于实际问题的需要，我们想找到一个向量 $\boldsymbol{\alpha}=[c_1,c_2,\cdots,c_n]^{\mathrm{T}}$，使得当 $x_1=c_1,x_2=c_2,\cdots,x_n=c_n$ 时，式子

$$\sum_{i=1}^{s}[(a_{i1}c_1+a_{i2}c_2+\cdots+a_{in}c_n)-b_i]^2 \tag{5}$$

达到最小值. 这时，称向量 $\boldsymbol{\alpha}$ 为线性方程组 $\boldsymbol{Ax}=\boldsymbol{\beta}$ 的**最小二乘解**. 如何求线性方程组 $\boldsymbol{Ax}=\boldsymbol{\beta}$ 的最小二乘解呢？

把 $\boldsymbol{A}$ 的行向量组记作 $\boldsymbol{\gamma}_1,\boldsymbol{\gamma}_2,\cdots,\boldsymbol{\gamma}_s$. (5)式是平方和的形式，这使我们联想到它是欧几里得空间 $\mathbf{R}^s$（指定的内积是标准内积）中某个向量的长度的平方. 这个向量的第 i 个分量是

$$(a_{i1}c_1+a_{i2}c_2+\cdots+a_{in}c_n)-b_i=\boldsymbol{\gamma}_i\boldsymbol{\alpha}-b_i,\quad i=1,2,\cdots,s,$$

因此这个向量是

$$\begin{bmatrix}\boldsymbol{\gamma}_1\boldsymbol{\alpha}-b_1\\ \boldsymbol{\gamma}_2\boldsymbol{\alpha}-b_2\\ \vdots\\ \boldsymbol{\gamma}_s\boldsymbol{\alpha}-b_s\end{bmatrix}=\begin{bmatrix}\boldsymbol{\gamma}_1\boldsymbol{\alpha}\\ \boldsymbol{\gamma}_2\boldsymbol{\alpha}\\ \vdots\\ \boldsymbol{\gamma}_s\boldsymbol{\alpha}\end{bmatrix}-\begin{bmatrix}b_1\\ b_2\\ \vdots\\ b_s\end{bmatrix}=\boldsymbol{A\alpha}-\boldsymbol{\beta}. \tag{6}$$

于是，$\boldsymbol{\alpha}$ 是线性方程组 $\boldsymbol{Ax}=\boldsymbol{\beta}$ 的最小二乘解当且仅当 $\boldsymbol{A\alpha}-\boldsymbol{\beta}$ 的长度 $|\boldsymbol{A\alpha}-\boldsymbol{\beta}|$ 最小，即对于任意 $\boldsymbol{x}\in\mathbf{R}^n$，有

$$|\boldsymbol{A\alpha}-\boldsymbol{\beta}|\leqslant|\boldsymbol{Ax}-\boldsymbol{\beta}|.$$

设 $\boldsymbol{A}$ 的列向量组是 $\boldsymbol{\alpha}_1,\boldsymbol{\alpha}_2,\cdots,\boldsymbol{\alpha}_n$，则 $\boldsymbol{x}\in\mathbf{R}^n$ 当且仅当

$$\boldsymbol{Ax}=x_1\boldsymbol{\alpha}_1+x_2\boldsymbol{\alpha}_2+\cdots+x_n\boldsymbol{\alpha}_n\in\langle\boldsymbol{\alpha}_1,\boldsymbol{\alpha}_2,\cdots,\boldsymbol{\alpha}_n\rangle.$$

把 $\boldsymbol{A}$ 的列空间 $\langle\boldsymbol{\alpha}_1,\boldsymbol{\alpha}_2,\cdots,\boldsymbol{\alpha}_n\rangle$ 记作 U，于是

$$\begin{aligned}
\boldsymbol{\alpha}\text{ 是线性方程组 }\boldsymbol{Ax}=\boldsymbol{\beta}\text{ 的最小二乘解}&\Longleftrightarrow |\boldsymbol{A\alpha}-\boldsymbol{\beta}|\leqslant|\boldsymbol{Ax}-\boldsymbol{\beta}|,\ \forall\,\boldsymbol{x}\in\mathbf{R}^n\\
&\Longleftrightarrow |\boldsymbol{A\alpha}-\boldsymbol{\beta}|\leqslant|\boldsymbol{\gamma}-\boldsymbol{\beta}|,\ \forall\,\boldsymbol{\gamma}\in U\\
&\Longleftrightarrow d(\boldsymbol{A\alpha},\boldsymbol{\beta})\leqslant d(\boldsymbol{\gamma},\boldsymbol{\beta}),\ \forall\,\boldsymbol{\gamma}\in U\\
&\Longleftrightarrow \boldsymbol{A\alpha}\text{ 是 }\boldsymbol{\beta}\text{ 在 }U\text{ 上的正交投影}\\
&\Longleftrightarrow \boldsymbol{\beta}-\boldsymbol{A\alpha}\in U^{\perp}\\
&\Longleftrightarrow (\boldsymbol{\beta}-\boldsymbol{A\alpha},\boldsymbol{\alpha}_j)=0,\ j=1,2,\cdots,n\\
&\Longleftrightarrow \boldsymbol{\alpha}_j^{\mathrm{T}}(\boldsymbol{\beta}-\boldsymbol{A\alpha})=0,\ j=1,2,\cdots,n\\
&\Longleftrightarrow \boldsymbol{A}^{\mathrm{T}}(\boldsymbol{\beta}-\boldsymbol{A\alpha})=\boldsymbol{0}\\
&\Longleftrightarrow \boldsymbol{A}^{\mathrm{T}}\boldsymbol{A\alpha}=\boldsymbol{A}^{\mathrm{T}}\boldsymbol{\beta}\\
&\Longleftrightarrow \boldsymbol{\alpha}\text{ 是线性方程组 }(\boldsymbol{A}^{\mathrm{T}}\boldsymbol{A})\boldsymbol{x}=\boldsymbol{A}^{\mathrm{T}}\boldsymbol{\beta}\text{ 的解.}
\end{aligned}$$

由于

$$\operatorname{rank}[\boldsymbol{A}^{\mathrm{T}}\boldsymbol{A},\boldsymbol{A}^{\mathrm{T}}\boldsymbol{\beta}]=\operatorname{rank}(\boldsymbol{A}^{\mathrm{T}}[\boldsymbol{A},\boldsymbol{\beta}])\leqslant\operatorname{rank}(\boldsymbol{A}^{\mathrm{T}})=\operatorname{rank}(\boldsymbol{A}^{\mathrm{T}}\boldsymbol{A}),$$

又

$$\operatorname{rank}[\boldsymbol{A}^{\mathrm{T}}\boldsymbol{A},\boldsymbol{A}^{\mathrm{T}}\boldsymbol{\beta}]\geqslant\operatorname{rank}(\boldsymbol{A}^{\mathrm{T}}\boldsymbol{A}),$$

因此

$$\text{rank}[\boldsymbol{A}^{\mathrm{T}}\boldsymbol{A},\boldsymbol{A}^{\mathrm{T}}\boldsymbol{\beta}]=\text{rank}(\boldsymbol{A}^{\mathrm{T}}\boldsymbol{A}),$$

从而线性方程组$(\boldsymbol{A}^{\mathrm{T}}\boldsymbol{A})\boldsymbol{x}=\boldsymbol{A}^{\mathrm{T}}\boldsymbol{\beta}$一定有解. 这样，我们就把求线性方程组$\boldsymbol{A}\boldsymbol{x}=\boldsymbol{\beta}$的最小二乘解归结为求线性方程组$(\boldsymbol{A}^{\mathrm{T}}\boldsymbol{A})\boldsymbol{x}=\boldsymbol{A}^{\mathrm{T}}\boldsymbol{\beta}$的解.

习　题　9.2

1. 设U是欧几里得空间$\mathbf{R}^4$(指定的内积是标准内积)的一个子空间，$U=\langle\boldsymbol{\alpha}_1,\boldsymbol{\alpha}_2\rangle$，其中

$$\boldsymbol{\alpha}_1=[1,1,2,1]^{\mathrm{T}},\quad \boldsymbol{\alpha}_2=[1,0,0,-2]^{\mathrm{T}},$$

求$U^{\perp}$的维数和一个正交基.

2. 设V是一个n维欧几里得空间，$\alpha\in V$且$\alpha\neq 0$，求$\langle\alpha\rangle^{\perp}$的维数.

3. 设U是n维欧几里得空间V的一个子空间，证明：

$$(U^{\perp})^{\perp}=U.$$

4. 证明：欧几里得空间$\mathbf{R}^n$(指定的内积是标准内积)的任一子空间U是一个齐次线性方程组的解空间.

5. 设U是n维欧几里得空间V的一个子空间，在U中取一个标准正交基$\eta_1,\eta_2,\cdots,\eta_m$，证明：$V$中的任一向量$\alpha$在$U$上的正交投影为

$$\alpha_1=\sum_{i=1}^{m}(\alpha,\eta_i)\eta_i.$$

6. 在欧几里得空间$\mathbf{R}^3$(指定的内积是标准内积)中，设$U=\langle\boldsymbol{\gamma}_1,\boldsymbol{\gamma}_2\rangle$，其中

$$\boldsymbol{\gamma}_1=[1,2,1]^{\mathrm{T}},\quad \boldsymbol{\gamma}_2=[1,0,-2]^{\mathrm{T}}.$$

求$\boldsymbol{\alpha}=[1,-3,0]^{\mathrm{T}}$在$U$上的正交投影$\boldsymbol{\alpha}_1$.

*7. 设U是欧几里得空间V的一个子空间，证明：V在U上的正交投影$\mathscr{P}_U$具有性质

$$(\mathscr{P}_U(\alpha),\beta)=(\alpha,\mathscr{P}_U(\beta)),\quad \forall\,\alpha,\beta\in V.$$

8. 证明：设$\eta_1,\eta_2,\cdots,\eta_m$是欧几里得空间$V$的一个正交单位向量组，则对于任意$\alpha\in V$，有贝塞尔(Bessel)不等式

$$\sum_{i=1}^{m}(\alpha,\eta_i)^2\leqslant|\alpha|^2,$$

等号成立当且仅当$\alpha=\sum_{i=1}^{m}(\alpha,\eta_i)\eta_i$.

§3　正交变换

观察

如果平面上的一个变换σ保持两点的距离不变，那么称σ是平面上的正交变换.

在实内积空间中也有正交变换的概念. 本节我们就来讨论正交变换.

分析

定义 1 如果实内积空间 V 到自身的满射 $\mathscr{A}$ 保持向量的内积不变, 即

$$(\mathscr{A}(\alpha),\mathscr{A}(\beta)) = (\alpha,\beta), \quad \forall\, \alpha,\beta \in V, \tag{1}$$

那么称 $\mathscr{A}$ 是 V 上的一个**正交变换**.

从定义 1 容易看出, V 上的正交变换保持向量的长度不变. 理由如下:

$$|\mathscr{A}(\alpha)|^2 = (\mathscr{A}(\alpha),\mathscr{A}(\alpha)) = (\alpha,\alpha) = |\alpha|^2, \quad \forall\, \alpha \in V.$$

命题 1 实内积空间 V 上的正交变换 $\mathscr{A}$ 一定是线性变换.

证明 任取 $\alpha,\beta \in V$. 先证 $\mathscr{A}(\alpha+\beta)=\mathscr{A}(\alpha)+\mathscr{A}(\beta)$. 由于

$$\begin{aligned}
&|\mathscr{A}(\alpha+\beta) - (\mathscr{A}(\alpha)+\mathscr{A}(\beta))|^2 \\
&= |\mathscr{A}(\alpha+\beta)|^2 - 2(\mathscr{A}(\alpha+\beta),\mathscr{A}(\alpha)+\mathscr{A}(\beta)) + |\mathscr{A}(\alpha)+\mathscr{A}(\beta)|^2 \\
&= |\alpha+\beta|^2 - 2(\mathscr{A}(\alpha+\beta),\mathscr{A}(\alpha)) - 2(\mathscr{A}(\alpha+\beta),\mathscr{A}(\beta)) \\
&\quad + |\mathscr{A}(\alpha)|^2 + 2(\mathscr{A}(\alpha),\mathscr{A}(\beta)) + |\mathscr{A}(\beta)|^2 \\
&= |\alpha+\beta|^2 - 2(\alpha+\beta,\alpha) - 2(\alpha+\beta,\beta) \\
&\quad + |\alpha|^2 + 2(\alpha,\beta) + |\beta|^2 \\
&= |\alpha+\beta|^2 - 2(\alpha+\beta,\alpha+\beta) + |\alpha+\beta|^2 = 0,
\end{aligned}$$

因此

$$\mathscr{A}(\alpha+\beta) - (\mathscr{A}(\alpha)+\mathscr{A}(\beta)) = 0, \quad 即 \quad \mathscr{A}(\alpha+\beta)=\mathscr{A}(\alpha)+\mathscr{A}(\beta).$$

又对于任意 $k \in \mathbf{R}$, 有

$$\begin{aligned}
|\mathscr{A}(k\alpha)-k\mathscr{A}(\alpha)|^2 &= |\mathscr{A}(k\alpha)|^2 - (\mathscr{A}(k\alpha),k\mathscr{A}(\alpha)) - (k\mathscr{A}(\alpha),\mathscr{A}(k\alpha)) + |k\mathscr{A}(\alpha)|^2 \\
&= |k\alpha|^2 - k(\mathscr{A}(k\alpha),\mathscr{A}(\alpha)) - k(\mathscr{A}(\alpha),\mathscr{A}(k\alpha)) + |k|^2|\mathscr{A}(\alpha)|^2 \\
&= |k|^2|\alpha|^2 - k(k\alpha,\alpha) - k(\alpha,k\alpha) + |k|^2|\alpha|^2 \\
&= k^2|\alpha|^2 - k^2|\alpha|^2 - k^2|\alpha|^2 + k^2|\alpha|^2 = 0,
\end{aligned}$$

于是 $\mathscr{A}(k\alpha)=k\mathscr{A}(\alpha)$. 所以, $\mathscr{A}$ 是 V 上的一个线性变换. ▌

命题 2 实内积空间 V 上的正交变换 $\mathscr{A}$ 一定是单射, 从而 $\mathscr{A}$ 是可逆的.

证明 设 $\mathscr{A}(\alpha)=\mathscr{A}(\beta)$, $\alpha,\beta \in V$, 则 $\mathscr{A}(\alpha-\beta)=0$, 从而

$$|\alpha-\beta| = |\mathscr{A}(\alpha-\beta)| = |0| = 0.$$

因此 $\alpha-\beta=0$, 即 $\alpha=\beta$. 这证明了 $\mathscr{A}$ 是单射. 又由正交变换的定义知, $\mathscr{A}$ 是满射. 所以, $\mathscr{A}$ 是双射, 从而 $\mathscr{A}$ 是可逆的. ▌

从命题 1、命题 2 以及定义 1 立即得到下述命题:

命题 3 实内积空间 V 上的一个变换 $\mathscr{A}$ 是正交变换当且仅当 $\mathscr{A}$ 是 V 到自身的一个同构映射. ▌

从实内积空间之间同构关系的对称性和传递性得, 正交变换的逆变换仍是正交变换, 正交变换的乘积仍是正交变换.

从正交变换的定义及命题 1 得，正交变换保持两个非零向量的夹角不变，保持正交性不变，保持两个向量的距离不变.

命题 4　n 维欧几里得空间 V 上的线性变换 $\mathscr{A}$ 是正交变换

$\Longleftrightarrow$ $\mathscr{A}$ 把 V 的标准正交基映成标准正交基

$\Longleftrightarrow$ $\mathscr{A}$ 在 V 的标准正交基下的矩阵 $\boldsymbol{A}$ 是正交矩阵.

证明　第一个充要条件：必要性　设 $\mathscr{A}$ 是 V 上的一个正交变换，则 $\mathscr{A}$ 是欧几里得空间 V 到自身的一个同构映射，从而 $\mathscr{A}$ 把 V 的标准正交基映成标准正交基.

充分性　设 V 上的线性变换 $\mathscr{A}$ 把 V 的一个标准正交基 $\eta_1,\eta_2,\cdots,\eta_n$ 映成标准正交基 $\mathscr{A}(\eta_1),\mathscr{A}(\eta_2),\cdots,\mathscr{A}(\eta_n)$，则对于 V 中任一向量 $\gamma=k_1\mathscr{A}(\eta_1)+k_2\mathscr{A}(\eta_2)+\cdots+k_n\mathscr{A}(\eta_n)$，有 $\gamma=\mathscr{A}(k_1\eta_1+k_2\eta_2+\cdots+k_n\eta_n)$，从而 $\mathscr{A}$ 是满射. 对于任意 $\alpha,\beta\in V$，设 $\alpha=\sum\limits_{i=1}^{n}x_i\eta_i$，$\beta=\sum\limits_{i=1}^{n}y_i\eta_i$，则

$$\mathscr{A}(\alpha)=\sum_{i=1}^{n}x_i\mathscr{A}(\eta_i),\quad \mathscr{A}(\beta)=\sum_{i=1}^{n}y_i\mathscr{A}(\eta_i).$$

因此

$$(\mathscr{A}(\alpha),\mathscr{A}(\beta))=\sum_{i=1}^{n}x_iy_i=(\alpha,\beta),$$

从而 $\mathscr{A}$ 是 V 上的正交变换.

第二个充要条件：设 $\eta_1,\eta_2,\cdots,\eta_n$ 是 V 的一个标准正交基，并且

$$\mathscr{A}(\eta_1,\eta_2,\cdots,\eta_n)=[\eta_1,\eta_2,\cdots,\eta_n]\boldsymbol{A},$$

则根据 §1 的命题 2 和命题 3 得

$$\mathscr{A}(\eta_1),\mathscr{A}(\eta_2),\cdots,\mathscr{A}(\eta_n)\text{ 是 }V\text{ 的一个标准正交基}\Longleftrightarrow \boldsymbol{A}\text{ 是正交矩阵.}$$ ▌

既然欧几得空间 V 上的正交变换在 V 的任一标准正交基下的矩阵是正交矩阵，而正交矩阵的行列式等于 1 或 -1，那么正交变换的行列式等于 1 或 -1. 称行列式等于 1 的正交变换为**第一类**的，也称为**旋转**；称行列式等于 -1 的正交变换为**第二类**的.

命题 5　2 阶正交矩阵有且只有下述两类：

$$\begin{bmatrix}\cos\theta & -\sin\theta\\ \sin\theta & \cos\theta\end{bmatrix},\quad \begin{bmatrix}\cos\theta & \sin\theta\\ \sin\theta & -\cos\theta\end{bmatrix},\quad 0\leqslant\theta<2\pi. \tag{2}$$

证明　设 $\boldsymbol{A}=[a_{ij}]$ 是 2 阶正交矩阵，则 $\boldsymbol{A}^{-1}=\boldsymbol{A}^{\mathrm{T}}$，即

$$\frac{1}{|\boldsymbol{A}|}\begin{bmatrix}a_{22} & -a_{12}\\ -a_{21} & a_{11}\end{bmatrix}=\begin{bmatrix}a_{11} & a_{21}\\ a_{12} & a_{22}\end{bmatrix}. \tag{3}$$

由于 $|\boldsymbol{A}|=1$ 或 -1，因此分两种情形：

情形 1　$|\boldsymbol{A}|=1$. 此时，从(3)式得 $a_{22}=a_{11}$，$a_{21}=-a_{12}$. 由于 $\boldsymbol{A}$ 的列向量组是 $\mathbf{R}^2$（指定的内积是标准内积）中的正交单位向量组，因此 $a_{11}^2+a_{21}^2=1$. 于是，在平面直角坐标系 Oxy 中，点 $P[a_{11},a_{21}]^{\mathrm{T}}$ 在单位圆 $x^2+y^2=1$ 上，从而

$$a_{11}=\cos\theta,\quad a_{21}=\sin\theta,\quad 0\leqslant\theta<2\pi. \tag{4}$$

所以

$$A=\begin{bmatrix}\cos\theta & -\sin\theta\\ \sin\theta & \cos\theta\end{bmatrix},\quad 0\leqslant\theta<2\pi.$$

直接计算得,A 是正交矩阵.

情形 2 $|A|=-1$. 从(3)式得 $-a_{22}=a_{11}, a_{12}=a_{21}$. 在情形 1 中已证(4)式成立,于是

$$A=\begin{bmatrix}\cos\theta & \sin\theta\\ \sin\theta & -\cos\theta\end{bmatrix},\quad 0\leqslant\theta<2\pi.$$

直接计算得,A 是正交矩阵. ▌

***命题 6** 设 $\mathscr{A}$ 是 2 维欧几里得空间 V 上的正交变换. 如果 $\mathscr{A}$ 是第一类的,那么 V 中存在一个标准正交基,使得 $\mathscr{A}$ 在此基下的矩阵为

$$\begin{bmatrix}\cos\theta & -\sin\theta\\ \sin\theta & \cos\theta\end{bmatrix},\quad 0\leqslant\theta\leqslant\pi;$$

如果 $\mathscr{A}$ 是第二类的,那么 V 中存在一个标准正交基,使得 $\mathscr{A}$ 在此基下的矩阵为

$$\begin{bmatrix}-1 & 0\\ 0 & 1\end{bmatrix}.$$

证明 2 维欧几里得空间 V 上的正交变换 $\mathscr{A}$ 在 V 的一个标准正交基 η_1,η_2 下的矩阵 A 是 2 阶正交矩阵.

若 $\mathscr{A}$ 是第一类的,则 $|A|=1$,从而

$$A=\begin{bmatrix}\cos\theta & -\sin\theta\\ \sin\theta & \cos\theta\end{bmatrix},\quad 0\leqslant\theta<2\pi.$$

当 $\pi<\theta<2\pi$ 时,令 $\varphi=2\pi-\theta$,则 $0<\varphi<\pi$. 此时

$$A=\begin{bmatrix}\cos(2\pi-\varphi) & -\sin(2\pi-\varphi)\\ \sin(2\pi-\varphi) & \cos(2\pi-\varphi)\end{bmatrix}=\begin{bmatrix}\cos\varphi & \sin\varphi\\ -\sin\varphi & \cos\varphi\end{bmatrix}.$$

直接计算得

$$\begin{bmatrix}1 & 0\\ 0 & -1\end{bmatrix}^{-1}\begin{bmatrix}\cos\varphi & \sin\varphi\\ -\sin\varphi & \cos\varphi\end{bmatrix}\begin{bmatrix}1 & 0\\ 0 & -1\end{bmatrix}=\begin{bmatrix}\cos\varphi & -\sin\varphi\\ \sin\varphi & \cos\varphi\end{bmatrix}.$$

令

$$[\gamma_1,\gamma_2]=[\eta_1,\eta_2]\begin{bmatrix}1 & 0\\ 0 & -1\end{bmatrix}.$$

由于 $\begin{bmatrix}1 & 0\\ 0 & -1\end{bmatrix}$ 是正交矩阵,因此 γ_1,γ_2 是 V 的一个标准正交基. $\mathscr{A}$ 在基 γ_1,γ_2 下的矩阵为

$$\begin{bmatrix}1 & 0\\ 0 & -1\end{bmatrix}^{-1}A\begin{bmatrix}1 & 0\\ 0 & -1\end{bmatrix}=\begin{bmatrix}\cos\varphi & -\sin\varphi\\ \sin\varphi & \cos\varphi\end{bmatrix}.$$

若 $\mathscr{A}$ 是第二类的,则 $|A|=-1$. 于是,根据习题 5.3 第 10 题的第(3)小题,-1 是 A 的

一个特征值,从而-1是$\mathscr{A}$的一个特征值.取$\mathscr{A}$的属于特征值-1的一个单位特征向量δ_1,把它扩充成V的一个标准正交基δ_1,δ_2.$\mathscr{A}$在基δ_1,δ_2下的矩阵是正交矩阵,记为$\boldsymbol{B}$.由于$\mathscr{A}(\delta_1)=-\delta_1$,因此$\boldsymbol{B}$的第1列是$\begin{bmatrix}-1\\0\end{bmatrix}$.由于$\mathscr{A}$是第二类的,因此$|\boldsymbol{B}|=-1$,从而$\boldsymbol{B}$是第二类正交矩阵.于是,根据命题5得

$$\boldsymbol{B}=\begin{bmatrix}-1&0\\0&1\end{bmatrix}.$$

▌

*__命题7__　设$\mathscr{A}$是2维欧几里得空间V上的正交变换.

1°若$\mathscr{A}$是第二类的,则$\mathscr{A}$是关于1维子空间的反射;

2°若$\mathscr{A}$是第一类的,则$\mathscr{A}$能表示成两个关于1维子空间的反射的乘积.

证明　1°若$\mathscr{A}$是第二类的,则根据命题6,V中存在一个标准正交基δ_1,δ_2,使得$\mathscr{A}$在此基下的矩阵为$\begin{bmatrix}-1&0\\0&1\end{bmatrix}$.于是$\mathscr{A}(\delta_1)=-\delta_1$,$\mathscr{A}(\delta_2)=\delta_2$.因此,$\mathscr{A}$是关于$\langle\delta_2\rangle$的反射.

2°若$\mathscr{A}$是第一类的,则根据命题6,V中存在一个标准正交基η_1,η_2,使得$\mathscr{A}$在此基下的矩阵为

$$\boldsymbol{A}=\begin{bmatrix}\cos\theta&-\sin\theta\\\sin\theta&\cos\theta\end{bmatrix},\quad 0\leqslant\theta\leqslant\pi.$$

于是

$$\boldsymbol{A}=\begin{bmatrix}\cos\theta&\sin\theta\\\sin\theta&-\cos\theta\end{bmatrix}\begin{bmatrix}1&0\\0&-1\end{bmatrix}.$$

把上式右端第一、二个矩阵分别记作$\boldsymbol{B},\boldsymbol{C}$,则$\boldsymbol{A}=\boldsymbol{BC}$.根据第八章§2的定理1的推导,对于$\boldsymbol{B},\boldsymbol{C}$,分别存在$V$上唯一的线性变换$\mathscr{B},\mathscr{C}$,使得$\mathscr{B},\mathscr{C}$在基$\eta_1,\eta_2$下的矩阵分别为$\boldsymbol{B},\boldsymbol{C}$,从而$\mathscr{A}=\mathscr{B}\mathscr{C}$.由于$\boldsymbol{B},\boldsymbol{C}$都是第二类正交矩阵,因此$\mathscr{B},\mathscr{C}$都是第二类正交变换.根据1°,$\mathscr{B},\mathscr{C}$都是关于1维子空间的反射,因此$\mathscr{A}$表示成了两个关于1维子空间的反射的乘积.　▌

习　题　9.3

1. 设V是实内积空间,证明:如果V上的正交变换$\mathscr{A}$有特征值,那么它的特征值必为1或-1.

2. 设V是n维欧几里得空间,η是V中的一个单位向量,$\mathscr{P}$是V在$\langle\eta\rangle$上的正交投影.令

$$\mathscr{A}=\mathscr{I}-2\mathscr{P},$$

称$\mathscr{A}$为关于超平面$\langle\eta\rangle^{\perp}$的**反射**($n$维线性空间的任一$n-1$维子空间称为一个**超平面**).证明:关于超平面的反射是正交变换,并且是第二类的.

3. 设$\mathscr{A}$是n维欧几里得空间V上的一个正交变换,并且1是$\mathscr{A}$的一个特征值,$\mathscr{A}$的属于特征值1的特征子空间V_1的维数是$n-1$,证明:$\mathscr{A}$是关于超平面V_1的反射.

4. 证明：实内积空间 V 到自身的满射 $\mathscr{A}$ 是正交变换当且仅当 $\mathscr{A}$ 是保持向量长度不变的线性变换.

5. 如果实内积空间 V 上的线性变换 $\mathscr{A}$ 满足

$$(\mathscr{A}(\alpha),\beta)=(\alpha,\mathscr{A}(\beta)),\quad \forall\,\alpha,\beta\in V,$$

那么称 $\mathscr{A}$ 是**对称变换**. 证明：n 维欧几里得空间 V 上的线性变换 $\mathscr{A}$ 是对称变换当且仅当 $\mathscr{A}$ 在 V 的任一标准正交基下的矩阵是对称矩阵.

*6. 设 $\mathscr{A}$ 是实内积空间 V 到自身的满射，证明：如果 $\mathscr{A}(0)=0$，并且 $\mathscr{A}$ 保持向量的距离不变，那么 $\mathscr{A}$ 是 V 上的正交变换.

§4 酉 空 间

思考

在复数域 $\mathbf{C}$ 上的线性空间 V 中，如何引进度量概念呢？V 上的内积是 V 上的一个二元函数 (α,β). 为了在 V 中引进向量长度的概念，要求对于任意 $\alpha\in V$，(α,α) 是实数，并且 $(\alpha,\alpha)\geqslant 0$，等号成立当且仅当 $\alpha=0$. 为此，要求 (α,β) 具有如下性质：

$$(\alpha,\beta)=\overline{(\beta,\alpha)},\quad \forall\,\alpha,\beta\in V,$$

这一性质称为**埃尔米特(Hermite)性**.

为了使二元函数 (α,β) 与 V 的加法和数量乘法运算相容，要求 (α,β) 对第一个变量是线性的. 于是，复数域 $\mathbf{C}$ 上线性空间 V 上的内积应当如下定义.

抽象

定义 1 将复数域 $\mathbf{C}$ 上线性空间 V 上的一个二元函数记作 (α,β). 如果二元函数 (α,β) 满足下述 4 条性质：对于任意 $\alpha,\beta,\gamma\in V$，$k\in\mathbf{C}$，有

1° $(\alpha,\beta)=\overline{(\beta,\alpha)}$ **(埃尔米特性)**；

2° $(\alpha+\gamma,\beta)=(\alpha,\beta)+(\gamma,\beta)$ **(线性性之一)**；

3° $(k\alpha,\beta)=k(\alpha,\beta)$ **(线性性之二)**；

4° (α,α) 是非负实数，$(\alpha,\alpha)=0$ 当且仅当 $\alpha=0$ **(正定性)**，

那么称这个二元函数是 V 上的一个**内积**.

若复数域 $\mathbf{C}$ 上的线性空间 V 中指定了一个内积，则称 V 是**酉空间**.

在酉空间 V 中，根据内积的埃尔米特性和内积对第一个变量是线性的，对于任意 $\alpha,\beta\in V$，$k\in\mathbf{C}$，有

$$(\alpha,\beta+\delta)=\overline{(\beta+\delta,\alpha)}=\overline{(\beta,\alpha)}+\overline{(\delta,\alpha)}=(\alpha,\beta)+(\alpha,\delta),$$

$$(\alpha,k\beta)=\overline{(k\beta,\alpha)}=\bar{k}\,\overline{(\beta,\alpha)}=\bar{k}(\alpha,\beta).$$

内积的这两条性质称为内积对第二个变量是**共轭线性**的.

例 1　在 $\mathbf{C}^n$ 中,对于任意 $\boldsymbol{x}=[x_1,x_2,\cdots,x_n]^{\mathrm{T}}$,$\boldsymbol{y}=[y_1,y_2,\cdots,y_n]^{\mathrm{T}}$,规定

$$(\boldsymbol{x},\boldsymbol{y})=x_1\bar{y}_1+x_2\bar{y}_2+\cdots+x_n\bar{y}_n, \tag{1}$$

容易验证,$(\boldsymbol{x},\boldsymbol{y})$是 $\mathbf{C}^n$ 上的一个内积. 这个内积称为 $\mathbf{C}^n$ 上的**标准内积**. $\mathbf{C}^n$ 中定义了这个标准内积,便成为一个酉空间. 用 $\boldsymbol{y}^*$ 表示 $\bar{\boldsymbol{y}}^{\mathrm{T}}$,则(1)式可以写成$(\boldsymbol{x},\boldsymbol{y})=\bar{\boldsymbol{y}}^{\mathrm{T}}\boldsymbol{x}=\boldsymbol{y}^*\boldsymbol{x}$.

例 2　用 $\widetilde{C}[a,b]$表示区间$[a,b]$上所有连续复值函数组成的线性空间,规定

$$(f(x),g(x))=\int_a^b f(x)\,\overline{g(x)}\,\mathrm{d}x. \tag{2}$$

容易验证,$(f(x),g(x))$是 $\widetilde{C}[a,b]$上的一个内积,此时 $\widetilde{C}[a,b]$成为一个酉空间.

例 3　我们用 $\boldsymbol{A}^*$ 表示矩阵 $\boldsymbol{A}$ 中所有元素取共轭复数后再转置,即 $\bar{\boldsymbol{A}}^{\mathrm{T}}$. 在 $M_n(\mathbf{C})$中,规定

$$(\boldsymbol{A},\boldsymbol{B})=\mathrm{tr}(\boldsymbol{A}\boldsymbol{B}^*), \tag{3}$$

则$(\boldsymbol{A},\boldsymbol{B})$是 $M_n(\mathbf{C})$上的一个内积. 此时,$M_n(\mathbf{C})$成为一个酉空间. 理由如下:对于任意 $\boldsymbol{A}$,$\boldsymbol{B}$,$\boldsymbol{C}\in M_n(\mathbf{C})$,$k\in\mathbf{C}$,有

$$\begin{aligned}\overline{(\boldsymbol{B},\boldsymbol{A})}&=\overline{\mathrm{tr}(\boldsymbol{B}\boldsymbol{A}^*)}=\mathrm{tr}(\overline{\boldsymbol{B}\boldsymbol{A}^*})=\mathrm{tr}(\bar{\boldsymbol{B}}\boldsymbol{A}^{\mathrm{T}})=\mathrm{tr}((\bar{\boldsymbol{B}}\boldsymbol{A}^{\mathrm{T}})^{\mathrm{T}})\\&=\mathrm{tr}(\boldsymbol{A}\boldsymbol{B}^*)=(\boldsymbol{A},\boldsymbol{B}),\end{aligned}$$

且易证

$$(\boldsymbol{A}+\boldsymbol{C},\boldsymbol{B})=(\boldsymbol{A},\boldsymbol{B})+(\boldsymbol{C},\boldsymbol{B}),\quad (k\boldsymbol{A},\boldsymbol{B})=k(\boldsymbol{A},\boldsymbol{B}),$$

又有

$$\begin{aligned}(\boldsymbol{A},\boldsymbol{A})&=\mathrm{tr}(\boldsymbol{A}\boldsymbol{A}^*)=\sum_{i=1}^{n}(\boldsymbol{A}\boldsymbol{A}^*)(i;i)=\sum_{i=1}^{n}\left(\sum_{j=1}^{n}\boldsymbol{A}(i;j)\boldsymbol{A}^*(j,i)\right)\\&=\sum_{i=1}^{n}\sum_{j=1}^{n}|\boldsymbol{A}(i;j)|^2\geqslant 0,\end{aligned}$$

等号成立当且仅当$|\boldsymbol{A}(i;j)|=0(i,j=1,2,\cdots,n)$,即 $\boldsymbol{A}=\mathbf{0}$.

与实内积空间类似,酉空间 V 中由于有了内积的概念,从而就可以引进长度、角度、正交、距离等度量概念.

定义 2　设 α 是酉空间 V 中的一个向量,称非负实数 $\sqrt{(\alpha,\alpha)}$ 为向量 α 的**长度**,记作$|\alpha|$或 $\|\alpha\|$.

由于$(0,0)=0$,因此$|0|=0$;当 $\alpha\neq 0$ 时,$|\alpha|>0$;对于任意 $\alpha\in V$,$k\in\mathbf{C}$,有

$$|k\alpha|=\sqrt{(k\alpha,k\alpha)}=\sqrt{k\bar{k}(\alpha,\alpha)}=\sqrt{|k|^2(\alpha,\alpha)}=|k|\,|\alpha|. \tag{4}$$

定理 1 (柯西-布尼亚科夫斯基不等式)　在酉空间 V 中,对于任意向量 α,β,有

$$|(\alpha,\beta)|\leqslant|\alpha|\,|\beta|, \tag{5}$$

等号成立当且仅当 α,β 线性相关.

证明　当 α,β 线性相关时,与实内积空间的情形一样,可证得

$$|(\alpha,\beta)|=|\alpha|\,|\beta|.$$

如果 α,β 线性无关,那么对于任意复数 t,有 $\alpha+t\beta\neq 0$,从而

$$0<|\alpha+t\beta|^2=|\alpha|^2+\bar{t}(\alpha,\beta)+t(\beta,\alpha)+t\bar{t}|\beta|^2. \tag{6}$$

特别地，取 $t=-\dfrac{(\alpha,\beta)}{|\beta|^2}$，代入(6)式，得

$$\begin{aligned}0<&|\alpha|^2-\frac{|(\alpha,\beta)|^2}{|\beta|^2}-\frac{|(\alpha,\beta)|^2}{|\beta|^2}+\frac{|(\alpha,\beta)|^2}{|\beta|^2}\\ =&|\alpha|^2-\frac{|(\alpha,\beta)|^2}{|\beta|^2},\end{aligned}$$

由此得出 $|(\alpha,\beta)|<|\alpha||\beta|$. ▌

定义 3 在酉空间 V 中，两个非零向量 α,β 的**夹角** $\langle\alpha,\beta\rangle$ 规定为

$$\langle\alpha,\beta\rangle=\arccos\frac{|(\alpha,\beta)|}{|\alpha||\beta|}, \tag{7}$$

于是 $0\leqslant\langle\alpha,\beta\rangle\leqslant\dfrac{\pi}{2}$.

对于任意非零向量 α,β，从(7)式得

$$\langle\alpha,\beta\rangle=\frac{\pi}{2}\Longleftrightarrow(\alpha,\beta)=0.$$

定义 4 在酉空间 V 中，如果 $(\alpha,\beta)=0$，那么称 α 与 β **正交**，记作 $\alpha\perp\beta$.

在酉空间 V 中，向量 α 与自己正交 $\Longleftrightarrow(\alpha,\alpha)=0\Longleftrightarrow\alpha=0$.

与实内积空间一样，我们可以证明酉空间中也有**三角形不等式**和**勾股定理**. 我们还可以定义酉空间 V 中两个向量 α,β 的**距离**为

$$d(\alpha,\beta)=|\alpha-\beta|.$$

同样，在酉空间中也有**正交向量组**的概念，并且可以证明：正交向量组一定线性无关. 于是，在酉空间中也有**正交基**、**标准正交基**的概念. 利用施密特正交化和单位化，可把酉空间的一个基变成与它等价的标准正交基.

在 n 维酉空间 V 中，向量组 $\eta_1,\eta_2,\cdots,\eta_n$ 是一个标准正交基当且仅当

$$(\eta_i,\eta_j)=\delta_{ij},\quad i,j=1,2,\cdots,n. \tag{8}$$

利用标准正交基，容易计算向量的内积：设 α,β 在标准正交基 $\eta_1,\eta_2,\cdots,\eta_n$ 下的坐标分别是 $\boldsymbol{x}=[x_1,x_2,\cdots,x_n]^{\mathrm{T}}$，$\boldsymbol{y}=[y_1,y_2,\cdots,y_n]^{\mathrm{T}}$，则

$$\begin{aligned}(\alpha,\beta)=&\left(\sum_{i=1}^n x_i\eta_i,\sum_{j=1}^n y_j\eta_j\right)=\sum_{i=1}^n\sum_{j=1}^n x_i\bar{y}_j(\eta_i,\eta_j)\\ =&\sum_{i=1}^n x_i\bar{y}_i=\boldsymbol{y}^*\boldsymbol{x}.\end{aligned} \tag{9}$$

利用标准正交基，向量的坐标的分量可以用内积表达：设 α 在标准正交基 $\eta_1,\eta_2,\cdots,\eta_n$ 下的坐标是 $[x_1,x_2,\cdots,x_n]^{\mathrm{T}}$，则 $\alpha=\sum\limits_{i=1}^n x_i\eta_i$. 此式两边用 $\eta_j(j=1,2,\cdots,n)$ 做内积，得

$$(\alpha,\eta_j) = \sum_{i=1}^{n} x_i(\eta_i,\eta_j) = x_j,$$

因此

$$\alpha = \sum_{i=1}^{n} (\alpha,\eta_i)\eta_i. \tag{10}$$

称(10)式为 α 的**傅里叶展开**,其中每个系数 (α,η_i) 都称为 α 的**傅里叶系数**.

在 n 维酉空间 V 中,设 $\eta_1,\eta_2,\cdots,\eta_n$ 是一个标准正交基,向量组 $\beta_1,\beta_2,\cdots,\beta_n$ 满足

$$[\beta_1,\beta_2,\cdots,\beta_n] = [\eta_1,\eta_2,\cdots,\eta_n]\boldsymbol{P}, \tag{11}$$

则 $\beta_i(i=1,2,\cdots,n)$ 在标准正交基 $\eta_1,\eta_2,\cdots,\eta_n$ 下的坐标是 $\boldsymbol{P}$ 的第 i 列 $\boldsymbol{x}_i$. 于是

$$\begin{aligned}
&\beta_1,\beta_2,\cdots,\beta_n \text{ 是 } V \text{ 的一个标准正交基}\\
&\Longleftrightarrow (\beta_i,\beta_j) = \delta_{ij}\,(i,j = 1,2,\cdots,n)\\
&\Longleftrightarrow \boldsymbol{x}_j^*\boldsymbol{x}_i = \delta_{ij}\,(i,j = 1,2,\cdots,n)\\
&\Longleftrightarrow \begin{bmatrix} \boldsymbol{x}_1^*\boldsymbol{x}_1 & \boldsymbol{x}_1^*\boldsymbol{x}_2 & \cdots & \boldsymbol{x}_1^*\boldsymbol{x}_n \\ \boldsymbol{x}_2^*\boldsymbol{x}_1 & \boldsymbol{x}_2^*\boldsymbol{x}_2 & \cdots & \boldsymbol{x}_2^*\boldsymbol{x}_n \\ \vdots & \vdots & & \vdots \\ \boldsymbol{x}_n^*\boldsymbol{x}_1 & \boldsymbol{x}_n^*\boldsymbol{x}_2 & \cdots & \boldsymbol{x}_n^*\boldsymbol{x}_n \end{bmatrix} = \begin{bmatrix} 1 & 0 & \cdots & 0 \\ 0 & 1 & \cdots & 0 \\ \vdots & \vdots & & \vdots \\ 0 & 0 & \cdots & 1 \end{bmatrix}\\
&\Longleftrightarrow \begin{bmatrix} \boldsymbol{x}_1^* \\ \boldsymbol{x}_2^* \\ \vdots \\ \boldsymbol{x}_n^* \end{bmatrix}[\boldsymbol{x}_1,\boldsymbol{x}_2,\cdots,\boldsymbol{x}_n] = \boldsymbol{I}\\
&\Longleftrightarrow \boldsymbol{P}^*\boldsymbol{P} = \boldsymbol{I}.
\end{aligned} \tag{12}$$

定义 5　如果复数域 **C** 上的 n 阶矩阵 $\boldsymbol{P}$ 满足

$$\boldsymbol{P}^*\boldsymbol{P} = \boldsymbol{I},$$

那么称 $\boldsymbol{P}$ 是**酉矩阵**.

从定义 5 得

$$\begin{aligned}
n \text{ 阶复矩阵 } \boldsymbol{P} \text{ 是酉矩阵} &\Longleftrightarrow \boldsymbol{P}^*\boldsymbol{P}=\boldsymbol{I}\\
&\Longleftrightarrow \boldsymbol{P} \text{ 可逆,且 } \boldsymbol{P}^{-1}=\boldsymbol{P}^*\\
&\Longleftrightarrow \boldsymbol{P}\boldsymbol{P}^*=\boldsymbol{I}.
\end{aligned}$$

上面的讨论表明,在 n 维酉空间 V 中,标准正交基到标准正交基的过渡矩阵是酉矩阵. 反过来,如果向量组 $\beta_1,\beta_2,\cdots,\beta_n$ 满足(11)式,且 $\boldsymbol{P}$ 是酉矩阵,则 $\beta_1,\beta_2,\cdots,\beta_n$ 是 V 的一个标准正交基.

与实内积空间的情形一样,酉空间中也有**同构**的概念,并且同样可以证明: 两个有限维酉空间同构的充要条件是它们的维数相同. 酉空间中还有**正交补**的概念,并且同样可以证明: n 维酉空间 V 等于它的任一子空间 U 与 $U^{\perp}$ 的直和,即 $V=U\oplus U^{\perp}$. 于是,在 n 维酉空

间 V 中也有 **V 在 U 上的正交投影**，**向量 α 在 U 上的正交投影**等概念，并且也可以证明：当 $\alpha_1\in U$ 时，α_1 是 α 在 U 上的正交投影当且仅当

$$d(\alpha,\alpha_1)\leqslant d(\alpha,\gamma),\quad \forall\gamma\in U. \tag{13}$$

类似于实内积空间上的正交变换，可以在酉空间上定义酉变换.

定义 6 如果酉空间 V 到自身的满射 $\mathscr{A}$ 保持内积不变，即

$$(\mathscr{A}(\alpha),\mathscr{A}(\beta))=(\alpha,\beta),\quad \forall\alpha,\beta\in V,$$

那么称 $\mathscr{A}$ 是 V 上的一个**酉变换**.

与正交变换的情形一样，可以证明下述命题：

命题 1 酉空间 V 上的酉变换一定是线性变换，并且是单射，从而是可逆的. ▌

于是，酉空间 V 上的变换 $\mathscr{A}$ 是酉变换当且仅当 $\mathscr{A}$ 是 V 到自身的一个同构映射，从而酉变换的逆变换还是酉变换，酉变换的乘积还是酉变换.

命题 2 n 维酉空间 V 上的线性变换 $\mathscr{A}$ 是酉变换

$\Longleftrightarrow$ $\mathscr{A}$ 把 V 的标准正交基映成标准正交基

$\Longleftrightarrow$ $\mathscr{A}$ 在 V 的标准正交基下的矩阵是酉矩阵. ▌

与实内积空间上的对称变换类似，可以在酉空间上定义埃尔米特变换.

定义 7 如果酉空间 V 上的线性变换 $\mathscr{A}$ 满足

$$(\mathscr{A}(\alpha),\beta)=(\alpha,\mathscr{A}(\beta)),\quad \forall\alpha,\beta\in V,$$

那么称 $\mathscr{A}$ 是 V 上的一个**埃尔米特变换**.

命题 3 n 维酉空间 V 上的线性变换 $\mathscr{A}$ 是埃尔米特变换当且仅当 $\mathscr{A}$ 在 V 的任一标准正交基下的矩阵 $\boldsymbol{A}$ 满足 $\boldsymbol{A}^*=\boldsymbol{A}$. ▌

满足 $\boldsymbol{A}^*=\boldsymbol{A}$ 的 n 阶复矩阵 $\boldsymbol{A}$ 称为**埃尔米特矩阵**.

习 题 9.4

1. 在酉空间 $\mathbf{C}^3$(指定的内积是标准内积)中，设

$$\boldsymbol{\alpha}=[1,-1,1]^{\mathrm{T}},\quad \boldsymbol{\beta}=[1,0,\mathrm{i}]^{\mathrm{T}},$$

求 $|\boldsymbol{\alpha}|$，$|\boldsymbol{\beta}|$，以及 $\boldsymbol{\alpha}$ 与 $\boldsymbol{\beta}$ 的夹角 $\langle\boldsymbol{\alpha},\boldsymbol{\beta}\rangle$.

2. 在酉空间 $\mathbf{C}^2$(指定的内积是标准内积)中，设

$$\boldsymbol{\alpha}_1=[1,-1]^{\mathrm{T}},\quad \boldsymbol{\alpha}_2=[1,\mathrm{i}]^{\mathrm{T}},$$

求与 $\boldsymbol{\alpha}_1,\boldsymbol{\alpha}_2$ 等价的一个标准正交基 $\boldsymbol{\eta}_1,\boldsymbol{\eta}_2$.

3. 在酉空间 $\mathbf{C}^3$(指定的内积是标准内积)中，设

$$\boldsymbol{\alpha}_1=[1,-1,1]^{\mathrm{T}},\quad \boldsymbol{\alpha}_2=[1,0,\mathrm{i}]^{\mathrm{T}},$$

求与 $\boldsymbol{\alpha}_1,\boldsymbol{\alpha}_2$ 等价的一个正交向量组 $\boldsymbol{\beta}_1,\boldsymbol{\beta}_2$.

4. 写出 1 阶酉矩阵的形式.

5. 证明：酉矩阵的行列式的模为 1.

6. 证明：酉变换的特征值的模为 1.

7. 写出 2 阶埃尔米特矩阵的形式.

8. 证明：n 维酉空间 V 上的线性变换 $\mathscr{A}$ 是埃尔米特变换当且仅当 $\mathscr{A}$ 在 V 的标准正交基下的矩阵是埃尔米特矩阵.

9. 证明：如果酉空间 V 上的埃尔米特变换 $\mathscr{A}$ 有特征值，那么 $\mathscr{A}$ 的特征值一定是实数.

*§5　双线性函数

观察

实数域 $\mathbf{R}$ 上线性空间 V 上的一个内积是 V 上的一个二元函数，内积的两条线性性质表明这个二元函数关于第一个变量是线性的；又从内积的对称性可得，这个二元函数关于第二个变量也是线性的. 这样的二元函数称为双线性函数.

抽象

定义 1　设 V 是数域 K 上的一个线性空间. 如果 V 上的一个二元函数 f（f 是 $V\times V$ 到 K 的一个映射）满足：对于任意 $\alpha_1,\alpha_2,\alpha,\beta,\beta_1,\beta_2\in V,k_1,k_2\in K$，有

1° $f(k_1\alpha_1+k_2\alpha_2,\beta)=k_1f(\alpha_1,\beta)+k_2f(\alpha_2,\beta)$；

2° $f(\alpha,k_1\beta_1+k_2\beta_2)=k_1f(\alpha,\beta_1)+k_2f(\alpha,\beta_2)$，

那么称 f 是 V 上的一个**双线性函数**，f 也可写成 $f(\alpha,\beta)$.

实数域 $\mathbf{R}$ 上线性空间 V 上的每个内积都是 V 上的一个双线性函数，但是复数域 $\mathbf{C}$ 上线性空间 V 上的内积都不是 V 上的双线性函数.

设 V 是数域 K 上的一个 n 维线性空间，f 是 V 上的一个双线性函数. 在 V 中任取一个基 $\alpha_1,\alpha_2,\cdots,\alpha_n$. 设 V 中的向量 α,β 在此基下的坐标分别为 $\boldsymbol{x}=[x_1,x_2,\cdots,x_n]^{\mathrm{T}}$，$\boldsymbol{y}=[y_1,y_2,\cdots,y_n]^{\mathrm{T}}$，则

$$f(\alpha,\beta)=f\left(\sum_{i=1}^{n}x_i\alpha_i,\sum_{j=1}^{n}y_j\alpha_j\right)=\sum_{i=1}^{n}\sum_{j=1}^{n}x_iy_jf(\alpha_i,\alpha_j).\tag{1}$$

令

$$\mathbf{A}=\begin{bmatrix}f(\alpha_1,\alpha_1) & f(\alpha_1,\alpha_2) & \cdots & f(\alpha_1,\alpha_n)\\ f(\alpha_2,\alpha_1) & f(\alpha_2,\alpha_2) & \cdots & f(\alpha_2,\alpha_n)\\ \vdots & \vdots & & \vdots\\ f(\alpha_n,\alpha_1) & f(\alpha_n,\alpha_2) & \cdots & f(\alpha_n,\alpha_n)\end{bmatrix},\tag{2}$$

称 $\mathbf{A}$ 是双线性函数 f 在基 $\alpha_1,\alpha_2,\cdots,\alpha_n$ 下的**度量矩阵**，它是由 f 及基 $\alpha_1,\alpha_2,\cdots,\alpha_n$ 唯一确定的.

从(1)式得

$$f(\alpha,\beta)=\boldsymbol{x}^{\mathrm{T}}\mathbf{A}\boldsymbol{y}.\tag{3}$$

(3)式和(1)式都是双线性函数 f 在基 $\alpha_1,\alpha_2,\cdots,\alpha_n$ 下的表达式.

容易看出,如果对于任意 $\boldsymbol{x},\boldsymbol{y}\in K^n$,有 $\boldsymbol{x}^{\mathrm{T}}\boldsymbol{A}\boldsymbol{y}=\boldsymbol{x}^{\mathrm{T}}\boldsymbol{B}\boldsymbol{y}$,那么 $\boldsymbol{A}=\boldsymbol{B}$. 事实上,利用 $\boldsymbol{\varepsilon}_i^{\mathrm{T}}\boldsymbol{A}\boldsymbol{\varepsilon}_j=[a_{i1},a_{i2},\cdots,a_{in}]\boldsymbol{\varepsilon}_j=a_{ij}\ (i,j=1,2,\cdots,n)$ 即可证得这一结论,这里记 $\boldsymbol{A}=[a_{ij}]$.

定理 1 设 f 是数域 K 上 n 维线性空间 V 上的一个双线性函数. 在 V 中任取两个基 $\alpha_1,\alpha_2,\cdots,\alpha_n$ 与 $\beta_1,\beta_2,\cdots,\beta_n$. 设

$$[\beta_1,\beta_2,\cdots,\beta_n]=[\alpha_1,\alpha_2,\cdots,\alpha_n]\boldsymbol{P}, \tag{4}$$

f 在这两个基下的度量矩阵分别为 $\boldsymbol{A},\boldsymbol{B}$,则

$$\boldsymbol{B}=\boldsymbol{P}^{\mathrm{T}}\boldsymbol{A}\boldsymbol{P}. \tag{5}$$

证明 任取 $\alpha,\beta\in V$,并设

$$\alpha=[\alpha_1,\alpha_2,\cdots,\alpha_n]\boldsymbol{x}=[\beta_1,\beta_2,\cdots,\beta_n]\boldsymbol{x}_0,\quad \beta=[\alpha_1,\alpha_2,\cdots,\alpha_n]\boldsymbol{y}=[\beta_1,\beta_2,\cdots,\beta_n]\boldsymbol{y}_0,$$

则

$$\boldsymbol{x}=\boldsymbol{P}\boldsymbol{x}_0,\quad \boldsymbol{y}=\boldsymbol{P}\boldsymbol{y}_0,$$

从而

$$f(\alpha,\beta)=\boldsymbol{x}^{\mathrm{T}}\boldsymbol{A}\boldsymbol{y}=(\boldsymbol{P}\boldsymbol{x}_0)^{\mathrm{T}}\boldsymbol{A}(\boldsymbol{P}\boldsymbol{y}_0)=\boldsymbol{x}_0^{\mathrm{T}}(\boldsymbol{P}^{\mathrm{T}}\boldsymbol{A}\boldsymbol{P})\boldsymbol{y}_0.$$

又有 $f(\alpha,\beta)=\boldsymbol{x}_0^{\mathrm{T}}\boldsymbol{B}\boldsymbol{y}_0$,于是 $\boldsymbol{x}_0^{\mathrm{T}}\boldsymbol{B}\boldsymbol{y}_0=\boldsymbol{x}_0^{\mathrm{T}}(\boldsymbol{P}^{\mathrm{T}}\boldsymbol{A}\boldsymbol{P})\boldsymbol{y}_0$. 由 α,β 的任意性知 $\boldsymbol{x}_0,\boldsymbol{y}_0$ 在 K^n 中具有任意性,因此

$$\boldsymbol{B}=\boldsymbol{P}^{\mathrm{T}}\boldsymbol{A}\boldsymbol{P}. \qquad \blacksquare$$

定理 1 表明,V 上的双线性函数 f 在不同基下的度量矩阵是合同的.

定义 2 设 f 是数域 K 上线性空间 V 上的一个双线性函数,称 V 的子集

$$\{\alpha\in V\mid f(\alpha,\beta)=0,\ \forall\,\beta\in V\} \tag{6}$$

为 f 在 V 中的**左根**,记作 $\mathrm{rad_L}V$;称 V 的另一个子集

$$\{\beta\in V\mid f(\alpha,\beta)=0,\ \forall\,\alpha\in V\} \tag{7}$$

为 f 在 V 中的**右根**,记作 $\mathrm{rad_R}V$.

容易看出,f 的左根、右根都是 V 的子空间.

例 1 在 $\mathbf{R}^3$ 中,设 $\boldsymbol{\alpha}=[x_1,x_2,x_3]^{\mathrm{T}},\boldsymbol{\beta}=[y_1,y_2,y_3]^{\mathrm{T}}$. 令

$$f(\boldsymbol{\alpha},\boldsymbol{\beta})=x_1y_1-x_3y_3=[x_1,x_2,x_3]\begin{bmatrix}1&0&0\\0&0&0\\0&0&-1\end{bmatrix}\begin{bmatrix}y_1\\y_2\\y_3\end{bmatrix}.$$

容易验证,f 是 $\mathbf{R}^3$ 上的一个双线性函数. 令 $\boldsymbol{\alpha}_1=[0,1,0]^{\mathrm{T}}$,则对于任意 $\boldsymbol{\beta}=[y_1,y_2,y_3]^{\mathrm{T}}\in\mathbf{R}^3$,有

$$f(\boldsymbol{\alpha}_1,\boldsymbol{\beta})=0\cdot y_1-0\cdot y_3=0.$$

因此,$\boldsymbol{\alpha}_1$ 属于 f 的左根.

定义 3 如果线性空间 V 上的双线性函数 f 的左根和右根都是零子空间,则称 f 是**非退化**的.

定理 2 设 f 是数域 K 上 n 维线性空间 V 上的一个双线性函数,f 在基 $\alpha_1,\alpha_2,\cdots,\alpha_n$ 下的度量矩阵为 $\boldsymbol{A}$,则 f 是非退化的当且仅当 $\boldsymbol{A}$ 是满秩矩阵.

证明 先证 f 的左根为 0 当且仅当 $\boldsymbol{A}$ 满秩. 设 $\alpha,\beta\in V$,且

$$\alpha=[\alpha_1,\alpha_2,\cdots,\alpha_n]\boldsymbol{x},\quad \beta=[\alpha_1,\alpha_2,\cdots,\alpha_n]\boldsymbol{y},$$

则 $f(\alpha,\beta)=\boldsymbol{x}^{\mathrm{T}}\boldsymbol{A}\boldsymbol{y}$,于是

$$\begin{aligned}
&f\text{ 的左根为 }0,\text{即 }\mathrm{rad}_{\mathrm{L}}(V)=0\\
&\Longleftrightarrow \text{从 } f(\alpha,\beta)=0(\forall\beta\in V)\text{ 可以推出 }\alpha=0\\
&\Longleftrightarrow \text{从 } \boldsymbol{x}^{\mathrm{T}}\boldsymbol{A}\boldsymbol{y}=0(\forall \boldsymbol{y}\in K^n)\text{ 可以推出 }\boldsymbol{x}=\boldsymbol{0}\\
&\Longleftrightarrow \text{从 } \boldsymbol{x}^{\mathrm{T}}\boldsymbol{A}\boldsymbol{\varepsilon}_i=0(i=1,2,\cdots,n)\text{ 可以推出 }\boldsymbol{x}=\boldsymbol{0}\\
&\Longleftrightarrow \text{从 } \boldsymbol{x}^{\mathrm{T}}\boldsymbol{A}[\boldsymbol{\varepsilon}_1,\boldsymbol{\varepsilon}_2,\cdots,\boldsymbol{\varepsilon}_n]=\boldsymbol{0}\text{ 可以推出 }\boldsymbol{x}=\boldsymbol{0}\\
&\Longleftrightarrow \text{从 } \boldsymbol{x}^{\mathrm{T}}\boldsymbol{A}\boldsymbol{I}=\boldsymbol{0}\text{ 可以推出 }\boldsymbol{x}=\boldsymbol{0}\\
&\Longleftrightarrow \text{从 } \boldsymbol{A}^{\mathrm{T}}\boldsymbol{x}=\boldsymbol{0}\text{ 可以推出 }\boldsymbol{x}=\boldsymbol{0}\\
&\Longleftrightarrow \text{齐次线性方程组 } \boldsymbol{A}^{\mathrm{T}}\boldsymbol{x}=\boldsymbol{0}\text{ 只有零解}\\
&\Longleftrightarrow \mathrm{rank}(\boldsymbol{A}^{\mathrm{T}})=n\\
&\Longleftrightarrow \mathrm{rank}(\boldsymbol{A})=n.
\end{aligned}$$

同理可证,f 的右根为 0 当且仅当 $\boldsymbol{A}$ 满秩. 因此,f 是非退化的当且仅当它的度量矩阵 $\boldsymbol{A}$ 满秩. ▌

由定理 2 的证明可得,f 的左根等于 0 当且仅当 f 的右根等于 0.

定义 4 设 f 是数域 K 上线性空间 V 上的一个双线性函数. 如果

$$f(\alpha,\beta)=f(\beta,\alpha),\quad \forall\alpha,\beta\in V,\tag{8}$$

那么称 f 是**对称的**;如果

$$f(\alpha,\beta)=-f(\beta,\alpha),\quad \forall\alpha,\beta\in V,\tag{9}$$

那么称 f 是**斜对称**或**反对称**的.

实数域 $\mathbf{R}$ 上线性空间 V 上的每个内积都是对称双线性函数.

设双线性函数 f 在 V 的基 $\alpha_1,\alpha_2,\cdots,\alpha_n$ 下的度量矩阵为 $\boldsymbol{A}$,则

$$\begin{aligned}
f\text{ 是对称的 }&\Longleftrightarrow f(\alpha,\beta)=f(\beta,\alpha),\forall\alpha,\beta\in V\\
&\Longleftrightarrow f(\alpha_i,\alpha_j)=f(\alpha_j,\alpha_i)(i,j=1,2,\cdots,n)\\
&\Longleftrightarrow \boldsymbol{A}(i;j)=\boldsymbol{A}(j;i)(i,j=1,2,\cdots,n)\\
&\Longleftrightarrow \boldsymbol{A}\text{ 是对称矩阵}.
\end{aligned}$$

同理可得

$$f\text{ 是斜对称的 }\Longleftrightarrow \boldsymbol{A}\text{ 是斜对称矩阵}.$$

定理 3 设 f 是数域 K 上 n 维线性空间 V 上的一个对称双线性函数,则 V 中存在一个基,使得 f 在此基下的度量矩阵是对角矩阵.

证明 任取 V 的一个基 $\alpha_1,\alpha_2,\cdots,\alpha_n$,设 f 在这个基下的度量矩阵为 $\boldsymbol{A}$,则 $\boldsymbol{A}$ 是对称矩阵. 由于数域 K 上的任一对称矩阵一定合同于一个对角矩阵,因此存在 K 上的可逆矩阵 $\boldsymbol{C}$,使得 $\boldsymbol{C}^{\mathrm{T}}\boldsymbol{A}\boldsymbol{C}=\boldsymbol{D}$,其中 $\boldsymbol{D}$ 为对角矩阵. 令

$$[\eta_1,\eta_2,\cdots,\eta_n]=[\alpha_1,\alpha_2,\cdots,\alpha_n]\boldsymbol{C}.$$

由于 $\boldsymbol{C}$ 是可逆的，因此 $\eta_1,\eta_2,\cdots,\eta_n$ 也是 V 的一个基. f 在基 $\eta_1,\eta_2,\cdots,\eta_n$ 下的度量矩阵为

$$\boldsymbol{C}^{\mathrm{T}}\boldsymbol{A}\boldsymbol{C}=\boldsymbol{D}.$$ ▌

对于实数域 $\mathbf{R}$ 上线性空间 V 上的内积，除了要求它是对称双线性函数外，还要求它满足正定性，即对于任意 $\alpha\in V$，有

$$(\alpha,\alpha)\geqslant 0,$$

等号成立当且仅当 $\alpha=0$. 因此，V 上的内积是一个正定对称双线性函数.

我们已经分别在实数域 $\mathbf{R}$ 和复数域 $\mathbf{C}$ 上的线性空间中，通过引进内积的概念，使这些空间中有长度、角度、正交、距离等度量概念. 对于任意数域 K 上的线性空间 V，能不能也引进度量概念？即便是对于实数域 $\mathbf{R}$ 上的线性空间 V，在有的实际问题里，也不用正定对称双线性函数引进度量概念. 例如，作为爱因斯坦(Einstein)相对论基础的时-空空间，即闵可夫斯基(Minkowski)空间 V，是实数域 $\mathbf{R}$ 上的 4 维线性空间，并且其中指定了一个非退化的对称双线性函数 f 作为内积(也称为度量)，这样做的目的是使得洛伦兹(Lorentz)变换保持 V 上的内积不变，从而保持时-空间隔的平方 $f(\alpha-\beta,\alpha-\beta)$ $(\alpha,\beta\in V)$ 不变.

定义 5 如果给数域 K 上的线性空间 V 指定了的一个对称双线性函数 f，那么称 V 是一个**正交空间**，并称 f 是 V 上的一个**内积或度量**. 用 (V,f) 表示指定的内积为 f 的正交空间. 如果 f 是非退化的，那么称 (V,f) 为**正则的**；否则，称 (V,f) 为**非正则的**.

例如，在闵可夫斯基空间中，内积 f 是

$$f(\boldsymbol{\alpha},\boldsymbol{\beta})=x_1y_1+x_2y_2+x_3y_3-c^2t_1t_2, \tag{10}$$

其中 c 是光速，$\boldsymbol{\alpha}=[t_1,x_1,x_2,x_3]^{\mathrm{T}}$，$\boldsymbol{\beta}=[t_2,y_1,y_2,y_3]^{\mathrm{T}}\in\mathbf{R}^4$. 易知闵可夫斯基空间是正交空间.

在正交空间中，由于内积 f 不要求有正定性，因此无法引进长度、角度、距离等度量概念，但是仍可引进正交这一概念.

定义 6 在正交空间 (V,f) 中，如果 $f(\alpha,\beta)=0$，那么称 α 与 β **正交**，记作 $\alpha\perp\beta$.

由于正交空间 (V,f) 中 f 是对称的，于是从 $f(\alpha,\beta)=0$ 可推出 $f(\beta,\alpha)=0$，从而如果 α 与 β 正交，那么 β 与 α 也正交.

在正交空间中，一个非零向量可能与自身正交. 例如，在 $\mathbf{R}^4$ 中，对于 $\boldsymbol{\alpha}=[x_1,x_2,x_3,x_4]^{\mathrm{T}}$，$\boldsymbol{\beta}=[y_1,y_2,y_3,y_4]^{\mathrm{T}}$，令

$$f(\boldsymbol{\alpha},\boldsymbol{\beta})=x_1y_1-x_2y_2-x_3y_3-x_4y_4. \tag{11}$$

容易验证，f 是 $\mathbf{R}^4$ 上非退化的对称双线性函数. 所以，$(\mathbf{R}^4,f)$ 构成一个正交空间. 在 $(\mathbf{R}^4,f)$ 中，设 $\boldsymbol{\alpha}_1=[1,1,0,0]^{\mathrm{T}}$，则

$$f(\boldsymbol{\alpha}_1,\boldsymbol{\alpha}_1)=1^2-1^2=0,$$

从而 $\boldsymbol{\alpha}_1$ 与自身正交. 这样的非零向量称为**迷向向量**.

定义 7 如果给数域 K 上的线性空间 V 指定了一个斜对称双线性函数 f，那么称 V 是一个**辛空间**，并用 (V,f) 表示. 这时，称 f 是 V 上的一个**内积或辛内积**. 如果 f 是非退化的，那么称 (V,f) 是**正则的**；否则，称 (V,f) 为**非正则的**.

例如,在 $\mathbf{R}^2$ 中,对于 $\boldsymbol{\alpha}=[x_1,x_2]^{\mathrm{T}}$,$\boldsymbol{\beta}=[y_1,y_2]^{\mathrm{T}}$,令

$$f(\boldsymbol{\alpha},\boldsymbol{\beta}) = x_1y_2 - x_2y_1. \tag{12}$$

容易验证,f 是 $\mathbf{R}^2$ 上非退化的斜对称双线性函数. 于是,$(\mathbf{R}^2,f)$构成一个辛空间.

与正交空间一样,辛空间中有正交的概念,但没有长度、角度、距离等度量概念;辛空间中也有迷向向量的概念.

习 题 9.5

1. 在 K^4 中,对于 $\boldsymbol{\alpha}=[x_1,x_2,x_3,x_4]^{\mathrm{T}}$,$\boldsymbol{\beta}=[y_1,y_2,y_3,y_4]^{\mathrm{T}}$,令

$$f(\boldsymbol{\alpha},\boldsymbol{\beta}) = x_1y_1 + x_2y_2 + x_3y_3 - x_4y_4.$$

(1) 证明:f 是 K^4 上的一个双线性函数;

(2) 求 f 在标准基 $\boldsymbol{\varepsilon}_1,\boldsymbol{\varepsilon}_2,\boldsymbol{\varepsilon}_3,\boldsymbol{\varepsilon}_4$ 下的度量矩阵;

(3) 说明 f 是非退化的;

(4) 说明 f 是对称的;

(5) 求一个非零向量 $\boldsymbol{\alpha}$,使得 $f(\boldsymbol{\alpha},\boldsymbol{\alpha})=0$.

2. 设 f 是数域 K 上线性空间 V 上的一个双线性函数,证明:f 是斜对称的当且仅当对于任意 $\alpha\in V$,有 $f(\alpha,\alpha)=0$.

3. 证明:如果 f 是实数域 $\mathbf{R}$ 上 n 维线性空间 V 上的对称双线性函数,那么 V 中存在一个基 $\eta_1,\eta_2,\cdots,\eta_n$,使得 f 在此基下的表达式为

$$f(\alpha,\beta) = x_1y_1 + x_2y_2 + \cdots + x_py_p - x_{p+1}y_{p+1} - \cdots - x_ry_r, \quad \forall\, \alpha,\beta \in V,$$

其中 $0\leqslant p\leqslant r\leqslant n$,$[x_1,x_2,\cdots,x_n]^{\mathrm{T}}$,$[y_1,y_2,\cdots,y_n]^{\mathrm{T}}$ 分别为 α,β 在基 $\eta_1,\eta_2,\cdots,\eta_n$ 下的坐标.

习题答案与提示

第一章　线性方程组

习　题　1.1

1. (1) $[2,-1,1]^{\mathrm{T}}$；　(2) $[1,-2,3]^{\mathrm{T}}$；　(3) $[2,-1,1,-3]^{\mathrm{T}}$；

(4) $[5,-2,1]^{\mathrm{T}}$；　(5) $[-8,3,6,0]^{\mathrm{T}}$.

2. (1) 应当分别给 A_1,A_2,A_3 投资 $\dfrac{5000}{6}$ 元，$\dfrac{5000}{3}$ 元，7500 元；

(2) 不可以.事实上，相应的线性方程组的解是 $[-5000,10\,000,5000]^{\mathrm{T}}$，单位为元.这不是实际问题的可行解(因为出现 -5000 元).

3. (1) 无解；

(2) 有无穷多个解，一般解是

$$\begin{cases} x_1 = x_3 - x_4 - 3, \\ x_2 = x_3 + x_4 - 4, \end{cases}$$

其中 x_3,x_4 是自由未知量；

(3) 无解；

(4) 有无穷多个解，一般解是

$$\begin{cases} x_1 = -\dfrac{11}{7}x_3 + \dfrac{23}{7}, \\ x_2 = -\dfrac{5}{7}x_3 - \dfrac{1}{7}, \end{cases}$$

其中 x_3 是自由未知量.

习　题　1.2

1. 原方程组有解当且仅当 $a=-1$.此时，它的一般解是

$$\begin{cases} x_1 = -\dfrac{18}{7}x_3 + \dfrac{1}{7}, \\ x_2 = -\dfrac{1}{7}x_3 + \dfrac{2}{7}, \end{cases}$$

其中 x_3 是自由未知量.

2. 原方程组有唯一解当且仅当 $a\neq -\dfrac{2}{3}$，原方程组无解当且仅当 $a=-\dfrac{2}{3}$.

3. (1) 原方程组有唯一解：$\left[\dfrac{1}{2},\dfrac{1}{2}\right]^{\mathrm{T}}$.

(2) 把第 3 个方程改成 $x-4y=3$，则新方程组无解.答案不唯一.

(3) 请读者画出第(1)小题中方程组表示的三条直线，看看它们是否相交于坐标为 $\left[\dfrac{1}{2},\dfrac{1}{2}\right]^{\mathrm{T}}$ 的点.

4. 原方程组有解当且仅当 $a=-2$. 此时，它的一般解为

$$\begin{cases} x_1 = -3x_3 - 2, \\ x_2 = 2x_3 + 5, \\ x_4 = -10, \end{cases}$$

其中 x_3 是自由未知量.

***5.** 原方程组有解当且仅当 $c=0$ 且 $d=2$. 此时，它的一般解为

$$\begin{cases} x_1 = x_3 + x_4 + 5x_5 - 2, \\ x_2 = -2x_3 - 2x_4 - 6x_5 + 3, \end{cases}$$

其中 x_3, x_4, x_5 是自由未知量.

***6.** 不存在满足要求的二次函数.

7. (1) 有非零解，它的一般解是

$$\begin{cases} x_1 = -\dfrac{1}{3}x_4, \\ x_2 = -\dfrac{2}{3}x_4, \\ x_3 = -\dfrac{1}{3}x_4, \end{cases}$$

其中 x_4 是自由未知量；

(2) 有非零解，它的一般解是

$$\begin{cases} x_1 = \dfrac{55}{41}x_4, \\ x_2 = \dfrac{10}{41}x_4, \\ x_3 = -\dfrac{33}{41}x_4, \end{cases}$$

其中 x_4 是自由未知量.

习 题 1.3

1. 显然，$0=0+\mathrm{i}\in\mathbf{Q}(\mathrm{i})$，$1=1+0\cdot\mathrm{i}\in\mathbf{Q}(\mathrm{i})$. 易验证 $\mathbf{Q}(\mathrm{i})$ 对加减乘除四种运算封闭，从而 $\mathbf{Q}(\mathrm{i})$ 是一个数域.

2. 最大的数域是复数域 $\mathbf{C}$.

第二章 行 列 式

习 题 2.1

1. (1) 6，偶；　(2) 11，奇；　(3) 15，奇；
(4) 21，奇；　(5) 28，偶；　(6) 36，偶；
(7) 0，偶；　(8) 15，奇；　(9) 18，偶.

2. (1) $\dfrac{(n-1)(n-2)}{2}$；　(2) $n-1$.

3. 依次是 $(6,2)$，$(5,2)$，$(3,2)$，$(2,1)$（答案不唯一，但必定是偶数次）.

4. 逆序数是$\frac{n(n-1)}{2}$. 当 $n=4k,4k+1$ 时，是偶排列；当 $n=4k+2,4k+3$ 时，是奇排列.

*5. $\frac{n(n-1)}{2}-r$. 6. (1) 11; (2) 0; (3) 0.

7. 系数行列式的值为 23，因此有唯一解：$[2,-1]^{\mathrm{T}}$.

习 题 2.2

1. (1) $a_{14}a_{23}a_{32}a_{41}$; (2) $(-1)^{\frac{n(n-1)}{2}}a_1a_2\cdots a_{n-1}a_n$;

(3) $(-1)^{n-1}b_1b_2\cdots b_{n-1}b_n$; (4) $(-1)^{\frac{(n-1)(n-2)}{2}}a_1a_2\cdots a_{n-1}a_n$;

(5) 5!.

2. (1) -49; (2) 103; (3) $a_{11}a_{22}a_{33}$; (4) $c(a_1b_2-a_2b_1)$.

*3. 0.

4. 不一定带负号，这一项所带符号为$(-1)^{\frac{n(n-1)}{2}}$.
当 $n=4k,4k+1$ 时，这一项带正号；当 $n=4k+2,4k+3$ 时，这一项带负号.

习 题 2.3

1. (1) 8; (2) $4\frac{2}{3}$; (3) 155; (4) 160.

2. (1) $[a+(n-1)](a-1)^{n-1}$; (2) $(-1)^{n-1}b^{n-1}\left(\sum\limits_{i=1}^{n}a_i-b\right)$.

3. **提示** 利用行列式的性质 3(对列用).

*4. (1) $a_1-a_2b_2-a_3b_3-\cdots-a_nb_n$; (2) $(-1)^{n-1}a_1a_2\cdots a_n\left(\sum\limits_{i=1}^{n}\frac{x_i}{a_i}-1\right)$.

习 题 2.4

1. (1) -726; (2) -100; (3) $(\lambda-1)^2(\lambda-10)$; (4) $(\lambda-1)(\lambda-3)^2$.

2. $(-1)^{n-1}(n-1)!\left(\sum\limits_{i=1}^{n}a_i\right)$. 3. $\prod\limits_{1\leqslant j<i\leqslant n}(a_i-a_j)$. 4. 略.

5. $D_n=n+1$. **提示** 利用本节例 5 的结论.

6. $(n+1)a^n$. **提示** 利用本节例 5 的结论.

*7. 方程的全部根是 $a_1,a_2,\cdots,a_{n-1}$.

*8. $-2(n-2)!$. **提示** 把第 1 行的-1倍分别加到第 2 行至第 n 行上，然后按第 2 列展开.

习 题 2.5

1. 有唯一解. 2. 有唯一解. 3. 有非零解 $\Longleftrightarrow$ $\lambda=1$ 或 $\lambda=3$.

4. 有非零解 $\Longleftrightarrow$ $b=0$ 或 $a=1$. 5. 有唯一解 $\Longleftrightarrow$ $b\neq0$ 且 $a\neq1$.

*6. 当 $b=0$ 时，无解. 当 $a=1$ 时，若 $b\neq\frac{1}{2}$，则无解；若 $b=\frac{1}{2}$，则有无穷多个解.

*7. 有唯一解 $\Longleftrightarrow$ $b\neq0$ 且 $a\neq1$. 当 $b=0$ 时，有无穷多个解；当 $b\neq0$ 且 $a=1$ 时，无解.

习 题 2.6

1. 154.

2. $\begin{vmatrix} a_{11} & \cdots & a_{1k} \\ \vdots & & \vdots \\ a_{k1} & \cdots & a_{kk} \end{vmatrix} \begin{vmatrix} b_{11} & \cdots & b_{1r} \\ \vdots & & \vdots \\ b_{r1} & \cdots & b_{rr} \end{vmatrix}$. **提示** 利用本节的(16)式.

***3.** $(-1)^{kr} \begin{vmatrix} a_{11} & \cdots & a_{1k} \\ \vdots & & \vdots \\ a_{k1} & \cdots & a_{kk} \end{vmatrix} \begin{vmatrix} b_{11} & \cdots & b_{1r} \\ \vdots & & \vdots \\ b_{r1} & \cdots & b_{rr} \end{vmatrix}$. **提示** 按前 k 行展开.

***4.** (1) $\prod_{k=1}^{n-2} k!$; (2) $(n-1)\prod_{k=1}^{n-2} k!$.

第三章 n 维向量空间 K^n

习 题 3.1

1. (1) $[0,0,0,0]^{\mathrm{T}}$; (2) $[0,0,0,0]^{\mathrm{T}}$.

2. $\boldsymbol{\gamma}=[-21,7,15,13]^{\mathrm{T}}$.

3. (1) $\boldsymbol{\beta}=2\boldsymbol{\alpha}_1-\boldsymbol{\alpha}_2-3\boldsymbol{\alpha}_3$,表出方式唯一; (2) $\boldsymbol{\beta}$ 不能由 $\boldsymbol{\alpha}_1,\boldsymbol{\alpha}_2,\boldsymbol{\alpha}_3$ 线性表出;

(3) $\boldsymbol{\beta}=-\boldsymbol{\alpha}_1-5\boldsymbol{\alpha}_2$,表出方式有无穷多种.

4. **提示** 线性方程组 $x_1\boldsymbol{\varepsilon}_1+x_2\boldsymbol{\varepsilon}_2+\cdots+x_n\boldsymbol{\varepsilon}_n=\boldsymbol{\alpha}$ 有唯一解,因此 $\boldsymbol{\alpha}$ 能够由 $\boldsymbol{\varepsilon}_1,\boldsymbol{\varepsilon}_2,\cdots,\boldsymbol{\varepsilon}_n$ 线性表出,且表出方式唯一.这种表出方式是 $\boldsymbol{\alpha}=a_1\boldsymbol{\varepsilon}_1+a_2\boldsymbol{\varepsilon}_2+\cdots+a_n\boldsymbol{\varepsilon}_n$.

5. **提示** 与第 4 题的证法类似.表出方式是

$$\boldsymbol{\alpha}=(a_1-a_2)\boldsymbol{\alpha}_1+(a_2-a_3)\boldsymbol{\alpha}_2+(a_3-a_4)\boldsymbol{\alpha}_3+a_4\boldsymbol{\alpha}_4.$$

6. **提示** $\boldsymbol{\alpha}_i=0\cdot\boldsymbol{\alpha}_1+\cdots+0\cdot\boldsymbol{\alpha}_{i-1}+1\boldsymbol{\alpha}_i+0\cdot\boldsymbol{\alpha}_{i+1}+\cdots+0\cdot\boldsymbol{\alpha}_s$.

习 题 3.2

1. (1) 不对.对于任何一个向量组,系数全为 0 的线性组合都等于零向量.

(2) 不对.有一组不全为 0 的数还不够,应该是对任一组不全为 0 的数 $k_1,k_2,\cdots,k_s$ 都有

$$k_1\boldsymbol{\alpha}_1+k_2\boldsymbol{\alpha}_2+\cdots+k_s\boldsymbol{\alpha}_s\neq\mathbf{0},$$

这时 $\boldsymbol{\alpha}_1,\boldsymbol{\alpha}_2,\cdots,\boldsymbol{\alpha}_s$ 才是线性无关的.

(3) 不对.这个可以通过几何直观来帮助理解.例如,在几何空间中,设 $\vec{a}_1,\vec{a}_2$ 共线,$\vec{a}_3,\vec{a}_1$ 不共线,这时 $\vec{a}_1,\vec{a}_2,\vec{a}_3$ 共面,即它们线性相关,但是 $\vec{a}_3$ 不能由 $\vec{a}_1,\vec{a}_2$ 线性表出.

2. (1) 线性无关; (2) 线性相关,$\boldsymbol{\alpha}_1=-\boldsymbol{\alpha}_2-\boldsymbol{\alpha}_3+\boldsymbol{\alpha}_4$;

(3) 线性相关,$\boldsymbol{\alpha}_3=3\boldsymbol{\alpha}_1-2\boldsymbol{\alpha}_2$; (4) 线性无关.

3. **提示** 任取 $n+1$ 个向量 $\boldsymbol{\alpha}_1,\boldsymbol{\alpha}_2,\cdots,\boldsymbol{\alpha}_{n+1}$,然后说明齐次线性方程组 $x_1\boldsymbol{\alpha}_1+x_2\boldsymbol{\alpha}_2+\cdots+x_{n+1}\boldsymbol{\alpha}_{n+1}=\mathbf{0}$ 有非零解.

4. **提示** 用本节命题 4 的结论.

5. 向量组 $\boldsymbol{\alpha}_1+\boldsymbol{\alpha}_2,\boldsymbol{\alpha}_2+\boldsymbol{\alpha}_3,\boldsymbol{\alpha}_3+\boldsymbol{\alpha}_4,\boldsymbol{\alpha}_4+\boldsymbol{\alpha}_1$ 线性相关. **提示** 用本节命题 4 的结论.

6. **提示** 利用本节命题 4 的结论.

7. **提示** 当 $r=n$ 时,以 $\boldsymbol{\alpha}_1,\boldsymbol{\alpha}_2,\cdots,\boldsymbol{\alpha}_n$ 为列向量组的矩阵的行列式是 n 阶范德蒙德行列式;当 $r<n$ 时,令

$$\boldsymbol{\beta}_1=\begin{bmatrix}1\\a_1\\\vdots\\a_1^{r-1}\end{bmatrix},\quad \boldsymbol{\beta}_2=\begin{bmatrix}1\\a_2\\\vdots\\a_2^{r-1}\end{bmatrix},\quad \cdots,\quad \boldsymbol{\beta}_r=\begin{bmatrix}1\\a_r\\\vdots\\a_r^{r-1}\end{bmatrix},$$

则与 $r=n$ 时同理,$\boldsymbol{\beta}_1,\boldsymbol{\beta}_2,\cdots,\boldsymbol{\beta}_r$ 线性无关,从而它的延伸组 $\boldsymbol{\alpha}_1,\boldsymbol{\alpha}_2,\cdots,\boldsymbol{\alpha}_r$ 也线性无关.

习 题 3.3

1. **提示** 由于齐次线性方程组 $x_1\boldsymbol{\alpha}_1+x_2\boldsymbol{\alpha}_2=\mathbf{0}$ 的系数矩阵是阶梯形矩阵,其非零行数 2 等于未知量个数,因此该方程组只有零解,从而 $\boldsymbol{\alpha}_1,\boldsymbol{\alpha}_2$ 线性无关. 由类似的方法可知 $x_1\boldsymbol{\alpha}_1+x_2\boldsymbol{\alpha}_2+x_3\boldsymbol{\alpha}_3=\mathbf{0}$ 有非零解,从而 $\boldsymbol{\alpha}_1,\boldsymbol{\alpha}_2,\boldsymbol{\alpha}_3$ 线性相关. 因此,$\boldsymbol{\alpha}_1,\boldsymbol{\alpha}_2$ 是 $\boldsymbol{\alpha}_1,\boldsymbol{\alpha}_2,\boldsymbol{\alpha}_3$ 的一个极大线性无关组,从而 $\operatorname{rank}\{\boldsymbol{\alpha}_1,\boldsymbol{\alpha}_2,\boldsymbol{\alpha}_3\}=2$.
2. $\boldsymbol{\alpha}_1,\boldsymbol{\alpha}_3$(或 $\boldsymbol{\alpha}_2,\boldsymbol{\alpha}_3$)是 $\boldsymbol{\alpha}_1,\boldsymbol{\alpha}_2,\boldsymbol{\alpha}_3$ 的一个极大线性无关组,$\operatorname{rank}\{\boldsymbol{\alpha}_1,\boldsymbol{\alpha}_2,\boldsymbol{\alpha}_3\}=2$.
   提示 证明 $\boldsymbol{\alpha}_1,\boldsymbol{\alpha}_3$ 线性无关,又容易看出 $\boldsymbol{\alpha}_1,\boldsymbol{\alpha}_2$ 线性相关,从而 $\boldsymbol{\alpha}_1,\boldsymbol{\alpha}_3,\boldsymbol{\alpha}_2$ 线性相关.
3. **提示** 取一个极大线性无关组,然后利用引理 1 证明:从其余向量中任取一个添进去,所得到的 $r+1$ 个向量一定线性相关.
4. 设 $\boldsymbol{\beta}_1,\boldsymbol{\beta}_2,\cdots,\boldsymbol{\beta}_r$ 线性无关. 根据习题 3.1 第 4 题的结论,$\boldsymbol{\beta}_1,\boldsymbol{\beta}_2,\cdots,\boldsymbol{\beta}_r$ 可以由 $\boldsymbol{\varepsilon}_1,\boldsymbol{\varepsilon}_2,\cdots,\boldsymbol{\varepsilon}_n$ 线性表出. 根据本节的推论 2,得 $r\leqslant n$.
5. **提示** 利用第 4 题的结论得,$\boldsymbol{\alpha}_1,\boldsymbol{\alpha}_2,\cdots,\boldsymbol{\alpha}_n,\boldsymbol{\beta}$ 一定线性相关.
6. **提示** 由已知条件得,$\boldsymbol{\varepsilon}_1,\boldsymbol{\varepsilon}_2,\cdots,\boldsymbol{\varepsilon}_n$ 可以由 $\boldsymbol{\alpha}_1,\boldsymbol{\alpha}_2,\cdots,\boldsymbol{\alpha}_n$ 线性表出,于是有
$$n=\operatorname{rank}\{\boldsymbol{\varepsilon}_1,\boldsymbol{\varepsilon}_2,\cdots,\boldsymbol{\varepsilon}_n\}\leqslant\operatorname{rank}\{\boldsymbol{\alpha}_1,\boldsymbol{\alpha}_2,\cdots,\boldsymbol{\alpha}_n\}\leqslant n.$$
7. **提示** 取一个极大线性无关组,然后证明题目中所提到的 r 个向量组成的向量组的秩是 r,从而这 r 个向量线性无关.
8. **提示** 充分性由克拉默法则立即得到. 关于必要性,利用第 6 题的结论得,$\boldsymbol{\alpha}_1,\boldsymbol{\alpha}_2,\cdots,\boldsymbol{\alpha}_n$ 线性无关.
9. **提示** 设 $\boldsymbol{\alpha}_{i_1},\boldsymbol{\alpha}_{i_2},\cdots,\boldsymbol{\alpha}_{i_m}$ 和 $\boldsymbol{\beta}_{j_1},\boldsymbol{\beta}_{j_2},\cdots,\boldsymbol{\beta}_{j_t}$ 分别是 $\boldsymbol{\alpha}_1,\boldsymbol{\alpha}_2,\cdots,\boldsymbol{\alpha}_s$ 和 $\boldsymbol{\beta}_1,\boldsymbol{\beta}_2,\cdots,\boldsymbol{\beta}_r$ 的一个极大线性无关组,则 $\boldsymbol{\alpha}_1,\boldsymbol{\alpha}_2,\cdots,\boldsymbol{\alpha}_s,\boldsymbol{\beta}_1,\boldsymbol{\beta}_2,\cdots,\boldsymbol{\beta}_r$ 可以由 $\boldsymbol{\alpha}_{i_1},\boldsymbol{\alpha}_{i_2},\cdots,\boldsymbol{\alpha}_{i_m},\boldsymbol{\beta}_{j_1},\boldsymbol{\beta}_{j_2},\cdots,\boldsymbol{\beta}_{j_t}$ 线性表出.

习 题 3.4

1. (1) 秩是 3,第 1,2,3 列构成列向量组的一个极大线性无关组;
   (2) 秩是 2,第 1,2 列构成列向量组的一个极大线性无关组.
2. (1) 秩是 3,$\boldsymbol{\alpha}_1,\boldsymbol{\alpha}_2,\boldsymbol{\alpha}_3$ 是一个极大线性无关组;
   (2) 秩是 2,$\boldsymbol{\alpha}_1,\boldsymbol{\alpha}_3$ 是一个极大线性无关组;
   (3) 秩是 2,$\boldsymbol{\alpha}_1,\boldsymbol{\alpha}_2$ 是一个极大线性无关组.
3. 当 $\lambda\neq3$ 时,秩为 3;当 $\lambda=3$ 时,秩为 2. **提示** 该矩阵有一个不等于 0 的 2 阶子式. 计算由第 1,3,4 列形成的 3 阶子式. 当 $\lambda\neq3$ 时,此 3 阶子式不等于 0;当 $\lambda=3$ 时,通过初等行变换把矩阵化成阶梯形矩阵.
4. **提示** $\boldsymbol{A}$ 的子矩阵的子式也是 $\boldsymbol{A}$ 的子式.
5. 秩是 4,$\boldsymbol{A}$ 的前 4 列构成列向量组的一个极大线性无关组. **提示** 仿照本节例 2 的方法.
6. 秩是 3,$\boldsymbol{A}$ 的前 3 列构成列向量组的一个极大线性无关组.

7. **提示**　对矩阵$\begin{bmatrix} \boldsymbol{A} & \boldsymbol{0} \\ \boldsymbol{0} & \boldsymbol{B} \end{bmatrix}$做初等行变换,将其化成

$$\begin{bmatrix} \boldsymbol{J}_1 & \boldsymbol{0} \\ \boldsymbol{0} & \boldsymbol{0} \\ \boldsymbol{0} & \boldsymbol{J}_2 \\ \boldsymbol{0} & \boldsymbol{0} \end{bmatrix},$$

其中 $\boldsymbol{J}_1$ 是 $r\times n$ 阶梯形矩阵,且 r 行都是非零行,$r=\mathrm{rank}(\boldsymbol{A})$;$\boldsymbol{J}_2$ 是 $t\times m$ 阶梯形矩阵,且 t 行都是非零行,$t=\mathrm{rank}(\boldsymbol{B})$. 再对所得矩阵做一系列两行互换,将其化成

$$\begin{bmatrix} \boldsymbol{J}_1 & \boldsymbol{0} \\ \boldsymbol{0} & \boldsymbol{J}_2 \\ \boldsymbol{0} & \boldsymbol{0} \\ \boldsymbol{0} & \boldsymbol{0} \end{bmatrix}.$$

这是阶梯形矩阵,有 $r+t$ 行非零行,因此它的秩为 $r+t$,从而

$$\mathrm{rank}\begin{bmatrix} \boldsymbol{A} & \boldsymbol{0} \\ \boldsymbol{0} & \boldsymbol{B} \end{bmatrix} = r+t = \mathrm{rank}(\boldsymbol{A}) + \mathrm{rank}(\boldsymbol{B}).$$

8. **提示**　设 $\mathrm{rank}(\boldsymbol{A})=r$,$\mathrm{rank}(\boldsymbol{B})=t$,则 $\boldsymbol{A}$ 有一个 r 阶子矩阵 $\boldsymbol{A}_1$,使得 $|\boldsymbol{A}_1|\neq 0$;$\boldsymbol{B}$ 有一个 t 阶子矩阵 $\boldsymbol{B}_1$,使得 $|\boldsymbol{B}_1|\neq 0$. 于是,$\begin{bmatrix} \boldsymbol{A} & \boldsymbol{C} \\ \boldsymbol{0} & \boldsymbol{B} \end{bmatrix}$有一个不为 0 的 $r+t$ 阶子式:

$$\begin{vmatrix} \boldsymbol{A}_1 & \boldsymbol{C}_1 \\ \boldsymbol{0} & \boldsymbol{B}_1 \end{vmatrix} = |\boldsymbol{A}_1|\,|\boldsymbol{B}_1| \neq 0.$$

因此

$$\mathrm{rank}\begin{bmatrix} \boldsymbol{A} & \boldsymbol{C} \\ \boldsymbol{0} & \boldsymbol{B} \end{bmatrix} \geqslant r+t = \mathrm{rank}(\boldsymbol{A}) + \mathrm{rank}(\boldsymbol{B}).$$

*9. **提示**　设 $\boldsymbol{A}$ 的行向量组为 $\boldsymbol{\gamma}_1,\boldsymbol{\gamma}_2,\cdots,\boldsymbol{\gamma}_m$. 任取 $\boldsymbol{A}$ 的 s 行,组成子矩阵 $\boldsymbol{A}_1$. 设 $\boldsymbol{A}_1$ 的秩为 t. 任取 $\boldsymbol{A}_1$ 的行向量组的一个极大线性无关组 $\boldsymbol{\gamma}_{i_1},\cdots,\boldsymbol{\gamma}_{i_t}$,把它扩充成 $\boldsymbol{A}$ 的行向量组的极大线性无关组 $\boldsymbol{\gamma}_{i_1},\cdots,\boldsymbol{\gamma}_{i_t}$, $\boldsymbol{\gamma}_{i_{t+1}},\cdots,\boldsymbol{\gamma}_{i_r}$. 由于 $\boldsymbol{A}_1$ 的秩为 t,因此 $\boldsymbol{\gamma}_{i_{t+1}},\cdots,\boldsymbol{\gamma}_{i_r}$ 不是 $\boldsymbol{A}_1$ 的行向量,从而 $r-t\leqslant m-s$. 于是 $t\geqslant r+s-m$.

*10. **提示**　设 $\boldsymbol{A}$ 和 $\boldsymbol{B}$ 的列向量组分别为 $\boldsymbol{\alpha}_1,\boldsymbol{\alpha}_2,\cdots,\boldsymbol{\alpha}_n$ 和 $\boldsymbol{\beta}_1,\boldsymbol{\beta}_2,\cdots,\boldsymbol{\beta}_m$. 由于向量组 $\boldsymbol{\alpha}_1,\boldsymbol{\alpha}_2,\cdots,\boldsymbol{\alpha}_n$ 可以由向量组 $\boldsymbol{\alpha}_1,\boldsymbol{\alpha}_2,\cdots,\boldsymbol{\alpha}_n,\boldsymbol{\beta}_1,\boldsymbol{\beta}_2,\cdots,\boldsymbol{\beta}_m$ 线性表出,因此根据§3 的命题 4 和推论 5 得

$$\begin{aligned}\mathrm{rank}(\boldsymbol{A})=\mathrm{rank}[\boldsymbol{A},\boldsymbol{B}] &\Longleftrightarrow \mathrm{rank}\{\boldsymbol{\alpha}_1,\boldsymbol{\alpha}_2,\cdots,\boldsymbol{\alpha}_n\}=\mathrm{rank}\{\boldsymbol{\alpha}_1,\boldsymbol{\alpha}_2,\cdots,\boldsymbol{\alpha}_n,\boldsymbol{\beta}_1,\boldsymbol{\beta}_2,\cdots,\boldsymbol{\beta}_m\}\\ &\Longleftrightarrow \{\boldsymbol{\alpha}_1,\boldsymbol{\alpha}_2,\cdots,\boldsymbol{\alpha}_n\}\cong\{\boldsymbol{\alpha}_1,\boldsymbol{\alpha}_2,\cdots,\boldsymbol{\alpha}_n,\boldsymbol{\beta}_1,\boldsymbol{\beta}_2,\cdots,\boldsymbol{\beta}_m\}\\ &\Longleftrightarrow \boldsymbol{\beta}_1,\boldsymbol{\beta}_2,\cdots,\boldsymbol{\beta}_m \text{ 可以由 } \boldsymbol{\alpha}_1,\boldsymbol{\alpha}_2,\cdots,\boldsymbol{\alpha}_n \text{ 线性表出}\\ &\Longleftrightarrow \boldsymbol{B} \text{ 的列向量组可以由 } \boldsymbol{A} \text{ 的列向量组线性表出}.\end{aligned}$$

习　题　3.5

1. 有唯一解.　**提示**　仿照本节例 1 的方法判断该方程组有解.
2. 有解,且有无穷多个解.
3. 无解.　**提示**　求得增广矩阵 $\widetilde{\boldsymbol{A}}$ 的秩为 4.
4. **提示**　设该方程组的增广矩阵为 $\widetilde{\boldsymbol{A}}$,容易看出 $\widetilde{\boldsymbol{A}}$ 是 $\boldsymbol{B}$ 的子矩阵.

习 题 3.6

1. 每一题中基础解系的取法都不唯一,但它们等价.

(1) 基础解系：$\boldsymbol{\eta}_1=[-5,3,14,0]^{\mathrm{T}}$,$\boldsymbol{\eta}_2=[1,-1,0,2]^{\mathrm{T}}$;

解集：$W=\{k_1\boldsymbol{\eta}_1+k_2\boldsymbol{\eta}_2 \mid k_1,k_2\in K\}$.

(2) 基础解系：$\boldsymbol{\eta}_1=[-7,-2,5,9]^{\mathrm{T}}$;解集：$W=\{k_1\boldsymbol{\eta}_1 \mid k_1\in K\}$.

(3) 基础解系：$\boldsymbol{\eta}_1=[1,1,0,-1]^{\mathrm{T}}$;解集：$W=\{k_1\boldsymbol{\eta}_1 \mid k_1\in K\}$;

(4) 基础解系：

$$\boldsymbol{\eta}_1=[3,1,0,0,0]^{\mathrm{T}},\quad \boldsymbol{\eta}_2=[-1,0,1,0,0]^{\mathrm{T}},$$
$$\boldsymbol{\eta}_3=[2,0,0,1,0]^{\mathrm{T}},\quad \boldsymbol{\eta}_4=[1,0,0,0,1]^{\mathrm{T}};$$

解集：$W=\{k_1\boldsymbol{\eta}_1+k_2\boldsymbol{\eta}_2+k_3\boldsymbol{\eta}_3+k_4\boldsymbol{\eta}_4 \mid k_1,k_2,k_3,k_4\in K\}$.

2. **提示** 设 $\boldsymbol{\gamma}_1,\boldsymbol{\gamma}_2,\cdots,\boldsymbol{\gamma}_m$ 线性无关且与 $\boldsymbol{\eta}_1,\boldsymbol{\eta}_2,\cdots,\boldsymbol{\eta}_t$ 等价,则 $m=t$,且 $\boldsymbol{\gamma}_1,\boldsymbol{\gamma}_2,\cdots,\boldsymbol{\gamma}_t$ 都是方程组(1)的解.再说明方程组(1)的每个解 $\boldsymbol{\eta}$ 可以由 $\boldsymbol{\gamma}_1,\boldsymbol{\gamma}_2,\cdots,\boldsymbol{\gamma}_t$ 线性表出.

3. **提示** 设 $\boldsymbol{\gamma}_1,\boldsymbol{\gamma}_2,\cdots,\boldsymbol{\gamma}_{n-r}$ 是方程组(1)的解,且它们线性无关.任取方程组(1)的一个解 $\boldsymbol{\eta}$,然后证明 $\boldsymbol{\gamma}_1,\boldsymbol{\gamma}_2,\cdots,\boldsymbol{\gamma}_{n-r},\boldsymbol{\eta}$ 线性相关.为此,只要证明它的秩小于 $n-r+1$ 即可.

4. **提示** 取方程组(1)的一个基础解系 $\boldsymbol{\eta}_1,\boldsymbol{\eta}_2,\cdots,\boldsymbol{\eta}_{n-r}$.

*5. **提示** 利用行列式按一行展开的定理,证明 $\boldsymbol{\eta}_1$ 是该方程组的一个解.由于 $A_{kl}\neq 0$,因此 $\boldsymbol{\eta}_1$ 是非零解.计算系数矩阵 $\boldsymbol{A}$ 的秩,然后利用第 3 题的结论.

习 题 3.7

1. 每题的答案均不唯一.

(1) $U=\{\boldsymbol{\gamma}_0+k_1\boldsymbol{\eta}_1+k_2\boldsymbol{\eta}_2 \mid k_1,k_2\in K\}$,其中

$$\boldsymbol{\gamma}_0=[1,-2,0,0]^{\mathrm{T}},\quad \boldsymbol{\eta}_1=[-9,1,7,0]^{\mathrm{T}},\quad \boldsymbol{\eta}_2=[1,-1,0,2]^{\mathrm{T}};$$

(2) $U=\{\boldsymbol{\gamma}_0+k\boldsymbol{\eta}_1 \mid k\in K\}$,其中

$$\boldsymbol{\gamma}_0=[3,1,-2,0]^{\mathrm{T}},\quad \boldsymbol{\eta}_1=[5,-2,-1,3]^{\mathrm{T}};$$

(3) $U=\{\boldsymbol{\gamma}_0+k_1\boldsymbol{\eta}_1+k_2\boldsymbol{\eta}_2+k_3\boldsymbol{\eta}_3+k_4\boldsymbol{\eta}_4 \mid k_i\in K,i=1,2,3,4\}$,其中

$$\boldsymbol{\gamma}_0=[4,0,0,0,0]^{\mathrm{T}},\quad \boldsymbol{\eta}_1=[4,1,0,0,0]^{\mathrm{T}},\quad \boldsymbol{\eta}_2=[-2,0,1,0,0]^{\mathrm{T}},$$
$$\boldsymbol{\eta}_3=[3,0,0,1,0]^{\mathrm{T}},\quad \boldsymbol{\eta}_4=[-6,0,0,0,1]^{\mathrm{T}}.$$

2. **提示** 利用克拉默法则.

3. **提示** $u_1\boldsymbol{\gamma}_1+u_2\boldsymbol{\gamma}_2+\cdots+u_t\boldsymbol{\gamma}_t=(1-u_2-\cdots-u_t)\boldsymbol{\gamma}_1+u_2\boldsymbol{\gamma}_2+\cdots+u_t\boldsymbol{\gamma}_t$.

4. **提示**
$$\begin{aligned}\boldsymbol{\gamma}&=\boldsymbol{\gamma}_0+k_1\boldsymbol{\eta}_1+k_2\boldsymbol{\eta}_2+\cdots+k_t\boldsymbol{\eta}_t\\&=\boldsymbol{\gamma}_0+k_1(\boldsymbol{\gamma}_1-\boldsymbol{\gamma}_0)+k_2(\boldsymbol{\gamma}_2-\boldsymbol{\gamma}_0)+\cdots+k_t(\boldsymbol{\gamma}_t-\boldsymbol{\gamma}_0).\end{aligned}$$

习 题 3.8

1. $\boldsymbol{\varepsilon}_1,\boldsymbol{\varepsilon}_2,\cdots,\boldsymbol{\varepsilon}_r$ 是 U 的一个基,$\dim U=r$.

2. **提示** 先说明 $\boldsymbol{\alpha}_1,\boldsymbol{\alpha}_2,\cdots,\boldsymbol{\alpha}_n$ 线性无关,然后利用习题 3.3 第 5 题的结论.

3. $\boldsymbol{\alpha}_1,\boldsymbol{\alpha}_3$ 是 $\langle\boldsymbol{\alpha}_1,\boldsymbol{\alpha}_2,\boldsymbol{\alpha}_3,\boldsymbol{\alpha}_4\rangle$ 的一个基,$\dim\langle\boldsymbol{\alpha}_1,\boldsymbol{\alpha}_2,\boldsymbol{\alpha}_3,\boldsymbol{\alpha}_4\rangle=2$.

4. $\boldsymbol{A}$ 的列空间的维数是 3,第 1,2,3 列构成一个基.

第四章 矩阵的运算

习 题 4.1

1. $\begin{bmatrix}\lambda & 1 & 0\\ 0 & \lambda & 1\\ 0 & 0 & \lambda\end{bmatrix}$. **2.** $\begin{bmatrix} r & \lambda & \lambda & \lambda\\ \lambda & r & \lambda & \lambda\\ \lambda & \lambda & r & \lambda\\ \lambda & \lambda & \lambda & r\end{bmatrix}$. **3.** $\boldsymbol{M}=(k-\lambda)\boldsymbol{I}+\lambda\boldsymbol{J}$.

4. (1) $\begin{bmatrix}12 & 26\\ -27 & 2\\ 23 & 4\end{bmatrix}$; (2) $\begin{bmatrix}0 & 0\\ 0 & 0\end{bmatrix}$; (3) $\begin{bmatrix}0 & 5\\ 0 & 0\end{bmatrix}$;

(4) $[20]$; (5) $\begin{bmatrix}4 & 7 & 9\\ 4 & 7 & 9\\ 4 & 7 & 9\end{bmatrix}$; (6) $\begin{bmatrix}a_1+a_2+a_3\\ b_1+b_2+b_3\\ c_1+c_2+c_3\end{bmatrix}$;

(7) $[a_1+b_1+c_1, a_2+b_2+c_2, a_3+b_3+c_3]$; (8) $\begin{bmatrix}d_1a_1 & d_1a_2 & d_1a_3\\ d_2b_1 & d_2b_2 & d_2b_3\\ d_3c_1 & d_3c_2 & d_3c_3\end{bmatrix}$;

(9) $\begin{bmatrix}a_1d_1 & a_2d_2 & a_3d_3\\ b_1d_1 & b_2d_2 & b_3d_3\\ c_1d_1 & c_2d_2 & c_3d_3\end{bmatrix}$; (10) $\begin{bmatrix}7 & 28 & 67\\ 0 & 40 & 104\\ 0 & 0 & 72\end{bmatrix}$;

(11) $\begin{bmatrix}a_1 & a_2 & a_3 & a_4\\ ka_1+b_1 & ka_2+b_2 & ka_3+b_3 & ka_4+b_4\\ c_1 & c_2 & c_3 & c_4\end{bmatrix}$;

(12) $\begin{bmatrix}a_1+a_2k & a_2 & a_3\\ b_1+b_2k & b_2 & b_3\\ c_1+c_2k & c_2 & c_3\end{bmatrix}$; (13) $\begin{bmatrix}b_1 & b_2 & b_3 & b_4\\ a_1 & a_2 & a_3 & a_4\\ c_1 & c_2 & c_3 & c_4\end{bmatrix}$;

(14) $\begin{bmatrix}a_2 & a_1 & a_3\\ b_2 & b_1 & b_3\\ c_2 & c_1 & c_3\end{bmatrix}$; (15) $\begin{bmatrix}-1 & 5\\ -1 & 6\end{bmatrix}$.

5. $\boldsymbol{AB}=\begin{bmatrix}19 & 22\\ 43 & 50\end{bmatrix}$, $\boldsymbol{BA}=\begin{bmatrix}23 & 34\\ 31 & 46\end{bmatrix}$, $\boldsymbol{AB}-\boldsymbol{BA}=\begin{bmatrix}-4 & -12\\ 12 & 4\end{bmatrix}$.

6. $a_{11}x^2+2a_{12}xy+a_{22}y^2+2a_1x+2a_2y+a_0$.

7. (1) $\begin{bmatrix}1 & 0\\ 0 & 1\end{bmatrix}$; (2) $\begin{bmatrix}0 & 0\\ 0 & 0\end{bmatrix}$; (3) $\begin{bmatrix}1 & 1\\ 0 & 0\end{bmatrix}$; (4) $\begin{bmatrix}1 & n\\ 0 & 1\end{bmatrix}$;

(5) 设 $\boldsymbol{A}=\begin{bmatrix}0 & 1 & 0\\ 0 & 0 & 1\\ 0 & 0 & 0\end{bmatrix}$,则 $\boldsymbol{A}^2=\begin{bmatrix}0 & 0 & 1\\ 0 & 0 & 0\\ 0 & 0 & 0\end{bmatrix}$,$\boldsymbol{A}^n=\boldsymbol{0}, n\geqslant 3$;

(6) 设 $\boldsymbol{A}=\begin{bmatrix}\lambda & 1 & 0\\ 0 & \lambda & 1\\ 0 & 0 & \lambda\end{bmatrix}$,$\boldsymbol{B}=\begin{bmatrix}0 & 1 & 0\\ 0 & 0 & 1\\ 0 & 0 & 0\end{bmatrix}$,则

$$A^n=(\lambda I+B)^n=\lambda^n I+n\lambda^{n-1}IB+\frac{n(n-1)}{2}\lambda^{n-2}IB^2=\begin{bmatrix}\lambda^n & n\lambda^{n-1} & \frac{n(n-1)}{2}\lambda^{n-2}\\ 0 & \lambda^n & n\lambda^{n-1}\\ 0 & 0 & \lambda^n\end{bmatrix},\quad n>1;$$

(7) $\begin{bmatrix}2 & 0\\ 0 & 2\end{bmatrix}$;　　(8) $4\boldsymbol{I}$.

8. $\boldsymbol{I}$.　　**9.** 略.　　**10. 提示**　$A^2=A \Longleftrightarrow \frac{1}{4}(B+I)^2=\frac{1}{2}(B+I)$.

*__11. 提示__　若 $A\neq 0$,则由已知条件得,齐次线性方程组 $Ax=0$ 的解空间是 K^n. 利用解空间的维数公式得 $\mathrm{rank}(A)=0$,于是 $A=0$,矛盾.

*__12. 提示__　对 m 用数学归纳法. 当 $m=1$ 时,易证命题成立. 假设当 $m=k-1$ 时命题成立. 考虑 $m=k(k<n)$ 的情形;计算 $H^k=HH^{k-1}$,可得命题成立. 计算得 $H^n=HH^{n-1}=0$,从而当 $m\geqslant n$ 时,$H^m=0$.

习　题　4.2

1. 提示　利用对角矩阵左或右乘一个矩阵的规律.

*__2. 提示__　容易看出,n 阶矩阵 A 为下三角矩阵当且仅当 $A(i;j)=0(i<j;i,j=1,2,\cdots,n)$.

3. 提示　设矩阵 $A=[a_{ij}]$与所有 n 阶矩阵可交换. 显然,A 必为 n 阶矩阵. 从 $E_{1j}A=AE_{1j}(j=1,2,\cdots,n)$,可推出结论.

4. 提示　利用对称矩阵的定义以及矩阵的乘法与转置的关系.

5. 提示　利用对称矩阵的定义以及矩阵的加法、数量乘法与转置的关系.

6. 提示　利用对称矩阵的定义.　　**7. 提示**　利用对称矩阵和斜对称矩阵的定义.

8. 提示　$A=\frac{A+A^{\mathrm{T}}}{2}+\frac{A-A^{\mathrm{T}}}{2}$.

关于唯一性,假如 $A=A_1+A_2$,其中 A_1 是对称矩阵,A_2 是斜对称矩阵,于是

$$A^{\mathrm{T}}=(A_1+A_2)^{\mathrm{T}}=A_1^{\mathrm{T}}+A_2^{\mathrm{T}}=A_1-A_2,$$

从而可解出 A_1,A_2.

*__9. 提示__　$A^2(i;i)=\sum_{k=1}^{n}A(i;k)A(k;i)=\sum_{k=1}^{n}(A(i;k))^2$.

10. 从 $A^{\mathrm{T}}=-A$ 得 $|A^{\mathrm{T}}|=|-A|=(-1)^n|A|$. 由于 n 是奇数,因此从上式得 $|A|=-|A|$,从而 $|A|=0$.

习　题　4.3

1. 提示　分别取 A,B 的列向量组的一个极大线性无关组.

2. 提示　设 A 的行向量组的一个极大线性无关组是 $\gamma_{i_1},\gamma_{i_2},\cdots,\gamma_{i_r}$,则有数 $k_{ij}(i=1,2,\cdots,s;j=1,2,\cdots,r)$,使得

$$A=\begin{bmatrix}\gamma_1\\ \gamma_2\\ \vdots\\ \gamma_s\end{bmatrix}=\begin{bmatrix}k_{11}\gamma_{i_1}+k_{12}\gamma_{i_2}+\cdots+k_{1r}\gamma_{i_r}\\ k_{21}\gamma_{i_1}+k_{22}\gamma_{i_2}+\cdots+k_{2r}\gamma_{i_r}\\ \vdots\\ k_{s1}\gamma_{i_1}+k_{s2}\gamma_{i_2}+\cdots+k_{sr}\gamma_{i_r}\end{bmatrix}=\begin{bmatrix}k_{11} & k_{12} & \cdots & k_{1r}\\ k_{21} & k_{22} & \cdots & k_{2r}\\ \vdots & \vdots & & \vdots\\ k_{s1} & k_{s2} & \cdots & k_{sr}\end{bmatrix}\begin{bmatrix}\gamma_{i_1}\\ \gamma_{i_2}\\ \vdots\\ \gamma_{i_r}\end{bmatrix}.$$

3. 提示 利用本节的定理 3. **4. 提示** 利用本节的定理 2.

5. 提示 $|\boldsymbol{I}+\boldsymbol{A}|=|\boldsymbol{A}\boldsymbol{A}^{\mathrm{T}}+\boldsymbol{A}|=|\boldsymbol{A}(\boldsymbol{A}^{\mathrm{T}}+\boldsymbol{I})|$.

6. 提示 $|\boldsymbol{I}-\boldsymbol{A}|=|\boldsymbol{A}\boldsymbol{A}^{\mathrm{T}}-\boldsymbol{A}|=|\boldsymbol{A}(\boldsymbol{A}^{\mathrm{T}}-\boldsymbol{I})|$.

7. 提示 $\boldsymbol{A}=\begin{bmatrix} 3 & x_1+x_2+x_3 & x_1^2+x_2^2+x_3^2 \\ x_1+x_2+x_3 & x_1^2+x_2^2+x_3^2 & x_1^3+x_2^3+x_3^3 \\ x_1^2+x_2^2+x_3^2 & x_1^3+x_2^3+x_3^3 & x_1^4+x_2^4+x_3^4 \end{bmatrix}=\begin{bmatrix} 1 & 1 & 1 \\ x_1 & x_2 & x_3 \\ x_1^2 & x_2^2 & x_3^2 \end{bmatrix}\begin{bmatrix} 1 & x_1 & x_1^2 \\ 1 & x_2 & x_2^2 \\ 1 & x_3 & x_3^2 \end{bmatrix}$.

***8. 提示** 设 $\mathrm{i}=\sqrt{-1}$,令

$$\boldsymbol{B}=\begin{bmatrix} 1 & 1 & 1 & 1 \\ 1 & \mathrm{i} & \mathrm{i}^2 & \mathrm{i}^3 \\ 1 & \mathrm{i}^2 & \mathrm{i}^4 & \mathrm{i}^6 \\ 1 & \mathrm{i}^3 & \mathrm{i}^6 & \mathrm{i}^9 \end{bmatrix}.$$

设 $f(x)=a_0+a_1x+a_2x^2+a_3x^3$. 计算 $\boldsymbol{AB}$.

***9. 提示** 设 $r\leqslant n$. 根据 $\boldsymbol{AB}$ 的子式的定义,得

$$\begin{aligned}\boldsymbol{AB}\begin{pmatrix} i_1,i_2,\cdots,i_r \\ j_1,j_2,\cdots,j_r \end{pmatrix}&=\begin{vmatrix} \boldsymbol{AB}(i_1;j_1) & \boldsymbol{AB}(i_1;j_2) & \cdots & \boldsymbol{AB}(i_1;j_r) \\ \boldsymbol{AB}(i_2;j_1) & \boldsymbol{AB}(i_2;j_2) & \cdots & \boldsymbol{AB}(i_2;j_r) \\ \vdots & \vdots & & \vdots \\ \boldsymbol{AB}(i_r;j_1) & \boldsymbol{AB}(i_r;j_2) & \cdots & \boldsymbol{AB}(i_r;j_r) \end{vmatrix} \\ &=\left|\begin{bmatrix} a_{i_1 1} & a_{i_1 2} & \cdots & a_{i_1 n} \\ a_{i_2 1} & a_{i_2 2} & \cdots & a_{i_2 n} \\ \vdots & \vdots & & \vdots \\ a_{i_r 1} & a_{i_r 2} & \cdots & a_{i_r n} \end{bmatrix}\begin{bmatrix} b_{1j_1} & b_{1j_2} & \cdots & b_{1j_r} \\ b_{2j_1} & b_{2j_2} & \cdots & b_{2j_r} \\ \vdots & \vdots & & \vdots \\ b_{nj_1} & b_{nj_2} & \cdots & b_{nj_r} \end{bmatrix}\right| \\ &=|\boldsymbol{A}_1\boldsymbol{B}_1|,\end{aligned}$$

其中 $\boldsymbol{A}_1,\boldsymbol{B}_1$ 分别是第二个等号右端的第一和第二个矩阵. 由于 $r\leqslant n$,因此根据比内-柯西公式得

$$\begin{aligned}|\boldsymbol{A}_1\boldsymbol{B}_1|&=\sum_{1\leqslant v_1<v_2<\cdots<v_r\leqslant n}\boldsymbol{A}_1\begin{pmatrix} 1,2,\cdots,r \\ v_1,v_2,\cdots,v_r \end{pmatrix}\boldsymbol{B}_1\begin{pmatrix} v_1,v_2,\cdots,v_r \\ 1,2,\cdots,r \end{pmatrix} \\ &=\sum_{1\leqslant v_1<v_2<\cdots<v_r\leqslant n}\boldsymbol{A}\begin{pmatrix} i_1,i_2,\cdots,i_r \\ v_1,v_2,\cdots,v_r \end{pmatrix}\boldsymbol{B}\begin{pmatrix} v_1,v_2,\cdots,v_r \\ j_1,j_2,\cdots,j_r \end{pmatrix}.\end{aligned}$$

习 题 4.4

1. 当 $k=0$ 时,$k\boldsymbol{I}$ 不可逆;当 $k\neq0$ 时,$k\boldsymbol{I}$ 可逆,此时 $(k\boldsymbol{I})^{-1}=k^{-1}\boldsymbol{I}$.

2. (1) 不可逆; (2) 不可逆.

3. (1) 可逆,逆矩阵是 $\begin{bmatrix} -11 & 7 \\ 8 & -5 \end{bmatrix}$; (2) 可逆,逆矩阵是 $\begin{bmatrix} 0 & 1 \\ 1 & 0 \end{bmatrix}$.

4. 提示 利用 $\boldsymbol{A}\boldsymbol{A}^*=|\boldsymbol{A}|\boldsymbol{I}$ 以及本节的命题 2.

5. 提示 计算 $(\boldsymbol{I}-\boldsymbol{A})(\boldsymbol{I}+\boldsymbol{A}+\boldsymbol{A}^2)$,然后用本节的命题 2.

6. 提示 由 $\boldsymbol{A}$ 满足的式子可得 $\boldsymbol{A}(\boldsymbol{A}^2-2\boldsymbol{A}+3\boldsymbol{I})=\boldsymbol{I}$,然后利用本节的命题 2.

7. 提示　由已知条件得 $\boldsymbol{A}\left(-\boldsymbol{A}^3+\frac{5}{2}\boldsymbol{A}-2\boldsymbol{I}\right)=\boldsymbol{I}$,然后利用本节的命题 2.

8. 提示　根据对称或斜对称矩阵的定义,并且利用本节的性质 4.

9. (1) $\begin{bmatrix} \frac{5}{6} & \frac{1}{6} & \frac{1}{6} \\ \frac{13}{6} & \frac{5}{6} & -\frac{1}{6} \\ -\frac{1}{6} & \frac{1}{6} & \frac{1}{6} \end{bmatrix}$;　(2) $\begin{bmatrix} 1 & 1 & 3 \\ 2 & 3 & 7 \\ 3 & 4 & 9 \end{bmatrix}$;

(3) $\begin{bmatrix} \frac{1}{3} & -\frac{2}{3} & -\frac{1}{3} \\ -\frac{10}{3} & \frac{17}{3} & \frac{1}{3} \\ \frac{4}{3} & -\frac{8}{3} & -\frac{1}{3} \end{bmatrix}$;　(4) $\frac{1}{4}\begin{bmatrix} 1 & 1 & 1 & 1 \\ 1 & 1 & -1 & -1 \\ 1 & -1 & 1 & -1 \\ 1 & -1 & -1 & 1 \end{bmatrix}$.

10. (1) $\boldsymbol{X}=\begin{bmatrix} \frac{13}{7} & \frac{2}{7} \\ \frac{10}{7} & -\frac{13}{7} \\ \frac{18}{7} & -\frac{1}{7} \end{bmatrix}$;　(2) $\begin{bmatrix} \frac{1}{7} & \frac{20}{7} & \frac{1}{7} \\ -\frac{8}{7} & \frac{57}{7} & \frac{20}{7} \end{bmatrix}$;

(3) $\begin{bmatrix} \frac{2}{7} & -\frac{37}{7} & -\frac{8}{7} \\ -\frac{1}{7} & -\frac{34}{7} & -\frac{6}{7} \\ \frac{3}{7} & -\frac{38}{7} & -\frac{6}{7} \end{bmatrix}$.

11. 提示　通过Ⅰ型和Ⅲ型初等行变换把可逆上三角矩阵化成简化行阶梯形矩阵 $\boldsymbol{I}$,然后利用§2 的定理 2、定理 1 和本节的命题 2.

***12. 提示**　$(\boldsymbol{I}-\boldsymbol{A})(\boldsymbol{I}+\boldsymbol{A}+\boldsymbol{A}^2+\cdots+\boldsymbol{A}^{k-1})=\boldsymbol{I}-\boldsymbol{A}^k$.

***13. 提示**　$\boldsymbol{A}=a\boldsymbol{I}+\boldsymbol{J}$,其中 $\boldsymbol{J}$ 是元素全为 1 的 n 阶矩阵. 与本节例 6 的解法类似,得

$$\boldsymbol{A}^{-1}=\frac{1}{a(n+a)}\begin{bmatrix} n-1+a & -1 & -1 & \cdots & -1 & -1 \\ -1 & n-1+a & -1 & \cdots & -1 & -1 \\ \vdots & \vdots & \vdots & & \vdots & \vdots \\ -1 & -1 & -1 & \cdots & -1 & n-1+a \end{bmatrix}.$$

习　题　4.5

1. 提示　证法一　若 $\boldsymbol{A}=\boldsymbol{0}$,则结论显然成立. 下面设 $\boldsymbol{A}\neq\boldsymbol{0}$,又设 $\operatorname{rank}(\boldsymbol{A})=r$. 先考虑 $r<n$ 的情形. 由于 $\boldsymbol{AB}=\boldsymbol{0}$,因此 $\boldsymbol{B}$ 的列向量组 $\boldsymbol{\beta}_1,\boldsymbol{\beta}_2,\cdots,\boldsymbol{\beta}_m$ 中每个向量都是 n 元齐次线性方程组 $\boldsymbol{Ax}=\boldsymbol{0}$ 的解,从而 $\boldsymbol{\beta}_1,\boldsymbol{\beta}_2,\cdots,\boldsymbol{\beta}_m$ 可以由 $\boldsymbol{Ax}=\boldsymbol{0}$ 的一个基础解系 $\boldsymbol{\eta}_1,\boldsymbol{\eta}_2,\cdots,\boldsymbol{\eta}_{n-r}$ 线性表出.

证法二　利用本节例 4 的西尔维斯特秩不等式立即得到.

2. 提示　由于 $\boldsymbol{A}\neq\boldsymbol{0}$,因此存在一个 $n\times m$ 非零矩阵 $\boldsymbol{B}$,使得 $\boldsymbol{AB}=\boldsymbol{0}$ 的充要条件是,齐次线性方程组 $\boldsymbol{Ax}=\boldsymbol{0}$

有非零解.

*3. (1) **提示** 由于 $\boldsymbol{BC}=\boldsymbol{0}$,因此 $\boldsymbol{C}^{\mathrm{T}}\boldsymbol{B}^{\mathrm{T}}=\boldsymbol{0}$. 由于 $\operatorname{rank}(\boldsymbol{C}^{\mathrm{T}})=n$,因此 n 元齐次线性方程组 $\boldsymbol{C}^{\mathrm{T}}\boldsymbol{x}=\boldsymbol{0}$ 只有零解.

(2) **提示** 利用第(1)小题的结论.

*4. **提示** 用类似于本节例 5 的证法.

5. **提示** 与本节例 2 的证法类似.

6. **提示** $\operatorname{rank}[\boldsymbol{A}^{\mathrm{T}}\boldsymbol{A},\boldsymbol{A}^{\mathrm{T}}\boldsymbol{\beta}]=\operatorname{rank}(\boldsymbol{A}^{\mathrm{T}}[\boldsymbol{A},\boldsymbol{\beta}])\leqslant\operatorname{rank}(\boldsymbol{A}^{\mathrm{T}})$,然后利用 § 3 的命题 1.

7. **提示** 利用 § 3 例 1 的结论.

8. **提示** 利用 $\boldsymbol{AA}^*=|\boldsymbol{A}|\boldsymbol{I}$. 若 $|\boldsymbol{A}|\neq0$,则容易证明结论. 若 $|\boldsymbol{A}|=0$,则 $\boldsymbol{AA}^*=\boldsymbol{0}$. 此时,利用第 1 题的结论.

9. **提示** 若 $\operatorname{rank}(\boldsymbol{A})=n$,则 $\boldsymbol{A}$ 可逆,从而 $\boldsymbol{A}^*$ 也可逆. 若 $\operatorname{rank}(\boldsymbol{A})=n-1$,则 $\boldsymbol{A}$ 有一个不等于 0 的 $n-1$ 阶子式,从而 $\boldsymbol{A}^*\neq\boldsymbol{0}$. 此时,由于 $|\boldsymbol{A}|=0$,因此 $\boldsymbol{AA}^*=|\boldsymbol{A}|\boldsymbol{I}=\boldsymbol{0}$. 然后,利用第 1 题的结论. 若 $\operatorname{rank}(\boldsymbol{A})<n-1$,则易知 $\boldsymbol{A}^*=\boldsymbol{0}$.

10. **提示**
$$\begin{aligned}\boldsymbol{A}=\operatorname{diag}\{\boldsymbol{A}_1,\boldsymbol{A}_2,\cdots,\boldsymbol{A}_s\}\text{可逆} &\Longleftrightarrow 0\neq|\boldsymbol{A}|=|\boldsymbol{A}_1|\,|\boldsymbol{A}_2|\cdots|\boldsymbol{A}_s|\\ &\Longleftrightarrow |\boldsymbol{A}_i|\neq0,\ i=1,2,\cdots,s\\ &\Longleftrightarrow \boldsymbol{A}_i\ \text{可逆},\ i=1,2,\cdots,s.\end{aligned}$$

当 $\boldsymbol{A}$ 可逆时,由于
$$\boldsymbol{A}\operatorname{diag}\{\boldsymbol{A}_1^{-1},\boldsymbol{A}_2^{-1},\cdots,\boldsymbol{A}_s^{-1}\}=\operatorname{diag}\{\boldsymbol{A}_1\boldsymbol{A}_1^{-1},\boldsymbol{A}_2\boldsymbol{A}_2^{-1},\cdots,\boldsymbol{A}_s\boldsymbol{A}_s^{-1}\}=\boldsymbol{I},$$
因此
$$\boldsymbol{A}^{-1}=\operatorname{diag}\{\boldsymbol{A}_1^{-1},\boldsymbol{A}_2^{-1},\cdots,\boldsymbol{A}_s^{-1}\}.$$

11. **提示**
$$\boldsymbol{A}=\begin{bmatrix}\boldsymbol{A}_{11}&\boldsymbol{A}_{12}\\\boldsymbol{0}&\boldsymbol{A}_{22}\end{bmatrix}\text{可逆}\Longleftrightarrow 0\neq|\boldsymbol{A}|=|\boldsymbol{A}_{11}|\,|\boldsymbol{A}_{22}|\Longleftrightarrow|\boldsymbol{A}_{11}|\neq0,\ |\boldsymbol{A}_{22}|\neq0$$
$$\Longleftrightarrow \boldsymbol{A}_{11},\boldsymbol{A}_{22}\text{都可逆}.$$

当 $\boldsymbol{A}$ 可逆时,由于
$$\begin{bmatrix}\boldsymbol{A}_{11}&\boldsymbol{A}_{12}\\\boldsymbol{0}&\boldsymbol{A}_{22}\end{bmatrix}\begin{bmatrix}\boldsymbol{A}_{11}^{-1}&-\boldsymbol{A}_{11}^{-1}\boldsymbol{A}_{12}\boldsymbol{A}_{22}^{-1}\\\boldsymbol{0}&\boldsymbol{A}_{22}^{-1}\end{bmatrix}=\begin{bmatrix}\boldsymbol{I}_r&\boldsymbol{0}\\\boldsymbol{0}&\boldsymbol{I}_s\end{bmatrix},$$
因此
$$\boldsymbol{A}^{-1}=\begin{bmatrix}\boldsymbol{A}_{11}^{-1}&-\boldsymbol{A}_{11}^{-1}\boldsymbol{A}_{12}\boldsymbol{A}_{22}^{-1}\\\boldsymbol{0}&\boldsymbol{A}_{22}^{-1}\end{bmatrix}.$$

12. **提示** 利用 $\boldsymbol{B}$ 可逆当且仅当 $|\boldsymbol{B}|\neq0$. 计算 $|\boldsymbol{B}|$ 时可利用习题 2.6 第 3 题的结论.

13. **提示**
$$\begin{bmatrix}\boldsymbol{I}_n&\boldsymbol{B}\\\boldsymbol{A}&\boldsymbol{I}_s\end{bmatrix}\xrightarrow{①+(-\boldsymbol{B})\cdot②}\begin{bmatrix}\boldsymbol{I}_n-\boldsymbol{BA}&\boldsymbol{0}\\\boldsymbol{A}&\boldsymbol{I}_s\end{bmatrix}.$$

14. **提示** 利用本节例 3 的结论和第 13 题的结论.

15. **提示** 利用第 14 题的结论,得
$$\begin{aligned}|\boldsymbol{A}-\boldsymbol{\alpha}\boldsymbol{\alpha}^{\mathrm{T}}|&=|\boldsymbol{A}(\boldsymbol{I}_n-\boldsymbol{A}^{-1}\boldsymbol{\alpha}\boldsymbol{\alpha}^{\mathrm{T}})|=|\boldsymbol{A}|\,|\boldsymbol{I}_n-(\boldsymbol{A}^{-1}\boldsymbol{\alpha})\boldsymbol{\alpha}^{\mathrm{T}}|\\&=|\boldsymbol{A}|\,|\boldsymbol{I}_1-\boldsymbol{\alpha}^{\mathrm{T}}(\boldsymbol{A}^{-1}\boldsymbol{\alpha})|=|\boldsymbol{A}|(1-\boldsymbol{\alpha}^{\mathrm{T}}\boldsymbol{A}^{-1}\boldsymbol{\alpha}).\end{aligned}$$

*16. **提示** 我们有
$$\begin{bmatrix}\boldsymbol{A}&\boldsymbol{B}\\\boldsymbol{C}&\boldsymbol{D}\end{bmatrix}\xrightarrow{②+(-\boldsymbol{CA}^{-1})\cdot①}\begin{bmatrix}\boldsymbol{A}&\boldsymbol{B}\\\boldsymbol{0}&\boldsymbol{D}-\boldsymbol{CA}^{-1}\boldsymbol{B}\end{bmatrix},$$
于是
$$\begin{bmatrix}\boldsymbol{I}&\boldsymbol{0}\\-\boldsymbol{CA}^{-1}&\boldsymbol{I}\end{bmatrix}\begin{bmatrix}\boldsymbol{A}&\boldsymbol{B}\\\boldsymbol{C}&\boldsymbol{D}\end{bmatrix}=\begin{bmatrix}\boldsymbol{A}&\boldsymbol{B}\\\boldsymbol{0}&\boldsymbol{D}-\boldsymbol{CA}^{-1}\boldsymbol{B}\end{bmatrix}.$$

上式两边取行列式,得

$$|\boldsymbol{I}|\,|\boldsymbol{I}|\begin{vmatrix}\boldsymbol{A} & \boldsymbol{B}\\ \boldsymbol{C} & \boldsymbol{D}\end{vmatrix}=|\boldsymbol{A}|\,|\boldsymbol{D}-\boldsymbol{C}\boldsymbol{A}^{-1}\boldsymbol{B}|,$$

因此

$$\begin{vmatrix}\boldsymbol{A} & \boldsymbol{B}\\ \boldsymbol{C} & \boldsymbol{D}\end{vmatrix}=|\boldsymbol{A}(\boldsymbol{D}-\boldsymbol{C}\boldsymbol{A}^{-1}\boldsymbol{B})|=|\boldsymbol{A}\boldsymbol{D}-\boldsymbol{A}\boldsymbol{C}\boldsymbol{A}^{-1}\boldsymbol{B}|=|\boldsymbol{A}\boldsymbol{D}-\boldsymbol{C}\boldsymbol{B}|.$$

习 题 4.6

1. (1)~(7) 都是正交矩阵; (8) 不是正交矩阵.

2. (1) 1; (2) 1; (3) −1; (4) −1;
(5) 1; (6) −1; (7) −1; (8) −2.

3. 提示 $(\boldsymbol{T}^{-1}\boldsymbol{A}\boldsymbol{T})^{\mathrm{T}}=\boldsymbol{T}^{\mathrm{T}}\boldsymbol{A}^{\mathrm{T}}(\boldsymbol{T}^{-1})^{\mathrm{T}}=\boldsymbol{T}^{-1}\boldsymbol{A}\boldsymbol{T}$.

***4. 提示** 利用本节的(4)式,以及对称矩阵、对合矩阵的定义(对合矩阵的定义见习题 4.5 的第 4 题).

***5. 提示** 设 $\boldsymbol{A}=[a_{ij}]$的列向量组是 $\boldsymbol{\alpha}_1,\boldsymbol{\alpha}_2,\cdots,\boldsymbol{\alpha}_n$. 因为$(\boldsymbol{\alpha}_1,\boldsymbol{\alpha}_1)=1$,所以 $a_{11}=\pm1$. 由于$(\boldsymbol{\alpha}_1,\boldsymbol{\alpha}_2)=0$,$(\boldsymbol{\alpha}_2,\boldsymbol{\alpha}_2)=1$,可求出 $\boldsymbol{\alpha}_2$. 又由于$(\boldsymbol{\alpha}_1,\boldsymbol{\alpha}_3)=0$,$(\boldsymbol{\alpha}_2,\boldsymbol{\alpha}_3)=0$,$(\boldsymbol{\alpha}_3,\boldsymbol{\alpha}_3)=1$,可求出 $\boldsymbol{\alpha}_3$. 依次下去,可求出 $\boldsymbol{\alpha}_4,\cdots,\boldsymbol{\alpha}_n$.

6. (1) −9; (2) 0.

7. (1) $\left[\frac{3\sqrt{26}}{26},0,-\frac{\sqrt{26}}{26},\frac{2\sqrt{26}}{13}\right]^{\mathrm{T}}$; (2) $\left[\frac{\sqrt{30}}{6},\frac{\sqrt{30}}{30},-\frac{\sqrt{30}}{15},0\right]^{\mathrm{T}}$.

8. 提示 $(k\boldsymbol{\alpha},l\boldsymbol{\beta})=kl(\boldsymbol{\alpha},\boldsymbol{\beta})=kl\cdot0=0$.

9. 提示

$$\begin{aligned}(\boldsymbol{\beta},k_1\boldsymbol{\alpha}_1+k_2\boldsymbol{\alpha}_2+\cdots+k_s\boldsymbol{\alpha}_s)&=k_1(\boldsymbol{\beta},\boldsymbol{\alpha}_1)+k_2(\boldsymbol{\beta},\boldsymbol{\alpha}_2)+\cdots+k_s(\boldsymbol{\beta},\boldsymbol{\alpha}_s)\\&=k_1\cdot0+k_2\cdot0+\cdots+k_s\cdot0=0.\end{aligned}$$

10. 提示 利用内积的正定性.

11. $\boldsymbol{\eta}_1=\left[\frac{\sqrt{5}}{5},-\frac{2\sqrt{5}}{5},0\right]^{\mathrm{T}}$, $\boldsymbol{\eta}_2=\left[\frac{4\sqrt{5}}{15},\frac{2\sqrt{5}}{15},-\frac{\sqrt{5}}{3}\right]^{\mathrm{T}}$.

12. $\boldsymbol{\eta}_1=\left[\frac{\sqrt{2}}{2},\frac{\sqrt{2}}{2},0,0\right]^{\mathrm{T}}$, $\boldsymbol{\eta}_2=\left[\frac{\sqrt{6}}{6},-\frac{\sqrt{6}}{6},\frac{\sqrt{6}}{3},0\right]^{\mathrm{T}}$, $\boldsymbol{\eta}_3=\left[\frac{\sqrt{3}}{6},-\frac{\sqrt{3}}{6},-\frac{\sqrt{3}}{6},-\frac{\sqrt{3}}{2}\right]^{\mathrm{T}}$.

13. 提示 $|\boldsymbol{A}\boldsymbol{\alpha}|^2=(\boldsymbol{A}\boldsymbol{\alpha},\boldsymbol{A}\boldsymbol{\alpha})=(\boldsymbol{A}\boldsymbol{\alpha})^{\mathrm{T}}(\boldsymbol{A}\boldsymbol{\alpha})=\boldsymbol{\alpha}^{\mathrm{T}}\boldsymbol{A}^{\mathrm{T}}\boldsymbol{A}\boldsymbol{\alpha}=\boldsymbol{\alpha}^{\mathrm{T}}\boldsymbol{I}\boldsymbol{\alpha}=\boldsymbol{\alpha}^{\mathrm{T}}\boldsymbol{\alpha}=(\boldsymbol{\alpha},\boldsymbol{\alpha})=|\boldsymbol{\alpha}|^2$.

***14. 提示** 可分解性 把 $\boldsymbol{A}$ 的列向量组 $\boldsymbol{\alpha}_1,\boldsymbol{\alpha}_2,\cdots,\boldsymbol{\alpha}_n$ 进行施密特正交化和单位化.
唯一性 假如有两个分解式:$\boldsymbol{A}=\boldsymbol{T}\boldsymbol{B}$,$\boldsymbol{A}=\boldsymbol{T}_1\boldsymbol{B}_1$,利用第 5 题的结论证明 $\boldsymbol{T}=\boldsymbol{T}_1$,$\boldsymbol{B}=\boldsymbol{B}_1$.

第五章 矩阵的相抵与相似

习 题 5.1

1. (1) $\begin{bmatrix}\boldsymbol{I}_2 & \boldsymbol{0}\\ \boldsymbol{0} & \boldsymbol{0}\end{bmatrix}$; (2) $[\boldsymbol{I}_3,\boldsymbol{0}]$; (3) $\begin{bmatrix}1 & 0\\ \boldsymbol{0} & \boldsymbol{0}\end{bmatrix}$.

2. 提示 必要性 利用本节的推论 1,并且分别对 $\boldsymbol{P},\boldsymbol{Q}$ 进行适当分块.
充分性 设 $\boldsymbol{A}=\boldsymbol{P}_1\boldsymbol{Q}_1$,其中 $\boldsymbol{P}_1$ 是 $s\times r$ 列满秩矩阵,$\boldsymbol{Q}_1$ 是 $r\times n$ 行满秩矩阵. 利用西尔维斯特秩不等式,得

$$\mathrm{rank}(P_1Q_1) \geqslant \mathrm{rank}(P_1) + \mathrm{rank}(Q_1) - r = r.$$

又有 $\mathrm{rank}(P_1Q_1) \leqslant \mathrm{rank}(P_1) = r$，因此 $\mathrm{rank}(P_1Q_1) = r$，从而 $\mathrm{rank}(A) = r$.

3. 提示 利用本节的推论 1 和矩阵乘法的左、右分配律.

***4. 提示** 由于 B 和 C 的秩都是 r，因此

$$B \xrightarrow{\text{初等行变换}} \begin{bmatrix} I_r \\ 0 \end{bmatrix}, \quad C \xrightarrow{\text{初等行变换}} \begin{bmatrix} I_r \\ 0 \end{bmatrix},$$

从而存在 s 阶可逆矩阵 P_1, P_2，使得 $P_1B = \begin{bmatrix} I_r \\ 0 \end{bmatrix}$，$P_2C = \begin{bmatrix} I_r \\ 0 \end{bmatrix}$. 于是 $P_1B = P_2C$. 因此 $C = (P_2^{-1}P_1)B$.

习 题 5.2

1. 提示 利用矩阵相似的定义. **2. 提示** 计算 $A^{-1}(AB)A$.

3. 提示 由于 $A_i \sim B_i$，因此存在可逆矩阵 U_i，使得 $U_i^{-1}A_iU_i = B_i$，$i=1,2$. 于是

$$\begin{bmatrix} U_1 & 0 \\ 0 & U_2 \end{bmatrix}^{-1} \begin{bmatrix} A_1 & 0 \\ 0 & A_2 \end{bmatrix} \begin{bmatrix} U_1 & 0 \\ 0 & U_2 \end{bmatrix} = \begin{bmatrix} U_1^{-1}A_1U_1 & 0 \\ 0 & U_2^{-1}A_2U_2 \end{bmatrix} = \begin{bmatrix} B_1 & 0 \\ 0 & B_2 \end{bmatrix}.$$

4. 提示 $(U^{-1}AU)(U^{-1}BU) = U^{-1}(AB)U = U^{-1}(BA)U = (U^{-1}BU)(U^{-1}AU)$.

5. 提示 由于 $A \sim B$，因此存在可逆矩阵 U，使得 $B = U^{-1}AU$，从而

$$\begin{aligned} U^{-1}f(A)U &= U^{-1}(a_0I + a_1A + \cdots + a_mA^m)U \\ &= a_0U^{-1}IU + a_1U^{-1}AU + \cdots + a_mU^{-1}A^mU \\ &= a_0I + a_1B + \cdots + a_m(U^{-1}AU)^m \\ &= a_0I + a_1B + \cdots + a_mB^m \\ &= f(B). \end{aligned}$$

所以 $f(A) \sim f(B)$.

6. 提示 若 A 可对角化，则存在可逆矩阵 U，使得 $U^{-1}AU = D$，其中 D 是对角矩阵，从而 $(U^{-1}AU)^{\mathrm{T}} = D^{\mathrm{T}}$. 于是 $U^{\mathrm{T}}A^{\mathrm{T}}(U^{-1})^{\mathrm{T}} = D^{\mathrm{T}}$. 由于 $D^{\mathrm{T}} = D$，因此 $U^{\mathrm{T}}A^{\mathrm{T}}(U^{\mathrm{T}})^{-1} = D$，从而 $A^{\mathrm{T}} \sim D$. 由相似关系的对称性和传递性得 $A \sim A^{\mathrm{T}}$.

7. 提示 用反证法. 假设 A 可逆，则从所给的等式得

$$A^{-1}(AB - BA) = A^{-1}A,$$

即 $B - A^{-1}BA = I$. 然后，考虑它们的迹.

8. 提示 设 B 与幂等矩阵 A 相似，则有可逆矩阵 U，使得 $U^{-1}AU = B$. 然后，根据幂等矩阵的定义证明.

9. 提示 利用矩阵相似和对合矩阵的定义.

10. 提示 设 A 是 n 阶幂零矩阵，其幂零指数为 l. 设 $A \sim B$，则存在可逆矩阵 U，使得 $B = U^{-1}AU$. 于是，对于任意正整数 m，有

$$B^m = (U^{-1}AU)^m = U^{-1}A^mU,$$

从而 $B^l = U^{-1}A^lU = 0$. 因此，B 是幂零矩阵. 当 $m < l$ 时，假如 $B^m = 0$，则 $A^m = UB^mU^{-1} = 0$，矛盾. 因此，当 $m < l$ 时，$B^m \neq 0$，从而 B 的幂零指数为 l.

习 题 5.3

1. (1) A 的全部特征值是 1(二重)，10.

A 的属于特征值 1 的全部特征向量是

$$\{k_1[-2,1,0]^{\mathrm{T}}+k_2[2,0,1]^{\mathrm{T}} \mid k_1,k_2\in K,\text{且 } k_1,k_2 \text{ 不全为 } 0\},$$

A 的属于特征值 10 的全部特征向量是

$$\{k_3[1,2,-2]^{\mathrm{T}} \mid k_3\in K,\text{且 } k_3\neq 0\}.$$

注：特征向量的答案不唯一，以下同.

(2) **A** 的全部特征值是 1,3(二重).

A 的属于特征值 1 的全部特征向量是

$$\{k_1[2,0,-1]^{\mathrm{T}} \mid k_1\in K,\text{且 } k_1\neq 0\},$$

A 的属于特征值 3 的全部特征向量是

$$\{k_2[1,-1,2]^{\mathrm{T}} \mid k_2\in K,\text{且 } k_2\neq 0\}.$$

(3) **A** 的全部特征值是 2(二重),11.

A 的属于特征值 2 的全部特征向量是

$$\{k_1[1,-2,0]^{\mathrm{T}}+k_2[1,0,-1]^{\mathrm{T}} \mid k_1,k_2\in K,\text{且 } k_1,k_2 \text{ 不全为 } 0\},$$

A 的属于特征值 11 的全部特征向量是

$$\{k_3[2,1,2]^{\mathrm{T}} \mid k_3\in K,\text{且 } k_3\neq 0\}.$$

(4) **A** 的全部特征值是-1(三重).

A 的属于特征值-1 的全部特征向量是

$$\{k[1,1,-1]^{\mathrm{T}} \mid k\in K,\text{且 } k\neq 0\}.$$

(5) **A** 的全部特征值是 $0,1,-1$.

A 的属于特征值 0 的全部特征向量是

$$\{k_1[1,1,-1]^{\mathrm{T}} \mid k_1\in K,\text{且 } k_1\neq 0\},$$

A 的属于特征值 1 的全部特征向量是

$$\{k_2[1,1,1]^{\mathrm{T}} \mid k_2\in K,\text{且 } k_2\neq 0\},$$

A 的属于特征值-1 的全部特征向量是

$$\{k_3[1,-1,-1]^{\mathrm{T}} \mid k_3\in K,\text{且 } k_3\neq 0\}.$$

2. (1) **A** 的全部特征值是 $1+\sqrt{3}\mathrm{i},1-\sqrt{3}\mathrm{i}$.

A 的属于特征值 $1+\sqrt{3}\mathrm{i}$ 的全部特征向量是

$$\{k_1[\mathrm{i},1]^{\mathrm{T}} \mid k_1\in \mathbf{C},\text{且 } k_1\neq 0\},$$

A 的属于特征值 $1-\sqrt{3}\mathrm{i}$ 的全部特征向量是

$$\{k_2[-\mathrm{i},1]^{\mathrm{T}} \mid k_2\in \mathbf{C},\text{且 } k_2\neq 0\},$$

如果把 **A** 看成实数域 **R** 上的矩阵，那么它没有特征值.

(2) **A** 的全部特征值是 $1,\mathrm{i},-\mathrm{i}$.

A 的属于特征值 1 的全部特征向量是

$$\{k_1[2,-1,-1]^{\mathrm{T}} \mid k_1\in \mathbf{C},\text{且 } k_1\neq 0\},$$

A 的属于特征值 i 的全部特征向量是

$$\{k_2[1-2\mathrm{i},-1+\mathrm{i},-2]^{\mathrm{T}} \mid k_2\in \mathbf{C},\text{且 } k_2\neq 0\},$$

$\boldsymbol{A}$ 的属于特征值$-\mathrm{i}$的全部特征向量是

$$\{k_3[1+2\mathrm{i},-1-\mathrm{i},-2]^{\mathrm{T}}\mid k_3\in\mathbf{C},\text{且 }k_3\neq 0\},$$

如果把 $\boldsymbol{A}$ 看成实数域 $\mathbf{R}$ 上的矩阵，那么它只有一个特征值 1.

3. 提示 在 $\boldsymbol{A\alpha}=\lambda_0\boldsymbol{\alpha}$ 两边取复数共轭，注意 $\overline{\boldsymbol{A\alpha}}=\overline{\boldsymbol{A}}\,\overline{\boldsymbol{\alpha}}$，其中 $\overline{\boldsymbol{A}}$ 表示把 $\boldsymbol{A}$ 的每个元素取共轭复数得到的矩阵.

4. 提示 由于$|0\cdot\boldsymbol{I}-\boldsymbol{A}|=|-\boldsymbol{A}|=(-1)^n|\boldsymbol{A}|$，因此可证 0 是 $\boldsymbol{A}$ 的一个特征值. 再任取 $\boldsymbol{A}$ 的一个特征值 λ_0，由 $\boldsymbol{A\alpha}=\lambda_0\boldsymbol{\alpha}(\boldsymbol{\alpha}\neq\boldsymbol{0})$证明 $\lambda_0=0$.

5. 提示 先证明：如果 λ_0 是 n 阶幂等矩阵 $\boldsymbol{A}$ 的特征值，那么 λ_0 等于 0 或 1. 再证明：设 $\operatorname{rank}(\boldsymbol{A})=r$，若 $r=0$，则 0 是 $\boldsymbol{A}$ 的特征值；若 $r=n$，则 1 是 $\boldsymbol{A}$ 的特征值；若 $0<r<n$，则 0 和 1 都是 $\boldsymbol{A}$ 的特征值. 在证明 1 是 $\boldsymbol{A}$ 的特征值时，利用第四章 §5 中例 5 的结论，证明$|\boldsymbol{I}-\boldsymbol{A}|=0$.

***6. 提示** 复数域 $\mathbf{C}$ 上的方阵一定有特征值(因为它的特征多项式在复数域 $\mathbf{C}$ 中必有根)，设 λ_0 是周期矩阵 $\boldsymbol{A}$ 的任一特征值，则存在 $\boldsymbol{\alpha}\neq\boldsymbol{0}$，使得 $\boldsymbol{A\alpha}=\lambda_0\boldsymbol{\alpha}$. 然后，证明 $\lambda_0^m=1$.

7. 提示 $|\lambda\boldsymbol{I}-\boldsymbol{A}^{\mathrm{T}}|=|(\lambda\boldsymbol{I}-\boldsymbol{A})^{\mathrm{T}}|$.

8. (1) **提示** 因为$|0\cdot\boldsymbol{I}-\boldsymbol{A}|=|-\boldsymbol{A}|\neq 0$，所以 0 不是 $\boldsymbol{A}$ 的特征值；

(2) **提示** 如果 λ_0 是 $\boldsymbol{A}$ 的特征值，那么存在 $\boldsymbol{\alpha}\neq\boldsymbol{0}$，使得 $\boldsymbol{A\alpha}=\lambda_0\boldsymbol{\alpha}$. 此式两边左乘 $\boldsymbol{A}^{-1}$.

9. 提示 0 是 $\boldsymbol{A}$ 的特征值 $\Longleftrightarrow|0\cdot\boldsymbol{I}-\boldsymbol{A}|=0$.

***10.** (1) **提示** 如果 $\boldsymbol{A}$ 有特征值 λ_0，那么存在 $\boldsymbol{\alpha}\neq\boldsymbol{0}$，使得 $\boldsymbol{A\alpha}=\lambda_0\boldsymbol{\alpha}$. 此式两边取转置，得 $\boldsymbol{\alpha}^{\mathrm{T}}\boldsymbol{A}^{\mathrm{T}}=\lambda_0\boldsymbol{\alpha}^{\mathrm{T}}$. 把所得的两个式子相乘，得

$$(\boldsymbol{\alpha}^{\mathrm{T}}\boldsymbol{A}^{\mathrm{T}})(\boldsymbol{A\alpha})=(\lambda_0\boldsymbol{\alpha}^{\mathrm{T}})(\lambda_0\boldsymbol{\alpha}).$$

(2) **提示** $|1\boldsymbol{I}-\boldsymbol{A}|=|\boldsymbol{AA}^{\mathrm{T}}-\boldsymbol{AI}|=|\boldsymbol{A}(\boldsymbol{A}^{\mathrm{T}}-\boldsymbol{I})|=|\boldsymbol{A}|\,|-(\boldsymbol{I}-\boldsymbol{A})^{\mathrm{T}}|=(-1)^n|\boldsymbol{I}-\boldsymbol{A}|$.

(3) **提示**
$$\begin{aligned}|(-1)\boldsymbol{I}-\boldsymbol{A}|&=|-\boldsymbol{AA}^{\mathrm{T}}-\boldsymbol{AI}|=|\boldsymbol{A}|\,|-\boldsymbol{A}^{\mathrm{T}}-\boldsymbol{I}|=-|(-\boldsymbol{A}-\boldsymbol{I})^{\mathrm{T}}|\\&=-|-\boldsymbol{A}-\boldsymbol{I}|=-|(-1)\boldsymbol{I}-\boldsymbol{A}|.\end{aligned}$$

11. (1) **提示** $\boldsymbol{A\alpha}=\lambda_0\boldsymbol{\alpha}(\boldsymbol{\alpha}\neq\boldsymbol{0})$两边乘以 k.

(2) **提示** $\boldsymbol{A\alpha}=\lambda_0\boldsymbol{\alpha}(\boldsymbol{\alpha}\neq\boldsymbol{0})$两边左乘 $\boldsymbol{A}$，得 $\boldsymbol{A}^2\alpha=\lambda_0\boldsymbol{A\alpha}=\lambda_0^2\boldsymbol{\alpha}$；再两边左乘 $\boldsymbol{A}$，得 $\boldsymbol{A}^3\boldsymbol{\alpha}=\lambda_0^3\boldsymbol{\alpha}$；依次下去，得

$$\boldsymbol{A}^m\boldsymbol{\alpha}=\lambda_0^m\boldsymbol{\alpha}.$$

(3) **提示** 设 $\boldsymbol{A\alpha}=\lambda_0\boldsymbol{\alpha}(\boldsymbol{\alpha}\neq\boldsymbol{0})$，则

$$f(\boldsymbol{A})\boldsymbol{\alpha}=(a_0\boldsymbol{I}+a_1\boldsymbol{A}+\cdots+a_m\boldsymbol{A}^m)\boldsymbol{\alpha}=a_0\boldsymbol{\alpha}+a_1\lambda_0\boldsymbol{\alpha}+\cdots+a_m\lambda_0^m\boldsymbol{\alpha}=f(\lambda_0)\boldsymbol{\alpha}.$$

***12. 提示** 设 $\lambda_0\neq 0$ 是 $\boldsymbol{AB}$ 的一个特征值，则存在 $\boldsymbol{\alpha}\neq\boldsymbol{0}$，使得$(\boldsymbol{AB})\boldsymbol{\alpha}=\lambda_0\boldsymbol{\alpha}$. 此式两边左乘 $\boldsymbol{B}$，得

$$(\boldsymbol{BA})(\boldsymbol{B\alpha})=\lambda_0(\boldsymbol{B\alpha}).$$

假如 $\boldsymbol{B\alpha}=\boldsymbol{0}$，则 $\lambda_0\boldsymbol{\alpha}=(\boldsymbol{AB})\boldsymbol{\alpha}=\boldsymbol{A}(\boldsymbol{B\alpha})=\boldsymbol{0}$. 由于 $\boldsymbol{\alpha}\neq\boldsymbol{0}$，因此 $\lambda_0=0$，矛盾，从而 $\boldsymbol{B\alpha}\neq\boldsymbol{0}$. 所以，$\lambda_0$ 是 $\boldsymbol{BA}$ 的一个特征值. 同理，若 λ_0 是 $\boldsymbol{BA}$ 的一个非零特征值，则 λ_0 也是 $\boldsymbol{AB}$ 的一个特征值.

***13. 提示** 设 $\boldsymbol{A}$ 的属于特征值 λ_1 的特征子空间 W_{λ_1} 的维数是 r. 在 W_{λ_1} 中任取一个基 $\boldsymbol{\alpha}_1,\boldsymbol{\alpha}_2,\cdots,\boldsymbol{\alpha}_r$，把它扩充成 K^n 的一个基 $\boldsymbol{\alpha}_1,\boldsymbol{\alpha}_2,\cdots,\boldsymbol{\alpha}_r,\boldsymbol{\beta}_1,\boldsymbol{\beta}_2,\cdots,\boldsymbol{\beta}_{n-r}$. 令

$$\boldsymbol{P}=[\boldsymbol{\alpha}_1,\boldsymbol{\alpha}_2,\cdots,\boldsymbol{\alpha}_r,\boldsymbol{\beta}_1,\boldsymbol{\beta}_2,\cdots,\boldsymbol{\beta}_{n-r}],$$

则 $\boldsymbol{P}$ 是数域 K 上的一个 n 阶可逆矩阵，并且有

$$\begin{aligned}\boldsymbol{P}^{-1}\boldsymbol{AP}&=\boldsymbol{P}^{-1}[\boldsymbol{A\alpha}_1,\boldsymbol{A\alpha}_2,\cdots,\boldsymbol{A\alpha}_r,\boldsymbol{A\beta}_1,\cdots,\boldsymbol{A\beta}_{n-r}]\\&=[\boldsymbol{P}^{-1}(\lambda_1\boldsymbol{\alpha}_1),\boldsymbol{P}^{-1}(\lambda_1\boldsymbol{\alpha}_2),\cdots,\boldsymbol{P}^{-1}(\lambda_1\boldsymbol{\alpha}_r),\boldsymbol{P}^{-1}\boldsymbol{A\beta}_1,\boldsymbol{P}^{-1}\boldsymbol{A\beta}_2,\cdots,\boldsymbol{P}^{-1}\boldsymbol{A\beta}_{n-r}]\\&=[\lambda_1\boldsymbol{P}^{-1}\boldsymbol{\alpha}_1,\lambda_1\boldsymbol{P}^{-1}\boldsymbol{\alpha}_2,\cdots,\lambda_1\boldsymbol{P}^{-1}\boldsymbol{\alpha}_r,\boldsymbol{P}^{-1}\boldsymbol{A\beta}_1,\boldsymbol{P}^{-1}\boldsymbol{A\beta}_2,\cdots,\boldsymbol{P}^{-1}\boldsymbol{A\beta}_{n-r}].\end{aligned}$$

由于 $$I=P^{-1}P=[P^{-1}\alpha_1,P^{-1}\alpha_2,\cdots,P^{-1}\alpha_r,P^{-1}\beta_1,P^{-1}\beta_2,\cdots,P^{-1}\beta_{n-r}],$$

因此 $$\varepsilon_1=P^{-1}\alpha_1,\quad \varepsilon_2=P^{-1}\alpha_2,\quad \cdots,\quad \varepsilon_r=P^{-1}\alpha_r,$$

从而

$$P^{-1}AP=[\lambda_1\varepsilon_1,\lambda_1\varepsilon_2,\cdots,\lambda_1\varepsilon_r,P^{-1}A\beta_1,P^{-1}A\beta_2,\cdots,P^{-1}A\beta_{n-r}]=\begin{bmatrix}\lambda_1 I_r & B\\ 0 & C\end{bmatrix},$$

其中 B 和 C 分别是由 $[P^{-1}A\beta_1,P^{-1}A\beta_2,\cdots,P^{-1}A\beta_{n-r}]$ 的前 r 行和后 $n-r$ 行组成的矩阵. 由于相似的矩阵有相同的特征多项式,因此

$$\begin{aligned}|\lambda I-A|&=|\lambda I-P^{-1}AP|=\left|\begin{bmatrix}\lambda I_r & 0\\ 0 & \lambda I_{n-r}\end{bmatrix}-\begin{bmatrix}\lambda_1 I_r & B\\ 0 & C\end{bmatrix}\right|\\ &=\begin{vmatrix}\lambda I_r-\lambda_1 I_r & -B\\ 0 & \lambda I_{n-r}-C\end{vmatrix}=|\lambda I_r-\lambda_1 I_r|\,|\lambda I_{n-r}-C|\\ &=|(\lambda-\lambda_1)I_r|\,|\lambda I_{n-r}-C|\\ &=(\lambda-\lambda_1)^r\,|\lambda I_{n-r}-C|,\end{aligned}$$

从而 λ_1 的代数重数大于或等于 r,即 λ_1 的几何重数小于或等于 λ_1 的代数重数.

注:关于多项式的因式分解、多项式的根及其重数的内容可看文献[3]第 7 章的§4,§5,§6.

习 题 5.4

1. 习题 5.3 的第 1 题:

(1) A 可对角化. 令

$$U=\begin{bmatrix}-2 & 2 & 1\\ 1 & 0 & 2\\ 0 & 1 & -2\end{bmatrix},$$

则

$$U^{-1}AU=\mathrm{diag}\{1,1,10\}.$$

(2) A 不可对角化.

(3) A 可对角化. 令

$$U=\begin{bmatrix}1 & 1 & 2\\ -2 & 0 & 1\\ 0 & -1 & 2\end{bmatrix},$$

则

$$U^{-1}AU=\mathrm{diag}\{2,2,11\}.$$

(4) A 不可对角化.

(5) A 可对角化. 令

$$U=\begin{bmatrix}1 & 1 & 1\\ 1 & 1 & -1\\ -1 & 1 & -1\end{bmatrix},$$

则

$$U^{-1}AU=\mathrm{diag}\{0,1,-1\}.$$

习题 5.3 的第 2 题：

(1) 复数域 **C** 上的矩阵 **A** 可对角化. 令

$$U=\begin{bmatrix} \mathrm{i} & -\mathrm{i} \\ 1 & 1 \end{bmatrix},$$

则

$$U^{-1}AU=\mathrm{diag}\{1+\sqrt{3}\mathrm{i},1-\sqrt{3}\mathrm{i}\}.$$

实数域 **R** 上的矩阵 **A** 不可对角化.

(2) 复数域 **C** 上的矩阵 **A** 可对角化. 令

$$U=\begin{bmatrix} 2 & 1-2\mathrm{i} & 1+2\mathrm{i} \\ -1 & -1+\mathrm{i} & -1-\mathrm{i} \\ -1 & -2 & -2 \end{bmatrix},$$

则

$$U^{-1}AU=\mathrm{diag}\{1,\mathrm{i},-\mathrm{i}\}.$$

实数域 **R** 上的矩阵 **A** 不可对角化.

2. (1) **提示** $|\lambda I-A|=\begin{vmatrix} \lambda-a_{11} & -a_{12} & \cdots & -a_{1n} \\ 0 & \lambda-a_{22} & \cdots & -a_{2n} \\ \vdots & \vdots & & \vdots \\ 0 & 0 & \cdots & \lambda-a_{nn} \end{vmatrix}=(\lambda-a_{11})(\lambda-a_{22})\cdots(\lambda-a_{nn})$,

于是 $a_{11},a_{12},\cdots,a_{nn}$ 是 **A** 的全部特征值.

(2) **提示** 若 $a_{11},a_{22},\cdots,a_{nn}$ 两两不同,则根据本节的推论 2,**A** 可对角化.

3. $A^m=\begin{bmatrix} 2^{m+1}-3^m & 2(3^m-2^m) \\ 2^m-3^m & 2(3^m-2^{m-1}) \end{bmatrix}$.

4. **提示** 设 $\boldsymbol{\alpha},\boldsymbol{\beta}$ 分别是 **A** 的属于特征值 λ_1,λ_2 的特征向量,且 $\lambda_1\neq\lambda_2$. 假如 $\boldsymbol{\alpha}+\boldsymbol{\beta}$ 是 **A** 的特征向量,则有 $\lambda_3\in K$,使得 $A(\boldsymbol{\alpha}+\boldsymbol{\beta})=\lambda_3(\boldsymbol{\alpha}+\boldsymbol{\beta})$,从而 $A\boldsymbol{\alpha}+A\boldsymbol{\beta}=\lambda_3\boldsymbol{\alpha}+\lambda_3\boldsymbol{\beta}$. 又有 $A\boldsymbol{\alpha}+A\boldsymbol{\beta}=\lambda_1\boldsymbol{\alpha}+\lambda_2\boldsymbol{\beta}$,于是

$$(\lambda_1-\lambda_3)\boldsymbol{\alpha}+(\lambda_2-\lambda_3)\boldsymbol{\beta}=\mathbf{0}.$$

由于 $\boldsymbol{\alpha},\boldsymbol{\beta}$ 线性无关,因此 $\lambda_1-\lambda_3=0,\lambda_2-\lambda_3=0$. 由此得出 $\lambda_1=\lambda_3=\lambda_2$,矛盾.

5. **提示** 根据已知条件,**A** 可对角化. 设

$$U^{-1}AU=\mathrm{diag}\{\lambda_1,\lambda_2,\cdots,\lambda_n\}.$$

利用第 4 题的结论和已知条件得,**A** 没有不同的特征值,因此 $\lambda_1=\lambda_2=\cdots=\lambda_n$,从而 $U^{-1}AU=\lambda_1 I$. 故

$$A=U(\lambda_1 I)U^{-1}=\lambda_1 I.$$

6. **提示** 设 n 阶幂零矩阵 **A** 的秩为 $r(r\neq 0)$,则齐次线性方程组 $Ax=\mathbf{0}$ 的解空间的维数等于 $n-r$. 注意幂零矩阵的特征值都是 0. 利用本节的定理 4 证明.

习 题 5.5

1. (1) $T=\begin{bmatrix} \frac{2\sqrt{5}}{5} & \frac{2\sqrt{5}}{15} & \frac{1}{3} \\ -\frac{\sqrt{5}}{5} & \frac{4\sqrt{5}}{15} & \frac{2}{3} \\ 0 & \frac{\sqrt{5}}{3} & -\frac{2}{3} \end{bmatrix}$, $T^{-1}AT=\begin{bmatrix} 1 & 0 & 0 \\ 0 & 1 & 0 \\ 0 & 0 & -8 \end{bmatrix}$;

(2) $\boldsymbol{T}=\begin{bmatrix} \frac{\sqrt{5}}{5} & \frac{4\sqrt{5}}{15} & \frac{2}{3} \\ -\frac{2\sqrt{5}}{5} & \frac{2\sqrt{5}}{15} & \frac{1}{3} \\ 0 & -\frac{\sqrt{5}}{3} & \frac{2}{3} \end{bmatrix}$，$\boldsymbol{T}^{-1}\boldsymbol{AT}=\begin{bmatrix} -3 & 0 & 0 \\ 0 & -3 & 0 \\ 0 & 0 & 6 \end{bmatrix}$；

(3) $\boldsymbol{T}=\begin{bmatrix} \frac{2}{3} & \frac{2}{3} & \frac{1}{3} \\ \frac{1}{3} & -\frac{2}{3} & \frac{2}{3} \\ -\frac{2}{3} & \frac{1}{3} & \frac{2}{3} \end{bmatrix}$，$\boldsymbol{T}^{-1}\boldsymbol{AT}=\begin{bmatrix} 2 & 0 & 0 \\ 0 & 5 & 0 \\ 0 & 0 & -1 \end{bmatrix}$；

(4) $\boldsymbol{T}=\begin{bmatrix} \frac{\sqrt{2}}{2} & 0 & \frac{1}{2} & \frac{1}{2} \\ 0 & \frac{\sqrt{2}}{2} & -\frac{1}{2} & \frac{1}{2} \\ \frac{\sqrt{2}}{2} & 0 & -\frac{1}{2} & -\frac{1}{2} \\ 0 & \frac{\sqrt{2}}{2} & \frac{1}{2} & -\frac{1}{2} \end{bmatrix}$，$\boldsymbol{T}^{-1}\boldsymbol{AT}=\begin{bmatrix} 4 & 0 & 0 & 0 \\ 0 & 4 & 0 & 0 \\ 0 & 0 & 2 & 0 \\ 0 & 0 & 0 & 6 \end{bmatrix}$.

2. 提示 实对称矩阵一定正交相似于对角矩阵. 由于 $\boldsymbol{A}$ 与 $\boldsymbol{B}$ 有相同的特征多项式，因此它们有相同的特征值(包括重数也相同)，从而它们正交相似于同一个对角矩阵. 由相似关系的对称性和传递性得 $\boldsymbol{A}$ 与 $\boldsymbol{B}$ 相似.

3. 提示 由已知条件得，存在正交矩阵 $\boldsymbol{T}$，使得 $\boldsymbol{T}^{-1}\boldsymbol{AT}=\boldsymbol{D}$，其中 $\boldsymbol{D}$ 是对角矩阵.

***4. 提示** 用类似于本节定理 3 的证法.

***5. 提示** 利用本节定理 3 的结论，注意幂零矩阵的特征值都是 0.

第六章 二次型·矩阵的合同

习 题 6.1

1. (1) 令

$$\begin{bmatrix} x_1 \\ x_2 \\ x_3 \end{bmatrix}=\begin{bmatrix} \frac{2\sqrt{5}}{5} & \frac{2\sqrt{5}}{15} & \frac{1}{3} \\ -\frac{\sqrt{5}}{5} & \frac{4\sqrt{5}}{15} & \frac{2}{3} \\ 0 & \frac{\sqrt{5}}{3} & -\frac{2}{3} \end{bmatrix}\begin{bmatrix} y_1 \\ y_2 \\ y_3 \end{bmatrix},$$

则 $f(x_1,x_2,x_3)=y_1^2+y_2^2+10y_3^2$.

注：所做的正交替换不唯一，以下同.

(2) 令

$$\begin{bmatrix} x_1 \\ x_2 \\ x_3 \\ x_4 \end{bmatrix} = \begin{bmatrix} \frac{\sqrt{2}}{2} & 0 & \frac{\sqrt{2}}{2} & 0 \\ \frac{\sqrt{2}}{2} & 0 & -\frac{\sqrt{2}}{2} & 0 \\ 0 & \frac{\sqrt{2}}{2} & 0 & \frac{\sqrt{2}}{2} \\ 0 & -\frac{\sqrt{2}}{2} & 0 & \frac{\sqrt{2}}{2} \end{bmatrix} \begin{bmatrix} y_1 \\ y_2 \\ y_3 \\ y_4 \end{bmatrix},$$

则 $f(x_1,x_2,x_3,x_4)=y_1^2+y_2^2-y_3^2-y_4^2$.

*2. **提示** 二次曲线 S 的方程左边二次项部分的系数矩阵为 $\boldsymbol{A}=\begin{bmatrix} 4 & 4 \\ 4 & 4 \end{bmatrix}$. $\boldsymbol{A}$ 的特征多项式 $\lambda^2-8\lambda$ 的两个实根为 0,8,于是 $\boldsymbol{A}$ 的全部特征值为 $\lambda_1=0,\lambda_2=8$.

解齐次线性方程组 $(0\cdot\boldsymbol{I}-\boldsymbol{A})\boldsymbol{x}=\boldsymbol{0}$,得一个基础解系 $\boldsymbol{\gamma}_1=[1,-1]^{\mathrm{T}}$,单位化得 $\boldsymbol{\eta}_1=\left[\frac{\sqrt{2}}{2},-\frac{\sqrt{2}}{2}\right]^{\mathrm{T}}$.

解齐次线性方程组 $(8\boldsymbol{I}-\boldsymbol{A})\boldsymbol{x}=\boldsymbol{0}$,得一个基础解系 $\boldsymbol{\gamma}_2=[1,1]^{\mathrm{T}}$,单位化得 $\boldsymbol{\eta}_2=\left[\frac{\sqrt{2}}{2},\frac{\sqrt{2}}{2}\right]^{\mathrm{T}}$.

令

$$\boldsymbol{T}=[\boldsymbol{\eta}_1,\boldsymbol{\eta}_2]=\begin{bmatrix} \frac{\sqrt{2}}{2} & \frac{\sqrt{2}}{2} \\ -\frac{\sqrt{2}}{2} & \frac{\sqrt{2}}{2} \end{bmatrix},$$

则 $\boldsymbol{T}$ 是正交矩阵,且使得 $\boldsymbol{T}^{-1}\boldsymbol{A}\boldsymbol{T}=\mathrm{diag}\{0,8\}$. 于是,做正交替换 $\begin{bmatrix} x \\ y \end{bmatrix}=\boldsymbol{T}\begin{bmatrix} x^* \\ y^* \end{bmatrix}$ 可以把二次曲线 S 的方程的二次项部分变成 $8y^{*2}$;一次项部分变成

$$13x+3y=[13,3]\begin{bmatrix} x \\ y \end{bmatrix}=[13,3]\boldsymbol{T}\begin{bmatrix} x^* \\ y^* \end{bmatrix}=5\sqrt{2}x^*+8\sqrt{2}y^*.$$

因此,在新直角坐标系 Ox^*y^* 中,二次曲线 S 的方程为

$$8y^{*2}+5\sqrt{2}x^*+8\sqrt{2}y^*+4=0.$$

此方程左边对 y^* 配方,得

$$8\left(y^*+\frac{\sqrt{2}}{2}\right)^2+5\sqrt{2}x^*=0.$$

做移轴

$$\begin{bmatrix} x^* \\ y^* \end{bmatrix}=\begin{bmatrix} \tilde{x} \\ \tilde{y} \end{bmatrix}+\begin{bmatrix} 0 \\ -\frac{\sqrt{2}}{2} \end{bmatrix},$$

则二次曲线 S 在第三个直角坐标系 $\tilde{O}\tilde{x}\tilde{y}$ 中的方程为

$$8\tilde{y}^2+5\sqrt{2}\tilde{x}=0.$$

由此看出,二次曲线 S 是抛物线,它的焦参数为 $\frac{5\sqrt{2}}{16}$,对称轴在 $\tilde{x}$ 轴上,开口朝着 $\tilde{x}$ 轴的负向,顶点 $\tilde{O}$

在直角坐标系 Oxy 中的坐标为 $\left[-\frac{1}{2},-\frac{1}{2}\right]^{\mathrm{T}}$.

3. (1) 令 $\begin{cases} x_1=y_1-y_2+2y_3, \\ x_2=y_2-y_3, \\ x_3=y_3, \end{cases}$ 则 $f(x_1,x_2,x_3)=y_1^2+y_2^2-2y_3^2$.

注：所做的非退化线性替换及标准形不唯一，以下同.

(2) 令 $\begin{cases} x_1=y_1-y_2-y_3, \\ x_2=y_2+y_3, \\ x_3=y_3, \end{cases}$ 则 $f(x_1,x_2,x_3)=y_1^2-y_2^2$.

(3) 令 $\begin{cases} x_1=z_1-z_2-z_3, \\ x_2=z_1+z_2-z_3, \\ x_3=z_3, \end{cases}$ 则 $f(x_1,x_2,x_3)=z_1^2-z_2^2-z_3^2$.

(4) 令 $\begin{cases} x_1=y_1-y_2, \\ x_2=y_1+y_2, \\ x_3=y_3-y_4, \\ x_4=y_3+y_4, \end{cases}$ 则 $f(x_1,x_2,x_3,x_4)=2y_1^2-2y_2^2-2y_3^2+2y_4^2$.

4. **提示** 对二次型 $a_1x_1^2+a_2x_2^2+a_3x_3^2$ 做非退化线性替换将它变成

$$a_2y_1^2+a_3y_2^2+a_1y_3^2.$$

5. **提示** 必要性 从 $\boldsymbol{\alpha}^{\mathrm{T}}\boldsymbol{A}\boldsymbol{\alpha}=(\boldsymbol{\alpha}^{\mathrm{T}}\boldsymbol{A}\boldsymbol{\alpha})^{\mathrm{T}}=\boldsymbol{\alpha}^{\mathrm{T}}\boldsymbol{A}^{\mathrm{T}}\boldsymbol{\alpha}=-\boldsymbol{\alpha}^{\mathrm{T}}\boldsymbol{A}\boldsymbol{\alpha}$ 证得.

充分性 设 $\boldsymbol{A}=[a_{ij}]$. 从 $\boldsymbol{\alpha}^{\mathrm{T}}\boldsymbol{A}\boldsymbol{\alpha}=0(\forall\boldsymbol{\alpha}\in K^n)$ 得

$$0=\boldsymbol{\varepsilon}_i^{\mathrm{T}}\boldsymbol{A}\boldsymbol{\varepsilon}_i=\boldsymbol{E}_{1i}\begin{bmatrix} a_{1i} \\ a_{2i} \\ \vdots \\ a_{ni} \end{bmatrix}=a_{ii} \quad (i=1,2,\cdots,n),$$

$$\begin{aligned} 0&=(\boldsymbol{\varepsilon}_i+\boldsymbol{\varepsilon}_j)^{\mathrm{T}}\boldsymbol{A}(\boldsymbol{\varepsilon}_i+\boldsymbol{\varepsilon}_j)=(\boldsymbol{\varepsilon}_i^{\mathrm{T}}+\boldsymbol{\varepsilon}_j^{\mathrm{T}})(\boldsymbol{A}\boldsymbol{\varepsilon}_i+\boldsymbol{A}\boldsymbol{\varepsilon}_j) \\ &=\boldsymbol{\varepsilon}_i^{\mathrm{T}}\boldsymbol{A}\boldsymbol{\varepsilon}_i+\boldsymbol{\varepsilon}_i^{\mathrm{T}}\boldsymbol{A}\boldsymbol{\varepsilon}_j+\boldsymbol{\varepsilon}_j^{\mathrm{T}}\boldsymbol{A}\boldsymbol{\varepsilon}_i+\boldsymbol{\varepsilon}_j^{\mathrm{T}}\boldsymbol{A}\boldsymbol{\varepsilon}_j \\ &=0+\boldsymbol{E}_{1i}\begin{bmatrix} a_{1j} \\ a_{2j} \\ \vdots \\ a_{nj} \end{bmatrix}+\boldsymbol{E}_{1j}\begin{bmatrix} a_{1i} \\ a_{2i} \\ \vdots \\ a_{ni} \end{bmatrix}+0 \\ &=a_{ij}+a_{ji} \quad (i\neq j;i,j=1,2,\cdots,n), \end{aligned}$$

从而 $a_{ji}=-a_{ij}(i\neq j;i,j=1,2,\cdots,n)$. 所以，$\boldsymbol{A}$ 是斜对称矩阵.

6. **提示** 利用第 5 题的充分性得 $\boldsymbol{A}$ 是斜对称矩阵，于是 $\boldsymbol{A}^{\mathrm{T}}=-\boldsymbol{A}$. 又已知 $\boldsymbol{A}$ 是对称矩阵，因此 $\boldsymbol{A}^{\mathrm{T}}=\boldsymbol{A}$，从而 $-\boldsymbol{A}=\boldsymbol{A}$. 由此得到 $\boldsymbol{A}=\boldsymbol{0}$.

7. **提示** 利用对称矩阵合同于对角矩阵. 设 $\boldsymbol{A}$ 是秩为 r 的 n 阶对称矩阵，则存在可逆矩阵 $\boldsymbol{C}$，使得

$$\begin{aligned} \boldsymbol{A}&=\boldsymbol{C}^{\mathrm{T}}\mathrm{diag}\{d_1,\cdots,d_r,0,\cdots,0\}\boldsymbol{C}=\boldsymbol{C}^{\mathrm{T}}(d_1\boldsymbol{E}_{11}+\cdots+d_r\boldsymbol{E}_{rr})\boldsymbol{C} \\ &=\boldsymbol{C}^{\mathrm{T}}(d_1\boldsymbol{E}_{11})\boldsymbol{C}+\cdots+\boldsymbol{C}^{\mathrm{T}}(d_r\boldsymbol{E}_{rr})\boldsymbol{C}, \end{aligned}$$

其中常数 $d_i\neq0(i=1,2,\cdots,r)$. 由于 $d_i\neq0(i=1,2,\cdots,r)$，因此 $\boldsymbol{C}^{\mathrm{T}}(d_i\boldsymbol{E}_{ii})\boldsymbol{C}$ 的秩为 1，且 $\boldsymbol{C}^{\mathrm{T}}(d_i\boldsymbol{E}_{ii})\boldsymbol{C}$ 是

对称矩阵.

8. (1) 令 $\begin{cases} x_1=y_1+y_2+\dfrac{2}{3}y_3, \\ x_2=y_2+\dfrac{2}{3}y_3, \\ x_3=y_3, \end{cases}$ 则 $f(x_1,x_2,x_3)=y_1^2-3y_2^2+\dfrac{7}{3}y_3^2$.

(2) 令 $\begin{cases} x_1=y_1-\dfrac{1}{2}y_2-y_3, \\ x_2=y_1+\dfrac{1}{2}y_2-y_3, \\ x_3=y_3, \end{cases}$ 则 $f(x_1,x_2,x_3)=y_1^2-\dfrac{1}{4}y_2^2-y_3^2$.

*9. **提示**　对斜对称矩阵的阶数 n 做第二数学归纳法.

当 $n=1$ 时，$[0]\simeq[0]$.

当 $n=2$ 时，设 $a\neq 0$，则

$$\begin{bmatrix} 0 & a \\ -a & 0 \end{bmatrix} \xrightarrow{①\cdot a^{-1}} \begin{bmatrix} 0 & 1 \\ -a & 0 \end{bmatrix} \xrightarrow[①\cdot a^{-1}]{} \begin{bmatrix} 0 & 1 \\ -1 & 0 \end{bmatrix}.$$

根据本节的引理 1，得

$$\begin{bmatrix} 0 & a \\ -a & 0 \end{bmatrix} \simeq \begin{bmatrix} 0 & 1 \\ -1 & 0 \end{bmatrix}.$$

假设对于阶数小于 n 的斜对称矩阵，命题为真. 现在考虑 n 阶斜对称矩阵 $\boldsymbol{A}=[a_{ij}]$.

情形 1　$\boldsymbol{A}$ 的左上角的 2 阶子矩阵 $\boldsymbol{A}_1\neq\boldsymbol{0}$. 此时，$\boldsymbol{A}_1$ 可逆. 把 $\boldsymbol{A}$ 写成分块矩阵的形式：$\boldsymbol{A}=\begin{bmatrix} \boldsymbol{A}_1 & \boldsymbol{A}_2 \\ \boldsymbol{A}_3 & \boldsymbol{A}_4 \end{bmatrix}$，

则 $\boldsymbol{A}^{\mathrm{T}}=\begin{bmatrix} \boldsymbol{A}_1^{\mathrm{T}} & \boldsymbol{A}_3^{\mathrm{T}} \\ \boldsymbol{A}_2^{\mathrm{T}} & \boldsymbol{A}_4^{\mathrm{T}} \end{bmatrix}$. 由于 $\boldsymbol{A}^{\mathrm{T}}=-\boldsymbol{A}$，因此 $\boldsymbol{A}_1^{\mathrm{T}}=-\boldsymbol{A}_1$，$\boldsymbol{A}_4^{\mathrm{T}}=-\boldsymbol{A}_4$，$\boldsymbol{A}_3=-\boldsymbol{A}_2^{\mathrm{T}}$，从而

$$\boldsymbol{A}=\begin{bmatrix} \boldsymbol{A}_1 & \boldsymbol{A}_2 \\ -\boldsymbol{A}_2^{\mathrm{T}} & \boldsymbol{A}_4 \end{bmatrix} \xrightarrow{②+(\boldsymbol{A}_2^{\mathrm{T}}\boldsymbol{A}_1^{-1})\cdot ①} \begin{bmatrix} \boldsymbol{A}_1 & \boldsymbol{A}_2 \\ \boldsymbol{0} & \boldsymbol{A}_4+\boldsymbol{A}_2^{\mathrm{T}}\boldsymbol{A}_1^{-1}\boldsymbol{A}_2 \end{bmatrix}$$

$$\xrightarrow[②+①\cdot(-\boldsymbol{A}_1^{-1}\boldsymbol{A}_2)]{} \begin{bmatrix} \boldsymbol{A}_1 & \boldsymbol{0} \\ \boldsymbol{0} & \boldsymbol{A}_4+\boldsymbol{A}_2^{\mathrm{T}}\boldsymbol{A}_1^{-1}\boldsymbol{A}_2 \end{bmatrix}.$$

于是

$$\begin{bmatrix} \boldsymbol{I}_2 & \boldsymbol{0} \\ \boldsymbol{A}_2^{\mathrm{T}}\boldsymbol{A}_1^{-1} & \boldsymbol{I}_{n-2} \end{bmatrix}\begin{bmatrix} \boldsymbol{A}_1 & \boldsymbol{A}_2 \\ -\boldsymbol{A}_2^{\mathrm{T}} & \boldsymbol{A}_4 \end{bmatrix}\begin{bmatrix} \boldsymbol{I}_2 & -\boldsymbol{A}_1^{-1}\boldsymbol{A}_2 \\ \boldsymbol{0} & \boldsymbol{I}_{n-2} \end{bmatrix}=\begin{bmatrix} \boldsymbol{A}_1 & \boldsymbol{0} \\ \boldsymbol{0} & \boldsymbol{A}_4+\boldsymbol{A}_2^{\mathrm{T}}\boldsymbol{A}_1^{-1}\boldsymbol{A}_2 \end{bmatrix}.$$

由于 $(-\boldsymbol{A}_1^{-1}\boldsymbol{A}_2)^{\mathrm{T}}=-\boldsymbol{A}_2^{\mathrm{T}}(\boldsymbol{A}_1^{-1})^{\mathrm{T}}=-\boldsymbol{A}_2^{\mathrm{T}}(\boldsymbol{A}_1^{\mathrm{T}})^{-1}=-\boldsymbol{A}_2^{\mathrm{T}}(-\boldsymbol{A}_1)^{-1}=\boldsymbol{A}_2^{\mathrm{T}}\boldsymbol{A}_1^{-1}$，因此从上式得

$$\begin{bmatrix} \boldsymbol{A}_1 & \boldsymbol{A}_2 \\ -\boldsymbol{A}_2^{\mathrm{T}} & \boldsymbol{A}_4 \end{bmatrix}\simeq\begin{bmatrix} \boldsymbol{A}_1 & \boldsymbol{0} \\ \boldsymbol{0} & \boldsymbol{A}_4+\boldsymbol{A}_2^{\mathrm{T}}\boldsymbol{A}_1^{-1}\boldsymbol{A}_2 \end{bmatrix}.$$

又由于

$$\begin{aligned}(\boldsymbol{A}_4+\boldsymbol{A}_2^{\mathrm{T}}\boldsymbol{A}_1^{-1}\boldsymbol{A}_2)^{\mathrm{T}} &=\boldsymbol{A}_4^{\mathrm{T}}+\boldsymbol{A}_2^{\mathrm{T}}(\boldsymbol{A}_1^{-1})^{\mathrm{T}}\boldsymbol{A}_2=-\boldsymbol{A}_4+\boldsymbol{A}_2^{\mathrm{T}}(-\boldsymbol{A}_1)^{-1}\boldsymbol{A}_2 \\ &=-(\boldsymbol{A}_4+\boldsymbol{A}_2^{\mathrm{T}}\boldsymbol{A}_1^{-1}\boldsymbol{A}_2),\end{aligned}$$

因此 $\boldsymbol{A}_4+\boldsymbol{A}_2^{\mathrm{T}}\boldsymbol{A}_1^{-1}\boldsymbol{A}_2$ 是 $n-2$ 阶斜对称矩阵，从而对它可用归纳假设. 于是，存在 $n-2$ 阶可逆矩阵 $\boldsymbol{C}_2$，使得

$$B = A_4 + A_2^{\mathrm{T}} A_1^{-1} A_2 \simeq \operatorname{diag}\left\{ \begin{bmatrix} 0 & 1 \\ -1 & 0 \end{bmatrix}, \cdots, \begin{bmatrix} 0 & 1 \\ -1 & 0 \end{bmatrix}, [0], \cdots, [0] \right\}.$$

由于 A_1 是 2 阶斜对称矩阵,因此存在 2 阶可逆矩阵 C_1,使得 $A_1 \simeq \begin{bmatrix} 0 & 1 \\ -1 & 0 \end{bmatrix}$. 令 $C = \begin{bmatrix} C_1 & 0 \\ 0 & C_2 \end{bmatrix}$,则 C 是 n 阶可逆矩阵,并且

$$\begin{aligned} C^{\mathrm{T}} \begin{bmatrix} A_1 & 0 \\ 0 & B \end{bmatrix} C &= \begin{bmatrix} C_1^{\mathrm{T}} A_1 C_1 & 0 \\ 0 & C_2^{\mathrm{T}} B_2 C_2 \end{bmatrix} \\ &= \operatorname{diag}\left\{ \begin{bmatrix} 0 & 1 \\ -1 & 0 \end{bmatrix}, \cdots, \begin{bmatrix} 0 & 1 \\ -1 & 0 \end{bmatrix}, [0], \cdots, [0] \right\}. \end{aligned}$$

情形 2 $A_1 = 0$,但是在 A 的第 1 行(或第 2 行)中有某个元素 $a_{1j} \neq 0$(或 $a_{2j} \neq 0$).

若 $a_{1j} \neq 0$,则把 A 的第 j 行加到第 2 行上,接着把所得矩阵的第 j 列加到第 2 列上,得到的矩阵 G 的 (2,1) 元为 $-a_{1j}$,(1,2) 元为 a_{1j},(1,1) 元和 (2,2) 元仍为 0. 由本节的引理 1 得 $A \simeq G$. 而 G 属于情形 1,因此根据合同关系的传递性得

$$A \simeq \operatorname{diag}\left\{ \begin{bmatrix} 0 & 1 \\ -1 & 0 \end{bmatrix}, \cdots, \begin{bmatrix} 0 & 1 \\ -1 & 0 \end{bmatrix}, [0], \cdots, [0] \right\}.$$

若 $a_{2j} \neq 0$,则把 A 的第 j 行加到第 1 行上,接着把第 j 列加到第 1 列上,得到的矩阵 H 属于情形 1. 因此,A 合同于所给形式的分块对角矩阵.

情形 3 $A_1 = 0, A_2 = 0$. 此时,$A = \begin{bmatrix} 0 & 0 \\ 0 & A_4 \end{bmatrix}$. 由于 A_4 是 $n-2$ 阶斜对称矩阵,因此可用归纳假设,从而存在 $n-2$ 阶可逆矩阵 C_3,使得

$$C_3^{\mathrm{T}} A_4 C_3 = \operatorname{diag}\left\{ \begin{bmatrix} 0 & 1 \\ -1 & 0 \end{bmatrix}, \cdots, \begin{bmatrix} 0 & 1 \\ -1 & 0 \end{bmatrix}, [0], \cdots, [0] \right\}.$$

由于

$$\begin{bmatrix} 0 & 0 \\ 0 & A_4 \end{bmatrix} \xrightarrow{(①,②)} \begin{bmatrix} 0 & A_4 \\ 0 & 0 \end{bmatrix} \xrightarrow[(①,②)]{} \begin{bmatrix} A_4 & 0 \\ 0 & 0 \end{bmatrix},$$

因此

$$\begin{bmatrix} 0 & I_{n-2} \\ I_2 & 0 \end{bmatrix} \begin{bmatrix} 0 & 0 \\ 0 & A_4 \end{bmatrix} \begin{bmatrix} 0 & I_2 \\ I_{n-2} & 0 \end{bmatrix} = \begin{bmatrix} A_4 & 0 \\ 0 & 0 \end{bmatrix},$$

从而

$$\begin{bmatrix} 0 & 0 \\ 0 & A_4 \end{bmatrix} \simeq \begin{bmatrix} A_4 & 0 \\ 0 & 0 \end{bmatrix}.$$

又有

$$\begin{bmatrix} C_3 & 0 \\ 0 & I_2 \end{bmatrix}^{\mathrm{T}} \begin{bmatrix} A_4 & 0 \\ 0 & 0 \end{bmatrix} \begin{bmatrix} C_3 & 0 \\ 0 & I_2 \end{bmatrix} = \begin{bmatrix} C_3^{\mathrm{T}} A_4 C_3 & 0 \\ 0 & 0 \end{bmatrix},$$

因此

$$A \simeq \operatorname{diag}\left\{ \begin{bmatrix} 0 & 1 \\ -1 & 0 \end{bmatrix}, \cdots, \begin{bmatrix} 0 & 1 \\ -1 & 0 \end{bmatrix}, [0], \cdots, [0] \right\}.$$

根据第二数学归纳法,对于一切正整数 n,命题为真.

*10. **提示** 利用第 9 题的结论.

*11. **提示** 取 $\boldsymbol{\alpha}$ 为 $\boldsymbol{A}$ 的属于特征值 λ_i 的一个特征向量.

*12. **提示** 这个二次型的矩阵 $\boldsymbol{A}$ 的主对角元全是 0,非主对角元都是 $\frac{1}{2}$,因此 $\boldsymbol{A}=\frac{1}{2}\boldsymbol{J}-\frac{1}{2}\boldsymbol{I}$. 考虑 $\mathbf{R}[x]$ 中的多项式 $f(x)=\frac{1}{2}x-\frac{1}{2}$. 在本节的例 4 中已求出 $\boldsymbol{J}$ 的全部特征值: 0($n-1$ 重),n. 根据习题 5.3 的第 11 题,$f(0)=-\frac{1}{2}$,$f(n)=\frac{n}{2}-\frac{1}{2}$都是矩阵 $f(\boldsymbol{J})=\frac{1}{2}\boldsymbol{J}-\frac{1}{2}\boldsymbol{I}=\boldsymbol{A}$ 的特征值,并且 $f(0)=-\frac{1}{2}$是 $\boldsymbol{A}$ 的 $n-1$ 重特征值,因此 $\boldsymbol{A}$ 的全部特征值是 $-\frac{1}{2}$($n-1$ 重),$\frac{n-1}{2}$,从而所给二次型在正交替换下的一个标准形为

$$\frac{n-1}{2}y_1^2-\frac{1}{2}y_2^2-\cdots-\frac{1}{2}y_n^2.$$

习 题 6.2

1. (1) 令 $y_1=z_1, y_2=z_2, y_3=\frac{1}{\sqrt{2}}z_3$,则得规范形 $z_1^2+z_2^2-z_3^2$;

   (2) 已经是规范形: $y_1^2-y_2^2$; (3) 已经是规范形: $z_1^2-z_2^2-z_3^2$;

   (4) 令 $y_1=\frac{1}{\sqrt{2}}z_1, y_2=\frac{1}{\sqrt{2}}z_3, y_3=\frac{1}{\sqrt{2}}z_4, y_4=\frac{1}{\sqrt{2}}z_2$,则得规范形 $z_1^2+z_2^2-z_3^2-z_4^2$.

2. 共分成 10 类,每一类的合同规范形分别为

$$\begin{bmatrix}0&0&0\\0&0&0\\0&0&0\end{bmatrix},\ \begin{bmatrix}-1&0&0\\0&0&0\\0&0&0\end{bmatrix},\ \begin{bmatrix}1&0&0\\0&0&0\\0&0&0\end{bmatrix},\ \begin{bmatrix}-1&0&0\\0&-1&0\\0&0&0\end{bmatrix},\ \begin{bmatrix}1&0&0\\0&-1&0\\0&0&0\end{bmatrix},$$

$$\begin{bmatrix}1&0&0\\0&1&0\\0&0&0\end{bmatrix},\ \begin{bmatrix}-1&0&0\\0&-1&0\\0&0&-1\end{bmatrix},\ \begin{bmatrix}1&0&0\\0&-1&0\\0&0&-1\end{bmatrix},\ \begin{bmatrix}1&0&0\\0&1&0\\0&0&-1\end{bmatrix},\ \begin{bmatrix}1&0&0\\0&1&0\\0&0&1\end{bmatrix}.$$

*3. $\frac{1}{2}(n+1)(n+2)$.

4. **提示** 考虑 $\boldsymbol{x}^{\mathrm{T}}\boldsymbol{A}\boldsymbol{x}$ 的规范形. 由已知条件可得,正惯性指数 p 满足 $0<p<r$. 于是,做某个非退化线性替换 $\boldsymbol{x}=\boldsymbol{C}\boldsymbol{y}$ 可使得

$$\boldsymbol{x}^{\mathrm{T}}\boldsymbol{A}\boldsymbol{x}=y_1^2+\cdots y_p^2-y_{p+1}^2-\cdots-y_r^2.$$

令 $\boldsymbol{\beta}=[\underbrace{1,0,\cdots,0}_{p个},1,0,\cdots,0]^{\mathrm{T}}$, $\boldsymbol{\alpha}_3=\boldsymbol{C}\boldsymbol{\beta}$,则

$$\boldsymbol{\alpha}_3^{\mathrm{T}}\boldsymbol{A}\boldsymbol{\alpha}_3=\boldsymbol{\beta}^{\mathrm{T}}(\boldsymbol{C}^{\mathrm{T}}\boldsymbol{A}\boldsymbol{C})\boldsymbol{\beta}=1^2+0^2+\cdots+0^2-1^2-0^2-\cdots-0^2=0.$$

5. **提示** 考虑 $\boldsymbol{x}^{\mathrm{T}}\boldsymbol{A}\boldsymbol{x}$ 的规范形. 由于 $|\boldsymbol{A}|<0$,因此 $\boldsymbol{x}^{\mathrm{T}}\boldsymbol{A}\boldsymbol{x}$ 的秩为 n,且负惯性指数为奇数. 于是,做某个非退化线性替换 $\boldsymbol{x}=\boldsymbol{C}\boldsymbol{y}$ 可使得

$$\boldsymbol{x}^{\mathrm{T}}\boldsymbol{A}\boldsymbol{x}=y_1^2+\cdots+y_p^2-y_{p+1}^2-\cdots-y_n^2.$$

由于 $n-p$ 是奇数,因此令 $\boldsymbol{\beta}=[\underbrace{0,\cdots,0}_{p个},1,0,\cdots,0]^{\mathrm{T}}$. 再令 $\boldsymbol{\alpha}=\boldsymbol{C}\boldsymbol{\beta}$,得

$$\boldsymbol{\alpha}^{\mathrm{T}}\boldsymbol{A}\boldsymbol{\alpha}=\boldsymbol{\beta}^{\mathrm{T}}(\boldsymbol{C}^{\mathrm{T}}\boldsymbol{A}\boldsymbol{C})\boldsymbol{\beta}=0^2+\cdots+0^2-1^2-0^2-\cdots-0^2=-1.$$

6. 提示 必要性 设 n 元实二次型 $\boldsymbol{x}^{\mathrm{T}}\boldsymbol{A}\boldsymbol{x}$ 可分解成

$$\boldsymbol{x}^{\mathrm{T}}\boldsymbol{A}\boldsymbol{x}=(a_1x_1+a_2x_2+\cdots+a_nx_n)(b_1x_1+b_2x_2+\cdots+b_nx_n),$$

其中 $a_1,a_2,\cdots,a_n$ 不全为 0，且 $b_1,b_2,\cdots,b_n$ 不全为 0.

情形 1 在 $\mathbf{R}^n$（由 n 维行向量组成）中，$[a_1,a_2,\cdots,a_n]$ 与 $[b_1,b_2,\cdots,b_n]$ 线性相关. 这时，存在 $k\neq 0$，使得 $[b_1,b_2,\cdots,b_n]=k[a_1,a_2,\cdots,a_n]$，于是

$$\boldsymbol{x}^{\mathrm{T}}\boldsymbol{A}\boldsymbol{x}=k(a_1x_1+a_2x_2+\cdots+a_nx_n)^2.$$

不妨设 $a_i\neq 0$. 令

$$\begin{cases} x_j=y_j, & j=1,\cdots,i-1,i+1,\cdots,n, \\ x_i=\dfrac{1}{a_i}y_i-\dfrac{1}{a_i}\sum\limits_{j\neq i}a_jy_j. \end{cases}$$

这是非退化线性替换，且有

$$\boldsymbol{x}^{\mathrm{T}}\boldsymbol{A}\boldsymbol{x}=k\left[a_1y_1+\cdots+a_{i-1}y_{i-1}+a_i\left(\frac{1}{a_i}y_i-\frac{1}{a_i}\sum_{j\neq i}a_jy_j\right)+a_{i+1}y_{i+1}+\cdots+a_ny_n\right]^2=ky_i^2.$$

这表明，$\boldsymbol{x}^{\mathrm{T}}\boldsymbol{A}\boldsymbol{x}$ 的秩等于 1.

情形 2 在 $\mathbf{R}^n$ 中，$[a_1,a_2,\cdots,a_n]$ 与 $[b_1,b_2,\cdots,b_n]$ 线性无关. 这时，它们组成的向量组的秩为 2，从而以它们为行向量组的 $2\times n$ 矩阵 $\boldsymbol{B}$ 必有一个不等于 0 的 2 阶子式. 不妨设 $\begin{vmatrix} a_1 & a_2 \\ b_1 & b_2 \end{vmatrix}\neq 0$. 令

$$\begin{cases} y_1=a_1x_1+a_2x_2+a_3x_3+\cdots+a_nx_n, \\ y_2=b_1x_1+b_2x_2+b_3x_3+\cdots+b_nx_n, \\ y_3=x_3, \\ \cdots\cdots \\ y_n=x_n, \end{cases}$$

则此变换右端的系数矩阵 $\boldsymbol{C}$ 的行列式为

$$|\boldsymbol{C}|=\begin{vmatrix} a_1 & a_2 & a_3 & \cdots & a_n \\ b_1 & b_2 & b_3 & \cdots & b_n \\ 0 & 0 & 1 & \cdots & 0 \\ \vdots & \vdots & \vdots & & \vdots \\ 0 & 0 & 0 & \cdots & 1 \end{vmatrix}=\begin{vmatrix} a_1 & a_2 \\ b_1 & b_2 \end{vmatrix}\neq 0.$$

从而 $\boldsymbol{C}$ 可逆. 令 $\boldsymbol{x}=\boldsymbol{C}^{-1}\boldsymbol{y}$，则

$$\boldsymbol{x}^{\mathrm{T}}\boldsymbol{A}\boldsymbol{x}=y_1y_2.$$

再做非退化线性替换

$$\begin{cases} y_1=z_1+z_2, \\ y_2=z_1-z_2, \\ y_j=z_j, & j=3,4,\cdots,n, \end{cases}$$

则 $\boldsymbol{x}^{\mathrm{T}}\boldsymbol{A}\boldsymbol{x}=z_1^2-z_2^2$. 因此，$\boldsymbol{x}^{\mathrm{T}}\boldsymbol{A}\boldsymbol{x}$ 的秩等于 2，且符号差为 0.

充分性 若 $\boldsymbol{x}^{\mathrm{T}}\boldsymbol{A}\boldsymbol{x}$ 的秩等于 2，且符号差为 0，则通过一个适当的非退化线性替换 $\boldsymbol{x}=\boldsymbol{C}\boldsymbol{y}$，可得

$$\boldsymbol{x}^{\mathrm{T}}\boldsymbol{A}\boldsymbol{x}=y_1^2-y_2^2.$$

设 $\boldsymbol{C}^{-1}=[d_{ij}]$. 由于 $\boldsymbol{y}=\boldsymbol{C}^{-1}\boldsymbol{x}$，因此

$$y_1 = d_{11}x_1 + d_{12}x_2 + \cdots + d_{1n}x_n,$$
$$y_2 = d_{21}x_1 + d_{22}x_2 + \cdots + d_{2n}x_n,$$

且 $\boldsymbol{C}^{-1}$ 的第 1,2 个行向量 $[d_{11}, d_{12}, \cdots, d_{1n}]$,$[d_{21}, d_{22}, \cdots, d_{2n}]$ 线性无关. 于是

$$\begin{aligned} \boldsymbol{x}^{\mathrm{T}}\boldsymbol{A}\boldsymbol{x} &= (y_1+y_2)(y_1-y_2) \\ &= [(d_{11}+d_{21})x_1+\cdots+(d_{1n}+d_{2n})x_n][(d_{11}-d_{21})x_1+\cdots+(d_{1n}-d_{2n})x_n], \end{aligned}$$
$$[d_{11}+d_{21}, \cdots, d_{1n}+d_{2n}] \neq \boldsymbol{0}, \quad [d_{11}-d_{21}, \cdots, d_{1n}-d_{2n}] \neq \boldsymbol{0}.$$

因此,$\boldsymbol{x}^{\mathrm{T}}\boldsymbol{A}\boldsymbol{x}$ 表示成了两个一次齐次多项式的乘积.

若 $\boldsymbol{x}^{\mathrm{T}}\boldsymbol{A}\boldsymbol{x}$ 的秩等于 1,则通过一个适当的非退化线性替换 $\boldsymbol{x}=\boldsymbol{B}\boldsymbol{z}$,可得 $\boldsymbol{x}^{\mathrm{T}}\boldsymbol{A}\boldsymbol{x}=kz_1^2$,其中 $k=1$ 或 -1. 由于 $\boldsymbol{z}=\boldsymbol{B}^{-1}\boldsymbol{x}$,因此

$$z_1 = e_1x_1 + e_2x_2 + \cdots + e_nx_n,$$

这里 $[e_1, e_2, \cdots, e_n]$ 是 $\boldsymbol{B}^{-1}$ 的第 1 行. 于是

$$\boldsymbol{x}^{\mathrm{T}}\boldsymbol{A}\boldsymbol{x} = k(e_1x_1 + e_2x_2 + \cdots + e_nx_n)^2,$$

从而 $\boldsymbol{x}^{\mathrm{T}}\boldsymbol{A}\boldsymbol{x}$ 可以表示成两个一次齐次多项式的乘积.

7. **提示** 先把 $\boldsymbol{x}^{\mathrm{T}}\boldsymbol{A}\boldsymbol{x}$ 化成标准形 $d_1y_1^2+d_2y_2^2+\cdots+d_ry_r^2\ (d_i\neq 0, i=1,2,\cdots,r)$;再做非退化线性替换:

$$\begin{cases} y_i = \dfrac{1}{\sqrt{d_i}}z_i, & i = 1,2,\cdots,r, \\ y_j = z_j, & j = r+1, r+2, \cdots, n, \end{cases}$$

其中 $\sqrt{d_i}\ (i=1,2,\cdots,r)$ 表示复数 d_i 的一个平方根.

习 题 6.3

1. **提示** 对于任意 $\boldsymbol{\alpha}\in\mathbf{R}^n$ 且 $\boldsymbol{\alpha}\neq\boldsymbol{0}$,证明 $\boldsymbol{\alpha}^{\mathrm{T}}(\boldsymbol{A}+\boldsymbol{B})\boldsymbol{\alpha}>0$.
2. **提示** 已证明 $\boldsymbol{A}^{-1}$ 是对称矩阵. 利用"实对称矩阵 $\boldsymbol{A}$ 是正定的 $\Longleftrightarrow$ $\boldsymbol{A}\simeq\boldsymbol{I}$".
3. **提示** 利用 $\boldsymbol{A}\boldsymbol{A}^* = |\boldsymbol{A}|\boldsymbol{I}$,对任意 $\boldsymbol{\alpha}\in\mathbf{R}^n$ 且 $\boldsymbol{\alpha}\neq\boldsymbol{0}$ 计算 $\boldsymbol{\alpha}^{\mathrm{T}}\boldsymbol{A}^*\boldsymbol{\alpha}$.
4. **提示** 证明当 $t>S_r(\boldsymbol{A})$ 时,$t\boldsymbol{I}+\boldsymbol{A}$ 的特征值全大于 0.
5. **提示** *证法一* 因为 $\boldsymbol{A}$ 是 n 阶实对称矩阵,所以有正交矩阵 $\boldsymbol{T}$,使得

$$\boldsymbol{T}^{-1}\boldsymbol{A}\boldsymbol{T} = \mathrm{diag}\{\lambda_1, \lambda_2, \cdots, \lambda_n\},$$

其中 $\lambda_1, \lambda_2, \cdots, \lambda_n$ 是 $\boldsymbol{A}$ 的全部特征值. 又由于正定矩阵 $\boldsymbol{A}$ 的特征值全大于 0,因此

$$\mathrm{tr}(\boldsymbol{A}) = \mathrm{tr}(\boldsymbol{T}^{-1}\boldsymbol{A}\boldsymbol{T}) = \lambda_1+\lambda_2+\cdots+\lambda_n > 0.$$

证法二 n 阶实对称矩阵 $\boldsymbol{A}$ 的特征多项式的 n 个复根 $\lambda_1, \lambda_2, \cdots, \lambda_n$ 都是实数,从而它们都是 $\boldsymbol{A}$ 的特征值. 而正定矩阵 $\boldsymbol{A}$ 的特征值全大于 0,根据第五章 §3 的推论 1 得

$$\mathrm{tr}(\boldsymbol{A}) = \lambda_1+\lambda_2+\cdots+\lambda_n > 0.$$

6. (1) 正定; (2) 不正定; (3) 正定.
7. (1) $-\dfrac{4}{5}<t<0$; (2) $-\sqrt{2}<t<\sqrt{2}$.
8. **提示** n 阶实对称矩阵 $\boldsymbol{A}$ 是正定的当且仅当存在正交矩阵 $\boldsymbol{T}$,使得

$$\boldsymbol{A} = \boldsymbol{T}^{-1}\mathrm{diag}\{\lambda_1, \lambda_2, \cdots, \lambda_n\}\boldsymbol{T},$$

且 $\lambda_i>0\ (i=1,2,\cdots,n)$,从而

$$\boldsymbol{A} = (\boldsymbol{T}^{-1}\mathrm{diag}\{\sqrt{\lambda_1}, \sqrt{\lambda_2}, \cdots, \sqrt{\lambda_n}\}\boldsymbol{T})(\boldsymbol{T}^{-1}\mathrm{diag}\{\sqrt{\lambda_1}, \sqrt{\lambda_2}, \cdots, \sqrt{\lambda_n}\}\boldsymbol{T}).$$

9. **提示** 存在性 设 $\boldsymbol{A}$ 是 n 阶正定矩阵,则存在 n 阶正交矩阵 $\boldsymbol{T}$,使得

$$\boldsymbol{A}=\boldsymbol{T}^{-1}\operatorname{diag}\{\lambda_1,\lambda_2,\cdots,\lambda_n\}\boldsymbol{T},$$

其中 $\lambda_1,\lambda_2,\cdots,\lambda_n$ 是 $\boldsymbol{A}$ 的全部特征值. 由于 $\boldsymbol{A}$ 正定,因此 $\lambda_i>0(i=1,2,\cdots,n)$,从而

$$\boldsymbol{A}=(\boldsymbol{T}^{-1}\operatorname{diag}\{\sqrt{\lambda_1},\sqrt{\lambda_2},\cdots,\sqrt{\lambda_n}\}\boldsymbol{T})(\boldsymbol{T}^{-1}\operatorname{diag}\{\sqrt{\lambda_1},\sqrt{\lambda_2},\cdots,\sqrt{\lambda_n}\}\boldsymbol{T})=\boldsymbol{C}^2,$$

其中 $\boldsymbol{C}=\boldsymbol{T}^{-1}\operatorname{diag}\{\sqrt{\lambda_1},\sqrt{\lambda_2},\cdots,\sqrt{\lambda_n}\}\boldsymbol{T}$ 是正定矩阵.

唯一性 假设还有一个正定矩阵 $\boldsymbol{C}_1$,使得 $\boldsymbol{A}=\boldsymbol{C}_1^2$. 设 $\boldsymbol{C}_1$ 的全部特征值是 $v_1,v_2,\cdots,v_n$,且 $v_i>0(i=1,2,\cdots,n)$,则 $\boldsymbol{A}$ 的全部特征值是 $v_1^2,v_2^2,\cdots,v_n^2$,从而通过调整排序可得 $v_i^2=\lambda_i(i=1,2,\cdots,n)$. 于是 $v_i=\sqrt{\lambda_i}(i=1,2,\cdots,n)$.

由于 $\boldsymbol{C}_1$ 是 n 阶实对称矩阵,因此存在 n 阶正交矩阵 $\boldsymbol{T}_1$,使得

$$\boldsymbol{C}_1=\boldsymbol{T}_1^{-1}\operatorname{diag}\{\sqrt{\lambda_1},\sqrt{\lambda_2},\cdots,\sqrt{\lambda_n}\}\boldsymbol{T}_1.$$

由于 $\boldsymbol{C}^2=\boldsymbol{A}=\boldsymbol{C}_1^2$,因此

$$\boldsymbol{T}^{-1}\operatorname{diag}\{\lambda_1,\lambda_2,\cdots,\lambda_n\}\boldsymbol{T}=\boldsymbol{T}_1^{-1}\operatorname{diag}\{\lambda_1,\lambda_2,\cdots,\lambda_n\}\boldsymbol{T}_1.$$

上式两边左乘 $\boldsymbol{T}_1$,右乘 $\boldsymbol{T}^{-1}$,得

$$\boldsymbol{T}_1\boldsymbol{T}^{-1}\operatorname{diag}\{\lambda_1,\lambda_2,\cdots,\lambda_n\}=\operatorname{diag}\{\lambda_1,\lambda_2,\cdots,\lambda_n\}\boldsymbol{T}_1\boldsymbol{T}^{-1}.$$

记 $\boldsymbol{T}_1\boldsymbol{T}^{-1}=[t_{ij}]$. 比较上式两边的 (i,j) 元,得

$$t_{ij}\lambda_j=\lambda_i t_{ij}.$$

若 $t_{ij}\neq 0$,则从上式得 $\lambda_j=\lambda_i$,从而 $\sqrt{\lambda_j}=\sqrt{\lambda_i}$. 于是,有 $t_{ij}\sqrt{\lambda_j}=\sqrt{\lambda_i}t_{ij}$. 若 $t_{ij}=0$,也有 $t_{ij}\sqrt{\lambda_j}=\sqrt{\lambda_i}t_{ij}$. 因此

$$\boldsymbol{T}_1\boldsymbol{T}^{-1}\operatorname{diag}\{\sqrt{\lambda_1},\sqrt{\lambda_2},\cdots,\sqrt{\lambda_n}\}=\operatorname{diag}\{\sqrt{\lambda_1},\sqrt{\lambda_2},\cdots,\sqrt{\lambda_n}\}\boldsymbol{T}_1\boldsymbol{T}^{-1}.$$

从而

$$\boldsymbol{T}^{-1}\operatorname{diag}\{\sqrt{\lambda_1},\sqrt{\lambda_2},\cdots,\sqrt{\lambda_n}\}\boldsymbol{T}=\boldsymbol{T}_1^{-1}\operatorname{diag}\{\sqrt{\lambda_1},\sqrt{\lambda_2},\cdots,\sqrt{\lambda_n}\}\boldsymbol{T}_1.$$

于是 $\boldsymbol{C}=\boldsymbol{C}_1$.

10. **提示** 对于任意 $\boldsymbol{\alpha}\in\mathbf{R}^n$ 且 $\boldsymbol{\alpha}\neq\mathbf{0}$,证明 $\boldsymbol{\alpha}^{\mathrm{T}}(\boldsymbol{A}+\boldsymbol{B})\boldsymbol{\alpha}>0$.

11. **提示** 先证明 $\boldsymbol{J}$ 半正定:任给 $\boldsymbol{\alpha}\in\mathbf{R}^n$ 且 $\boldsymbol{\alpha}\neq\mathbf{0}$,有 $\boldsymbol{\alpha}^{\mathrm{T}}\boldsymbol{J}\boldsymbol{\alpha}=\boldsymbol{\alpha}^{\mathrm{T}}(\mathbf{1}_n\mathbf{1}_n^{\mathrm{T}})\boldsymbol{\alpha}=(\mathbf{1}_n^{\mathrm{T}}\boldsymbol{\alpha})^{\mathrm{T}}(\mathbf{1}_n^{\mathrm{T}}\boldsymbol{\alpha})\geqslant 0$. 然后,用第 10 题的结论.

12. **提示** $\boldsymbol{A}$ 负定 $\Longleftrightarrow$ $-\boldsymbol{A}$ 正定.

*13. **提示** 这个实二次型的矩阵 $\boldsymbol{A}$ 的主对角元全是 1,$\boldsymbol{A}$ 的与主对角线平行的两条线上的元素都是 $\frac{1}{2}$,因此 $|\boldsymbol{A}|$ 是三对角线行列式,其中 $a=1,b=c=\frac{1}{2}$. $\boldsymbol{A}$ 的 k 阶顺序主子式 $|\boldsymbol{A}_k|$ 也是三对角线行列式,其中 $a=1,b=c=\frac{1}{2}$. 根据第二章 §4 例 5 的结论,由于 $a^2=1=4bc$,因此

$$|\boldsymbol{A}_k|=(k+1)\left(\frac{a}{2}\right)^k=(k+1)\left(\frac{1}{2}\right)^k>0,\quad 1\leqslant k\leqslant n,$$

从而 $\boldsymbol{A}$ 是正定矩阵. 所以,所给的实二次型 $\boldsymbol{x}^{\mathrm{T}}\boldsymbol{A}\boldsymbol{x}$ 的规范形是

$$y_1^2+y_2^2+\cdots+y_n^2.$$

*14. **提示** 充分性 由本节定理 3 的充分性立即得到.

必要性 设 $\boldsymbol{A}$ 是 n 阶正定矩阵,则 $\boldsymbol{A}\simeq\boldsymbol{I}$,从而存在 n 阶实可逆矩阵 $\boldsymbol{C}$,使得 $\boldsymbol{A}=\boldsymbol{C}^{\mathrm{T}}\boldsymbol{I}\boldsymbol{C}=\boldsymbol{C}^{\mathrm{T}}\boldsymbol{C}$. 于是,根据习题 4.3 的第 9 题,$\boldsymbol{A}$ 的任一 $m(1\leqslant m\leqslant n)$ 阶主子式可表示为

$$\boldsymbol{A}\begin{pmatrix} i_1, i_2, \cdots, i_m \\ i_1, i_2, \cdots, i_m \end{pmatrix} = \boldsymbol{C}^{\mathrm{T}}\boldsymbol{C}\begin{pmatrix} i_1, i_2, \cdots, i_m \\ i_1, i_2, \cdots, i_m \end{pmatrix}$$

$$= \sum_{1\leqslant v_1 < \cdots < v_m \leqslant n} \boldsymbol{C}^{\mathrm{T}}\begin{pmatrix} i_1, i_2, \cdots, i_m \\ v_1, v_2, \cdots, v_m \end{pmatrix}\boldsymbol{C}\begin{pmatrix} v_1, v_2, \cdots, v_m \\ i_1, i_2, \cdots, i_m \end{pmatrix}$$

$$= \sum_{1\leqslant v_1 < \cdots < v_m \leqslant n} \left(\boldsymbol{C}\begin{pmatrix} v_1, v_2, \cdots, v_m \\ i_1, i_2, \cdots, i_m \end{pmatrix}\right)^2.$$

由于 $\boldsymbol{C}$ 可逆,因此 $\boldsymbol{C}$ 的第 $i_1, i_2, \cdots, i_m$ 列组成的子矩阵 $\boldsymbol{C}_1$ 是 $n\times m$ 列满秩矩阵,从而 $\boldsymbol{C}_1$ 有一个不等于 0 的 m 阶子式.设

$$\boldsymbol{C}_1\begin{pmatrix} u_1, u_2, \cdots, u_m \\ 1, 2, \cdots, m \end{pmatrix} \neq 0,$$

于是

$$\boldsymbol{C}\begin{pmatrix} u_1, u_2, \cdots, u_m \\ i_1, i_2, \cdots, i_m \end{pmatrix} = \boldsymbol{C}_1\begin{pmatrix} u_1, u_2, \cdots, u_m \\ 1, 2, \cdots, m \end{pmatrix} \neq 0.$$

因此

$$\boldsymbol{A}\begin{pmatrix} i_1, i_2, \cdots, i_m \\ i_1, i_2, \cdots, i_m \end{pmatrix} > 0.$$

*15. **提示**　先证 n 元实二次型 $\boldsymbol{x}^{\mathrm{T}}\boldsymbol{A}\boldsymbol{x}$ 是半正定的当且仅当它的正惯性指数 p 等于它的秩 r.

必要性　设 n 元实二次型 $\boldsymbol{x}^{\mathrm{T}}\boldsymbol{A}\boldsymbol{x}$ 是半正定的.做非退化线性替换 $\boldsymbol{x}=\boldsymbol{C}\boldsymbol{y}$,把 $\boldsymbol{x}^{\mathrm{T}}\boldsymbol{A}\boldsymbol{x}$ 化成规范形

$$y_1^2 + \cdots + y_p^2 - y_{p+1}^2 - \cdots - y_r^2.$$

假如 $p<r$,则规范形中 y_r^2 的系数为 -1.令 $\boldsymbol{\alpha}=\boldsymbol{C}\boldsymbol{\varepsilon}_r$,则 $\boldsymbol{\alpha}\neq\boldsymbol{0}$ 且 $\boldsymbol{\alpha}^{\mathrm{T}}\boldsymbol{A}\boldsymbol{\alpha}=-1$.这与 $\boldsymbol{x}^{\mathrm{T}}\boldsymbol{A}\boldsymbol{x}$ 是半正定的矛盾,因此 $p=r$.

充分性　设 n 元实二次型 $\boldsymbol{x}^{\mathrm{T}}\boldsymbol{A}\boldsymbol{x}$ 的正惯性指数等于 r,则可做某个非退化线性替换 $\boldsymbol{x}=\boldsymbol{C}\boldsymbol{y}$,把 $\boldsymbol{x}^{\mathrm{T}}\boldsymbol{A}\boldsymbol{x}$ 化成规范形

$$y_1^2 + y_2^2 + \cdots + y_r^2.$$

任取 $\boldsymbol{\alpha}\in\mathbf{R}^n$ 且 $\boldsymbol{\alpha}\neq\boldsymbol{0}$.令 $\boldsymbol{\beta}=\boldsymbol{C}^{-1}\boldsymbol{\alpha}$,则 $\boldsymbol{\beta}\neq\boldsymbol{0}$.设 $\boldsymbol{\beta}=[b_1, b_2, \cdots, b_n]^{\mathrm{T}}$,则

$$\boldsymbol{\alpha}^{\mathrm{T}}\boldsymbol{A}\boldsymbol{x} = b_1^2 + b_2^2 + \cdots + b_n^2 \geqslant 0.$$

因此,$\boldsymbol{x}^{\mathrm{T}}\boldsymbol{A}\boldsymbol{x}$ 是半正定的.

由正惯性指数和秩的定义立即得到

n 元实二次型 $\boldsymbol{x}^{\mathrm{T}}\boldsymbol{A}\boldsymbol{x}$ 的正惯性指数等于它的秩 $r \Longleftrightarrow \boldsymbol{x}^{\mathrm{T}}\boldsymbol{A}\boldsymbol{x}$ 的规范形为 $y_1^2+y_2^2+\cdots+y_r^2$

$\Longleftrightarrow \boldsymbol{x}^{\mathrm{T}}\boldsymbol{A}\boldsymbol{x}$ 的标准形中 n 个系数全非负.

*16. **提示**　由第 15 题立即得到 n 阶实对称矩阵 $\boldsymbol{A}$ 是半正定的前面三个充要条件.由于对于 n 阶实对称矩阵 $\boldsymbol{A}$,能找到正交矩阵 $\boldsymbol{T}$,使得

$$\boldsymbol{T}^{\mathrm{T}}\boldsymbol{A}\boldsymbol{T} = \mathrm{diag}\{\lambda_1, \lambda_2, \cdots, \lambda_n\},$$

其中 $\lambda_1, \lambda_2, \cdots, \lambda_n$ 是 $\boldsymbol{A}$ 的全部特征值,因此

n 阶实对称矩阵 $\boldsymbol{A}$ 的合同标准形中 n 个系数全非负 $\Longleftrightarrow \boldsymbol{A}$ 的特征值 $\lambda_1, \lambda_2, \cdots, \lambda_n$ 全非负.

*17. **提示**　设 $\boldsymbol{A}$ 是 n 阶实可逆矩阵.根据本节的例 2,$\boldsymbol{A}\boldsymbol{A}^{\mathrm{T}}$ 是正定矩阵.又根据第 9 题,存在 n 阶正定矩阵 $\boldsymbol{S}$,使得 $\boldsymbol{A}\boldsymbol{A}^{\mathrm{T}}=\boldsymbol{S}^2$,从而 $\boldsymbol{A}=\boldsymbol{S}^2(\boldsymbol{A}^{\mathrm{T}})^{-1}=\boldsymbol{S}[\boldsymbol{S}(\boldsymbol{A}^{-1})^{\mathrm{T}}]$.令 $\boldsymbol{T}=\boldsymbol{S}(\boldsymbol{A}^{-1})^{\mathrm{T}}$,则

$$\boldsymbol{T}^{\mathrm{T}}\boldsymbol{T} = [\boldsymbol{S}(\boldsymbol{A}^{-1})^{\mathrm{T}}]^{\mathrm{T}}[\boldsymbol{S}(\boldsymbol{A}^{-1})^{\mathrm{T}}] = \boldsymbol{A}^{-1}\boldsymbol{S}^{\mathrm{T}}\boldsymbol{S}(\boldsymbol{A}^{\mathrm{T}})^{-1} = \boldsymbol{A}^{-1}\boldsymbol{S}^2(\boldsymbol{A}^{\mathrm{T}})^{-1}$$

$$=A^{-1}(AA^{\mathrm{T}})(A^{\mathrm{T}})^{-1}=(A^{-1}A)[A^{\mathrm{T}}(A^{\mathrm{T}})^{-1}]=I.$$

于是，T 是正交矩阵，且 $A=ST$.

唯一性　设 A 还有一种分解式：$A=S_1T_1$，其中 S_1 是正定矩阵，T_1 是正交矩阵，则

$$AA^{\mathrm{T}}=(S_1T_1)(S_1T_1)^{\mathrm{T}}=S_1T_1T_1^{\mathrm{T}}S_1^{\mathrm{T}}=S_1IS_1^{\mathrm{T}}=S_1^2.$$

又有 $AA^{\mathrm{T}}=S^2$，因此 $S^2=S_1^2$. 根据第 9 题的唯一性，得 $S=S_1$，从而 $ST=A=S_1T_1=ST_1$. 于是 $T=T_1$.

第七章　线性空间

习　题　7.1

1. (1) 不是.　**提示**　$2x^2+(-2x^2+x)=x$ 不是二次多项式.

(2) 是. 证明如下：$\mathbf{R}^+$ 有加法$\oplus$和数量乘法$\odot$，且这两种运算满足：

1° $a\oplus b=ab=ba=b\oplus a$，$\forall a,b\in\mathbf{R}^+$；

2° $(a\oplus b)\oplus c=(ab)\oplus c=(ab)c=a(bc)=a\oplus(b\oplus c)$，$\forall a,b,c\in\mathbf{R}^+$；

3° $a\oplus 1=a\odot 1=a$，$\forall a\in\mathbf{R}^+$，于是 1 是 $\mathbf{R}^+$ 的零元素；

4° 对于 $a\in\mathbf{R}^+$，有$\frac{1}{a}\in\mathbf{R}^+$，使得 $a\oplus\frac{1}{a}=a\ \frac{1}{a}=1$，于是$\frac{1}{a}$是 a 的负元素；

5° $1\odot a=a^1=a$，$\forall a\in\mathbf{R}^+$；

6° $(kl)\odot a=a^{kl}=(a^l)^k=(l\odot a)^k=k\odot(l\odot a)$，$\forall k,l\in\mathbf{R},a\in\mathbf{R}^+$

7° $(k\oplus l)\odot a=a^{k+l}=a^ka^l=(k\odot a)(l\odot a)=(k\odot a)\oplus(l\odot a)$，$\forall k,l\in\mathbf{R},a\in\mathbf{R}^+$；

8° $k\odot(a\oplus b)=k\odot(ab)=(ab)^k=a^kb^k=(k\odot a)(k\odot b)$
$=(k\odot a)\oplus(k\odot b)$，$\forall k\in\mathbf{R},a,b\in\mathbf{R}^+$.

因此，$\mathbf{R}^+$ 构成 $\mathbf{R}$ 上的线性空间.

(3) 是.

2. (1) 线性相关.　**提示**　利用三角函数二倍角公式 $\cos2x=2\cos^2x-1$.

(2) 线性无关.　**提示**　设 $k_0+k_1\cos x+k_2\cos2x+k_3\cos3x=0$，选取 x 的 4 个恰当的值，代入上式得到关于 k_0,k_1,k_2,k_3 的含 4 个方程的齐次线性方程组，说明它只有零解.

(3) 线性无关.　**提示**　用类似于第(2)小题的方法.

(4) 线性无关.

提示　**解法一**　用类似于第(2)小题的方法.

解法二　设 $k_1\sin x+k_2\cos x+k_3\sin^2x+k_4\cos^2x=0$，在此式两边分别求 1 阶、2 阶、3 阶导数，于是有 4 个等式. 然后，令 x 取一个恰当的值，代入这 4 个等式，得到关于 k_1,k_2,k_3,k_4 的含 4 个方程的齐次线性方程组，说明它只有零解.

(5) 线性无关. 证明如下：设

$$k_0\cdot 1+k_1\mathrm{e}^x+k_2\mathrm{e}^{2x}+\cdots+k_n\mathrm{e}^{nx}=0.$$

上式两边分别求 1 阶、2 阶……n 阶导数，得到下述 n 个等式：

$$k_1\mathrm{e}^x+k_2\cdot 2\mathrm{e}^{2x}+\cdots+k_nn\mathrm{e}^{nx}=0,$$
$$k_1\mathrm{e}^x+k_2\cdot 2^2\mathrm{e}^{2x}+\cdots+k_nn^2\mathrm{e}^{nx}=0,$$
$$\cdots\cdots$$
$$k_1\mathrm{e}^x+k_2\cdot 2^n\mathrm{e}^{2x}+\cdots+k_nn^n\mathrm{e}^{nx}=0.$$

让 x 取值 0，从上面 $n+1$ 个等式得到

$$\begin{aligned} k_0+k_1+k_2+\cdots+k_n&=0,\\ k_1+2k_2+\cdots+nk_n&=0,\\ k_1+2^2k_2+\cdots+n^2k_n&=0,\\ \cdots\cdots&\\ k_1+2^nk_2+\cdots+n^nk_n&=0. \end{aligned}$$

这是未知量为 $k_0,k_1,k_2,\cdots,k_n$ 的齐次线性方程组,它的系数行列式为

$$\begin{vmatrix} 1 & 1 & 1 & \cdots & 1\\ 0 & 1 & 2 & \cdots & n\\ 0 & 1 & 2^2 & \cdots & n^2\\ \vdots & \vdots & \vdots & & \vdots\\ 0 & 1 & 2^n & \cdots & n^n \end{vmatrix}=\begin{vmatrix} 1 & 2 & \cdots & n\\ 1 & 2^2 & \cdots & n^2\\ \vdots & \vdots & & \vdots\\ 1 & 2^n & \cdots & n^n \end{vmatrix}=2\cdot 3\cdot\cdots\cdot n\begin{vmatrix} 1 & 1 & \cdots & 1\\ 1 & 2 & \cdots & n\\ \vdots & \vdots & & \vdots\\ 1 & 2^{n-1} & \cdots & n^{n-1} \end{vmatrix}\neq 0,$$

因此,这个齐次线性方程组只有零解,从而

$$k_0=k_1=k_2=\cdots=k_n=0.$$

于是,函数组 $1,\mathrm{e}^x,\mathrm{e}^{2x},\cdots,\mathrm{e}^{nx}$ 线性无关.

(6) 线性无关.

3. 任给一个正数 a,有 $a=\mathrm{e}^{\ln a}=\ln a\odot \mathrm{e}$. 又 $\mathrm{e}\neq 1$,因此 e 线性无关. 于是,e 是这个线性空间的一个基,从而维数是 1.

4. $1,\mathrm{i}$ 是一个基,维数是 2. 复数 $z=a+b\mathrm{i}$ 在基 $1,\mathrm{i}$ 下的坐标是 $[a,b]^{\mathrm{T}}$.

5. 1 是一个基,从而维数是 1.

6. $\boldsymbol{E}_{11},\boldsymbol{E}_{22},\cdots,\boldsymbol{E}_{nn},\boldsymbol{E}_{12}+\boldsymbol{E}_{21},\cdots,\boldsymbol{E}_{1n}+\boldsymbol{E}_{n1},\cdots,\boldsymbol{E}_{n-1,n}+\boldsymbol{E}_{n,n-1}$ 是 V_1 的一个基,从而 V_1 的维数是 $\dfrac{n(n+1)}{2}$.

7. V_2 的一个基是

$$\boldsymbol{E}_{12}-\boldsymbol{E}_{21},\ \cdots,\ \boldsymbol{E}_{1n}-\boldsymbol{E}_{n1},\ \boldsymbol{E}_{23}-\boldsymbol{E}_{32},\ \cdots,\ \boldsymbol{E}_{2n}-\boldsymbol{E}_{n2},\ \cdots,\ \boldsymbol{E}_{n-1,n}-\boldsymbol{E}_{n,n-1}.$$

V_2 的维数是 $\dfrac{n(n-1)}{2}$.

8. W 的一个基是

$$\boldsymbol{E}_{11},\ \boldsymbol{E}_{12},\ \cdots,\ \boldsymbol{E}_{1n},\ \boldsymbol{E}_{22},\ \boldsymbol{E}_{23},\ \cdots,\ \boldsymbol{E}_{2n},\ \cdots,\ \boldsymbol{E}_{n-1,n-1},\ \boldsymbol{E}_{n-1,n},\ \boldsymbol{E}_{nn}.$$

W 的维数是 $\dfrac{n(n+1)}{2}$.

9. 提示 设 $\boldsymbol{A}=[\boldsymbol{\alpha}_1,\boldsymbol{\alpha}_2,\boldsymbol{\alpha}_3]$,$\boldsymbol{B}=[\boldsymbol{\beta}_1,\boldsymbol{\beta}_2,\boldsymbol{\beta}_3]$. 由于

$$[\boldsymbol{\beta}_1,\boldsymbol{\beta}_2,\boldsymbol{\beta}_3]=[\boldsymbol{\alpha}_1,\boldsymbol{\alpha}_2,\boldsymbol{\alpha}_3]\boldsymbol{P},$$

因此 $\boldsymbol{B}=\boldsymbol{AP}$. 解这个矩阵方程可得

$$\boldsymbol{P}=\begin{bmatrix} 0 & 1 & 1\\ -1 & -3 & -2\\ 2 & 4 & 4 \end{bmatrix}.$$

由于 $\boldsymbol{\alpha}=[\boldsymbol{\beta}_1,\boldsymbol{\beta}_2,\boldsymbol{\beta}_3]\boldsymbol{y}$,因此 $\boldsymbol{By}=\boldsymbol{\alpha}$. 解之,得 $\boldsymbol{y}=[1,0,2]^{\mathrm{T}}$,进而

$$\boldsymbol{x}=\boldsymbol{Py}=[2,-5,10]^{\mathrm{T}}.$$

10. 提示 在 V 中任取一个基 $\delta_1,\delta_2,\cdots,\delta_n$. 由已知条件得,$\delta_1,\delta_2,\cdots,\delta_n$ 可由 $\alpha_1,\alpha_2,\cdots,\alpha_n$ 线性表出,从而

$$\operatorname{rank}\{\delta_1,\delta_2,\cdots,\delta_n\}\leqslant\operatorname{rank}\{\alpha_1,\alpha_2,\cdots,\alpha_n\}.$$

由此求出 rank$\{\alpha_1,\alpha_2,\cdots,\alpha_n\}$，进而判定 $\alpha_1,\alpha_2,\cdots,\alpha_n$ 必线性无关. 然后，由本节的命题 10 得，$\alpha_1,\alpha_2,\cdots,\alpha_n$ 是 V 的一个基.

习 题 7.2

1. (1) 是. 理由：n 元齐次线性方程组的解集是 K^n 的一个子空间.

(2) 不是. 理由：n 元非齐次线性方程组的解集不是 K^n 的子空间.

(3) 不是. 理由：$\boldsymbol{\alpha}=[1,0,\cdots,0,1]^{\mathrm{T}}$，$\boldsymbol{\beta}=[1,0,\cdots,0,-1]^{\mathrm{T}}$ 是该 n 元方程的解，但是 $\boldsymbol{\alpha}+\boldsymbol{\beta}$ 不是该 n 元方程的解，从而解集对加法不封闭.

2. 提示 证明 $C(\mathbf{A})$ 非空集，对矩阵的加法和数量乘法封闭.

3. 提示 利用习题 4.2 第 1 题的结论. $C(\mathbf{A})$ 的一个基为 $\boldsymbol{E}_{11},\boldsymbol{E}_{22},\cdots,\boldsymbol{E}_{nn}$，于是 $\dim C(\mathbf{A})=n$.

4. 提示 因为 $V_1+V_2=\langle\boldsymbol{\alpha}_1,\boldsymbol{\alpha}_2,\boldsymbol{\alpha}_3\rangle+\langle\boldsymbol{\beta}_1,\boldsymbol{\beta}_2\rangle=\langle\boldsymbol{\alpha}_1,\boldsymbol{\alpha}_2,\boldsymbol{\alpha}_3,\boldsymbol{\beta}_1,\boldsymbol{\beta}_2\rangle$，所以向量组 $\boldsymbol{\alpha}_1,\boldsymbol{\alpha}_2,\boldsymbol{\alpha}_3,\boldsymbol{\beta}_1,\boldsymbol{\beta}_2$ 的一个极大线性无关组就是 V_1+V_2 的一个基，这个向量组的秩就是 $\dim(V_1+V_2)$. 于是，通过初等行变换把矩阵 $\mathbf{A}=[\boldsymbol{\alpha}_1,\boldsymbol{\alpha}_2,\boldsymbol{\alpha}_3,\boldsymbol{\beta}_1,\boldsymbol{\beta}_2]$ 化成简化行阶梯形矩阵，便可求出 V_1+V_2 的一个基：$\boldsymbol{\alpha}_1,\boldsymbol{\alpha}_2,\boldsymbol{\beta}_1$，从而得到 $\dim(V_1+V_2)=3$. 从简化行阶梯形矩阵的第 1,2,4,5 列可看出，$\boldsymbol{\beta}_2$ 能表示成 $\boldsymbol{\alpha}_1,\boldsymbol{\alpha}_2,\boldsymbol{\beta}_1$ 的线性组合：

$$\boldsymbol{\beta}_2=-\boldsymbol{\alpha}_1+4\boldsymbol{\alpha}_2+3\boldsymbol{\beta}_1,$$

从而 $\boldsymbol{\alpha}_1-4\boldsymbol{\alpha}_2=3\boldsymbol{\beta}_1-\boldsymbol{\beta}_2\in V_1\cap V_2$；从简化行阶梯形矩阵的第 1,2,3 列看出，$\boldsymbol{\alpha}_1,\boldsymbol{\alpha}_2$ 是向量组 $\boldsymbol{\alpha}_1,\boldsymbol{\alpha}_2,\boldsymbol{\alpha}_3$ 的一个极大线性无关组，因此 $\dim V_1=2$；从简化行阶梯形矩阵的第 4,5 列看出，其第 2,3 行组成的 2 阶子式不等于 0，因此 $\boldsymbol{\beta}_1,\boldsymbol{\beta}_2$ 线性无关，从而 $\dim V_2=2$. 所以

$$\dim(V_1\cap V_2)=\dim V_1+\dim V_2-\dim(V_1+V_2)=1,$$

从而 $\boldsymbol{\alpha}_1-4\boldsymbol{\alpha}_2=[5,-2,-3,-4]^{\mathrm{T}}$ 是 $V_1\cap V_2$ 的一个基.

5. V_1+V_2 的一个基是 $\boldsymbol{\alpha}_1,\boldsymbol{\alpha}_2,\boldsymbol{\beta}_1$，于是 $\dim(V_1+V_2)=3$；

$\dim(V_1\cap V_2)=1$，$V_1\cap V_2$ 的一个基是 $[0,1,1,-1]^{\mathrm{T}}$.

6. 提示 **证法一** 先证 $V=W_1+W_2$. 关键是证明 V 中任一向量 $\boldsymbol{\alpha}=[a_1,a_2,\cdots,a_n]^{\mathrm{T}}$ 能表示成 $\boldsymbol{\alpha}_1+\boldsymbol{\alpha}_2$ 的形式，其中 $\boldsymbol{\alpha}_1\in W_1$，$\boldsymbol{\alpha}_2\in W_2$. 由于 $\boldsymbol{\alpha}_2\in W_2$，因此可设 $\boldsymbol{\alpha}_2=[b,b,\cdots,b]^{\mathrm{T}}$；由于 $\boldsymbol{\alpha}_1\in W_1$，因此 $\boldsymbol{\alpha}_1$ 的各个分量的和等于 0. 因为 $\boldsymbol{\alpha}_1=\boldsymbol{\alpha}-\boldsymbol{\alpha}_2=[a_1-b,a_2-b,\cdots,a_n-b]^{\mathrm{T}}$，所以应当有

$$(a_1-b)+(a_2-b)+\cdots+(a_n-b)=0.$$

由此解得 $b=\dfrac{1}{n}(a_1+a_2+\cdots+a_n)=\dfrac{1}{n}\sum\limits_{i=1}^{n}a_i$，于是

$$\boldsymbol{\alpha}_2=\left[\frac{1}{n}\sum_{i=1}^{n}a_i,\frac{1}{n}\sum_{i=1}^{n}a_i,\cdots,\frac{1}{n}\sum_{i=1}^{n}a_i\right]^{\mathrm{T}}.$$

再证 $W_1\cap W_2=0$.

证法二 齐次线性方程 $x_1+x_2+\cdots+x_n=0$ 的一个基础解系为

$$\boldsymbol{\eta}_1=[1,-1,0,\cdots,0]^{\mathrm{T}},\quad \boldsymbol{\eta}_2=[1,0,-1,0,\cdots,0]^{\mathrm{T}},\quad \cdots,\quad \boldsymbol{\eta}_{n-1}=[1,0,\cdots,0,-1]^{\mathrm{T}}.$$

齐次线性方程组

$$\begin{cases}x_1-x_2=0,\\ \cdots\cdots\\ x_1-x_n=0\end{cases}$$

的一个基础解系为 $\boldsymbol{\delta}=[1,1,\cdots,1]^{\mathrm{T}}$.

直接计算知以 $\boldsymbol{\delta},\boldsymbol{\eta}_1,\cdots,\boldsymbol{\eta}_{n-1}$ 为列组成的矩阵的行列式不等于 0,因此 $\boldsymbol{\delta},\boldsymbol{\eta}_1,\cdots,\boldsymbol{\eta}_{n-1}$ 线性无关,从而它是 K^n 的一个基. 根据定理 8,得 $K^n=W_1\oplus W_2$.

7. 提示　任取 V 的一个基 $\alpha_1,\alpha_2,\cdots,\alpha_n$. 由于 $\langle\alpha_1\rangle$ 的一个基 α_1, $\langle\alpha_2\rangle$ 的一个基 α_2 …… $\langle\alpha_n\rangle$ 的一个基 α_n 合起来是 V 的一个基,因此根据定理 8 得 $V=\langle\alpha_1\rangle\oplus\langle\alpha_2\rangle\oplus\cdots\oplus\langle\alpha_n\rangle$.

8. (1) **提示**　证明 $M_n^0(K)$ 非空集,对矩阵的加法和数量乘法封闭;

(2) **提示**　先证 $M_n(K)=\langle \boldsymbol{I}\rangle+M_n^0(K)$. 关键是证明任一 n 阶矩阵 $\boldsymbol{A}=[a_{ij}]$ 能表示成 $\boldsymbol{A}_1+\boldsymbol{A}_2$ 的形式,其中 $\boldsymbol{A}_1\in\langle\boldsymbol{I}\rangle$, $\boldsymbol{A}_2\in M_n^0(K)$. 设 $\boldsymbol{A}_1=k\boldsymbol{I}$,令 $\boldsymbol{A}_2=\boldsymbol{A}-\boldsymbol{A}_1$, $\boldsymbol{A}_2$ 应满足 $\mathrm{tr}(\boldsymbol{A}_2)=0$,即

$$(a_{11}+a_{22}+\cdots+a_{nn})-kn=0,$$

从而 $k=\dfrac{1}{n}\sum\limits_{i=1}^{n}a_{ii}$. 于是,取 $\boldsymbol{A}_1=\left(\dfrac{1}{n}\sum\limits_{i=1}^{n}a_{ii}\right)\boldsymbol{I}$, $\boldsymbol{A}_2=\boldsymbol{A}-\boldsymbol{A}_1$,则 $\boldsymbol{A}=\boldsymbol{A}_1+\boldsymbol{A}_2$,且 $\boldsymbol{A}_1\in\langle\boldsymbol{I}\rangle$, $\boldsymbol{A}_2\in M_n^0(K)$. 再证 $\langle\boldsymbol{I}\rangle\cap M_n^0(K)=\boldsymbol{0}$.

***9. 提示**　在 W_{λ_1} 中取一个基 $\boldsymbol{\eta}_{11},\cdots,\boldsymbol{\eta}_{1r_1}$, W_{λ_2} 中取一个基 $\boldsymbol{\eta}_{21},\cdots,\boldsymbol{\eta}_{2r_2}$ …… W_{λ_s} 中取一个基 $\boldsymbol{\eta}_{s1},\cdots,\boldsymbol{\eta}_{sr_s}$. 根据第五章 §4 的定理 3, $\boldsymbol{\eta}_{11},\cdots,\boldsymbol{\eta}_{1r_1},\boldsymbol{\eta}_{21},\cdots,\boldsymbol{\eta}_{2r_2},\cdots,\boldsymbol{\eta}_{s1},\cdots,\boldsymbol{\eta}_{sr_s}$ 线性无关.

根据第五章 §4 的定理 4,得

$$\begin{aligned}\boldsymbol{A}\text{ 可对角化} &\Longleftrightarrow \dim W_{\lambda_1}+\dim W_{\lambda_2}+\cdots+\dim W_{\lambda_s}=n\\ &\Longleftrightarrow r_1+r_2+\cdots+r_s=n\\ &\Longleftrightarrow \boldsymbol{\eta}_{11},\cdots,\boldsymbol{\eta}_{1r_1},\boldsymbol{\eta}_{21},\cdots,\boldsymbol{\eta}_{2r_2},\cdots,\boldsymbol{\eta}_{s1},\cdots,\boldsymbol{\eta}_{sr_s}\text{ 是 } K^n \text{ 的一个基}\\ &\Longleftrightarrow K^n=W_{\lambda_1}\oplus W_{\lambda_2}\oplus\cdots\oplus W_{\lambda_s},\end{aligned}$$

其中最后一个"$\Longleftrightarrow$"成立由本节的定理 8 得到.

习　题　7.3

1. 提示　因为 $\dim M_{s\times n}(K)=sn=\dim K^{sn}$,所以 $M_{s\times n}(K)\cong K^{sn}$. $M_{s\times n}(K)$ 到 K^{sn} 的一个同构映射 σ 是:对于任意 $\boldsymbol{A}=[a_{ij}]\in M_{s\times n}(K)$,定义

$$\sigma(\boldsymbol{A})=[a_{11},a_{12},\cdots,a_{1n},a_{21},a_{22},\cdots,a_{2n},\cdots,a_{s1},a_{s2},\cdots,a_{sn}]^{\mathrm{T}}.$$

2. 提示　因为 $\dim K[x]_n=n=\dim K^n$,所以 $K[x]_n\cong K^n$. $K[x]_n$ 到 K^n 的一个同构映射 σ 是:对于任意 $f(x)=a_0+a_1x+a_2x^2+\cdots+a_{n-1}x^{n-1}\in K[x]_n$,定义

$$\sigma(f(x))=[a_0,a_1,a_2,\cdots,a_{n-1}]^{\mathrm{T}}.$$

3. 提示　对于任意实数 x,令 $\sigma: x\mapsto 2^x$,则 σ 是 $\mathbf{R}$ 到 $\mathbf{R}^+$ 的一个同构映射. 理由如下:由于指数函数 $\sigma(x)=2^x$ 是 $\mathbf{R}$ 上的严格递增函数,并且值域为 $\mathbf{R}^+$,因此 σ 是 $\mathbf{R}$ 到 $\mathbf{R}^+$ 的一个一一对应. 对于任意 $x_1,x_2\in\mathbf{R}$,有

$$\sigma(x_1+x_2)=2^{x_1+x_2}=2^{x_1}\cdot 2^{x_2}=2^{x_1}\oplus 2^{x_2}=\sigma(x_1)\oplus\sigma(x_2);$$

对于任意 $k\in\mathbf{R}$, $x\in\mathbf{R}$,有

$$\sigma(kx)=2^{kx}=(2^x)^k=k\odot 2^x=k\odot\sigma(x).$$

因此, σ 是 $\mathbf{R}$ 到 $\mathbf{R}^+$ 的一个同构映射,从而 $\mathbf{R}$ 与 $\mathbf{R}^+$ 同构.

***4.** (1) **提示**　显然, L 是非空集,又易看出 L 对于矩阵的加法、数量乘法都封闭. L 的一个基是 $\boldsymbol{E}_{11}+\boldsymbol{E}_{22}$, $\boldsymbol{E}_{12}-\boldsymbol{E}_{21}$,于是 $\dim L=2$.

(2) **提示**　因为 $\dim_{\mathbf{R}}\mathbf{C}=2=\dim L$,所以 $\mathbf{C}\cong L$. $\mathbf{C}$ 到 L 的一个同构映射 σ 是:

$$\sigma(a+b\mathrm{i})=\begin{bmatrix} a & b \\ -b & a \end{bmatrix}, \quad \forall\, a+b\mathrm{i}\in \mathbf{C}.$$

第八章　线性映射

习　题　8.1

1. (1) 不是；(2) 是.　**2.** (1) 是；(2) 是.　***3.** 是.

4. 是. 理由如下：任取 $x_1, x_2 \in \mathbf{R}^+, k\in\mathbf{R}$，有

$$\log_a(x_1 \oplus x_2) = \log_a x_1 x_2 = \log_a x_1 + \log_a x_2,$$
$$\log_a(k\odot x_1) = \log_a x_1^k = k\log_a x_1.$$

***5.** (1) **提示**　按线性变换的定义验证；　(2) **提示**　直接计算.

6. **提示**　必要性　利用 V 上的线性变换 $\mathscr{A}$ 可逆当且仅当 $\mathscr{A}$ 是 V 到自身的一个同构映射.

充分性　任给 $\gamma\in V$. 由于 $\mathscr{A}(\alpha_1), \mathscr{A}(\alpha_2), \cdots, \mathscr{A}(\alpha_n)$ 是 V 的一个基，因此 γ 可以唯一地表示成如下形式：

$$\gamma = \sum_{i=1}^n c_i \mathscr{A}(\alpha_i) = \mathscr{A}\Big(\sum_{i=1}^n c_i\alpha_i\Big).$$

于是，γ 有唯一的原像 $\sum\limits_{i=1}^n c_i\alpha_i$，从而 $\mathscr{A}$ 是双射. 因此，$\mathscr{A}$ 可逆.

7. **提示**　设 $k_0\alpha+k_1\mathscr{A}(\alpha)+k_2\mathscr{A}^2(\alpha)+\cdots+k_{m-1}\mathscr{A}^{m-1}(\alpha)=0$，此式两边用 $\mathscr{A}^{m-1}$ 作用，得 $k_0\mathscr{A}^{m-1}(\alpha)=0$，由此得 $k_0=0$，从而有 $k_1\mathscr{A}(\alpha)+k_2\mathscr{A}^2(\alpha)+\cdots+k_{m-1}\mathscr{A}^{m-1}(\alpha)=0$；接着用 $\mathscr{A}^{m-2}$ 作用，可得 $k_1=0$；依次做下去，可得 $k_2=\cdots=k_{m-1}=0$.

8. (1) **提示**　按线性变换的定义验证.

(2) **提示**　当 $\delta\in U$ 时，$\delta=\delta+0$；当 $\delta\in W$ 时，$\delta=0+\delta$.

(3) **提示**　任取 $\alpha\in V$，设 $\alpha=\alpha_1+\alpha_2, \alpha_1\in U, \alpha_2\in W$，然后直接计算 $\mathscr{P}_U^2(\alpha), (\mathscr{P}_U+\mathscr{P}_W)(\alpha), (\mathscr{P}_U\mathscr{P}_W)(\alpha)$.

习　题　8.2

1. $\begin{bmatrix} 1 & 2 & 0 \\ 0 & -1 & 1 \\ 0 & 1 & -1 \end{bmatrix}$.　**2.** $\begin{bmatrix} a & b \\ -b & a \end{bmatrix}$.　**3.** $\begin{bmatrix} a & 0 & b & 0 \\ 0 & a & 0 & b \\ c & 0 & d & 0 \\ 0 & c & 0 & d \end{bmatrix}$.

4. **提示**　根据习题 8.1 第 7 题的结论，$\alpha, \mathscr{A}(\alpha), \cdots, \mathscr{A}^{n-1}(\alpha)$ 线性无关，从而它们构成 V 的一个基. 考虑 $\mathscr{A}$ 在基 $\mathscr{A}^{n-1}(\alpha), \cdots, \mathscr{A}(\alpha), \alpha$ 下的矩阵.

***5.** **提示**　由于 $\dim \mathrm{Hom}(V,V)=(\dim V)^2=n^2$，因此 V 上的 n^2+1 个线性变换必定线性相关，从而 K 上有不全为 0 的数 $k_0, k_1, \cdots, k_{n^2}$，使得

$$k_0\mathscr{I}+k_1\mathscr{A}+k_2\mathscr{A}^2+\cdots+k_{n^2}\mathscr{A}^{n^2}=\mathscr{O}.$$

6. **提示**　$\dim V^*=\dim \mathrm{Hom}(V,K)=\dim V\cdot\dim K=\dim V$.

7. **提示**　线性变换与它的矩阵的对应是保持乘法运算的.

8. **提示**　先求基 $\boldsymbol{\varepsilon}_1, \boldsymbol{\varepsilon}_2, \boldsymbol{\varepsilon}_3$ 到基 $\boldsymbol{\eta}_1, \boldsymbol{\eta}_2, \boldsymbol{\eta}_3$ 的过渡矩阵 $\boldsymbol{S}$，然后求 $\boldsymbol{S}^{-1}$，最后求 $\boldsymbol{B}=\boldsymbol{S}^{-1}\boldsymbol{AS}$，得到

$$\boldsymbol{B}=\begin{bmatrix} 1 & 0 & 0 \\ 0 & 2 & 0 \\ 0 & 0 & 3 \end{bmatrix}.$$

9. (1) $\mathscr{A}$ 的全部特征值是 1(二重),10.

$\mathscr{A}$ 的属于特征值 1 的全部特征向量是

$$\{k_1(-2\alpha_1+\alpha_2)+k_2(2\alpha_1+\alpha_3) \mid k_1,k_2\in K,\text{且 } k_1,k_2 \text{ 不全为 } 0\},$$

$\mathscr{A}$ 的属于特征值 10 的全部特征向量是

$$\{k(\alpha_1+2\alpha_2-2\alpha_3) \mid k\in K,\text{且 } k\neq 0\}.$$

(2) $\mathscr{A}$ 的全部特征值是 1,3(二重).

$\mathscr{A}$ 的属于特征值 1 的全部特征向量是

$$\{k(-2\alpha_1+\alpha_3) \mid k\in K,\text{且 } k\neq 0\},$$

$\mathscr{A}$ 的属于特征值 3 的全部特征向量是

$$\{k(\alpha_1-\alpha_2+2\alpha_3) \mid k\in K,\text{且 } k\neq 0\}.$$

10. (1) $\mathscr{A}$ 可对角化,$\mathscr{A}$ 的标准形是

$$\begin{bmatrix}1&0&0\\0&1&0\\0&0&10\end{bmatrix};$$

(2) $\mathscr{A}$ 不可对角化.

11. (1) $\mathscr{A}$ 的全部特征值是 1(二重),0(二重).

$\mathscr{A}$ 的属于特征值 1 的全部特征向量是

$$\{k_1(\alpha_1+\alpha_3)+k_2\alpha_4 \mid k_1,k_2\in K,\text{且 } k_1,k_2 \text{ 不全为 } 0\},$$

$\mathscr{A}$ 的属于特征值 0 的全部特征向量是

$$\{l_1\alpha_2+l_2\alpha_3 \mid l_1,l_2\in K,\text{且 } l_1,l_2 \text{ 不全为 } 0\}.$$

(2) $\mathscr{A}$ 在 V 的基 $\alpha_1+\alpha_3,\alpha_4,\alpha_2,\alpha_3$ 下的矩阵为

$$\begin{bmatrix}1&0&0&0\\0&1&0&0\\0&0&0&0\\0&0&0&0\end{bmatrix}.$$

*__12.__ **提示** 设 λ_1,λ_2 是 $\mathscr{A}$ 的不同特征值,ξ_1,ξ_2 分别是 $\mathscr{A}$ 的属于特征值 λ_1,λ_2 的特征向量.假设 $k_1\xi_1+k_2\xi_2=0$,证明 $k_1=k_2=0$.

习 题 8.3

1. (1) $\begin{bmatrix}1&0&0\\0&0&1\\0&0&0\end{bmatrix}$; (2) $\begin{bmatrix}3&0&0\\0&-1&1\\0&0&-1\end{bmatrix}$; (3) $\begin{bmatrix}2&0&0\\0&2&1\\0&0&2\end{bmatrix}$; (4) $\begin{bmatrix}1&1&0\\0&1&1\\0&0&1\end{bmatrix}$.

2. **提示** 由第五章 § 3 的推论 1 立即得到.

第九章 欧几里得空间和酉空间

习 题 9.1

1. 是. **提示** 按照内积的定义逐条验证.关于正定性的验证,需把$(\boldsymbol{\alpha},\boldsymbol{\alpha})$的表达式配方:

$$(\boldsymbol{\alpha},\boldsymbol{\alpha})=x_1^2-2x_1x_2+4x_2^2=(x_1-x_2)^2+3x_2^2\geqslant 0,$$

等号成立 $\Longleftrightarrow x_1-x_2=0$ 且 $x_2=0 \Longleftrightarrow x_1=x_2=0 \Longleftrightarrow \boldsymbol{\alpha}=\mathbf{0}$.

2. 不是. **提示** $f(\boldsymbol{A},\boldsymbol{B})$不满足正定性：设 $\boldsymbol{A}=\operatorname{diag}\left\{\begin{bmatrix}0&1\\0&0\end{bmatrix},[0],\cdots,[0]\right\}$，则 $\boldsymbol{A}^2=\mathbf{0}$. 于是

$$f(\boldsymbol{A},\boldsymbol{A})=\operatorname{tr}(\boldsymbol{A}^2)=\operatorname{tr}(\mathbf{0})=0.$$

这表明，f 不满足正定性.

3. 提示 对于任意 $\boldsymbol{\alpha},\boldsymbol{\beta},\boldsymbol{\gamma}\in\mathbf{R}^n,k\in\mathbf{R}$，有

$$(\boldsymbol{\alpha},\boldsymbol{\beta})=\boldsymbol{\alpha}^{\mathrm{T}}\boldsymbol{A}\boldsymbol{\beta}=(\boldsymbol{\alpha}^{\mathrm{T}}\boldsymbol{A}\boldsymbol{\beta})^{\mathrm{T}}=\boldsymbol{\beta}^{\mathrm{T}}\boldsymbol{A}^{\mathrm{T}}\boldsymbol{\alpha}=\boldsymbol{\beta}^{\mathrm{T}}\boldsymbol{A}\boldsymbol{\alpha}=(\boldsymbol{\beta},\boldsymbol{\alpha}),$$
$$(\boldsymbol{\alpha}+\boldsymbol{\gamma},\boldsymbol{\beta})=(\boldsymbol{\alpha}+\boldsymbol{\gamma})^{\mathrm{T}}\boldsymbol{A}\boldsymbol{\beta}=(\boldsymbol{\alpha}^{\mathrm{T}}+\boldsymbol{\gamma}^{\mathrm{T}})\boldsymbol{A}\boldsymbol{\beta}=\boldsymbol{\alpha}^{\mathrm{T}}\boldsymbol{A}\boldsymbol{\beta}+\boldsymbol{\gamma}^{\mathrm{T}}\boldsymbol{A}\boldsymbol{\beta}=(\boldsymbol{\alpha},\boldsymbol{\beta})+(\boldsymbol{\gamma},\boldsymbol{\beta}),$$
$$(k\boldsymbol{\alpha},\boldsymbol{\beta})=(k\boldsymbol{\alpha})^{\mathrm{T}}\boldsymbol{A}\boldsymbol{\beta}=k\boldsymbol{\alpha}^{\mathrm{T}}\boldsymbol{A}\boldsymbol{\beta}=k(\boldsymbol{\alpha},\boldsymbol{\beta}).$$

由于 $\boldsymbol{A}$ 是正定矩阵，因此$(\boldsymbol{\alpha},\boldsymbol{\alpha})=\boldsymbol{\alpha}^{\mathrm{T}}\boldsymbol{A}\boldsymbol{\alpha}\geqslant 0$，等号成立 $\Longleftrightarrow \boldsymbol{\alpha}^{\mathrm{T}}\boldsymbol{A}\boldsymbol{\alpha}=0 \Longleftrightarrow \boldsymbol{\alpha}=\mathbf{0}$.

4. $\arccos\left(-\frac{1}{3}\right)$. **5.** $\frac{\sqrt{2}}{2},\frac{\sqrt{6}}{2}x,\frac{3\sqrt{10}}{4}x^2-\frac{\sqrt{10}}{4}$.

6. $\alpha_1,\frac{\sqrt{10}}{10}\alpha_2,-\frac{\sqrt{15}}{3}\alpha_1+\frac{\sqrt{15}}{15}\alpha_2+\frac{\sqrt{15}}{3}\alpha_3$.

7. 提示 证法一 验证$(\beta_i,\beta_j)=\delta_{ij}\ (i,j=1,2,3)$.

证法二 利用本节的命题 3.

8. (1) $(\alpha_1,\alpha_1)=6,\ (\alpha_1,\alpha_2)=(\alpha_2,\alpha_1)=-2,\ (\alpha_1,\alpha_3)=(\alpha_3,\alpha_1)=1,$

$(\alpha_2,\alpha_2)=3,\ (\alpha_2,\alpha_3)=(\alpha_3,\alpha_2)=-2,\ (\alpha_3,\alpha_3)=3;$

(2) $\alpha_1,\frac{1}{3}\alpha_1+\alpha_2,\frac{1}{14}\alpha_1+\frac{5}{7}\alpha_2+\alpha_3$.

***9. 提示** 首先，求出 V 的一个标准正交基：$\boldsymbol{\varepsilon}_1,\frac{1}{\sqrt{2}}\boldsymbol{\varepsilon}_2$，其中

$$\boldsymbol{\varepsilon}_1=[1,0]^{\mathrm{T}},\quad \boldsymbol{\varepsilon}_2=[0,1]^{\mathrm{T}};$$

然后，求出 $\boldsymbol{\alpha}=[x_1,x_2]^{\mathrm{T}}$ 在 V 的标准正交基 $\boldsymbol{\varepsilon}_1,\frac{1}{\sqrt{2}}\boldsymbol{\varepsilon}_2$ 下的坐标：$[x_1,\sqrt{2}x_2]^{\mathrm{T}}$. 把 $\boldsymbol{\alpha}$ 对应到它的坐标的映射 σ 就是 V 到 $\mathbf{R}^2$ 的一个同构映射.

10. 提示 $\boldsymbol{A}=\boldsymbol{G}(\alpha_1,\alpha_2,\cdots,\alpha_m)$.

情形 1 $\alpha_1,\alpha_2,\cdots,\alpha_m$ 线性无关. 任取 $\boldsymbol{\alpha}=[a_1,a_2,\cdots,a_m]^{\mathrm{T}}\in\mathbf{R}^m$ 且 $\boldsymbol{\alpha}\neq\mathbf{0}$，$V$ 中向量 $\alpha=\sum\limits_{i=1}^{m}a_i\alpha_i$，则 $\alpha\neq\mathbf{0}$. 于是，由内积的正定性得$(\alpha,\alpha)>0$. 由于

$$(\alpha,\alpha)=\left(\sum_{i=1}^{m}a_i\alpha_i,\sum_{j=1}^{m}a_j\alpha_j\right)=\sum_{i=1}^{m}\sum_{j=1}^{m}a_ia_j(\alpha_i,\alpha_j)=\boldsymbol{\alpha}^{\mathrm{T}}\boldsymbol{A}\boldsymbol{\alpha},$$

因此 $\boldsymbol{\alpha}^{\mathrm{T}}\boldsymbol{A}\boldsymbol{\alpha}>0$，从而 $\boldsymbol{A}$ 是正定矩阵. 所以，$|\boldsymbol{A}|>0$，即$|\boldsymbol{G}(\alpha_1,\alpha_2,\cdots,\alpha_m)|>0$.

情形 2 $\alpha_1,\alpha_2,\cdots,\alpha_m$ 线性相关. 这时，有不全为 0 的实数 $k_1,k_2,\cdots,k_m$，使得

$$k_1\alpha_1+k_2\alpha_2+\cdots+k_m\alpha_m=0,$$

从而

$$\boldsymbol{A}\begin{bmatrix}k_1\\k_2\\\vdots\\k_m\end{bmatrix}=\begin{bmatrix}k_1(\alpha_1,\alpha_1)+k_2(\alpha_1,\alpha_2)+\cdots+k_m(\alpha_1,\alpha_m)\\k_1(\alpha_2,\alpha_1)+k_2(\alpha_2,\alpha_2)+\cdots+k_m(\alpha_2,\alpha_m)\\\vdots\\k_1(\alpha_m,\alpha_1)+k_2(\alpha_m,\alpha_2)+\cdots+k_m(\alpha_m,\alpha_m)\end{bmatrix}$$

$$=\begin{bmatrix}(\alpha_1,k_1\alpha_1+k_2\alpha_2+\cdots+k_m\alpha_m)\\(\alpha_2,k_1\alpha_1+k_2\alpha_2+\cdots+k_m\alpha_m)\\ \vdots\\(\alpha_m,k_1\alpha_1+k_2\alpha_2+\cdots+k_m\alpha_m)\end{bmatrix}=\begin{bmatrix}(\alpha_1,0)\\(\alpha_2,0)\\ \vdots\\(\alpha_m,0)\end{bmatrix}=\begin{bmatrix}0\\0\\ \vdots\\0\end{bmatrix}.$$

于是，齐次线性方程组 $\boldsymbol{Ax}=\boldsymbol{0}$ 有非零解，因此 $|\boldsymbol{A}|=0$.

11. 提示 当 $m=2$ 时，

$$(V(\alpha_1,\alpha_2))^2=|\boldsymbol{G}(\alpha_1,\alpha_2)|=\begin{vmatrix}(\alpha_1,\alpha_1)&(\alpha_1,\alpha_2)\\(\alpha_2,\alpha_1)&(\alpha_2,\alpha_2)\end{vmatrix}=|\alpha_1|^2|\alpha_2|^2-(\alpha_1,\alpha_2)^2.$$

在几何空间中，对于不共线的向量 $\vec{a},\vec{b}$，有

$$|\boldsymbol{G}(\vec{a},\vec{b})|=|\vec{a}|^2|\vec{b}|^2-(|\vec{a}||\vec{b}|\cos(\vec{a},\vec{b}))^2=(|\vec{a}||\vec{b}|\sin(\vec{a},\vec{b}))^2,$$

因此 $|G(\vec{a},\vec{b})|$ 等于以 $\vec{a},\vec{b}$ 为邻边的平行四边形面积的平方.

对于 $m=3$ 的情形，可类似写出 $(V(\alpha_1,\alpha_2,\alpha_3))^2$ 的表达式.

在几何空间中取一个右手直角坐标系，设不共面的三个向量 $\vec{a},\vec{b},\vec{c}$ 的坐标分别为 $[a_1,a_2,a_3]^{\mathrm{T}}$，$[b_1,b_2,b_3]^{\mathrm{T}}$，$[c_1,c_2,c_3]^{\mathrm{T}}$. 设

$$\boldsymbol{B}=\begin{bmatrix}a_1&b_1&c_1\\a_2&b_2&c_2\\a_3&b_3&c_3\end{bmatrix},$$

则 $|\boldsymbol{B}|$ 的绝对值等于以 $\vec{a},\vec{b},\vec{c}$ 为同一顶点上三条棱的平行六面体的体积[可参看文献[4]第一章 §1.4 的命题 4.5 及其下面一段话]. 由于

$$|\boldsymbol{G}(\vec{a},\vec{b},\vec{c})|=\begin{vmatrix}\vec{a}\cdot\vec{a}&\vec{a}\cdot\vec{b}&\vec{a}\cdot\vec{c}\\\vec{b}\cdot\vec{a}&\vec{b}\cdot\vec{b}&\vec{b}\cdot\vec{c}\\\vec{c}\cdot\vec{a}&\vec{c}\cdot\vec{b}&\vec{c}\cdot\vec{c}\end{vmatrix}=|\boldsymbol{B}^{\mathrm{T}}\boldsymbol{B}|=|\boldsymbol{B}|^2,$$

因此 $|\boldsymbol{G}(\vec{a},\vec{b},\vec{c})|$ 等于以 $\vec{a},\vec{b},\vec{c}$ 为同一顶点上三条棱的平行六面体体积的平方.

习　题　9.2

1. 提示 $\dim U^{\perp}=2$，$\boldsymbol{\beta}\in U^{\perp}\Longleftrightarrow(\boldsymbol{\beta},\boldsymbol{\alpha}_i)=0(i=1,2)\Longleftrightarrow\boldsymbol{\alpha}_i^{\mathrm{T}}\boldsymbol{\beta}=0(i=1,2)$

$$\Longleftrightarrow \boldsymbol{\beta}\text{ 是齐次线性方程组 }\begin{bmatrix}\boldsymbol{\alpha}_1^{\mathrm{T}}\\\boldsymbol{\alpha}_2^{\mathrm{T}}\end{bmatrix}\boldsymbol{x}=\boldsymbol{0}\text{ 的解.}$$

求齐次线性方程组 $\begin{bmatrix}\boldsymbol{\alpha}_1^{\mathrm{T}}\\\boldsymbol{\alpha}_2^{\mathrm{T}}\end{bmatrix}\boldsymbol{x}=\boldsymbol{0}$ 的一个基础解系，然后把它正交化，得到 $U^{\perp}$ 的一个正交基

$$\boldsymbol{\beta}_1=[0,-2,1,0]^{\mathrm{T}},\quad \boldsymbol{\beta}_2=\left[2,-\frac{3}{5},-\frac{6}{5},1\right]^{\mathrm{T}}.$$

2. $n-1$.　　**3. 提示** 易证 $U\subseteq(U^{\perp})^{\perp}$，然后证明 $\dim U=\dim(U^{\perp})^{\perp}$.

4. 提示 任取 $U^{\perp}$ 的一个基 $\boldsymbol{\eta}_1,\boldsymbol{\eta}_2,\cdots,\boldsymbol{\eta}_m$. 令 $\boldsymbol{A}=[\boldsymbol{\eta}_1,\boldsymbol{\eta}_2,\cdots,\boldsymbol{\eta}_m]$. 由于 $U=(U^{\perp})^{\perp}$，因此

$$\boldsymbol{\alpha}\in U\Longleftrightarrow(\boldsymbol{\alpha},\boldsymbol{\eta}_i)=0,i=1,2,\cdots,m,$$

$$\Longleftrightarrow\boldsymbol{\eta}_i^{\mathrm{T}}\boldsymbol{\alpha}=0,i=1,2,\cdots,m.$$

于是，U 是齐次线性方程组 $\boldsymbol{A}^{\mathrm{T}}\boldsymbol{x}=\boldsymbol{0}$ 的解空间.

5. **提示**　由于 $\eta_1,\eta_2,\cdots,\eta_m$ 是 U 的一个标准正交基，因此 $\alpha_1=\sum_{i=1}^{m}(\alpha_1,\eta_i)\eta_i$. 又由于 $\alpha-\alpha_1\in U^{\perp}$，因此 $(\alpha-\alpha_1,\eta_j)=0(j=1,2,\cdots,m)$，从而 $(\alpha,\eta_j)=(\alpha_1,\eta_j)(j=1,2,\cdots,m)$.

6. $\boldsymbol{\alpha}_1=\left[-\frac{23}{29},-\frac{48}{29},-\frac{26}{29}\right]^{\mathrm{T}}$. **提示**　先求出 U 的一个标准正交基 $\boldsymbol{\eta}_1,\boldsymbol{\eta}_2$，然后利用第 5 题的结论.

*7. **提示**　利用结论：当 $\alpha_1\in U$ 时，α_1 是 α 在 U 上的正交投影当且仅当 $\alpha-\alpha_1\in U^{\perp}$.

8. **提示**　令 $U=\langle\eta_1,\eta_2,\cdots,\eta_m\rangle$，则 $\eta_1,\eta_2,\cdots,\eta_m$ 是 U 的一个标准正交基. 根据第 5 题，α 在 U 上的正交投影为 $\alpha_1=\sum_{i=1}^{m}(\alpha,\eta_i)\eta_i$. 根据勾股定理，得

$$|\alpha|^2=|\alpha-\alpha_1+\alpha_1|^2=|\alpha-\alpha_1|^2+|\alpha_1|^2\geqslant|\alpha_1|^2=\sum_{i=1}^{m}(\alpha,\eta_i)^2,$$

等号成立当且仅当 $\alpha-\alpha_1=0$，即 $\alpha=\alpha_1$.

习　题　9.3

1. **提示**　设 ξ 是 $\mathscr{A}$ 的属于特征值 λ_1 的特征向量，则 $(\xi,\xi)=(\mathscr{A}(\xi),\mathscr{A}(\xi))=(\lambda_1\xi,\lambda_1\xi)=\lambda_1^2(\xi,\xi)$. 由于 $\xi\neq 0$，因此 $(\xi,\xi)\neq 0$. 于是 $\lambda_1^2=1$.

2. **提示**　设 $\mathscr{A}$ 是关于超平面 $\langle\eta\rangle^{\perp}$ 的反射，其中 η 是单位向量. 在 $\langle\eta\rangle^{\perp}$ 中取一个标准正交基 $\eta_2,\cdots,\eta_n$，由于 $V=\langle\eta\rangle\oplus\langle\eta\rangle^{\perp}$，因此 $\eta,\eta_2,\cdots,\eta_n$ 是 V 的一个标准正交基. 我们有

$$\mathscr{A}(\eta)=(\mathscr{I}-2\mathscr{P})(\eta)=\eta-2\mathscr{P}(\eta)=\eta-2\eta=-\eta,\quad \mathscr{A}(\eta_i)=\eta_i-2\mathscr{P}(\eta_i)=\eta_i\,(i=2,\cdots,n),$$

于是 $\mathscr{A}$ 在 V 的标准正交基 $\eta,\eta_2,\cdots,\eta_n$ 下的矩阵为 $\mathbf{A}=\mathrm{diag}\{-1,1,\cdots,1\}$. 由于 $\mathbf{A}^{\mathrm{T}}\mathbf{A}=\boldsymbol{I}$，因此 $\mathbf{A}$ 是正交矩阵. 根据本节的命题 4，$\mathscr{A}$ 是正交变换. 由于 $|\mathbf{A}|=-1$，因此 $\mathscr{A}$ 是第二类的.

3. **提示**　$V_1^{\perp}$ 是 1 维的. 设 $V_1^{\perp}=\langle\eta\rangle$. 在 V_1 中任取一个基 $\alpha_1,\alpha_2,\cdots,\alpha_{n-1}$，则 $\alpha_1,\alpha_2,\cdots,\alpha_{n-1},\eta$ 是 V 的一个基. 设 $\mathscr{P}$ 是 V 在 $\langle\eta\rangle$ 上的正交投影，则

$$\mathscr{A}(\alpha_i)=\alpha_i=(\mathscr{I}-2\mathscr{P})(\alpha_i),\quad i=1,2,\cdots,n-1.$$

由于
$$(\mathscr{A}(\eta),\mathscr{A}(\alpha_i))=(\eta,\alpha_i)=0,\quad i=1,2,\cdots,n-1,$$
又
$$(\mathscr{A}(\eta),\mathscr{A}(\alpha_i))=(\mathscr{A}(\eta),\alpha_i),\quad i=1,2,\cdots,n-1,$$
因此
$$(\mathscr{A}(\eta),\alpha_i)=0,\quad i=1,2,\cdots,n-1,$$

从而 $\mathscr{A}(\eta)\in V_1^{\perp}=\langle\eta\rangle$. 又由于 $\mathscr{A}$ 是正交变换，因此 $|\mathscr{A}(\eta)|=|\eta|$，从而 $\mathscr{A}(\eta)=\pm\eta$. 因为 $\dim V_1=n-1$，所以 $\mathscr{A}(\eta)\neq\eta$. 于是 $\mathscr{A}(\eta)=-\eta=(\mathscr{I}-2\mathscr{P})(\eta)$，从而 $\mathscr{A}=\mathscr{I}-2\mathscr{P}$. 所以，$\mathscr{A}$ 是关于超平面 V_1 的反射.

4. **提示**　*必要性*　从正交变换的性质立即得到.

充分性　证明 $\mathscr{A}$ 保持内积：用两种方法计算 $|\mathscr{A}(\alpha+\beta)|^2$，即可证得 $(\mathscr{A}(\alpha),\mathscr{A}(\beta))=(\alpha,\beta)$.

5. **提示**　设 $\mathscr{A}$ 在 V 的标准正交基 $\eta_1,\eta_2,\cdots,\eta_n$ 下的矩阵是 $\mathbf{A}=[a_{ij}]$，则 $\mathscr{A}(\eta_i)$ 在标准正交基 $\eta_1,\eta_2,\cdots,\eta_n$ 下的坐标的第 j 个分量为 $a_{ji}=(\mathscr{A}(\eta_i),\eta_j)(i,j=1,2,\cdots,n)$.

$$\begin{aligned}\mathscr{A}\text{ 是 }V\text{ 上的对称变换}&\Longleftrightarrow(\mathscr{A}(\alpha),\beta)=(\alpha,\mathscr{A}(\beta)),\ \forall\,\alpha,\beta\in V\\&\Longleftrightarrow(\mathscr{A}(\eta_i),\eta_j)=(\eta_i,\mathscr{A}(\eta_j))(i,j=1,2,\cdots,n)\\&\Longleftrightarrow a_{ji}=a_{ij}\,(i,j=1,2,\cdots,n)\\&\Longleftrightarrow\mathbf{A}\text{ 是对称矩阵.}\end{aligned}$$

*6. **提示**　任取 $\alpha,\beta\in V$. 由已知条件得

$$|\mathscr{A}(\alpha)|=|\mathscr{A}(\alpha)-0|=|\mathscr{A}(\alpha)-\mathscr{A}(0)|=d(\mathscr{A}(\alpha),\mathscr{A}(0))=d(\alpha,0)=|\alpha-0|=|\alpha|,$$

$$|\mathscr{A}(\alpha)-\mathscr{A}(\beta)|^2=(d(\mathscr{A}(\alpha),\mathscr{A}(\beta)))^2=(d(\alpha,\beta))^2=|\alpha-\beta|^2,$$

于是

$$|\mathscr{A}(\alpha)-\mathscr{A}(\beta)|^2=|\mathscr{A}(\alpha)|^2-2(\mathscr{A}(\alpha),\mathscr{A}(\beta))+|\mathscr{A}(\beta)|^2=|\alpha|^2-2(\mathscr{A}(\alpha),\mathscr{A}(\beta))+|\beta|^2.$$

又有

$$|\alpha-\beta|^2=|\alpha|^2-2(\alpha,\beta)+|\beta|^2.$$

从以上三式得$(\mathscr{A}(\alpha),\mathscr{A}(\beta))=(\alpha,\beta)$,因此$\mathscr{A}$是正交变换.

习 题 9.4

1. $|\boldsymbol{\alpha}|=\sqrt{3}$, $|\boldsymbol{\beta}|=\sqrt{2}$, $\boldsymbol{\alpha}$与$\boldsymbol{\beta}$的夹角$\langle\boldsymbol{\alpha},\boldsymbol{\beta}\rangle=\arccos\dfrac{\sqrt{3}}{3}$.

2. $\boldsymbol{\eta}_1=\left[\dfrac{\sqrt{2}}{2},-\dfrac{\sqrt{2}}{2}\right]^{\mathrm{T}}$, $\boldsymbol{\eta}_2=\left[\dfrac{1+\mathrm{i}}{2},\dfrac{1+\mathrm{i}}{2}\right]^{\mathrm{T}}$.

3. $\boldsymbol{\beta}_1=[1,-1,1]^{\mathrm{T}}$, $\boldsymbol{\beta}_2=\left[\dfrac{2-\mathrm{i}}{3},\dfrac{1+\mathrm{i}}{3},\dfrac{-1+2\mathrm{i}}{3}\right]^{\mathrm{T}}$.

4. $[\mathrm{e}^{\mathrm{i}\theta}]$,其中$\theta$是实数. **5. 提示** 对于复矩阵$\boldsymbol{A}$,有$|\overline{\boldsymbol{A}}|=\overline{|\boldsymbol{A}|}$.

6. **提示** 设ξ是酉变换$\mathscr{A}$的属于特征值λ_1的特征向量,则

$$(\xi,\xi)=(\mathscr{A}(\xi),\mathscr{A}(\xi))=(\lambda_1\xi,\lambda_1\xi)=\lambda_1\overline{\lambda_1}(\xi,\xi)=|\lambda_1|^2(\xi,\xi).$$

7. $\begin{bmatrix}a & b+c\mathrm{i}\\ b-c\mathrm{i} & d\end{bmatrix}$,其中$a,b,c,d$是任意实数.

8. **提示** 设$\eta_1,\eta_2,\cdots,\eta_n$是$V$的一个标准正交基,且

$$\mathscr{A}(\eta_1,\eta_2,\cdots,\eta_n)=[\eta_1,\eta_2,\cdots,\eta_n]\boldsymbol{A},$$

其中$\boldsymbol{A}=[a_{ij}]$,则$\mathscr{A}(\eta_i)$在基$\eta_1,\eta_2,\cdots,\eta_n$下的坐标的第$j$个分量为$a_{ji}=(\mathscr{A}(\eta_i),\eta_j)(i,j=1,2,\cdots,n)$.

9. **提示** 设ξ是$\mathscr{A}$的属于特征值λ_1的特征向量,用两种方法计算$(\mathscr{A}(\xi),\xi)$:

$$(\mathscr{A}(\xi),\xi)=(\lambda_1\xi,\xi)=\lambda_1|\xi|^2,\quad (\mathscr{A}(\xi),\xi)=(\xi,\mathscr{A}(\xi))=(\xi,\lambda_1\xi)=\overline{\lambda}_1|\xi|^2.$$

由于$\xi\neq 0$,因此$\lambda_1=\overline{\lambda}_1$,从而$\lambda_1$是实数.

习 题 9.5

1. (1) 略; (2) $\begin{bmatrix}1&0&0&0\\0&1&0&0\\0&0&1&0\\0&0&0&-1\end{bmatrix}$; (3) **提示** 度量矩阵是满秩的;

(4) **提示** 度量矩阵是对称的; (5) $\boldsymbol{\alpha}=[1,0,0,1]^{\mathrm{T}}$(答案不唯一).

2. **提示** *必要性* 从$f(\alpha,\alpha)=-f(\alpha,\alpha)$立即得$f(\alpha,\alpha)=0$.

充分性 任取$\alpha,\beta\in V$,有

$$\begin{aligned}0&=f(\alpha+\beta,\alpha+\beta)=f(\alpha,\alpha)+f(\alpha,\beta)+f(\beta,\alpha)+f(\beta,\beta)\\&=f(\alpha,\beta)+f(\beta,\alpha).\end{aligned}$$

3. **提示** 实数域$\mathbf{R}$上的对称矩阵合同于一个主对角元为$1,-1,0$的对角矩阵.

参考文献

[1] 丘维声. 高等代数[M]. 北京：科学出版社，2013.

[2] 丘维声. 高等代数：上册[M]. 3 版. 北京：高等教育出版社，2015.

[3] 丘维声. 高等代数：下册[M]. 3 版. 北京：高等教育出版社，2015.

[4] 丘维声. 解析几何[M]. 北京：北京大学出版社，2017.

[5] 丘维声. 高等代数：上册[M]. 2 版. 北京：清华大学出版社，2019.

[6] 丘维声. 高等代数：下册[M]. 2 版. 北京：清华大学出版社，2019.

[7] 丘维声. 高等代数学习指导书：上册[M]. 2 版. 北京：清华大学出版社，2017.

[8] 丘维声. 高等代数学习指导书：下册[M]. 2 版. 北京：清华大学出版社，2016.